無線通訊系統概論：
行動通訊與網路

Introduction to
Wireless & Mobile Systems, 4e

Dharma Prakash Agrawal・Qing-An Zeng 著

曾恕銘　編譯

Australia・Brazil・Mexico・Singapore・United Kingdom・United States

無線通訊系統概論：行動通訊與網路 / Dharma
　Prakash Agrawal, Qing-An Zeng 原著；曾恕銘編譯.
　-- 二版. -- 臺北市：新加坡商聖智學習, 2016.05
　　面； 公分
　譯自：Introduction to Wireless & Mobile Systems, 4th
ed.
　ISBN 978-986-5632-78-6 (平裝)

　1.無線電通訊

448.82　　　　　　　　　　　　　　　105008342

無線通訊系統概論：行動通訊與網路

© 2016 年，新加坡商聖智學習亞洲私人有限公司台灣分公司著作權所有。本書所有內容，未經本公司事前書面授權，不得以任何方式（包括儲存於資料庫或任何存取系統內）作全部或局部之翻印、仿製或轉載。

© 2016 Cengage Learning Asia Pte. Ltd.
Original: Introduction to Wireless & Mobile Systems, 4e
　　By Dharma Prakash Agrawal・Qing-An Zeng
　　ISBN: 9781305087132
　　©2016 Cengage Learning
　　All rights reserved.

1 2 3 4 5 6 7 8 9 2 0 1 9 8 7 6

出 版 商	新加坡商聖智學習亞洲私人有限公司台灣分公司
	10349 臺北市鄭州路 87 號 9 樓之 1
	http://www.cengage.tw
	電話：(02) 2558-0569　傳真：(02) 2558-0360
原　　著	Dharma Prakash Agrawal・Qing-An Zeng
編　　譯	曾恕銘
執行編輯	曾怡蓉
印務管理	吳東霖
總 經 銷	台灣東華書局股份有限公司
	地址：100 台北市重慶南路 1 段 147 號 3 樓
	http://www.tunghua.com.tw
	郵撥：00064813
	電話：(02) 2311-4027
	傳真：(02) 2311-6615
出版日期	西元 2016 年 5 月　二版一刷

ISBN 978-986-5632-78-6

(16SMS0)

編譯序

　　本書英文版已經到第四版，由此可見其受歡迎的程度。此書和市面上一般的無線教科書不同。一般無線教科書不是偏網路（網路層，資訊、電機、電子等科系都有上）就是偏通訊（實體層，需先修電子、電機科系才有開的通訊原理）。本書原文作者本身雖為網路專長，但本書對於網路及通訊皆有一定的涵蓋，且閱讀本書不需要先上過電子、電機科系才有開的先修課。本書的最大特點為：資訊、電子及電機系所大三至碩一的學生都可以使用本書。事實上，本人從 2005 年起即使用本書（那時還是第一版）做為大三課程教科書。

　　本書內容相當廣泛且容易瞭解，共有 15 章：序論；機率、統計與流量理論；行動無線傳播；通道編碼與錯誤控制；細胞式概念；多重無線存取；多重分工技術；通道分配；行動通訊系統；網路協定；現有無線系統；IEEE802.11 技術與存取點；無線區域網路、無線個人網路、無線體域網路和無線大都會網路；衛星系統；無線技術之最新進展。因此適合資訊／電子／電機系所課程如無線通訊概論、無線網路、行動計算、行動通訊等等。

　　本書為了配合一學期課程的教學需求，從第四版英文版 18 章中擷取 15 章。如果時間還是不夠，第 14 章衛星系統和第 15 章無線技術之最新進展可以整個跳過，第 2 章機率、統計與流量理論和第 8 章通道分配可以簡略帶過。此外，本書酌予增加下列內容：7.2.7 節的 OFDMA；11.7 節的 4G、11.8 節的無線數位電視和 11.9 節的 5G，以補第四版英文版在最新通訊系統方面的不足。

　　最後，本書難免有疏漏之處，期待各位讀者能給予指正與指教，使本書更臻完美。

曾恕銘

二〇一六年五月於國立台北科技大學電子所通訊與訊號處理組

目錄

編譯序　i

1　緒論　1

1.1　細胞式系統的歷史　1

1.2　細胞式系統的特色　10

1.3　細胞式系統的基礎　13

1.4　細胞式系統的基礎建設架構　19

1.5　網路協定　23

1.6　IEEE 802.11 技術　23

1.7　無基礎架構網路　24

1.8　感測網路　26

1.9　無線大都會網路、無線區域網路、無線體域網路及無線個人網路　27

1.10　安全性和隱私的無線網絡　27

1.11　衛星系統　28

1.12　最新進展　29

1.13　本書大綱　29

1.14　參考文獻　29

1.15　習題　31

2 機率、統計與流量理論　33

- 2.1 簡介　33
- 2.2 基本機率與統計學理論　33
  - 2.2.1 隨機變數　33
  - 2.2.2 累積分配函數　34
  - 2.2.3 機率密度函數　35
  - 2.2.4 期望值、第 n 階矩量、第 n 階中心矩，以及變異數　36
  - 2.2.5 一些重要的分佈　38
  - 2.2.6 多重隨機變數　41
- 2.3 流量理論　46
  - 2.3.1 波松到訪模型　46
- 2.4 基本排隊系統　48
  - 2.4.1 何謂排隊理論？　48
  - 2.4.2 基本排隊理論　48
  - 2.4.3 Kendall 記號　48
  - 2.4.4 Little 定理　49
  - 2.4.5 馬可夫過程　49
  - 2.4.6 出生死滅過程　49
  - 2.4.7 M/M/1/∞ 排隊系統　50
  - 2.4.8 M/M/S/∞ 排隊系統　55
  - 2.4.9 M/G/1/∞ 排隊系統　58
- 2.5 總結　64

2.6　參考文獻　64

2.7　習題　64

3　行動無線傳播　69

3.1　簡介　69

3.2　無線電波種類　69

3.3　傳播機制　70

3.4　自由空間傳播　71

3.5　地面傳播　74

3.6　路徑衰減　75

3.7　慢速衰落　78

3.8　快速衰落　80

　　3.8.1　包絡的統計特性　80

　　3.8.2　瞬時振幅的特性　84

3.9　Doppler 效應　86

3.10　延遲展延　88

3.11　符號間干擾　89

3.12　同調頻寬　90

3.13　共涌道干擾　91

3.14　總結　92

3.15　參考文獻　92

3.16　實驗　92

3.17　開放式專題　93

3.18　習題　94

4　通道編碼與錯誤控制　97

4.1　簡介　97

4.2　線性區塊碼　98

4.3　循環碼　104

4.4　循環冗餘檢查　105

4.5　迴旋碼　107

4.6　交錯器　110

4.7　渦輪碼　111

4.8　ARQ 技術　112

  4.8.1　停止並等待 ARQ 機制　113

  4.8.2　後退-N ARQ機制　114

  4.8.3　選擇重送 ARQ 機制　116

4.9　總結　117

4.10　參考文獻　118

4.11　實驗　118

4.12　開放式專題　120

4.13　習題　120

5　細胞式概念　123

5.1　簡介　123

5.2 細胞面積　123

5.3 信號強度與細胞參數　125

5.4 細胞容量　129

5.5 頻率重複使用　131

5.6 如何形成叢集　133

5.7 共通道干擾　136

5.8 細胞分裂　138

5.9 細胞分區　139

5.10 總結　142

5.11 參考文獻　142

5.12 實驗　143

5.13 開放式專題　144

5.14 習題　144

6 多重無線存取　149

6.1 簡介　149

6.2 多重無線存取協定　150

6.3 競爭式協定　151

 6.3.1 純 ALOHA　152

 6.3.2 時槽式 ALOHA　153

 6.3.3 CSMA　155

 6.3.4 CSMA/CD　159

 6.3.5 CSMA/CA　161

6.4　比較 CSMA/CD 與 CSMA/CA　166

6.5　總結　166

6.6　參考文獻　166

6.7　實驗　167

6.8　開放式專題　168

6.9　習題　169

7　多重分工技術　171

7.1　簡介　171

7.2　多重分工的概念與模型　172

　7.2.1　分頻多重存取　172

　7.2.2　分時多重存取　174

　7.2.3　分碼多重存取　177

　7.2.4　正交分頻多工　183

　7.2.5　空間分隔多重存取　185

　7.2.6　多重分工技術之比較　186

　7.2.7　正交分頻多重存取（OFDMA）　187

7.3　調變技術　189

　7.3.1　振幅調變　189

　7.3.2　頻率調變　190

　7.3.3　頻率移位鍵（FSK）　191

　7.3.4　相位移位鍵（PSK）　192

　7.3.5　四相位移位鍵（QPSK）　193

7.3.6　π/4QPSK　194

7.3.7　正交振幅調變（QAM）　195

7.3.8　16QAM　196

7.4　總結　197

7.5　參考文獻　197

7.6　實驗　197

7.7　開放式專題　198

7.8　習題　199

8　通道分配　201

8.1　簡介　201

8.2　靜態分配與動態分配　202

8.3　固定通道分配（FCA）　202

8.3.1　簡易借用方案　203

8.3.2　複雜借用方案　203

8.4　動態通道分配（DCA）　206

8.4.1　集中式動態通道分配方案　206

8.4.2　分散式動態通道分配方案　207

8.5　混合通道分配（HCA）　207

8.5.1　混合通道分配方案　208

8.5.2　彈性通道分配方案　209

8.6　特殊系統架構之分配　209

8.6.1　一維系統之通道分配　209

8.6.2 重複使用分割之通道分配 210

8.6.3 重疊細胞為基礎之通道分配 211

8.7 系統模型 213

8.7.1 基本模型 213

8.7.2 通道保留模型 215

8.8 總結 217

8.9 參考文獻 217

8.10 實驗 218

8.11 開放式專題 220

8.12 習題 220

9 行動通訊系統 225

9.1 簡介 225

9.2 細胞式系統的基礎建設 225

9.3 註冊 229

9.4 換手參數與底層支援 231

9.4.1 影響換手之參數 231

9.4.2 換手之底層支援 232

9.5 漫遊支援 234

9.5.1 本籍代理人、客籍代理人,以及行動 IP 236

9.5.2 骨幹路由器的再路由 238

9.6 多點傳送 239

9.7 超寬頻技術 243

9.7.1 UWB 系統的特色 243

9.7.2 UWB 信號的傳遞 244

9.7.3 UWB 技術的現況與應用 244

9.7.4 UWB 與展頻技術之差異 245

9.7.5 UWB 技術的優點 245

9.7.6 UWB 技術的缺點 246

9.7.7 UWB 技術的挑戰 246

9.7.8 未來方向 246

9.8 毫微微細胞網路 247

9.8.1 技術特點 247

9.8.2 所面對之難題 250

9.9 總結 252

9.10 參考文獻 252

9.11 實驗 254

9.12 開放式專題 255

9.13 習題 256

10 網路協定 259

10.1 簡介 259

10.1.1 第一層：實體層 260

10.1.2 第二層：資料連結層 261

10.1.3 第三層：網路層 261

10.1.4 第四層：傳輸層 261

10.1.5 第五層：會議層 262

10.1.6 第六層：表達層 262

10.1.7 第七層：應用層 262

10.2 TCP/IP 協定 262

10.2.1 實體層與資料連結層 263

10.2.2 網路層 263

10.2.3 TCP 265

10.2.4 應用層 265

10.2.5 使用 Bellman-Ford 演算法之路由 266

10.3 無線 TCP 267

10.3.1 無線 TCP 的需求 267

10.3.2 有線 TCP 的限制 267

10.3.3 無線環境的解決方案 268

10.3.4 連結層協定 269

10.4 Internet Protocol Version 6（IPv6） 270

10.4.1 從 IPv4 轉換至 IPv6 270

10.4.2 IPv6 標頭格式 272

10.4.3 IPv6 的特色 272

10.4.4 IPv6 與 IPv4 之間的差異 273

10.5 總結 273

10.6 參考文獻 274

10.7 實驗 275

10.8 開放式專題 275

10.9 習題 276

11 現有無線系統 279

11.1 簡介 279

11.2 AMPS 279

    11.2.1 AMPS 的特色 280

    11.2.2 AMPS 的運作 281

    11.2.3 AMPS 電話系統的一般運作 283

11.3 IS-41 284

    11.3.1 簡介 284

    11.3.2 支援操作 286

11.4 GSM 287

    11.4.1 頻率帶與通道 288

    11.4.2 GSM 的訊框 290

    11.4.3 GSM 系統所使用的識別號碼 290

    11.4.4 GSM 的介面、功能面與協定層 293

    11.4.5 換手 295

    11.4.6 簡訊服務 296

11.5 IS-95 297

    11.5.1 功率控制 302

11.6 IMT-2000 303

    11.6.1 國際上的頻譜分配 303

    11.6.2 第三代細胞式系統所提供的服務 304

    11.6.3 諧調 3G 系統 304

　　　　11.6.4　多媒體訊息服務　305

　　　　11.6.5　UMTS　306

　11.7　4G　312

　11.8　無線數位電視　316

　11.9　5G　318

　11.10　總結　320

　11.11　參考文獻　320

　11.12　習題　321

12　IEEE 802.11 技術與存取點　323

　12.1　簡介　323

　12.2　資訊的下行傳輸　324

　12.3　資訊的上行傳輸　328

　　　　12.3.1　以 RTS/CTS 的上行資訊傳輸　329

　12.4　802.11 系列協定的變形　330

　　　　12.4.1　IEEE 802.11b　333

　　　　12.4.2　IEEE 802.11g　333

　　　　12.4.3　IEEE 802.11n　333

　　　　12.4.4　IEEE 802.11ac　335

　12.5　WiFi 在飛機上的存取　338

　12.6　總結　338

　12.7　參考文獻　338

　12.8　實驗　339

12.9 開放式專題 339

12.10 習題 340

● ● ● ● ● ● ● ● ●

13 無線區域網路、無線個人網路、無線體域網路和無線大都會網路 341

13.1 簡介 341

13.2 ETSI HiperLAN 342

13.3 HomeRF 343

13.4 Ricochet 345

13.5 無線個人網路 347

13.6 IEEE 802.15.1（藍芽） 348

    13.6.1 藍芽系統之架構 351

    13.6.2 IEEE 802.15.3 355

    13.6.3 IEEE 802.15.4 357

13.7 ZigBee 362

13.8 無線體域網路 364

13.9 WMAN 使用 WiMAX 365

    13.9.1 MAC 層 365

    13.9.2 MAC 層的細節 366

    13.9.3 特定服務匯流子層 366

    13.9.4 共用部分子層 366

    13.9.5 實體層 370

    13.9.6 實體層的細節 370

13.10 WMAN 使用網狀網路　372

13.11 WMAN 使用 3GPP 與 LTE　375

13.12 WMAN 使用 LTE 與 LTE-A　377

13.13 總結　381

13.14 參考文獻　381

13.15 實驗　383

13.16 開放式專題　384

13.17 習題　384

14 衛星系統　**387**

14.1 簡介　387

14.2 衛星系統的類型　387

14.3 衛星系統的特色　393

14.4 衛星系統的基礎架構　395

14.5 通話建立　397

14.6 全球定位系統　399

　　14.6.1 GPS 的限制　402

　　14.6.2 GPS 的益處　404

14.7 A-GPS 與 E 911　405

14.8 使用衛星的網際網路存取　406

14.9 總結　406

14.10 參考文獻　407

14.11 實驗　407

14.12 開放式專題　408

14.13 習題　408

15　無線技術之最新進展　411

15.1 行動性和資源管理　411

 15.1.2 資源管理　412

 15.1.3 資源管理的最新發展　414

15.2 兩層式視覺感測網路　415

15.3 多媒體服務需求　418

 15.3.1 媒體編解碼器　419

 15.3.2 檔案格式　419

 15.3.3 超文件傳輸協定　419

 15.3.4 媒體控制協定　420

 15.3.5 會談啟始協定　420

 15.3.6 多媒體簡訊　420

15.4 指向性與智慧天線　421

 15.4.1 天線類型　421

 15.4.2 智慧天線和波束成形　422

 15.4.3 智慧天線與空間分隔多重存取　423

15.5 編碼在無線多重跳接式網的應用　424

15.6 延遲容忍網路和行動機會式網路　428

15.7 第五代（5G）和之後　429

15.8 低功耗設計　431

15.9 可擴展標記語言（XML） 432

  15.9.1 超文本標記語言 vs. 標記語言 432

  15.9.2 WML：無線手持設備 XML 的應用 433

15.10 Android、iOS、iPad、iPhone 與 iPod 434

15.11 物聯網、物聯全球資訊網和社交網路 436

15.12 總結 439

15.13 參考文獻 440

15.14 開放式專題 444

15.15 習題 445

● ● ● ● ● ● ● ●

附錄 **447**

索引 **453**

Chapter 01

緒　論

1.1　細胞式系統的歷史

長距離通訊起源於電報的問世及用於傳送簡訊的脈衝編碼技術，爾後諸多科技的進展使各種資訊得以更便利、更迅速與更可靠的傳輸。關於電信領域是如何演進以及電話是如何便利地傳送聲音信號，兩者都可追溯悠久歷史。因硬體連結與電子交換技術，使數位資料得以傳輸。因網際網路的使用，為有線通訊領域帶來新的面向，包括語音與資料的使用。而與有線通訊並行發展的還有無線傳輸技術，透過無線傳輸大幅地改變人類生活與通訊的方式。無線通訊的各種創新亦注入新的應用領域 [1.1]。表 1.1 列出無線通訊的演進時程表，並且清楚地標示不同時間點的特定事件 [1.2]。表 1.2 條列不同應用所分配到的無線電頻率（RF）帶 [1.3]。

儘管無線系統已廣泛使用好一陣子，幾個明顯用途，包括車庫電動門及**無線電話**（cordless telephones），然此技術直到最近才被大眾所注意，主要是因為平價化的無線電話大受歡迎，讓使用者從一處移至另一地點仍可持續使用同一聯絡號碼，見圖 1.1。無線系統也是經過長時間的演變，表 1.3 及表 1.4 分別列出第一代（1G）及第二代（2G）細胞式系統（即北美以外的行動電話系統）的發展進程。

第一代無線系統主要是使用**分頻多工**（frequency division multiplexing; FDM）來進行語音通訊。為有效使用通訊通道，第二代系統改採用**分時多工**（time division multiplexing; TDM），使其能處理資料這一部分。演進至第三代（3G）系統是為了滿足整合語音、資料及多媒體流量的需求。無論如何，因為通道容量仍是有限的，如何壓縮又不破壞信號品質始終是重要課題。

第二代無線系統是設計用於室內與交通工具中進行的語音通訊。因越來越多人能接受行

表 1.1　無線通訊的歷史

年份	事件與特性
1860	馬克斯威爾（Maxwell）有關電與磁場的方程式
1880	赫茲（Hertz）—展示無線通訊的實用
1897	廠商Marconi—發送無線電至一艘拖船，行經18英里長的路徑
1921	底特律警察局—發放警察車用無線電（2 MHz 頻率帶）
1933	聯邦通信委員會（FCC）—在 30 至 40 MHz 範圍之間授權4個通道
1938	FCC—規範一般服務
1946	貝爾電話實驗室—152 MHz（單工）
1956	FCC—450 MHz（單工）
1959	貝爾電話實驗室—建議 32 MHz 頻帶用於高容量行動無線通訊
1964	FCC—152 MHz（雙工）
1964	貝爾電話實驗室—致力於 800 MHz 之研究
1969	FCC—450 MHz（雙工）
1974	FCC—800 至 900 MHz 範圍的 40 MHz 頻寬分配
1981	FCC—釋放 800 至 900 MHz 範圍的 40 MHz 頻寬於商業用途之細胞式行動電話服務
1981	AT&T 與 RCC 達成協議，將 40 MHz 頻譜切成兩段 20 MHz 頻帶。頻帶 A 歸無線業者（RCC），而頻帶 B 歸有線業者（電話公司）。各市場有兩個業者
1982	AT&T 出售，七家區域 Bell 營運公司（RBOC）專營行動電信業務
1982	美國司法部與 AT&T 達成協議簽訂「修正最後判決書」（MFJ），七家 RBOC 則被限制禁止進入：(1) 長途電話市場及電信設備製造產業；(2) 提供資訊服務；(3) 電腦製造業
1983	Ameritech 系統在芝加哥營運
1984	絕大多數 RBOC 市場開始營運
1986	FCC 分配 5 MHz 於擴充頻帶
1987	FCC 開放小型都會服務區域與所有郊區服務區域執照
1988	TDMA 獲選為北美數位行動通訊標準
1992	GSM 可於德國 D2 系統上運作
1993	CDMA 獲選為另一個北美的數位行動通訊標準
1994	美國 TDMA 在華盛頓、西雅圖營運
1994	PDC 在日本東京營運
1994	拍賣六張寬頻 PCS 執照頻帶中的兩張
1995	CDMA 在香港營運
1996	美國通過電信重組法案
1996	六個寬頻 PCS 執照頻帶（120 MHz）拍賣金額幾乎高達 200 億美元
1997	於韓國所舉辦的 UMTS 會議考慮將寬頻 CDMA 做為 UMTS 3G 行動通訊技術之一
1999	聯合國 ITU 決定下一世代行動通訊系統（譬如 W-CDMA、cdma 2000、TD-SCDMA）
2001	W-CDMA 商用服務十月在日本與歐洲開始營運
2002	W-CDMA 商用服務在南韓開始營運 FCC 分配 5MHz 給超寬頻
2003	CDMA2000 商用服務在美國開始營運
2009	CDMA200 和 W-CDMA 商用服務在中國開始營運 FDD-LTE 在瑞典開始營運
2010	FDD-LTE 商用服務在美國開始營運
2011	FDD-LTE 商用服務在南韓開始營運
2013	TD-LTE 商用服務在中國開始營運

資料來源：*Mobile Communications Engineering: Theory and Applications* by Lee. Copyright 1997.

表 1.2 美國頻率分配（3 kHz-300 GHz）

應用	頻率帶	單位
航空行動	200~285, 325~415	kHz
航空行動	2.85~3.155, 3.4~3.5, 4.65~4.75, 5.45~5.73, 6.525~6.765, 8.815~9.040, 10.005~10.1, 11.175~11.4, 13.2~13.36, 15.10~15.10, 17.9~18.03, 21.924~22.0, 23.2~23.35, 117.975~137.0, 849~851, 894~896	MHz
航空行動衛星	1545~1559（太空到地球）	MHz
航空無線電導航	190~285, 285~405（無線電信標）, 415~495, 510~535（無線電信標）	kHz
航空無線電導航	74.8~75.2, 108.0~117.975, 328.6~335.4, 980~1215, 1300~1350, 2700~2900	MHz
航空無線電導航	3.5~3.65（地面）, 4.2~4.4, 5.0~5.15, 5.35~5.46, 9.0~9.2, 13.25~13.4, 15.4~15.7	GHz
業餘	1800~1900	kHz
業餘	3.5~4.0, 7.0~7.3, 10.01~10.05, 14.0~14.35, 18.068~18.168, 21.0~21.45, 24.89~24.99, 28.0~29.7, 50.0~54.0, 144.0~148.0, 216.0~220.0, 222.0~225.0, 420.0~450.0, 902.0~928.0, 1240~1300, 2300~2310, 2390~2450	MHz
業餘	3.3~3.5, 5.56~5.925, 10.0~10.5, 24.0~24.05, 47.0~47.2, 75.5~81.0, 119.98~120.02, 142.0~149.0, 241.0~250.0	GHz
業餘衛星	7.0~7.1, 14.0~14.25, 18.068~18.168, 21.0~21.45, 24.89~24.99, 28.0~29.7, 144.0~146.0	MHz
業餘衛星	5.83~5.85, 10.45~10.5, 24.0~24.05, 47.0~47.2, 75.5~76.0, 77.0~81.0, 142.0~149.0, 241.0~250.0	GHz
廣播	535~1705（AM無線電）	kHz
廣播	5.90~6.2, 7.3~7.35, 9.4~9.9, 11.6~12.10, 13.57~13.87, 15.10~15.8, 17.48~17.9, 18.9~19.02, 21.45~21.85, 25.67~26.1, 54.0~72.0（電視頻道 2-4）, 76.0~88.0（電視頻道 5-6）, 88.0~108.0（FM 無線電）, 174.0~216.0（電視頻道 7-13）, 470.0~512.0（電視頻道 14-20）, 512.0~608.0（電視頻道 21-36）, 614.0~698（電視廣播）, 698~764, 776~794, 40.5~42.5, 84.0~86.0	MHz
廣播衛星	2310~2360, 2655~2690	MHz
廣播衛星	12.2~12.7, 17.3~17.7, 40.05~42.5, 84.0~86.0	GHz
地球探測衛星	2025~2110, 2200~2290, 2655~2700	MHz
地球探測衛星	8.025~8.4, 10.6~10.7, 31.3~31.8, 36.0~37.0, 40.0~40.5, 50.2~50.4, 52.6~59.3, 65.0~66.0, 86.0~92.0, 100.0~102.0, 105.0~126.0, 150.0~151.0, 164.0~168.0, 174.0~176.0, 182.0~185.0, 200.0~202.0, 217.0~231.0, 235.0~238.0, 250.0~252.0	GHz
固定	14.0~19.95, 20.05~59.0, 61.0~90.0, 110.0~190.0, 1705.0~1800.0, 2000.0~2065.0, 2107.0~2170.0, 2194.0~2495.0, 2505.0~2850.0	kHz
固定	3.155~3.4, 4.0~4.063, 4.438~4.65, 4.75~4.995, 5.005~5.45, 5.73~5.95, 6.765~7.0, 7.3~8.195, 9.040~9.5, 9.9~9.995, 10.15~11.175, 11.4~11.65, 12.05~12.23, 13.41~13.6, 13.8~14.0, 14.35~14.990, 15.6~16.36, 17.41~17.55, 18.03~18.068, 18.168~18.78, 18.9~19.68, 19.80~19.990, 20.010~21.0, 21.85~21.924, 22.855~23.2, 23.35~24.89, 25.33~25.55, 26.48~26.96, 27.32~28.0, 29.8~37.0, 38.0~39.0, 40.0~43.69, 46.6~47.0, 49.6~50.0, 72.0~73.0, 74.6~74.8, 75.2~76.0, 138.0~144.0, 148.0~149.9, 150.05~152.866, 154.0~156.2475, 157.45~161.575, 162.0125~174.0, 216.0~222.0, 225.0~328.6, 335.4~399.9, 406.1~420.0, 454.0~455.0, 456.0~462.5375, 462.7375~467.5375, 467.7375~512.0, 698.0~821.0, 824.0~849.0, 851.0~866.0, 869.0~894.0, 896.0~902.0, 928.0~960.0, 1350.0~1395.0, 1427.0~1435.0, 1670.0~1675.0, 1700.0~2000.0, 2020.0~2025.0, 2110.0~2180.0, 2200.0~2300.0, 2305.0~2390.0, 2450.0~2483.5, 2500.0~2690.0	MHz

（續）

表 1.2 美國頻率分配（3 kHz-300 GHz）（續）

應用	頻率帶	單位
	3.65~4.2, 4.4~4.99, 5.925~6.425, 6.525~8.5, 10.55~10.68, 10.7~11.7, 12.2~13.25, 14.4~15.35, 17.7~18.3, 19.3~19.7, 21.2~23.6, 24.25~24.45, 25.05~29.5, 31.0~31.3, 36.0~40.0, 40.543.5, 46.9~47.0, 47.2~50.2, 50.4~52.6, 55.78~66.0, 71.0~75.5, 81.086.0, 92.095.0, 102.0~105.0, 116.0~134.0, 149.0164.0, 168.0~182.0, 185.0~190.0, 200~217.0, 231.0~241.0, 265.0~300.0	GHz
固定衛星	1390~1392, 1430~1432, 2500~2690	MHz
	3.6~4.2, 4.5~4.8, 5.15~5.25, 5.85~7.075, 7.25~7.75, 7.90~8.4, 10.7~12.2, 12.7~13.25, 13.75~14.5, 15.43~15.63, 17.3~21.2, 24.75~25.25, 27.5~31.0, 37.6~41.0, 42.5~45.5, 47.2~50.2, 50.4~51.4, 71.0~75.5, 81.0~84.0, 92.0~95.0, 102.0~105.0, 149.0~150.0, 151.0~164.0, 202.0~217.0, 231.0~241.0, 265.0~275.0	GHz
衛星對衛星	22.55~23.55, 24.45~24.75, 25.25~27.5, 32.0~33.0, 54.25~58.2, 59.071.0, 116.0~134.0, 170.0~182.0, 185.0~190.0	GHz
	2107~2170, 2194~2495, 2505~2850	kHz
地面行動	25.01~25.07, 25.21~25.33, 26.175~26.48, 27.41~27.54, 29.7~29.8, 30.56~32.0, 33.0~34.0, 35.0~36.0, 37.0~38.0, 39.0~40.0, 42.0~46.6, 47.0~49.6, 150.8~156.2475, 157.1875~161.575, 161.625~162.0125, 173.2~173.4, 220.0~222.2, 450.0~512.0, 806.0~849.0, 851.0~894.0, 896.0~901.0, 931.0~932.0, 935.0~941.0, 1395.0~1400.0, 1427.0~1432.0	MHz
地面行動衛星	14.0~14.5	GHz
海上行動	14~19.95, 20.05~59.0, 61.0~90.0, 110.0~190.0, 415.0~495.0, 505.0~525.0, 2000.0~2065.0, 2065.0~2107.0（電話）, 2107.0~2170.0, 2170.0~2173.0（電話）, 2190.0~2194.0（電話）, 2194.0~2495.0, 2505.0~2850.0	kHz
	4.0~4.438, 6.2~6.525, 8.1~8.815, 12.23~13.2, 16.36~17.41, 18.78~18.9, 19.68~19.80, 22.0~22.855, 25.07~25.21, 26.1~26.175, 156.2475~157.1875, 161.575~161.625, 161.775~162.0125	MHz
海上行動衛星	1530.0~1544.0	MHz
海上無線電導航	275~335	kHz
	3.0~3.1, 9.2~9.3	GHz
氣象輔助	400.15~406.0, 1668.4~1670.0, 1675.0~1700.0, 2700.0~2900.0	MHz
	5.6~5.65, 9.3~9.5	GHz
氣象衛星	400.15~403.0, 460.0~470.0, 1675~1710	MHz
	7.45~7.55, 8.175~8.215	GHz
行動	495~505, 525~535, 1605~1615, 1705~1800, 2000~2065, 2107~2170, 2173.5~2190.5, 2194~2495, 2505~2850	kHz
	3.155~3.4, 4.438~4.65, 4.75~4.995, 5.065~5.45, 5.73~5.95, 6.765~7.0, 7.3~8.1, 10.15~11.175, 13.41~13.6, 13.8~14.0, 14.35~14.990, 18.168~18.78, 20.010~21.0, 23.0~23.2, 23.35~24.89, 25.33~25.55, 26.48~26.95, 26.96~27.41, 27.54~28.0, 29.89~29.91, 30.0~30.56, 32.0~33.0, 34.0~35.0, 36.0~37.0, 38.0~39.0, 40.0~42.0, 46.6~47.0, 49.6~50.0, 72.0~73.0, 74.6~74.8, 75.2~76.0, 138.0~144.0, 148.0~149.9, 150.05~150.8, 162.0125~173.2, 173.4~174.0, 216.0~220.0, 225.0~328.6, 335.4~399.9, 406.1~410.0, 698~806, 901~902, 930~931, 1350~1395, 1432~1535, 1670~1675, 1710~2000, 2020~2155, 2160~2180, 2290~2390	MHz
	3.65~3.7, 4.4~4.99, 6.425~6.525, 6.875~7.125, 11.7~12.2, 12.7~15.35, 21.2~23.6, 25.25~29.5, 31.0~31.3, 36.0~40.0, 40.5~43.5, 45.5~47.0, 47.2~50.2, 50.4~52.6, 55.78~75.5, 81.0~86.0, 92.0~100.0, 116.0~142.0, 149.0~151.0, 168.0~182.0, 185.0~217.0, 231.0~241.0, 252.0~300.0	GHz

■ 表 1.2　美國頻率分配（3KHz-300GHz）（續）

應用	頻率帶	單位
行動衛星	137.0~138.0, 148.0~150.05, 235.0~322.0, 335.4~400.05, 400.15~401.0, 406.0~406.1, 1525~1558.5, 1610.0~1660.5, 2000.0~2020.0, 2180.0~2200.0, 2483.5~2500.0	MHz
	7.25~7.75, 7.90~8.4, 19.7~21.2, 29.5~31.0, 39.5~40.5, 43.5~47.0, 50.4~51.4, 66.0~74.0, 81.0~84.0, 95.0~100.0, 134.0~142.0, 190.0~200.0, 252.0~265.0	GHz
無線電天文學	13.38~13.41, 25.55~25.67, 37.5~38.25, 73.0~74.6, 149.9~150.05, 406.1~410.0, 608.0~614.0, 1400.0~1427.0, 1610.6~1613.8, 1660.0~1670.0, 2655.0~2700.0	MHz
	4.99~5.0, 10.6~10.7, 15.35~15.4, 22.21~22.5, 23.6~24.0, 31.3~31.8, 42.5~43.5, 86.0~92.0, 105.0~116.0, 164.0~168.0, 182.0~185.0, 217.0~231.0, 265.0~275.0	GHz
衛星無線電測定	1610.0~1626.5, 2483.0~2500.0	MHz
無線電定位	70.0~90.0, 110.0~130.0, 1705.0~1800.0, 1900.0~2000.0	kHz
	3.230~3.4, 216.0~225.0, 420.0~450.0, 902.0~928.0, 1215.0~1390.0, 2305.0~2385.0, 2417.0~2483.5, 2700.0~3000.0,	MHz
	3.0~3.65, 5.25~5.85, 8.5~10.55, 13.4~14.0, 15.7~17.7, 24.05~24.25, 33.4~36.0, 59.0~64.0, 76.0~81.0, 92.0~100.0, 126.0~142.0, 144.0~149.0, 231.0~235.0, 238.0~248.0	GHz
無線電定位衛星	24.65~24.75	GHz
無線電導航	9~14, 90~110, 405~415	kHz
	5.46~5.47, 9.3~9.5, 14.0~14.2, 24.45~24.65, 24.75~25.05, 31.8~32.0, 32.0~32.3, 32.3~33.0, 33.0~33.4, 66.0~71.0, 95.0~100.0, 134.0~142.0, 190.0~200.0, 252.0~265.0	GHz
無線電導航衛星	149.0~150.05, 399.9~400.05, 1215.0~1240.0, 1559.0~1610.0	MHz
	45.5~47.0, 66.0~71.0, 95.0~100.0, 134.0~142.0, 190.0~200.0, 252.0~265.0	GHz
太空運作	137.0~138.0, 400.15~402.0, 2025.0~2110.0, 2200.0~2290.0	MHz
太空研究	2.501~2.505, 5.003~5.005, 10.003~10.005, 15.005~15.010, 19.990~19.995, 20.005~20.010, 25.005~25.01, 137.0~138.0, 400.15~401.0, 410.0~420.0, 1400.0~1427.0, 1660.5~1668.4, 2025.0~2110.0, 2200.0~2300.0, 2655.0~2700.0	MHz
	4.99~5.0, 7.19~7.235, 8.4~8.5, 10.6~10.7, 12.75~14.2, 14.5~15.4, 16.6~17.1, 17.2~17.3, 18.6~18.8, 21.2~21.4, 22.21~22.5, 23.6~24.0, 31.3~32.3, 36.0~38.0, 40.0~40.5, 50.2~50.4, 52.6~59.3, 65.0~66.0, 86.0~92.0, 100.0~102.0, 105.0~126.0, 150.0~151.0, 164.0~168.0, 174.0~176.5, 182.0~185.0, 200.0~202.0, 217.0~231.0, 235.0~238.0, 250.0~252.0	GHz
標準頻率和時間信號衛星	19.95~20.05, 59.0~61.0, 2495.0~2505.0	kHz
	4.995~5.005, 9.995~10.005, 14.990~15.010, 19.990~20.010, 24.99~25.01, 400.05~400.15	MHz
	13.4~14.0, 20.2~21.2, 25.25~27.0, 30.0~31.3	GHz

資料來源："FCC Online Table of Frequency Allocations," 47 C.F.R. § 2.106, Revised on January 25, 2010, http://www.fcc.gov/oet/spectrum/,http://www.ntia.doc.gov/osmhome/allochrt.pdf, http://en.wikipedia.org/wiki/Ultra_high_frequency and Thomas W. Hazlett, "Optimal Abolition of FCC Spectrum Allocation," *Journal of Economic Perspectives*—Volume 22, Number 1—Winter 2008—Pages 103-128.

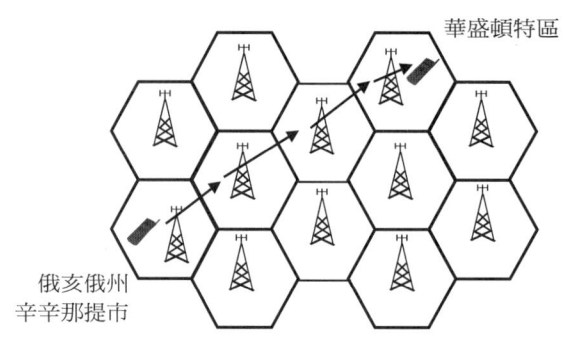

▣ 圖 1.1　在無線與行動系統使用電話號碼

▐▀ 表 1.3　第一代無線系統與服務

年份	事件
1970s	發展用於 800/900 MHz 行動通訊之無線電與電腦技術
1976	WARC 會議分配細胞式無線電之頻譜
1979	NTT 於日本推出第一個細胞式系統
1981	易利信無線電系統 AB 推出 NMT 900 系統，並建置於北歐斯堪的那維亞半島
1984	AT&T 於北美推出 AMPS 系統

▐▀ 表 1.4　第二代無線系統與服務

年份	事件
1982	CEPT 會議制訂 GSM 做為未來泛歐洲之細胞式無線電標準
1990	TIA 採用 IS-54
1990	TIA 採用 IS-19B（窄頻 AMPS）
1991	日本 MPT（電信郵政部）將 PDC 系統標準化
1992	GSM 系統 Phase I 開始營運
1993	TIA 採用 IS-95（CDMA）
1994	TIA 採用 IS-136
1995	PCS 執照在北美發放
1996	GSM 系統 Phase II 開始營運
1997	北美 PCS 建置 GSM、IS-54 與 IS-95
1999	IS-54：用於北美；IS-95：用於北美、香港、以色列、日本、南韓與中國；GSM：用於 110 個國家

動通訊網路所帶來的便利服務,亦產生對高頻寬無線多媒體服務的需求。這些新需求要靠新一代高速行動基礎建設網路來提供,包括高流量能力與具彈性的通訊頻寬或服務。另外,要隨時存取網際網路及多媒體資料傳輸,兩者都需使用到衛星通訊。因此,第三代系統(IMT-2000: International Mobile Telecommunications 2000)不僅需要支援即時資料傳輸,也要相容於第二代系統。第三代系統可分為兩個學派,在美國大部分的人使用 CDMA2000 作為基礎技術,但歐洲及日本卻認為 W-CDMA 才是未來的趨勢。基本上來說,兩系統是相似的,僅在實作上有所差異。表1.5 至 1.7 為當初設計時考量的因素及所期待的特色。這就好比「無線」和「行動」系統之間也有著微妙的差異,一個系統可以是固定的但無線,或一個系統能移動但有線。在本書中,我們將不會刻意去區分無線與行動兩者的差異,但會交替使用。

表 1.5 第三代無線系統與服務

IMT-2000	滿足任何地點、任何時間的通訊夢想
主要特色	- 高度全球化的設計共通性 - 與 IMT-2000 和固定網路之相容 - 高品質 - 小型裝置 - 全球漫遊能力 - 多媒體應用能力與一系列可用的服務與終端設備
重要元件	- 固定環境可達 2 Mbps - 室內／戶外環境可達 384 kbps - 車用環境可達 144 kbps
標準化工作	- 進展中(參見表 1.6)
服務時程	- 日本已於 2001 年十月啟用(W-CDMA) - 歐洲已於 2001 年十二月啟用 - 南韓已於 2002 年一月啟用 - 美國已於 2003 年十月啟用 - 中國已於 2009 年四月啟用

表 1.6 第四代無線系統與服務

IMT-Advanced	
主要特色	- 高速通訊 - 高品質 - 寬頻 - 整合多種業務 - 相容性佳 - 通道相關排程 - 連結適應 - 因為移動性,使用移動 IP - 以 IP 為基礎的毫微微細胞
存取技術	- FDD-LTE - TD-LTE

(續)

IMT-Advanced	
重要元件	- FDD-LTE：上行速率 150 Mbps；下行速率 40 Mbps - TD-LTE：上行速率 100 Mbps；下行速率 50 Mbps
服務時程	- FDD-LTE：瑞典已於 2009 年十二月啟用 - FDD-LTE：美國已於 2010 年底啟用 - FDD-LTE：南韓已於 2011 年七月啟用 - TD-LTE：中國已於 2013 年十二月啟用

表 1.7　3GPP 發布日期及內容 [1.20,1.21]

3GPP 版本	發布日期	概要
3GPP 版本 99	1999	UMTS 標準的第一個版本
3GPP 版本 4	2001	起初稱為版本 2000，增加的包括 all-IP 核心網路
3GPP 版本 5	2002	介紹 IP 多媒體子系統（IMS）和高速下行封包存取（HSDPA）
3GPP 版本 6	2004	加上無線區域網路和 UMTS 整合運作，加上增強的 IMS（如一按通）和通用存取網路（GAN），同時也增加了高速上行封包存取（HSUPA）
3GPP 版本 7	2007	改善了網路電話（VoIP）應用的服務品質（QoS），高速封包存取演進（HSPA+）和GSM增強數據率演進（EDGE）的改變，並且提供可和近距通訊（NFC）技術操作的介面
3GPP 版本 8	2008	詳述長期演進／系統結構演進（LTE/SAE），all-IP 網路架構提供了 LTE 及它未來演進的容量和低延遲需求
3GPP 版本 9	2009	增強 SAE 且增加全球互通微波存取（WiMAX），以及 LTE/UMTS 之間的互通性
3GPP 版本 10	2011	LTE-A 符合 IMT Advanced 4G 之要求，且向下相容 3GPP 版本 8 (LTE)。多細胞 HSDPA（4 個載波）
3GPP 版本 11	2012	先進的 IP 互聯服務。各國際營運商之間及第三方應用提供商之間的服務層連結。異質網絡（Heterogeneous Networks; HetNet）的改進，協調多點操作（Coordinated Multi-Point Operation; CoMP）。設備中的共存（In-Device Co-Existence; IDC）
3GPP 版本 12	預計 2014	內容未定

　　無線電話不僅便利，亦提供彈性與多用途。是以此技術一向有眾多的服務提供者與使用者。圖 1.2 整理一些過去的數據與未來預測。一般認為，第三代無線系統將具有許多子系統來涵蓋不同的需求、特色與使用範圍（見圖 1.3）。**細胞**（cell）一詞基本上表示傳輸點所能覆蓋的範圍，此點通常稱為**基地台**（base station; BS），而**微微**（pico）、**微**（micro）、**巨**（macro）等詞則用來表示不同的覆蓋範圍。圖 1.4 為不同無線電系統所支援的移動性和資料傳輸率。接下來將討論因應不同需要而發展出的各種無線技術。

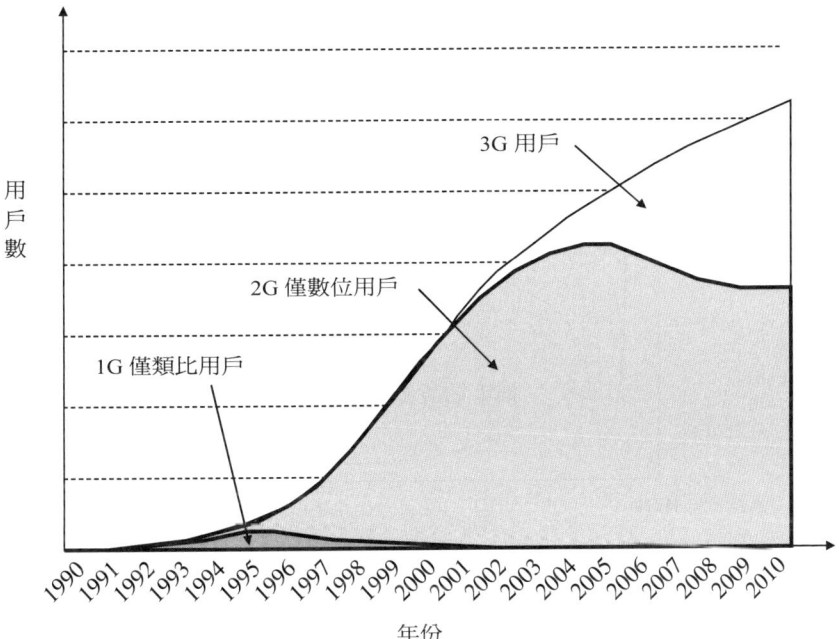

圖 1.2 無線電話的用戶成長

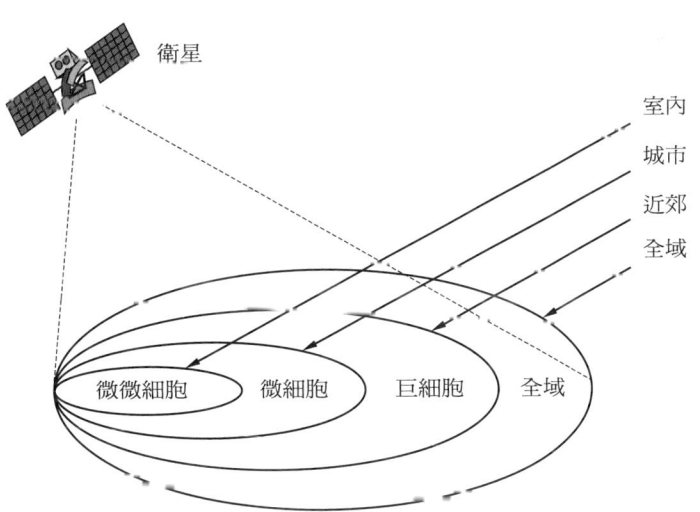

圖 1.3 第三代無線通訊系統的覆蓋範圍示意圖

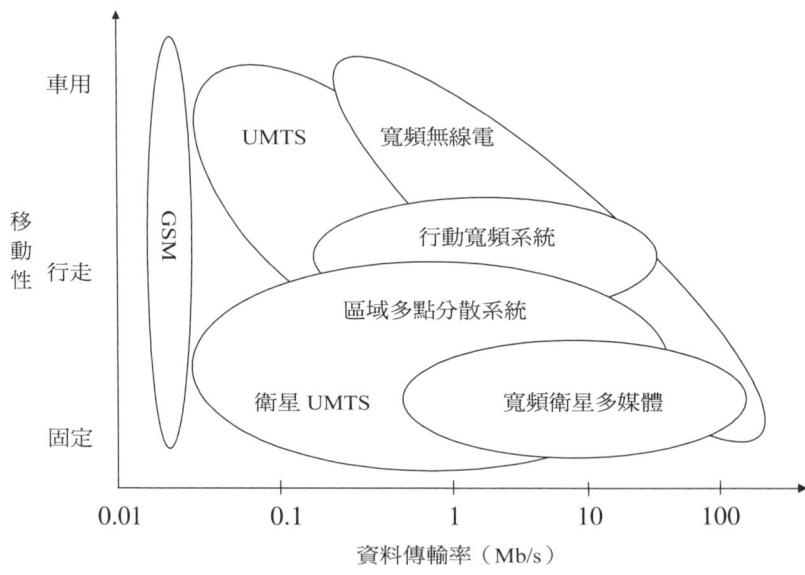

圖 1.4 某些無線電系統的資料傳輸率和移動性

有不同細胞大小的需求是因為在某些區域，譬如市中心或大型企業，是由較小的細胞來服務大量的無線電話使用者，這使得每個細胞需擁有較多的通道數量，且不一定跟細胞大小有關。其概念是為每位用戶維持均等的通道數量，盡可能使所有區域都有一致的話務品質。

1.2 細胞式系統的特色

網路的特色取決於其所應用的類型，表 1.8 列出主要應用及其特色 [1.1]。其中一個主要的需求分界點是此系統是家用或業界系統、是商用或個人環境（見表 1.9）。在家庭環境中，集中式存取點（access point; AP）負責與多種家用裝置通訊，並透過區域性的無線模式來控制它們。此應用不僅讓各裝置之間能更緊密地配合，甚至能透過語音或簡訊方式來遠端操控家用 AP。類似的機制亦可以套用在工業界，許多企業在共推藍芽計畫以達成上述的無線控制。譬如，系統可提供一個手環來持續監控各種身體機能參數，進而採取適當動作（包括通知家庭醫師此健康問題），當然這樣的描述離完整運作還有很多努力的空間。要設計一通用型系統且支援隨插即用能力，是需要透過標準化及具備必要的基礎建設以提供網際網路存取、聲音／影像編輯，以及分散式策略決策軟體。無線通訊在諸多領域都很熱門，包括商業、醫療、教育及軍事防禦。舉個簡單的例子，當醫生在為病患進行診斷時，可以同時接受來自世界各地之醫學專家的建議（見圖 1.5）。

表 1.8　無線科技與其特色

技術	服務或特色	覆蓋區域	限制	例子
細胞式	透過手持電話進行語音與資料傳送	大都會環境	對於需要大量資料的應用來說，可用頻寬很低	行動電話、PDA
無線區域網路	傳統區域網路加上無線介面	僅用於區域環境	有限的範圍	NCR的Wavelan、Motorola 的 ALTAIR、Proxim 的 range LAN、Telesystem 的 ARLAN
GPS	協助決定三度空間之定位、速率與時間	地表上任何地方	並非每個人都負擔得起	GNSS, NAVSTSR, GLONASS
以衛星為主的 PCS	主要是語音傳呼與傳訊的應用	幾乎是地球上任何地方	成本昂貴	Iridium 衛星通訊系統、Teledesic 低軌衛星通訊系統
Ricochet	從遠端以高速、安全、行動地存取本機電腦	部分主要城市、機場與大學校園	有傳輸限制 環境因素會影響品質	微細胞式資料網路（MCDN）
家庭網路	連結家中各種PC，以共享檔案與裝置	家中任何地方	限制在家用範圍	Netgear Phoneline 10X, Intel AnyPoint Phoneline Home Network, 3Com Home Connect Home Network Phoneline
Ad hoc 網路	一群人可聚在一起暫時共享資料	相同於區域網路，但無固定基礎建設	有限的範圍	國防應用
WPAN（藍芽）	所有數位裝置不必透過纜線即可連結	私有 ad hoc 網路	由於使用短距無線連結，範圍有限	家用裝置
感測網路	大量具有無線能力之微小感測器	小區域	很有限的範圍	國防與城市應用

資料來源：L. Malladi and D. P. Agrawal, "Current and Future Applications of Mobile and Wireless Networks" *Communications of the ACM*, 45:10, October 2002, pp. 144-146. (c) 2004 ACM, Inc.

表 1.9　無線與行動系統的特色

公共領域	交通資訊系統、個人安全、災害資訊系統
商務領域	行動影音電話、視訊會議、資料庫電子郵件
私人領域	資訊服務、隨選音樂、互動式電視、互動式電玩、隨選視訊、電子報與電子書、購物、家庭教育系統、傳呼器的資訊服務、新聞、天氣預報、金融資訊

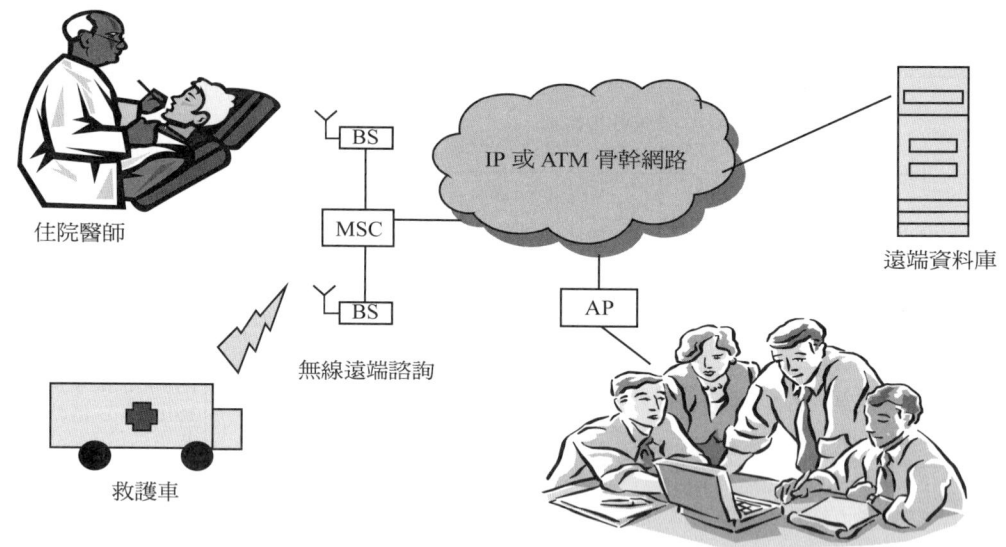

圖 1.5　一個醫療與保健應用的例子

商用環境涵蓋諸多議題，包括系統的範圍，所建置的分散式基礎建設的數量（APs），以及每個 AP 的用戶數。以百貨公司而言，每一樓層可能會有一台 AP；但以廠房而言，每一樓層要配有數台距離均散的 AP 之需求，以便讓使用者隨時都有 AP 可以連接。因此，通道頻寬需求與 AP 之間通道的調配決定系統的複雜度。通訊可能是純語音或純資料封包，或兩者混合。不論是**連接導向式**（connection-oriented）或非連接導向式的無線交換技術，資料封包的遺失都是不可接受的。因此，傳輸及接收資料的正確性在各種應用中都是很重要的。一種新的高速技術〔**WiMAX**（Worldwide Interoperability for Microwave Access）〕正被提出用來覆蓋較大的範圍，譬如大型都會區域。

在國防應用上，有效的通訊可透過基礎建設系統或利用分散式無基礎架構（ad hoc）網路中所形成的鄰近行動用戶或無線裝置，我們用行動台（MS）的通稱表示任一個有無線電的行動裝置，並可能包含衛星系統。在 ad-hoc 網路，資訊傳遞是透過同儕（peer-to-peer，俗稱 P2P）模式，並在覆蓋範圍大小與電力消耗之間作取捨。其他議題則包括基於流量的位址及型態（語音、影像、聲音或資料）進行通道分配，路由技術及移動樣式（譬如移動速度、移動方向等）。目前尚不清楚如何最佳化電力使用、路由表大小、每個傳輸時段路徑的持續性，及一對一傳送（unicasting）與一對多傳送（multicasting）的多樣性。譬如處理壅塞、資源超載、協定應用，以及佇列長度等議題都應詳加考慮。

在所有系統中,安全(包括授權與加密)是很關鍵的,然而此部分的硬體及軟體資源的投入是很昂貴的,並會影響到通道頻寬及資訊內容。通常各種層級的安全是有幫助與必要的。在所有系統中,移動性也是不可或缺的要件,可依個人、裝置及服務的移動性來加以區分。**換手**(handoff)的效果需從各種網路層面來檢視,且應儘量減少變動所使用到的無線電資源。為使換手及交換過程的頻率降至最低,可使用**巨細胞**(macrocellular)基礎建設及**多階層重疊**(multilevel overlapped)機制,以服務不同移動樣式的用戶。不過,實際上一個典型的用戶平均每天使用行動電話一分鐘,在取捨價格與效能之間遂促成使用較小的細胞。其概念是使用大量的小細胞,讓每個細胞能有效地覆蓋該區域的用戶。

無線系統被期待能提供「任何時間、任何地點」的服務,也因為此特色使其成為非常受歡迎的技術,尤其是在軍事與國防領域,以及其他可能危害生命的應用,包括核電、航空及緊急醫療。表 1.10 整理出不同無線技術及其可能的應用。但是,對日常生活的我們而言,可能用不著「任何時間、任何地點」的特色。就拿上網來說,「大部分時候」或「大部分時間」就應該足夠,譬如你可以等待足夠靠近某一台 AP 再使用無線上網 [1.4]。另外,當在 AP 有效範圍的路徑及**同步時間限制**(synchronized time constraints)內,資料即能順利到達 AP 端(自動地路由),手機(MS)端其實並不需要等候資料傳輸完整結束。再者,應強調具延展性的通訊典範,期能連結至多個目的端並支援分散式風格的查詢。要能夠在正確的時間點傳送資料,需付出相對應代價。因此,設計有效的協定是一個挑戰,畢竟使用者並不一定要隨時隨地連線上網。

■ 表 1.10　各種不同服務的可能應用

無線特色	電子郵件	WMAN/WLAN	GPS	衛星為主的 PCS
應用領域	外勤服務 - 銷售業 - 運輸業 - 零售業 - 公共安全 - 股市交易 - 航務 - 付款 催帳	- 零售業 - 倉儲業 - 製造業 - 學生 - 遠距醫療 - 醫院 - 辦公室 - 保健	- 調查 - 租車公司 - 過路費收集 - 運動	- Iridium 衛星通訊系統 - Teledesic 低軌衛星通訊系統

1.3 細胞式系統的基礎

如之前所討論的,有許多方式可以提供無線及行動通訊,而每一種方式都有其相對的優缺點。譬如,家用的低功率無線電話亦使用無線技術,不過它的發送器功率較小,因此覆蓋範圍很有限。實際上，這樣的覆蓋範圍讓所有用戶可以使用相同頻率，而又不會彼此相互干擾。類似避免頻率干擾的概念也見於行動電話系統，但其發送台（即基地台 BS）的功率相對大的許多。所有位於細胞內的使用者都是透過基地台來使用服務。在理想的無線電環境下，細胞的形狀可以是微波傳送塔周圍畫一個圓形區域。該圓圈半徑等於傳輸信號可抵達的距離。意思是說，如果基地台是位於細胞的中心點，則細胞面積及外圍可由區域內的信號強度來決定。但這又取決於許多因素，包括地域的外型；傳輸天線的高度；丘陵、峽谷及高樓的存在；及大氣狀況。因此，細胞的實際形狀（意味著實際覆蓋面積）可能是鋸齒狀的。不過在所有實際用途上，細胞多以六邊形來近似之（見圖 1.6）。

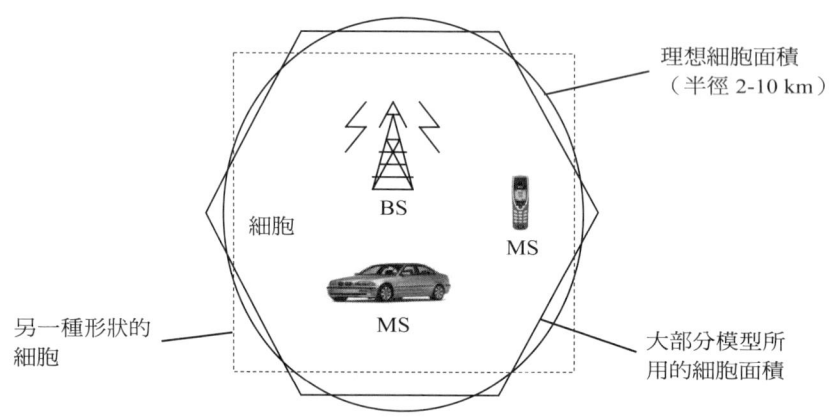

圖 1.6　一個含有基地台及數個行動台的細胞之示意圖

　　六邊形可以說是近似圓形區域，使得較大的區域能夠劃分為數個大小一樣又不重疊的六邊形子區域，其中每一個代表一個細胞的區域。正方形是另一個用來代表細胞區域的選擇，而三角形就比較少見。雖然八邊形和十邊形確實比六邊形更接近圓形區域，但在第五章會解釋為何它們不適合用來代表細胞，因為它們無法將較大區域分成數個相同形狀卻不重疊的子區域。一個以六邊形為建築基礎的實例就是蜜蜂築的蜂巢；而蜂巢即是自然界中的立體六邊形。

　　在每個細胞區域，一個基地台會服務多個用戶或無線使用者。若覆蓋面積要增大，則需佈建額外的基地台來負責新增的區域。甚至因為無線服務分配到的頻寬有限，為了要增加整體系統效能，必須使用一些多工技術。主要有四種基本的多工技術，包括**分頻多重存取**（frequency division multiple access; FDMA）、**分時多重存取**（time division multiple access; TDMA）、**分碼多重存取**（code division multiple access; CDMA），及**正交分頻多工**（orthogonal frequency division multiplexing; OFDM）。一種叫做**空間分隔多重存取**（space division multiple access; SDMA）的新技術也正被加以研究，其係使用特殊的微波天線。FDMA 所分配到的頻率帶會進一步劃分成數個子帶，叫做通道，而基地台則將各個通道分配給各個使用者（見圖 1.7、1.8 及 1.9 的圖說）。所有第一代細胞式系統都使用 FDMA。

TDMA 的每一個通道可被多個用戶使用，而基地台則依照循環分配（round-robin）方法將時槽（time slot）劃分給不同使用者。此固定時槽的機制請見圖 1.10、1.11 及 1.12。大部分第二代細胞式系統是以 TDMA 技術為基礎。

CDMA 技術是最具有前景的，它讓每一位用戶有較寬的頻率帶。而因為傳輸頻率是平均分散在所分配的頻譜，此技術又叫展頻，與 FDMA 或 TDMA 是完全不同的（見圖

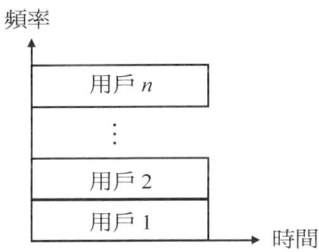

圖 1.7　分頻多重存取（FDMA）

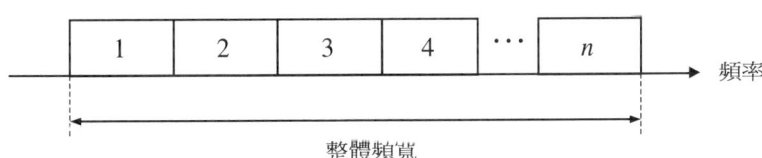

圖 1.8　FDMA 頻寬結構

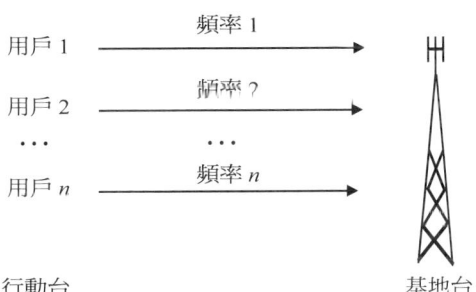

圖 1.9　FDMA 通道分配示意圖

16　無線通訊系統概論：行動通訊與網路

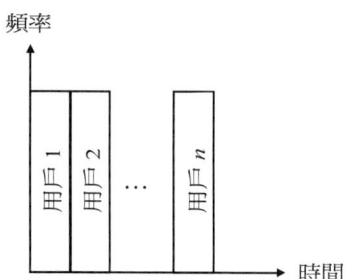

圖 1.10　分時多重存取（TDMA）

圖 1.11　TDMA 框架結構

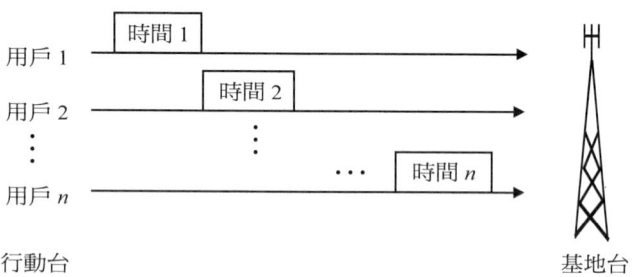

圖 1.12　多個用戶時的 TDMA 框架示意圖

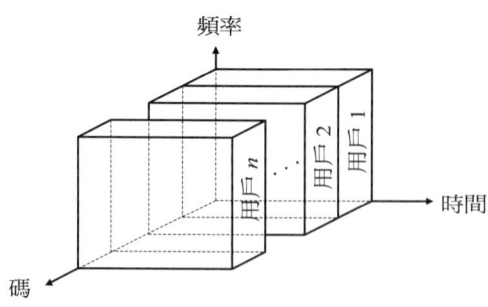

圖 1.13　分碼多重存取（CDMA）

1.13）。在 CDMA 中，每個基地台將一個獨特的碼分配給各個用戶，不同用戶有不同的碼。此碼再進一步經由用戶將欲傳送的資訊訊號加以混合。此碼（或稱鑰匙）亦用來解碼，其他錯誤嘗試則僅能萃取出雜訊。圖 1.14 解說一個十位元**碼字**（codeword）。編碼的正交性（第七章會有更詳細的說明）讓來自不同用戶的傳輸資料能同時使用同一頻率帶。每個接收端各自擁有相對應的碼，以便從接收的資料進行解碼。系統所能同時服務的用戶數亦取決於所能產生的正交碼數量。傳送端編碼及接收端解碼的一搭一唱，使系統設計得很可靠，但同時十分複雜。部分第二代及大部分的第三代細胞式系統使用 CDMA。表 1.11 標示在美國的 FDMA、TDMA 及 CDMA 所使用的頻率範圍。

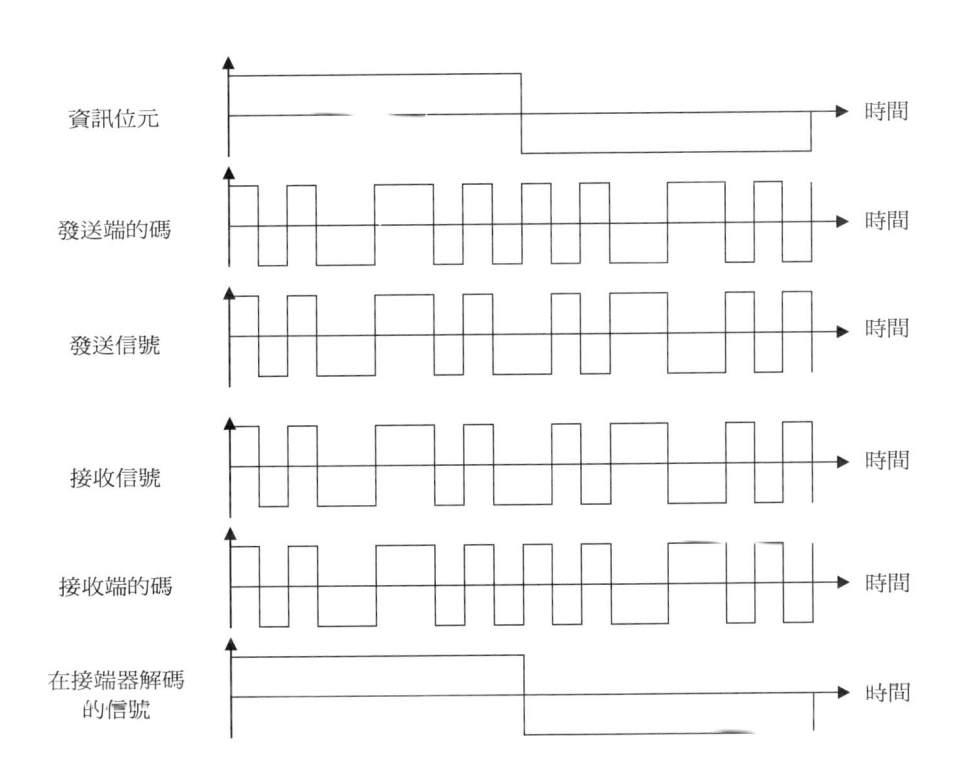

圖 1.14 CDMA 系統中所傳遞與接收的碼

表 1.11 不同系統中使用的頻率範圍（舉例）

系統	BS 發送範圍 / MS 接收範圍	BS 接收範圍 / MS 發送範圍	RF 通道
FDMA (AMPS)	870–890 MHz	825–845 MHz	0.03 MHz
TDMA (GSM 900)	935–960 MHz	890–915 MHz	0.20 MHz
TDMA (GSM 1800)	1805–1880 MHz	1710–1785 MHz	0.20 MHz
CDMA (IS-95)	869–894 MHz	824–849 MHz	1.25 MHz

一種最新且正在崛起的技術是 OFDM，其能夠在多個頻率通道中平行地傳輸資料。在無線電通訊，折射與衍射使傳輸信號行經不同的路徑距離才到達接收端。因為有許多阻礙物體，譬如建築物、車輛、樹木等，區域內的無線電信號均會受到其影響而消散。因此，大體而言，多路徑信號是經過**符號間干擾**（intersymbol interference; ISI）的考驗方才到達接收端，所以也相對不容易萃取出原先的信號。一種降低 ISI 的方法是使用**多載波**（multicarrier）傳輸技術，其將高速資料串流轉換成低速傳輸的平行位元串流，並使用多個通道。是以 OFDM 提供極佳的信號品質（低 ISI）。OFDM 與 FDMA 系統不同，在 FDMA，整個頻寬是劃分成不重疊的頻率子帶，此目的是為了消除鄰近通道的干擾，對增進頻寬使用率毫無幫助。而在 OFDM，每個子載波在某一時間週期內利用一小部分資料進行調變。不同頻率的信號可以正交（重疊），以完整使用可用頻寬。圖 1.15 說明兩種不同多載波技術。

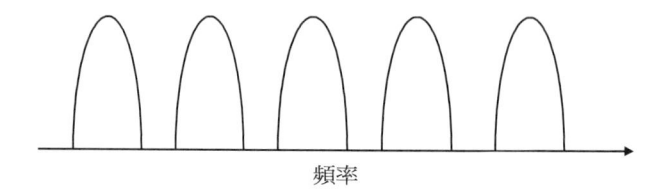

(a) 在 FDMA 所使用的傳統多載波調變

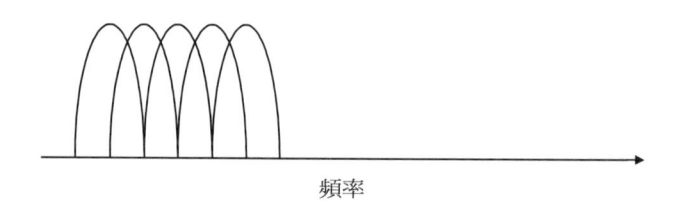

(b) 在 OFDM 所使用的正交多載波調變

圖 1.15 兩個不同的多載波技術

OFDM 是一種寬頻多載波的調變方式。和傳統單載波調變方式相比，它提供了較高的效能及優點。OFDM 在任何時間點上只容許有一個用戶占用通道。狹義的 OFDM 系統必須利用 TDMA 或 FDMA 才能同時支援多個用戶。當然，為了能容納多個用戶，一種延伸的 OFDM 技術被提出，稱為正交分頻多工存取（OFDMA）。OFDMA 允許多個用戶在同個時間點存取相同的通道。現在的無線區域網路（WLANs），像是 IEEE 802.11a/g/n 和 IEEE 802.16d（固定服務）都以 OFDM 為基礎。然而，全球互通微波存取（WiMAX）像是 IEEE 802.16e（移動服務）使用的是 OFDMA。 在部分特殊的系統上，有些技術是結合 FDMA、

TDMA、CDMA 和 OFDM。這些技術的細部比較並非本書的涵蓋範圍，不過值得一提的是，**跳頻**（frequency hopping）可視為 FDMA 與 TDMA 的結合，使用了頻率及時間的多工。基本上，使用者在使用一個通道時，當經過一段事先設定好的時間後，便改變至另一通道來繼續傳輸，圖 1.16 進一步說明這種跳頻方式。接收端和發送端需要彼此知道一致的跳頻順序，當然，在所有通道都已被使用之後，此順序是會重複循環的。當有多位用戶時，可以使用不同跳頻順序來傳輸資訊，只要任一時間點上各個通道僅有一位用戶在使用。跳頻技術一開始的緣起是做為國防目的，當某一頻率存有敵方的強烈信號（又稱干擾效應）下，仍可以進行訊息傳送。

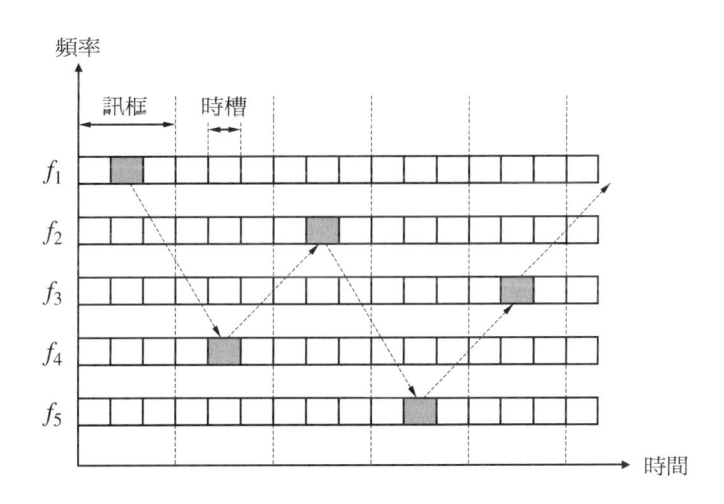

圖 1.16 跳頻的示意圖

1.4 細胞式系統的基礎建設架構

早期無線系統的發送器功率都很大，能覆蓋整個服務區域。這使其需要大量的電力，因為諸多實際因素，這種高功率發送器並不適用。細胞式系統則以較小的六邊形細胞及基地台取而代之，其演變請見圖 1.17 及 1.18，所有範圍內的無線接收器都是由一個基地台來服務。

無線裝置需要能支援不同的服務類型。此無線裝置可能是一個無線電話、PDA、Palm Pilot™、具無線網卡的筆記型電腦，或支援瀏覽器的電話。簡單來說，它可以叫做**行動台**（MS）。其唯一的要件就是在移動過程中維繫與其他網路的連結，不論是使用何種技術，盡可能地獲得無所不在的存取。在細胞式結構中，MS 需要告知細胞內的 BS 其現在位置（見圖 1.6），而 BS 是做為連接世界其他部分的閘道口。因此，為了要建立連線，MS 必須要在

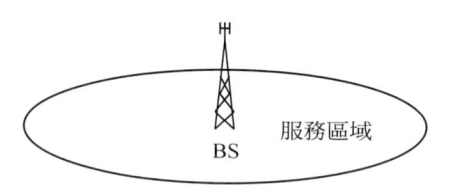

圖 1.17 早期無線系統：大區域

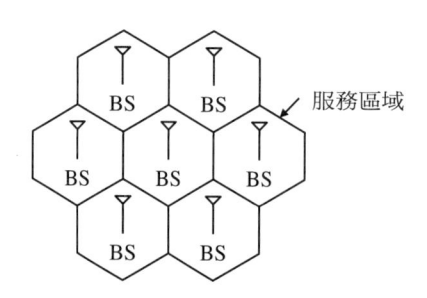

圖 1.18 細胞式系統：小區域

細胞的覆蓋範圍之內（亦即 BS），這樣 MS 才具有移動性。數個 BS 是透過實體線路來連接，並受**基站控制台**（BS controller; BSC）所控制，而 BSC 又連接至**行動交換中心**（mobile switching center; MSC）。數個 MSCs 又相互連結至**公眾電話網路**（public switched telephone network; PSTN）網路及**非同步傳輸模式**（asynchronous transfer mode; ATM）骨幹。為了幫助瞭解無線通訊技術的概念與觀點，圖 1.19 所描繪的是簡化過後的細胞式系統基礎建設架構圖。

　　一個 BS 包含**基地收發台**（base transceiver system; BTS）與基站控制台 BSC。塔台及天線是屬於 BTS 的一部分，而其他電子裝置則是在 BSC。**本籍註冊資料庫**（home location register; HLR）與**客籍註冊資料庫**（visitor location register; VLR）是兩組漫遊管理的資料庫，其提供移動性讓用戶在世界任何一個角落都能使用同一支電話號碼。HLR 是位於 MSC，其中 MS 必須向其註冊，並用來維護其於初始本籍端有關計費及連線等相關資訊。簡單地說，任何收話，根據其撥打的電話號碼會轉至本籍 MSC 的 HLR，然後 HLR 會再將該通話重轉至 MSC（及 BS），即 MS 現在的所在地。基本上 VLR 含有該 MSC 服務區域的所有客籍 MS 資訊。

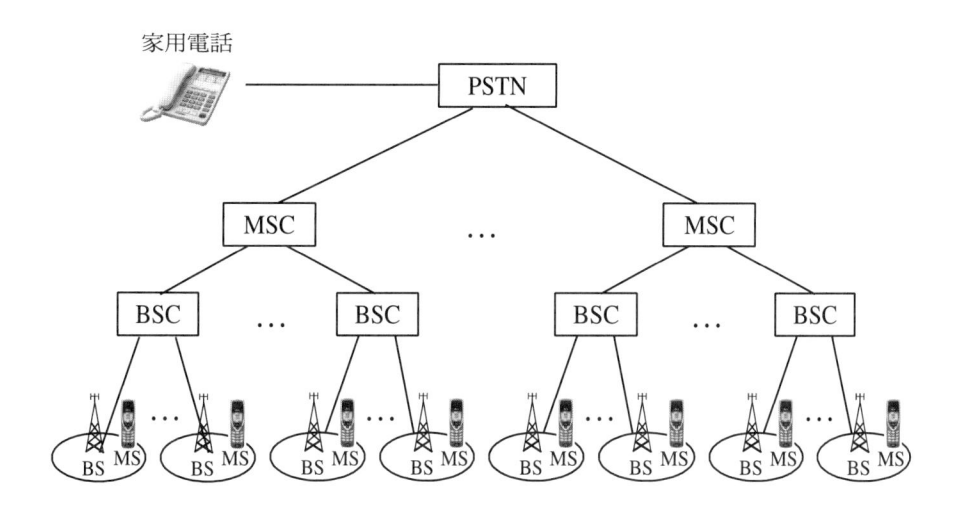

圖 1.19 細胞式系統基礎建設架構圖

　　在任何細胞式機制中，需要用到四個單工通道來交換 BS 與 MS 之間的同步及資料，圖 1.20 為一個簡化過後的示意圖。控制通道是用來交換 BS 與 MS 之間的控制訊息（像是認證、用戶資訊、交涉通話參數），而流量通道則是用來在兩者之間傳遞實際資料。從 BS 到 MS 的通道稱為**下行通道**（forward channels），在美國之外稱為 downlinks；而 MS 到 BS 則稱為**上行通道**（reverse channels 或 uplinks）。在傳遞實際資料之前必須先交換控制資訊。圖 1.21 為簡化過後的交涉步驟，顯示如何利用控制通道來進行通話設定。

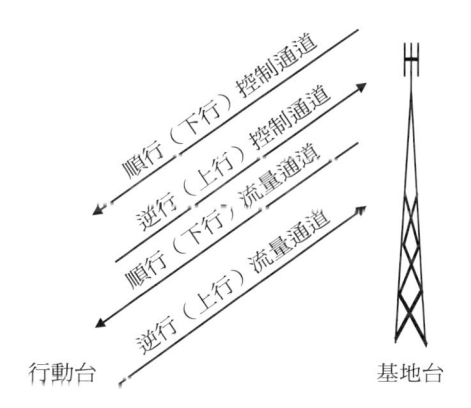

圖 1.20 位於細胞中 BS 與 MS 之間的四個單工通道

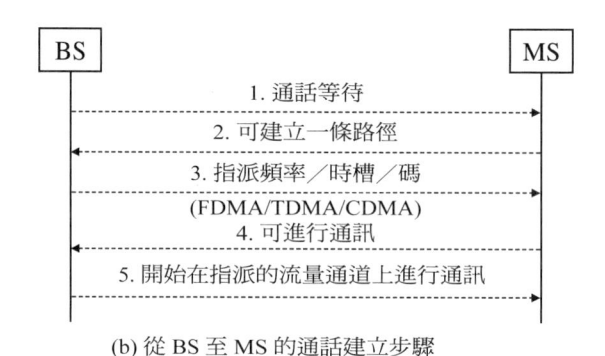

```
                BS  ─────────────────────  MS
                 │   1. 需要建立路徑          │
                 │ ◄──────────────────────  │
                 │   2. 指派頻率／時槽／碼    │
                 │   (FDMA/TDMA/CDMA)        │
                 │ ──────────────────────►  │
                 │   3. 控制資訊應答          │
                 │ ◄──────────────────────  │
                 │   4. 開始在指派的流量通道上進行通訊 │
                 │ ◄─────────────────────►  │
```

(a) 從 MS 至 BS 的通話建立步驟

```
                BS  ─────────────────────  MS
                 │   1. 通話等待              │
                 │ ──────────────────────►  │
                 │   2. 可建立一條路徑        │
                 │ ◄──────────────────────  │
                 │   3. 指派頻率／時槽／碼    │
                 │   (FDMA/TDMA/CDMA)        │
                 │ ──────────────────────►  │
                 │   4. 可進行通訊            │
                 │ ◄──────────────────────  │
                 │   5. 開始在指派的流量通道上進行通訊 │
                 │ ◄─────────────────────►  │
```

(b) 從 BS 至 MS 的通話建立步驟

圖 1.21 利用控制通道來進行通話設定的交涉步驟

　　控制通道的使用期間很短，它是用來交換 BS 及每一個需要服務的 MS 之間的控制訊息。因此，所有 MS 僅會使用到少量的控制通道，並且是透過共用的模式來使用這些通道。另一方面，流量通道是 BS 專門分配給每一個 MS 的，因此可預期會有大量的流量通道。基於這個原因，處理控制通道與流量通道的考量是不一樣的。更多有關控制通道存取的細節會在第六章提到。第七章會涵蓋不同流量通道的指定方式。而能分配用作控制與流量通道的通道總數是受細胞設計所影響，這部分會在第五章討論。

　　無線通訊涉及很多議題，光傳輸任何信號之前就需要先進行大量的信號處理。圖 1.22 顯示幾個重要步驟。許多信號處理的運作已超過此書的範圍，我們主要會專注在無線資料通訊的系統面。

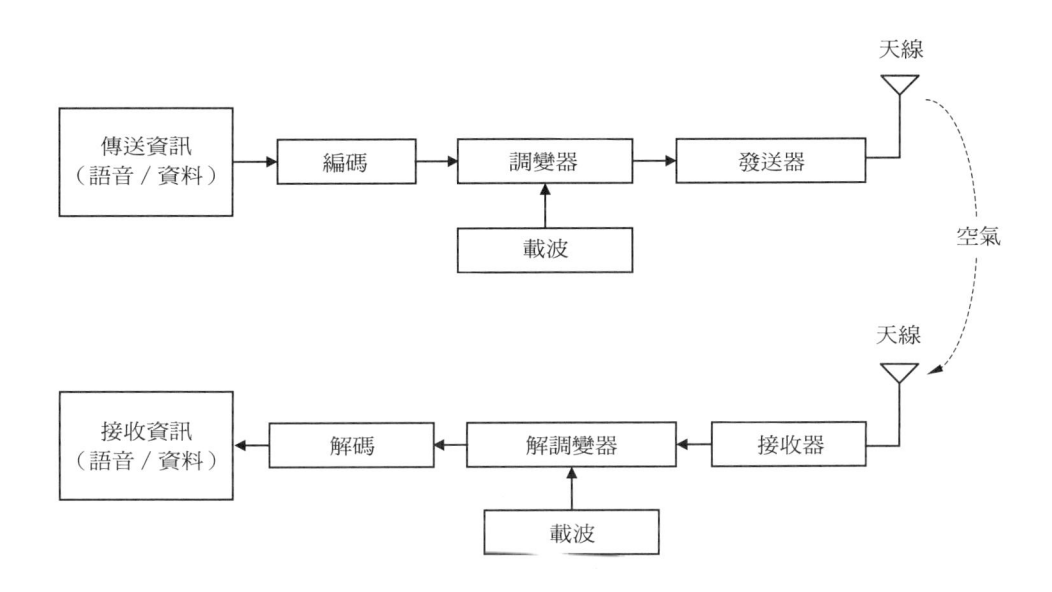

▌ 圖 1.22　簡化後的無線通訊系統示意圖

1.5　網路協定

　　協定是一組基本規則，可以讓資訊透過系統化的步驟來相互交換。這些交換介面是如何順利地在網路上運作會於第十章作介紹。大部分的系統是經過一段時間的演變。我們會說明早期的信號系統，並與現有系統來作比較。窄頻和寬頻傳輸各自採取不同的信號機制，然其原理都是很簡單的。在第十章會介紹 OSI（Open Systems Interconnection）、TCP/IP（Transmission Control Protocol/Internet Protocol）、IPv4（Internet Protocol version 4）及 IPv6（Internet Protocol version 6）等協定的概念。

1.6　IEEE 802.11 技術

　　IEEE 802.11 技術是 IEEE 802 區域網路（LAN）一系列技術中的一種，如 802.1、802.2、802.3、802.5 和 802.11。從 OSI 模型角度出發，所有 IEEE 802 為基礎的網路皆有一個 MAC 子層和實體層。在 IEEE 802 系列，802.2 是規範的數據連結控制；802.3 是規範乙太網路接入協議，也就是，載波感測多重存取衝突檢測（CSMA/CD）；以及 802.5 主要在通過令牌環網協議。IEEE 802.11 是用於無線區域網路（WLAN），包括 802.11a、802.11b、

802.11g、802.11e、802.11n 和 802.11ac。在 IEEE 802.11 技術中包括兩個層技術：MAC（媒體存取控制）子層和實體層。802.11 的 MAC 協議使用避免衝突的載波感測多重存取（CSMA/CA）。然而，802.11 系列具有不同的實體層多重存取。例如，對於 802.11 原來的實體層包括兩種類型，跳頻技術（FHSS）和直接序列展頻（DSSS）。802.11 的最終規格採用高速直接展頻（HR/DSSS）。DSSS 用於 802.11b，OFDM 用於 802.11a，DSSS-OFDM 用於 802.11g，OFDM 與多輸入多輸出（MIMO）用於 802.11n，和 OFDM 與 MU-MIMO（多用戶 MIMO）用於 802.11ac。802.11a 應用於 5 GHz 頻帶的全球國家資訊基礎建設（UNII）頻段，且 802.11b 和 802.11g 用於 2.4 GHz 的免執照工業、科學和醫療（ISM）頻段。802.11a 和 802.11g 具有相同的數據速率 54 Mbps，但 802.11b 的數據速率僅為 11 Mbps。因此，802.11b 和 802.11g 可用於相同的網路。圖 1.23 說明了 IEEE 802 系列的協議堆。更詳細內容將在第十二章中討論。

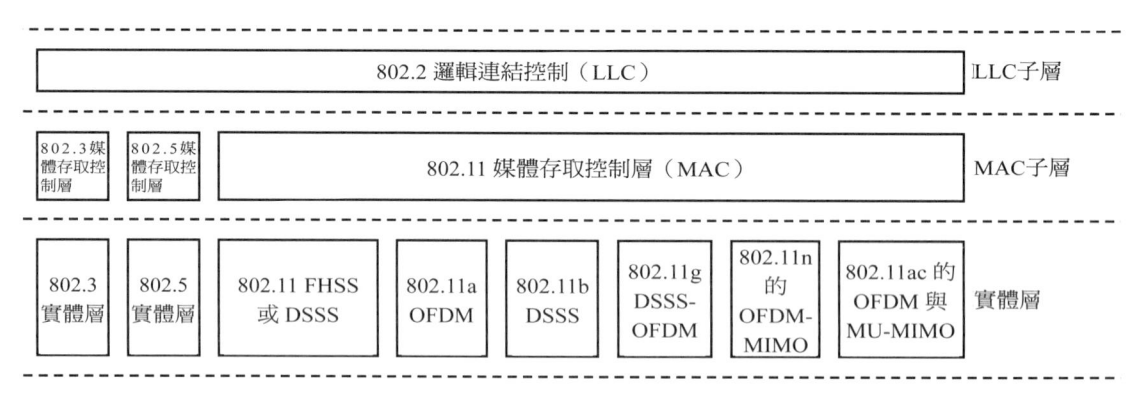

圖 1.23 IEEE 802 系列的協定堆

1.7 無基礎架構網路

無基礎架構（Ad hoc，亦可寫作 ad-hoc 或 adhoc）網路是以無線或其他暫時性的連結為基礎所建構而成的區域網路，其網路中的可移動或可攜裝置是緊密地相互連結。ad hoc 網路在未來軍事上的應用（包括一群士兵透過筆記型電腦的 RF 信號來分享資訊），以及其他諸多商業應用均會在本書中予以探討。

行動隨意網路（mobile ad hoc network; MANET）是一個以無線連接行動節點、行動主機（mobile host; MH）或行動台（mobile station; MS）的自動系統，此網路分佈的聯集可形成一隨意通訊圖（arbitrary communication graph）。其中做為路由器的節點、主機或行動台行動台可隨機以任意速度、任意方向自由移動,並進行自我管理。因此,此網路的無線拓樸會無法預期地一直動態在改變。在沒有固定的基礎架構下,所有的資訊都是靠同儕式(P2P mode)的多點路由在轉送。[1.6] 的定義如下:「一個無基礎架構網路是一個無線行動主機的集合,在沒有任何集中式管理或標準的協助下,去建構出一個暫時性的網路,因為所有主機多半是連結的,所以整個網路能夠經常性地提供服務。」

MANET 基本上是 P2P 式的多點行動無線網路,所有的資訊封包是以存轉(store-and-forward)方式經過中介節點,從來源端傳遞至目的端,如圖 1.24。隨著節點的移動,網路拓樸的改變必須讓所有其他節點得知,以更新其所認知的拓樸資訊。MANET 可能是獨立作業的方式在運作或透過幾個篩選過的路由器節點與另一個基礎建設網路作橋接。

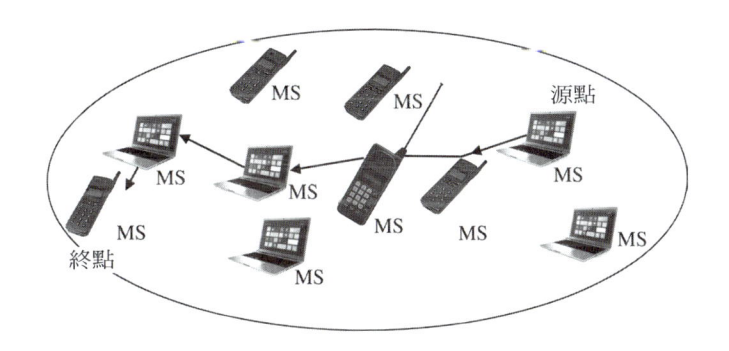

圖 1.24 MANET 的示意圖

手機 1: Anna Chelnokova/Shutterstock.com; 手機 2: Steve Collender/Shutterstock.com; 筆記型電腦: Sashkin/Shutterstock.com

MANET 包含行動平台,即節點(MS),其可以自由任意地移動。在飛機、船隻、卡車、汽車,甚至人體都可能發現體積極小的裝置來做為節點。這樣的系統可能是獨立運作或有閘道器與其他固接網路作連結。當與其他固接網路進行通訊時,通常是以**單一網路**(stub network)的運作方式連至該固接網路。所謂單一網路是指只能允許區域內部的流量,而不允許外部流量經過此網路。

每個節點裝有無線發送器及接收器,並搭配一個合適的天線,其可能是全方向性的或高度指向性的(點對點)[1.7],亦可能是可控向或其他組合。在指定的時間點上,根據節點的位置、發送器與接收器的涵蓋樣式、傳輸功率程度,以及通道間的干擾程度,節點間所形成的無線連結形式可能是隨機、多點圖或 ad hoc 網路。此 MANET 拓樸可能會隨著節點的移動或調整其傳輸或接收參數而改變。

1.8 感測網路

MANET 逐漸被用在車用行動通訊網路（VANET），尤其是在城市地區，街道上沒有網際網路。在道路上的車輛使用 MANET 來共享必要協助及其他有用的資訊。

感測網路 [1.8, 1.9, 1.10, 1.11] 是無線隨意網路中最新，也是最特別的成員，依照 ad hoc 為基礎佈建了大量的微小且無法移動之感測器，來感測及傳輸一些環境的實體特徵。所搭配的基地台以資料集中的方式負責收集感測器所獲得的資訊。儘管微小感測器尚未普及量產，很多人已經嘗試在許多應用領域的可能用途。圖 1.25 顯示一個偵測煙霧的例子，其在目標區域佈建了感測節點。一個最常被引用的例子是，戰場上用作監控敵人的領土，其透過飛機來散佈大量的感測器，能夠感測地面上的各種動靜。其他可能的商業用途包括機械故障預防、生化感測 [1.12]，及環境監控 [1.13]。

在所有這些應用當中，感測器會產生很大的資料量。我們想要整合資料，減少被傳輸的資料量。另外，因為感測器的緣故，相關作業系統必須仔細地被設計，且安全性也需詳細地檢驗。

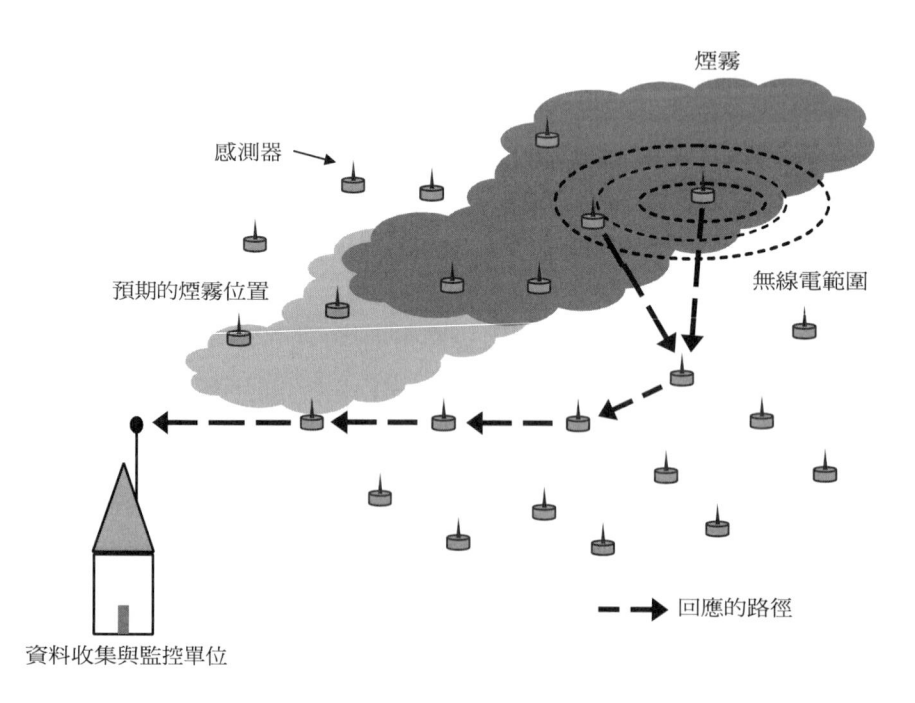

圖 1.25 無線感測網路的一個例子

1.9 無線大都會網路、無線區域網路、無線體域網路及無線個人網路

　　無線與行動網路的許多應用正逐漸進入我們的日常生活。行動電話佔了家用及商用語音服務很大的比例，而無線傳呼亦入侵主要商用市場。許多利用無線裝置來有效傳輸資料的計畫也正在醞釀中，無線多媒體的支援也即將到來。無線裝置也影響到辦公室運作與家庭環境。如今能透過**無線大都會網路**（WMAN）來存取城市中各種資源，此技術命名為 WiMAX。另外，還有三種特殊的無線技術在辦公室與家用環境都越趨重要，包括**無線區域網路**（wireless local area network; WLAN）、**無線個人網路**（wireless personal area network; WPAN）或**無線體域網路**（wireless body area network; WBAN），都是以較低的功率覆蓋較小的區域，尤其在工業、科學及醫療（ISM）頻率帶。值得一提的技術還有 **IEEE**（Institute of Electronics and Electrical Engineering）802.11 [1.14]、藍芽網路 [1.15, 1.16]、HomeRF [1.17] 及 HiperLAN [1.18, 1.19]。這些網路的特色分別整理於表 1.12，而更多的細節在第十三章中會詳以介紹。

表 1.12 值得注意的無線區域網路及無線個人網路技術

網路型態	節點範圍	主要用途	建置位置
IEEE 802.11	30 公尺	無線節點的標準協定	任意節點之間的連結
HiperLAN	30 公尺	高速的室內連線	機場、貨棧
Ad Hoc 網路	≥500 公尺	行動、無線，類似有線連線	戰場、災難現場
感測網路	2 公尺	廉價地監控不適久待的區域	核能、化工廠、海洋等等
HomeRF	30 公尺	共用資源、連接裝置	家裡
Ricochet	30 公尺	高速的無線網際網路連線（128 Kbps）	機場、辦公室
藍芽網路	10 公尺	免於佈建雜亂的線路，提供低移動性	辦公室

1.10 安全性和隱私的無線網絡

　　正如前面已經討論的部分，無線網絡通常可分為兩種類型，即集中式（公共建設為基礎的網絡）和分散式（非公共建設為基礎的網絡）。例如，細胞式網路屬於集中式網路，而無線隨意網路、感測器網路屬於分散式網路。如果任何類型的無線網路是不安全的，網路上的任何資料，包括個人資訊（譬如隱私），可能會任他人取得。因此，安全性和隱私在無線網路中已成為重要的議題。當訊息經過無線網絡中的共享介質，任何設備皆可查看被發送的資訊。一個開放的無線 AP 可以引起各式各樣的問題，包括資料竊取、身分盜竊、隱私侵犯等。

因此，行動用戶期望確保身分驗證、機密性和完整性。最重要的是要提供在無線環境的安全通訊。

1.11 衛星系統

衛星系統的使用已經有好幾個世紀。衛星因為距離地球表面很遠，加上其繞著地球運轉，所以可以覆蓋較廣泛的區域，而多個**衛星通訊信號束**（satellite beams）是由其中一顆衛星來統一控制與操作 [1.5]。因為衛星所傳送的資訊要透過地表上的接收站（earth stations; ES）正確地接收，故只有可視直線（line of sight; LOS）通訊是可行的。從通訊的角度而言，衛星系統的發展已有很長的歷史，表 1.13 整理出其重大事件表，而表 1.14 列出可能的應用範圍。第十四章會有更詳細的介紹。

■ 表 1.13　衛星系統的歷史

1945	Arthur C. Clarke 出版論文 "Extra Terrestrial Relays"
1957	第一顆衛星，SPUTNIK
1960	第一顆反射式通訊衛星，ECHO
1963	第一顆同步衛星，SYNCOM
1965	第一顆商用同步衛星，"Early Bird"（INTEKSAT I）：240 個雙工電話通道或 1 個電視通道，1.5 年的使用壽命
1976	三顆 MARISAT 衛星用於航海通訊
1982	第一個行動衛星電話系統，INMARSAT-A
1988	第一個用於行動電話與資料通訊的衛星系統，INMARSAT-C
1993	第一個數位衛星電話系統
1998	全球衛星系統用於小型行動電話

■ 表 1.14　衛星系統的應用領域

傳統	- 氣象衛星
	- 無線電與電視廣播衛星
	- 軍用衛星
	- 導航與定位用途之衛星（譬如 GPS）
電信	- 全球的電話連線
	- 全球網路的骨幹
	- 遠端地點或未開發區域的通訊連結
	- 全球的行動通訊

1.12 最新進展

　　無線和行動通訊系統上的研究正以驚人的速度進行著。現今已有許多重要的發展，想要選擇最近大家會感興趣的主題是相當困難的。超微小基地台令人感興趣，因為它可以讓手機在訊號較差的室內有良好的通訊。超寬頻吸引人的地方在於它的低功耗技術。大家已經習慣使用手機來傳送簡訊。RFID 在日常生活中的使用也日益增加。使用頻譜時採用感知技術是明智的，它可以提供許多優勢。多媒體流量有各種不同的要求需要被檢驗。在某些地區有多種無線技術可用時，重要的是必須基於需求去選擇適當的技術。在與行動通訊做連接時，資源管理會是一項獨特的挑戰。群播在無基礎架構網路中變得非常有用。定向天線基本上會延長傳輸距離和減少潛在的干擾。WiMAX 允許非常寬闊的覆蓋範圍，但在標準化上的努力需要被檢驗。考慮到許多無線裝置能量有限，所以在它們建構時會使用低功率設計技術。圖形訊息的傳遞和使用 XML 來實現值得特別考慮。最後，分散式阻斷服務攻擊必須被辨識出並且消除。

1.13 本書大綱

　　第二章會介紹機率、統計、排隊及流量理論，第三章會介紹行動無線電傳遞（propagation）。接著會在第四章討論編碼通道的方法，以及第五章討論蜂巢式的概念。多重無線電存取技術、分工技術與調變技術，以及不同通道分配技術分別會在第六章、第七章及第八章來作介紹。第九章涵蓋行動通訊系統的設計。多種網路協定的概念會在第十章作介紹。而第十一章涵蓋現有細胞式系統的總整理。第十二章介紹 IEEE 802 系列的技術。無線大都會網路、無線區域網路及無線個人網路則會在第十三章作敘述。書中亦會提供相當數量的習題來輔助學習所提到的概念，以及檢驗是否已獲得各章節的知識，另外每一章也會列出重要的參考文獻。

1.14 參考文獻

[1.1]　R. Malladi and D. P. Agrawal, "Applications of Mobil and Wireless Networks: Current and Future," *Communications of the ACM*, Vol. 45, No. 10, pp. 144-146, October 2002.

[1.2]　W. C. Y. Lee, *Mobile Communications Engineering: Theory and Applications*, 2nd edition, McGraw-Hill, 1997.

[1.3] http://www.rfm.com/corp/new868dat/fccchart.pdf.

[1.4] D. P. Agrawal, "Future Directions in Mobile Computing and Networking Systems," *Report on NSF Sponsored Workshop Held at the University of Cincinnati*, June 13-14, 1999, *Mobile Computing and Communications Review*, October 1999, Vol. 3, No. 4., pp. 13-18, also available at *http://www.ececs.uc.edu/dpa/tc-ds-article.pdf*.

[1.5] R. Bajaj, S. L. Ranaweera, and D. P. Agrawal, "GPS: Location Technology," *IEEE Computer*, pp. 115-117, April 2002.

[1.6] D. B. Johnson and D. A. Maltz. "The Dynamic Source Routing Protocol in Ad Hoc Networks," *Mobile Computing*, T. Imielinski and H. Korth, eds., Culwer, pp. 152-181, 1996. *http://www.ics.uci.edu/atm/adhoc/papercollection/johnson-dsr.pdf*.

[1.7] S. Jain and D. P. Agrawal, "Community Wireless Networks for Sparsely Populated Areas," *IEEE Computer*, Vol. 36, No. 8, pp. 90-92, August 2003.

[1.8] D. Estrin, et al., "Next Century Challenges: Scalable Coordination in Sensor Networks," *ACM Mobicom*, 1999.

[1.9] J. M. Kahn, et al., "Next Century Challenges: Mobile Networking for Smart Dust," *ACM Mobicom*, 1999.

[1.10] "The Ultra Low Power Wireless Sensors Project," *http://www-mtl.mit.edu*.

[1.11] A. Manjeshwar, "Energy Efficient Routing Protocols with Comprehensive Information Retrieval for Wireless Sensor Networks," *M.S. Degree Thesis*, University of Cincinnati, Cincinnati, May 2001.

[1.12] L. A. Roy and D. P. Agrawal, "Wearable Networks: Present and Future," *IEEE Computer*, Vol. 36, No. 11, pp. 31-39, November 2003.

[1.13] D. P. Agrawal, M. Lu, T. C. Keener, M. Dong, and V. Kumar, "Exploiting the Use of Wireless Sensor Netwroks for Environmental Monitoring," *Journal of the Environmental Management*, pp. 35-41, August 2004.

[1.14] "Wireless WAN Medium Access Control (MAC) and Physical Layer (PHY) Specification: Higher Speed Physical Layer (PHY) Extension in the 2.4 GHz Band," *IEEE*, 1999.

[1.15] "Baseband Specifications," The Bluetooth Special Interest Group, *http://www.bluetooth.com*.

[1.16] J. Haartsen, "The Bluetooth Radio System," *IEEE Personal Communications*, pp. 28-36, February 2000.

[1.17] K. Negus, A. Stephens, and J. Lansford, "HomeRF: Wireless Networking for the Connected Home," *IEEE Personal Communications*, pp. 20-27, February 2000.

[1.18] M. Johnson, "HiperLAN/2—The Broadband Radio Transmission Technology Operating in the 5 GHz Frequency Band," *http://www.hiperlan2.com/site/specific/whitepaper.exe*.

[1.19] L. Taylor, "HIPERLAN Type 1—Technology Overview," *http://www.hiperlan.com/hiper_white.pdf*.

[1.20] http://www.3gpp.org/releases.

[1.21] http://www.radio-electronics.com/info/cellulartelecomms/umts/3g-history.php.

1.15 習題

1. 一個網路能夠提供無線,但不支援移動嗎?請詳加說明。
2. 為何當有線基礎建設已普遍存在,仍需要無線服務?
3. 在同一區域擁有不同無線服務提供者有什麼優點?請詳加說明。
4. 哪些是無線網路的挑戰?
5. 請上你最喜愛的網站,並找出何謂 "Web-in-the-sky"。
6. 哪些是無線網路中比較不尋常的應用?
7. 無基礎架構網路和細胞式網路有何差異?
8. 家庭環境中有哪些可應用無線技術?
9. 條列一些感測網路中正崛起的應用領域。
10. 在你居住的區域中有幾家手機服務提供者?每個系統各自提供了哪些多工存取技術?細胞的大小及傳輸功率為何?該區域有多少用戶?
11. 手機與衛星電話有何差異?
12. 為什麼在電梯中使用你的手機會有困難?
13. 當飛機在飛行中,操作下列設備有何影響
    (a) 手持對講機?
    (b) 衛星電話?
    (c) 行動電話?
14. 在行經一座很長的金屬製橋梁時,你的手機在使用上有什麼現象?
15. 跳頻與 TDMA 有何相似的地方?
16. 在無線網路使用不同大小的細胞有何優缺點?
17. 若一行動電話系統分配到 33 MHz 的頻寬,其使用 25 kHz 單工頻道來提供全雙工語音通道,試計算在使用下列技術時,每一細胞所能支援的同時通話數:
    (a) FDMA。
    (b) 8-way 時間多工的 TDMA。
    假設保留額外頻寬用作控制通道。
18. 為什麼「任何時間、任何地點」的存取並不適用在所有應用?請詳加說明。
19. 市面上有很多不同型態的商業用感測器,試著瀏覽各官方網站的產品介紹,並討論其如何取捨價格、體積與效能。
20. 一個可移動但不支援無線的網路具有什麼限制?

Chapter 02

機率、統計與流量理論

2.1 簡介

影響無線與行動網路系統之效能的因素有很多,包括細胞內 MS 的密度、MS 的方向與移動速度,以及其分佈、話務的頻率、有多少 MS 在同時進行通話、通話時間的長短、MS 彼此間以及 BS 的相對位置、細胞內流量的類型(即時或非即時)、鄰近細胞的流量狀況、從一細胞換手至另一細胞有多頻繁發生。是以透過量化與質化這些參數,可以呈現系統在特定限制下的整體效能。瞭解流量樣式的基礎,以及其根本的機率、統計與流量理論也是很重要的。本章概觀各種與效能及不同系統參數相關聯的簡單概念。我們先從基本機率與統計學理論開始。

2.2 基本機率與統計學理論

2.2.1 隨機變數

隨機變數為以一個任意隨機現象之特徵所定義的函數。若 S 為實驗 E 之樣本空間,則隨機變數 X 為映至實數 $X(s)$ 之函數,其中 s 為 S 空間中的各個元素。隨機變數可分為兩種:離散隨機變數與連續隨機變數。若一隨機變數為連續變數,則可定義其**機率密度函數**(probability density function; pdf),而離散隨機變數則有**機率分佈函數**(probability distribution function)或**機率質量函數**(probability mass function; pmf),用來反映該變數在離散區間的行為特徵。

離散隨機變數

日常生活中，最常被引用的一個例子是投擲硬幣，並討論其正反面。另一個實際例子則是投擲一個六面的骰子，然後決定下一次會出現某數字的機率。用隨機變數來表示這樣有限或**可數無限**（countable infinite）數字的可能之值，就是一個離散隨機變數的例子。

對離散隨機變數 X，X 的機率質量函數 $p(k)$ 是隨機變數 X 等於 k 的機率，其定義如下：

$$p(k) = P(X = k), \qquad k = 0, 1, 2, \ldots \qquad (2.1)$$

它需滿足下列情況：

1. 對每一個 k 值，$0 \leq p(k) \leq 1$
2. 對所有 k 值，$\Sigma p(k) = 1$

連續隨機變數

若有一個隨機變數可含有無限個值，則稱為連續隨機變數。一個連續隨機變數的例子是每天的氣溫。連續隨機變數有機率密度函數（pdf），而非機率質量函數。連續隨機變數 X 的機率密度函數 $f_X(x)$ 是一個定義於整個實數集合（$-\infty, \infty$），使得每個子集 $S \subset (-\infty, \infty)$ 的非負數函數，

$$P(X \subset S) = \int_S f_X(x)\, dx \qquad (2.2)$$

其中 x 為積分中的一個變數。它需要滿足下列條件：

1. 對所有 x 值，$f_X(x) \geq 0$
2. $\int_{-\infty}^{\infty} f_X(x)\, dx = 1$

2.2.2 累積分配函數

所有離散（或連續）隨機變數的**累積分配函數**（cumulative distribution function; CDF）可用 $P(k)$（或 $F_X(x)$）來表示，它代表對每一 k（或 x）值，隨機變數 X 小於或等於 k（或 x）之機率。CDF 的正式定義為：

$$\text{對所有 } k \text{ 值，} P(k) = P(X \leq k) \qquad (2.3)$$

或

$$F_X(x) = P(X \leq x), \qquad -\infty < x < \infty \tag{2.4}$$

離散隨機變數的累積分配函數可加總其機率得到：

$$P(k) = \sum_{\text{所有} k} P(X = k) \tag{2.5}$$

連續隨機變數的累積分配函數是其機率密度函數的積分：

$$F_X(x) = \int_{-\infty}^{x} f_X(x)\, dx \tag{2.6}$$

由於 $F_X(x) = P(X \leq x)$，我們有

$$\begin{aligned} FX(a \leq x \leq b) &= \int_a^b f_X(x)\, dx \\ &= F_X(b) - F_X(a) \\ &= P(a \leq X \leq b) \end{aligned} \tag{2.7}$$

2.2.3 機率密度函數

連續隨機變數的機率密度函數可經由積分得到。在某一區間，該隨機變數等於某一數值的機率。

正式來說，連續隨機變數 X 的機率密度函數 $f_X(x)$ 是累積分配函數 $F_X(x)$ 的微分：

$$f_X(x) = \frac{dF_X(x)}{dx} \tag{2.8}$$

例題 2.1

連續隨機變數 X 的機率密度函數為

$$f_X(x) = \begin{cases} \alpha\sqrt{x}, & 0 \leq x \leq 1 \\ 0, & \text{其他} \end{cases}$$

找出：(1) 常數 α；(2) X 的累積分配函數；(3) $X > 0.25$ 的機率。

(1) 以連續隨機變數為基礎下，可得

$$\int_{-\infty}^{\infty} f_X(x)\, dx = \int_0^1 \alpha\sqrt{x}\, dx = \frac{2\alpha}{3} = 1$$

因此，常數 α 為 $\alpha = \dfrac{3}{2} = 1.5$。

(2) 式子 (2.6) 中，X 的累積分配函數為 x 的機率密度函數的積分，也就是說，

$$F_X(x) = \int_{-\infty}^{\infty} f_X(x)\,dx = \begin{cases} 0, & x < 0 \\ x^{\frac{3}{2}}, & 0 \leq x < 1 \\ 1, & 1 \leq x \end{cases}$$

(3) 以累積分配函數的概念為基礎，可得

$$P(X > 0.25) = 1 - F_X(0.25) = 0.875$$

2.2.4　期望值、第 n 階矩量、第 n 階中心矩，以及變異數

　　隨機變數的期望值（或總體均值）代表其平均或中間值。它很適合用來概述一個變數的分佈。隨機變數的變異數（總體）是一非負數值，能提供一個隨機變數其值分佈的廣度；變異數之值越大，則數值分佈越分散。從無線系統的角度而言，這意味著發話用戶散佈在無線系統中細胞的各個角落，計算通話的平均值可顯示細胞內忙碌通道的數量。又因用戶在不同時間點撥出的新通話，其通話事件可表示為離散隨機變數，而非連續隨機變數。另外，**通話保持時間**（call holding time）為一變數，而通道忙碌的時間百分比取決於通話率與通話時間之權值函數。另一方面，各個用戶在使用相鄰通道所造成的相互干擾取決於各個通道的使用時間長短，以及多通道的重疊時間長短。這需要計算**矩函數**（moment functions）來表示其流量特徵。因此，我們需要量化這些變數，並瞭解其對系統效能之影響。

離散隨機變數

■ 期望值或均值：

$$E[X] = \sum_{\text{所有 } k} k P(X = k) \tag{2.9}$$

離散隨機變數 X 的函數 $g(X)$，它的期望值是另一個隨機變數 Y 的均值，其從 X 之機率分佈假設 $g(X)$ 的值。記作 $E[g(X)]$，定義如下：

$$E[g(X)] = \sum_{\text{所有 } k} g(k) P(X = k) \tag{2.10}$$

■ 第 n 階矩量：

$$E[X^n] = \sum_{\text{所有 } k} k^n P(X = k) \tag{2.11}$$

X 的第一階矩量就是 X 的期望值。

■ 第 n 階中心矩：

中心矩是均值的矩量；也就是，

$$E\left[(X - E[X])^n\right] = \sum_{\text{所有}\,k} (k - E[X])^n P(X = k) \tag{2.12}$$

第一階中心矩為零。

■ 變異數或二階中心矩：

$$\sigma^2 = \text{Var}(X) = E\left[(X - E[X])^2\right] = E[X^2] - (E[X])^2 \tag{2.13}$$

其中 σ 稱為標準差。

連續隨機變數

■ 期望值或均值：

$$E[X] = \int_{-\infty}^{\infty} x f_X(x)\,dx \tag{2.14}$$

連續隨機變數 X 的函數 $g(X)$，它的期望值是另一個隨機變數 Y 的均值，其從 X 之機率分佈假設 $g(X)$ 的值。記作 $E[g(X)]$，定義如下：

$$E[g(X)] = \int_{-\infty}^{\infty} g(x) f_X(x)\,dx \tag{2.15}$$

■ 第 n 階矩量：

$$E[X^n] = \int_{-\infty}^{\infty} x^n f_X(x)\,dx \tag{2.16}$$

■ 第 n 階中心矩：

$$E\left[(X - E[X])^n\right] = \int_{-\infty}^{\infty} (x - E[X])^n f_X(x)\,dx \tag{2.17}$$

■ 變異數或二階中心矩：

$$\sigma^2 = \text{Var}(X) = E\left[(X - E[X])^2\right] = E[X^2] - (E[X])^2 \tag{2.18}$$

2.2.5 一些重要的分佈

如稍早所討論的,掌握通話的本質是很重要的,已經有很多不同模型是被用來表示無線系統中各個細胞的**通話到訪分佈**(call arrival distribution)與**服務時間分佈**(service time distribution),以及用戶移動樣式。

離散隨機變數

■ 波松分佈:

波松隨機變數為某區間內特定事件發生的次數。發生 k 事件的機率分佈是

$$P(X=k) = \frac{\lambda^k e^{-\lambda}}{k!}, \qquad k=0,1,2,\ldots, \text{ 且 } \lambda > 0 \qquad (2.19)$$

波松分佈有期望值 $E[X] = \lambda$ 與變異數 $\text{Var}(X) = \lambda$。

■ 幾何分佈:

幾何隨機變數表示在獲得第一次成功之前所需失敗的次數。其隨機變數 X 的機率分佈為:

$$P(X=k) = p(1-p)^{k-1}, \qquad k=0,1,2,\ldots \qquad (2.20)$$

其中 p 為成功之機率。幾何分佈有期望值 $E[X] = 1/(1-p)$ 與變異數 $\text{Var}(X) = p/(1-p)^2$。

■ 二項式分佈:

二項式隨機變數表示一連串 n 次試驗中出現 k 次成功之次數。其隨機變數 X 的機率分佈為:

$$P(X=k) = \binom{n}{k} p^k (1-p)^{n-k} \qquad (2.21)$$

其中 $k = 0, 1, 2, \ldots, n$、$n = 0, 1, 2, \ldots$、p 為成功機率,以及

$$\binom{n}{k} = \frac{n!}{k!(n-k)!}$$

二項式分佈有期望值 $E[X] = np$ 與變異數 $\text{Var}(X) = np(1-p)$。

波松分佈有時可用來近似二項式分佈(參數 n 與 p),當觀察次數 n 很大時且成功機率 p 很小時,二項式分佈近似於波松分佈,其中參數為 $\lambda = np$。這樣的好處是,因為計算波松機率遠比計算二項式分佈簡單多了。

幾何分佈與二項式分佈之關聯在於兩者都是基於獨立試驗，其成功機率是常數且等於 p。不過，幾何隨機變數是第一次成功之前所需的嘗試次數，而二項式隨機分佈是 n 次嘗試中成功之次數。

連續隨機變數

■ **常態分佈：**

常態隨機變數應能假定為所有實數，但此要件在實務上經常捨棄。隨機變數 X 的機率密度函數為：

$$f_X(x) = \frac{1}{\sqrt{2\pi}\sigma} e^{-\frac{(x-\mu)^2}{2\sigma^2}}, \qquad -\infty < x < \infty \tag{2.22}$$

而累積分配函數可由下式求得：

$$F_X(x) = \frac{1}{\sqrt{2\pi}\sigma} \int_{-\infty}^{x} e^{-\frac{(y-\mu)^2}{2\sigma^2}} dy \tag{2.23}$$

其中 μ 為期望值與 σ^2 為隨機變數 X 之變異數。通常，我們以 $X \sim N(\mu, \sigma^2)$ 表示 X 為常態隨機變數，其期望值與變異數分別為 μ 與 σ^2。當 $\mu = 0$ 與 $\sigma = 1$ 時稱為標準常態分佈。

■ **均勻分佈：**

均勻隨機變數的值是均勻地分佈於區間。一個連續隨機變數 X 是認為依循均勻分佈（參數 a 與 b），如果其機率密度函數是介於有限區間 $[a, b]$ 的常數，且在區間外（小於或等於 b）則為零。隨機變數 X 的機率密度分佈為：

$$f_X(x) = \begin{cases} \frac{1}{b-a}, & a \leq x \leq b \\ 0, & \end{cases} \tag{2.24}$$

與累積分配函數為：

$$F_X(x) = \begin{cases} 0, & x < a \\ \frac{x-a}{b-a}, & a \leq x \leq b \\ 1, & b < x \end{cases} \tag{2.25}$$

均勻分佈有期望值 $E[X] = (a+b)/2$ 與變異數 $Var(X) = (b-a)^2/12$。

■ **指數分佈：**

指數分佈在工程領域時常用到。由於其簡潔，已被廣泛使用，甚至是在一些並不適用的情況下。隨機變數 X 的機率密度函數為：

$$f_X(x) = \begin{cases} 0, & x < 0 \\ \lambda e^{-\lambda x}, & 0 \leq x < \infty \end{cases} \quad (2.26)$$

與累積分配函數為：

$$F_X(x) = \begin{cases} 0, & x < 0 \\ 1 - e^{-\lambda x}, & 0 \leq x < \infty \end{cases} \quad (2.27)$$

其中 λ 是速率。指數分佈有期望值 $E[X] = 1/\lambda$ 與變異數 $\text{Var}(X) = 1/\lambda^2$。

例題 2.2

隨機變數 X 為參數 λ 的波松分佈，找出期望值 $E[X]$ 和標準差 $\text{Var}(X)$。

基於波松分佈的概念，其具有 k 個事件的機率分佈為

$$P(X = k) = \frac{\lambda^k e^{-\lambda}}{k!}, \quad k = 0, 1, 2, \ldots, \text{ 且 } \lambda > 0.$$

從公式（2.9）和公式（2.13），期望值 $E[X]$ 和第二階矩量 $E[X^2]$，可用以下式子計算

$$\begin{aligned}
E[X] &= \sum_{k=0}^{\infty} k P(X = k) \\
&= \sum_{k=0}^{\infty} k \frac{\lambda^k}{k!} e^{-\lambda} \\
&= \lambda e^{-\lambda} \sum_{k=1}^{\infty} \frac{\lambda^{k-1}}{(k-1)!} \\
&= \lambda e^{-\lambda} \sum_{k=0}^{\infty} \frac{\lambda^k}{k!} \\
&= \lambda e^{-\lambda} e^{\lambda} \\
&= \lambda
\end{aligned}$$

且

$$\begin{aligned}
E[X^2] &= \sum_{k=0}^{\infty} k^2 P(X = k) \\
&= \sum_{k=0}^{\infty} k^2 \frac{\lambda^k}{k!} e^{-\lambda} \\
&= \lambda e^{-\lambda} \sum_{k=1}^{\infty} \frac{k \lambda^{k-1}}{(k-1)!} \\
&= \lambda e^{-\lambda} \sum_{k=0}^{\infty} \frac{(k+1) \lambda^k}{k!} \\
&= \lambda e^{-\lambda} \left[\sum_{k=1}^{\infty} \frac{\lambda^{k-1}}{(k-1)!} + \sum_{k=0}^{\infty} \frac{\lambda^k}{k!} \right] \\
&= \lambda^2 + \lambda
\end{aligned}$$

因此，變異數 Var(X) 的值由下式可得

$$\begin{aligned}\operatorname{Var}(X) &= E[(X - E[X])^2] \\ &= E[X^2] - (E[X])^2 \\ &= \lambda\end{aligned}$$

因此，我們可知波松分佈隨機變數 X 的期望值和變異數都是相同的值 λ。

2.2.6　多重隨機變數

　　在某些情況下，一個隨機實驗的結果是取決於多個隨機變數之值，其中這些值又可能會相互影響。舉例，不同用戶以不同速率與不同時間長短進行通話。若每個用戶的特徵可用隨機變數來描述，則一個典型用戶之整體特徵可用全域隨機變數來表示。類似地，干擾取決於相鄰細胞的流量。因此欲決定干擾程度，需要先決定許多細胞中的通話速率。離散隨機變數 $X_1, X_2, \ldots, X_n$ 的**聯合機率質量函數**（joint pmf）為：

$$p(x_1, x_2, \ldots, x_n) = P(X_1 = x_1, X_2 = x_2, \ldots, X_n = x_n) \tag{2.28}$$

並代表 $X_1 = x_1, X_2 = x_2, \ldots, X_n = x_n$ 的機率。

　　在連續的情況下，聯合分佈函數

$$F_{X_1 X_2 \ldots X_n}(x_1, x_2, \ldots, x_n) = P(X_1 \leq x_1, X_2 \leq x_2, \ldots, X_n \leq x_n) \tag{2.29}$$

代表 $X_1 \leq x_1, X_2 \leq x_2, \ldots, X_n \leq x_n$ 之機率。聯合機率密度函數為：

$$f_{X_1 X_2 \ldots X_n}(x_1, x_2, \ldots, x_n) = \frac{\partial^n F_{X_1 X_2 \ldots X_n}(x_1, x_2, \ldots, x_n)}{\partial x_1 \partial x_2 \ldots \partial x_n} \tag{2.30}$$

條件機率

　　條件機率是當給定 $X_2 = x_2, \ldots, X_n = x_n$ 時，$X_1 = x_1$ 的機率。因此，以離散隨機變數而言，我們有：

$$P(X_1 = x_1 \mid X_2 = x_2, \ldots, X_n = x_n) = \frac{P(X_1 = x_1, X_2 = x_2, \ldots, X_n = x_n)}{P(X_2 = x_2, \ldots, X_n = x_n)} \tag{2.31}$$

　　以連續隨機變數而言，我們有：

$$P(X_1 \leq x_1 \mid X_2 \leq x_2, \ldots, X_n \leq x_n) = \frac{P(X_1 \leq x_1, X_2 \leq x_2, \ldots, X_n \leq x_n)}{P(X_2 \leq x_2, \ldots, X_n \leq x_n)} \quad (2.32)$$

貝氏定理

有一定理關注 $P(X \mid Y)$ 形式（讀作：已知 Y，X 的機率）的條件機率是：

$$P(X \mid Y) = \frac{P(Y \mid X) P(X)}{P(Y)} \quad (2.33)$$

其中 $P(Y)$ 與 $P(X)$ 分別為 Y 與 X 的非條件機率。這是機率理論中一個很基礎的定理，但其在統計學的使用上有一些爭議（貝氏統計）。進一步的討論請見 [2.1]、[2.2]。當已知現在流量狀況，要計算額外流量之機率時，此定理就很有用。

獨立

兩個事件是獨立的，當其中一個事件之發生與另一個事件無關。也就是說，一事件的發生或不發生，並不影響另一事件發生或不發生的可能性。更重要地，例如事件 X 的發生並不改變事件 Y 的機率，我們有：

$$當\ P(X) > 0, \quad P(Y \mid X) = P(Y) \quad (2.34)$$

在此例中，我們有兩獨立事件 X 與 Y。而套用乘法規則變成

$$P(XY) = P(X)P(Y \mid X)$$
$$= P(X)P(Y)$$

意味著當 $P(Y) > 0$，則

$$P(X \mid Y) = \frac{P(XY)}{P(Y)}$$
$$= \frac{P(X)P(Y)}{P(Y)}$$
$$= P(X)$$

如果隨機變數 $X_1, X_2, \ldots, X_n$（例如表示各細胞的通話率）是相互獨立，我們可以得到離散隨機變數例子中的機率質量函數為：

$$p(x_1, x_2, \ldots, x_n) = P(X_1 = x_1) P(X_2 = x_2) \ldots P(X_n = x_n) \quad (2.35)$$

或連續隨機變數的例子我們有：

$$F_{X_1 X_2 \ldots X_n}(x_1, x_2, \ldots, x_n) = F_{X_1}(x_1) F_{X_2}(x_2) \ldots F_{X_n}(x_n) \qquad (2.36)$$

重要特性

■ **期望值的總和特性：**

隨機變數 $X_1, X_2, \ldots, X_n$ 之總和的期望值為：

$$E\left[\sum_{i=1}^{n} a_i X_i\right] = \sum_{i=1}^{n} a_i E[X_i] \qquad (2.37)$$

其中 a_i 為任意常數。

■ **期望值的乘積特性：**

若隨機變數 $X_1, X_2, \ldots, X_n$ 是**隨機地**（stochastically）相互獨立，則隨機變數 $X_1, X_2, \ldots, X_n$ 之乘積的期望值為：

$$E\left[\prod_{i=1}^{n} X_i\right] = \prod_{i=1}^{n} E[X_i] \qquad (2.38)$$

■ **變異數的總和特性：**

隨機變數 $X_1, X_2, \ldots, X_n$ 之總和的變異數為：

$$\text{Var}\left[\sum_{i=1}^{n} a_i X_i\right] = \sum_{i=1}^{n} a_i^2 \text{Var}(X_i) + 2 \sum_{i=1}^{n-1} \sum_{j=i+1}^{n} a_i a_j \text{Cov}[X_i, X_j] \qquad (2.39)$$

其中 $\text{Cov}[X_i, X_j]$ 為隨機變數 X_i 與 X_j 的**共變數**（covariance），且

$$\begin{aligned}
\text{Cov}[X_i, X_j] &= E\left[(X_i - E[X_i])(X_j - E[X_j])\right] \\
&= E[X_i X_j] - E[X_i] E[X_j]
\end{aligned} \qquad (2.40)$$

若隨機變數 X_i 與 X_j 是兩獨立隨機變數（非相關聯的），譬如 $\text{Cov}[X_i, X_j] = 0$，對所有 $i \neq j$，我們有：

$$\text{Var}\left(\sum_{i=1}^{n} a_i X_i\right) = \sum_{i=1}^{n} a_i^2 \text{Var}(X_i) \qquad (2.41)$$

總和之分佈

我們假設 X 與 Y 是連續隨機變數，並有聯合機率密度函數 $f_{XY}(x, y)$。若 $Z = \phi(X, Y)$，Z

之分佈可寫作：

$$F_Z(z) = P(Z \leq z) = \iint_{\phi_Z} f_{XY}(x, y)\, dx\, dy \tag{2.42}$$

其中 ϕ_Z 是 Z 的子集。

在一個特殊例子 $Z = X + Y$，我們有：

$$F_Z(z) = \iint_{\phi_Z} f_{XY}(x,y)\, dx\, dy = \int_{-\infty}^{\infty} \int_{-\infty}^{\infty} f_{XY}(x, y)\, dx\, dy \tag{2.43}$$

作變數替換 $y = t - x$，我們有：

$$F_Z(z) = \int_{-\infty}^{z} \int_{-\infty}^{\infty} f_{XY}(x, t - x)\, dx\, dt = \int_{-\infty}^{z} f_Z(t)\, dt \tag{2.44}$$

因此，Z 的機率密度函數為：

$$f_Z(z) = \int_{-\infty}^{\infty} f_{XY}(x, z - x)\, dx, \qquad -\infty \leq z < \infty \tag{2.45}$$

若 X 與 Y 為獨立的隨機變數，則 $f_{XY}(x,y) = f_X(x)f_Y(y)$，且我們有：

$$f_Z(z) = \int_{-\infty}^{\infty} f_X(x) f_Y(z - x)\, dx, \qquad -\infty \leq z < \infty \tag{2.46}$$

再者，若 X 與 Y 都是非負隨機變數，則

$$f_Z(z) = \int_{0}^{z} f_X(x) f_Y(z - x)\, dx, \qquad -\infty \leq z < \infty \tag{2.47}$$

因此，兩非負且獨立的隨機變數之總和的機率密度函數為其各自機率密度函數，$f_X(x)$ 與 $f_Y(y)$ 之**疊積**（convolution）。

例題 2.3

射一個標靶，並以標靶中心為坐標中心。水平和垂直坐標 (X, Y) 是獨立的，並按照常態分佈 $N(0, 2^2)$。找出 (1) 擊中點在圓形範圍 $D = \{(x, y) \mid 1 \leq x^2 + y^2 \leq 2\}$ 的機率；(2) 擊中點和坐標中心 $(0, 0)$ 距離為 $Z = \sqrt{X^2 + Y^2}$，找出其期望值 $E[Z]$。

(1) 計算擊中圓形範圍的機率，意味著常態分佈 $N(0, 2^2)$ 的加總分佈，如公式（2.42）所示，加總的分佈可以被計算如下

$$P[(X, Y) \in D] = \iint_D f_{XY}(x, y)\, dx\, dy$$

$$= \iint_D \frac{1}{2\pi \cdot 4} e^{-\frac{x^2+y^2}{8}}\, dx\, dy$$

$$= \frac{1}{8\pi} \int_0^{2\pi} \int_1^2 e^{-\frac{r^2}{8}} r\, dr\, d\theta$$

$$= -\int_1^2 e^{-\frac{r^2}{8}} d\left(-\frac{r^2}{8}\right)$$

$$= e^{-\frac{1}{8}} - e^{-\frac{1}{2}}$$

(2) 根據聯合概率分佈的概念，預期值 $E[Z]$ 可以計算為

$$E[Z] = E\left[\sqrt{X^2 + Y^2}\right]$$

$$= \int_{-\infty}^{\infty} \int_{-\infty}^{\infty} \sqrt{x^2 + y^2} \frac{1}{8\pi} e^{-\frac{x^2+y^2}{8}}\, dx\, dy$$

$$= \frac{1}{8\pi} \int_0^{2\pi} \int_0^{\infty} r e^{-\frac{r^2}{8}} r\, dr\, d\theta$$

$$= \frac{1}{4} \int_0^{\infty} r^2 e^{-\frac{r^2}{8}}\, dr$$

$$= \sqrt{2\pi}$$

中央極限定理

中央極限定理是指從期望值為 $E[X_i] = \mu$ 與變異數為 $\text{Var}(X_i) = \sigma^2$ 之分佈中，隨機抽取大小為 n 的隨機樣本 $(X_1, X_2, \ldots, X_n)$，其中 $i = 1, 2, \ldots, n$，則其代數平均可定義為：

$$S_n = \frac{1}{n} \sum_{i=1}^{n} X_i \tag{2.48}$$

樣本平均數可從 $E[S_n] = \mu$ 與變異數 $\text{Var}(S_n) = \sigma^2/n$ 之常態分佈來近似，且當樣本大小 n 值越大，越趨於常態。

這在考量信號之間的干擾時很有用。譬如，它讓我們（若樣本大小夠大）能在假想試驗中假設其常態性，儘管資料看起來並不為常態。這是因為測試使用樣本平均數與中央極限定理，讓我們能夠用常態分佈來近似。

2.3 流量理論

2.3.1 波松到訪模型

波松過程（Poisson process）是區間內一連串隨機間隔的事件。譬如，顧客到訪銀行與**蓋格計數器**（Geiger counter）之技術是相似於封包到訪緩衝區。類似地，在無線網路中，不同用戶在不同時間點發話，以及各個細胞的通話順序通常是視為波松過程。波松過程的速率 λ 為單位時間（經過很長的時間）之事件平均數。

波松過程之特性

在時間區間 $[0, t]$，t 個單位時間內有 n 個到訪的機率是：

$$P_n(t) = \frac{(\lambda t)^n}{n!} e^{-\lambda t}, \qquad n = 0, 1, 2, \ldots. \tag{2.49}$$

在兩個無交集（無重疊）區間 (t_1, t_2) 與 (t_3, t_4)（亦即 $t_1 < t_2 < t_3 < t_4$），(t_1, t_2) 的到訪次數與 (t_3, t_4) 的到訪次數之間是獨立的。譬如，在無線網路中，(t_1, t_2) 區間的發話次數與 (t_3, t_4) 區間的發話次數可能是獨立的。

波松過程的到訪間隔時間

我們取一任意起始時間點 t。令 T_1 為至下一到訪之時間。我們有：

$$P(T_1 > t) = P_0(t) = e^{-\lambda t} \tag{2.50}$$

因此，T_1 分佈函數為：

$$F_{T_1}(t) = P(T_1 \leq t) = 1 - e^{-\lambda t} \tag{2.51}$$

以及 T_1 的機率密度函數為：

$$f_{T_1}(t) = \lambda e^{-\lambda t} \tag{2.52}$$

所以，T_1 有平均率為 λ 之指數分佈。

令 T_2 為第一個到訪與第二個到訪之間的時間。我們可以得出

$$P(T_2 > T_1 + t \mid T_1 = \Delta) = e^{-\lambda t}, \qquad \Delta, t > 0 \qquad (2.53)$$

因此，T_2 的分佈函數為：

$$F_{T_2}(t) = P(T_2 \leq T_1 + t \mid T_1 = \Delta) = 1 - e^{-\lambda t} \qquad (2.54)$$

以及 T_2 的機率密度函數為：

$$f_{T_2}(t) = \lambda e^{-\lambda t} \qquad (2.55)$$

類似地，我們定義 T_3 為第二個與第三個到訪之間的時間，T_4 為第三個與第四個到訪，以此類推。隨機變數 $T_1, T_2, T_3 \ldots$ 稱為波松過程的到訪間隔時間。我們可以觀察到訪間隔時間 $T_1, T_2, T_3 \ldots$ 是相互獨立，且各具有相同的指數分佈，其平均率為 λ。

無記憶性

波松過程的重要性基於它是唯一一個具有無記憶性的連續隨機變數。對任何非負實數 δ 與 t，我們有：

$$P(X > \delta + t \mid X > \delta) = P(X > t) \qquad (2.56)$$

若我們將 X 視為生命週期，在已知 X 超過 δ，生命週期 X 超過 $\delta + t$ 的機率即是生命週期超過 t 的機率。在無線領域，這意味著新通話是獨立於該用戶的過去歷史話務。

合併性

如果我們合併 n 個波松過程（到訪間隔時間之分佈為 $1 - e^{-\lambda_i t}$）成一個單一過程，其中 $i = 1, 2, \ldots n$，則其合併結果為一個波松過程（到訪間隔時間的分佈為 $1 - e^{-\lambda t}$），其中 $\lambda = \lambda_1 + \lambda_2 + \cdots + \lambda_n$。在無線網路中，一個細胞可能涵蓋不同類型的用戶，比如說一群用戶是路人，另一群是快速移動的車用電話，另一群主要是在傳輸資料等類型。因此，各個群組可用不同的波松過程來表示。

分割性

如果一個到訪間隔時間分佈為 $1 - e^{-\lambda t}$ 的波松過程要分割成 n 個過程，而到訪工作是分配給第 i 個過程的機率是 P_i，其中 $i = 1, 2, \ldots, n$，則第 i 個子過程的到訪間隔時間分佈為

$1-e^{-P_j\lambda t}$（譬如，已建立 n 個波松過程）。

2.4 基本排隊系統

2.4.1 何謂排隊理論？

排隊理論是在研究**佇列**（queue），有時又叫做**等待線**（waiting line）。大部分的人熟悉佇列的概念，它們存在於我們日常生活之中。排隊理論可用來描述實體世界的排隊現象，或更抽象的佇列，多半見於通信與電腦科學的領域，譬如作業系統。本節探討排隊理論所需的基本數學公式。

2.4.2 基本排隊理論

排隊理論有很廣泛的應用，包括在無線網路中大量地用於表示一個細胞的新通話要求與這些細胞的通道分配。它可以細分為三個主要部分：流量、排程與雇員分配。排隊理論所能應用的當然不侷限於這些，本節亦涵蓋其他例子來描述排隊理論的用途。

2.4.3 Kendall 記號

D. G. Kendall 在 1951 年 [2.3] 提出一個標準記號，用來將排隊系統區分成不同類型。這些系統用以下記號來加以描述：

$$A/B/C/D/E$$

其中

A	顧客到訪間隔時間之分佈
B	服務時間之分佈
C	伺服器數量
D	系統最大顧客數
E	通話人口大小

且 A 與 B 可以是下列分佈類型中任何一種：

M	指數分佈（馬可夫；Markovian）
D	退化（degenerate）分佈（或定性分佈）
E_k	爾朗（Erlang）分佈（k 為外型參數）
G	一般分佈（任意分佈）
H_k	參數為 k 之超指數

注意：若 A 值為 G，有時寫做 GI。C 通常取 1 或變數，如 n、s 或 m。D 通常為無窮大或一個變數。若為了建構模型之用，而假設 D 或 E 為無窮大，可忽略其記號（經常如此）。若使用到 E，則必須使用到 D 以避免混淆兩者，但 D 可使用無窮大符號。

2.4.4　Little 定理

假設一個以穩定狀態在運作的排隊環境，其中所有**初始暫態**（transients）都已消失，幾個描述系統特徵的關鍵參數如下：

- λ ─ 平均穩態顧客到訪率。
- N ─ 系統內平均顧客數（包括緩衝區內與服務中）。
- T ─ 系統內每位顧客平均駐留時間（花在佇列的時間加上服務時間）。

可以很直覺地猜測

$$N = \lambda T \tag{2.57}$$

其實這就是 Little 定理的內容，它廣泛地適用於服務準則與訪客統計上。在下一節中，我們將學習系統的不同狀態，以及是如何從一狀態轉移至另一個。

2.4.5　馬可夫過程

馬可夫過程是一個過程，其下一狀態僅取決於現在狀態，而無關於任何先前狀態。這意味著需要對現在狀態的瞭解與此狀態的轉移機率，讓我們預測可能的下一狀態，獨立於任何先前狀態。**馬可夫鏈**（Markov chain）是一個離散狀態的馬可夫過程。

2.4.6　出生死滅過程

這是一種特殊型態的馬可夫過程，常用來做人口（或佇列中工作數量）模型。若在某一時間內，人口有 n 個實體（佇列中有 n 個工作），則另一個實體的出生（另一個工作的到訪）會引發狀態改變為 $n+1$。另一方面，死滅（從佇列中移除一個工作去進行服務）會導致狀態改變為 $n-1$。因此，我們可以發現在任何一個狀態，僅能在相鄰兩狀態之間做轉移。圖 2.1 顯示一個連續出生死滅過程的狀態轉移圖。無線網路中各個細胞的通話數亦有類似的論述。若一個細胞有 n 個通道在服務 n 個通話，則在已知新通話或通話結束的機率，轉移至服務 $(n+1)$ 通話或 $(n-1)$ 通話可用適當的轉移機率來表示。數字 0, 1, 2, ... 代表忙於服務各

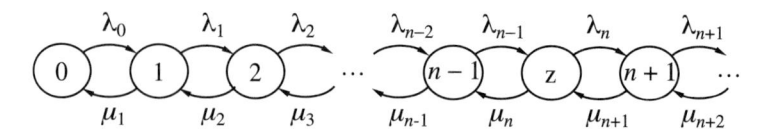

圖 2.1 出生死滅過程的狀態轉移圖

用戶的通道數。

在狀態 n，我們有：

$$\lambda_{n-1}P(n-1) + \mu_{n+1}P(n+1) = (\lambda_n + \mu_n)P(n)$$

其中 $P(i)$ 是狀態 i 的穩態機率，λ_i ($i = 0, 1, 2, ...$) 是平均到訪率，而 μ_i ($i = 0, 1, 2, ...$) 是平均服務率。類似的狀態公式可套至狀態 1, 2, 3, ...。對狀態 0 來說，我們有：

$$\lambda_0 P(0) = \mu_1 P(1)$$

寫下這些狀態公式可視為一個去平衡進入與離開特定狀態之箭頭的過程。要注意的是，$P(0), P(1), P(2) ... P(n), ...$ 都是穩態機率，且這些公式亦代表穩態轉移。

化解所得到的幾組公式（一個狀態有一個公式），我們可以導出 $P(n)$ 與 $P(0)$ 之間的關係。所以我們可得

$$P(n) = \frac{\lambda_0 \lambda_1 ... \lambda_{n-1}}{\mu_1 \mu_2 ... \mu_n} P(0)$$

2.4.7　M/M/1/ ∞ 排隊系統

這裡我們討論最簡單的排隊模型，叫做 M/M/1/∞ 佇列或 M/M/1 佇列，如圖 2.2 所示。當一個顧客到訪系統時，如果伺服器是空閒的，該顧客會被給予服務。反之，該顧客需要等候。在一個 M/M/1 排隊系統，顧客的到訪是依據波松分佈（M/M/1 第一個 M 的意義），且以**先進先出**（first-in-first-out; FIFO）或**先到先得**（first-come-first-served; FCFS）方式來爭取被服務機會，而且只有一個服務機會。服務時間是獨立且同分佈的隨機變數，其共同為指數分佈（M/M/1 第二個 M 的意義）。實際上，M/M/1 排隊系統是很有用的，因為許多複雜系統可以被抽象化為一個 M/M/1 排隊系統的合成。理論上，M/M/1 排隊系統對平均到訪率 λ 與平均服務率 μ，皆可提供正確的數學解法。接下來，我們將分析 M/M/1 排隊系統。

基於稍早的假設，M/M/1 排隊系統含有一個出生死滅過程。令 i ($i = 0, 1, 2, ...$) 為系統中

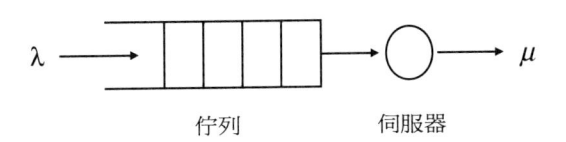

圖 2.2 M/M/1/∞ 排隊模型

的顧客數,且令 P(i) 為系統有 i 個顧客的穩態機率。在無線網路,M/M/1 中的 M 分別表示細胞中到訪間隔與通話服務時間,1 表示細胞中僅有單一通道。因此,該系統的狀態轉移圖如圖 2.3 所示。從狀態轉移圖可知**平衡狀態**(equilibrium state)公式為:

$$\begin{cases} \lambda P(0) = \mu P(1), & i = 0 \\ (\lambda + \mu) P(i) = \lambda P(i-1) + \mu P(i+1), & i \geq 1 \end{cases} \quad (2.58)$$

因此,我們有:

$$\begin{cases} P(1) = \frac{\lambda}{\mu} P(0) = \rho P(0), \\ P(2) = \frac{\lambda}{\mu} P(1) = \left(\frac{\lambda}{\mu}\right)^2 P(0) = \rho^2 P(0), \\ \cdots \\ P(i) = \frac{\lambda}{\mu} P(i-1) = \left(\frac{\lambda}{\mu}\right)^i P(0) = \rho^i P(0), \\ \cdots \end{cases} \quad (2.59)$$

其中 $\rho = \frac{\lambda}{\mu}$ 並稱作**流量強度**(traffic intensity)。

歸一化之條件是:

$$\sum_{i=0}^{\infty} P(i) = 1 \quad (2.60)$$

從之前的公式,我們可得:

$$\sum_{i=0}^{\infty} \rho^i P(0) = \frac{P(0)}{1-\rho} \quad (2.61)$$

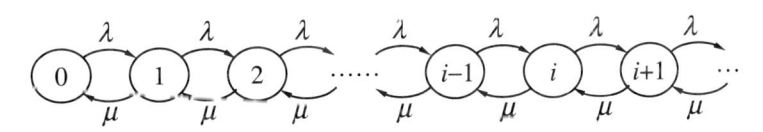

圖 2.3 M/M/1/∞ 排隊系統的狀態轉移圖

因此,

$$P(0) = 1 - \rho \tag{2.62}$$

我們知道 $P(0)$ 為伺服器是空閒狀態的機率。因為 $P(0) > 0$,系統處於穩定狀態的要件是 $\rho = \frac{\lambda}{\mu} < 1$。即訪率不能超過服務率,否則佇列長度會增加至無窮大,而工作會遭遇無窮大的等候時間。所以 $p=1-P(0)$ 是伺服器為忙碌的機率。從公式(2.59),我們有:

$$P(i) = \rho^i (1 - \rho) \tag{2.63}$$

我們知道公式(2.63)為幾何分佈。

依據機率 $P(i)$ s,系統的平均顧客數為:

$$\begin{aligned}
L_s &= \sum_{i=0}^{\infty} i P(i) \\
&= \rho (1 - \rho) \sum_{i=1}^{\infty} i\rho^{i-1} \\
&= \rho (1 - \rho) \left(\frac{\rho}{1 - \rho}\right)' \\
&= \frac{\rho}{1 - \rho} \\
&= \frac{\lambda}{\mu - \lambda}
\end{aligned} \tag{2.64}$$

利用 Little 定理,無線系統中細胞的每一顧客平均駐留時間為:

$$\begin{aligned}
W_s &= \frac{L_s}{\lambda} \\
&= \frac{1}{\mu (1 - \rho)} \\
&= \frac{1}{\mu - \lambda}
\end{aligned} \tag{2.65}$$

平均佇列長度為:

$$L_q = \sum_{i=1}^{\infty}(i-1)\,P(i)$$
$$= \frac{\rho^2}{1-\rho}$$
$$= \frac{\lambda^2}{\mu(\mu-\lambda)} \tag{2.66}$$

顧客平均等候時間為：

$$W_q = \frac{L_q}{\lambda}$$
$$= \frac{\rho^2}{\lambda(1-\rho)}$$
$$= \frac{\lambda}{\mu(\mu-\lambda)} \tag{2.67}$$

例題 2.4

一家維修店只有一位技工；r 位顧客到達店家的時間符合波松分佈，平均到達速率為每分鐘 3 位顧客。為每個顧客維修的時間遵守負指數分佈，且平均修理時間為 10 秒。請問：

(1) 伺服器（技工）閒置的機率？
(2) 四位顧客在維修店的機率？
(3) 至少一位顧客在維修店的機率？
(4) 維修店裡平均顧客數？
(5) 維修店裡平均等待維修的顧客數？
(6) 平均每位顧客在店裡駐留的時間？
(7) 平均每位顧客在店裡等待的時間？

可以看出此系統為 $M/M/1/\infty$ 的排隊系統，且 $\lambda = 3/m$，服務速率 $\mu = \frac{60}{10} = 6/m$。因此維修店所能提供的負載 $\rho = \frac{\lambda}{\mu} = 0.5$。

(1) 假設 $P(0)$ 為伺服器閒置的機率，從公式（2.62）可得

$$P(0) = 1 - \rho$$
$$= 1 - \frac{3}{6}$$
$$= 0.5$$

(2) 假設 $P(i)$ 為系統中有 i 個顧客的穩態機率，從公式（2.63）可得

$$P(4) = (1-\rho)\rho^4 = \left(1-\frac{1}{2}\right)\left(\frac{1}{2}\right)^4 = \frac{1}{32}$$

$$\begin{aligned}P(4) &= (1-\rho)\rho^4 \\ &= \left(1-\frac{1}{2}\right)\left(\frac{1}{2}\right)^4 \\ &= 0.03125\end{aligned}$$

(3) 至少一位顧客表示伺服器忙碌中，以 $\rho = 1 - P(0)$ 表示，因此至少一位顧客在店家的機率為

$$\begin{aligned}P(i \geq 1) &= 1 - P(0) \\ &= 1 - \rho \\ &= 1 - \frac{1}{2} \\ &= 0.5\end{aligned}$$

(4) 根據 $P(i)$ 的機率，系統裡平均顧客數為

$$\begin{aligned}L_s &= \frac{\lambda}{\mu - \lambda} \\ &= \frac{3}{6-3} \\ &= 1\end{aligned}$$

(5) 平均佇列長度為

$$\begin{aligned}L_q &= \frac{\rho\lambda}{\mu - \lambda} \\ &= \frac{\frac{1}{2} \times 3}{6-3} \\ &= 0.5\end{aligned}$$

(6) 利用 Little 定理，平均每位顧客在店裡駐留的時間為

$$\begin{aligned}W_s &= \frac{1}{\mu - \lambda} \\ &= \frac{1}{6-3} \\ &= \frac{1}{3} \text{ 小時}\end{aligned}$$

(7) 平均每位顧客在店裡等待的時間為

$$\begin{aligned}W_q &= \rho W_s \\ &= \frac{1}{6} \text{ 小時}\end{aligned}$$

2.4.8　M/M/S/∞ 排隊系統

我們依舊考慮到訪率 λ 的排隊系統,但我們假設有多個伺服器 S (≥1),其中每一個的服務率為 μ,且他們都分享一個共同佇列(見圖 2.4)。令 i (i = 0, 1, 2, ...) 為系統中的顧客人數,且令 P(i) 為系統有 i 個顧客的穩態機率。所以,此系統的狀態轉移圖如圖 2.5 所示。

從狀態轉移圖可知平衡狀態公式為:

$$\begin{cases} \lambda P(0) = \mu P(1), & i = 0 \\ (\lambda + i\mu) P(i) = \lambda P(i-1) + (i+1)\mu P(i+1), & 1 \leq i < S \\ (\lambda + S\mu) P(i) = \lambda P(i-1) + S\mu P(i+1), & S \leq i \end{cases} \quad (2.68)$$

因此,我們有:

$$\begin{cases} P(i) = \frac{\alpha^i}{i!} P(0), & i < S \\ P(i) = \frac{\alpha^S}{S!} \left(\frac{\alpha}{S}\right)^{i-S} P(0), & S \leq i \end{cases} \quad (2.69)$$

其中 α = λ / μ。

歸一化之條件是:

$$\sum_{i=0}^{\infty} P(i) = \left[\sum_{i=0}^{S-1} \frac{\alpha^i}{i!} + \frac{\alpha^S}{S!} \sum_{i=0}^{\infty} \left(\frac{\alpha}{S}\right)^i\right] P(0) = 1 \quad (2.70)$$

我們有:

$$P(0) = \left[\sum_{i=0}^{S-1} \frac{\alpha^i}{i!} + \frac{\alpha^S}{S!} \sum_{i=0}^{\infty} \left(\frac{\alpha}{S}\right)^i\right]^{-1} \quad (2.71)$$

若 α < S,我們有:

$$\sum_{i=0}^{\infty} \left(\frac{\alpha}{S}\right)^i = \frac{S}{S - \alpha} \quad (2.72)$$

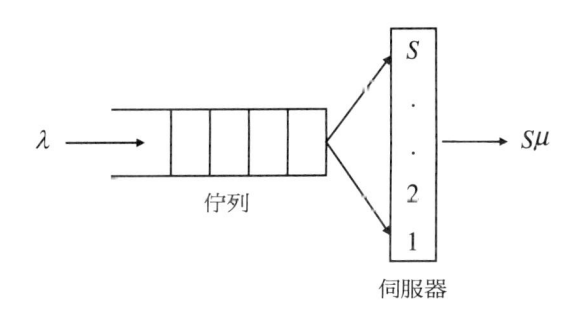

圖 2.4　M/M/S/∞ 排隊模型

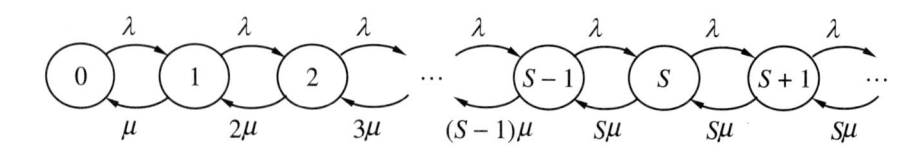

圖 2.5　*M/M/S/*∞ 排隊模型的狀態轉移圖

因此，

$$P(0) = \left[\sum_{i=0}^{s-1} \frac{\alpha^i}{i!} + \frac{\alpha^S}{S!}\frac{S}{S-\alpha}\right]$$
$$= \left[\sum_{i=0}^{s-1} \frac{\alpha^i}{i!} + \frac{\alpha^S}{S!}\frac{1}{1-\rho}\right] \qquad (2.73)$$

其中 ρ（$= \alpha/S = \lambda/(S\mu)$）稱為**利用係數**（utilization factor）。要注意，為了使佇列穩定，我們應該有 $\rho < 1$。

依據機率 $P(i)$，系統的平均顧客數為：

$$L_s = \sum_{i=0}^{\infty} i P(i)$$
$$= \alpha + \frac{\rho \alpha^S P(0)}{S!(1-\rho)^2} \qquad (2.74)$$

利用 Little 定理，系統中每一顧客平均駐留時間為：

$$W_s = \frac{L_s}{\lambda}$$
$$= \frac{1}{\mu} + \frac{\alpha^S P(0)}{S\mu \cdot S!(1-\rho)^2} \qquad (2.75)$$

平均佇列長度為：

$$L_q = \sum_{i=s}^{\infty}(i-S)P(i)$$
$$= \frac{\alpha^{S+1} P(0)}{(S-1)(S-\alpha)^2} \qquad (2.76)$$

顧客平均等候時間為：

$$W_q = \frac{L_q}{\lambda}$$
$$= \frac{\alpha^S P(0)}{S\mu \cdot S!(1-\rho)^2} \quad (2.77)$$

例題 2.5

票務中心有三個售票口，顧客到達時間服從波松分佈，平均到達率 0.9。每個售票窗口的處理時間服從負指數分佈，且平均服務速率為 0.4。

請問：
(1) 售票口的閒置機率。
(2) 平均佇列長度。
(3) 平均顧客駐留時間。
(4) 平均顧客等待時間。

基於題目的假設，此系統可視為 $M/M/3/\infty$ 的排隊系統，平均到達速率 $\lambda = 0.9$，平均服務速率 $\mu = 0.4$，伺服器數量 $S = 3$，流量強度 $\alpha = \frac{\lambda}{\mu} = 2.25$，利用因子 $\rho = \frac{\alpha}{s} = \frac{\lambda}{s\mu} = 0.75$。

(1) 假設 $P(0)$ 為伺服器的閒置機率，根據公式（2.73）可得

$$P(0) = \left[\sum_{i=0}^{S-1}\frac{\alpha^i}{i!} + \frac{\alpha^S}{S!}\frac{1}{1-\rho}\right]^{-1}$$
$$= \left[\sum_{i=0}^{2}\frac{2.25^i}{i!} + \frac{2.25^3}{3!}\frac{1}{1-0.75}\right]^{-1}$$
$$= 0.0748$$

(2) 根據公式（2.76）可得平均佇列長度為

$$L_q = \sum_{i=s}^{\infty}(i-S)P(i)$$
$$= \frac{\alpha^{S+1}P(0)}{(S-1)(S-\alpha)^2}$$
$$= \frac{2.25^{3+1} \times 0.0748}{(3-1)(3-2.25)^2}$$
$$= 1.70$$

(3) 根據公式（2.74），平均顧客駐留時間為

$$L_s = \sum_{i=0}^{\infty} iP(i)$$

$$= \alpha + \frac{\rho\alpha^S P(0)}{S!(1-\rho)^2}$$

$$= 2.25 + \frac{0.75 \times 2.25^3 \times 0.0748}{3! \times (1-0.75)^2}$$

$$= 3.95$$

(4) 根據公式（2.77），平均顧客等待時間為

$$W_q = \frac{L_q}{\lambda}$$

$$= \frac{\alpha^S P(0)}{S\mu \cdot S!(1-\rho)^2}$$

$$= \frac{2.25^3 \times P(0)}{3 \times 0.4 \times 3! \times (1-0.75)^2}$$

$$= 1.89 \text{ 分}$$

2.4.9　M/G/1/∞ 排隊系統

我們考慮一個具有單一伺服器的排隊系統，其到訪過程是平均到訪率為 λ 之波松。服務時間是獨立且相同分佈，其分佈函數為 F_B 且機率密度函數為 f_B。依各工作的到訪順序來進行服務排程——排程準則是 FCFS。以 M/G/1 排隊系統的一個特殊例子，若我們令 F_B 是平均率為 μ 的指數分佈，則我們可得到 M/M/1 排隊系統。假設服務時間是常數，則我們可得到 M/D/1 排隊系統。

令 N(t) 代表時間 t 時系統的工作數量（佇列中再加上服務中的）。如果 N(t) ≥ 1，則此工作在服務中，因為一般服務時間分佈不需要是無記憶性，但 N(t) 除外，我們需要知道工作在服務中所花費的時間才能預測其在系統的未來行為。另外**隨機過程**（stochastic process）{N(t), t ≥ 0} 並不是馬可夫鏈。

為簡化狀態的描述，我們以工作離開時的系統時間點作例子。這些離開時點，叫做再生點，是標示一個新確率過程的**指標集**（index set）。令 t_n (n = 1, 2, ...) 為第 n 個工作的離開時間（緊跟在服務之後），以及 X_n 為時間 t_n 點系統的工作數量，是以，

$$X_n = N(t_n), \qquad n = 1, 2, \ldots \tag{2.78}$$

隨機過程 {X_n, n = 1, 2, ...} 可以被證明是一個離散馬可夫鏈，是連續確率過程 {N(t), t ≥ 0}

的**嵌入式**（imbedded）馬可夫鏈。

嵌入式馬可夫鏈的方法讓我們能夠將分析化簡，因為它將一個非馬可夫問題轉換至一個馬可夫問題。我們接著可以使用嵌入式馬可夫鏈的極限分佈來做為原過程 $N(t)$ 的一個量測，[2.4] 可以證明任何時間點所觀測到的工作數量 $N(t)$ 之極限分佈，是同於離開時點所觀察到的工作數目之分佈；也就是，

$$\lim_{t \to \infty} P[N(t) = k] = \lim_{n \to \infty} P(X_n = k) \qquad (2.79)$$

當 $n = 1, 2, ...$，令 Y_n 為第 n 個工作的服務時間時到訪的工作數量。現在緊跟在第 $(n+1)$ 個工作離開之後的工作數量，可以寫成：

$$X_{n+1} = \begin{cases} X_n - 1 + Y_n, & X_n > 0 \\ Y_{n+1}, & X_n = 0 \end{cases} \qquad (2.80)$$

換句話說，緊跟在第 $(n+1)$ 個工作離開之後的工作數量取決於第 n 個工作離開時第 $(n+1)$ 個工作是否仍在佇列中。如果 $X_n = 0$，則下一個到訪工作是第 $(n+1)$ 個。在其服務時間，有 Y_{n+1} 工作到訪，則第 $(n+1)$ 個工作在時間 t_{n+1} 點離開，剩下 Y_{n+1} 個工作。如果 $X_n > 0$，則被第 $(n+1)$ 個工作所留下的工作數量等於 $X_n - 1 + Y_{n+1}$。由於 Y_{n+1} 獨立於 $X_1, X_2, ..., X_n$，所以給定 X_n 的值，我們不需要知道 $X_1, X_2, ..., X_{n-1}$ 的值就能決定 X_{n+1} 的機率行為。因此，$\{X_n, n = 1, 2, ...\}$ 是一個馬可夫鏈。

馬可夫鏈的轉移機率可以用公式（2.80）得到：

$$\begin{aligned} p_{ij} &= P(X_{n+1} = j \mid X_n = i) \\ &= \begin{cases} P(Y_{n+1} = j - i + 1), & i \neq 0, j \geq i - 1 \\ P(Y_{n+1} = j), & i = 0, j \geq 0 \end{cases} \end{aligned} \qquad (2.81)$$

既然所有工作在統計上是相同的，我們期望 Y_n 是與機率質量函數 $P(Y_{n+1}=j) = a_j$ 同分佈，使

$$\sum_{j=1}^{\infty} a_j = 1 \qquad (2.82)$$

則，（無限維度）轉移機率矩陣 $\{X_n\}$ 是

$$P = \begin{bmatrix} a_0 & a_1 & a_2 & a_3 & \cdots \\ a_0 & a_1 & a_2 & a_3 & \cdots \\ 0 & a_0 & a_1 & a_2 & \cdots \\ 0 & 0 & a_0 & a_1 & \cdots \\ 0 & 0 & 0 & a_0 & \cdots \\ \vdots & \vdots & \vdots & \vdots & \ddots \end{bmatrix} \qquad (2.83)$$

令在狀態 j 的極限機率記作 v_j，使

$$v_j = \lim_{n \to \infty} P(X_n = j) \tag{2.84}$$

利用之前的公式，我們可得：

$$v_j = v_0 a_j + \sum_{i=1}^{j+1} v_i a_{j-i+1} \tag{2.85}$$

若我們定義生成函數

$$G(z) = \sum_{j=0}^{\infty} v_j z^j \tag{2.86}$$

則

$$\sum_{j=0}^{\infty} v_j z^j = \sum_{j=0}^{\infty} v_0 a_j z^j + \sum_{j=0}^{\infty} \sum_{i=1}^{j+1} v_i a_{j-i+1} z^j \tag{2.87}$$

$$\begin{aligned} G(z) &= v_0 \sum_{j=0}^{\infty} a_j z^j + \sum_{i=1}^{\infty} \sum_{j=i-1}^{\infty} v_i a_{j-i+1} z^j \\ &= v_0 \sum_{j=0}^{\infty} a_j z^j + \sum_{i=1}^{\infty} \sum_{k=0}^{\infty} v_i a_k z^{k+i-1} \\ &= v_0 \sum_{j=0}^{\infty} a_j z^j + \frac{1}{z} \left[\sum_{i=1}^{\infty} v_i z^i \sum_{k=0}^{\infty} a_k z^k \right] \end{aligned} \tag{2.88}$$

定義

$$G_A(z) = \sum_{j=0}^{\infty} a_j z^j \tag{2.89}$$

我們有：

$$G(z) = v_0 G_A(z) + \frac{1}{z} [G(z) - v_0] G_A(z) \tag{2.90}$$

或

$$G(z) = \frac{(z-1) v_0 G_A(z)}{z - G_A(z)} \tag{2.91}$$

因為 $G(1) = 1 = G_A(1)$，我們可使用 L'Hôpital 規則來得到：

$$G(1) = \lim_{z \to 1} v_0 \frac{(z-1)G'_A(z) + G(z)}{1 - G'_A(z)}$$

$$= \frac{v_0}{1 - G'_A(1)} \quad (2.92)$$

其中 $G'_A(1)$ 為有限且小於 1。（注意 $G'_A(1) = E[Y]$。）如果我們令 $\rho = G'_A(1)$，則

$$v_0 = 1 - \rho \quad (2.93)$$

且由於 v_0 為伺服器是空閒的機率，ρ 為極限中的伺服器利用。再者，我們有：

$$G(z) = \frac{(1-\rho)(z-1)G_A(z)}{z - G_A(z)} \quad (2.94)$$

因此，若給定生成函數 $G_A(z)$，可計算出 $G(z)$，其中系統的穩態平均工作數量可算出為：

$$E[N] = \lim_{n \to \infty} E[X_n] = G'(1) \quad (2.95)$$

為了要評量 $G_A(z)$，我們先計算

$$a_j = P(Y_{n+1} = j) \quad (2.96)$$

這是在第 (n+1) 個工作之服務時間，恰有 j 個工作到訪的機率。令隨機變數 B 表示工作服務時間。現在可以波松假設得到 Y_{n+1} 的條件機率質量函數為：

$$P(Y_{n+1} = j \mid B = t) = \frac{(\lambda t)^j}{j!} e^{-\lambda t} \quad (2.97)$$

利用**總機率**（total probability）定理，我們得到：

$$a_j = \int_0^\infty P(Y_{n+1} = j \mid B = t) f_B(t) \, dt$$

$$= \int_0^\infty \frac{(\lambda t)^j}{j!} e^{-\lambda t} f_B(t) \, dt \quad (2.98)$$

所以我們有：

$$G_A(z) = \sum_{j=0}^{\infty} a_j z^j$$

$$= \sum_{j=0}^{\infty} \int_0^{\infty} \frac{(\lambda t z)^j}{j!} e^{-\lambda t} f_B(t)\, dt$$

$$= \int_0^{\infty} \left[\sum_{j=0}^{\infty} \frac{(\lambda t z)^j}{j!} \right] e^{-\lambda t} f_B(t)\, dt$$

$$= \int_0^{\infty} e^{\lambda t z} e^{-\lambda t} f_B(t)\, dt$$

$$= \int_0^{\infty} e^{-\lambda t (1-z)} f_B(t)\, dt$$

$$= L_B\left[\lambda\left(1-z\right)\right] \quad (2.99)$$

其中 $L_B\left[\lambda\left(1-z\right)\right]$ 是在 $s=\lambda\left(1-z\right)$ 的服務時間分佈之 Laplace 轉換。注意從**連鎖規則**（chain rule）得：

$$\begin{aligned} \rho &= G'_A(1) \\ &= \left.\frac{dL_B\left[\lambda\left(1-z\right)\right]}{dz}\right|_{z=1} \\ &= \left.\frac{dL_B}{ds}\right|_{s=0 \cdot (-\lambda)} \end{aligned} \quad (2.100)$$

所以透過 Laplace 轉換的**動差生成**（moment-generating）特性可得：

$$\rho = \lambda E\left[B\right] = \frac{\lambda}{\mu} \quad (2.101)$$

在這裡，服務率 μ 的倒數等於平均服務時間 $E[B]$。

取代式子（2.99）與（2.94），我們得到有名的 Pollaczek-Khinchin（P-K）轉換公式

$$G(z) = \frac{(1-\rho)(z-1) L_B\left[\lambda\left(1-z\right)\right]}{z - L_B\left[\lambda\left(1-z\right)\right]} \quad (2.102)$$

系統在穩定態的平均工作數量，可以從對 z 做微分，然後取極限 $z \to 1$ 而得到。

$$E[N] = \lim_{n\to\infty} E[X_n]$$

$$= \sum_{j=0}^{\infty} j v_j$$

$$= \lim_{z\to 1} G'(z)$$

$$= \rho + \frac{\lambda^2 E[B^2]}{2(1-\rho)} \tag{2.103}$$

系統的顧客平均駐留時間為：

$$W_s = \frac{E[N]}{\lambda} = \frac{1}{\mu} + \frac{\lambda E[B^2]}{2(1-\rho)} \tag{2.104}$$

我們也討論佇列中顧客的平均等待時間。我們知道

$$E[N] = \lim_{n\to\infty} E[Xn]$$

$$= \sum_{j=0}^{\infty} j v_j$$

$$= \sum_{j=0}^{\infty} j \int_0^\infty \int_0^\infty e^{-\lambda(t+x)} \frac{[\lambda(x+t)]^j}{j!} dW(t)\, dF_B(t)$$

$$= \int_0^\infty \int_0^\infty \lambda\,(t+x)\, dW(t)\, dF_B(t)$$

$$= \lambda\{W_q + E[B]\}$$

$$= \lambda W_q + \rho \tag{2.105}$$

其中 $W(t)$ 為佇列中顧客等待時間的分佈，而 W_q 是 $W(t)$ 的均值。

比較式子（2.103）與（2.105），我們有：

$$W_q = \frac{\lambda E[B^2]}{2(1-\rho)} \tag{2.106}$$

因此，平均佇列長度為：

$$L_q = \frac{\lambda^2 E[B^2]}{2(1-\rho)} \tag{2.107}$$

2.5 總結

本章彙整機率理論的重要觀念，有助於探討無線網路的流量特徵。這些觀念在使用馬可夫鏈模型後也有助於用來表示系統的某一瞬間，包括忙碌通道的數量、排隊等候的通話數量，以及等候延遲所造成的影響。在本章後段討論如何利用這些資訊來表示無線系統中的各種效能參數。緊接著的第三章，我們會討論無線信號如何傳遞給位於 BS 服務範圍內任何角落的各個用戶。

2.6 參考文獻

[2.1] W. T. Eadie et al., *Statistical Methods in Experimental Physics*, North Holland, 1971. Amsterdam, London.
[2.2] D. S. Sivia, *Data Analysis: A Bayesian Tutorial*, Oxford University Press, Oxford, 1996.
[2.3] D. G. Kendall, "Stochastic Processes Occurring in the Theory of Queues and Their Analysis by the Method of the Imbedded Markov Chain," *Ann. Math. Stat.*, Vol. 24, pp. 19-53, 1953.
[2.4] L. Kleinrock, *Queuing Systems*, Vol. I, John Wiley & Sons, New York, 1975.

2.7 習題

1. 試找出有限集獨立隨機變數 $\{X_1, X_2, \ldots, X_n\}$ 的最大者之分佈函數，其中 X_i 有分佈函數 F_{X_i}。試找出此分佈，當 X_i 為指數分佈且具有均值為 $1/\mu_i$？
2. 試計算下列情況之機率：
    (a) $k = 2$ 與 $\lambda = 0.01$ 的波松分佈。
    (b) $p = 0.01$ 與 $k = 2$ 幾何分佈。
    (c) 重複 (b) 小題，當使用二項式分佈且 $n = 10$。
3. X 的密度參照問題 4 的表格。
    (a) 計算 $E[X]$。
    (b) 計算 $E[X^2]$。
    (c) 計算 $\mathrm{Var}[X]$。
    (d) 計算 X 的標準差。
4. 下面表格顯示隨機變數 X 的密度。

x	1	2	3	4	5	6	7	8
$p(x)$	0.03	0.01	0.04	0.3	0.3	0.1	0.07	?

（a）找出 $p(8)$。

（b）找出 F CDF 的表格。

（c）計算 $P(3 \leq X \leq 5)$。

（d）計算 $P(X \leq 4)$ 與 $P(X < 4)$。其機率一樣嗎？

（e）計算 $F(-3)$ 與 $F(10)$。

5. 有一投擲兩顆骰子的實驗。令 X、Y 與 Z 分別代表第一顆骰子的數字、第二顆骰子的數字與兩顆骰子之和。試計算 $P(X \leq 1, Z \leq 2)$ 與 $P(X \leq 1) P(Z \leq 2)$ 來證明 X 與 Y 並不獨立。

6. A 箱子中有三顆紅球與七顆白球，B 箱子中有六顆紅球與四顆白球。投擲一個骰子之後，如果骰子的數字是 1 或 6，則從 A 箱子取出一顆球。反之，如果是其他數字（亦即 2, 3, 4, 或 5），則從 B 箱子中取出一顆球。要將球放回箱子才再取下一顆球。請作答下列問題：

（a）選到紅球的機率為何？

（b）連續兩次都取到白球的機率為何？

7. 某一系所調查發現，每十個研究生當中就有四個在使用 CDMA 手機服務。如果隨機挑選三個研究生，這三名學生都是使用 CDMA 手機的機率為何？

8. 一個具有 10 位用戶的無線系統的細胞，其流量樣式如下：

用戶編號	1	2	3	4	5	6	7	8	9	10
通話初始時間	0	2	0	3	1	7	4	2	5	1
通話時間	5	7	4	8	6	2	1	4	3	2

（a）假設通話建立／連線，以及通話切斷時間為零，每個通話的平均通話時間為何？

（b）需要最少幾個通道才能支援這樣的通話順序？

（c）在（b）小題中通道是如何分配給不同用戶？

（d）已知（b）小題的通道數量，通道利用的時間比例為何？

9. 有一個在電腦上的隨機數位產生器，以連續啟動三次來模擬一個隨機三位數的數字。

（a）有多少個可能的隨機三位數數字？

（b）有多少數字是 2 開頭？

（c）有多少數字是 9 結尾？

（d）有多少數字是 2 開頭且 9 結尾？

（e）已知是 2 開頭，則隨機產生的三位數數字是 9 結尾的機率為何？

10. 一個隨機變數產生器可以產生數字 1 至 99。若隨機變數現在的值是 45，此隨機變數的下一個隨機產生的值仍是 45 的機率為何？請詳加說明。

11. 假如例題 2.3 中的技工數量提升至三人，對效能參數會產生什麼影響？

12. 在 $M/M/1/\infty$ 排隊系統中，假設 λ 與 μ 變為雙倍，L_s 與 W_s 會怎麼變化？

13. 在 $M/M/5$ 模型之轉移圖中，寫下狀態轉移公式，並找出系統於各個狀態之關係。

14. 考慮一細胞式系統，其各個細胞僅有一個通道（單一伺服器）與一無窮大緩衝區來儲存通話。在此細胞式系統中，當有 n 個通話時，其來話速率折損為僅有 $\lambda/(n+1)$。來話間隔時間為指數分佈，通話時間亦是指數分佈（平均率 μ）。請找出下列之式子：

（a）系統有 n 個通話之穩態機率 p_n。

（b）系統無通話之穩態機率 p_0。

（c）系統平均通話數量 L_s。

（d）平均駐留時間 W_s。

（e）平均佇列長度 L_q。

15. 當一個細胞式系統處於穩定狀態時，通話到訪率與服務率的關係為何？請詳加說明。

16. 考慮一具有無限通道數量的細胞式系統，其來話能立即獲得系統的服務。當有 n 個通話時，平均通話時間是 $1/n\mu$。請畫出此系統之狀態轉移圖，以及計算下列之式子：

（a）系統有 n 個通話之穩態機率 p_n。

（b）系統無通話之穩態機率 p_0。

（c）系統平均通話數量 L_s。

（d）平均駐留時間 W_s。

（e）平均佇列長度 L_q。

17. 波松過程具有無記憶性，在流量分析有其重要性。試證明所有波松過程皆具有此特性。請詳加描述每一證明步驟。

18. 有一賭徒的口袋中有一枚正常硬幣、一枚兩面都是正面（head）的硬幣。假設挑選那枚雙面皆正面的硬幣的機率為 $p = 2/3$。他選了硬幣，然後擲了 $n = 2$ 次，並都得到正面。請問每次都選到那枚雙面皆正面的硬幣之機率為何？

19. 在一無線辦公環境，所有通話都是介於早上八點至下午五點之間。假設通話次數是均勻分佈在早上八點至下午五點，請找出於 24 小時區間中通話次數的機率密度函數。另外請找出 CDF 與通話分佈的變異數。

20. 假定接收端的資料封包到訪次數為波松分佈，其中到訪率為每秒 10 個到訪。試問在 2 秒的時間間隔中，到訪次數超過 8 但小於 11 的機率為何？

21. 已知細胞中特定時間的來話次數是波松分佈。細胞的平均通話次數為每千分之一秒 5 個。試問每千分之一秒有 8 個來話的機率為何？

Chapter 03

行動無線傳播

3.1 簡介

對於無線和行動系統設計而言，充分瞭解行動無線傳播的特色是非常重要的，是以我們將在本章討論這些特色。無線行動通道可仿效為兩端點之間一條隨時間變化的通訊路徑。第一個端點是固定在基地台上的天線，而第二個端點是行動台或手機用戶。這即成為一個具有快速衰落的多重路徑傳播通道。有關行動無線傳播的特性，我們會介紹指向性天線、載波頻率的選擇，以及在快速衰落情況下的傳輸技術。多重路徑通道的傳播是取決於實際環境，譬如天線高度、建築物本身、樹木、道路與丘陵。在本章中，我們會利用適當的統計技巧來描述行動無線傳播。

3.2 無線電波種類

無線電波有很多種，包括地面、空中與天空，請見圖 3.1。就像其名稱所示，**地波**（ground wave）是在地球表面傳播，而**天波**（sky wave）是在空中傳播，但可經對流層或電離層反射回地球。不同的波長受對流層與電離層的反射程度也有所差異。

根據這些波的不同屬性，我們可以將頻譜做切割，而無線頻譜即是依據傳播特性與系統面向來做分類。表 3.1 顯示用於無線傳輸的無線頻率帶。對細胞式系統而言，我們主要關注的是地波與**空波**（space wave）。我們將討論其傳播特性、路徑衰減及其他特色。

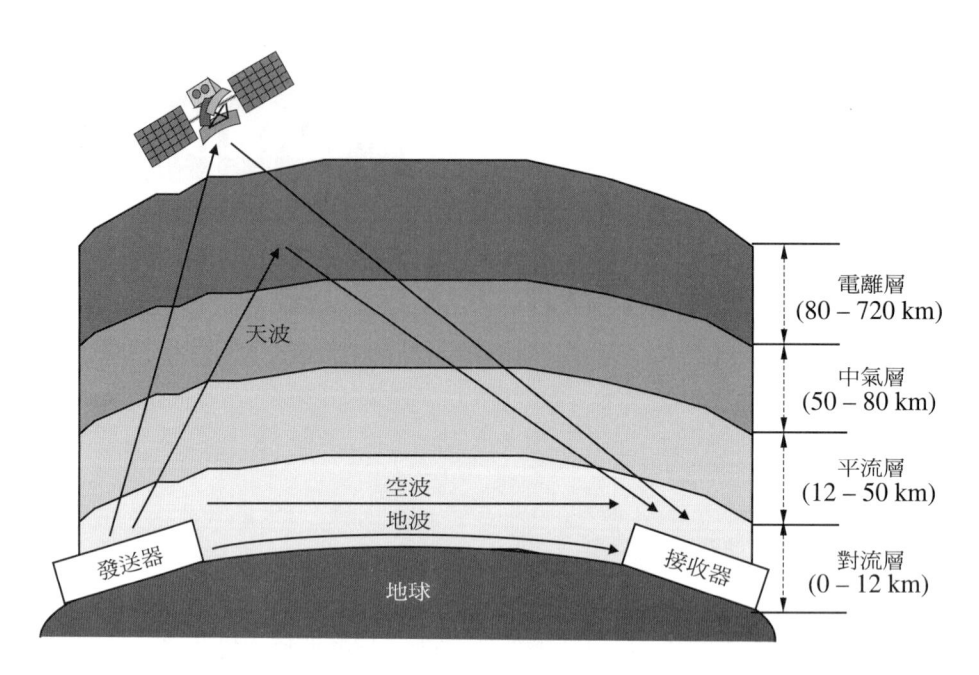

▲ 圖 3.1　不同型態之無線電波傳播

▶ 表 3.1　無線頻率帶

頻率帶分類	縮寫	頻率範圍	傳遞模式
極低頻	ELF	<300 Hz	地波
超低頻	ILF	300 Hz～3 kHz	地波
很低頻	VLF	3 kHz～30 kHz	地波
低頻	LF	30 kHz～300 kHz	地波
中頻	MF	300 kHz～3 MHz	地波／天波
高頻	HF	3 MHz～30 MHz	天波
很高頻	VHF	30 MHz～300 MHz	空波
超高頻	UHF	300 MHz～3 GHz	空波
特高頻	SHF	3 GHz～30 GHz	空波
極高頻	EHF	30 GHz～300 GHz	空波
極端高頻	THF	300GHz～3000 GHz	空波

3.3　傳播機制

　　在自由空間傳播而不遭遇任何阻擋物是所謂的最佳情況。當無線電波接近一個阻擋物時，會發生下列的傳播效應：

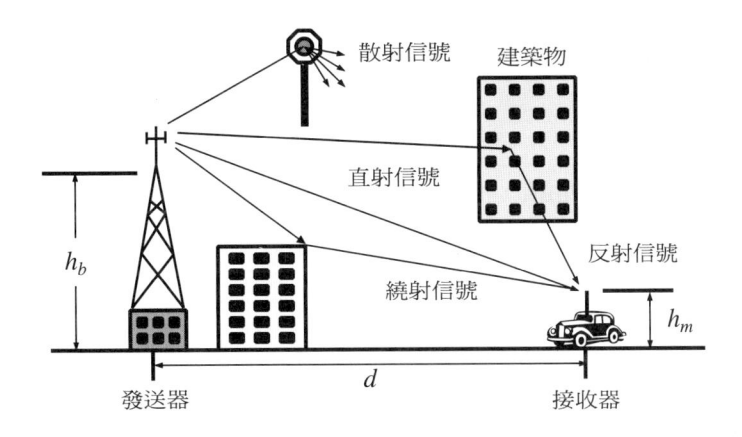

圖 3.2 反射、繞射，以及散射

1. **反射**（reflection）：傳播中的波撞擊到一個物體，而此物體大於其波長（譬如地球表面、高聳的建築物、一大片的牆壁）。
2. **繞射**（diffraction）：發送端與接收端之間的無線電路徑，遭受具不規則邊緣的表面所阻擋〔譬如電波繞過阻擋物，即不存在**可視直線**（line of sight; LOS）〕。
3. **散射**（scattering）：當物體是小於傳播波的波長時，入射波會散射成數個較弱的波。

小規模的傳播可視為發送接收兩端之短距離的信號變異。大規模傳播可視為發送接收兩端之較大距離的信號變異。繞射與散射會造成小規模的衰減效應，而反射會造成大規模的衰減。

圖 3.2 顯示行動無線電波的一個典型傳播效應。其中 h_b 是基地台天線以地表為基準的高度，h_m 是手機天線以地表為基準的高度，以及 d 是基地台與手機之間的距離。無線信號可以穿透一般的牆壁，然而不容易穿透街道建築或山丘。在這情況下，繞射或反射的無線電波仍可以抵達可視直線所無法到達的地方，而得以覆蓋鄰近區域。但缺點是手機可能會接收到多個延遲卻相同的信號。透過信號處理先進技術就能解決這個問題，它能夠選擇最佳品質的接收信號，並過濾掉其餘較弱的重複信號或合併多個信號。所有這些處理動作都能單靠手機完成。

3.4 自由空間傳播

自由空間是理想的傳播媒介。考慮一個功率為 P_t 之等向性發送端。距離始點為，任意的長距離 d，其發射功率是以球體狀均勻分佈於表面。所以在距離 d 位置所接收的信號功率

P_r 為：

$$P_r = \frac{A_e G_t P_t}{4\pi d^2} \qquad (3.1)$$

其中 A_e 為發送端所覆蓋的有效面積，而 G_t 為發送**天線增益**（antenna gain）。

有效孔徑與接收天線增益 G_r 的關係可從 [3.1] 導出為：

$$G_r = \frac{4\pi A_e}{\lambda^2} \qquad (3.2)$$

其中 λ 為電磁波波長。將式子（3.2）的 A_e 代入式子（3.1），我們得到：

$$P_r = \frac{G_r G_t P_t}{\left(\frac{4\pi d}{\lambda}\right)^2} \qquad (3.3)$$

自由空間路徑衰減 L_f 定義為：

$$L_f = \frac{P_t}{P_r}$$
$$= \frac{1}{G_r G_t}\left(\frac{4\pi d}{\lambda}\right)^2 \qquad (3.4)$$

基本上，L_f 表示空間中功率衰減的量。衰減越多意味著需要更大的傳輸功率，也就是接收信號強度亦必須維持在某一最小功率，這樣接收端才能正確接收。

當 $G_t = G_r = 1$，自由空間路徑衰減為：

$$L_f = \left(\frac{4\pi d}{\lambda}\right)^2$$
$$= \left(\frac{4\pi f_c d}{c}\right)^2 \qquad (3.5)$$

其中 c 為光速（$= 2.998 \times 10^8$ m/s）而 f_c 為載波頻率。

以分貝為單位的自由空間路徑衰減可寫為：

$$L_f \text{ (dB)} = 32.45 + 20\log_{10} f_c \text{ (MHz)} + 20\log_{10} d \text{ (km)} \qquad (3.6)$$

圖3.3顯示自由空間路徑衰減的特性，其為發送頻率與傳送端與接收端之間距離的函數。從圖可以明白信號強度隨著距離變弱，路徑衰減隨著載波頻率而升高。

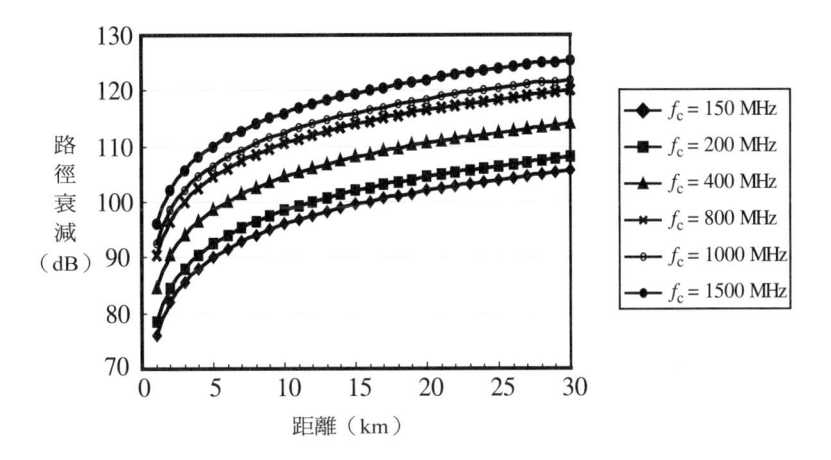

■ 圖 3.3　自由空間路徑衰減

範例 3.1

在自由空間傳播環境中，如果發送端的發送功率為 60 瓦，發送端與接收端距離 2 公里，載波頻率為 1000 兆赫（MHz）。假設發送端與接收端天線增益是相同的，也就是說，$G_t = G_r = 0$ dB，請問接收端所收到的功率與路徑損失。

根據接收端功率的定義如式子（3.3），可得：

$$P_r = \frac{G_r G_t P_t}{\left(\frac{4\pi d}{\lambda}\right)^2}$$

$$= \frac{G_r G_t P_t}{\left(\frac{4\pi f_c d}{c}\right)^2}$$

其中，$G_t = G_r = 0$ 分貝，$P_t = 60$ 瓦，$f_c = 1000$ MHz，$d = 2000$ 公尺 = 2 公里，$c = 2.998 \times 10^8$ 公尺／秒。

因此，接收端功率可計算為

$$P_r = \frac{G_r G_t P_t}{\left(\frac{4\pi f_c d}{c}\right)^2}$$

$$= \frac{1 \times 1 \times 60}{\left(\frac{4\pi \times 1000 \times 10^6 \times 2000}{2.998 \times 10^8}\right)}$$

$$= 0.85 \times 10^{-8} \text{ W}$$

從式子（3.6）可得自由空間路徑損失為

$$L_f(\text{dB}) = 32.45 + 20 \log_{10} f_c (\text{MHz}) + 20 \log_{10} d (\text{km})$$
$$= 32.45 + 20 \log_{10}(1000) + 20 \log_{10}(2)$$
$$= 98.45 \text{ dB}$$

3.5 地面傳播

地面行動無線通道可視為固定站台與手機之間的通訊，若衰落它會變成多重路徑傳播通道。意思是說，因為路徑傳播過程中遭遇各種物體會造成繞射與反射，信號會以多條不同路徑抵達目的端。信號強度與接收無線電波的品質，以及抵達目的端的時間也都會跟著改變。這意味著多重路徑通道的電波傳播取決於實際環境，包括天線高度、建築物本身、道路與丘陵等因素。因此，需要一個適當統計方法來描述行動無線電通道的行為模式。

接收信號功率 P_r 是表示為：

$$P_r = \frac{G_t G_r P_t}{L} \tag{3.7}$$

其中 L 代表通道中的傳播衰減。行動無線電通道中的電波傳播有三個需考量面向：**路徑衰減**（path loss）、**慢速衰落**（slow fading; shadowing），及**快速衰落**（fast fading）。所以，L 可表示為：

$$L = L_P L_S L_F \tag{3.8}$$

其中 L_P、L_S 與 L_F 分別代表路徑衰減、慢速衰落與快速衰落（請見圖 3.4）。慢速衰落是長期性的衰落，快速衰落是短期性的衰落，衰落的數學模型一般表示為一傳送訊號的振幅與相位隨著時間作隨機的變化。它們在實務經驗上的關係會在稍後作討論。

路徑衰減 L_P 是廣域的平均傳播衰減。它是受一些巨觀的參數所決定，諸如發送端與接收端之間的距離、載波頻率，以及地表輪廓。慢速衰落 L_S 代表區域的傳播衰減之變異。慢速衰落是因傳播狀況有所變動而引起的，這可能是一個小區域的建築物、道路或其他阻擋物等。慢速衰落是行動台在行經一段距離後的整體平均衰落（譬如，手機經過幾條街道後）。快速衰落 L_F 是因為行動台的移動含有許多繞射波，其表現出該通道的微觀面向（見圖 3.4）。快速衰落是一種快速改變的衰落（譬如，在移動中的行動台所進行的每一個動作）。在接下來的章節，我們會討論傳播衰減（譬如，信號的路徑衰減）。

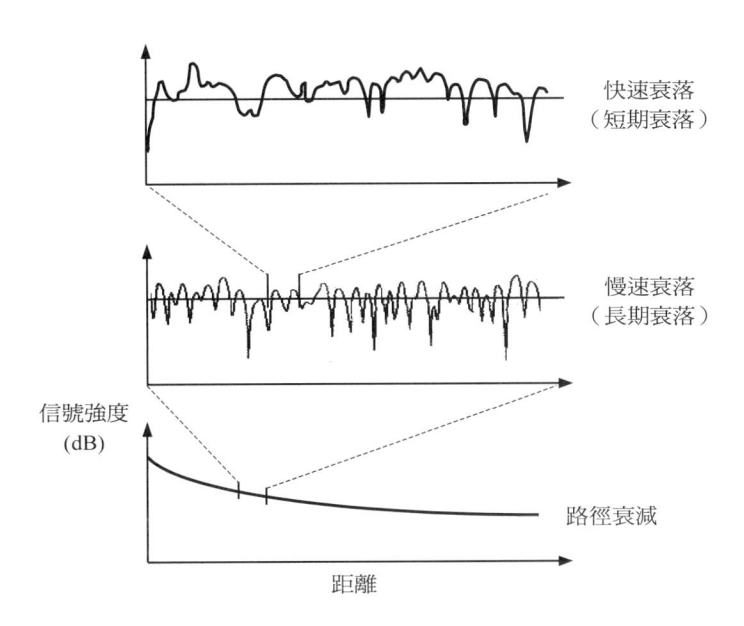

▲ 圖 3.4　傳播衰減示意圖

3.6　路徑衰減

最簡單的地表傳播之路徑衰減公式是

$$L_P = Ad^\alpha \tag{3.9}$$

其中 A 和 α 為傳播常數，以及 d 是發送端與接收端之間的距離。通常在城市區域 α 的值為 3～4。為了能預測傳播常數，會透過傳播量測來獲得許多**例線算圖**（nomographs）[3.2、3.3、3.4、3.5]，Okumura 曲線就因為其實務用途而很有名 [3.2]。然後根據這些圖，Hata [3.3] 提出一個實驗公式來預測路徑衰減。此章會重述這些結果以維持本章的完整性。

1. 城市區域

$$L_{PU} \text{ (dB)} = 69.55 + 26.16 \log_{10} f_c \text{ (MHz)} - 13.82 \log_{10} h_b \text{ (m)} - \alpha [h_m \text{ (m)}]$$
$$+ [44.9 - 6.55 \log_{10} h_b \text{ (m)}] \log_{10} d \text{ (km)} \tag{3.10}$$

其中 L_{PU} (dB) $= -10 \log_{10} L_{PU}$、f_c 是載波頻率（150 MHz～1500 MHz）、h_b 是基地台的有效天線高度（30 m～200 m）、h_m 是行動台的天線高度（1 m～10 m）、d 是距離（1 m～20 km），以及 $\alpha(h_m)$ 是行動天線高度的修正項。圖 3.5 描述式子（3.10）中用於計算

▣ 圖 3.5　無線傳播

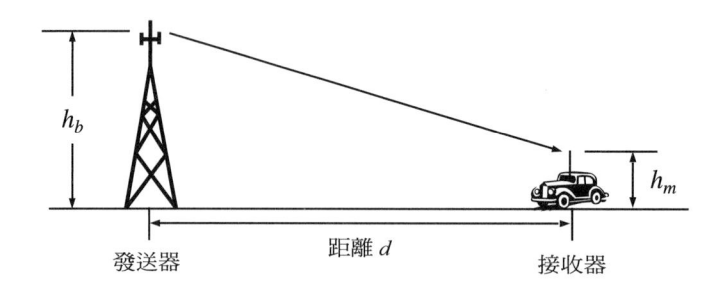

$\alpha(h_m)$ 的基礎概念。所計算出的 $\alpha(h_m)$ 值在不同環境是不一樣的，如下列式子所示，可歸納如下：

（a）**大型城市**

$$\alpha[h_m(\text{m})] = [1.1\log_{10} f_c(\text{MHz}) - 0.7]h_m(\text{m}) - [1.56\log_{10} f_c(\text{MHz}) - 0.8] \quad (3.11)$$

（b）**中小型城市**

$$\alpha[h_m(\text{m})] = \begin{cases} 8.29[\log_{10} 1.54 h_m(\text{m})]^2 - 1.1, & f_\psi < 300\text{ MHz} \\ 3.2[\log_{10} 11.75 h_m(\text{m})]^2 - 4.97, & f_\psi > 300\text{ MHz} \end{cases} \quad (3.12)$$

2. 郊外區域

$$L_{PS}(\text{dB}) = L_{PU}(\text{dB}) - 2\left[\log_{10}\frac{f_c(\text{MHz})}{28}\right]^2 - 5.4 \quad (3.13)$$

3. 開放區域

$$L_{PO}(\text{dB}) = L_{PU}(\text{dB}) - 4.78[\log_{10} f_c(\text{MHz})]^2 - 18.33\log_{10} f_c(\text{MHz}) - 40.94 \quad (3.14)$$

各種大、中、小型城市區域的路徑衰減特色如圖 3.6 與 3.7 所示。而郊區與開放區域的路徑衰減特色分別如圖 3.8 與 3.9 所示。大型城市的路徑衰減與 $h_b = 50$ m 與 $h_m = 1.65$ m 的中小型城市一樣。

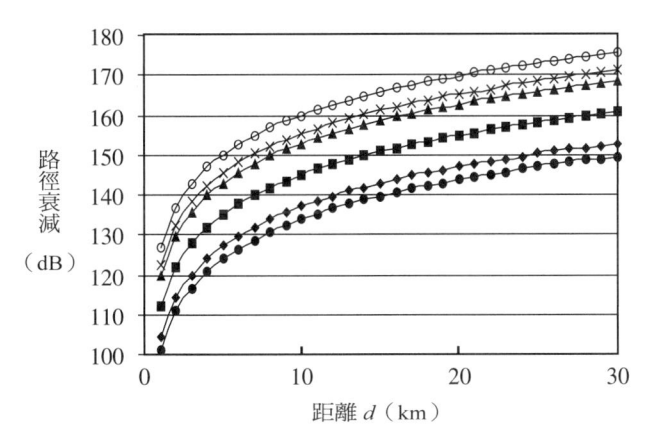

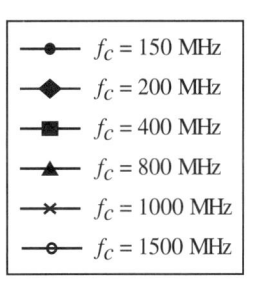

圖 3.6　路徑衰減（城市區域：大城市）

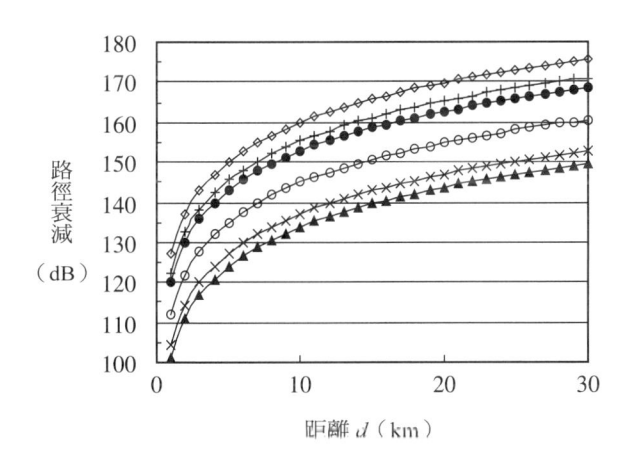

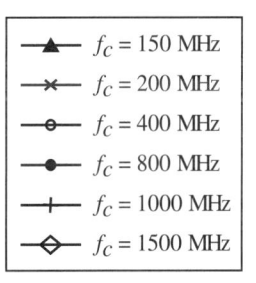

圖 3.7　路徑衰減（城市區域：中小型城市）

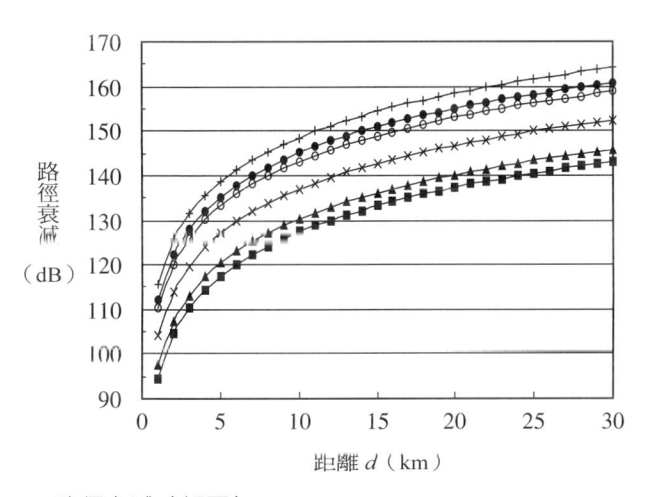

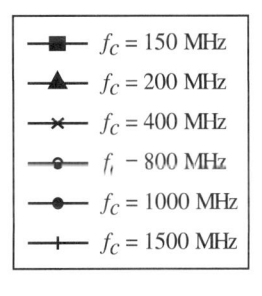

圖 3.8　路徑衰減（郊區）

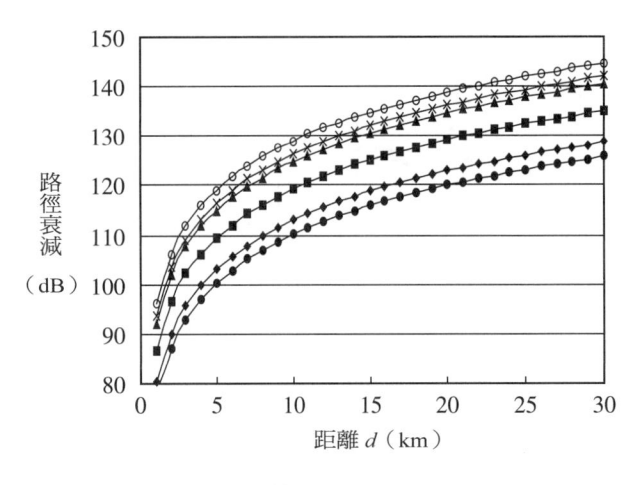

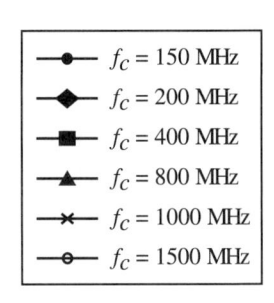

圖 3.9　路徑衰減（開放區域）

範例 3.2

一個基地台的發射器為 900 兆赫（MHz）且天線高度距離地面為 40 公尺。一個行動台的天線高度距離地面為 2 公尺且距離基地台 15 公里。計算在市區中的路徑耗損（忽略行動台天線高度的校正因子）

從式子（3.10），在市區的路徑損失計算如下

$$\begin{aligned}L_{PU}(\text{dB}) &= 69.55 + 26.16 \log_{10} f_c(\text{MHz}) - 13.82 \log_{10} h_b(\text{m}) - \alpha[h_m(\text{m})] \\ &\quad + [44.9 - 6.55 \log_{10} h_b(\text{m})] \log_{10} d(\text{km}) \\ &= 69.55 + 26.16 \log_{10}(900) - 13.82 \log_{10}(40) \\ &\quad + [44.9 - 6.55 \log_{10}(40)] \log_{10}(15) \\ &= 164.86 \text{ dB}\end{aligned}$$

3.7　慢速衰落

　　引起慢速衰落是長期在空間上與時間上的變化，其隨著距離增長而累積至發送端與接收端之間的總變異 [3.10]。長期變異的均值又稱作慢速衰落 [3.6]。慢速衰落也稱為**對數常態**（log-normal）衰落或**遮蔽效應**（shadowing），因為其振幅具有對數常態機率密度函數。

　　慢速衰落於位置 d 的局部均值 $r_m(d)$ 定義如下：

$$r_m(d) = \frac{1}{2d_w} \int_{d-d_w}^{d+d_w} r(x)\, dx \qquad (3.15)$$

其中 $r(x)$ 是於位置 x 的接收信號,以及 d_w 是視窗大小。

接收信號 $r(x)$ 可以表示成兩部分的乘積。一為 $r_s(x)$,其受慢速衰落的影響,而另一為 $r_f(x)$,其受快速衰落的影響。因此,

$$r(x) = r_s(x) r_f(x) \tag{3.16}$$

將式子(3.16)代入式子(3.15),我們有:

$$r_m(d) = \frac{1}{2d_w} \int_{d-d_w}^{d+d_w} r_s(x) r_f(x) \, dx \tag{3.17}$$

當 $x = d$,$r_s(d)$ 是假設為實際局部接受信號的均值。因此,

$$r_m(d) - r_s(d)$$

所以,根據接受信號的統計數值,視窗大小 d_w 需要滿足下列條件:

$$\frac{1}{2d_w} \int_{d-d_w}^{d+d_w} r_f(x) \, dx \longrightarrow 1 \tag{3.18}$$

一般而言,視窗大小 d_w 介於數十至數百個波長。若 d_w 太小,則統計到的特性不足以代表慢速衰落現象。若 d_w 太大,則慢速衰落的統計特性又會再度消失。

我們可以看出式子(3.16)是一個位置函數。因為距離可以表示為速度與時間的函數(譬如,$x = vt$),式子(3.16)可以改寫成如下:

$$r(t) = r_s(t) r_f(t)$$

許多實驗顯示慢速衰落遵循對數常態分佈。在此例,以分貝為單位的接受信號強度之機率密度函數為

$$p(M) = \frac{1}{\sqrt{2\pi}\sigma} e^{-\frac{(M-\overline{M})^2}{2\sigma^2}} \tag{3.19}$$

其中 M 是以分貝(dB)為單位的實際接受信號強度 m(譬如,$M = 10\log_{10} m$),$\overline{M}$ 為區域平均信號強度(譬如,M 的均值),以及 σ 是以分貝為單位的標準差。

當我們將接受信號強度的機率密度函數以 mW 來表示時,它是:

$$p(m) = \frac{1}{\sqrt{2\pi} m \sigma_o} e^{-\frac{\left(\log_{10} \frac{m}{\overline{m}}\right)^2}{2\sigma_o^2}} \tag{3.20}$$

其中 $\overline{m}$ 是長期平均接受信號強度，以及 $\sigma_o = \frac{\log_{10}\sigma}{10}$。

M 的平均是定義為距離夠長之平均微觀變異（數個波長）。變異數為 4～12dB，這取決於傳播環境。圖 3.10 顯示對數常態分佈的機率密度函數。

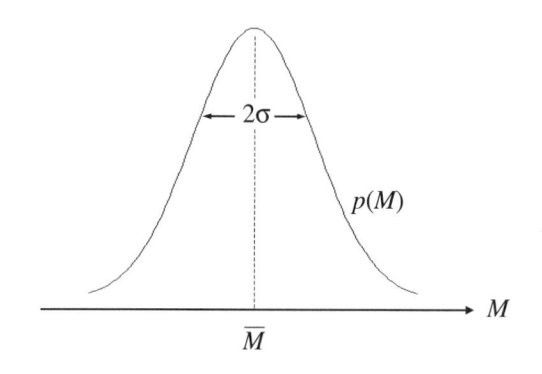

圖 3.10 對數常態分佈的機率密度函數

3.8 快速衰落

快速衰落是信號遭遇到發送端周遭的物體而產生散射。快速衰落的效應會在以下作討論，它需要靠適度信號處理動作來加以彌補。

3.8.1 包絡的統計特性

圖 3.4 描繪行動無線信號的衰落特性。因局部多重路徑而引起在空間上與時間上其特性產生快速變動，係稱為快速衰落（快速空間上的變異而產生的短期衰落）。大約波長一半的距離就能產生快速衰落。對 VHF（很高頻）與 UHF（極高頻）而言，當車輛以時速 50 公里（30.49 英里）前進時，每秒即可遭遇數個衰落。所以，如圖 3.4 所示，行動無線信號含有一個短期（快速衰落）信號疊置於局部均值（此值在小區域範圍內為常數，但隨著接收端的移動而緩慢變動）。如稍早注意到的，靜止狀態的手機衰落率是很低的，但也不至於是零 [3.10]。接著，我們要考量當接收端離發送端很遠，或離發送端很近等兩種例子。

接收端離發送端很遠

在此例中，我們假設發送端與接收端之間沒有直接的無線電電波，每條路徑的信號振幅的機率分佈是高斯分佈，以及它們的相分佈為弧度介於（0, 2π）的均勻分佈。所以，複合信號包絡的機率分佈為 Rayleigh 分佈，其機率密度函數為：

$$p(r) = \frac{r}{\sigma^2} e^{-\frac{r^2}{2\sigma^2}}, \qquad r > 0 \qquad (3.21)$$

其中 r 為包絡的衰落信號，σ 為標準差。圖 3.11 顯示 Rayleigh 分佈的機率密度函數。

複合信號之相分佈的機率密度函數為：

$$p(\theta) = \frac{1}{2\pi}, \qquad 0 \leq \theta \leq 2\pi \qquad (3.22)$$

因此，衰落信號的均值（第一階矩量）為：

$$\begin{aligned} E[r] &= \int_0^\infty r p(r) \, dr \\ &= \sqrt{\frac{\pi}{2}} \sigma \end{aligned} \qquad (3.23)$$

與衰落信號的功率（第二階矩量）為：

$$\begin{aligned} E[r^2] &= \int_0^\infty r^2 p(r) \, dr \\ &= 2\sigma^2 \end{aligned} \qquad (3.24)$$

複合信號的累積機率分佈（CDF）為：

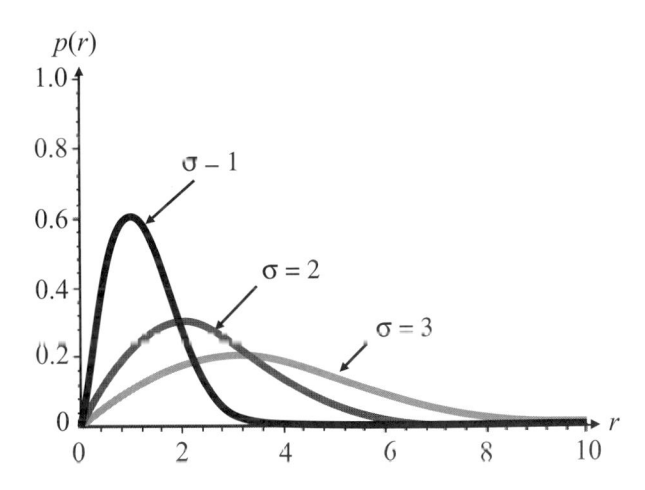

圖 3.11 當 σ = 1, 2 或 3 時，Rayleigh 分佈的機率密度函數

$$P(r \leq x) = \int_0^x p(r)\,dr$$
$$= 1 - e^{-\frac{x^2}{2\sigma^2}} \qquad (3.25)$$

利用式子（3.25），我們可以定義樣本範圍內的包絡信號之中間值 r_m 滿足於：

$$P(r \leq r_m) = 0.5 \qquad (3.26)$$

因此，我們有 $r_m = 1.777\,\sigma$。

接收端離發送端很近

在此例中，接收端與發送端之間的直接無線電電波是較為強烈的。如之前的例子，我們假設所有路徑的信號振幅的機率分佈是高斯分佈，以及它們的相分佈為弧度介於 $(0, 2\pi)$ 的均勻分佈。除此之外，我們所考量的是一個更強烈或更直接的東西。所以複合信號包絡的機率分佈為 Rician 分佈，其機率密度函數是：

$$p(r) = \frac{r}{\sigma^2} e^{-\frac{(r^2+\beta^2)}{2\sigma^2}} I_0\left(\frac{\beta r}{\sigma^2}\right) \qquad (3.27)$$

其中 r 為衰落信號的包絡，σ 是標準差，β 是直接信號的振幅，以及 $I_0(x)$ 是零階修正 Bessel 函數；即為：

$$\begin{aligned} I_0(x) &= \frac{1}{2\pi} \int_0^{2\pi} e^{x\cos\theta}\,d\theta \\ &\approx \frac{e^x}{\sqrt{2\pi x}} \end{aligned} \qquad (3.28)$$

當 β 很大，即直接信號很強（$r \approx \sigma$）——式子（3.27）可以近似為高斯分佈。當 β 很小，即沒有直接信號（標準差 $\sigma \approx 0$）——式子（3.27）可近似為 Rayleigh 函數。圖 3.12 顯示根據 Rician 分佈而得的複合信號包絡之機率密度函數。

一般型模型

Nakagami-m 分佈是 Nakagami 於 1940 年代所提出的一般型衰落通道模型 [3.4]。對 Nakagami 分佈，接收信號包絡的機率密度函數為：

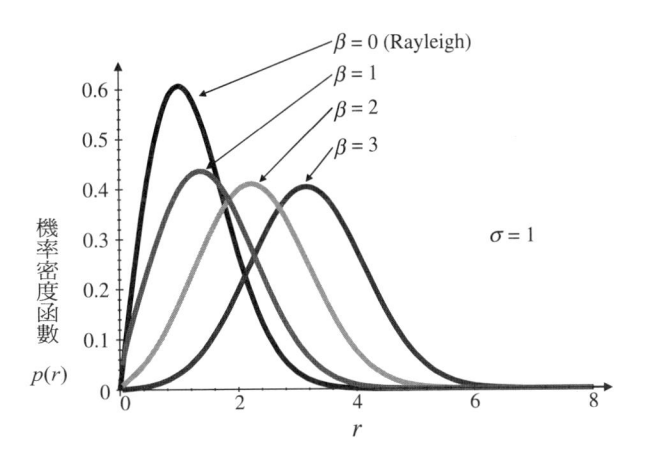

圖 3.12 根據 Rician 分佈而得的複合信號包絡之機率密度函數

$$p(r) = \frac{2r^{2m-1}}{\Gamma(m)} \left(\frac{m}{\Omega}\right)^m e^{-\frac{mr^2}{\Omega}} \qquad r \geq 0 \qquad (3.29)$$

其中 $\Gamma(m)$ 為 Gamma 函數、$\Omega = E[r^2]$ 為平均功率，即衰落信號的第二階矩量，以及 $m = \frac{\Omega^2}{E[(r^2-\Omega)^2]}$ 稱為衰落項，其中 $m \geq 0.5$。

當 $m = 1$，Nakagami 分佈變成 Rayleigh 分佈。當 m 趨近於無窮大，其分佈變成脈衝，也就是說沒有衰落。

Nakagami 分佈的好處在於比 Rician 分佈更容易使用，後者還涉及 Bessel 函數。Rician 分佈可以利用下列 Rician 項 $K \left(= \frac{\beta}{2\sigma}\right)$ 與 Nakagami 衰落項 m 之間的關係來加以近似 [3.7]，亦即：

$$m = \frac{(K+1)^2}{2K+1} \qquad (3.30)$$

或

$$K = \frac{\sqrt{m^2-m}}{m-\sqrt{m^2-m}}, \qquad m > 1 \qquad (3.31)$$

室內與室外無線及行動通訊系統的通道是以 Nakagami 分佈來作模型會較佳，而不是 Rician 分佈。Rayleigh 分佈則在用於模型，當無線及行動通訊系統不存在可見視線時，是很有用處的。

3.8.2 瞬時振幅的特性

接收信號的瞬時振幅可表現於準位跨越率、衰落率、衰落深度，以及衰落時間。

準位跨越率

在特定信號準位（稱為臨界值）R_s 的跨越率 $N(R_s)$ 定義為信號包絡在正方向上的每秒平均準位跨越率 [3.8, 3.9, 3.10]。$N(R_s)$ 為：

$$N(R_s) = \frac{\sqrt{\pi}}{\sigma} R_s f_m e^{-\frac{R_s^2}{2\sigma^2}} \tag{3.32}$$

其中 f_m 是最大 Doppler 頻率，其為：

$$f_m = \frac{v}{\lambda} \tag{3.33}$$

其中 v 是行動用戶的移動速度，以及 λ 是載波波長。我們會在下一節介紹 Doppler 效應。

既然 $2\sigma^2$ 等於平均平方值，$\sqrt{2}\sigma$ 是**方均根**（root mean square; rms）值。直立單極天線的準位跨越率為：

$$N(R_s) = \sqrt{2\pi} f_m \rho e^{-\rho^2} \tag{3.34}$$

其中 $\rho \left(=\frac{R_s}{\sqrt{2}\sigma}\right)$ 是指定準位與衰落包絡的方均根振幅之間的比例。

舉例，以 Rayleigh 衰落信號，計算 $\rho = \frac{1}{\sqrt{2}}$ 的正跨越（譬如，3 dB，在方均根電平以下），當最大 Doppler 頻率為 100 Hz。

利用式子（3.34），正跨越的數目為：

$$N(R_s) = \sqrt{2\pi} \cdot 100 \cdot \frac{1}{\sqrt{2}} e^{-\frac{1}{2}}$$
$$= 107.5 \text{ 跨越 / 秒。}$$

衰落率

衰落率定義為信號包絡在單位時間正跨越於中間值 r_m 的次數。通常，衰落率與載體波長、行動用戶的速率，以及多重路徑的數目有關。基於大量的經驗，平均衰落率為：

$$N(r_m) = \frac{2v}{\lambda} \tag{3.35}$$

衰落深度

衰落深度定義為平均平方值與最小衰落信號值之間的比例。因為衰落深度是隨機變數，平均衰落深度是定義為中間值與衰落信號振幅之間的差，當 $P(r \leq r_{10}) = 10\%$。

衰落時間

衰落時間定義為信號低於指定臨界 R_s 的時間長短。因為它是隨機變數，我們使用平均衰落時間來描述衰落時間。所以我們有：

$$\tau(R_s) = \frac{P(r \leq R_s)}{N(R_s)}$$
$$= \frac{e^{\rho^2} - 1}{\sqrt{2\pi} f_m \rho} \quad (3.36)$$

範例 3.3

一台車以 60 公里／小時的速度逐漸遠離基地台。基地台的發射機為 900 兆赫（MHz）。假設衰落包絡的指定準位和方均根振幅之間的比率 $\rho = 0.2$ 且光速 $c = 3 \times 10^8$ 公尺／秒，計算

(1) 衰落率。

(2) 衰落時間。

(3) 準位跨越率。

(1) 基於上述假設和衰落速率的式子定義式子（3.35），可得

$$N(r_m) = \frac{2v}{\lambda}$$
$$= \frac{2vf_c}{c}$$
$$= \frac{2 \times \frac{60 \times 10^3}{3600} \times 900 \times 10^6}{3 \times 10^8}$$
$$= 100 \text{ Hz}$$

(2) 從式子（3.33），最大 Doppler 頻率可計算為

$$f_m = \frac{v}{\lambda}$$
$$= \frac{vf_c}{c}$$
$$= 50 \text{ Hz}$$

利用式子（3.36），衰落時間由下式可得

$$\tau(R_s) = \frac{e^{\rho^2} - 1}{\sqrt{2\pi} f_m \rho}$$
$$= \frac{e^{0.2^2} - 1}{\sqrt{2\pi} \times 50 \times 0.2}$$
$$= 1.6 \times 10^{-3} \text{ s}$$

(3) 利用式子（3.34），準位跨越率由下式可得

$$N(R_s) = \sqrt{2\pi} f_m \rho e^{-\rho^2}$$
$$= \sqrt{2\pi} \times 50 \times 0.2 \times e^{-0.2^2}$$
$$= 24 \text{ Hz}$$

3.9 Doppler 效應

在無線與行動系統，基地台的位置是固定的，但手機是可移動的。所以當接收端在移動時，其接收信號的頻率是不會與來源端一樣的（見圖 3.13）。在這裡，V_1、V_2、V_3，以及 V_4 是接收端的不同移動速度。當它們是相互靠近時，接收信號的頻率是比來源端更高的。當它們是相互遠離時，接收頻率則降低。

所以，接收信號的頻率 f_r 為：

$$f_r = f_c - f_d \tag{3.37}$$

其中 f_c 為來源端載波的頻率，以及 f_d 是 Doppler 頻率或 Doppler 位移。

Doppler 頻率或 Doppler 位移是：

$$f_d = \frac{v}{\lambda} \cos \theta \tag{3.38}$$

其中 v 是移動速度、λ 是載波波長，以及 θ 如圖 3.14 所示。$v \cos \theta$ 代表接收端在傳送端方向的速度分量。

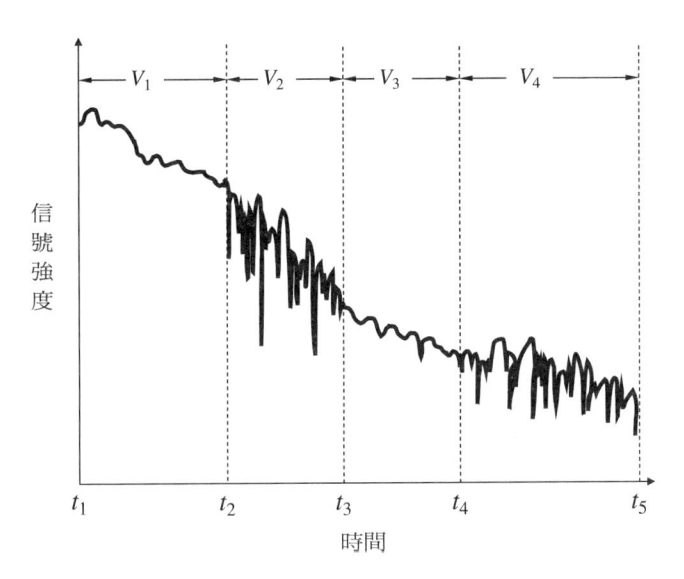

圖 3.13 移動速度效應

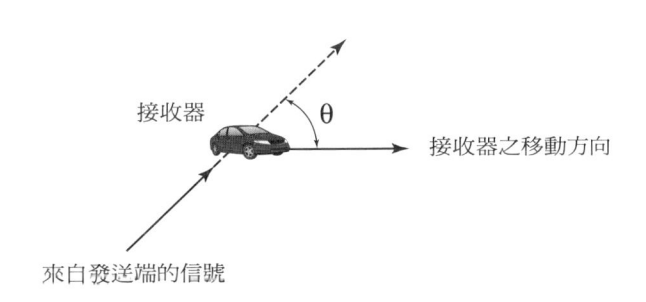

圖 3.14 移動速度與移動方向之關係

範例 3.4

如果一台車以每小時 60 英里的速度移動，基地台的發射機為 1500 兆赫（MHz），請找出以下不同的情況所接收的載波頻率。

(1) 假設車輛朝著基地台前進；
(2) 假設車輛駛離基地台；
(3) 假設車輛行駛方向與基地台發射信號方向為 90 度。

式子（3.37）定義了接收端的載波頻率，式子（3.38）為 Doppler 頻率。$v = 60$ 英里 / 小時 $= 26.82$ 公尺 / 秒，光速為 $c = 2.998 \times 10^8$ 公尺 / 秒，而原始載波頻率 $f_c = 1500$ 兆赫，Doppler 頻率 f_d 可以藉由式子（3.38）計算如下：

$$f_d = \frac{v}{\lambda} \cos \theta$$

$$= \frac{26.82 \times 1500 \times 10^6}{2.998 \times 10^8} \times \cos \theta \text{ Hz}$$

$$= 134.1 \times \cos \theta \text{ Hz}$$

(1) 當車輛朝著基地台前進,即 $\theta = 180°$,接收端頻率為

$$f_r = f_c - f_d$$
$$= 1500 \times 10^6 + 134.1 \times \cos(180°)$$
$$= 1500.000134 \text{ MHz}$$

(2) 當車輛駛離基地台,即 $\theta = 0°$,接收端頻率為

$$f_r = f_c - f_d$$
$$= 1500 \times 10^6 + 134.1 \times \cos(0°)$$
$$= 1499.999866 \text{ MHz}$$

(3) 當車輛行駛方向與基地台發射信號方向為 90 度,即 $\theta = 90°$,接收端頻率為

$$f_r = f_c - f_d$$
$$= 1500 \times 10^6 + 134.1 \times \cos(90°)$$
$$= 1500 \text{ MHz}$$

3.10 延遲展延

在許多例子中,當信號自發送端傳播至接收端,信號會遭遇一個或多個反射,致使路徑變為間接。這使得無線電信號走不同的路徑。圖 3.15 顯示不一樣多重路徑的接收信號。因為每一條路徑有不一樣路徑長度,各路徑的到訪時間也不同。信號的散開或展延效果稱為「延遲展延」。在數位通訊系統,延遲展延引起符號間干擾,而限制數位多重路徑通道的最大符號率。若假設延遲的機率密度函數為 $p(t)$,平均延遲展延可定義為:

$$\tau_m = \int_0^\infty t p(t) \, dt \tag{3.39}$$

所以,延遲展延可定義為:

$$\tau_d = \sqrt{\int_0^\infty (t - \tau_m)^2 p(t) \, dt} \tag{3.40}$$

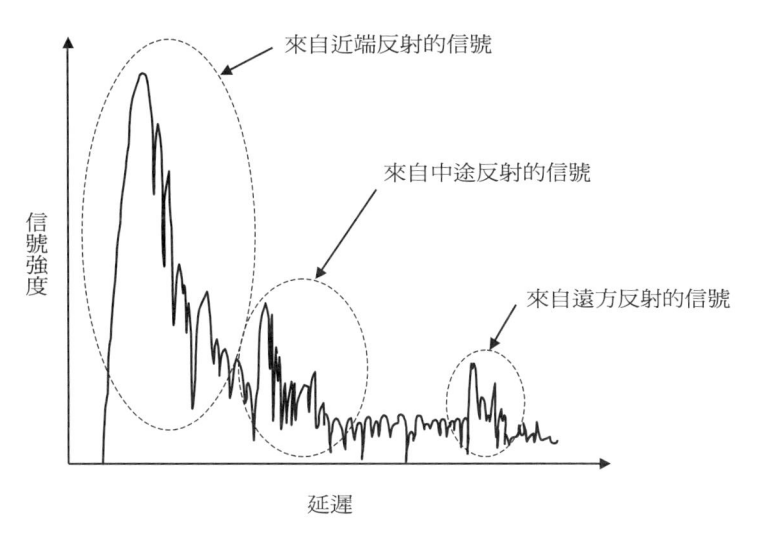

圖 3.15 信號的延遲展延

下列為知名代表性延遲函數：

■ 指數：

$$p(t) = \frac{1}{\tau_m} e^{-\frac{t}{\tau_m}} \qquad (3.41)$$

■ 均勻：

$$p(t) = \begin{cases} \dfrac{1}{2\tau_m}, & 0 \leq t \leq 2\tau_m, \\ 0, & \text{其他} \end{cases} \qquad (3.42)$$

城市區域的延遲展延通常為三微秒，而丘陵地形則可至十微秒。

3.11 符號間干擾

符號間干擾（intersymbol interference; ISI）是由多重路徑信號的時間延遲所引起。ISI 也會對通道的**突發錯誤率**（burst error rate）造成影響。此效應描述於圖 3.16，其中第二個多重路徑信號的某一部分可被延遲至下一個符號區間才接收到。

在時間分散性的媒介，數位傳輸的傳輸率 R 是受限於延遲展延。若要求低位元錯誤率（BER）的表現，則：

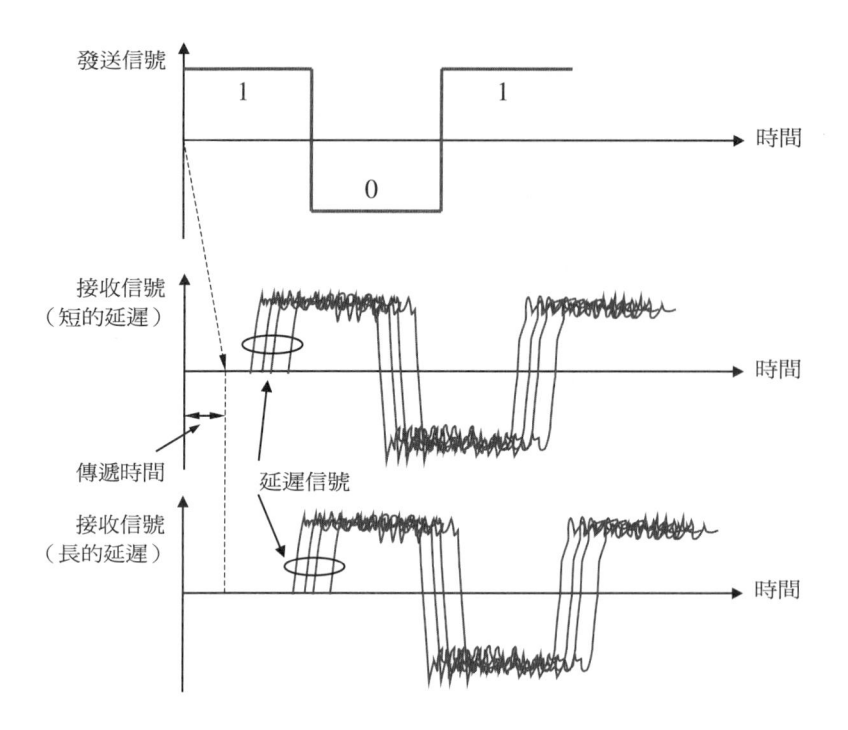

▣ 圖 3.16　多重路徑信號所引起的符號間干擾

$$R < \frac{1}{2\tau_d} \tag{3.43}$$

在實際情況，R 決定於所需要的 BER，其可能受限於延遲展延。

3.12 同調頻寬

　　同調頻寬是通道中可視為「平坦」（亦即，在通道頻譜之增益為相等及其相位具線性）的頻率範圍之統計量測。同調頻寬 B_c 代表兩衰落信號包絡在頻率 f_1 與 f_2 的相互關係，並且是一個延遲展延 τ_d 函數。當兩衰落信號包絡在頻率 f_1 與 f_2 的**相關係數**（correlation coefficient）為 0.5 時，同調頻寬可近似為：

$$B_c \approx \frac{1}{2\pi \tau_d} \tag{3.44}$$

　　兩頻率大於同調頻寬則會各自獨立地衰落。此概念也適用於**分集式接收**（diversity reception），即多個相同訊息是透過不同頻率來傳送。

兩接收信號的兩衰落振幅之同調頻寬為：

$$\triangle f = |f_1 - f_2| > B_c = \frac{1}{2\pi \tau_d} \tag{3.45}$$

兩接收信號的兩隨機相位之同調頻寬為：

$$\triangle f = |f_1 - f_2| < E[B_c] = \frac{1}{4\pi \tau_d} \tag{3.46}$$

其中 $E[B_c]$ 為同調頻寬 B_c 平均值。

若發送信號頻寬小於通道同調頻寬，僅改變信號的增益與相位，則不會發生非線性轉換。這稱為平坦性衰落。若發送信號頻寬大於通道同調頻寬，部分發送信號被截掉了，即存在非線性，而信號可能被嚴重影響。此情況叫做**頻率選擇性衰落**（frequency-selective fading）。

3.13 共通道干擾

在細胞式系統，關鍵概念是頻率的重複利用；即是相同頻率分配給不同細胞。頻率劃分是依細胞之間使用相同頻率的共通道干擾機率 P_{co} 小於一指定值。它會定義有用信號強度 r_d 降低至干擾信號強度 r_u 若干倍之機率；如：

$$P_{co} = P(r_d \leq \beta r_u) \tag{3.47}$$

其中 β 定義為**保護比**（protection ratio）。

我們假設有用信號與干擾信號是相互獨立的。其機率密度函數我們分別記作 $p_1(r_1)$ 與 $p_2(r_2)$。然後 p_{co} 為：

$$\begin{aligned}P_{co} &= \int_0^\infty P(r_1 = x) P\left(r_2 \geq \frac{x}{\beta}\right) dx \\ &= \int_0^\infty p_1(r_1) \int_{\frac{r_1}{\beta}}^\infty p_2(r_2) \, dr_2 dr_1\end{aligned} \tag{3.48}$$

我們會在第五章討論各種將共通道干擾最小化的方法。

3.14 總結

本章提供電磁波如何在開放空間傳播的概略描述。說明影響這些波傳播的主要原因,並展示如何以數學為模型或表示。而路徑衰減或其他衰落效應而造成信號減弱也加以討論。現代無線系統也遭受其他現象,像是接收端感受到的信號頻率改變。這些效應已詳加說明。在下一章我們將考量如何透過通道編碼與其他重複技術來將失真效應最小化,以及它們對整體效能的影響。

3.15 參考文獻

[3.1]　J. D. Kraus, *Antennas*. New York: McGraw-Hill, 1988.
[3.2]　Y. Okumura et al., "Field Strength and Its Variability in UHF and VHF Land-Mobile Radio Service," *Review of the Electrical Communication Laboratory*, Vol. 16, pp. 825-873, 1968.
[3.3]　M. Hata, "Empirical Formula for Propagation Loss in Land Mobile Radio Services," *IEEE Transactions on Vehicular Technology*, VT-29, August 1980.
[3.4]　J. G. Proakis, *Digital Communications*, 4th edition. New York: McGraw-Hill, 2001.
[3.5]　W. C. Jakes, ed., *Microwave Mobile Communications*. New York: John Wiley & Sons, 1974.
[3.6]　W. C. Y. Lee, *Mobile Communications Design Fundamentals,* 2nd edition. New York: John Wiley & Sons, 1993.
[3.7]　G. L. Stüber, *Principles of Mobile Communication*, 2nd edition. New York: Kluwer Academic Publishers, 2002.
[3.8]　W. C. Y. Lee, *Mobile Communications Engineering*. New York: McGraw-Hill, 1982.
[3.9]　A. Mehrotra, *Cellular Radio Performance Engineering*. Boston: Artech House, 1994.
[3.10]　V. Garg and J. Wilkes, *Wireless and Personal Communications Systems*. Englewood Cliffs, NJ: Prentice Hall, 1996.

3.16 實驗

■ **背景**:如圖 3.2 所示,電波從傳送端通過不同路徑到達接收端的時間也不同。訊號經由開放空間傳送所產生的通道衰減由式子(3.4)來表示,其指數通常為 3 到 4 的範圍。訊號強度如何隨著距離改變是我們所關心的重點。從圖中所顯示的直接路徑跟反射路徑可以清楚知道,當 $d = 0$ 的時候,通道長度差最大是 h_m 的兩倍。

我們無法控制訊號傳輸的延遲,傳輸延遲導致訊號源傳送的連續符號間會互相干擾。

　　因此，在任意的無線或行動系統中，**符號間干擾**（ISI）是一個很常見的問題。通常在接收端很容易觀察出來。當一個無線通道中使用高傳輸速率時，符號透過媒介傳輸後會彼此互相干擾，在無線系統的接收端看起來就會像是雜訊一樣，這會浪費可用的頻寬，並強迫我們降低符號傳送的速率。若能充分理解這個事實，將有助於我們設計有效的機制來補償接收端的錯誤。

- **實驗目的**：在這個實驗中，學生將能深入瞭解信號強度會隨著與 BS 間距離的不同，而有所變化，以及符號間干擾。現有的無線和移動系統有不同的符號間干擾，進而導致不同的補償演算法。這個實驗將幫助學生瞭解這些不同干擾補償演算法。在未來無線和移動系統的補償演算法中，仍然是一個具有挑戰性的問題。
- **實驗環境**：示波器與信號發射器。
- **實驗步驟**：

1. 電磁波的信號強度會因為遠離基地台而衰減。這很容易觀察，學生可使用任一模擬器或任何硬體測試平台。
2. 當資料傳輸率變高時，所有無線通道都容易有 ISI 發生。在實驗室裡，學生將增加信號發射器的資料傳輸率和特定頻率無線通道接收器的距離讓這種現象發生。
3. 接著，將發射器連結到示波器上，並且觀測「眼圖」，讓它顯示在螢幕上。改變信號率並觀看因 ISI 導致眼圖的失真。
4. 比較這種現象在窄頻和寬頻系統上的效果，然後利用標準演算法將它從錯誤中修復。
5. 討論 ISI 將會讓眼圖有何種變化，以及如何避免 ISI。
6. 這個實驗也可以使用 MATLAB 和任何標準的模擬器，如：ns-2、OPNET、QualNet 等，嘗試使用一個模擬器去觀察 ISI 對信號品質的影響。

3.17　開放式專題

- **目的**：如 3.13 節的討論，一個通道可被鄰近細胞的基地台重複利用，之間的距離叫做重複利用距離（第五章）。開放式專題的目的是去實現一些細胞，且觀察和其他細胞之間的同通道干擾。觀察這些來自一倍重複利用距離外其他細胞的干擾，以及兩倍重複利用距離外其他細胞的干擾，並且嘗試去量化它們。

3.18 習題

1. 是什麼引起符號間干擾？以及在無線通訊系統 Z 中要如何降低符號間干擾？
2. 考慮兩個彼此獨立的隨機變數 X 與 Y，其為高斯並具有相同變異數。其中一個均值是零，另一個均值為 μ。請證明密度函數 $Z = \sqrt{X+Y}$ 為 Rician 分佈。
3. 考慮一個不在基地台可見視線的行動台。信號如何接收？請詳加說明。
4. 什麼是符號間干擾（ISI）？它是否會影響數位通道的傳輸率？請詳加說明。
5. 細胞式系統中，反射及繞射無線電波的角色或用途是什麼？請以適當例子作說明。
6. 什麼是分集式接收（diversity reception）？如何利用其來對抗多重路徑？
7. 有一基地台具有 900 MHz 的發送端，以及有一車輛以 50 mph 的速度在移動。
   計算車輛下列移動方向的接收載波頻率。
   （a）往基地台方向移動。
   （b）往基地台反方向移動。
   （c）往發送信號呈 60 度角方向移動。
8. 路徑衰減、衰落，以及延遲展延是三個最重要的無線電傳播議題。請詳加說明這些議題為什麼在細胞式系統中是很重要的。
9. 請問快速衰落與慢速衰落的差異？
10. 請問地面無線電傳播與在自由空間中傳播有何差異？
11. 請問一個小的延遲展延意味衰落通道有什麼特性？如果延遲展延是一微秒，兩相距 5 MHz 的不同頻率是否會相互衰落？
12. 有一無線接收端，其有效直徑為 250 cm，在 20 GHz 接收來自發送端的信號，該發送端的功率為 30 mW，增益為 30 dB。
    （a）請問接收端天線的增益為何？
    （b）若接收端與發送端相隔 5 km，請問其接收功率為何？
13. 考慮一 900 MHz 的天線。接收端以 40 km/h 的速度在移動。計算其 Doppler 位移。
14. 考慮一個以 5 W 功率，在 900 MHz 進行發送的天線。計算距離 2 km 的接收功率，若傳播環境是自由空間。
15. 重複習題 11。計算平均衰落時間，當 $\rho = 0.1$。
16. 在細胞式系統，信號透過繞射、反射，以及直接路徑而抵達行動台所花的時間不一樣。要如何區分並使用這些信號？請詳加說明。計算直立單極天線的方均根（rms）的準位跨越率，假設是 Rayleigh 衰落等向散射的例子。接收端的速度是 20 km/hr，而傳送發生在 800 MHz。
17. 請描述 Doppler 效應在等向散射環境下對接收端的影響。基於你的說明，推測「Doppler 展延」的意思。
    (a)「Doppler 展延」是否比「Doppler 位移」更適合用於描述散射環境的通道？為什麼？
    (b) 請觀察無線系統中同調頻寬與延遲展延之間的反向關係。試圖類似地定義「同調時間」，其與「Doppler 展延」亦有反向關係。此名詞提供了通道的什麼資訊？
18. 發送功率是 40 W，在自由空間傳播模型下，
    (a) 請問以 dBm 為單位之發送功率為何？
    (b) 接收端位於 1000 m 遠，請問其接收功率為何？假設載波頻率為 f_c = 900 MHz 與 $G_t = G_r$ = 0 dB。
    (c) 以分貝表示自由空間路徑衰減。
19. 如何補償細胞式系統中的 Doppler 效應？請詳加說明。
20. 有一接收端調至 1 GHz 傳輸，移動速度為 80 km/hr，其接收 Dopper 頻率介於 10 Hz 至 50 Hz 的信號。請問其衰落率為何？

Chapter 04

通道編碼與錯誤控制

4.1 簡介

為什麼無線通訊需要通道編碼與錯誤控制？主要是因為在地表行動無線通訊存有多重路徑衰落與極低信號雜訊比（S/N），在衛星通訊下行通道的傳輸功率有限等嚴峻的傳輸條件。在細胞式無線系統，訊號是在雜訊媒介（基地台與行動台之間）作傳輸，及反射、繞射與散射對信號品質所造成的惡化。所以，任何能夠提升無線信號正確接收的方法都是受歡迎的。通道編碼在發送端為原始資訊增加了冗餘資訊，其與原始資訊保有某些邏輯關係。經過傳輸後，接收端所接收到的編碼資料，其品質可能已遭受某種程度的降低。但在接收端，原始資料可透過原始資料與冗餘資訊之間的邏輯關係而擷取出來。雖然冗餘資訊的使用造成通道編碼在傳輸時佔去更多的頻寬，它的好處是在高位元錯誤率（BER）環境下能復原。換句話說，通道編碼讓信號傳輸功率與頻寬在實務上得以使用，因為冗餘越多就能容忍越多的錯誤量。不過，在細胞式系統，流量中含有壓縮資料（譬如，數位形式的語音與影像信號），其對傳輸錯誤是很敏感的。所以，通道編碼可以定義為將離散數位資訊編碼成適合用來傳輸的形式，強調其增強的可靠性。通道編碼用於確保有足夠的傳輸品質〔**位元錯誤率（BER）**或**訊框錯誤率（FER）**〕，其在無線通訊系統的利用請見圖 4.1。

一般來說，編碼的錯誤偵測能力大於或至少等於錯誤更正能力。然而，從無線通訊的觀點來看，如果錯誤只能夠被偵測而無法更正，則傳輸就不算成功，就會需要使用諸如重傳等技術（於 4.8 節會介紹）。所以，我們主要會專注在錯誤控制。這裡，我們會討論三種最常見的編碼：線性區段碼〔例如，漢明碼、BCH（Bose Chaudhuri Hocquenghem）碼，以及 Reed-Solomon 碼〕、迴旋碼，以及渦輪碼 [4.1, 4.2, 4.3, 4.5, 4.6, 4.7]。

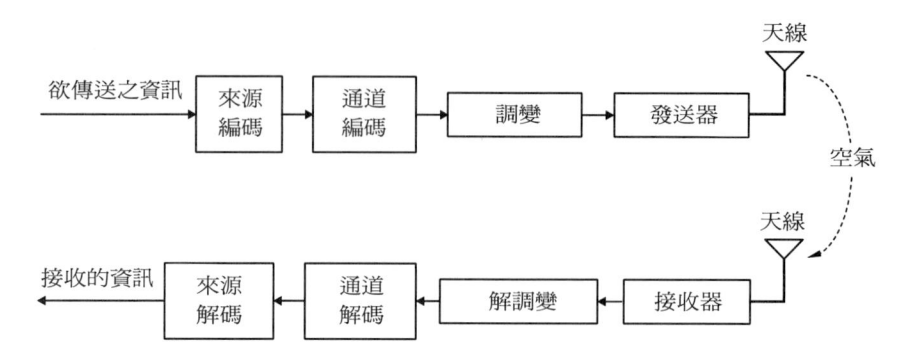

圖 4.1　無線通訊系統的通道編碼

4.2　線性區塊碼

在線性區塊碼 [4.7, 4.8]，資訊序列總是為（事先定義）長度 k 的倍數。若不是，則需要在序列的尾端補上數個零至 k 的倍數。每 k 個資訊位元編碼為 n 位元的線性區段碼 (n, k)。譬如，碼 $(8, 6)$ 是每一區段為 $n = 8$ 位元，$k = 6$ 個訊息位元，與 $n - k = 2$ 個同位元。由於編碼後的序列含有完整的資訊序列，它是線性的。另外，編碼是以區塊為單位做處理，此碼稱為線性區塊碼。

若我們假設有 (n, k) 線性區塊碼，其有 2^n 個不同組合的值。然而線性區塊碼是基於 k-資訊位元；僅有 2^k 種組合。2^k 種組合構成 2^n 可能位元排列的子集合，其代表著資訊位元，稱為有效**碼字**（codeword）。

令未編碼的 k-資訊位元以向量 **m** 來表示：

$$\mathbf{m} = (m_1, m_2, \ldots, m_k) \qquad (4.1)$$

且令相對應的碼字以 n 位元的向量 **c** 來表示：

$$\mathbf{c} = (c_1, c_2, \ldots, c_k, c_{k+1}, \ldots, c_{n-1}, c_n) \qquad (4.2)$$

各同位元含有加權 2 模數（weighted modulo 2）資料位元之和，其以 ⊕ 符號來表示。如：

$$\begin{cases} c_1 = m_1 \\ c_2 = m_2 \\ \cdots \\ c_k = m_k \\ c_{k+1} = m_1 p_{1(k+1)} \oplus m_2 p_{2(k+1)} \cdots \oplus m_k p_{k(k+1)} \\ \cdots \\ c_n = m_1 p_{1n} \oplus m_2 p_{2n} \cdots \oplus m_k p_{kn} \end{cases} \quad (4.3)$$

其中 p_{ij} ($i = 1, 2, \ldots, k; j = k + 1, k + 2, \ldots, n$) 為特定資料位元之二進位加權。此概念是在傳輸端以生成矩陣在資訊位元中加入同位元，並以同位檢查矩陣來負責傳輸過程中可能發生的錯誤。生成矩陣與同位檢查矩陣的運作請見圖 4.2。

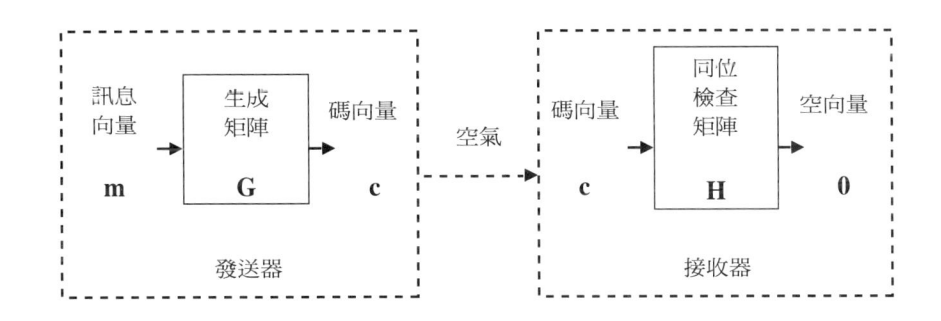

圖 4.2 生成矩陣與同位檢查矩陣之運作

在矩陣表示法，我們可以將碼向量 **c** 表示成一個在未編碼訊息向量 **m** 上的矩陣運作：

$$\mathbf{c} = \mathbf{mG} \quad (4.4)$$

其中 **G** 是定義為生成矩陣。

生成矩陣 **G** 的維度必須有 k 乘 n，且是串接單位矩陣 $\mathbf{I}_k$（$k \times k$ 矩陣）與同位矩陣 **P**（k 乘 $n - k$ 矩陣）：

$$\mathbf{G} = [\mathbf{I}_k | \mathbf{P}]_{k \times n} \quad (4.5)$$

或

$$\mathbf{G} = \begin{bmatrix} 1 & 0 & 0 & \cdots & 0 & p_{11} & p_{12} & \cdots & p_{1(n-k)} \\ 0 & 1 & 0 & \cdots & 0 & p_{21} & p_{22} & \cdots & p_{2(n-k)} \\ \cdots & \cdots & \cdots & \cdots & \cdots & \cdots & \cdots & \cdots & \cdots \\ 0 & 0 & 0 & \cdots & 1 & p_{k1} & p_{k2} & \cdots & p_{k(n-k)} \end{bmatrix} \quad (4.6)$$

同位矩陣 **P**（k 乘 $n - k$ 矩陣）為

$$\mathbf{P} = \begin{bmatrix} p_{11} & p_{12} & \cdots & p_{1(n-k)} \\ p_{21} & p_{22} & \cdots & p_{2(n-k)} \\ \cdots & \cdots & \cdots & \cdots \\ p_{k1} & p_{k2} & \cdots & p_{k(n-k)} \end{bmatrix}$$

$$= \begin{bmatrix} \mathbf{p}^1 \\ \mathbf{p}^2 \\ \cdots \\ \mathbf{p}^k \end{bmatrix} \tag{4.7}$$

其中 $\mathbf{p}^i$（$i=1, 2,...k$）是 $\left[\frac{x^{n-k+i-1}}{g(x)}\right]$ 之餘數，$g(x)$ 為生成多項式，其寫作 $\mathbf{p}^i = \mathrm{rem}\left[\frac{x^{n-k+i-1}}{g(x)}\right]$。所有代數是以模數 2 來運作。以下例子示範在給定碼生成多項式 $g(x)$，如何計算線性區塊碼之生成矩陣 $\mathbf{G}$。

範例 4.1

若碼生成多項式 $g(x) = 1 + x + x^3$ 及碼為（7,4），試計算線性區塊編碼器 $\mathbf{G}$。

既然我們有位元總數 $n = 7$，資訊位元數目為 $k = 4$，同位元數目為 $n - k = 3$，我們可以計算：

$$\mathbf{p}^1 = \mathrm{rem}\left[\frac{x^3}{1 + x + x^3}\right] = 1 + x \rightarrow [110] \tag{4.8}$$

$$\mathbf{p}^2 = \mathrm{rem}\left[\frac{x^4}{1 + x + x^3}\right] = x + x^2 \rightarrow [011] \tag{4.9}$$

$$\mathbf{p}^3 = \mathrm{rem}\left[\frac{x^5}{1 + x + x^3}\right] = 1 + x + x^2 \rightarrow [111] \tag{4.10}$$

與

$$\mathbf{p}^4 = \mathrm{rem}\left[\frac{x^6}{1 + x + x^3}\right] = 1 + x^2 \rightarrow [101] \tag{4.11}$$

因此，生成矩陣為：

$$G = \begin{bmatrix} 1 & 0 & 0 & 0 & 1 & 1 & 0 \\ 0 & 1 & 0 & 0 & 0 & 1 & 1 \\ 0 & 0 & 1 & 0 & 1 & 1 & 1 \\ 0 & 0 & 0 & 1 & 1 & 0 & 1 \end{bmatrix} \tag{4.12}$$

為便於使用，碼向量可表示為：

$$\mathbf{c} = [\mathbf{m} \mid \mathbf{c}_p] \tag{4.13}$$

其中

$$\mathbf{c}_p = \mathbf{mP} \tag{4.14}$$

為一個 $(n-k)$ 位元的同位元檢查向量。此二元矩陣乘法依照常用模數 2 加法規則,而非使用一般加法。是以,$\mathbf{c}_p$ 的第 j 個元素可利用式子 (4.3) 來得到。

若我們定義一個矩陣 $\mathbf{H}^T$ 為:

$$\mathbf{H}^T = \begin{bmatrix} \mathbf{P} \\ \mathbf{I}_{n-k} \end{bmatrix} \tag{4.15}$$

與一個接收碼向量 $\mathbf{x}$ 為:

$$\mathbf{x} = \mathbf{c} \oplus \mathbf{e} \tag{4.16}$$

其中 $\mathbf{e}$ 為錯誤向量,矩陣 $\mathbf{H}^T$ 具有下列特性:

$$\begin{aligned}
\mathbf{cH}^T &= [\mathbf{m} \mid \mathbf{c}_p] \begin{bmatrix} \mathbf{P} \\ \mathbf{I}_{n-k} \end{bmatrix} \\
&= \mathbf{mP} \oplus \mathbf{c}_p \\
&= \mathbf{c}_p \oplus \mathbf{c}_p \\
&= \mathbf{0}
\end{aligned} \tag{4.17}$$

矩陣 $\mathbf{H}^T$ 的轉置為:

$$\mathbf{H} = [\mathbf{P}^T \mathbf{I}_{n-k}] \tag{4.18}$$

其中 $\mathbf{I}_{n-k}$ 為 $n-k$ 乘 $n-k$ 的單位矩陣,與 $\mathbf{P}^T$ 為同位矩陣 $\mathbf{P}$ 的轉置。$\mathbf{H}$ 稱為同位檢查矩陣。我們可以計算 個叫做 **syndrome**(症狀)的向量如下:

$$\begin{aligned}
\mathbf{s} &= \mathbf{xH}^T \\
&= (\mathbf{c} \oplus \mathbf{e})\mathbf{H}^T \\
&= \mathbf{cH}^T \oplus \mathbf{eH}^T \\
&= \mathbf{eH}^T
\end{aligned} \tag{4.19}$$

向量 $\mathbf{s}$ 有 $(n-k)$ 維度。若沒有任何錯誤($\mathbf{e} = \mathbf{0}$),所套用於向量 $\mathbf{s}$ 的式子 (4.19) 會在接收向量 $\mathbf{x}$ 產生一個**空**(null)向量。因此,我們可以判斷若 $\mathbf{s} \neq \mathbf{0}$,則有錯誤。以下是一個線性區塊碼的例子:

考慮一個（7,4）線性區塊碼，給定 **G** 如下：

$$G = \begin{bmatrix} 1 & 0 & 0 & 0 & 1 & 1 & 1 \\ 0 & 1 & 0 & 0 & 1 & 1 & 0 \\ 0 & 0 & 1 & 0 & 1 & 0 & 1 \\ 0 & 0 & 0 & 1 & 0 & 1 & 1 \end{bmatrix}$$

則，

$$H = \begin{bmatrix} 1 & 1 & 1 & 0 & 1 & 0 & 0 \\ 1 & 1 & 0 & 1 & 0 & 1 & 0 \\ 1 & 0 & 1 & 1 & 0 & 0 & 1 \end{bmatrix}$$

其中 **m** = [1 0 1 1] 與 **c** = **mG** = [1 0 1 1 0 0 1]。若沒有任何錯誤，接收向量 **x** = **c**，以及 **s** = **cH**^{T} = [0 0 0]。令 **c** 在傳輸過程中遭受一個錯誤，使得接收向量為：

$$\begin{aligned} \mathbf{x} &= \mathbf{c} \oplus \mathbf{e} \\ &= [1\ 0\ 1\ 1\ 0\ 0\ 1] \oplus [0\ 0\ 1\ 0\ 0\ 0\ 0] \\ &= [1\ 0\ 0\ 1\ 0\ 0\ 1] \end{aligned}$$

則，

$$\begin{aligned} \mathbf{s} &= \mathbf{xH}^T \\ &= [1\ 0\ 0\ 1\ 0\ 0\ 1] \begin{bmatrix} 1 & 1 & 1 \\ 1 & 1 & 0 \\ 1 & 0 & 1 \\ 0 & 1 & 1 \\ 1 & 0 & 0 \\ 0 & 1 & 0 \\ 0 & 0 & 1 \end{bmatrix} \\ &= [1\ 0\ 1] \\ &= (\mathbf{eH}^T) \end{aligned}$$

基本上標示出錯誤位置，於是校正後向量為 [1 0 1 1 0 0 1]。

2^n 個可能 n-位元錯誤向量僅生成 2^{n-k} 個不同的症狀向量，包括沒有錯誤的情況。因此，一個症狀向量不能唯一地決定 **e**，此意味著套用錯誤向量至不同訊息向量可推導出相同的症狀向量。這表示給定 **s** 是無法對應回單一碼 **c**。這也意味著我們可以唯一地對應出（$2^{n-k} - 1$）個 **s** 的樣式，其中可能有一個或多個錯誤，其餘剩下的樣式則因為相關的模糊性而無法修正。所以，我們應該設計解碼器來修正（$2^{n-k} - 1$）個可校正的錯誤樣式。另外，隨著這些樣式是基於最少錯誤而產生,單一錯誤發生的機率比雙錯誤高,以此類推。此策略又稱為**最大關連性解碼**(maximum-likehood decoding),是最佳化的,因為其將碼字向量與接收向量之間的**漢明距離**(Hamming distance)[4.8] 最小化。

生成矩陣 **G** 是在傳送端用於編碼運作,而另一方面,同位檢查矩陣 **H** 是在接收端用於解碼運作。若 **e** 的第 i 個元素等於 **0**,接收向量 **x** 的相對應元素與傳送碼向量 **c** 是相同的。另一方面,若 **e** 的第 i 個元素等於 **1**,接收向量 **x** 的相對應元素與傳送碼向量 **c** 是不相同的,即第 i 個位置有錯誤發生。

接收端需從接收向量 **x** 解碼出碼向量 **c**。一般用來作此解碼運作的演算法是以計算 $1 \times (n - k)$ 的向量,如此向量稱為**錯誤症狀向量**(error syndrome vector)或簡單稱為症狀。症狀的重要性在於其僅與錯誤樣式有關連性,而在有限個錯誤下,可以得到唯一對應的校正資訊位元。對於其他型態的錯誤,只要錯誤的存在可以被偵測到,便可使用另一種叫做 ARQ 的錯誤控制技術(在 4.8 節會作討論)。我們現在考慮一些簡單編碼方法。

範例 4.2

下列矩陣代表一個 (6,3) 區塊碼的生成矩陣,找出:

(1) 對應的同位檢查矩陣 **H**;

(2) 當訊息向量 **m** = [1 0 1] 時的碼向量。

$$\mathbf{G} = \begin{bmatrix} 1 & 0 & 0 & 1 & 0 & 1 \\ 0 & 1 & 0 & 0 & 1 & 1 \\ 0 & 0 & 1 & 1 & 1 & 0 \end{bmatrix}$$

(1) 從式子 (4.5) 可得到 **P** 為

$$\mathbf{P} = \begin{bmatrix} 1 & 0 & 1 \\ 0 & 1 & 1 \\ 1 & 1 & 0 \end{bmatrix}$$

因此同位矩陣 **P** 的轉置矩陣為

$$\mathbf{P}^T = \begin{bmatrix} 1 & 0 & 1 \\ 0 & 1 & 1 \\ 1 & 1 & 0 \end{bmatrix}$$

即可計算出對應的同位檢查矩陣 **H**

$$\mathbf{H} = [\mathbf{P}^T \mathbf{I}_{n-k}] = \begin{bmatrix} 1 & 0 & 1 & 1 & 0 & 0 \\ 0 & 1 & 1 & 0 & 1 & 0 \\ 1 & 1 & 0 & 0 & 0 & 1 \end{bmatrix}$$

(2) **m** = [1　0　1]，利用式子 (4.4) 可計算出碼向量

$$\mathbf{c} = \mathbf{mG}$$

$$= \begin{bmatrix} 1 & 0 & 1 \end{bmatrix} \begin{bmatrix} 1 & 0 & 0 & 1 & 0 & 1 \\ 0 & 1 & 0 & 0 & 1 & 1 \\ 0 & 0 & 1 & 1 & 1 & 0 \end{bmatrix}$$

$$= \begin{bmatrix} 1 & 0 & 1 & 0 & 1 & 1 \end{bmatrix}$$

4.3　循環碼

　　循環碼 [4.7, 4.8] 是線性區塊碼的子類別，其具有循環結構可用於較實際之實踐。循環碼優於其他類型的碼，在於它們較易於編碼與解碼。因此，用於**正向糾錯**（forward error correction; FEC）系統的區塊碼大部分是循環碼，其中編碼或解碼是以移位暫存器來處理。之所以可以利用多項式形式的數學表示法是因為碼的移位即產生另一組碼。n 位元碼字可以表示為：

$$c(x) = c_{n-1}x^{n-1} + c_{n-2}x^{n-2} + \cdots + c_2x^2 + c_1x + c_0 \quad (4.20)$$

其中係數 c_i（$i = 1, 2, \ldots, n$）的值可為 0 或 1。

　　碼字可以表示為資料多項式 $m(x)$ 與檢查多項式 $c_p(x)$。因此，我們有：

$$c(x) = m(x)x^{n-k} + c_p(x) \quad (4.21)$$

其中檢查多項式 $c_p(x)$ 是將 $m(x)x^{n-k}$ 除以生成多項式 $g(x)$ 的餘式，也就是

$$c_p(x) = \mathrm{rem}\left[\frac{m(x)x^{n-k}}{g(x)}\right] \quad (4.22)$$

以 $e(x)$ 來標記錯誤多項式，接收信號多項式或症狀 $s(x)$ 變成

$$s(x) = \mathrm{rem}\left[\frac{c(x) + e(x)}{g(x)}\right] \quad (4.23)$$

若沒有任何錯誤，我們有 $s(x) = 0$。碼 (n, k) 可以輕易地透過 $n - k$ **線性回饋**（linear feedback）移位暫存器來產生。症狀 $s(x)$ 可以透過相同的回饋移位暫存器來獲得。下列為一個循環碼的例子。

考慮一個（7, 4）循環碼。對 $m(x) = 0 \cdot x^3 + x^2 + x + 1$ 與 $g(x) = x^3 + x + 1$，檢查多項式為：

$$c_p(x) = \text{rem}\left[\frac{x^5 + x^4 + x^3}{x^3 + x + 1}\right] = x$$

則可以發現碼字為：

$$c(x) = m(x) + c_p(x) = x^5 + x^4 + x^3 + x$$

類似的概念可以用於**訊息框層**（message frame level），將於下章節來考慮。

範例 4.3

考慮（15, 11）的循環碼且 $m(x) = x^{10} + x^8 + 1$ 和 $g(x) = x^4 + x + 1$，請找出碼字。

可計算出資料多項式 $m(x)$ 與檢查多項式 $c_p(x)$

$$m(x)x^{n-k} = m(x)x^4$$
$$= x^{14} + x^{12} + x^4$$

且

$$c_p(x) = \left[\frac{(m(x)x^{n-k})}{g(x)}\right]$$
$$= \left[\frac{(x^{14} + x^{12} + x^4)}{x^4 + x + 1}\right]$$
$$= x^2 + 1$$

因此，利用式子（4.16）可得

$$c(x) = m(x)x^{n-k} + c_p(x)$$
$$= x^{14} + x^{12} + x^4 + x^2 + 1$$

4.4 循環冗餘檢查

循環冗餘檢查（cyclic redundancy code; CRC）是廣泛用於數據通訊系統與其他序列資料傳送系統的錯誤檢查碼。使用此技術，傳送端在每個訊框額外附加上 n-位元的序列。此額外位元序列叫做**校驗序列**（frame check sequence; FCS）。FCS 擁有訊框的冗餘資訊，能夠協助接收端檢查訊框的錯誤。

CRC 是基於**同餘算術**（modulo arithmetic）的多項式運算。該演算法將輸入位元區塊視為多項式的係數集合。譬如，二進位的 10100 表示為多項式：$0 \cdot x^4 + 0 \cdot x^3 + 1 \cdot x^2 + 0 \cdot x^1 + 1 \cdot x^0$〔註：二進位的 10100 的右邊是最不重要的位元（least significant bit; LSB），左邊是最重要的位元（most significant bit; MSB）〕。這是訊息多項式。第二個具有整數係數的多項式叫做生成多項式。它是用來除以訊息多項式而得到商與餘式。餘式的係數構成最後 CRC 的位元。我們定義參數如下：

Q ─ 欲傳送的 k 位元長度訊框

F ─ $n - k$ 位元的 FCS，其中用於加入 Q

J ─ 串接 Q 與 F 的結果

P ─ CRC 生成多項式

在 CRC 演算法中，J 應可被 P 整除。我們計算 J 如下：

$$J = Q \cdot x^{n-k} + F \tag{4.24}$$

這確保 Q（k 位元長）向左移 $n - k$ 位元，且 F（長度 $n - k$）是附加於它。

將 $Q \cdot x^{n-k}$ 除以 P，我們有：

$$\frac{Q \cdot x^{n-k}}{P} = Q + \frac{R}{P} \tag{4.25}$$

其中 R 是式子（4.25）的餘式。因此，我們有：

$$J = Q \cdot x^{n-k} + R \tag{4.26}$$

J 的這個值會在 J/P 下產生零餘數。我們將驗證的部分留做讀者練習。（提示：模-2 運算的 $A + A = 0$）

常用的 CRC 多項式列表如下。

CRC-12	$x^{12} + x^{11} + x^3 + x^2 + x + 1$
CRC-16	$x^{16} + x^{15} + x^2 + 1$
CRC-CCITT	$x^{16} + x^{12} + x^5 + 1$
CRC-32	$x^{32} + x^{26} + x^{23} + x^{22} + x^{16} + x^{12} + x^{11} + x^{10} + x^8 + x^7 + x^5 + x^4 + x^2 + x + 1$

CRC-16 與 CRC-CCITT 傳送 8 位元，並產生 16-位元的 FCS。CRC-32 因產生 32-位元 FCS 而能提供較多的保護。少部分國防應用是使用 CRC-32，而大部分在歐洲與美國的使用者應用程式是使用 CRC-16 或 CRC-CCITT。

4.5　迴旋碼

迴旋碼 [4.4, 4.8] 是實際通訊系統〔譬如**移動通訊全球通信系統**（Global System for Mobile Communications; GSM）與 **IS-95**（Interim Standard-95）〕最廣泛使用的通道碼。這些碼是以強而有力的數學架構來發展，並主要用於即時錯誤更正。編碼位元除了和目前輸入資料位元有關，也與先前輸入位元有關。迴旋碼的解碼策略主要是基於廣泛使用的 Viterbi 演算法 [4.5, 4.6]。迴旋碼的限制長度 K 定義如下：

$$K = M + 1 \qquad (4.27)$$

其中 M 是任何移位暫存器的最大級數（記憶體大小）。移位暫存器儲存著迴旋編碼器的狀態資訊，以及限制長度是與輸出相關的位元個數。迴旋碼的碼率 r 定義如下：

$$r = \frac{k}{n} \qquad (4.28)$$

其中 k 是平行輸入資訊位元的數目，而 n 是單一時間間隔內平行輸出編碼位元的數目。

圖 4.3 顯示 $n = 2$ 與 $k = 1$ 或碼率 $r = 1/2$ 的迴旋碼編碼器。編碼器針對每一個輸入位元即輸出兩個位元。輸出位元是由輸入位元與儲存於移位暫存器的兩個先前輸入位元（D_1 與 D_2）來決定。通常，迴旋編碼器可以表示成多種不同但等價的形式，譬如樹狀圖與格子（trellis）圖。迴旋編碼器之狀態訊息是透過移位暫存器來維護，並可表示為狀態圖。圖 4.4 顯示圖 4.3 編碼器的狀態圖。

每個新輸入資訊位元皆會造成狀態的轉移。狀態（$D_1 D_2$）之間的路徑資訊代表著輸出資料位元（$y_1 y_2$）與相對應輸入資料位元（x）。一般迴旋編碼會從啟始狀態皆為零開始。

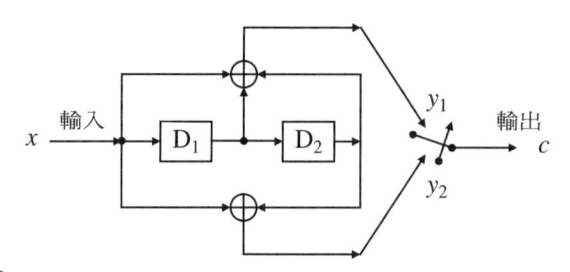

▧ 圖 4.3　迴旋碼編碼器

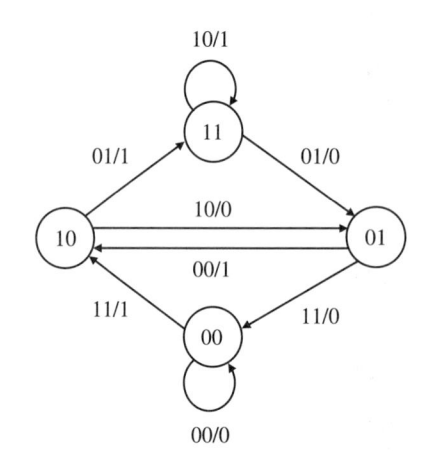

▧ 圖 4.4　狀態圖

　　隨著輸入序列，編碼器的狀態會跟著改變，這些狀態轉移取決於輸入位元與目前狀態。所有可能輸入集合的變化可以用樹狀圖來表示，圖 4.5 顯示圖 4.3 的編碼器之樹狀圖。輸入資料位元 "$x = 0$" 的分支在樹狀圖中是往上的方向；相同地，輸入資料位元 "$x = 1$" 的分支方向是往下的。相對應的輸出資料 "$y_1 y_2$" 則顯示於樹狀圖的分支。輸入資料序列定義著樹狀圖中從左至右的特定路徑。譬如，輸入資料序列 $x = \{10011 ...\}$ 會產生輸出編碼序列 $c = \{11\ 10\ 11\ 11\ 01 ...\}$。

　　另一種聯合表示狀態與樹狀圖的方式是標明每個輸入的所有可能狀態轉移。這種綜合資訊叫做**格子圖**（trellis diagram）。圖 4.6 顯示圖 4.3 的編碼器之格子圖。譬如，對輸入資料序列 $x = \{10011 ...\}$ 而言，圖 4.6 中以粗線表示其狀態轉移線。

　　通常有兩種典型的解碼方法，分別為**硬決策**（hard-decision）與**軟決策**（soft-decision）兩種演算法。硬決策解碼對接收的通道值作單一位元的量化，而軟決策解碼則使用多位元。一個理想的軟式判斷解碼（譬如無限位元的量化），其接收到的通道值可直接供通道解碼器使用。

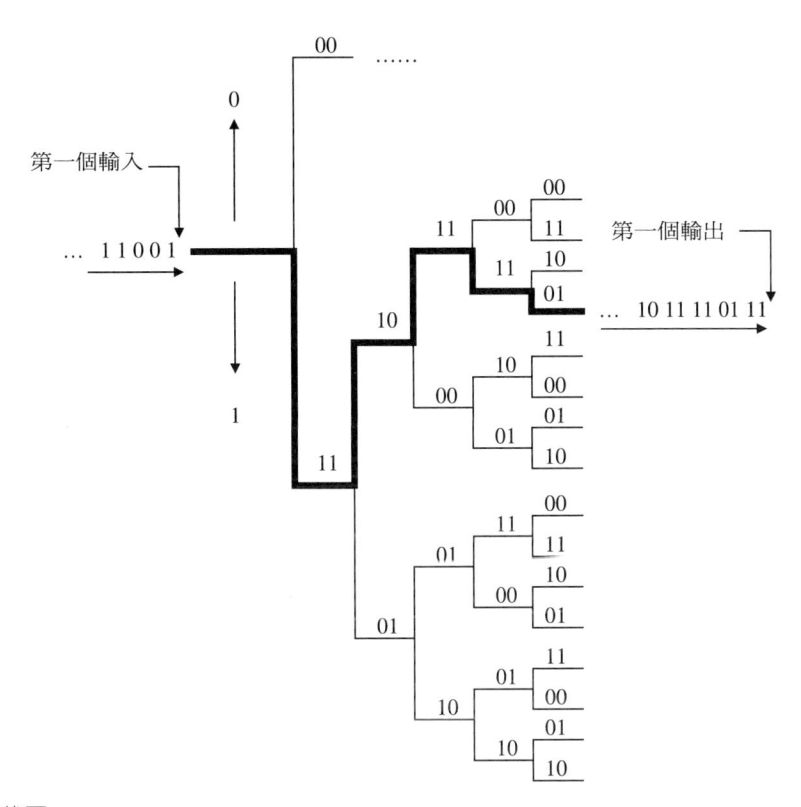

▲ 圖 4.5　樹狀圖

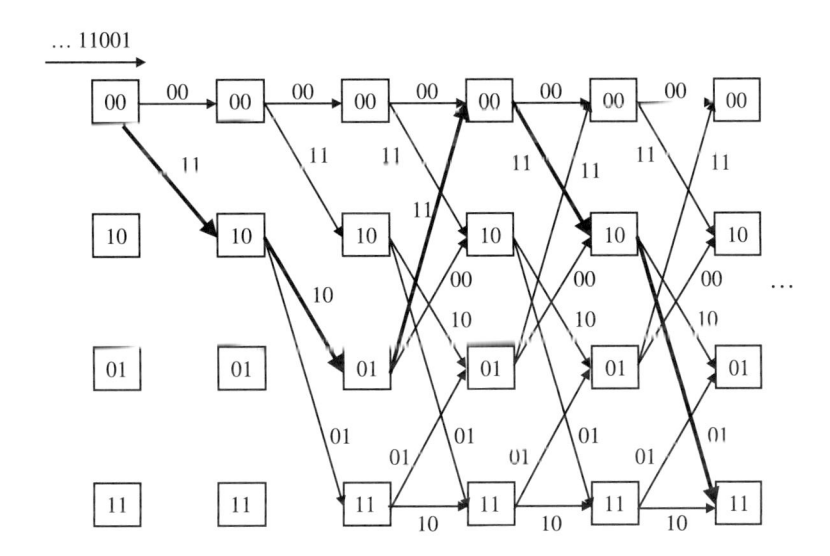

▲ 圖 4.6　格子圖

4.6 交錯器

交錯的概念廣泛使用於無限通訊。其基本目標是避免傳輸資料發生大量連續錯誤。目前有許多不同的交錯器，包括區塊交錯器、隨機交錯器、**循環**（circular）交錯器、半隨機交錯器、**單偶**（odd-even）交錯器，以及最佳化（接近最佳化）交錯器。每一種交錯器於雜訊影響下有其優缺點。在本章，我們僅考慮區塊交錯器，因為它是無線通訊系統最常使用的交錯器。基本概念是將資料以**列向**（row-wise）從上至下、從左至右寫入，並以**行向**（column-wise）從左至右、從上至下作讀取。圖 4.7 顯示交錯器的概念。

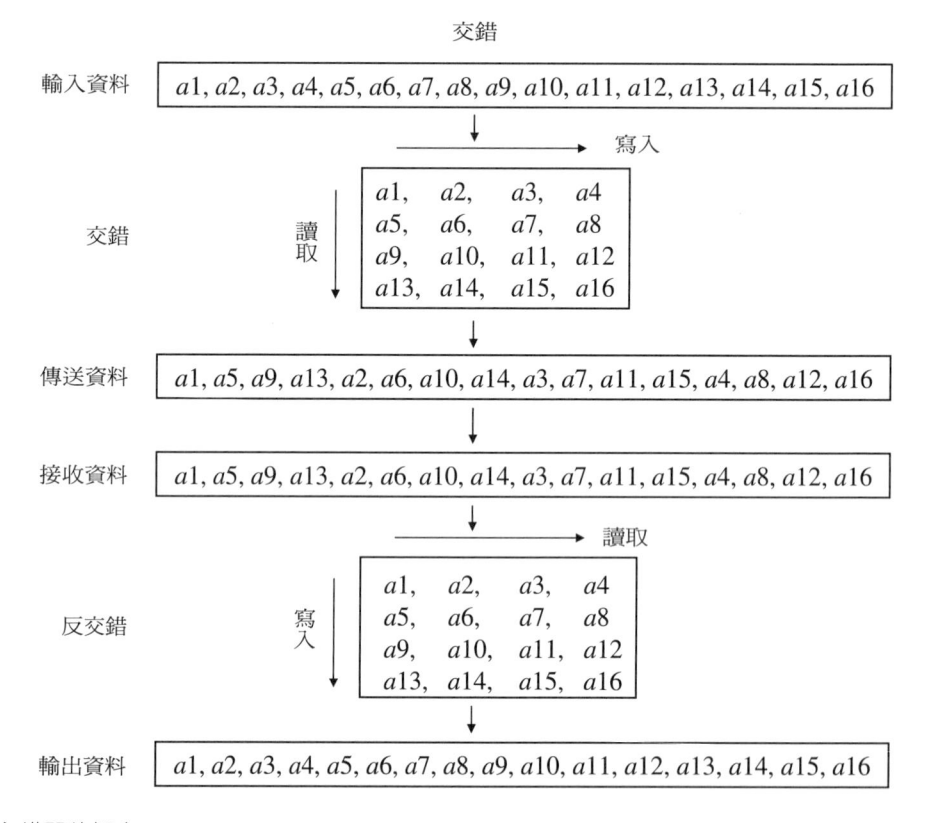

交錯

輸入資料　$a1, a2, a3, a4, a5, a6, a7, a8, a9, a10, a11, a12, a13, a14, a15, a16$

寫入

交錯　讀取

$a1,\ a2,\ a3,\ a4$
$a5,\ a6,\ a7,\ a8$
$a9,\ a10,\ a11,\ a12$
$a13,\ a14,\ a15,\ a16$

傳送資料　$a1, a5, a9, a13, a2, a6, a10, a14, a3, a7, a11, a15, a4, a8, a12, a16$

接收資料　$a1, a5, a9, a13, a2, a6, a10, a14, a3, a7, a11, a15, a4, a8, a12, a16$

讀取

反交錯　寫入

$a1,\ a2,\ a3,\ a4$
$a5,\ a6,\ a7,\ a8$
$a9,\ a10,\ a11,\ a12$
$a13,\ a14,\ a15,\ a16$

輸出資料　$a1, a2, a3, a4, a5, a6, a7, a8, a9, a10, a11, a12, a13, a14, a15, a16$

圖 4.7　交錯器的概念

譬如，輸入資料序列 $\{a1, a2, a3, a4, a5, a6, a7, a8, a9, ... , a16\}$ 產生輸出交錯資料序列 $\{a1, a5, a9, a13, a2, a6, a10, a14, a3, ... , a12, a16\}$。這些資料接著在空氣中進行傳送。在接收端，反交錯後可得原始輸出資料序列 $\{a1, a2, a3, a4, a5, a6, a7, a8, a9, ... , a16\}$。圖 4.8 顯示一個含有四個連續錯誤位元 {0001111000000000} 的接收資料序列。在交錯之後，錯誤被分散開來，輸出資料序列變成 {0100010001001000}。我們可以發現長度為 4 的連續錯誤轉換

```
                    大量的連續錯誤
                  ┌─────────┐
接收資料   0, 0, 0, 1, 1, 1, 1, 0, 0, 0, 0, 0, 0, 0, 0, 0
                     │
                     ▼                    讀取
                   ┌─────────────────┐  ───────▶
                   │ 0,   1,   0,   0 │
反交錯      寫     │ 0,   1,   0,   0 │
            入 ▼   │ 0,   1,   0,   0 │
                   │ 1,   0,   0,   0 │
                   └─────────────────┘
                            │
                            ▼
輸出資料   0, 1, 0, 0, 0, 1, 0, 0, 0, 1, 0, 0, 1, 0, 0, 0
                  ▲        ▲        ▲        ▲
                  └────────┴────────┴────────┘
                          離散錯誤
```

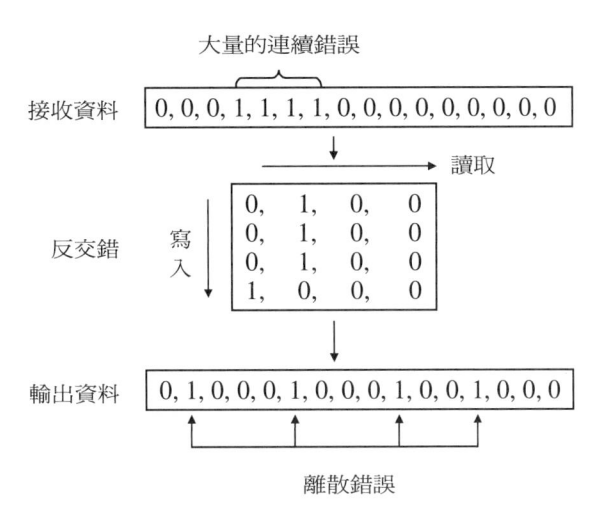

圖 4.8　一個交錯器的例子

成多個個別錯誤。錯誤校正碼多半能夠修正個別錯誤，而非連續錯誤。然而，在無線與行動通道環境中，常發生大量的連續錯誤。為了校正連續錯誤，交錯的技術得以將錯誤分散至多個個別錯誤，並透過錯誤校正碼來修正。另外，交錯不具有錯誤校正的能力。因此，交錯總是搭配著錯誤校正碼一併使用。換句話說，交錯不會為資訊序列造成任何冗餘負擔，亦不會增加額外頻寬需求。

交錯的缺點是額外的延遲，因為序列需要以區塊為單位進行處理。因此，在對延遲較為敏感的應用程式中，多半會使用較小的記憶體空間。

4.7　渦輪碼

渦輪碼是最新發展且功能強大的碼。此對通道編碼理論的突破主要是由 C. Berrou 等人於 1993 所發展的 [4.9]，具能有接近理論上夏農（Shannon）極限的效能表現，這是其他編碼所無法做到的。基本的渦輪碼編碼器是以並聯方式使用兩個相同**遞迴式系統迴旋碼**（recursive systematic convolutional; RSC）。圖 4.9 顯示一個渦輪碼編碼器的例子。第一個 RSC 編碼器直接使用抵達的資料流，而第二個的前面則多了一個交錯器。此兩編碼器雖為相同區塊資料增加了冗餘資訊，因為交錯的關係，兩資料流已不相同。

交錯器將第二個編碼器的資訊序列隨機組合，使兩編碼器的輸入資料是不相關的。因為有兩組編碼序列，渦輪解碼器由兩組 RSC 解碼器，分別對應兩組編碼序列。解碼先從其中一個解碼器獲得第一組資訊序列的估計值，基於第一個 RSC 解碼器的估計值，第二個 RSC 解碼器可以獲得更精確的估計值。為改善估計值的正確性，第二個 RSC 解碼器持續地將估計值回饋至第一個 RSC 解碼器。此重複過程就宛如「渦輪」引擎的運作原理，因此稱為「渦輪碼」。因為在解碼過程會使用到資訊位元的估計值，解碼器必須使用軟決策輸入來產生軟式輸出。圖 4.10 顯示一個渦輪碼解碼器。當編碼技術已偵測到錯誤但無法進行修正時，資訊的重傳就是必要的。我們將在下一節討論此議題。

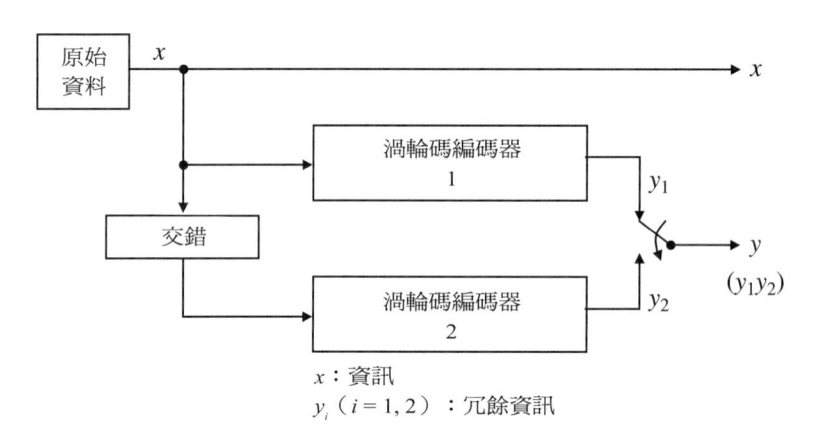

圖 4.9 渦輪碼編碼器

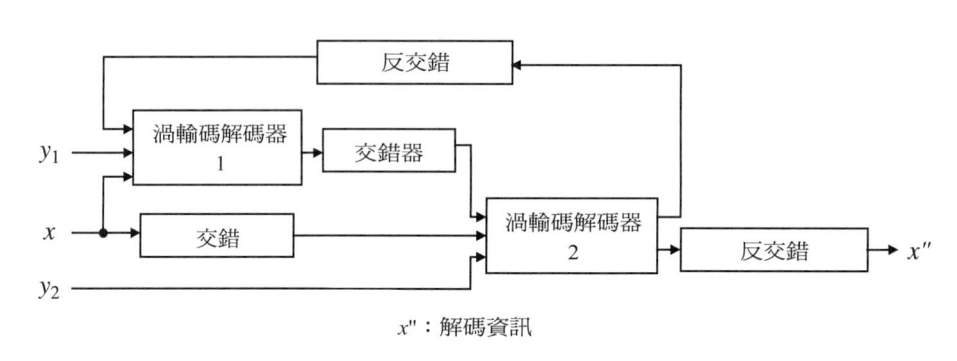

圖 4.10 渦輪碼解碼器

4.8 ARQ 技術

自動重傳要求（automatic repeat request; ARQ）[4.2] 是一種用於數據通訊的錯誤處理機制。圖 4.11 描述 ARQ 的概念。當接收端偵測到封包中的錯誤位元時（且無法透過底層的錯誤偵測碼來校正），會直接丟棄此封包，傳送端需要重傳。而接收端會額外傳送 **ACK**（acknowledgment）與 **NAK**（negative acknowledgment）。ARQ 技術有三種方案：停止並等待（Stop-And-Wait）ARQ（SAW ARQ）、後退-N（Go-Back-N）ARQ（GBN ARQ），以及**選擇重送**（Selective-Repeat）**ARQ**（SR ARQ）。

4.8.1 停止並等待 ARQ 機制

最簡單的 ARQ 方案是 SAW ARQ 方案。在此方案中，傳送端每次傳送一個資料封包。接收端在收到資料封包後會檢查是否已正確地收到此封包。若封包沒有錯誤，接收端會傳送一個 ACK 包；反之，接收端會回應一個 NAK 包。此過程如圖 4.12 所示，並描述如下：

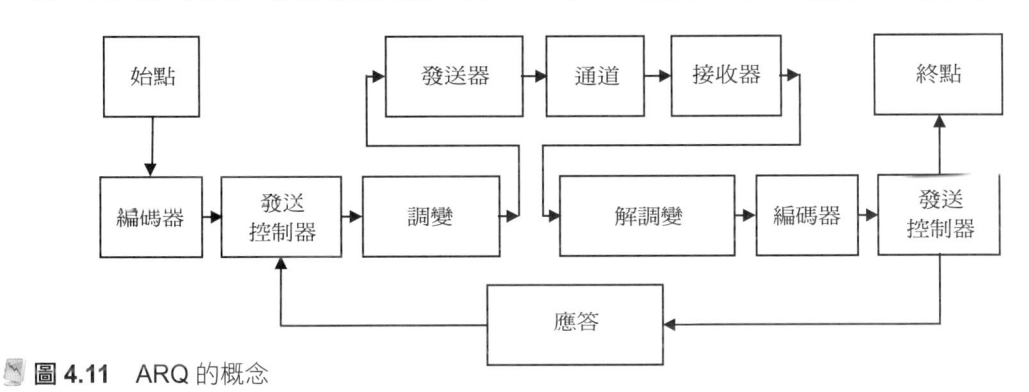

圖 4.11 ARQ 的概念

圖 4.12 停止並等待 ARQ 機制

1. 傳送端傳送封包 1，並等待來自接收端的 ACK 封包。
2. 接收端在無誤地收到封包 1 後，傳送一個 ACK 封包。
3. 傳送端收到 ACK 封包後，繼續傳送封包 2。
4. 封包 2 無誤地抵達接收端，而傳送端亦成功地收到來自接收端的 ACK 封包。
5. 傳送端送出封包 3，但傳輸過程中遭遇錯誤。
6. 接收端收到封包 3，但發現此封包已損壞。接著它發送出 NAK 封包給傳送端。

7. 在收到 NAK 之後，傳送端重送封包 3。

8. 剩下的封包遵循類似的步驟。

SAW ARQ 方案的**產出率**（throughput）為 [4.2, 4.10]：

$$S_{\text{SAW}} = \frac{1}{T_{\text{SAW}}} \left(\frac{k}{n}\right) \tag{4.29}$$

其中 n 為每個區塊位元數、k 為每個區塊的資訊位元數、D 是**往返傳遞延遲時間**（round-trip propagation delay time）、R_b 是碼率、P_b 是通道的位元錯誤率（BER），以及 T_{SAW} 是以區塊為單位的平均傳輸時間，如下：

$$\begin{aligned}
T_{\text{SAW}} &= \left(1 + \frac{DR_b}{n}\right) P_{\text{ACK}} + 2\left(1 + \frac{DR_b}{n}\right) P_{\text{ACK}}(1 - P_{\text{ACK}}) \\
&\quad + 3\left(1 + \frac{DR_b}{n}\right) P_{\text{ACK}}(1 - P_{ACK})^2 + \cdots \\
&= \left(1 + \frac{DR_b}{n}\right) P_{\text{ACK}} \sum_{i=1}^{\infty} i\,(1 - P_{\text{ACK}})^{i-1} = \left(1 + \frac{DR_b}{n}\right) P_{\text{ACK}} \frac{1}{[1 - (1 - P_{\text{ACK}})]^2} \\
&= \frac{1 + \frac{DR_b}{n}}{P_{\text{ACK}}}
\end{aligned} \tag{4.30}$$

其中 P_{ACK} 是回送 ACK 的機率，給定如下：

$$P_{\text{ACK}} \approx (1 - P_b)^n \tag{4.31}$$

所以，SAW ARQ 的產出率為：

$$\begin{aligned}
S_{\text{SAW}} &= \frac{1}{T_{\text{SAW}}} \left(\frac{k}{n}\right) \\
&= \frac{(1 - P_b)^n}{1 + \frac{DR_b}{n}} \left(\frac{k}{n}\right)
\end{aligned} \tag{4.32}$$

4.8.2 後退-N ARQ 機制

如我們在前一節所看到的，SAW ARQ 的無線通訊通道使用率很低，因為傳送端必須等待來自接收端的 ACK 封包後，才能傳送下一個封包。在 GBN ARQ 方案（圖 4.13），傳送端可以傳送 N 個封包，而無須等待先前封包的 ACK。當傳輸過程中有任何封包損毀，則會收到來自接收端的 NAK 封包，而傳送端就必須重送損毀封包之後的所有封包。如圖 4.13，當封包 3 損毀，則封包 3、4 與 5 都必須重傳。

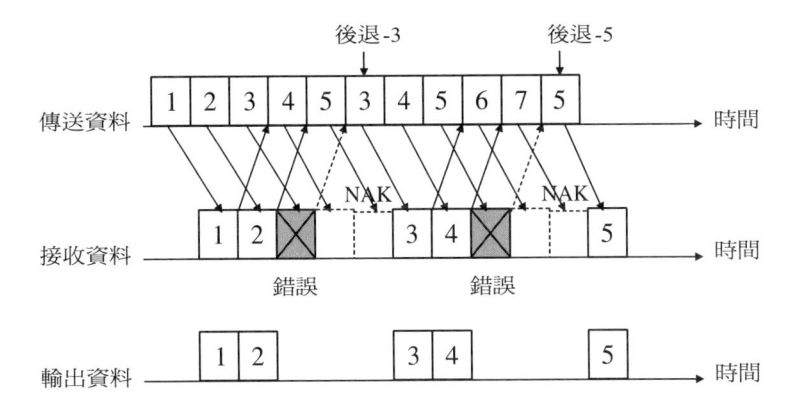

圖 4.13 後退-N ARQ 機制

　　在此方案中，所有已傳送但尚未應答（ACK）的封包會暫時儲存在傳送端。因為接收端僅接受正確且按順序的封包，其僅需要維護一個封包大小的緩衝區容量。GBN ARQ 方案比較適合在傳輸過程易發生連續錯誤的環境。

　　類似 SAW ARQ 方案，GBN ARQ 方案的產出率為 [4.2, 4.10]：

$$S_{GBN} = \frac{1}{T_{GBN}} \left(\frac{k}{n} \right) \quad (4.33)$$

其中 T_{GBN} 是各區塊的平均傳輸時間，如下：

$$\begin{aligned}
T_{GBN} &= 1 \cdot P_{ACK} + (N+1) \cdot P_{ACK}(1 - P_{ACK}) + (2N+1) \cdot P_{ACK}(1 - P_{ACK})^2 \\
&\quad + (3N+1) \cdot P_{ACK}(1 - P_{ACK})^2 + \cdots \\
&= P_{ACK} + P_{ACK} \left[(1 - P_{ACK}) + (1 - P_{ACK})^2 + (1 - P_{ACK})^3 + \cdots \right] \\
&\quad + P_{ACK} \left[N(1 - P_{ACK}) + 2N(1 - P_{ACK})^2 + 3N(1 - P_{ACK})^3 + \cdots \right] \\
&= P_{ACK} + P_{ACK} \left[\frac{1 - P_{ACK}}{1 - (1 - P_{ACK})} + N \frac{1 - P_{ACK}}{[1 - (1 - P_{ACK})]^2} \right] \\
&= 1 + \frac{N(1 - P_{ACK})}{P_{ACK}} \quad (4.34)
\end{aligned}$$

其中 P_{ACK} 是回送 ACK 的機率，給定如下：

$$P_{ACK} \approx (1 - P_b)^n \quad (4.35)$$

所以，GBN ARQ 方案的產出率為：

$$S_{\text{GBN}} = \frac{1}{T_{\text{GBN}}}\left(\frac{k}{n}\right)$$

$$= \frac{(1-P_b)^n}{(1-P_b)^n + N[1-(1-P_b)^n]}\left(\frac{k}{n}\right) \quad (4.36)$$

4.8.3 選擇重送 ARQ 機制

在 GBN ARQ 方案，可以發現單一封包的錯誤就會造成傳送端重送數個封包，而其中大多數封包是不需要的。選擇重送協定針對此問題提供了改進。接收端確認所有正確接收的封包，而當傳送端沒有收到來自接收端的任何 ACK 封包，即表示某些封包可能遺失或損毀了──它僅需要重送該封包。因此，避免了無謂的重傳。圖 4.14 顯示此方案。傳送端持續地傳送封包，且僅重送損毀的封包（圖 4.14 的封包 3 與 7）。既然接收端可能會有順序不對的封包，它需要較大的記憶體來緩衝，並在送給上層前重新排序這些封包。

SR ARQ 協定的實作比其他兩個協定更複雜。但它提供最佳的效率。如果通訊通道的封包損壞或遺失的機率很高，SR ARQ 方案就能展現其獨特的優勢，僅需傳送損壞的封包。

實際上，上述三種 ARQ 方案都需要實作一組計時器。這是因為在傳輸過程中資料封包與 ACK/NAK 封包都有機會遺失或損壞。如果傳送端無法在一段指定時間內收到來自接收端的回應，則必須重傳所有尚未應答的封包。

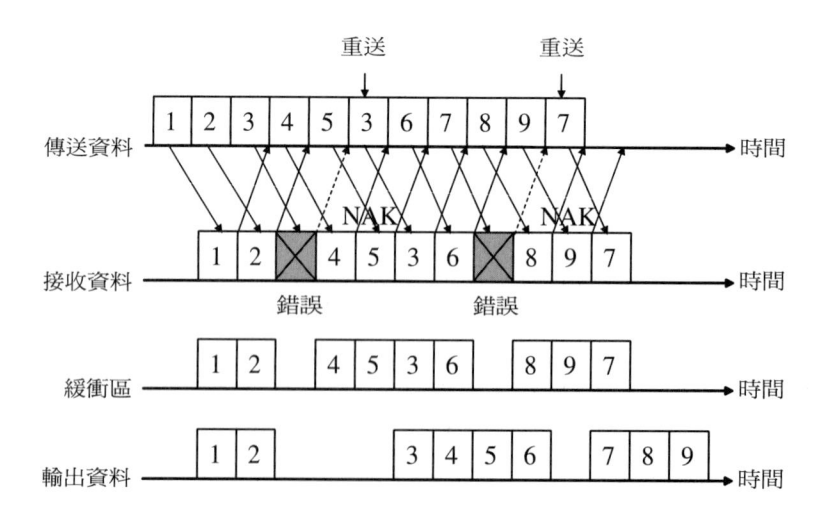

圖 4.14　選擇重送 ARQ 機制

類似 GBN ARQ 方案，SR ARQ 方案的產出率為 [4.2, 4.10]：

$$S_{SR} = \frac{1}{T_{SR}}\left(\frac{k}{n}\right)$$
$$= (1-P_b)^n\left(\frac{k}{n}\right) \quad (4.37)$$

其中 T_{SR} 是各區塊的平均傳輸時間，如下：

$$T_{SR} = 1 \cdot P_{ACK} + 2 \cdot P_{ACK}(1-P_{ACK}) + 3 \cdot P_{ACK}(1-P_{ACK})^2 + \cdots$$
$$= P_{ACK}\sum_{i=1}^{\infty} i(1-P_{ACK})^{i-1}$$
$$= P_{ACK}\frac{1}{[1-(1-P_{ACK})]^2}$$
$$= \frac{1}{P_{ACK}} \quad (4.38)$$

其中 P_{ACK} 是回送 ACK 的機率，給定如下：

$$P_{ACK} \approx (1-P_b)^n \quad (4.39)$$

所以，SR ARQ 方案的效能為：

$$S_{SR} = \frac{1}{T_{SR}}\left(\frac{k}{n}\right)$$
$$= (1-P_b)^n\left(\frac{k}{n}\right) \quad (4.40)$$

4.9　總結

　　無線傳輸的錯誤控制是極為重要的。一種降低載波干擾比例的方法是提高傳輸功率或適當地使用頻譜。值得注意的是，提高傳輸功率可能也會同時增加干擾，因此不見得是最好的解決方案。一旦這些都嘗試過，其餘的改進方式可能有兩種：通道編碼與重傳，也就是本章所討論的。通道編碼降低資訊內容，而 ARQ 需要重傳。兩種技術都有其額外負擔，而其對錯誤減少的效果也已仔細地檢視。兩種技術都可以個別使用，或通道編碼緊接著 ARQ 來使用，以提供更佳的錯誤校正能力。在下一章中，會介紹如何有效地在無線細胞式設計中使用這些相關技術。

4.10 參考文獻

[4.1] S. Lin, *An Introduction to Error-Correcting Codes*. Englewood Cliffs, NJ: Prentice Hall, 1970.

[4.2] S. Lin and D. J. Costello, Jr., *Error Control Coding: Fundamentals and Applications*. Englewood Cliffs, NJ: Prentice Hall, 1983.

[4.3] V. Pless, *Introduction to the Theory of Error-Correcting Codes*. New York: John Wiley & Sons, 1982.

[4.4] S. Haykin, *Communication Systems*, 4th ed. New York: John Wiley & Sons, 2001.

[4.5] A. J. Viterbi, "Error Bounds for Convolutional Codes and an Asymptotically Optimum Decoding Algorithm." *IEEE Transactions on Information Theory*, Vol. IT-13, pp. 260-269, April 1967.

[4.6] G. D. Forney, "The Viterbi Algorithm," *Proceedings of the IEEE*, Vol. 61, No. 3, pp. 268-278, March 1973.

[4.7] B. P. Lathi, *Modern Digital and Analog Communication Systems*. New York: Holt, Rinehart and Winston, 1983.

[4.8] J. G. Proakis, *Digital Communications*, 3rd ed. New York: McGraw-Hill, 1995.

[4.9] C. Berrou, A. Glavieux, and P. Thitimajshima, "Near Shannon Limit Error-Correcting Coding and Decoding: Turbo-Codes," *Proceedings of the IEEE International Conference on Communications*, Geneva, Switzerland, May 1993.

[4.10] S. Sampei, *Applications of Digital Wireless Technologies to Global Wireless Communications*. Upper Saddle River, NJ: Prentice Hall, 1997.

4.11 實驗

■ 實驗一

— **背景**：如圖 4.1 所示，信號從傳送端透過空氣傳播到發射端，並在第三章討論，有許多因素會影響到接收信號的品質。因此，很容易地推斷無線媒介是比有線通訊還難預測。這種不可預知性的隨機誤差傳入到接收到的信號中。任何能使這些錯誤被修復的方法非常重要，可以使通訊變得可靠。一個簡單的技術就是做通道編碼。基本概念是在信號傳輸前引入一些冗餘的資訊，即使在傳輸的過程中某些訊號遭到破壞，接收器也能正確將它解出。

— **實驗目的**：如先前所述，無線媒介本質上就是不可預測，也無法確保接收到的訊號就是傳輸訊號兩者完全一致。因此，重心轉移到假設有錯誤存在，必須盡全力去修復這些錯誤。有許多種不同的修復方法，各有不同程度的複雜度以及計算能力的需求。本實驗的目的是要讓學生體會這個權衡。隨著新的通訊技術正在開發中，現有的通道編碼技術也應加以改進，以適應新的需求。本實驗將做為訓練學生的基礎。

- **實驗環境**：電腦和模擬軟體，像是 OPNET、QualNet、ns-2、MATLAB、VB、C、VC++ 或 Java。

- **實驗步驟**：

    1. 學生要實現一個編碼程式。此程式可任意輸入原始訊號碼到接收器中，將會執行一個通道編碼架構（例如：循環碼）。最後在接收端做解碼並比較結果與理論值。

    2. 該實驗室將有一個無線環境，從傳送端到接收端的傳送過程中自動引入錯誤，學生可使用各種不同的通道編碼技術去修復這些錯誤。本實驗中，學生權衡不同編碼技術的複雜度與它們修復錯誤的能力。學生將獲得在不同錯誤程度找出適合的通道編碼技術的觀點。

    3. 如果有充足的硬體，像是電腦擁有無線網卡或是存取點，和其他無線接收器，實驗在某種程度上也可以用硬體來執行。

■ 實驗二

- **背景**：網際網路的流行主要是因為它可以使各種不同的數位實體之間互相連接，不論其底層通訊和網路技術為何。因此，學生需要在不同程度實現自己的修復方法。ARQ 是一個總稱，用來表示通用的一套技術。這些技術各有不同程度的複雜度且只適合特定的領域。如何讓這些技術在無線環境中工作將是有用的探討。

- **實驗目的**：在這實驗中，不同的 ARQ 技術，通常提供不同程度的複雜度來處理一系列的情況。本實驗直接讓學生接觸到工程方面複雜度與修復程度之間的取捨。他們將比較能評判何種 ARQ 技術適合應用在現實生活情況中。因此，他們將能設計出擁有最佳通訊和較低計算負載的良好網路。

- **實驗環境**：電腦或筆電和模擬軟體，像是 OPNET、QualNet、ns-2、MATLAB、VB、C、VC++ 或 Java。

- **實驗步驟**：

    1. 實驗室有一個模組能在傳送端傳輸到接收端之間產生有錯的數據。學生將實現不同類型的 ARQ 架構，像 SW-ARQ、GBN-ARQ 和 SR ARQ，能在不可靠的通訊媒介下有可靠的數據傳輸。學生應執行傳送器和接收器模組且測試它們的通訊模組。

    2. **實驗建議**：兩種封包形式可應用在此程式中：

(a) 傳送封包沒有訊框，一個位元組當一個訊框，不同位元當這訊框的一部分。

(b) 如果使用訊框，如 4.8 節所描述，造出每一個訊框。

3. 協定提示：

— SW-ARQ：NAK 訊框不需要包含訊框編號。

— GBN-ARQ：損壞的訊框編號應包含在 NAK 中。滑動視窗法可應用在此程式中。

— SR-ARQ：類似 GBN-ARQ 架構。

4.12 開放式專題

■ **目的**：如同 4.8 節中所討論，最後兩種 ARQ 的方法在不同干擾條件的無線環境中仍存在相對的優勢。舉例，GBN-ARQ 在無干擾的區域中能表現得很好。SR-ARQ 在干擾很大時較適合（可能和錯誤更正碼並用）。開放式專題的目的是在不同程度的干擾下，何時要使用錯誤更正碼和要用哪一種 ARQ 技術去使傳輸率最佳化。記住，通道情況不夠糟糕時，錯誤的位元可能不存在。

4.13 習題

1. 下圖所示為碼率 $r = 1/2$ 的迴旋編碼器。請決定訊息序列 1011 ... 所產生的編碼器輸出（y_1 y_2）。假設啟始狀態為零。

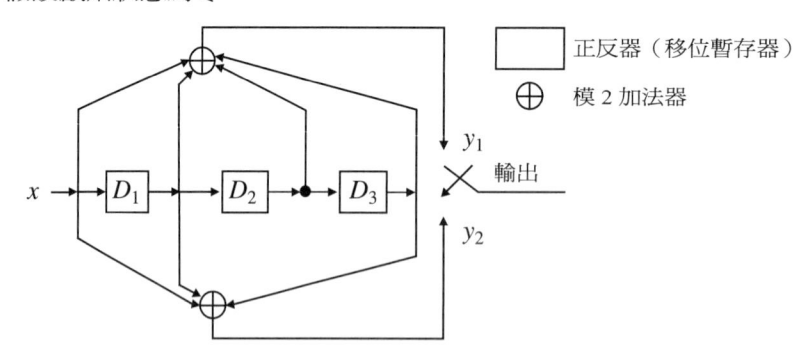

圖 4.15 習題 1 的圖

2. 考慮下圖所示碼率 $r = 1/2$ 的迴旋編碼器。試找出訊息序列 10111 ... 所產生的編碼器輸出（Y_1 Y_2）。假設啟始狀態為零。

圖 4.16　習題 2 的圖

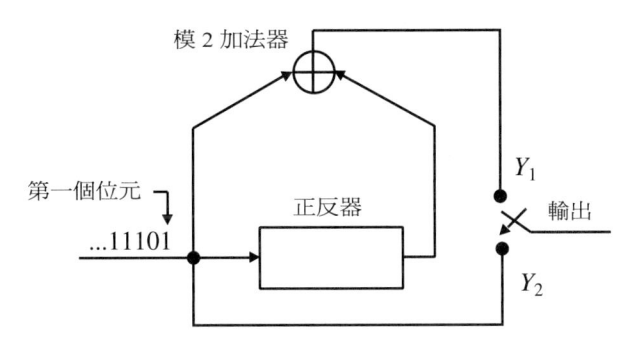

3. 試繪製習題 2 的狀態圖。
4. 若碼（7, 4）的碼生成多項式為 $g(x) = 1 + x^2 + x^3$，試計算線性區塊碼的生成矩陣 **G**。
5. 重複習題 4，如果碼（7, 4）的碼生成多項式為 $g(x) = 1 + x^3$。
6. 解釋為何通道編碼降低頻寬效率。
7. 通道編碼是否可視為一種事後偵測技術？
8. 通道編碼的主要想法為何？它是否改進了行動通訊的效能？
9. 若碼（5, 3）的碼生成多項式為 $g(x) = 1 + x^2$，試計算線性區塊碼的生成矩陣 **G**。
10. 以下矩陣表示一個（7, 4）區塊碼的生成矩陣。

$$G = \begin{bmatrix} 1 & 0 & 0 & 0 & 1 & 1 & 0 \\ 0 & 1 & 0 & 0 & 0 & 1 & 1 \\ 0 & 0 & 1 & 0 & 1 & 1 & 1 \\ 0 & 0 & 0 & 1 & 1 & 0 & 1 \end{bmatrix}$$

請問其相對應的同位檢查矩陣 **H** 為何？

11. 在兩階段編碼系統，第一階段提供（7, 4）編碼，而第二階段提供（11, 7）編碼。採用兩階段的作法是否優於單一階段（11, 4）的複雜編碼？試以演算法複雜度與錯誤校正能力作說明。
12. 在何種情況下使用循環碼會比交錯更為恰當（或反過來後者比前者適宜）？
13. 多項式 $1 + x^7$ 可化因式分解成三個多項式 $(1 + x)(1 + x + x^3)(1 + x^2 + x^3)$，其中 $(1 + x + x^3)$ 與 $(1 + x^2 + x^3)$ 為原始多項式。給定訊息序列為 1010，利用 $1 + x + x^3$ 作為生成多項式以計算（7, 4）循環碼字。
14. 重複習題 13，以 $1 + x^2 + x^3$ 做為生成多項式，並比較其結果。
15. 發展習題 13 中，以 $1 + x^2 + x^3$ 做為生成多項式的編碼器與症狀計算器。
16. 什麼是 RSC 碼？為什麼這種碼稱為有**系統的**（systematic）？
17. 概述症狀解碼與不完整解碼。

18. 試證明選擇重送 ARQ 之區塊平均傳輸時間（T_{SR}）為：
$$T_{SR} = 1 \times P_{ACK} + 2 \times P_{ACK}(1-P_{ACK}) + 3 \times P_{ACK}(1-P_{ACK})^2 + \cdots$$
其中 P_{ACK} 是回送 ACK 的機率。另外，以 $P_{ACK} = 0.5$ 來解上述式子。

19. 在停止並等待 ARQ，令傳送端在恰好遺失一個 ACK 封包後收到 ACK 的機率為 $P = 0.021$。試計算單一區塊的平均傳輸時間，若：

    $D = $ 來回傳遞延遲

    $R_b = $ 位元速率

    $n = $ 區塊的位元量

    〔提示：此例的機率 $= P_{ACK}(1 - P_{ACK})$〕

20. 用迴旋交錯器來比較一個區段。

21. 考慮一個位於兩點 A（傳送端）與 B（接收端）之間的 SAW ARQ 系統。假設資料訊框都是相同長度，傳輸需時 T 秒。確認訊框（ACK）的傳輸需時 R 秒，並有傳遞延遲 P（雙向皆同）。A 每送三個封包給 B 就會發生一個錯誤。B 則回應 NAK 且 A 能一次重傳後就正確收到此封包。假設兩端都是以最快速度在傳送新的資料封包與確認封包，並依照停止並等待的規則。請問從 A 至 B 的資訊傳送速度（每秒多少訊框）為何？

22. 比較 GBN ARQ 與 SR ARQ 方案之異同。

23. 考慮一個典型數位傳輸系統的區塊圖。試推論何處需使用發送端編碼或通道編碼，比較其差異。這麼做會提高或降低原始的訊息大小？（提示：我們想要以最有效率的方式來傳送，亦即訊息大小應儘量降低，但又能加入足夠的冗餘資訊以避免重送。）

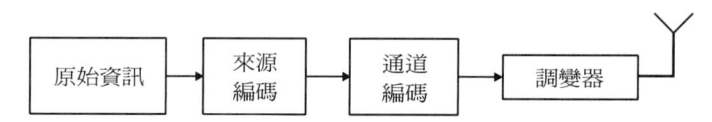

圖 4.17 習題 23 的圖

24. 是否能夠交錯已交錯的信號？在那樣的系統預期能獲得怎樣的結果？

25. 為何細胞式系統同時需要錯誤校正能力與 ARQ？請詳加說明。

Chapter 05

細胞式概念

5.1 簡介

　　細胞式系統的基本原理已在第一章闡述，其中細胞的設計是該系統的核心。一個細胞可定義為一個基地台控制其行動台所使用的無線電通訊資源之區域。細胞的大小與形狀，以及各細胞所分配到的資源量決定該系統的效能，包括用戶的數量、話務的平均頻率、平均通話時間等等因素。在本章中，我們將研究許多與細胞相關的參數，以及其與細胞式概念的交互關係。

5.2 細胞面積

　　在細胞式系統，最重要的因素是細胞的大小與形狀。一個細胞是一個傳送台或基地台所能涵蓋的無線電範圍。所有該區域的行動台都連往基地台，並接受其服務。理想上基地台所能涵蓋的面積可表示為距基地台圓心半徑 R 的圓形細胞 [圖 5.1 (a)]。有許多因素會造成信號的反射與折射，包括地形的高低起伏、空氣中粒子的存在、丘陵或峽谷或高聳建築物的存在，以及空氣中的各種粒子。細胞的真實形狀是由周遭區域所接收到的信號強度所決定。因此，實際涵蓋面積可能會有一點扭曲 [圖 5.1 (b)]。在分析與評估蜂巢式系統之前，應該先決定一個較適宜的細胞模型。

　　事實上，有許多種模型可用作表示細胞的邊緣，而最流行的選擇包括圖 5.1(c) 所顯示的六邊形、方形以及等邊三角形。在大部分的模型與模擬實驗中，多半是使用六邊形，因為其較接近於圓形，且多個六邊形又能緊密相連結而不會造成任何重疊區域與空隙。換句話說，六邊形可以像地板磁磚一樣的緊密排列，而多個六邊形的組合可以在地表上覆蓋較大的區域。第二種熱門的細胞類型是長方形，其亦能發揮類似六邊形的功能。表 5.1 顯示單位面積內細胞的大小與容量，以及細胞形狀對服務特性所造成的影響。很明顯地，如果細胞範圍擴大，相同通道數的情況下就會造成單位面積的通道數量降低，因此適宜在用戶較不密集的區域所使用。另一方面，當用戶數量增加（譬如市中心區域），一種簡單的應對方法是提高通道數目。一個實務上的選項是降低細胞大小，使得單位面積的通道數量能滿足該區域的用戶數量。值得注意的是，細胞面積與邊界長度是影響此細胞換手至另一鄰近細胞的重要參數。在較後章節會討論如何採取特定方案來面對流量的增加。

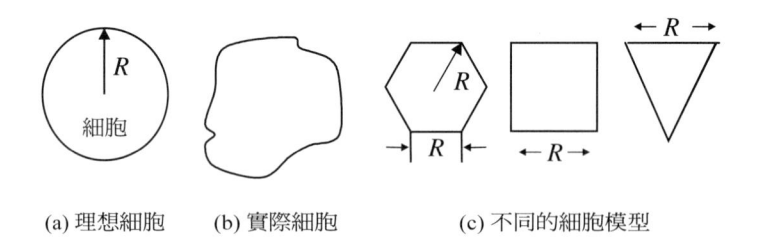

(a) 理想細胞　　(b) 實際細胞　　(c) 不同的細胞模型

圖 5.1　細胞覆蓋面積的形狀

表 5.1　細胞形狀與半徑於服務特徵之影響

細胞形狀	面積	邊界	邊界長度／單位面積	具N通道／細胞的通道／單位面積	當通道數量增加為K倍之通道／單位面積	當細胞大小減少為M倍之通道／單位面積
方形細胞（邊 = R）	R^2	$4R$	$\dfrac{4}{R}$	$\dfrac{N}{R^2}$	$\dfrac{KN}{R^2}$	$\dfrac{M^2 N}{R^2}$
六邊形細胞（邊 = R）	$\dfrac{3\sqrt{3}}{2}R^2$	$6R$	$\dfrac{4}{\sqrt{3}R}$	$\dfrac{N}{1.5\sqrt{3}R^2}$	$\dfrac{KN}{1.5\sqrt{3}R^2}$	$\dfrac{M^2 N}{1.5\sqrt{3}R^2}$
圓形細胞（半徑 = R）	πR^2	$2\pi R$	$\dfrac{2}{R}$	$\dfrac{N}{\pi R^2}$	$\dfrac{KN}{\pi R^2}$	$\dfrac{M^2 N}{\pi R^2}$
三角形細胞（邊 = R）	$\dfrac{\sqrt{3}}{4}R^2$	$3R$	$\dfrac{4\sqrt{3}}{R}$	$\dfrac{4\sqrt{3}N}{3R^2}$	$\dfrac{4\sqrt{3}KN}{3R^2}$	$\dfrac{4\sqrt{3}M^2 N}{3R^2}$

5.3 信號強度與細胞參數

細胞式系統取決於行動台在細胞內所能接收到的無線信號,以及兩相鄰細胞 i 與 j 的基地台所發射出來的信號強度分佈,請見圖 5.2。

如稍早所討論的,強度之等高線可能不為同心圓,且可能受大氣因素與地形輪廓而扭曲。圖 5.3 顯示一個扭曲輪廓的例子。

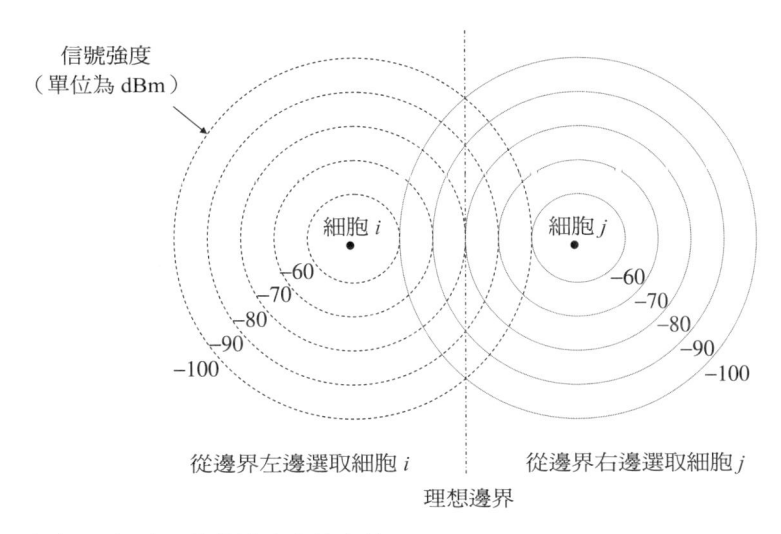

圖 5.2 兩相鄰細胞 i 與 j 的信號強度等高線

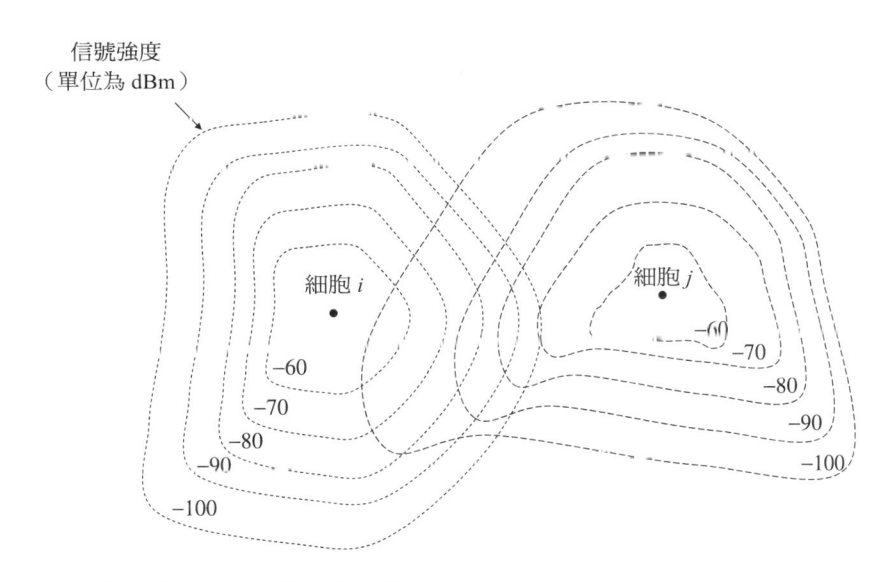

圖 5.3 接收信號強度顯示實際細胞覆蓋

很清楚地，信號強度隨著遠離基地台而下降。圖 5.4 顯示接收功率是一個隨著距離而變異的函數。隨著行動台遠離細胞的基地台，信號強度變弱至某一程度會發生所謂的**換手**（handoff）現象。這意味著無線電將改為連線至另一鄰近細胞。圖 5.5 顯示行動台遠離細胞 i 並向細胞 j 靠近。假設 $P_i(x)$ 與 $P_j(x)$ 表示行動台在 BS_i 與 BS_j 所接收到的功率，行動台接收信號強度可透過圖 5.5 的曲線來近似，而其變異可表示為第三章所提及的公式與關係。在距離 X_1，BS_j 的接收信號趨近於零，且行動台的信號強度幾乎是由 BS_i 所貢獻。同理，在距離 X_2，來自 BS_i 的信號是可忽略的。行動台為了能夠正確地接收並解讀信號，其所接收的信號必須至少維持在最小功率等級 P_{min}，距離 X_3 與 X_4 分別代表著在 BS_i 與 BS_j 的相對應位置。

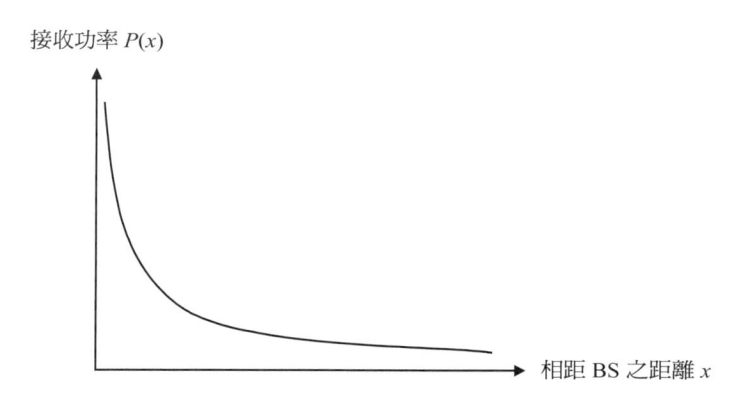

圖 5.4 基地台接收功率之變異

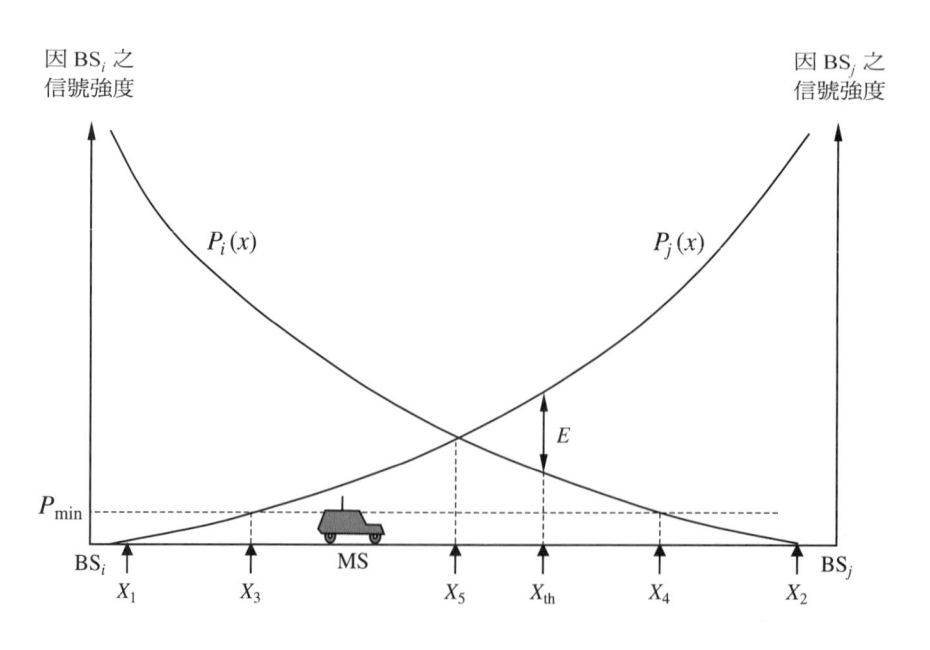

圖 5.5 換手區域

這表示介於 X_3 與 X_4 之間時，行動台可接受來自 BS_i 或 BS_j 的服務，而此選擇端賴服務提供者及底層技術來進一步判定。若行動台與 BS_i 存有一個無線連結，並且持續地前往 BS_j，則在某一時間點其會連線至 BS_j，而此連結從 BS_i 改變至 BS_j 稱為換手。所以，X_3 至 X_4 的區域表示換手區域。何時何地進行換手取決於許多因素。一個選項是在 X_5 做換手，因為兩個基地台都有相同的信號強度。

關鍵考量是應避免讓行動台過於頻繁地進行基地台換手（譬如乒乓效應），尤其當行動台在兩相鄰細胞的重疊區域作來回移動，這可能是因為地形因素或故意地移動。

為了避免「乒乓」效應，行動台可以繼續維持與目前 BS_i 的無線電連線，直到 BS_j 的信號強度超過 BS_i 至某一事先設定的臨界值 E，如圖 5.5 所示的 X_{th} 點。因此，除了傳輸功率，換手也取決於行動台的移動行為。

另一個影響換手的因素是細胞的形狀。一個理想狀況是讓細胞的設定能符合行動台的速率，並涵蓋較大的範圍，使得換手率降至最低。然而行動台的移動性是難以預測的 [5.1]，尤其當各個行動台的移動樣式都不一樣。因此，是不可能恰好讓細胞形狀符合用戶的移動性。為了展示換手與行動性及細胞區域的關係，考慮有一個長方形細胞構成的面積 A 與兩邊 R_1 及 R_2，如圖 5.6。假設 N_1 是橫軸上單位長度發生換手的行動台數量，而 N_2 是縱軸方向的換手數量，則換手可能發生在細胞的 R_1 邊，或細胞的 R_2 邊。通過細胞的 R_1 邊之行動台數量為 $R_1(N_1 \cos\theta + N_2 \sin\theta)$，而 R_2 邊的行動台數量則表示為 $R_2(N_1 \sin\theta + N_2 \cos\theta)$。因此，整體換手率 λ_H 可從式子（5.1）獲得：

$$\lambda_H = R_1(N_1 \cos\theta + N_2 \sin\theta) + R_2(N_1 \sin\theta + N_2 \cos\theta) \tag{5.1}$$

假設面積 $A = R_1 R_2$ 是固定的，則關鍵在於給定 θ，如何將 λ_H 最小化。代入 $R_2 = A/R_1$

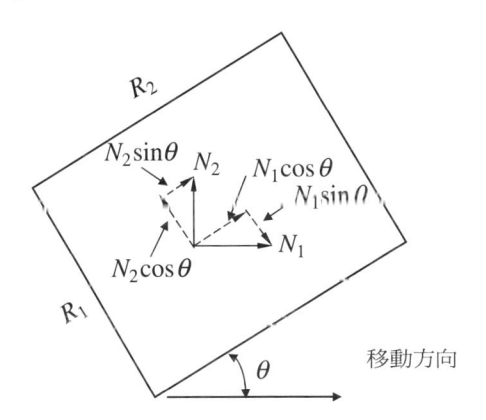

▲ 圖 5.6 長方形細胞的換手率

的值，對 R_1 微分，令它等於零，可得：

$$\frac{d\lambda_H}{dR_1} = \frac{d}{dR_1}\left[R_1\left(N_1\cos\theta + N_2\sin\theta\right) + \frac{A}{R_1}\left(N_1\sin\theta + N_2\cos\theta\right)\right]$$

$$= N_1\cos\theta + N_2\sin\theta - \frac{A}{R_1^2}\left(N_1\sin\theta + N_2\cos\theta\right)$$

$$= 0 \tag{5.2}$$

因此，我們有：

$$R_1^2 = A\frac{N_1\sin\theta + N_2\cos\theta}{N_1\cos\theta + N_2\sin\theta} \tag{5.3}$$

類似地，我們可以獲得：

$$R_2^2 = A\frac{N_1\cos\theta + N_2\sin\theta}{N_1\sin\theta + N_2\cos\theta} \tag{5.4}$$

將這些值代入式子（5.1），我們有：

$$\lambda_H = \sqrt{A(\frac{N_1\sin\theta + N_2\cos\theta}{N_1\cos\theta + N_2\sin\theta})(N_1\cos\theta + N_2\sin\theta)}$$

$$+ \sqrt{A(\frac{N_1\cos\theta + N_2\sin\theta}{N_1\sin\theta + N_2\cos\theta})(N_1\sin\theta + N_2\cos\theta)}$$

$$= \sqrt{A(N_1\sin\theta + N_2\cos\theta)(N_1\cos\theta + N_2\sin\theta)}$$

$$+ \sqrt{A(N_1\cos\theta + N_2\sin\theta)(N_1\sin\theta + N_2\cos\theta)}$$

$$= 2\sqrt{A(N_1\sin\theta + N_2\cos\theta)(N_1\cos\theta + N_2\sin\theta)} \tag{5.5}$$

前述式子可以化簡為：

$$\lambda_H = 2\sqrt{A[N_1N_2 + (N_1^2 + N_2^2)\cos\theta\sin\theta]}$$

$$= 2\sqrt{A(N_1^2\sin\theta\cos\theta + N_1N_2\sin^2\theta + N_1N_2\cos^2\theta + N_2^2\cos\theta\sin\theta)}$$

$$= 2\sqrt{A[(N_1N_2\sin^2\theta + N_1N_2\cos^2\theta) + (N_1^2\sin\theta\cos\theta + N_2^2\cos\theta\sin\theta)]}$$

$$= 2\sqrt{A[N_1N_2(\sin^2\theta + \cos^2\theta) + (N_1^2 + N_2^2)\sin\theta\cos\theta]}$$

$$= 2\sqrt{A[N_1N_2 + (N_1^2 + N_2^2)\sin\theta\cos\theta]} \tag{5.6}$$

當 $\theta = 0$ 時，式子（5.6）是最小的。所以，從式子（5.6）、（5.3）與（5.4）我們得

到

$$\lambda_H = 2\sqrt{AN_1N_2} \tag{5.7}$$

與

$$\frac{R_2}{R_1} = \frac{N_1}{N_2} \tag{5.8}$$

直觀地，可以預期其他細胞形狀亦有類似的結果。不過長方形狀細胞是相對比較簡單的，換成其他形狀，其分析過程會比較複雜。唯一的例外是圓形細胞，因為其幾何特性，通過邊界的速率與方向無關。這意味著，如果長方形細胞能對齊於縱軸與橫軸，則換手可以降至最低。而行動台通過邊界的數量是反比於細胞另一邊的值。亦有人嘗試過六邊形細胞 [5.2]——尤其是量化**軟式換手**（soft handoff），其概念是先建立連線至新的基地台，而非先終止目前的連線。

當為細胞式系統建立其換手模型時，在大部分的分析與規劃，僅考慮單一細胞模型是足夠的 [5.3]。在第三章我們已經討論過如何計算行動台的接收功率。

5.4 細胞容量

細胞的供給流量負荷通常決定於下列兩個重要隨機參數：

1. 提出服務需求之行動台的平均數量（平均通話到訪率 λ）。
2. 使用服務之行動台的平均時間長度（平均通話時間 T）。

供給流量負荷定義為

$$a = \lambda T \tag{5.9}$$

譬如，一個具有 100 個行動台的細胞，平均來說，如果一小時有 30 個服務需求，平均通話時間為 $T = 360$ 秒，則平均服務率（或平均通話到訪率）是

$$\lambda = \frac{30 \text{ 個要求}}{3,600 \text{ 秒}} \tag{5.10}$$

一個通道在一整個小時都是忙於服務，則定義為一個 **Erlang**。

因此，前述例子的供給流量負荷，其 Erlang 為：

$$a = \frac{30 \text{ 個通話}}{3{,}600 \text{ 秒}} \times 360 \text{ 秒}$$
$$= 3 \text{ Erlangs} \tag{5.11}$$

平均到訪率為 λ，平均服務（離開）率為 μ。當所有通道都是忙碌的，新到訪的通話會遭到拒絕。因此，此系統可以透過一個 $M/M/S/S$ 排隊模型來做分析。如第二章所介紹 $M/M/S/S$ 是 $M/M/S/\infty$ 的特例，此系統的穩態機率 $P(i)$s 與 $M/M/S/\infty$ 模型的其他狀態 $i = 0, \cdots, S$，具有相同的形式。在這裡，S 是細胞的通道數。所以，我們有：

$$P(i) = \frac{a^i}{i!} P(0) \tag{5.12}$$

其中 $a = \lambda / \mu$ 為供給量

$$P(0) = \left[\sum_{i=0}^{S} \frac{a^i}{i!} \right]^{-1} \tag{5.13}$$

所以，到訪通話被阻斷的機率 $P(S)$ 相同於所有通道都是忙碌的機率，也就是

$$P(S) = \frac{\dfrac{a^S}{S!}}{\sum_{i=0}^{S} \dfrac{a^i}{i!}} \tag{5.14}$$

式子（5.14）稱為 **Erlang B** 式，並標記為 $B(S, a)$。$B(S, a)$ 也叫做**阻斷機率**（blocking probability）、遺失機率，或拒絕機率。附錄 A 列有 Erlang B 表格。

在前述例子，若 S 為 2，$a = 3$，則阻斷機率為：

$$B(2, 3) = \frac{\dfrac{3^2}{2!}}{\sum_{k=0}^{2} \dfrac{3^k}{k!}}$$
$$= 0.529 \tag{5.15}$$

因此，有 0.529 比例的話務是阻斷的，需要重新啟始那些通話。因此總阻斷通話量大約為 $30 \times 0.529 = 15.87$。系統的效率為：

$$\text{效率} = \frac{\text{無阻斷之流量}}{\text{容量}}$$

$$= \frac{\text{Erlangs} \times \text{使用通道之比例}}{\text{通道數量}}$$

$$= \frac{3(1-0.529)}{2}$$

$$= 0.7065 \tag{5.16}$$

一個到訪通話被延遲的機率為：

$$C(S,a) = \frac{\frac{a^S}{(S-1)!(S-a)}}{\frac{a^S}{(S-1)!(S-a)} + \sum_{i=0}^{S-1} \frac{a^i}{i!}}$$

$$= \frac{SB(S,a)}{S-a[1-B(S,a)]}, \qquad a < S \tag{5.17}$$

這稱為 **Erlang C** 式。在前述例子，若 $S = 5$ 與 $a = 3$，我們有 $B(5, 3) = 0.11$。所以，一個到訪通話被延遲的機率為：

$$C(S,a) = \frac{SB(S,a)}{S-a[1-B(S,a)]}$$

$$= \frac{5 \times B(5,3)}{5-3 \times [1-B(5,3)]}$$

$$= \frac{5 \times 0.11}{5-3 \times [1-0.11]}$$

$$= 0.2360$$

5.5 頻率重複使用

早期細胞式系統使用 FDMA，其有限範圍限制在半徑 2 至 20 公里。一細胞所使用的頻率帶或通道可在另一細胞「重複使用」，前提是兩細胞得相距夠遠，且信號強度不相互干擾。這種作法提高了各個細胞的可用頻寬。圖 5.7 顯示一個典型具有七個細胞的叢集，並由四個叢集組成一個無重疊的區域。

在圖 5.7 中，使用相同通道的兩細胞之間距離稱為「重複使用距離」，並以 D 來表示。事實上，D、R（各細胞的半徑），以及 N（各叢集的細胞數量）之間有緊密關係，如下：

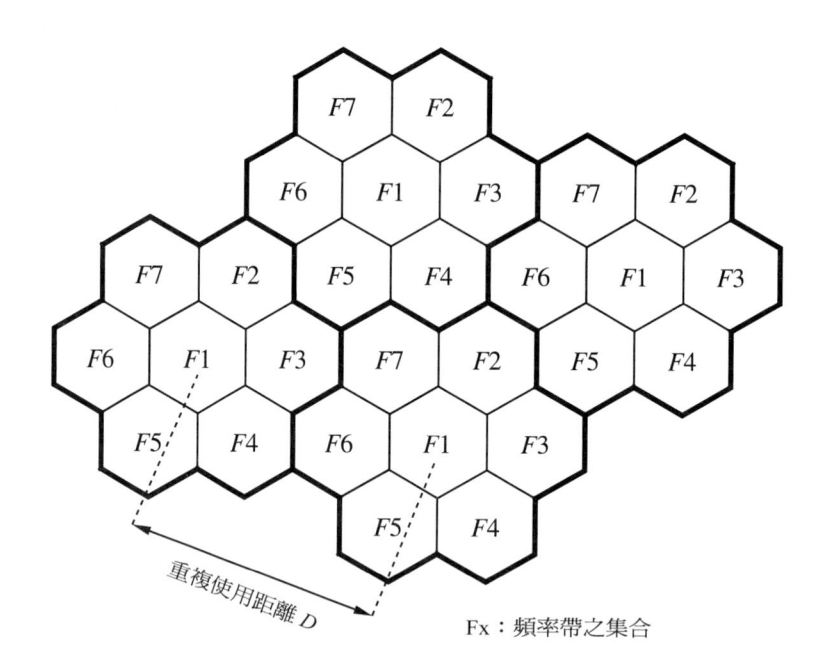

圖 5.7 頻率重複使用示意圖（Fx：頻率帶之集合，重複使用距離 D）

$$D = \sqrt{3N}R \qquad (5.18)$$

所以，重複使用係數 q 為：

$$q = \frac{D}{R} = \sqrt{3N} \qquad (5.19)$$

範例 5.1

一個典型的叢集有七個細胞，如圖 5.7 所示，且細胞半徑為 1 公里。請找出最近的頻率重複使用距離與重複使用係數。

因為 $N = 7$ 和 $R = 1$ 公里，重複使用距離可以用式子 (5.14) 計算

$$\begin{aligned} D &= \sqrt{3N}R \\ &= \sqrt{3 \times 7} \times 1 \\ &\approx 4.5826 \text{ 公里} \end{aligned}$$

利用式子 (5.15)，可計算頻率重複使用係數

$$q = \frac{D}{R}$$
$$= \sqrt{3N}$$
$$= \sqrt{3 \times 7}$$
$$\approx 4.5826$$

另一個熱門的叢集大小為 $N = 4$。事實上，選擇長方形或六邊形細胞的論點，亦可套用至六邊形細胞叢集的大小，因為多個叢集應完好地緊密結合，就如同拼圖一樣。額外增加的區域可以透過新增的叢集來覆蓋，且不產生任何重疊區域。大體來說，每一叢集的細胞數量為 $N = i^2 + ij + j^2$。這裡 i 代表朝方向 i 行進的細胞數量，從細胞中心開始，而 j 表示與方向 i 呈 60 度角的細胞數量。將 i 與 j 代入不同值，得到 N = 1, 3, 4, 7, 9, 12, 13, 16, 19, 21, 28, . . .；最熱門的值為 7 與 4。針對某些 N 值來尋找參考細胞的周圍所有叢集之中心點，請見圖 5.8。對參考細胞的六邊都套用此步驟即可得所有鄰近叢集的中心。除非特別聲明，本書所提的叢集大小都假設是 7。

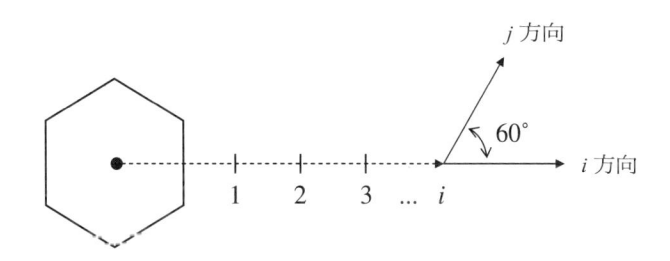

圖 5.8 利用整數 i 與 j（i 與 j 的方向可以相互交換）來尋找相鄰細胞中心點

5.6 如何形成叢集

大體而言，$N = i^2 + ij + j^2$，其中 i 與 j 為整數。為計算上方便，假設 $i \geq j$。根據文章所提的理論 [5.4]，我們將討論一種形成具有 N 細胞的叢集。（注意：此方法僅用於 $j = 1$。）

首先，選擇一個細胞，使細胞中心點為原點，形成如圖 5.9 所示之座標平面。u-軸的正半部分與 v-軸的正半部分交錯成 60 度角。定義單位距離為兩鄰近細胞中心點之距離。然後針對各個細胞中心點，我們可以得到一組有序對（u, v）來標記該位置。

由於此方法僅適用於 $j = 1$（給定 N），整數 i 也固定如下：

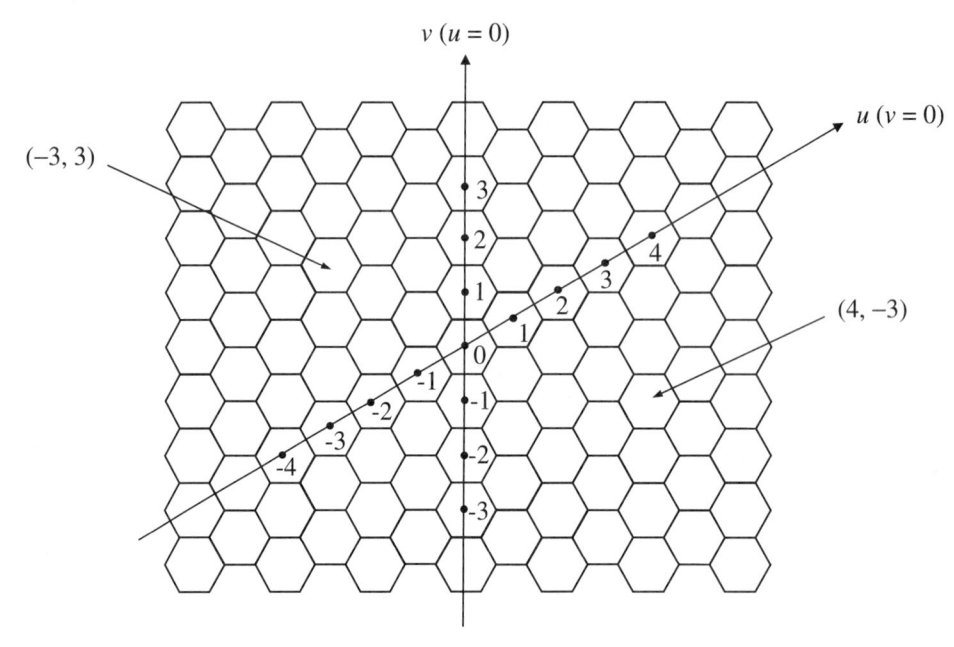

▲ 圖 5.9　u 與 v 的座標平面

$$N = i^2 + ij + j^2$$
$$= i^2 + i + 1 \tag{5.20}$$

然後利用

$$L = [(i+1)u + v] \bmod N \tag{5.21}$$

我們可以獲得細胞中心為 (u, v) 的標籤 L。原點細胞的中心為 $(0, 0)$，$u = 0$，$v = 0$，利用式子（5.21），我們有 $L = 0$，並標籤此細胞為 0。然後我們計算所有鄰近細胞的標籤。最後，所有標籤為 0 至 $N - 1$ 的細胞組成一個具有 N 個細胞的叢集。具有相同標籤的細胞可以使用相同頻率帶。

現在我們提供一個 $N = 7$ 的例子。利用式子（5.20），我們有 $i = 2$。然後利用式子（5.21），我們有 $L = (3u + v) \bmod 7$。我們可以利用每個細胞的中心位置 (u, v) 來計算其標籤。表 5.2 顯示此結果。

▶ 表 5.2　$N = 7$ 的細胞標籤

u	0	1	−1	0	0	1	−1
v	0	0	0	1	−1	−1	1
L	0	3	4	1	6	2	5

對各個細胞，我們使用其 L 值來標籤它。圖 5.10 顯示此結果。標籤為 0 至 6 的細胞組成一個具有 7 個細胞的叢集。

利用相同的方法，我們也可以得到 $N = 13$ 的結果，如圖 5.11 所示，其中 $i = 3$ 與 $j = 1$，以及 $L = (4u + v) \bmod 13$。一些常見重複使用樣式請見圖 5.12。

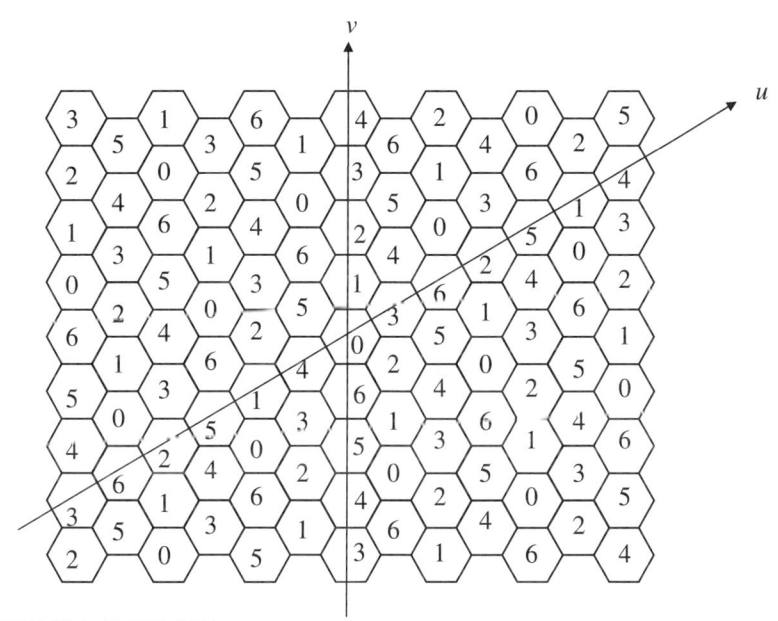

圖 5.10 7-細胞叢集的細胞標籤 L

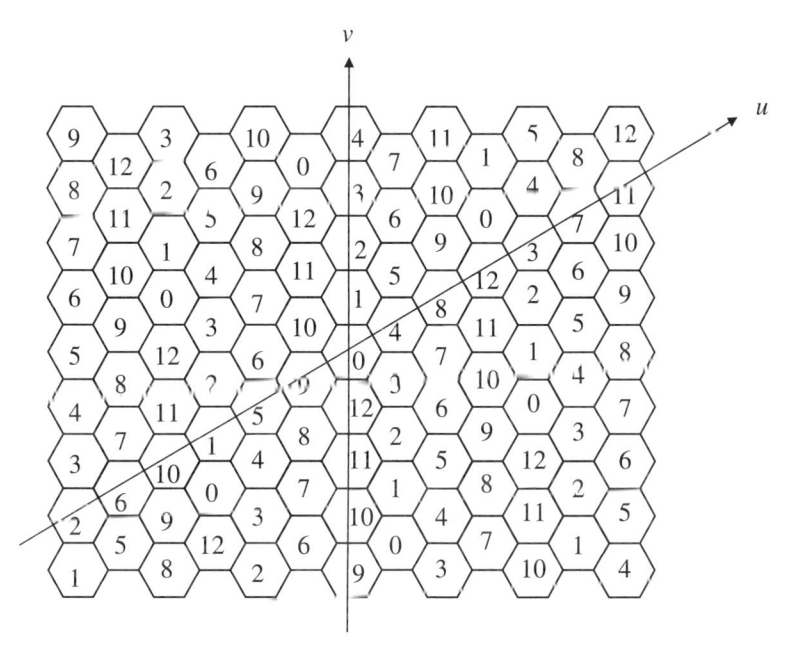

圖 5.11 13-細胞叢集的細胞標籤 L

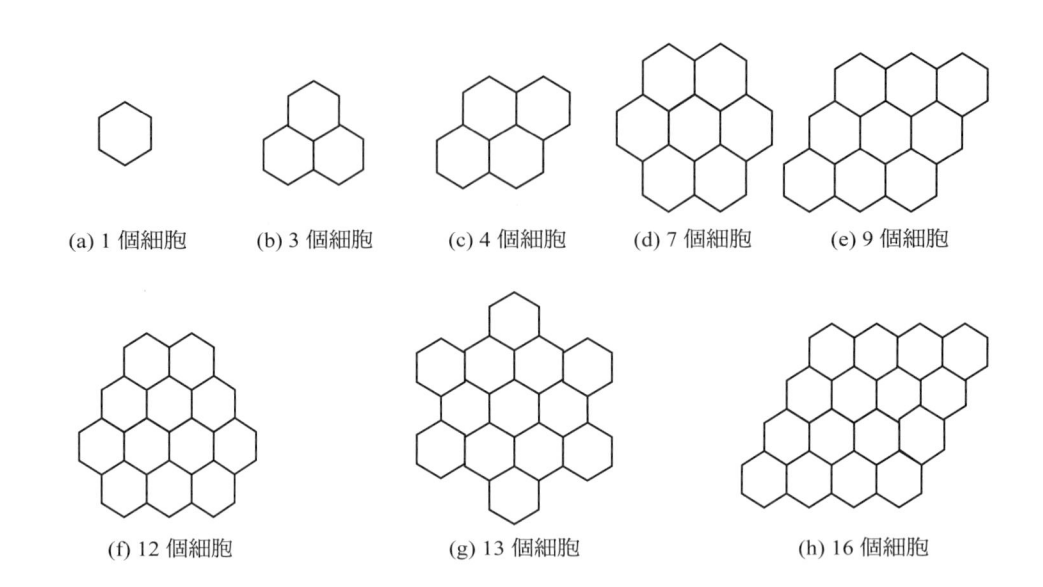

(a) 1 個細胞　　(b) 3 個細胞　　(c) 4 個細胞　　(d) 7 個細胞　　(e) 9 個細胞

(f) 12 個細胞　　(g) 13 個細胞　　(h) 16 個細胞

圖 5.12　六角細胞叢集的常見重複使用樣式

5.7 共通道干擾

　　如前面所討論，許多細胞會使用同一頻率帶。而所有使用相同通道的細胞其實體位置相距至少為重複使用距離。雖然透過小心的功率控制可以讓「共通道」（co-channel）不至於對彼此造成問題，但實際上細胞的非零信號強度仍會造成某種程度之干擾。在細胞式系統，一個具有七個細胞的叢集會有六個細胞使用共通道，彼此相距重複使用距離；如圖5.13所示。第二層共通道，如圖所示，是相距兩倍的重複使用距離，而它們對基地台的影響是可以忽略的。

共通道干擾比（cochannel interference ratio; CCIR）為：

$$\frac{C}{I} = \frac{\text{載波}}{\text{干擾}} = \frac{C}{\sum_{k=1}^{M} I_k} \quad (5.22)$$

其中 I_k 為來自基地台 BS_k 之共通道干擾，以及 M 是共通道干擾細胞之最大數量。當叢集大小為 7，$M = 6$，CCIR 為：

$$\frac{C}{I} = \frac{1}{\sum_{k=1}^{M} \left(\frac{D_k}{R}\right)^{-\gamma}} \quad (5.23)$$

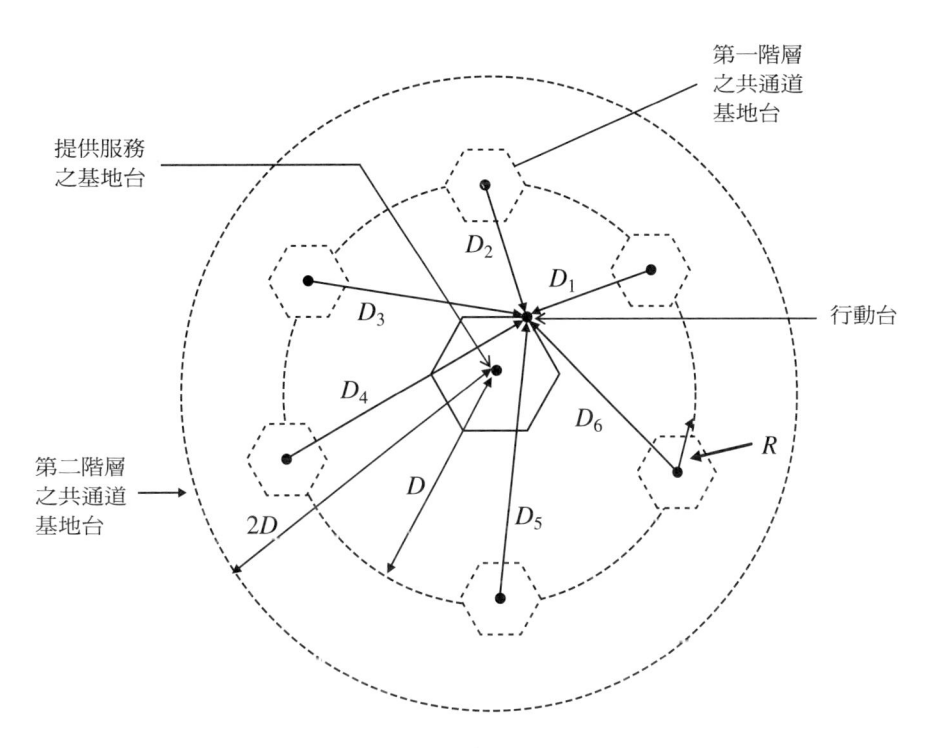

圖 5.13 受共通道細胞與下行通道干擾之傳輸信號

其中 γ 是傳遞路徑衰減斜率，其值介於 2 至 5。

當 $D_1 = D_2 = D - R$，$D_3 = D_6 = D$，以及 $D_4 = D_5 = D + R$（見圖 5.14），其下行通道的通道干擾比例之最差情況為：

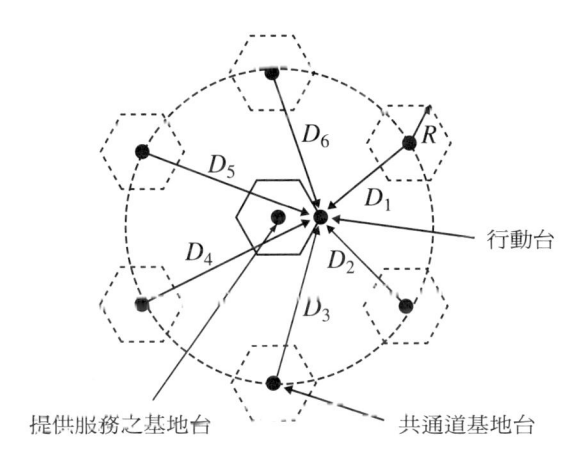

圖 5.14 下行通道干擾（全方向天線）的最差情形

$$\frac{C}{I} = \frac{1}{2(q-1)^{-\gamma} + 2q^{-\gamma} + 2(q+1)^{-\gamma}} \tag{5.24}$$

其中 $q\left(=\frac{D}{R}\right)$ 為頻率重複使用係數。

範例 5.2

計算出在圖 5.14 順向通道的共通道干擾比的最差情況，給定 $N = 7$、$R = 2$ 公里和 $\gamma = 1.5$。

在此系統下，可計算頻率重複使用係數 q

$$q = \sqrt{3N} = \sqrt{3 \times 7} \approx 4.5826$$

因此，共通道干擾的最差情況可由式子（5.24）計算

$$\begin{aligned}\frac{C}{I} &= \frac{1}{2(q-1)^{-\gamma} + 2q^{-\gamma} + 2(q+1)^{-\gamma}} \\ &= \frac{1}{2 \times (4.5826 - 1)^{-1.5} + 2 \times 4.5826^{-1.5} + 2 \times (4.5826 + 1)^{-1.5}} \\ &\approx 1.5374\end{aligned}$$

已有許多技術被提出用來減少干擾問題，在這裡我們僅考量兩個特殊方法：細胞分裂與細胞分區。

5.8 細胞分裂

到目前為止，我們都在討論相同大小的細胞通過邊界之問題。這代表所有細胞的基地台都以相同功率在傳遞訊息，即各個細胞的涵蓋面積是相同的。然而，這可能是不切實際的，或者說這並不適宜。服務提供者希望以更有效率的方式來服務其用戶，而資源的需求可能是取決於該區域的用戶密度。用戶數量亦可能隨著時間的不同而改變。一種因應流量增加的方法是將細胞分裂成數個較小的細胞；如圖 5.15 所示。這意味著需要在各個新細胞的中心位置增加額外的基地台，以便有效地處理更高密度的話務量。隨著新分裂細胞的涵蓋範圍變小，傳輸功率可以降低，協助減少共通道干擾。

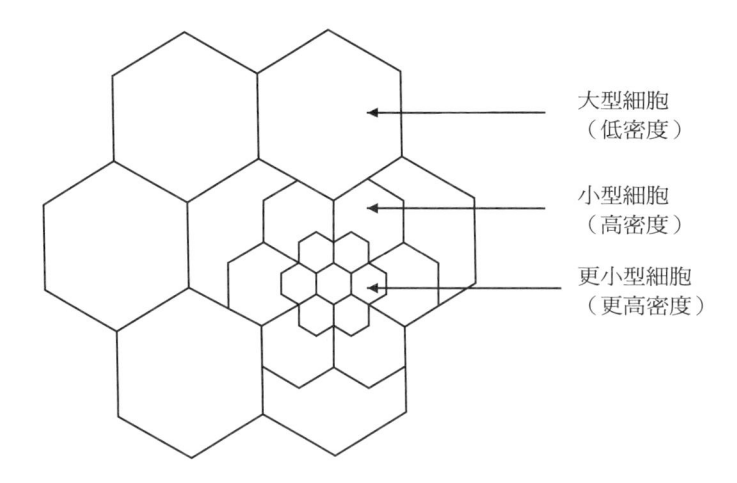

▲ 圖 5.15　細胞分裂示意圖

（圖中標示：大型細胞（低密度）、小型細胞（高密度）、更小型細胞（更高密度））

5.9 細胞分區

　　截至目前為止我們主要專注在**全向天線**（omnidirectional antennas），其允許無線電信號在所有方向以相同的功率強度傳送。要設計這樣的天線是困難的，大部分的時候，天線能涵蓋的區域為 60 度角或 120 度角；這些稱為**指向型天線**（directional antennas），而使用指向型天線的細胞稱為分區細胞。圖 5.16 顯示不同大小的分區細胞。從實務的角度來看，一個位於細胞中心的微波塔台會架設許多的分區天線，足夠的天線數量可以涵蓋細胞的整個 360 度角。譬如，圖 5.16(b) 與 5.16(c) 所示，120 度角的分區細胞需要三個指向型天線。實際上，可以透過數個指向型天線來覆蓋整個 360 度角，達到一個全向天線的效果。

　　分區的優點（除了便於挪用通道，會在第八章討論）在於各個天線僅需覆蓋較小的區域，因而傳遞無線電信號的功率不用太高。它協助降低共通道的干擾，如 5.5 節所討論的。另外，也改進了整體系統的頻譜使用效率。研究發現分 4 區的架構，如圖 5.16(d)，其覆蓋面積比分 3 區的細胞高出 90% [5.5]。

　　使用指向型天線之細胞的共通道干擾是可以計算的。圖 5.17 所示是分 3 區之指向型天線的最差情況。依圖示，我們有：

$$D = \sqrt{\left(\frac{9}{2}R\right)^2 + \left(\frac{\sqrt{3}}{2}R\right)^2}$$
$$= \sqrt{21}R$$
$$\approx 4.58R \tag{5.25}$$

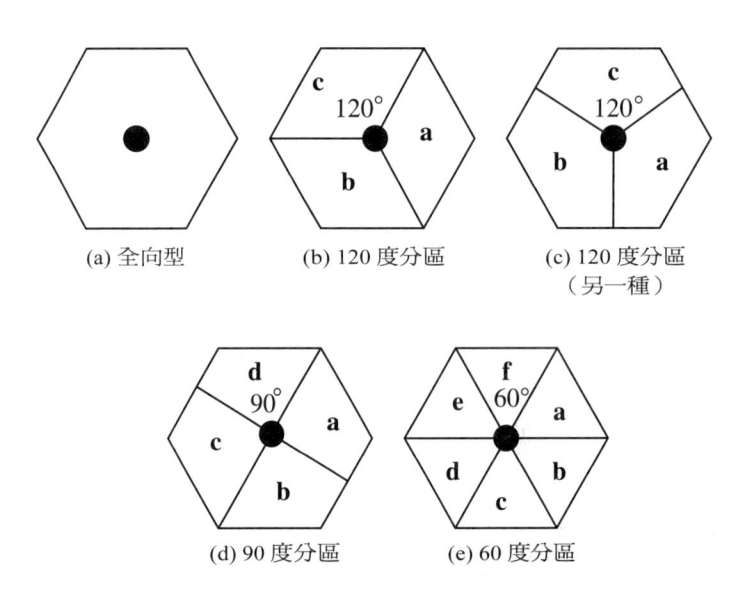

(a) 全向型　　(b) 120 度分區　　(c) 120 度分區（另一種）

(d) 90 度分區　　(e) 60 度分區

圖 5.16　以指向型天線作細胞分區

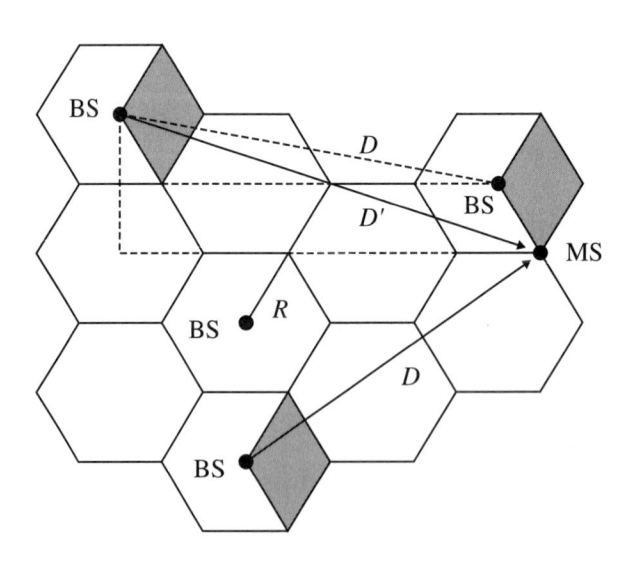

圖 5.17　下行通道干擾（指向型天線）於三個分區的最差情形

與

$$D' = \sqrt{(5R)^2 + \left(\sqrt{3}R\right)^2}$$
$$= \sqrt{28}R$$
$$\approx 5.29R$$
$$= D + 0.7R \tag{5.26}$$

所以，CCIR 為：

$$\frac{C}{I} = \frac{1}{q^{-\gamma} + (q+0.7)^{-\gamma}} \tag{5.27}$$

分 6 區之指向型天線的最差情況（見圖 5.18），當 $\gamma = 4$，其 CCIR 為：

$$\frac{C}{I} = \frac{1}{(q+0.7)^{-\gamma}} = (q+0.7)^4 \tag{5.28}$$

因此，我們可以發現，使用指向型天線是有助於減少共通道干擾的。

值得一提的是，另一種提供分區的方法是，將指向型天線放置在三個鄰近細胞相會的角落處（見圖 5.19）。圖 5.19 所配置的傳輸塔台看起來似乎比直接將塔台裝置在細胞中心位置的方案要多出三倍的塔台數。不過細看之後可發現，其實兩方案的塔台數目是相同的，因為相鄰細胞 B 與 C 的天線也可以放置在塔台 X。當細胞數量越大時，平均的塔台數量趨近相同。

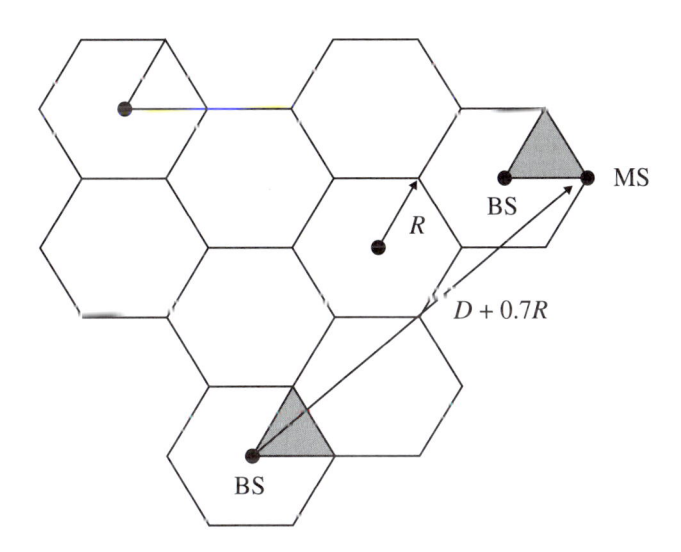

圖 5.18 下行通道干擾（指向型天線）於六個分區的最差情形

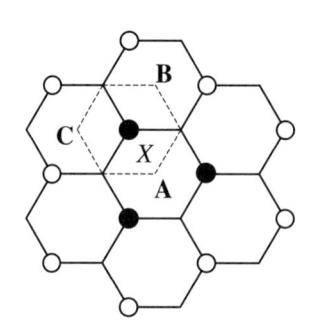

▣ 圖 5.19　一種將指向型天線建置在三個角落的替代選擇

5.10　總結

　　本章概述各種細胞參數，包括範圍、負荷、頻率重複使用、細胞分裂與細胞分區。由於無線通訊所分配的頻寬是有限的，重複使用的技術不管在 FDMA 或 TDMA 方案都是很有用的。在下一章，我們會討論多個行動台如何共同存取一個控制通道，以及如何避免碰撞。

5.11　參考文獻

[5.1] A. Bhattarcharya and S. Das, "LeZi-Update: An Information Theoretic Approach to Track Mobile Users in PCS Networks," *ACM/Kluwer Journal on Wireless Networks*, Vol. 8, No. 2-3, pp. 121-135, May 2002.

[5.2] J. Y. Kwan and D. K. Sung, "Soft Hand Off Modeling in CDMA Cellular Systems," *Proceedings of the IEEE Conference on Vehicular Technology (VTC'97)*, pp. 1548-1551, May 1997.

[5.3] P. V. Orlik and S. S. Rappaport, "On the Handoff Arrival Process in Cellular Communications," *Wireless Networks*, Vol. 7, No. 2, pp. 147-157, March/April 2001.

[5.4] V. H. MacDonald, "Advanced Mobile Phone Service—The Cellular Concept," *Bell System Technical Journal*, Vol. 58, No. 1, pp. 15-41, Jan. 1979.

[5.5] O. W. Ata, H. Seki, and A. Paulraj, "Capacity Enhancement in Quad-Sector Cell Architecture with Interleaved Channel and Polarization Assignments," *IEEE International Conference on Communications (ICC)*, Helsinki, Finland, pp. 2317-2321, June 2001.

5.12 實驗

- **實驗一**
  - **背景**：細胞容量在無線和行動系統中是一個關鍵的觀念。當流量負荷增加時，一個合適的策略可提高有效的細胞容量，像是細胞分裂。因此，細胞容量的知識對學生來說是有用的，任何無線服務必須是使用者可負擔，而且它的經濟成功對服務提供者來說是不可或缺的。因此，較高的細胞容量能確保使用者和服務提供者的最高價值。

  - **實驗目的**：本實驗將提供一個深入的細胞容量知識給學生。有用的技術像是細胞分裂、細胞分區等，都有助於學習其他基本概念。學生將知道計劃一個有保證服務的無線系統需要多少資源。雖然有新的系統正在開發和部署，分析容量仍然遵照本實驗中的基本概念。它對於流量分析也提供指導。

  - **實驗環境**：電腦和模擬軟體，像是 OPNET、QualNet、ns-2、VB、C、VC++、Java 或 MATLAB。

  - **實驗步驟**：
    1. 本書在 5.4 節中有提到細胞容量、阻斷機率和 Erlang B、Erlang C 公式的理論觀點。在這個實驗中，學生可建造一個事件驅動的模擬來分析細胞容量和驗證 Erlang B、Erlang C 公式。假設流量的到訪率遵循波松過程，且服務時間為指數分佈。
    2. 利用一個模擬模型，學生將觀察流量到訪率和平均服務時間對阻斷機率的影響。他們可以繪製相關圖表並和理論結果做比較。
    3. 對於一個細胞的阻斷機率通常小於或等於 2%。學生可決定一個最小的通道數量，使其在固定到訪率和固定平均服務時間時可提供有保證的阻斷機率。

- **實驗二**
  - **背景**：在認識任何的無線和行動系統中電磁訊號的傳播和基本現象的論證是相當重要的。由於無線是一個反覆無常的傳輸媒介且比有線還難預測，關鍵是要設計一對高效率的發射和接收器來達到系統效能要求的等級。不像有界線的媒介，訊號路徑不能被控制且無線媒介沒有明顯的邊界。訊號的波形造成建設性和破壞性的干擾，導致不同類型的衰減。藉由對衰減現象有較好的理解，才能適當改善現有的通訊技術。

- **實驗目的**：在此實驗中，學生將遇到無線訊號傳播的實際問題。通訊理論是無線網路中最抽象的觀點。本實驗使學生去盡可能逼真地想像書本裡基本及詳細的隨機分析。本實驗將當作設計一個無線網路架構的基礎，由在實地量測的基礎上部署基地台開始。訊號傳播模型需要適應任何新的無線及行動通訊系統，當它的使用開始擴及到未使用的頻譜。這實驗將讓學生瞭解基本的訊號傳播，讓他們繼續研究常用於工業和學術領域中更複雜和精確的無線訊號傳播模型。

- **實驗環境**：測量設備和可建造傳播衰減的物理環境，電腦或筆電和模擬軟體，像是 OPNET、QualNet、ns-2、VB、C、VC++、Java，或 MATLAB。

- **實驗步驟**：在無線和行動系統中，接收端收到的訊號經歷了路徑衰落、慢速衰落和快速衰落。在此實驗中，學生將利用 MATLAB 來模擬這三種衰落。寫程式模擬一個衰落的情況，繪製出訊雜比和距離的關係圖，並加以比較，看看傳播中不同衰落造成的影響。

    1. 該實驗室將創造一個能產生這些衰落的物理環境，然而，學生將使用測量儀器來觀察不同的衰落形式的例子。

5.13 開放式專題

■ **目的**：第五章所討論的一些技術，像是通道重複使用、細胞分裂和細胞分區，都將加強整體系統架構。模擬一個大型都會區在城市不同地區和不同時間都有不同的流量變數。假設給定負載分配；決定何時使用哪種技術和何時該切換架構來提升效能。

5.14 習題

1. 某家新的無線服務提供商決定建置具有 19 個細胞的叢集，來做為頻率重複使用的基本模組。

    （a）你是否能指出其叢集架構？

    （b）重複（a）小題，當 $N = 28$。

    （c）關於（a）小題，你是否能找出另一種叢集架構？

    （d）在（c）小題，該系統的重複使用距離為何？

    （e）你是否能找出該系統的共通道干擾之最差情況？

2. 有兩相鄰基地台 i 與 j 相距 30 公里。行動台所接收到的信號強度如下：

$$P(x) = \frac{G_t G_r P_t}{L(x)}$$

其中

$$L(x) = 69.55 + 26.16 \log_{10} f_c \text{ (MHz)} - 13.82 \log_{10} h_b(\text{m}) - a[h_m(\text{m})]$$
$$+ [44.9 - 6.55 \log_{10} h_b(\text{m})] \log_{10}(x)$$

而 x 是 MS 與 BS i 相距之距離。假設 G_r 與 G_t 為單增益，當給定 $P_i(t) = 10$ 瓦特、$P_j(t) = 100$ 瓦特、$f_c = 300$ MHz、$h_b = 40$ 公尺、$h_m = 4$ 公尺、$\alpha = 3.5$, $x = 1$ 公里，以及 $P_j(t)$ 為 BS j 的傳輸功率。

（a）請問 BS j 傳輸的功率，使得行動台在 x 接收到相同強度之信號？

（b）若臨界值 $E = 1$ dB，且可能發生換手的距離位置是相距 BS j 約 2 公里的位置，請問 BS j 傳輸的功率？

3. 證明 $D = R\sqrt{3N}$。

4. 相較於六邊形，十邊形是更接近圓形的。請解釋為何這種細胞並非細胞理想形狀。

5. 若每個用戶佔用通道的平均時間為 5%，每小時有 60 的服務要求，試問其 Erlang 值？

6. 有一細胞式方案採用 16 個細胞的叢集。之後，決定改採用兩個分別為 7 細胞與 9 細胞的叢集。是否可能以新的兩個叢集來取代原先的叢集？請詳加說明。

7. 針對圖 5.20 的細胞樣式，

（a）找出重複使用距離，假設各細胞半徑為 2 公里。

（b）若各通道採多工可服務 8 個用戶，請問各細胞同時能處理多少話務量？如果各細胞僅使用 10 個通道做為控制通道，而整體頻寬為 30 MHz，以及各單工通道為 25 kHz？

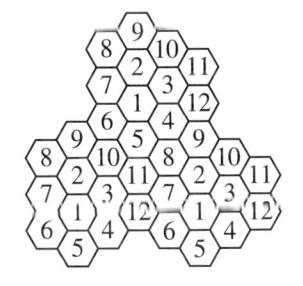

圖 5.20 習題 7 的圖

8. 有一 TDMA 系統，如圖 5.21 所示，其整體頻寬為 12.5 MHz，並具有 20 個控制通道，各通道間隔為 30 kHz。在這裡，各細胞面積為 8 平方公里，而需要能覆蓋的整體面積達 3,600 平方公里。試計算：

（a）各細胞的流量通道數量。

（b）重複使用距離。

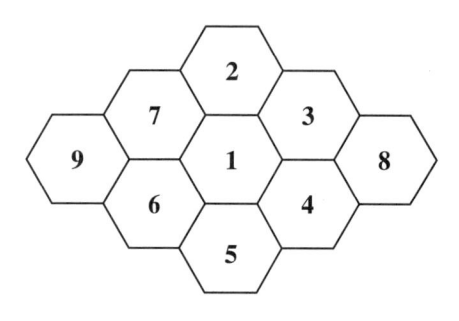

圖 5.21　習題 8 的圖

9. 細胞式系統中的每個叢集大小與形狀必須要謹慎地設計，才不會造成重疊區域。請定義下列叢集大小的樣式：

（a）4-細胞。

（b）9-細胞。

（c）13-細胞。

（d）37-細胞。

10. 證明 $N = i^2 + j^2 + ij$。

11. 給定頻寬為 25 MHz、頻率重複使用係數為 1、RF 通道大小為 1.25 MHz，以及各 RF 通道的通話數為 38，請找出：

（a）CDMA 下，RF 通道的數量。

（b）各細胞容許的通話數（CDMA）。

12. 在尖峰時刻，細胞式叢集的各細胞（12-細胞）之每小時通話量分別為 2220、1900、4000、1100、1000、1200、1800、2100、2000、1580、1800 與 900。假設在這段時間，此叢集的 75% 車用電話有在使用，且每一電話僅產生一個通話。

（a）找出系統內的用戶數。

（b）假設平均通話時間為 60 秒，請問此系統的整體 Erlang 值？

（c）找出重複使用距離 D，如果 $R = 5$ 公里。

13. 下圖顯示一個細胞式架構。什麼特殊原因會作如此設計？

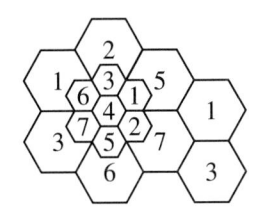

▲ 圖 5.22　習題 13 的圖

14. 若有一無線服務提供者使用 20 個細胞來覆蓋整個服務區域，其中每一細胞有 40 個通道。若要維持阻斷機率 p 在 2% 以內，請問提供者能服務多少用戶？假設各用戶每小時平均產生 3 個通話，平均通話時間為 3 分鐘。（Erlang B 值請參考附錄 A）

15. 證明下列六邊形細胞式系統，其中半徑為 R、重複使用距離為 D，以及給定 N 值：
    （a）$N = 3$，證明 $D = 3R$。
    （b）$N = 4$，證明 $D = \sqrt{12}R$。
    （c）$N = 7$，證明 $D = \sqrt{21}R$。

16. 下圖顯示一個都會區域的細胞架構。請解釋為何會作如此設計？

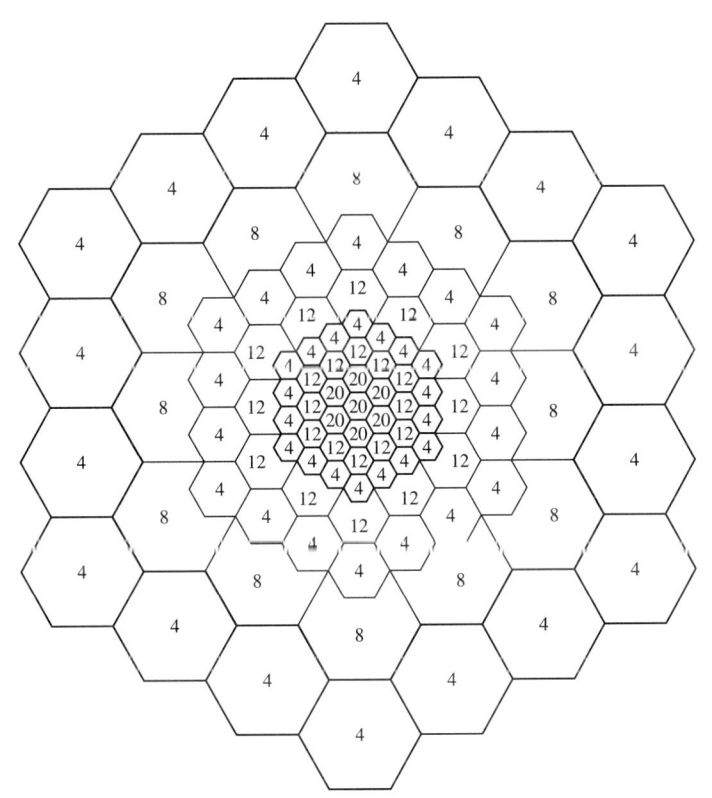

▲ 圖 5.23　習題 16 的圖

17. 請問細胞分區的優點為何？請以適當圖說解釋。
18. 請問相鄰通道干擾與共通道干擾之差異？請以適當圖說解釋。
19. 請問何為換手間隔與換手區域？請以適當圖說解釋其用處。
20. 在圖 5.14，試計算下行通道之共通道干擾比例的最差情況，當 $N = 7$、$R = 3$ 公里，以及 $\gamma = 2$。

Chapter 06

多重無線存取

6.1 簡介

　　無線裝置的熱門程度與其物美價廉之特性，吸引來自業界與學界的高度興趣。無線網路的使用者，不管是行走、開車，或於飛機上操作可攜式電腦，享受資訊交換之便利的同時，又無須擔心其背後的艱深技術。為了達到這樣的通訊境界，必須讓用戶能存取一個控制通道，盡可能為這目的專用或是多位用戶所共享。因為用戶存取通道的時間與長短是隨意的，所以不太可能分配永久性的控制通道給用戶。用戶們是以預先設定的規則或演算法（如果沒有中央管理者）來共享此昂貴的東西。即使有像 BS 的控制器，行動台在使用流量通道或資訊通道之前，是必須先透過控制通道告知基地台。這種透過控制通道的資訊交換，讓基地台將流量通道分配給各個行動台進行資訊傳輸。此類的資訊交換都是靠控制通道的共同使用。值得注意的是，這樣的競爭方式普遍存在於**行動隨意網路**（mobile ad hoc network; MANET），透過相同的頻率，讓所有無線裝置能互相收發資訊。所以我們需要學習共享通道是如何被存取，以及瞭解各種規則與規範（即協定）的優缺點。在本章，我們將探討一些重要的無線網路之多重無線存取協定，描述它們的特色，以及討論其適用性。

　　圖 6.1 顯示一個無線網路的典型情境。行動台必須透過競爭來存取共享的媒介。各行動台擁有一組發送器／接收器來與其他行動台作通訊。在一般的方案，任何行動台的傳輸都可被其他鄰近行動台所接收。如果超過一個以上之行動台同時做存取共享通道，就會發生碰撞，這時通道頻率範圍（無線裝置的情況即是空氣）中多個行動台訊號混在一起，行動台在接收到資訊後並無法辨別，或區分到底傳送了些什麼。這類情況叫做媒介中的碰撞，也就是所謂的多重存取議題。因為碰撞是必須避免的，所以在無線系統中我們需要遵循一些協定，來決定哪一個行動台可以在某一特定時間點專用該媒介，以及要使用多久，如此才能讓該行動台順利傳送，而其他行動台能接收，並正確解譯所接收到的控制資訊。處理多重存取議題，

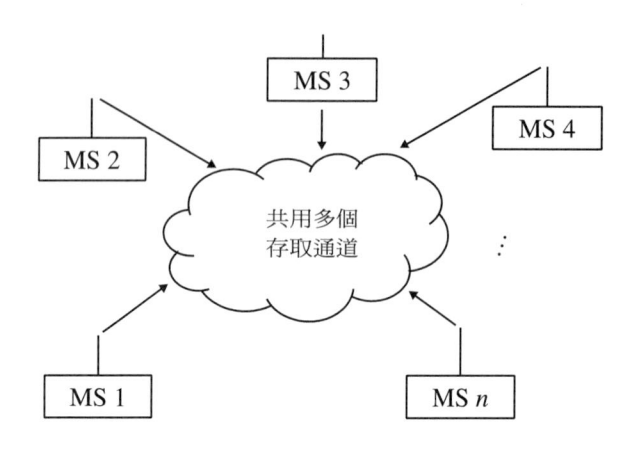

圖 6.1 無線網路中共享通道之多重存取

有兩種不同的協定型態：**競爭式**（contention-based）協定與無衝突（或無碰撞）協定。這些協定在每偵測到一次碰撞後就會執行碰撞解決協定。無碰撞協定〔譬如，**位元對應**（bit-map）協定與二元倒數〕確保碰撞永遠不會發生。

通道共享技術可以分為兩種作法：**靜態通道化**（static channelization）與**動態媒介存取控制**（dynamic medium access control）。在靜態分配，通道的配置是預先設定好的，並不隨著時間而變動。在動態技術，通道是視需要而分配，會隨著時間而改變。動態媒介存取控制可分為**排程式**（scheduled）存取協定與隨機式存取協定，如圖 6.2 所示。

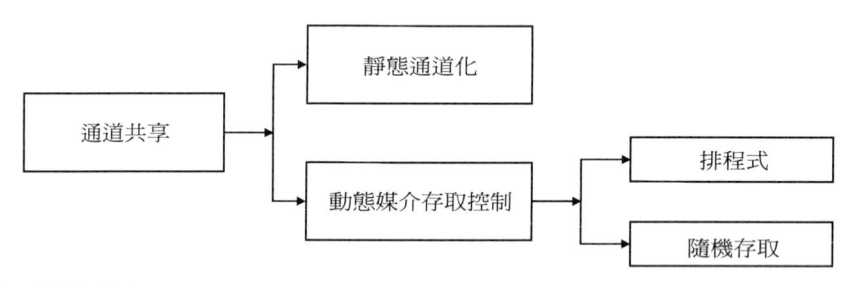

圖 6.2 通道共享技術

6.2 多重無線存取協定

在計算機網路，**七層式 ISO**（International Standards Organization）**OSI**（Open Systems Interconnection）參考模型是被廣泛使用的 [6.1]，在第十章會作討論。通訊子網路可以透過底下三層來加以描述（即實體層、資料連結層，以及網路層）。現有**區域網路**（local area networks; LANs)、**大都會網路**（metropolitan area networks; MANs)、**封包無線網路**（packet radio networks; PRNs)、**個人網路**（personal area networks; PANs），以及衛星網路都是利用廣播通道來做資訊傳輸，而非點對點通道。因此，原有的 OSI 模型被簡易地修改，在資料連結層增加了所謂的 MAC（媒介存取控制）子層。MAC 子層協定，通常又稱為多重存取協定，主要是一組規則（假設雙方已事先同意此規則），讓通訊中的行動台得以遵循。

文獻中已有許多多重存取協定被提出，且此清單還蠻長的。這些協定可以用許多不同方式來分類。其中一種最常見的分類方法（見圖 6.3）是以該協定是競爭式或無衝突來區分 [6.2, 6.3]。在本章，我們專注於被使用在行動電話及無基礎架構網路的控制通道上的競爭式協定。無衝突協定會在第七章作討論。

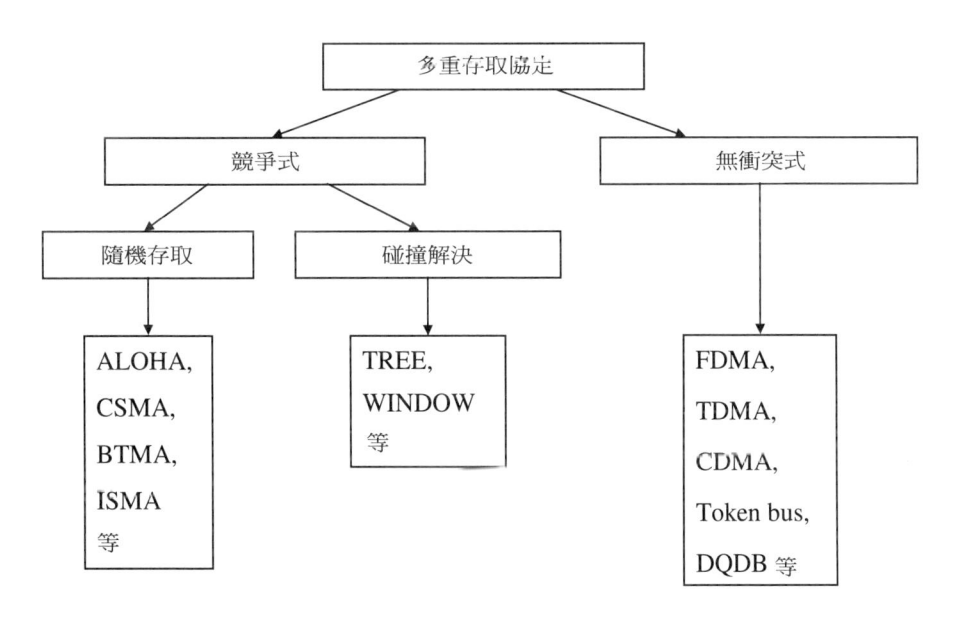

圖 6.3 多重存取協定之分類

6.3 競爭式協定

自從 Abramson [6.4] 提出知名的純 ALOHA 方案，使得夏威夷大學的遠端節點與中央電腦之間能作訊息交換，此後就有許多其他協定被提出。基本上，競爭式協定與無碰撞協定的差異在於**保證**（guarantee）這個面向（亦即，它不能假設終端點時時刻刻均能成功地傳送資料）。在競爭式協定，系統的終端點（行動台）可能在任何時間點作訊息傳送，並期望該時間點沒有其他終端點也要傳送。由於在競爭式協定中可能會發生碰撞，協定必須能夠讓碰撞的訊息能有效地重送。從解決碰撞的方法差異，競爭式協定可以分類為兩個族群：隨機式存取協定與**碰撞解決**（collision resolution）協定。在使用其中一種隨機式存取協定（譬如，ALOHA 型協定 [6.4, 6.5, 6.6]、**CSMA**（carrier sense multiple access）型協定 [6.7, 6.8, 6.9]、**BTMA**（busy tone multiple access）型協定 [6.8, 6.10, 6.11, 6.12]，**ISMA**（idle signal multiple access）型協定 [6.13, 6.14] 等系統中，終端點必須等待一段隨機延遲後才能傳送碰撞過的訊息。另一方面，碰撞解決協定（譬如，TREE [6.15] 與 WINDOW [6.16]）並不使用隨機延遲，而是使用一種比較複雜的方式來控制訊息重送的過程。

6.3.1 純 ALOHA

1970 年代，純 ALOHA 在夏威夷大學被發展出來，它是使用於封包無線網路，亦是一種**單躍式**（single-hop）系統，能包含無限個使用者。各個使用者依據到訪率 λ（封包／秒）的波松過程而產生封包，且所有封包有相同的固定長度 T。在此方案中，當行動台需要傳送封包時，它會立即傳送。發送端會等待來自接收端的應答。如果在一定時間內沒有回應，則代表與其他傳輸發生了碰撞。如果碰撞的存在是由發送端來決定，它會等一段隨機時間後重送，如圖 6.4 所示，其中箭頭表示到訪封包。成功的傳輸是以空白長方形來表示。因為系統中可有無限個使用者，我們假設各封包的產生來自不同用戶，也就是每個新到訪封包（可視為）是閒置用戶所產生的，其本身沒有封包要重送。使用這個方法，我們可以認定封包與使用者是一致的，而我們僅需考慮封包傳送的時間點為何。現在給定通道中新封包產生的時間點，以及稍早相撞的封包之重送時間排程，令排程率為 g（封包／秒），此參數是通道的提供負載。很清楚地，一些封包在成功傳輸前是需要歷經超過一次的傳送，所以 $g > \lambda$。排程的詳細分析是十分複雜的。為克服此複雜度，並讓 ALOHA 型系統的分析得以可行，假設排程為一個到訪率為 g 的波松過程。此假設已透過模擬得到驗證是很棒的近似。

考慮一新產生或重送封包，在某時間點 t 進行傳輸（見圖 6.4）。如果沒有其他封包的

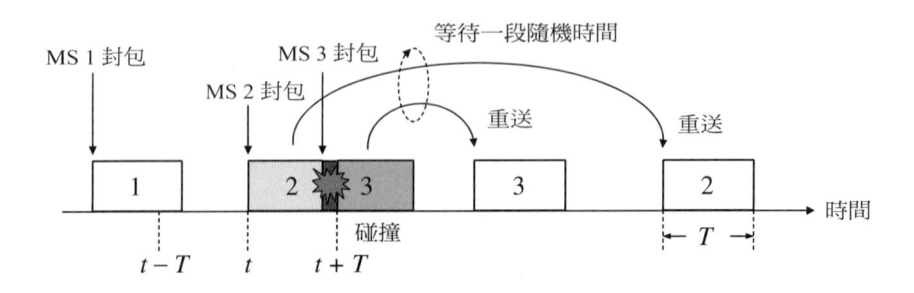

▲ 圖 **6.4** 純 ALOHA 的碰撞機制

傳送排程是在時間點 $t-T$ 與 $t+T$ 之間〔此段時間 $2T$ 稱為**脆弱期**（vulnerable period）〕，該封包就能夠成功地傳送。所以，成功傳送的機率 P_s 是當沒有封包的傳送排程落在時間間隔 $2T$。由於排程時間的分佈是假設為一個波松過程，我們有：

$$P_s = P\text{（無碰撞）}$$
$$= P\text{（歷經兩個封包時間無碰撞）}$$
$$= e^{-2gT} \qquad (6.1)$$

既然封包排程的速率為每秒 g 個封包，其中僅一小部分 P_s 是成功的，成功傳送率為 gP_s。若我們定義效能為通道中載有有用資訊的時間比例，可以得到純 ALOHA 的產出率（throughput）為：

$$S_{\text{th}} = gTe^{-2gT} \qquad (6.2)$$

其中通道產出率為網路負載的一小部分。定義 $G = gT$ 為通道的正規化網路負載，我們有：

$$S_{\text{th}} = Ge^{-2G} \qquad (6.3)$$

利用式子（6.3），將式子（6.3）作微分，並將其等於零，可以找出最大產出率 $S_{\text{th max}}$ 為：

$$\frac{dS_{\text{th}}}{dG} = -2Ge^{-2G} + e^{-2G} = 0 \qquad (6.4)$$

式子（6.4）表示最大產出率 $S_{\text{th max}}$ 發生在網路負載 $G = 1/2$。所以，將 $G = 1/2$ 代入式子（6.3），我們有：

$$S_{\text{th max}} = \frac{1}{2e} \approx 0.184 \qquad (6.5)$$

如果我們對如何選取排程時間多加上一些限制，則此值仍有改進空間，之後我們將討論此部分。

6.3.2 時槽式 ALOHA

時槽式 ALOHA 是純 ALOHA 的修改版，其具有時槽（大小為封包傳送時間 T）。若一行動台有封包要傳送，在傳送之前必須等待至下一個時槽的開始。因此，時槽式 ALOHA 是純 ALOHA 的改進，將封包碰撞之脆弱期降低至一個時槽。這表示傳輸要能夠成功，必須是目前的時槽僅有一個封包要進行傳送。圖 6.5 顯示時槽式 ALOHA 的碰撞機制，觀察可發現

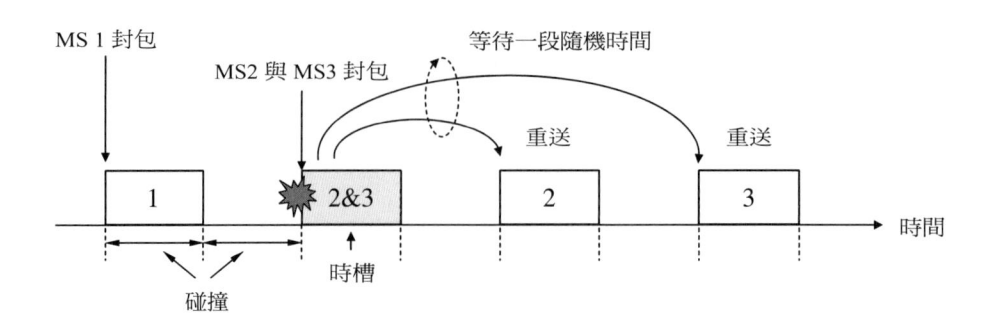

圖 6.5 時槽式 ALOHA 的碰撞機制

碰撞為全碰撞，沒有所謂的部分碰撞。

由於新產生與重送封包的過程為波松過程，成功傳送的機率為：

$$P_s = e^{-gT} \qquad (6.6)$$

以及產出率 S_{th} 是

$$S_{th} = gTe^{-gT} \qquad (6.7)$$

利用正規化網路負載的定義 $G = gT$，式子（6.7）可改寫為：

$$S_{th} = Ge^{-G} \qquad (6.8)$$

可得最大產出率 $S_{th\ max}$ 為：

$$\frac{dS_{th}}{dG} = e^{-G} - Ge^{-G} = 0 \qquad (6.9)$$

式子（6.9）表示最大產出率 $S_{th\ max}$ 發生在網路負載 $G = 1$。所以，將 $G = 1$ 代入式子（6.8），我們有：

$$S_{th\ max} = \frac{1}{e} \approx 0.368 \qquad (6.10)$$

圖 6.6 顯示純 ALOHA 與時槽式 ALOHA 之產出率。

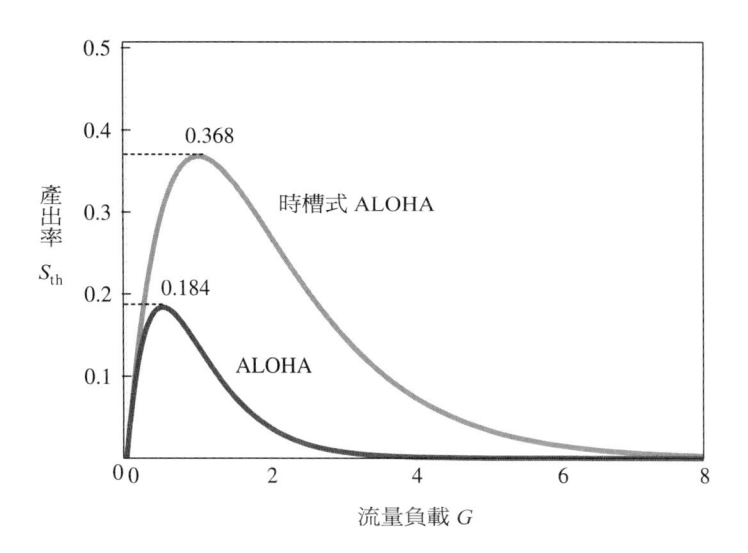

▣ **圖 6.6** 純 ALOHA 與時槽式 ALOHA 之產出率

6.3.3 CSMA

檢視純 ALOHA 與時槽式 ALOHA 協定的效能曲線，我們可以發現最大產出率分別為 0.184 與 0.368。我們需要找出另一種改進產出率，並支援高速通訊網路的方法。如果我們能在傳送封包之前先聆聽通道，即能避免任何潛在碰撞，這樣我們就能夠獲得較佳的效能。此方法能避免碰撞；這即是**載波感測多重存取**（carrier sense multiple access; CSMA）協定。各行動台可以感測所有其他行動台的傳送，而傳遞延遲相對於傳送時間是很小的。圖 6.7 顯示 CSMA 協定的碰撞過程。目前有許多基本 CSMA 協定的變型，我們將其彙整於圖 6.8。

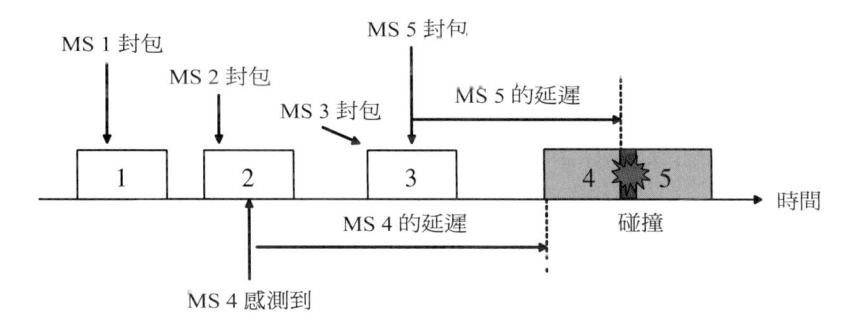

▣ **圖 6.7** CSMA 的碰撞機制

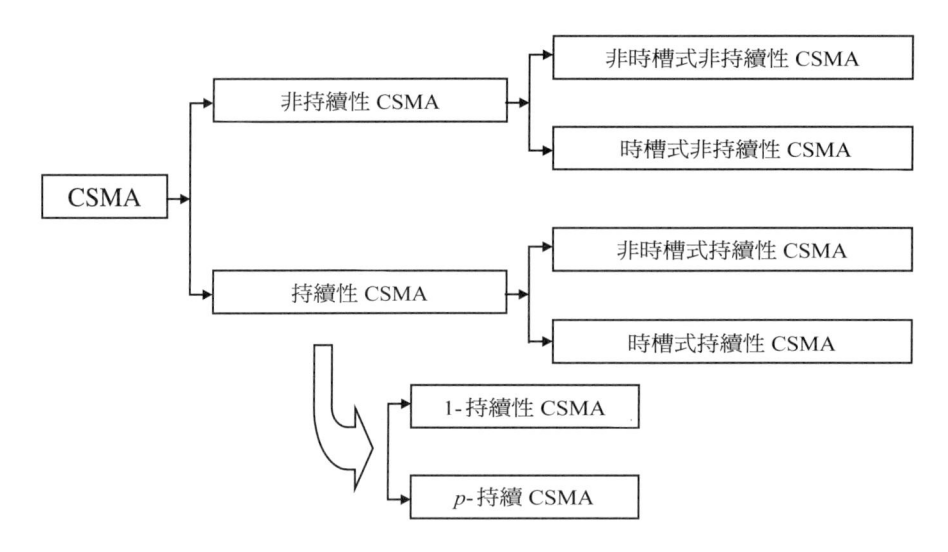

```
                    ┌─→ 非時槽式非持續性 CSMA
         ┌─ 非持續性 CSMA ─┤
         │          └─→ 時槽式非持續性 CSMA
CSMA ────┤
         │          ┌─→ 非時槽式持續性 CSMA
         └─ 持續性 CSMA ──┤
                    └─→ 時槽式持續性 CSMA
                           ┌─→ 1-持續性 CSMA
                           └─→ p-持續 CSMA
```

圖 6.8 CSMA 協定之類型

非持續性 CSMA 協定

在此協定中，每當行動台有封包要傳送，會先感測媒介。若共享媒介是忙碌的，行動台會等待一段隨機長度的時間，然後再次感測媒介。如果通道是空閒的，行動台會立即傳送封包。若發生碰撞，行動台會等待一段隨機長度的時間，然後重新來過。封包可以在時槽中傳送或任何時間點傳送。這引導至兩種不同的分類：時槽式非持續性 CSMA 與非時槽式非持續性 CSMA。

為便於瞭解與量化所有 CSMA 協定的產出率，我們定義下列系統參數：S_{th}（產出率）、G（網路負載）、T（封包傳送時間）、τ（空氣中的傳遞延遲），以及 p（p-持續參數）。為不失一般性，我們選擇 $T = 1$。這等同於以 T 為一個時間單位。我們將 τ 表示成正規化時間單位，如 $\alpha = \tau/T$。

對非時槽式非持續性 CSMA，其產出率可由 [6.7] 獲得：

$$S_{th} = \frac{Ge^{-\alpha G}}{G(1+2\alpha) + e^{-\alpha G}} \quad (6.11)$$

對時槽式非持續性 CSMA，其產出率可由 [6.7] 獲得：

$$S_{th} = \frac{\alpha G e^{-\alpha G}}{(1 - e^{-\alpha G}) + \alpha} \quad (6.12)$$

1-持續性 CSMA 協定

在此協定，當行動台有封包要傳送時，才會進行媒介的感測。如果媒介是忙碌的，行動台會持續聆聽媒介，並在媒介變成空閒時立即進行封包傳送。這協定叫做 1-持續性，因為每當行動台發現媒介是空閒時，就以機率 1 作封包傳送。然而，在此協定，兩個或以上的行動台有封包要傳送時，總會發生碰撞，因為它們同時在等待媒介變成空閒狀態，然後又同時進行傳送。

給定系統參數 G 與 α，非時槽式 1-持續性 CSMA 的產出率可由 [6.7] 獲得

$$S_{\text{th}} = \frac{G\left[1+G+\alpha G(1+G+\frac{\alpha G}{2})\right]e^{-G(1+2\alpha)}}{G(1+2\alpha)-(1-e^{-\alpha G})+(1+\alpha G)e^{-G(1+\alpha)}} \quad (6.13)$$

對時槽式 1-持續性 CSMA，其產出率可由 [6.7] 獲得

$$S_{\text{th}} = \frac{G\left(1+\alpha-e^{-\alpha G}\right)e^{-G(1+\alpha)}}{(1+\alpha)(1-e^{-\alpha G})+\alpha e^{-G(1+\alpha)}} \quad (6.14)$$

p-持續性 CSMA 協定

在此協定，時間分割成時槽。令時槽的大小為競爭時段（亦即往返傳遞延遲）。在此協定，當行動台有封包要傳送，它才會感測媒介。若媒介是忙碌的，行動台會等待至下一個時槽，並再次檢查媒介的狀態。若媒介是空閒的，行動台會以機率 p 進行傳送，或以機率 $(1-p)$ 將封包傳送的動作暫緩至下一個時槽。若發生碰撞，行動台會等待一段隨機長度的時間，並重新來過。直覺地，此協定可視為一種最佳存取策略。

1-持續性 CSMA 協定與非持續性 CSMA 協定之間有一些取捨。假設有一系統中共有三台終端點 A、B，以及 C，考慮一種情況，當行動台 A 在傳輸過程中，終端點 B 與 C 要進行傳送。對 1-持續性 CSMA 協定，終端點 B 與 C 會碰撞。對非持續性 CSMA 協定，終端點 B 與 C 可能不會發生碰撞。如果 A 傳送到一半，僅有 B 要進行傳送，在 1-持續性 CSMA 協定的例子，行動台 B 可以緊接在 A 之後成功地傳送。但在非持續性 CSMA 協定，行動台 B 就需要等待。

對 p-持續性 CSMA 協定，我們必須考量如何選取機率 p。如果 N 個終端點有一個封包要傳送，Np，當媒介變成空閒狀態時，所期望嘗試傳送的終端點數目。如果 $Np > 1$，則可預期會發生碰撞。因此，網路必須確信 $Np \leq 1$。

給定系統參數 G、α，以及 $g = \alpha G$，p-持續性 CSMA 的產出率可從 [6.7] 獲得

$$S_{\text{th}}(G, p, \alpha) = \frac{(1 - e^{-\alpha G})\left[P'_s \pi_0 + P_s(1 - \pi_0)\right]}{(1 - e^{-\alpha G})\left[\alpha \overline{t'} \pi_0 + \alpha \overline{t}(1 - \pi_0) + 1 + \alpha\right] + \alpha \pi_0} \tag{6.15}$$

其中 P'_s、P_s、$\overline{t'}$、$\overline{t}$，以及 π_0 分別定義如下：

$$P'_s = \sum_{n=1}^{\infty} P_s(n) \pi'_n \tag{6.16}$$

$$P_s = \sum_{n=1}^{\infty} P_s(n) \frac{\pi_n}{1 - \pi_0} \tag{6.17}$$

$$\overline{t'} = \sum_{n=1}^{\infty} \overline{t_n} \pi'_n \tag{6.18}$$

$$\overline{t} = \sum_{n=1}^{\infty} \overline{t_n} \frac{\pi_n}{1 - \pi_0} \tag{6.19}$$

與

$$\pi_n = \frac{\left[(1 + \alpha)G\right]^n}{n!} e^{-(1+\alpha)G}, \quad n \geq 0 \tag{6.20}$$

其中

$$P_s(n) = \sum_{l=n}^{\infty} \frac{lp(1 - p)^{l-1}}{1 - (1 - p)^l} \Pr\{L_n = l\} \tag{6.21}$$

$$\pi'_n = \frac{g^n e^{-g}}{n!\,(1 - e^{-g})}, \quad n \geq 1 \tag{6.22}$$

與

$$\overline{t_n} = \sum_{k=0}^{\infty} \Pr\{\overline{t_n} > k\}$$

$$= \sum_{k=0}^{\infty} (1 - p)^{(k+1)n} e^g \left\{ \frac{(1 - p)\left[1 - (1 - p)^k\right]}{p} - k \right\} \tag{6.23}$$

其中

$$\Pr\{L_n = l\} = \sum_{k=1}^{\infty} \frac{(kg)^{l-n}}{(l-n)!} e^{-kg} \Pr\{t_n = k\} + [1 - (1-p)^n] \delta_{l,n}, \quad l \geq n \quad (6.24)$$

$$\Pr\{\overline{t_n} = k\} = (1-p)^{kn} \left[1 - (1-p)^n e^{-g\left[1-(1-p)^k\right]}\right] e^g \left\{ \frac{(1-p)\left[1-(1-p)^{k-1}\right]}{p} - (k-1) \right\}, k > 0 \quad (6.25)$$

而 $\delta_{i,j}$ 是 **Kronecker delta** 符號。

不同 ALOHA 與 CSMA 協定的產出率取決於所採用的方案,請見圖 6.9。

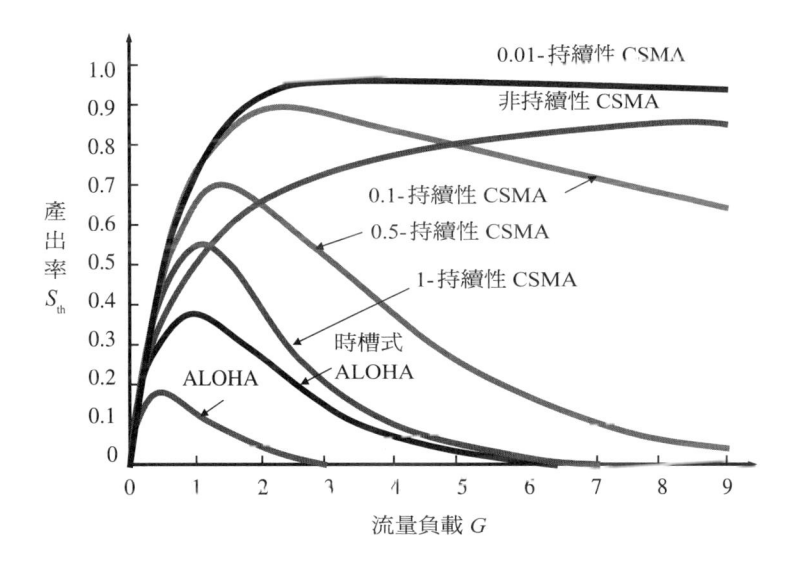

圖 6.9 當 $\alpha = 0.01$,不同 ALOHA 與 CSMA 協定之產出率

6.3.4 CSMA/CD

在典型的 CSMA 協定,若兩個終端點使用共享通道在同時間開始傳送,儘管會碰撞,各自仍會傳送完整封包。這會造成媒介浪費一整個封包時間,而此問題可以透過一種新的協定,叫做載波感測多重存取/碰撞偵測(CSMA/CD)來解決。其主要概念是在偵測到碰撞後立即終止傳送。

在此協定,每當終端點有封包要傳送就會感測媒介。若媒介是空閒的,該終端點就會立即傳送封包。若媒介是忙碌的,終端點會等待至媒介變成空閒狀態。如果在傳送過程中偵測到碰撞,終端點會立即中斷傳送,並等待一段隨機長度的時間後再嘗試傳送。圖 6.10 顯示

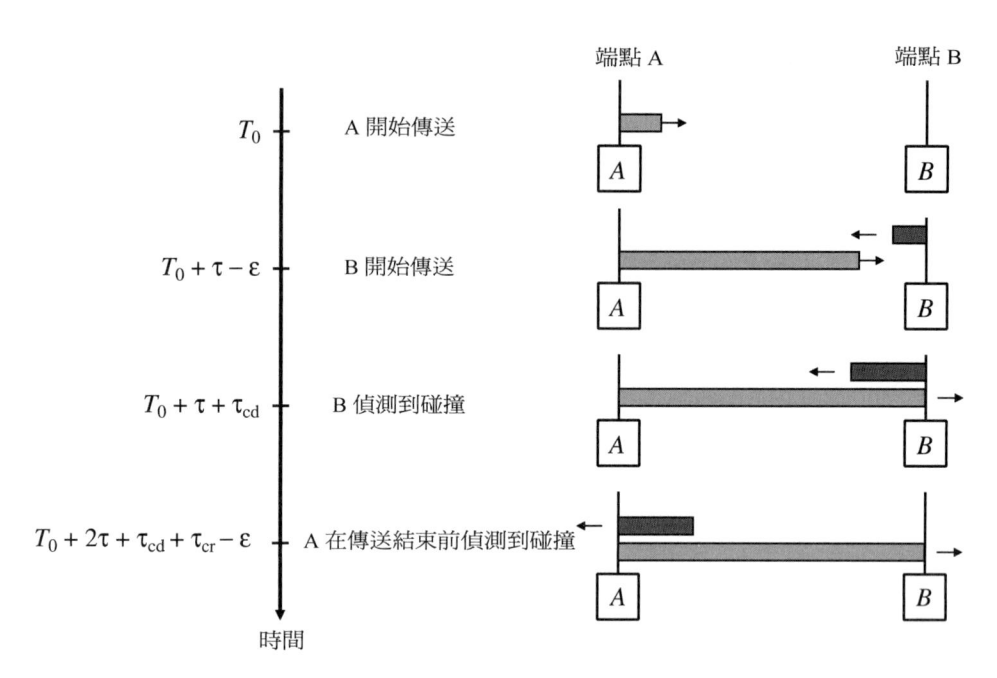

圖 6.10 CSMA/CD 之碰撞機制

CSMA/CD 的碰撞機制。在此圖中，我們考慮兩個終端點 A 與 B，兩者之間的傳遞延遲是 τ。假設當通道空閒時，終端點 A 在時間 T_0 開始傳送，接著在時間 $T_0 + \tau$ 抵達終端點 B。假設終端點 B 在時間 $T_0 + \tau - \varepsilon$（在這裡 ε 是一小段時間且 $0 < \varepsilon \leq \tau$）啟始一個傳送。因為終端點需要花費 τ_{cd} 時間來偵測碰撞，所以在時間點 $T_0 + \tau + \tau_{cd}$，終端點 B 偵測到碰撞。在區域網路的環境，譬如乙太網路，每當終端點偵測到碰撞，就會啟動一套集體增援程序。接著，通道中的碰撞信號會持續一段 τ_{cr} 時間，以便讓所有其他網路終端點都偵測到此碰撞。因此，在時間點 $T_0 + \tau + \tau_{cd} + \tau_{cr}$，終端點 B 完成此集體增援程序，並在時間點 $T_0 + 2\tau + \tau_{cd} + \tau_{cr}$ 抵達終端點 A。從終端點 A 的角度而言，此傳送時間歷時為 $\gamma = 2\tau + \tau_{cd} + \tau_{cr}$。

若給定系統參數 G、τ、$\alpha = \tau/T$，以及 $G = gT$，時槽式非持續性 CSMA/CD 協定的產出率，可從 [6.9] 獲得

$$S_{\text{th}} = \frac{\alpha G e^{-\alpha G}}{\alpha G e^{-\alpha G} + (1 - e^{-\alpha G} - \alpha G e^{-\alpha G})\gamma' + \alpha} \qquad (6.26)$$

其中 γ' 是 γ 與封包傳送時間的比值（$\gamma' = \gamma/T$）。請注意當 $\gamma' = 1$，式子（6.26）的結果是相同於時槽式非持續性 CSMA。

我們可以發現，CSMA 協定將碰撞次數降至最低，而 CSMA/CD 能夠進一步降低碰撞

所造成的影響，因為它讓媒介盡速可供使用且在有線的乙太網路裡被廣泛應用。在無線裝置上，你使用無線電來傳送或接收資料（兩者擇一）。因此，在無線電裡不可能同時傳輸及感測，所以 CSMA/CD 不可以被使用在共享通道的無線環境裡。碰撞偵測時間為點對點傳遞延遲的兩倍。圖 6.11 顯示時槽式非持續性 CSMA/CD 的產出率，其產出率的改進是顯而易見的。

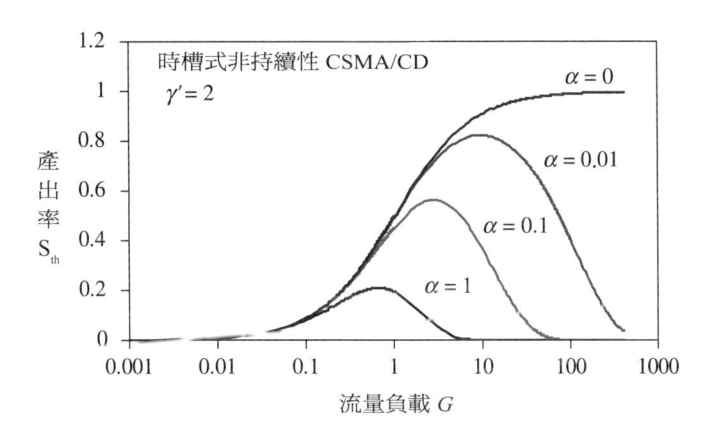

圖 6.11 時槽式非持續性 CSMA/CD 之產出率

範例 6.1

考慮建立一個 CSMA/CD 的網絡，傳輸速率 2 Gbps、電纜長度 4 公里，且無任何中繼站。在電纜中的訊號行進速度為 2×10^5 公里/秒。請找出最小的訊框 (frame) 大小。

對於 4 公里長的電纜，信號往返的傳播時間為

$$t = \frac{2 \times 4 \text{ km}}{2 \times 10^5 \text{ km/s}} = 40 \text{ μs}$$

為了使 CSMA/CD 運作，它必須在這段時間間隔內傳送整個訊框。對於 CSMA/CD 網路，2 Gbps 的速率可以在每 1 毫秒傳播 2000 位元。因此，最小訊框大小為

最小訊框大小 = 2000 bits/μs × 20 μs = 4×10^4 bits

6.3.5 CSMA/CA

IEEE 802.11MAC 採用 CSMA/CD 的修改版，稱做**基於分散式的無線 MAC**（distributed foundation wireless MAC; DFWMAC）。它的存取機制是以 CSMA/CD 存取協定為基礎，稱做載波感測多重存取／碰撞避免（CSMA/CA）。IEEE 802.11 無線區網標準支援這兩種運作模

式：**分散式協調**（distributed coordination）與**集中式協調**（centralized point-coordination）。圖 6.12 顯示碰撞避免協定的基本機制。

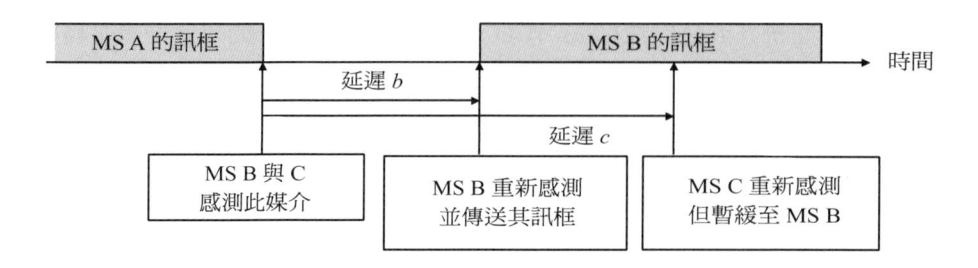

圖 6.12 一個基本碰撞避免方案

基本 CSMA/CA

在基本 CSMA/CA 技術，所有行動台監看媒介的方式與 CSMA/CD 是一樣的。準備要傳送資料的行動台會先感測媒介並偵測碰撞，而不是在媒介變成空閒狀態就馬上進行傳送。若媒介空閒的時間超過**分散訊框間隔**（distributed interframe space; DIFS）的時間間格，行動台才會傳資料。若是忙碌的，它會等待一段（事先決定好的）的時間間隔，標記為 DIFS，然後在自身的**競爭視窗**（contention window; CW）期間選擇一個**隨機後退**（backoff）時間，再進行下一次傳送。後退時間是用來啟始後退計時器。後退計時器僅在媒介是空閒時才開始倒數，而當媒介是忙碌時就停止倒數。等忙碌時間過了，倒數計時器會等媒介處於空閒時間超過 DIFS 後又開始倒數。當倒數計時器變成零時，行動台就可以開始傳送資料。碰撞僅可能發生在當兩個或多個終端點選擇相同時槽來傳送其訊框。圖 6.13 顯示 CSMA/CA 的基本機制。

每當碰撞發生時，CW 的大小就會加倍使得隨機時間延遲的範圍增加，因此可以降低未來碰撞發生的機率。此過程將會一直重複，直到傳送成功為止，然後將 CW 重置回初始值。

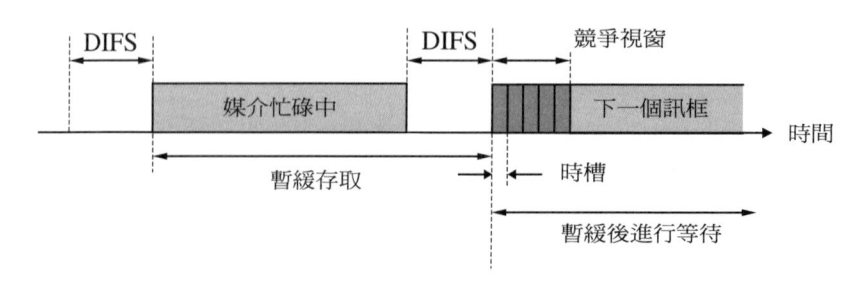

圖 6.13 基本 CSMA/CA

具 ACK 之 CSMA/CA

在此方案，使用了立即的**肯定應答**（positive ACK）來表示成功接收了各資料訊框〔注意需使用到**顯示應答**（explicit ACK），因為傳送端無法同時傳送又聆聽，所以無法像有線區網一般能判斷資料訊框是否成功地接收〕。這是靠接收端在經過一段**短訊框間隔**（short interframe space; SIFS）就立即發送一個應答訊框。SIFS 比 DIFS 短，而在接收資料訊框之後，接收端在發送應答時不會再感測媒介的狀態，因為預期不會有其他行動台會在該時間點使用媒介。如果沒有接收到應答，假設資料訊框是遺失的，傳送端會立刻進行重送排程。圖 6.14 彙整此存取方法。

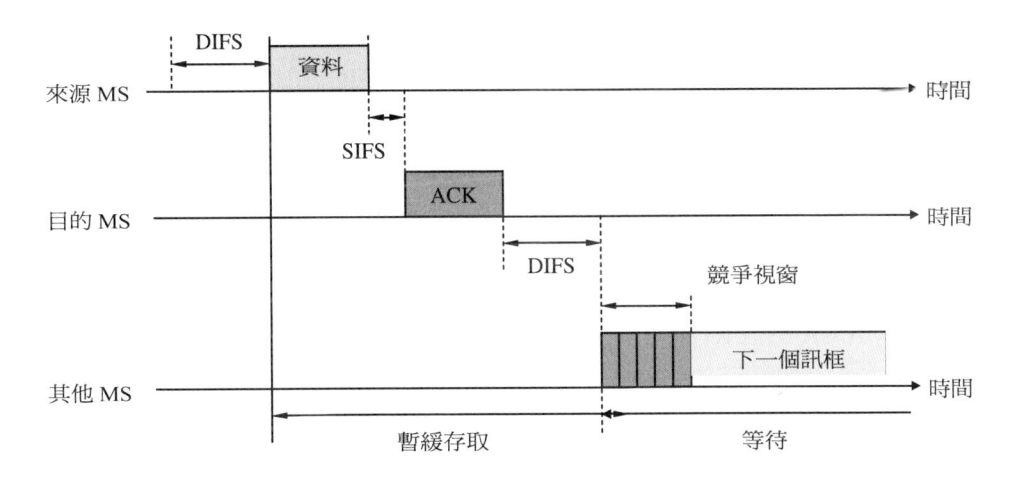

圖 6.14 具 ACK 之 CSMA/CA

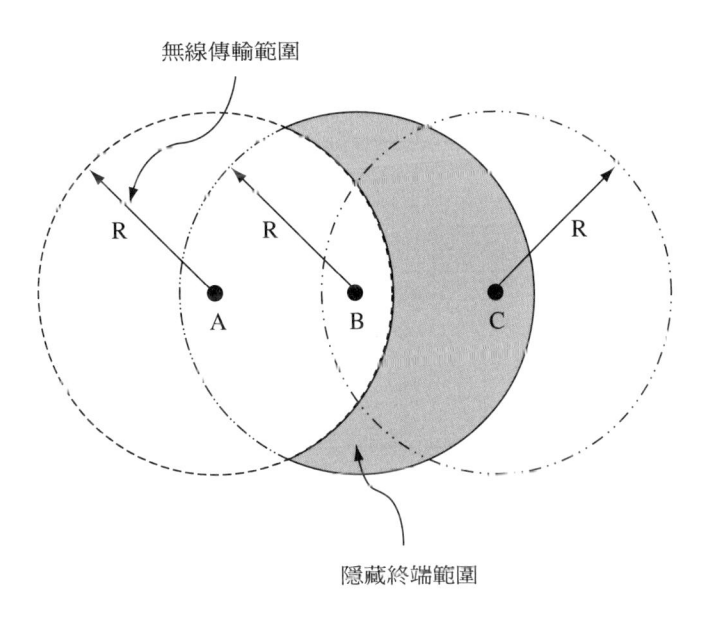

圖 6.15 隱藏終端問題

隱藏終端問題

儘管 CSMA/CA 能顯著地減少碰撞，但它仍然有**隱藏終端問題**（hidden terminal problems）。在一個分散式無線網路中──如無基礎架構網路，隱藏的終端是指在彼此無線傳送範圍之外的節點，更具體的說法是載波偵測範圍之外的節點。當兩個或多個隱藏終端同時傳送封包時就會發生隱藏終端問題。舉圖 6.15 為例，節點 A 和 B 都能與節點 C 通信。因為它們都在彼此的無線傳送範圍之外，所以 A 和 C 互相都不知道對方的存在。因此，節點 C 就是節點 A 的隱藏終端。同理，節點 A 也是節點 C 的隱藏終端。所有在節點 A 的隱匿範圍內的節點都是節點 A 的隱藏終端，這裡 R 為無線電傳輸範圍。

基本的 CSMA/CA 協定並不能解決節點 A 和 C 同時對 B 進行傳輸時的隱藏終端問題，因為節點 A 和 C 都無法偵測到另一端正在進行傳輸。因此，一個新的協定稱為 CSMA/CA 結合要求傳送／清除以傳送（RTS/CTS），能在開始傳輸時利用交換握手訊框來克服隱藏終端問題。假設節點 A 已經準備好和節點 B 進行傳輸，並且廣播一個 RTS 訊框。收到此訊框後，節點 B 回傳一個 CTS 訊框給節點 A，接受此傳輸。因為節點 C 在節點 B 的傳送範圍內，所以也能收到 CTS 封包。因此，節點 C 知道節點 B 正和另一個節點進行傳輸，它就能避免任何傳輸。CSMA/CA 結合 RTS/CTS 的過程如圖 6.16 所示。

具 RTS 與 CTS 之 CSMA/CA

分散式協調功能（distributed coordination function; DCF）提供另一種傳送資料訊框的方

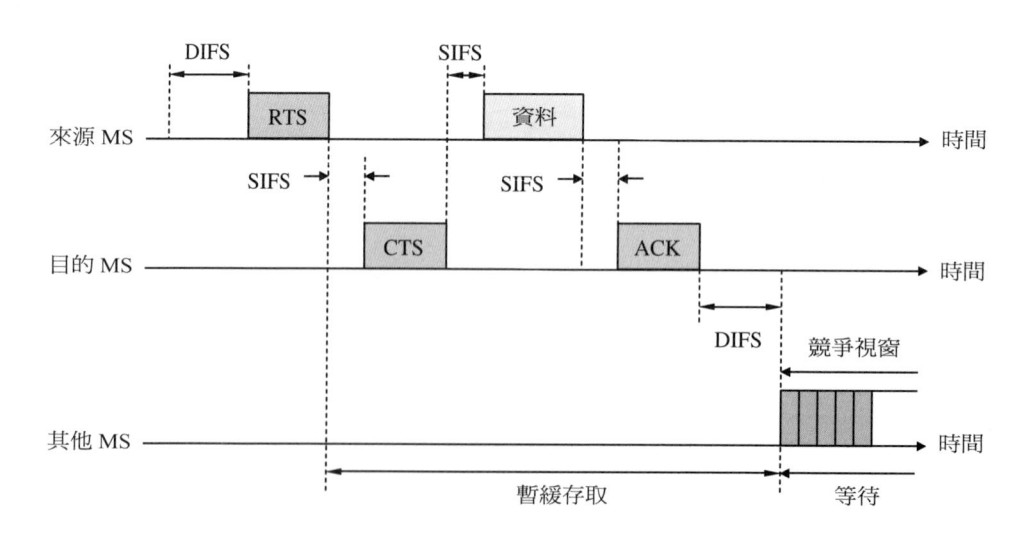

圖 6.16 具 RTS 與 CTS 之 CSMA/CA

法，其利用特殊握手機制。在傳送真實資料訊框之前，會先發送**要求傳送**（request to send; RTS）與**清除以傳送**（clear to send; CTS）等訊框。成功地交換 RTS 與 CTS 訊框能保留傳送資料訊框佔用媒介的所需時間。傳送 RTS 訊框的規則與傳送資料訊框相同，皆使用基本的 CSMA/CA（譬如，傳送端等候媒介的空閒時間已超過 DIFS，才發送 RTS 訊框）。在接收 RTS 訊框時，接收端回以 CTS 訊框（CTS 訊框用以應答成功地接收 RTS 訊框），並等候媒介的空閒時間已超過 SIFS 才發送）。成功地交換 RTS 與 CTS 訊框之後，傳送端在等待一段 SIFS 之後，就能夠傳送資料訊框。RTS 的重送方式如同具 ACK 的 CSMA/CA 所訂定的等待規則。圖 6.16 顯示使用 RTS 與 CTS 訊框之媒介存取方式。

暴露終端問題

儘管 CSMA/CA 結合 RTS/CTS 能解決隱藏終端問題，它仍會導致一個問題，稱為**暴露終端問題**（exposed terminal problems）。圖 6.17 中，節點 A 和 B 能彼此通信。同樣也適用於節點 B 和 C 以及節點 C 和 D，節點 A 並不知道 C 和 D 的存在，而且節點 D 不能與節點 B 和 A 進行通信。假設節點 B 藉由第一次廣播 RTS 封包請求傳送資料到節點 A。雖然此 RTS 封包不是給節點 C，但因節點 C 在節點 B 的範圍內，所以也能收到封包。因此，節點 C 將進入延遲存取狀態，且避免與節點 D 進行傳輸。儘管 C 和 D 之間的傳輸並不影響節點 A 接收資料。暴露終端問題通常會導致較低的網路產出率。

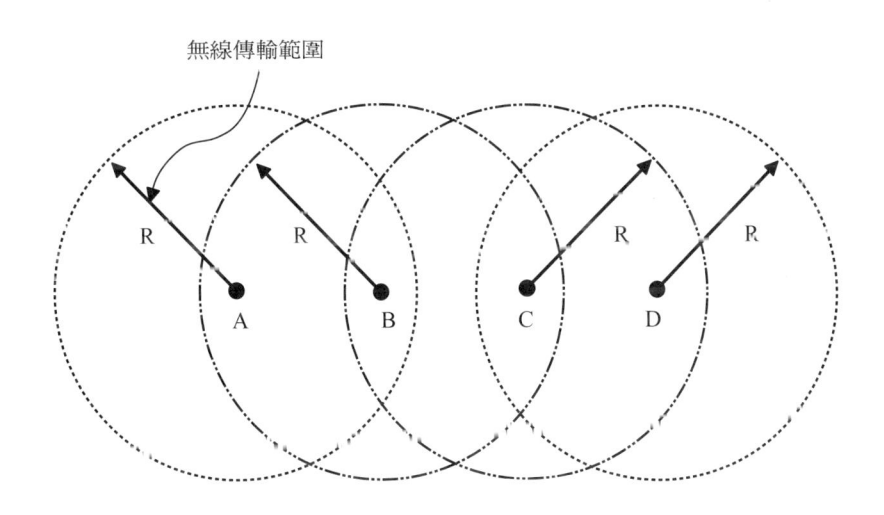

圖 6.17 暴露終端問題

6.4 比較 CSMA/CD 與 CSMA/CA

CSMA/CD 以檢測碰撞的發生來運作。一旦碰撞被檢測出來，CSMA/CD 立即停止傳輸得以節省可觀的傳輸時間與能量。遺失的封包將會在等待一段隨機時間（稱為指數後退，exponential backoff）後重傳。CSMA/CD 只適用於有線網路。

CSMA/CA 不處理碰撞後的復原。它檢查在開始傳輸之前媒介是否空閒，如果媒介處於忙碌狀態，則傳送端一直等到媒介為空閒時才重新傳輸。這有效地讓碰撞機率最小化且有效利用媒體。CSMA／CA 可用於有線和無線網路。

6.5 總結

有效控制共享媒介的存取是重要的，尤其可以發現在任何時間點，都僅有一個行動台可以使用媒介，而其他行動台只能聆聽。這種方案得以避免資訊混淆，但卻浪費了頻寬。本章考量在無線環境中行動台使用相同通道之多種降低碰撞的方法。有效的資源使用是很重要的，尤其是行動台對基地台要求存取，這樣基地台才能夠以下一章的多工技術指派各行動台個別的流量通道。

6.6 參考文獻

[6.1] A. S. Tanenbaum, *Computer Networks*, Prentice Hall, Upper Saddle River, NJ, 1988.
[6.2] R. Rom and M. Sidi, *Multiple Access Protocols Performance and Analysis*, Springer-Verlag, New York, 1990.
[6.3] V. O. K. Li, "Multiple Access Communication Networks," *IEEE Communications Magazine*, Vol. 25, No. 6, pp. 41-48, June 1987.
[6.4] N. Abramson, "The ALOHA System—Another Alternative for Computer Communications," *Proc. 1970 Fall Joint Comput. Conf.*, AFIPS Press, Vol. 37, pp. 281-285, 1970.
[6.5] L.G. Roberts, "ALOHA Packet Systems With and Without Slots and Capture," *Computer Communications Review*, Vol. 5, No. 2, pp. 28-42, April 1975.
[6.6] S. S. Lam, "Packet Broadcast Networks—a Performance Analysis of the R-ALOHA Protocol," *IEEE Transactions on Computers*, Vol. 29, No. 7, pp. 596-603, July 1980.
[6.7] L. Kleinrock and F. A. Tobagi, "Packet Switching in Radio Channels: Part I—Carrier Sense Multiple Access Modes and Their Throughput Delay Characteristics," *IEEE Transactions*

on Communications, Vol. 23, No. 12, pp. 1400-1416, December 1975.

[6.8] F. A. Tobagi and L. Kleinrock, "Packet Switching in Radio Channels: Part II—The Hidden Terminal Problem in Carrier Sense Multiple Access and the Busy Tone Solution," *IEEE Transactions on Communications*, Vol. 23, No. 12, pp. 1417-1433, December 1975.

[6.9] F. A. Tobagi and V. B. Hunt, "Performance Analysis of Carrier Sense Multiple Access with Collision Detection," *Computer Networks*, No. 4, pp. 245-259, 1980.

[6.10] A. Murase and K. Imamura, "Idle-Signal Casting Multiple Access with Collision Detection (ICMA-CD) for Land Mobile Radio," *IEEE Transactions on Vehicular Technology*, Vol. 36, No. 1, pp. 45-50, February 1987.

[6.11] Z. C. Fluhr and P. T. Poter, "Advance Mobile Phone Service: Control Architecture," *Bell System Technical Journal*, Vol. 58, No. 1, pp. 43-69, January 1979.

[6.12] S. Okasaka, "Control Channel Traffic Design in a High-Capacity Land Mobile Telephone System," *IEEE Transactions on Vehicular Technology*, Vol. 27, No. 4, pp. 224-231, November 1978.

[6.13] K. Mukumoto and A. Fukuda, "Idle Signal Multiple Access (ISMA) Scheme for Terrestrial Packet Radio Networks," *IEICE Transactions on Communications*, Vol. J64-B, No. 10, October 1981 (in Japanese).

[6.14] G. Wu, K. Mukumoto, and A. Fukuda, "An Integrated Voice and Data Transmission System with Idle Signal Multiple Access—Static Analysis," *IEICE Transactions on Communications*, Vol. E76-B, No. 9, pp. 1186-1192, September 1993.

[6.15] J. I. Capetanakis, "Tree Algorithms for Packet Broadcast Channels," *IEEE Transactions on Information Theory*, Vol. 25, No. 9, pp. 505-515, September 1979.

[6.16] M. Paterakis and P. Papantoni-Kazakos, "A Simple Window Random Access Algorithm with Advantageous Properties," *Proceedings of INFOCOM'88*, pp. 907-915, 1988.

6.7 實驗

■ 實驗一

- 背景：從歷史上來看，ALOHA 協定是第一個允許多使用者間去協調共用一個無線通道的機制。這個方法非常簡單且是在已知高負載的條件下提供最低的最大產出率。本協定的基本概念已經擴展到更多先進的技術，像是 CSMA/CD 和 CSMA/CA。

- 實驗目的：本實驗將介紹第一個通道共享的方法給學生，並讓他們明白這個問題的基本方法。然後，試圖去克服其限制性，學生將更瞭解可能的改進之道。

- 實驗環境：個人電腦和模擬軟體，像是 OPNET、QualNet、ns-2、VB、C、VC++、Java 或 MATLAB。

- 實驗步驟：

1. 學生將建立無線節點使其可以存取共享的無線通道。使用 ALOHA 和時槽式 ALOHA 的存取仲裁機制來編程這些節點。模擬情況可以建造在 OPNET、QualNet 或 ns-2，細節請參考相關文件。
2. 在模擬中增加流量負載並得到產出率、繪製出它們的關係圖，並且解釋為什麼在 ALOHA 最大的產出率為 18%？在時槽式 ALOHA 最大的產出率為 36%？

■ 實驗二
- 背景：無線區域網路已經越來越受歡迎，並被廣泛使用在各種組織、公司行號以及一般家庭。CSMA/CA 是一種底層的存取分享技術，在 CSMA/CA 之中，RTS/CTS 的防碰撞機制下可以減少頻寬的浪費。它也能大幅減輕隱藏終端的問題。
- 實驗目的：RTS/CTS 減少無線傳輸時發生的碰撞問題，同時增加一些頻寬。在高要求跟忙碌的環境下，這額外的頻寬開銷是值得的，儘管它可能並不需要應用在輕負載之下。本實驗將讓學生接觸到這些權衡取捨。
- 實驗環境：個人電腦或筆電和模擬軟體，像是 OPNET、QualNet、ns-2、VB、C、VC++、Java，或 MATLAB。
- 實驗步驟：
    1. 學生將計算在使用 RTS/CTS 共享無線通道時無線資料傳輸的效率。他們會再一次地計算沒有使用 RTS/CTS 時效率為何，然後比較觀察值和計算值的差異。
    2. 模擬情況可以建造在 OPNET、QualNet 或 ns-2，細節請參考相關文件。學生將跑模擬、改變流量負載、繪製出流量負載和產出量的關係圖。

6.8 開放式專題

- 目的：第六章介紹了 CSMA/CA 的技術，以及使用 RTS/CTS 機制後效能提升的可能性。當兩個裝置之間有碰撞發生時，如果競爭視窗加倍，效能可以更進一步地改善。出現這種情況主要是因為兩個已經準備好的裝置所產生的隨機延遲值是一樣的。增加競爭視窗可讓這兩個裝置下一次傳送的隨機延遲值得以分離，可以避免再次碰撞。此開放式專題的目標是模擬一個由細胞組成，且使用較小競爭視窗的環境，並觀察其所發生的碰撞。之後提升競爭窗口的大小，再觀察碰撞是如何被避免的。試著分別將用戶個數設定為 5、10、15、20、25、30、35、40、45、50，並試著依照用戶多寡來量化競爭視窗的大小。

6.9 習題

1. 競爭式存取協定的關鍵議題為何？以及此議題如何解決？試舉例說明你的答案。
2. 相較於純 ALOHA，時槽式 ALOHA 如何改進產出率？
3. 行動台存取 BS 的控制通道時，使用 ALOHA 或時槽式 ALOHA 是否是不切實際的？請詳加說明。
4. 資料傳輸發生碰撞是什麼意思，為什麼不可能解譯碰撞的資料？請詳加說明。
5. 給定一具共同存取的系統，n 個終端點在同時間進行通訊的機率如下：

$$p(n) = \frac{(1.5G)^n e^{-1.5G}}{(n-1)!}$$

   其中 G 為系統之流量負荷。則 p 之最佳化條件為何？
6. 何謂持續性與非持續性 CSMA 協定的相對優缺點？兩者之間的取捨為何？請解釋。
7. 請描述 1-持續性 CSMA 與 p-持續性 CSMA 的優點與缺點。
8. 我們能夠在細胞式無線網路使用 CSMA/CD 嗎？請詳加解釋。
9. 何謂影響 CSMA/CA 產出率的主要因素？
10. 碰撞偵測與碰撞避免的差異為何？
11. 在 CSMA/CA 使用 RTS/CTS 的目的為何？
12. 何謂基本 CSMA/CA 與具 RTS/CTS 之 CSMA/CA 協定的相對優缺點？兩者之間的取捨為何？
13. 從你的心得，何謂考量選擇競爭視窗之值的關鍵要件？請解釋你將如何決定 CSMA/CA 的時槽值？
14. 在 CSMA/CA 方案，每當碰撞發生時會用到一段隨機延遲。請問是否能保證不會再與先前相撞的裝端設備發生碰撞？請解釋你的論述。
15. 為何有時需要改變競爭視窗的大小？請詳加解釋。
16. 在 CSMA/CA，為何在 DIFS 之後仍需要一個競爭視窗？請問競爭視窗一般的大小為何？
17. 假設有一具 RTS/CTS 之 CSMA/CA，其傳遞延遲為 α、SIFS 為 α、DIFS 為 3α，以及 RTS 與 CTS 皆為 5α，
    (a) 何謂接收端發送 CTS 訊息之最早時間？
    (b) 如果資料封包的長度為 100α，接收端發送應答信號的最短時間為何？
    (c) 解釋為何 SIFS 比 DIFS 時間短？
    (d) 可以將 SIFS 設為零嗎？

18. 在實驗中，持續值 p 隨著流量函數 G 而變，從 1~0.5 至 0.1~0.01。請問此傳輸的 G 值為何？請問這樣的變動有什麼特別的優勢嗎？請詳加解釋。
19. 在 CSMA/CA 協定，若有 n 個用戶，及各用戶的競爭視窗為 W，請問碰撞機率為何？
20. IEEE 802.11x 是無線區域網路與無基礎架構網路所採用的知名 CSMA/CA 協定。請簡述所有目前 802.11 標準，並詳加解釋彼此之差異。
21. 利用你最喜愛的搜尋網站，找出何謂隱藏終端問題與暴露終端問題。請詳加描述你將如何處理這種問題。

Chapter 07

多重分工技術

7.1 簡介

　　第六章討論的是多重無線存取方案，主要是用於基地台與行動台之間的控制訊息交換。行動台所發送的控制訊息，其中有一種是特別重要的，即是告知基地台有資訊要發送，而基地台回覆給行動台，它可以使用哪一個流量或資訊通道來發送該資訊。這種通道分配的有效性是該通話時間，而且是動態地指派，因為無線資訊必須很有效率地被使用。在無線環境中，基地台與所有傳輸距離內的行動台之間都必須建立一條無線連線。由於無線電通訊涵蓋很廣，必須考量同時多重存取的議題。用戶也可能會接收到來自系統內其他用戶的信號。實際上，一旦行動台至基地台的上行通道建立之後，許多用戶都會存取這些流量通道。因此，用戶如何區分不同的信號是很重要的。要服務更多用戶，就需要有更多的流量通道。基本上，在分配的頻寬中提供許多流量通道的基本方法有三種：頻率、時間，或碼。它們分別代表三種多重分工技術——那就是**分頻多重存取**（frequency division multiple access; FDMA）、**分時多重存取**（time division multiple access; TDMA），以及**分碼多重存取**（code division multiple access; CDMA）。另外兩種近期被提出的變型是**正交分頻多工**（orthogonal frequency division multiplexing; OFDM）與**空間分隔多重存取**（space division multiple access; SDMA）。在本章，我們會介紹這些技術，並討論它們的相對優缺點。

7.2 多重分工的概念與模型

基地台在其無線範圍內服務著許多行動台。行動台必須區分哪些信號是其他用戶或基地台要傳送給它的,而基地台也應該要能識別各用戶所傳送的信號。換句話說,在無線細胞式系統,各行動台不僅能區分來自基地台的信號,也要能區別來自鄰近基地台的信號。所以,在行動細胞式系統中,多重存取技術是很重要的。多重存取技術是基於信號的**正交性**(orthogonalization)。無線信號可以表示為頻率、時間或碼的函數,如下:

$$s(f, t, c) = s(f, t) c(t) \tag{7.1}$$

其中 $s(f, t)$ 是頻率與時間的函數,而 $c(t)$ 是碼的函數。

當 $c(t) = 1$,式子(7.1)可被取代為:

$$s(f, t, c) = s(f, t) \tag{7.2}$$

這構成了知名的一般式,用來將信號表示為頻率與時間的函數。

如果系統採用不同的載波頻率來傳送各用戶的信號,稱為 FDMA 系統。如果系統使用不同的時槽來傳送各用戶的信號,稱為 TDMA 系統。如果有一系統使用不同的碼來傳送各用戶的信號,則稱為 CDMA 系統。令 $s_i(f, t)$ 與 $s_j(f, t)$ 為兩個欲在細胞空間中傳送的信號。正交性的條件可利用一般數學模型來表示。

在無線通訊裡,於同一時間利用有限的頻率帶是必要的,即是讓多個用戶共用無線通道,而達到此目的的方案就是多重存取。為提供同時雙向通訊(雙工通訊),需利用到從基地台至行動台的上行通道,以及行動台至基地台的下行通道。有兩種雙工系統:**分頻雙工**(frequency division duplexing; FDD)是切割使用的頻率,而**分時雙工**(time division duplexing; TDD)將同一頻率以時間來切割。FDMA 主要使用 FDD,而 TDMA 與 CDMA 系統使用 FDD 或 TDD。有一種技術能提供更多的通道同時被存取,並以更高速來傳送資料,這種技術就是 OFDM。我們將討論行動通訊系統是如何採用這些概念。

7.2.1 分頻多重存取

在 FDMA 中,兩信號的正交性條件如下:

$$\int_F s_i(f,t)\,s_j(f,t)\,df = \begin{cases} 1, & i=j \\ 0, & i\neq j \end{cases} \quad i,j=1,2,\ldots,k \tag{7.3}$$

式子（7.3）表示信號 $s_i(f,t)$ 與 $s_j(f,t)$ 在頻率域 F 裡沒有重疊的頻率，且兩信號不相互干擾。

FDMA 是廣泛使用在可攜與車用無線電話等類比系統的多重存取系統。基地台是動態地將不同載波頻率分配給各用戶。頻率合成器是被用來調整與維護發送與接收頻率。圖 7.1 顯示 FDMA 的概念。

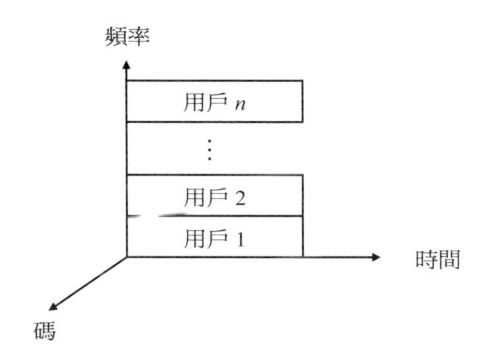

圖 7.1 FDMA 的概念

圖 7.2 顯示 FDMA 系統的基本架構，包括一個基地台與許多行動台。基地台與行動台之間有一對通道作通訊用途。此對通道叫做順行通道（下行）與逆行（上行）通道。不同用戶所分配的頻率頻寬是不相同的。這意味著上行與下行通道不會發生頻率重疊。譬如，行動台 1 號的上行與下行分別為 f_1 與 f_1'。如圖 7.2，無線天線的高度較高，而所有 MS 是顯示在同一高度，雖然它們的高度不一定需要彼此相似。另外，如果基地台與行動台的實體間隔是依比例來繪製，那麼行動台就會變得太小而成為一個點，至於其他細節則看不到。

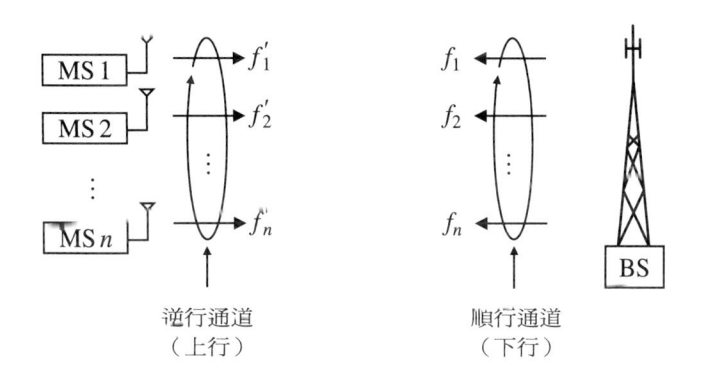

圖 7.2 FDMA 系統的基本架構

圖 7.3 顯示 FDMA 的上行與下行通道之架構。上行與下行通道之間使用一段**保護頻寬**（protecting bandwidth），而兩相鄰通道之間有一個**保護頻帶**（guard band）W_g（圖 7.4），用來降低相鄰通道之間的干擾。各用戶的頻率頻寬叫做子頻帶 W_c。如果有一個具 N 個通道的 FDMA 系統，其整體頻寬就是等於 $N \cdot W_c$。

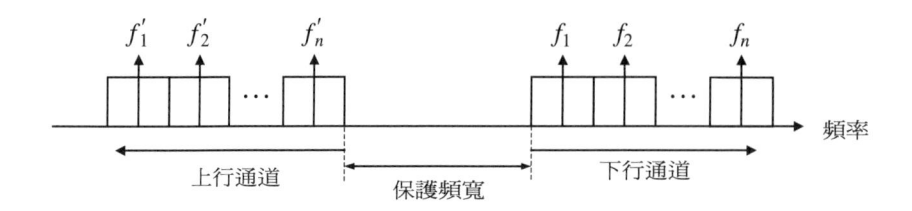

圖 7.3 FDMA 的上行與下行通道之架構

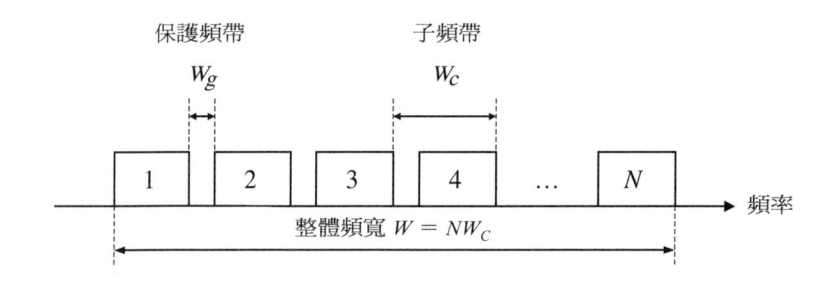

圖 7.4 FDMA 的保護頻帶

7.2.2 分時多重存取

TDMA 的正交性條件為：

$$\int_T s_i(f,t)s_j(f,t)\,dt = \begin{cases} 1, & i=j \\ 0, & i \neq j \end{cases}, \quad i,j = 1,2,\ldots,k \tag{7.4}$$

式子（7.4）表示信號 $s_i(f,t)$ 與 $s_j(f,t)$ 在時間軸 T 上沒有重疊的時間。

TDMA 將一個載波分成數個時槽，並將時槽分配給數個用戶，如圖 7.5 所示。通訊通道基本上是一個時間循環涵蓋數個單位，亦即時槽，所以它能夠讓同一頻寬有效地在不同時槽供數個用戶所使用（圖 7.6）。此系統是廣泛使用於可攜式與車用數位電話，以及行動衛星通訊系統等領域。

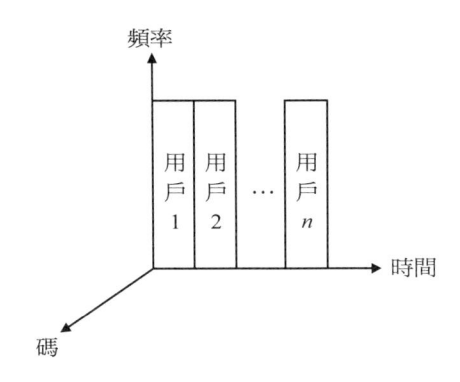

▣ 圖 7.5　TDMA 的概念

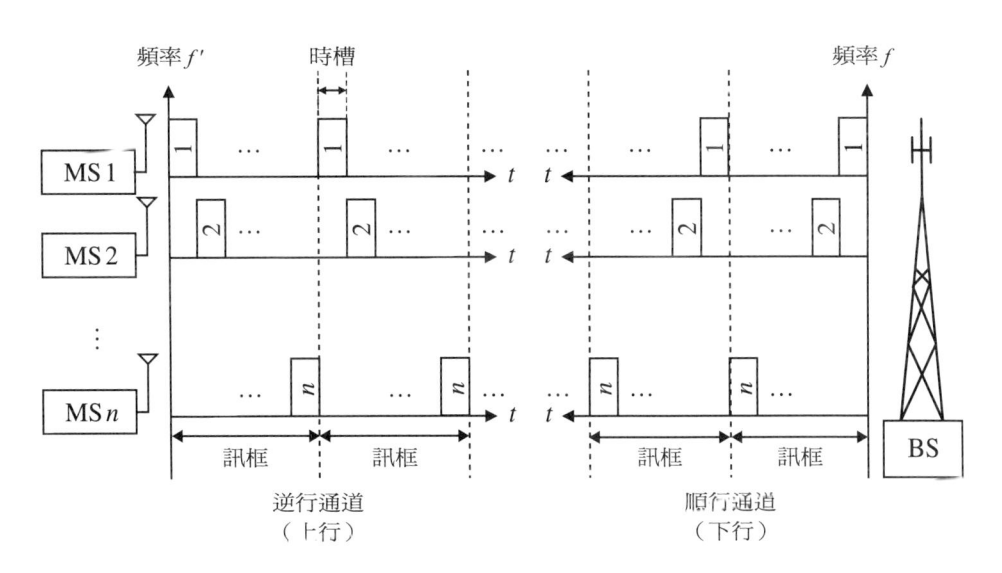

▣ 圖 7.6　TDMA 系統的基本架構

TDMA 系統可以是兩種模式之一：FDD（上行／下行之通訊頻率是不同的）與 TDD（上行／下行之通訊頻率是相同的）。也就是如圖 7.7 與 7.8 所顯示的 TDMA/FDD 與 TDMA/TDD 系統。圖 7.9 顯示 TDMA 的訊框架構。在 TDMA 系統中，時槽之間有一段**保護時間**（guard time）來降低不同路徑的傳遞延遲所造成之干擾。

寬頻（wideband）TDMA 能支援高速數位傳輸，但使用多重路徑卻會造成選擇性頻率衰落的問題。要克服選擇性衰落就必須限制頻寬，或採取適當措施，包括採用**適應性等化**（adaptive equalization）技術來做改善。在行動台這邊也需要使用高精準度的同步電路來處理間歇性大量信號傳輸。

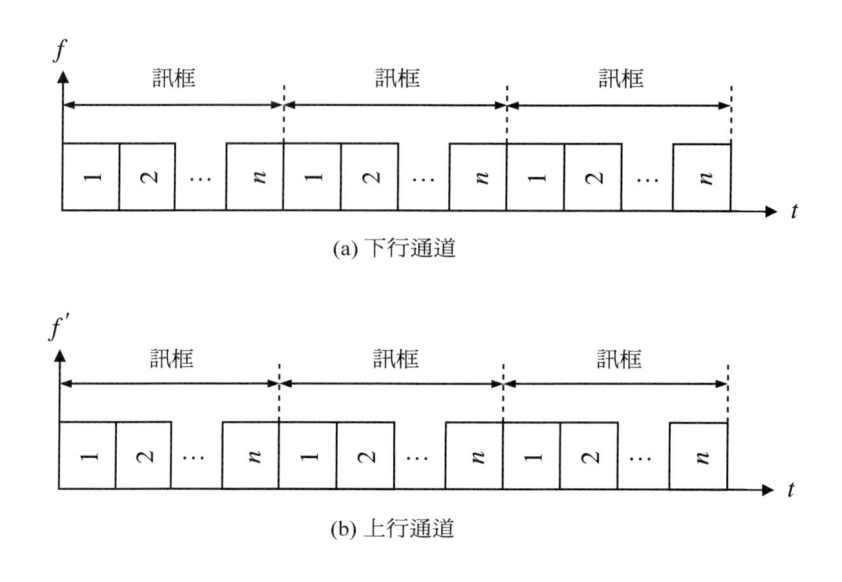

▣ 圖 7.7　TDMA/FDD 系統的上行與下行通道之架構

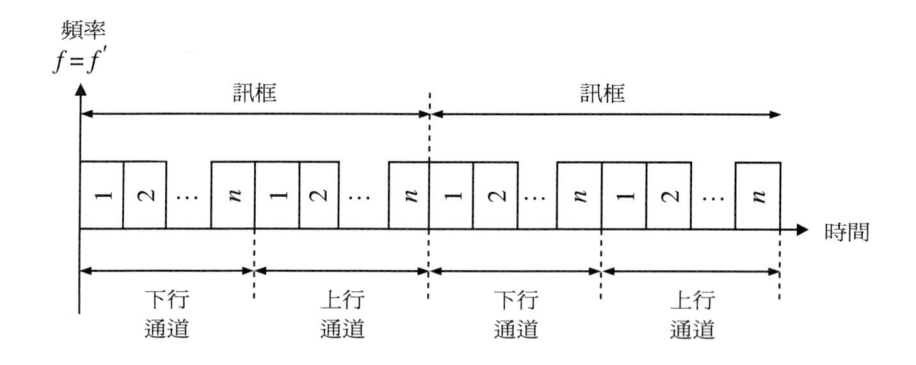

▣ 圖 7.8　TDMA/TDD 系統的上行與下行通道之架構

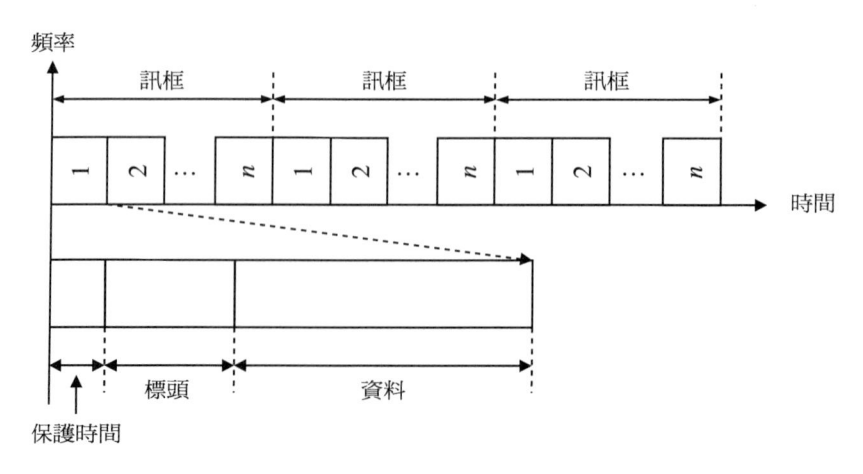

▣ 圖 7.9　TDMA 的訊框架構

7.2.3 分碼多重存取

CDMA 的正交性條件為：

$$\int_C s_i(t)\,s_j(t)\,dt = \begin{cases} 1, & i = j \\ 0, & i \neq j \end{cases}, \quad i, j = 1, 2, \ldots, k \quad (7.5)$$

式子（7.5）表示信號 $s_i(t)$ 與 $s_j(t)$ 在碼軸 C 無重疊的信號，且信號沒有任何雷同的碼。

在 CDMA 系統是選擇不同的展頻碼，並指派給各個用戶，而多個用戶共享同一頻率，如圖 7.10 與 7.11。CDMA 系統是基於展頻技術，較不易受雜訊與干擾的影響。另外，因為其寬頻特性，能透過 RAKE 多重路徑合成來抵抗衰減。從有效頻率使用的角度來看，為單

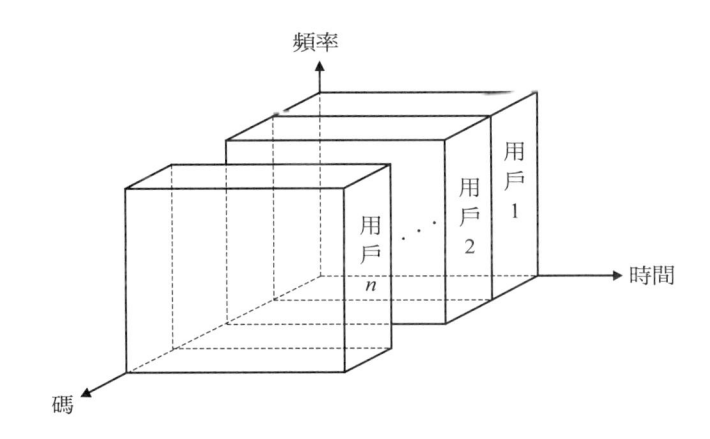

▓ 圖 7.10　CDMA 的概念

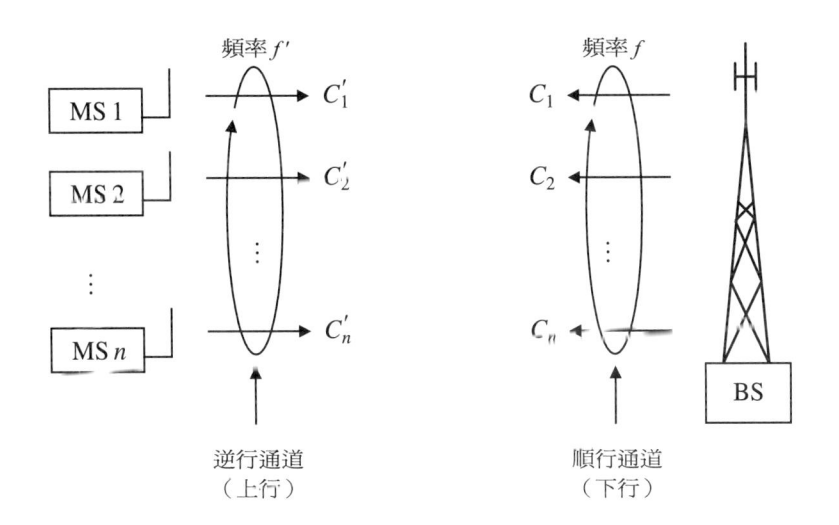

▓ 圖 7.11　CDMA 系統的架構

一通訊通道預留較寬的頻寬曾被認為是一種缺點、一種浪費。然而，使用 CDMA 已被證實能帶來高效率的頻寬使用，因為透過功率控制來調整天線發送功率能解決**近—遠**（near-far）問題。在 CDMA 系統的上行通道中，基地台在接收信號時，來自較遠處行動台的信號可能會被近端行動台的信號所遮蔽。所以，CDMA 做為一種多重存取系統，是目前最受矚目的下一世代行動通訊系統之核心技術。CDMA 系統通常是以細片速率來量化，其定義為每秒所改變的位元量。細片速率通常用在 CDMA 系統。

目前有兩種基本型態的 CDMA 實作方式：**直接序列**（direct sequence; DS）與**跳頻**（frequency hopping; FH）。在實務上，除非使用超高速（頻率）合成器，否則 FH 技術是難以使用的，因此一般來說 DS 是最可行的方式，每選定一個碼，就動態地分配給各行動台。

展頻

展頻是一種傳輸技術，其資料會佔用比實際所需還大的頻寬。展頻在傳送端使用一個獨立於傳送資料的碼，在接收端則使用同一個碼來解調資料。圖 7.12 顯示欲傳送的訊息訊號 $m(t)$ 用碼信號 $c(t)$ 作展頻成為資料信號 $s(t)$。即，

$$m(t) = s(t) \otimes c(t) \quad (7.6)$$

展頻當初的設計是用作軍事用途，因為可以避免人為**干擾**（jamming），而現在展頻調變是用在個人通訊系統，主要是因為其在干擾的環境仍保有優異表現。

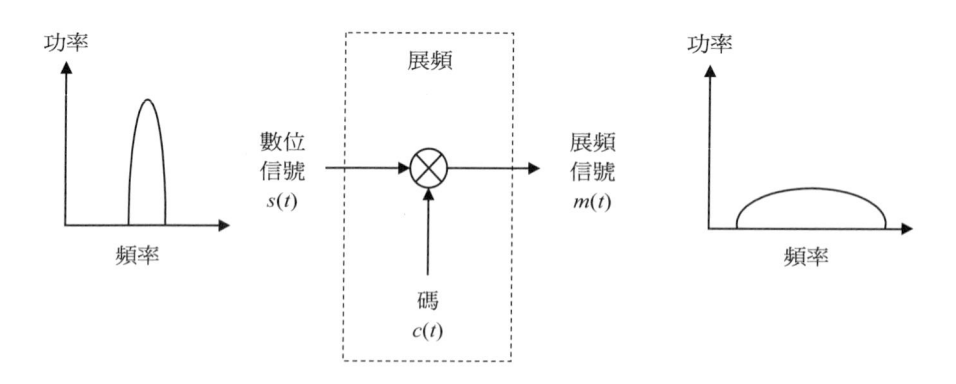

圖 7.12 展頻

直接序列展頻（DSSS）

在 DSSS 方法中，無線信號是乘以一個**偽隨機**（pseudorandom）序列，其本身頻寬比信號大得許多，是以展開它的頻寬（圖 7.13）。這是一種調變技術，偽隨機序列直接將（資料調變）載波作相位調變，增加傳輸頻寬與降低頻譜功率密度（亦即，在任一頻率的功率）。所產生的 RF 信號具有類似雜訊的頻譜，實際上本來就是刻意表現得像是雜訊，而僅有真正的接收端能夠辨識解讀。接收信號會透過與本地偽隨機序列之間的關連性作解展頻，並與無線發送端用來將載波作展頻的序列同步進行。

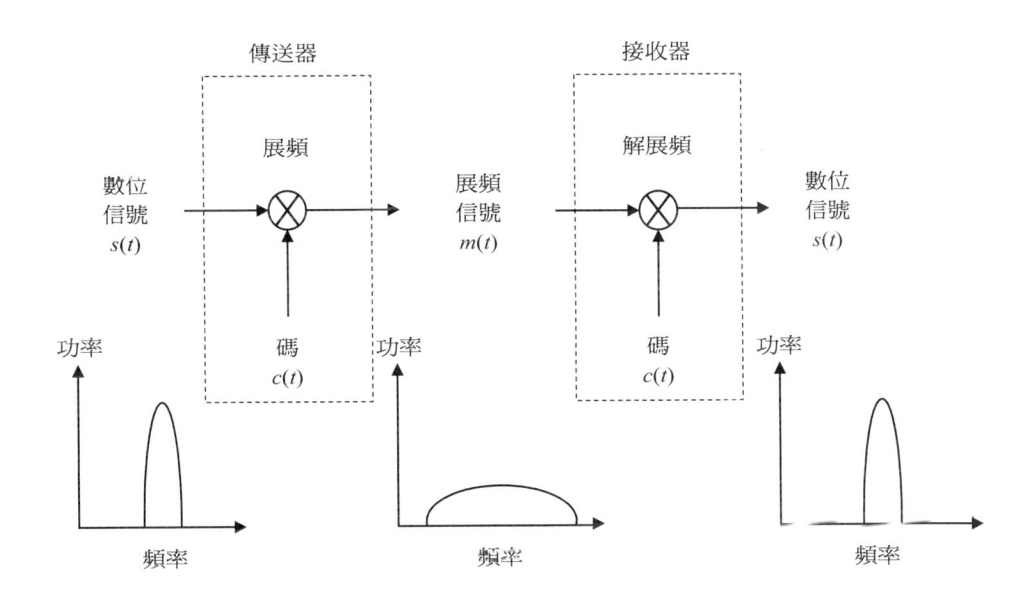

圖 7.13 直接序列展頻的概念

頻率跳躍展頻（FHSS）

在 FHSS 方法中，偽隨機序列是以隨機方式在寬頻率帶（圖 7.14）上改變無線信號的頻率。展頻調變技術意味著無線發送端在通道之間作跳頻，雖然這規律是事先決定，它是隨機的。RF 信號在接收端利用一個受偽隨機序列產生器（此產生器與發送端的偽序列產生器是同步的）控制的頻率合成器作解跳頻。跳頻可以是快速跳頻，如每資料位元數個跳頻，或慢速跳頻，如數個資料位元才一次跳頻。圖 7.15 顯示跳頻樣式的例子。來自不同用戶的多個同時傳輸可使用 FHSS，前提是各用戶使用不一樣的跳頻序列，且沒有用戶在任一時間點會相互「碰撞」。

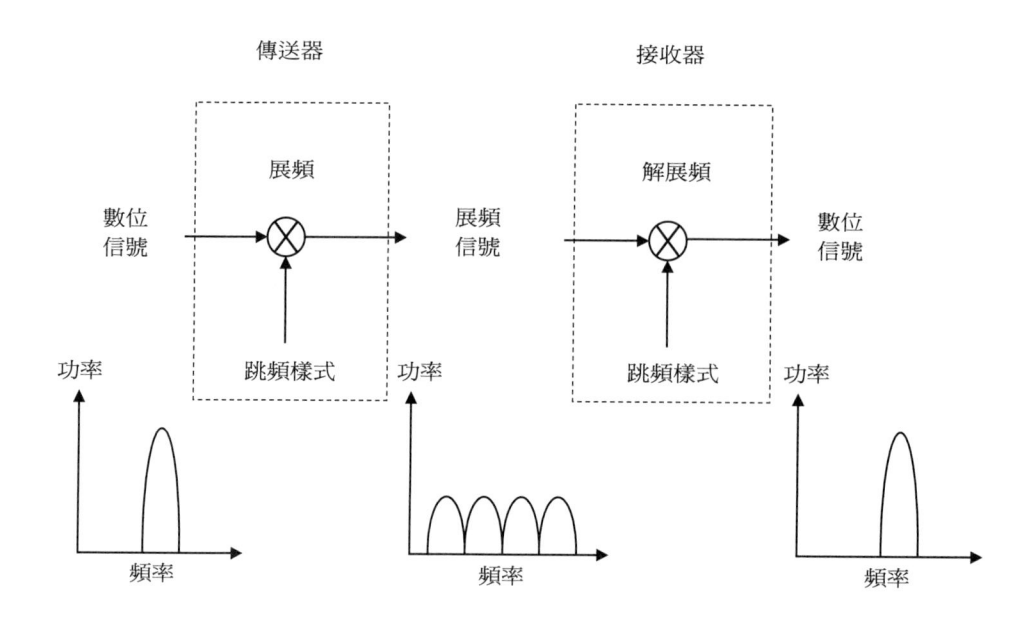

▣ 圖 7.14　頻率跳躍展頻系統的概念

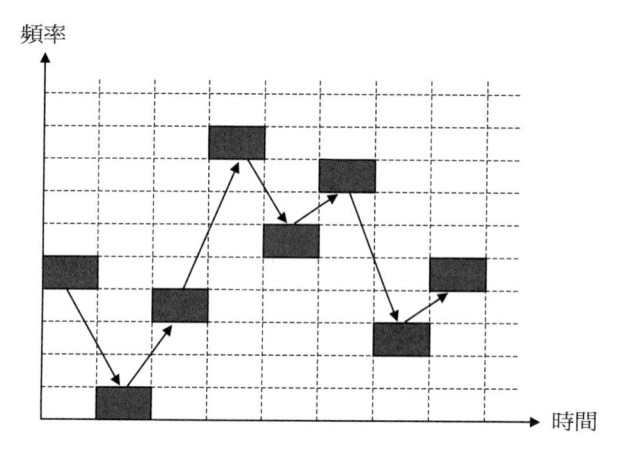

▣ 圖 7.15　頻率跳躍樣式的範例

Walsh 碼

在 CDMA，各用戶是被分配到一個或多個從正交碼得到的正交波形。由於波形是正交的，不同碼的用戶不會相互干擾。CDMA 的用戶之間必須同步，因為波形的正交需仰賴時間的同步。一個重要的正交碼集合是 Walsh 集合（見圖 7.16）。

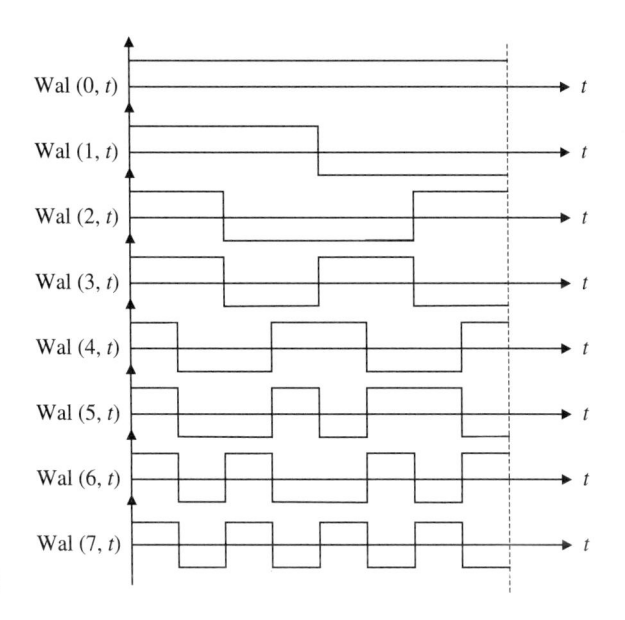

圖 7.16 Walsh 碼

Walsh 函數是利用疊代方式從 $H_0 = [0]$ 開始，建構一個 Hadamard 矩陣。Hadamard 矩陣是利用下述函數來建構

$$H_n = \begin{pmatrix} H_{n-1} & H_{n-1} \\ H_{n-1} & \overline{H_{n-1}} \end{pmatrix} \quad (7.7)$$

近—遠問題

近遠問題源自於無線行動通訊系統所接收到的信號強度，落差甚大。我們考慮在一個系統中有兩個行動台正在與基地台作通訊，如圖 7.17 所示。如果我們假設各行動台的傳輸功率是一樣的，而在基地台所接收到來自 MS_1 與 MS_2 的的信號強度卻相差甚大，此差異主要是路徑長度的不同。假設行動台使用相鄰通道，如圖 7.18 所示。MS_1 信號的帶外放射（out-of-band radiation）干擾相鄰通道的 MS_2 信號。此效應稱為相鄰通道干擾。這問題在接收信號強度的差異變大時，更應正視。基於此種理由，必須儘量降低帶外放射。可容忍的相鄰通道干擾程度取決於各系統的特性。如果使用功率控制技術，則此系統可以忍受較高的相鄰通道干擾。近—遠問題在 CDMA 系統中變得更重要，因為其利用低交互相關（low crosscorrelation）碼讓展頻信號能多工存取同一頻率，如圖 7.19 所示。在 CDMA，一個實際的問題是如何應付近—遠問題，而一個簡單的解決方案是使用功率控制，我們將緊接著討論。

▣ 圖 7.17　近—遠問題

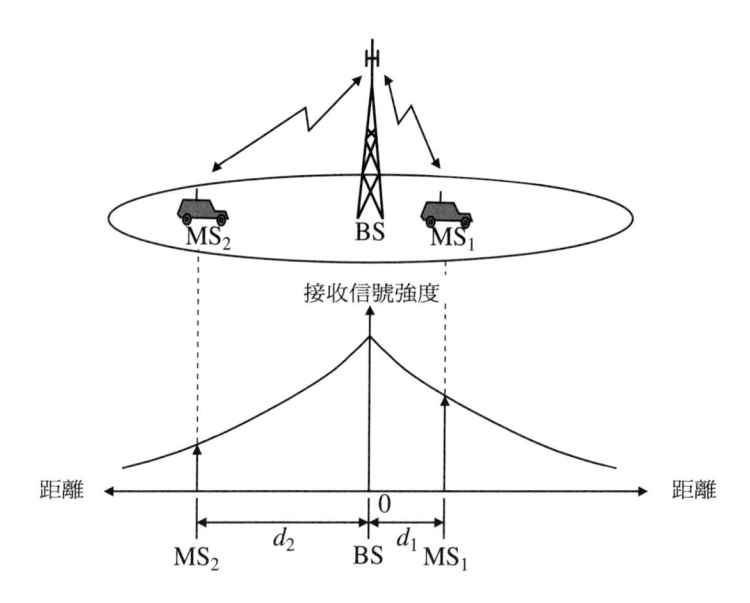

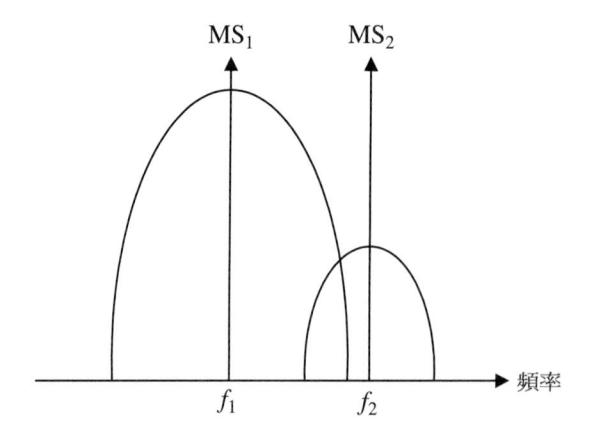

▣ 圖 7.18　相鄰通道干擾

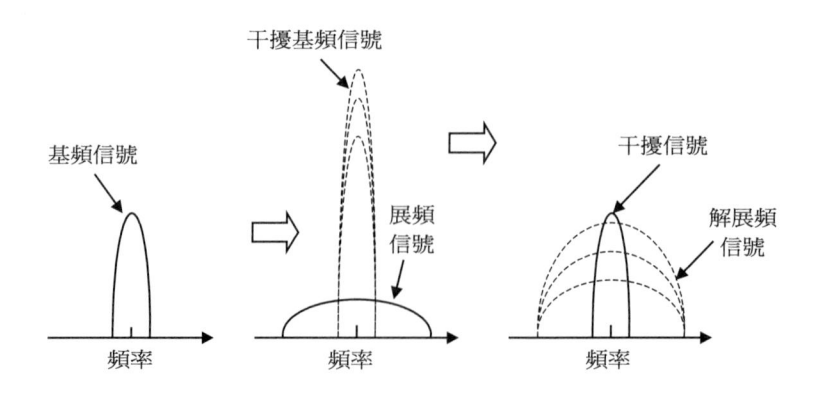

▣ 圖 7.19　展頻系統中的干擾

功率控制

功率控制基本上就是控制傳送功率的技術,進而影響接收功率,以及 CIR。譬如在自由空間中,傳遞路徑衰落取決於傳輸頻率,f,以及發送端與接收端之間的距離,d,如下:

$$\frac{P_r}{P_t} = \frac{1}{\left(\frac{4\pi df}{c}\right)^\alpha} \tag{7.8}$$

其中 P_t 是傳送功率,P_r 是接收功率,c 是光速,而 α 為衰減常數。

假設干擾程度維持不變,則可以適當地調整傳送功率 P_t 來獲得想要的 P_r(和想要的 CIR)。注意:這可以靠觀察目前傳送與接收功率,如果我們假設在觀察的時間到調整 P_t 的時間,距離並沒有發生太大的改變。

雖然功率控制在大部分情況是很有效的,可是它們有一些缺點。首先,行動台本身的電源是有限的,它並不可能或不希望將傳送功率設得太高。其次,一味增加一個通道的傳送功率,而不管其他通道所使用的功率強度,會造成通道間的傳輸不對等。所以,有可能會發生就是使用功率控制方案時,因產生不穩定的現象,而必須再增強傳送功率。最後,功率控制技術也受限於傳送端功率強度的實體限制。

7.2.4 正交分頻多工(OFDM)

OFDM 是基於分頻多工,在一共同的傳輸媒介上傳輸多個資料流。資料訊號被分成多個資料流,分別被不同且互相正交的頻率所調變,同時傳給接收端。OFDM 傳送端把一個高速位元流轉成 n 個平行低速的位元流,這些位元流是以反離散傅立葉轉換(IDFT)來調變和混合的。為了減少符碼間干擾(ISI),插入了保護時間。在接受端,採取了相反的動作來取得原來的訊號。

OFDM 的基本策略是將高速率無線信號分成多個低速率子信號,並同時在多個正交載波頻率上傳送。在 OFDM 中,兩信號的正交性條件如下 [7.3]:

$$\int_F s_i(f,t) s_j^*(f,t) dt = \begin{cases} 1, & i = j \\ 0, & i \neq j \end{cases}, \quad i,j = 1,2,\ldots,k \tag{7.9}$$

其中 * 表示一個**複數共軛**(complex conjugate)關係。

數學上已經證實**正弦波**(sinusoidal wave)是週期波(整數週期 T),並具正交性。圖 7.20 顯示 OFDM 信號的頻譜;如果各子載波的中心頻率沒有與其他通道相交,符號間干擾(ISI)為零。

OFDM 的發送端將高速資料流轉換成 n 個平行低速位元流，然後經過調變，結合**反離散傅立葉轉換**（inverse discrete Fourier transform; IDFT），接著加入保護時間以降低 ISI。在接收端則反向操作上述動作。圖 7.21 顯示 OFDM 傳送端的調變運作，而圖 7.22 顯示 OFDM 接收端的解調步驟，其使用離散傅立葉轉換。

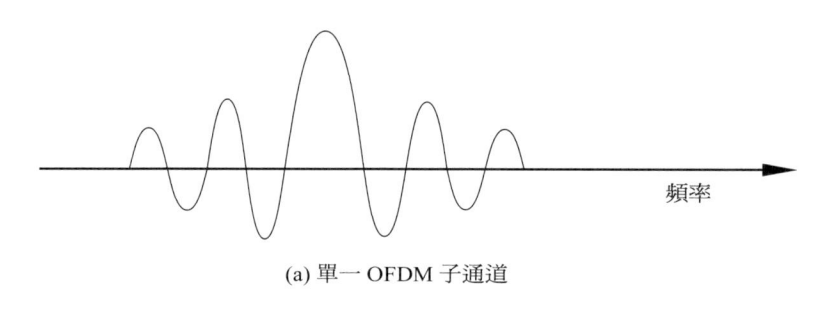

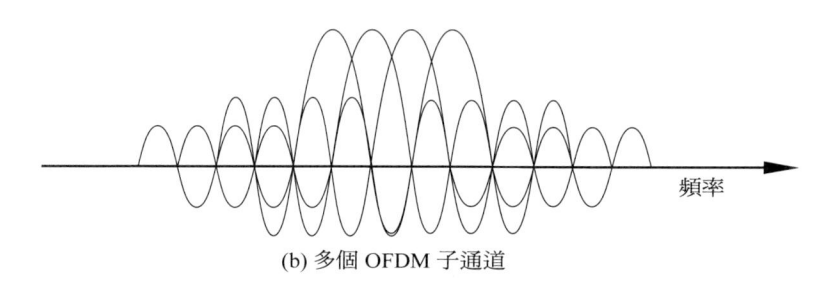

(a) 單一 OFDM 子通道

(b) 多個 OFDM 子通道

圖 7.20 OFDM 信號的頻譜

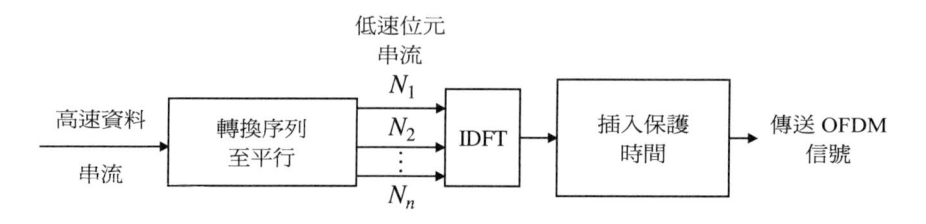

圖 7.21 OFDM 發射器的調變步驟

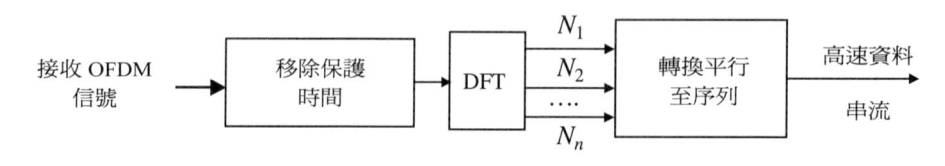

圖 7.22 OFDM 接收器的解調步驟

在所有這些系統中，資訊於通道中作傳送前都會先經過調變。在下一節，我們將討論幾個有用的調變技術。

7.2.5 空間分隔多重存取（SDMA）

在 SDMA，全向性通訊空間是被切成數個**空間分區**（spatially separable sectors），利用在基地台使用智慧型天線，讓多個行動台同時使用相同通道。如圖 7.23，可能是利用時槽、載波頻率，或展頻碼。使用智慧型天線讓指定方向的天線增益達到最大，進而延伸範圍，也降低有效涵蓋一個區域所需要的細胞數量。再者，這種集中傳輸在干擾源的方向有最小放射樣式，以降低來自非指定方向的干擾。

圖 7.24 顯示一個簡化版的 SDMA 傳送過程。當基地台與各空間分區的行動台做通訊時，各行動台與基地台的雜訊與干擾皆能降至最低。這使得通訊品質大為提升，並增加整體系統容量。另外，在各細胞建構空間分隔通道，可以很容易地在**細胞內**（intra-cell）重複使用傳統通道。目前這項技術正在被研究中，未來似乎蠻有前景。

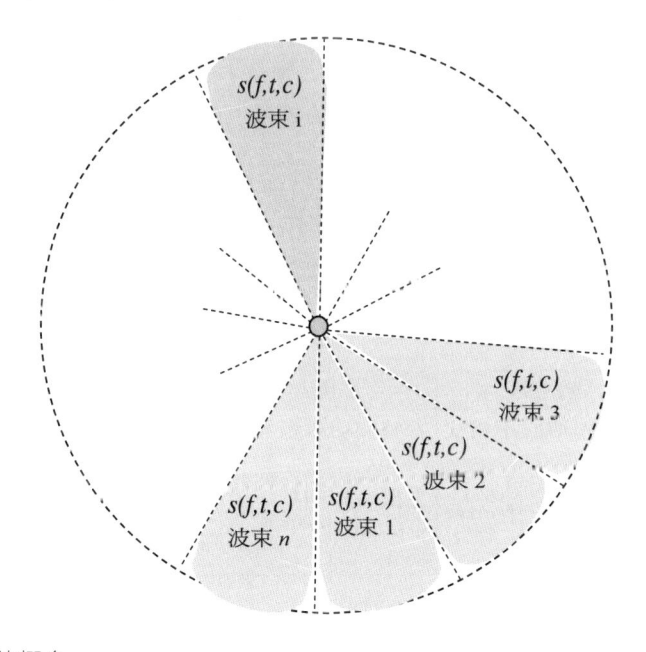

圖 7.23 SDMA 的概念

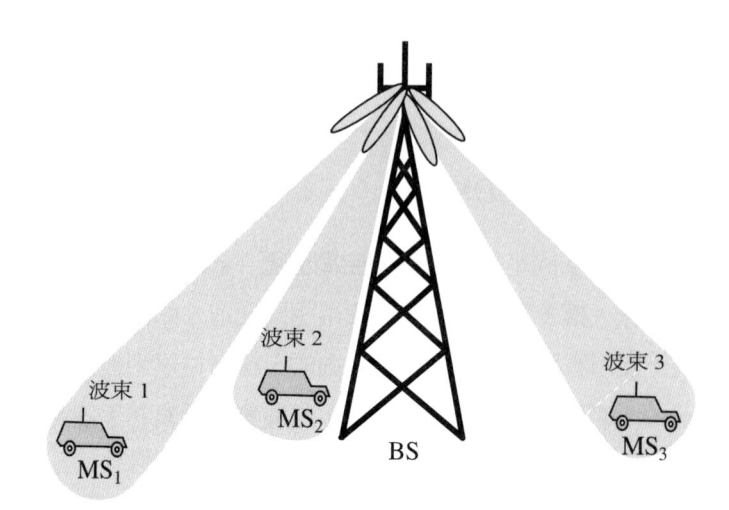

圖 7.24 SDMA 系統的基本架構

7.2.6 多重分工技術之比較

　　SDMA 一般是與其他多重存取方案互相搭配使用，因為一個波束中可以有一個以上的行動台。利用 TDMA 與 CDMA，天線電波可以覆蓋不同的區域，且提供頻率重複使用。另外，使用 TDMA 與 FDMA，因為有智慧型天線而獲得較高的 CIR 比，能促進更佳的頻率通道重複使用。而使用 CDMA，用戶可以用較少的功率傳送，降低 MAC 干擾，進而提高細胞的用戶容量。然而，在 SDMA 的細胞內換手會比 TDMA 或 CDMA 系統來得頻繁，是以需要更謹慎地做好網路資源管理。表 7.1 顯示各種多重分工技術方案之比較。

表 7.1 各種多重分工技術之比較

	FDMA	TDMA	CDMA	SDMA
概念	將頻率切成不相交子頻帶	將時間切成不重疊時槽	用正交碼做展頻	將空間劃成分區
active主機數	所有主機各自active於所屬的頻帶	主機在相同頻率上各自active於所屬的時槽	所有主機在相同頻率上active	每個波束的主機數量決定於FDMA/TDMA/CDMA
信號區隔	用頻率來過濾	時間同步	碼區隔	用智慧型天線做空間區隔
換手	硬式換手	硬式換手	軟式換手	硬式與軟式換手
優點	簡單且穩定	有彈性	有彈性	非常簡單、增加系統容量
缺點	沒彈性、可用頻率是固定的、需要保護頻帶	需要保護空間、同步問題	複雜的接收器、需要功率控制以避免近遠問題	無彈性、需要網路監控以避免細胞內換手
現有應用	無線電、電視、類比手機	GSM與PDC	2.5G與3G	衛星系統，其他研究中的應用

7.2.7 正交分頻多重存取（OFDMA）

事實上，7.2.4 小節介紹的 OFDM，是給單一使用者使用的調變技術，並不是像 FDMA/TDMA/CDMA/SDMA 的**多重存取**（multiple access）技術（區分多個使者）。所以新增本小節來說明。

如圖 7.25，OFDMA 可視為 FDMA 的變形。在 FDMA 中，各載波不可以重疊，而且需要保護頻帶，因此浪費很多頻寬。在 OFDMA 中，各載波可以重疊將近一半，還不用保護頻帶，因此大幅節省頻寬。或者是在相同頻寬下可容納更多載波，傳輸更多資料。

如圖 7.26，OFDMA 也可視為 OFDM 的變形。在 OFDM 中，一個使用者使用所有載波。在 OFDMA 中，所有載波分給多個使用者用。其中領航子載波不是資料，是用來估計通道。

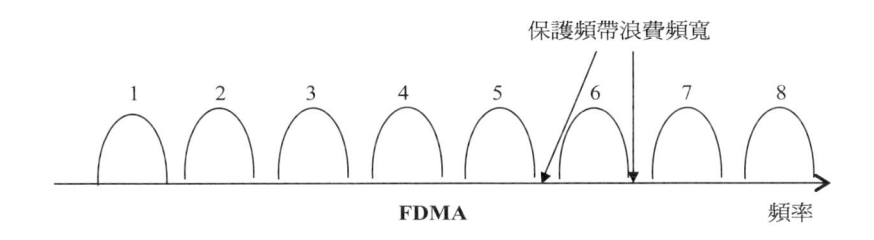

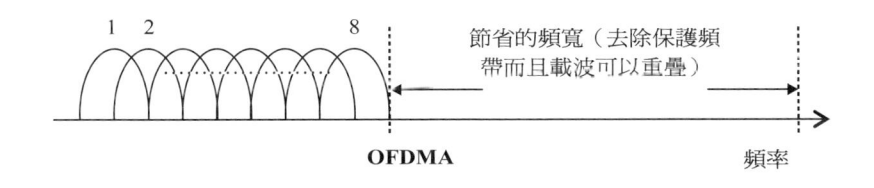

圖 7.25 FDMA 和 OFDMA

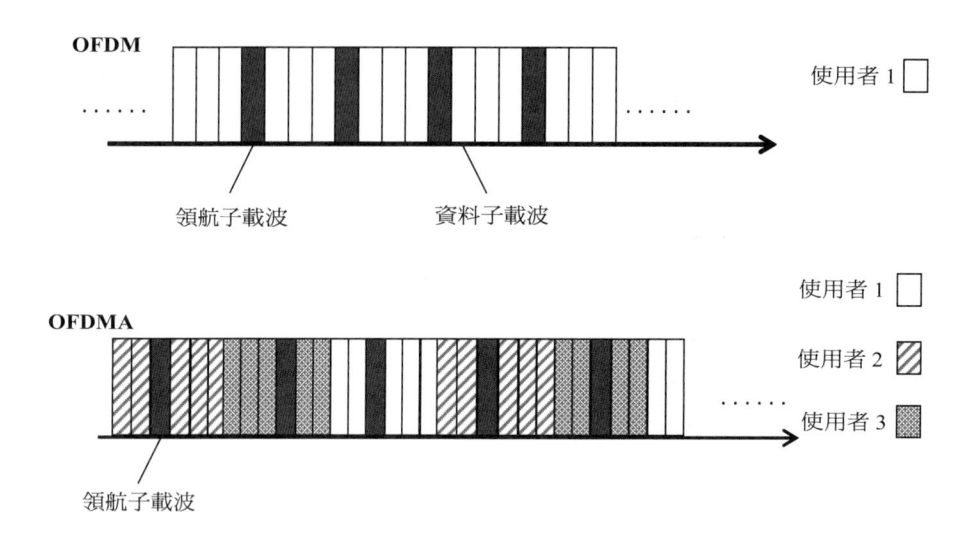

圖 7.26 OFDM 和 OFDMA

在 OFDM 及 OFDMA 的資料前面，保護時間（7.2.4 節）一般都用循環字首，如圖 7.27 所示。循環字首的功用是對抗符號間干擾（3.11 節），在多重路徑下維持載波間正交性等等。

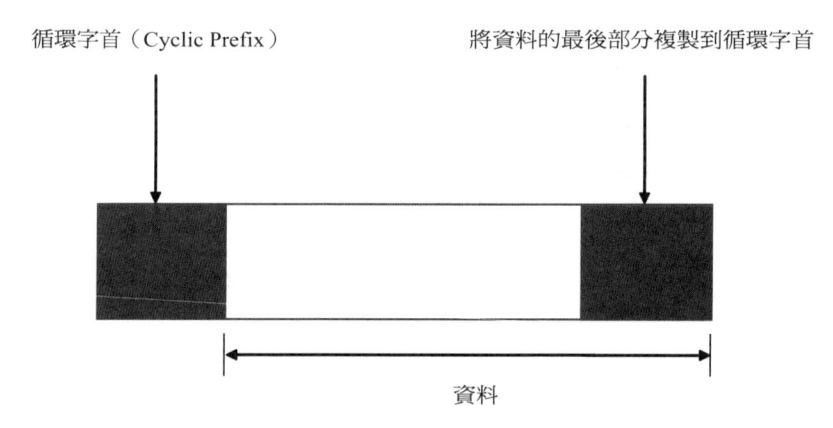

圖 7.27 FDMA 和 OFDMA 的循環字首

總之，OFDMA 可視為 FDMA 加上**載波正交**（orthogonal carriers），再加上**循環字首**（cyclic prefix）。

OFDMA 好處包括：

- **高頻譜效率**（high spectrum efficiency）：如圖 7.25，單位頻寬內資料傳輸率變大（載波數變多）。
- 資料傳輸率可以微調：如圖 7.26，因為載波數很多，所以每個載波代表的資料傳輸率很小，避免頻寬浪費。
- 細胞間干擾為零：相較之下，CDMA 細胞間干擾不為零。
- 一定條件下可以軟式交遞。

所以 OFDMA 被選為 4G 標準（在 11.7 節會介紹）的核心技術。

7.3 調變技術

7.3.1 振幅調變

振幅調變（amplitude modulation; AM）是第一種用於將聲音資訊從一地傳至另一地的方法。固定頻率的載波信號，其振幅隨著傳送資料信號而變動。載波之振幅大小依調變信號大小而成正比。調變載波信號 $s(t)$ 為：

$$s(t) = [A + x(t)]\cos(2\pi f_c t) \quad (7.10)$$

其中 $A\cos(2\pi f_c t)$ 是具振幅 A 與載波頻率 f_c 之載波信號，以及 $x(t)$ 為調變信號。A 是信號的直流電（DC）這部分。我們知道 $x(t)\cos(2\pi f_c t)$ 代表一個**雙邊帶**（double sideband; DSB）信號。圖 7.28 顯示 AM 波形。

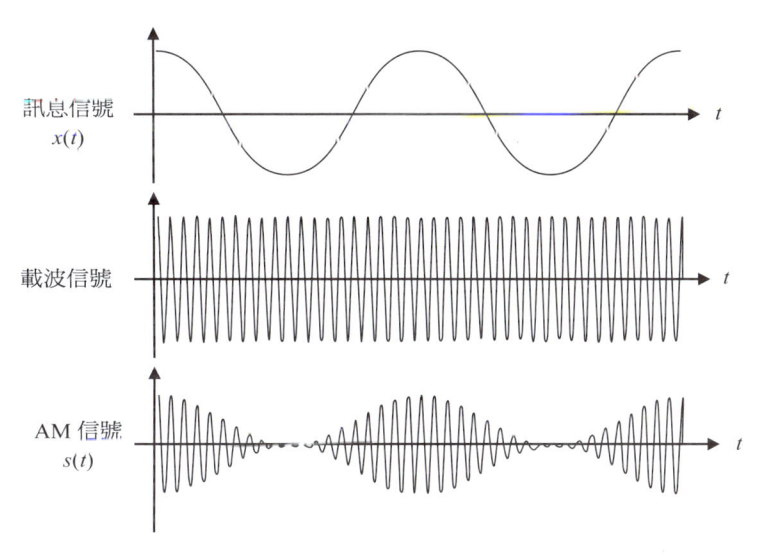

圖 7.28 振幅調變

AM 的頻寬——即是佔據傅立葉域的空間——為調變信號的兩倍。AM 的雙邊帶特性使固定傳送頻率範圍內的可傳送獨立信號數目降至一半。在傳送前抑止一個邊帶，**單邊帶**（single sideband; SSB）調變可讓頻帶中的傳送數量加倍。

當載波是以正弦波做振幅調變時，邊帶的整體信號功率至多 1/3（33.3%）。其餘 2/3 是在載波，然而這部分並沒有對資料傳送有所貢獻。這使得 AM 成為一種沒效率的通訊方式。

7.3.2 頻率調變

頻率調變（frequency modulation; FM）是一種以波的瞬時頻率之變異，將資訊信號與交流電（AC）作整併。載波是被資訊信號所延伸或擠壓，而載波的頻率隨著調變電壓作改變。因此，所傳送的信號形式為：

$$s(t) = A \cos \left(2\pi f_c t + 2\pi f_\Delta \int_{t_0}^{t} x(\tau) \, d\tau + \theta_0 \right) \quad (7.11)$$

其中 f_Δ 是尖峰頻率偏移（peak frequency deviation），這是 FM 信號在 $f_\Delta \ll f_c$ 條件下距離原始頻率之最大差異。圖 7.29 顯示 FM 的波形。

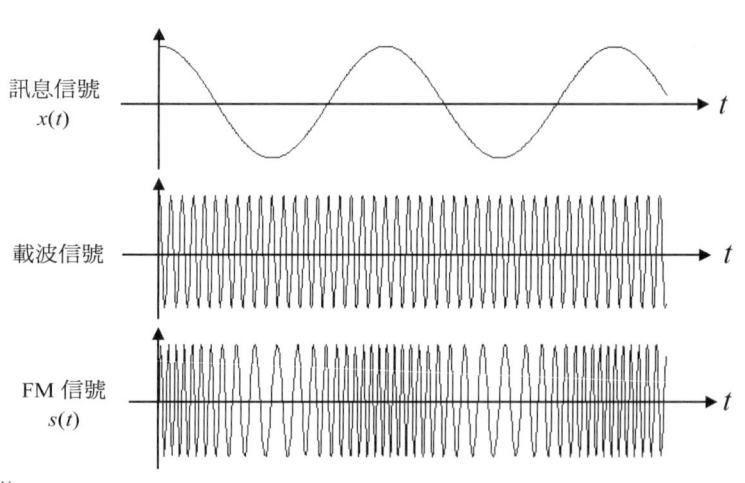

圖 7.29 頻率調變

> **範例 7.1**
>
> 一個 FM 信號，$s(t) = 10\cos[2\times 10^{16}\pi t + 10\cos(2000\pi t)]$。請找出尖峰頻率偏移 f_Δ、調變指數 β 與頻寬 BW。
>
> FM 信號的瞬時相位為
>
> $$\theta(t) = 2\times 10^{16}\pi t + 10\cos(2000\pi t)$$
>
> 因此，瞬時角頻率可被計算為
>
> $$\omega(t) = \frac{d\theta(t)}{t} = 2\times 10^{16}\pi - 20000\pi\sin(2000\pi t)$$
>
> 基於尖峰頻率偏移 f_Δ 的定義，我們得到
>
> $$f_\Delta = \frac{10\omega}{2\pi} = \frac{20000\pi}{2\pi}\,\text{Hz} = 10\,\text{kHz}$$
>
> 調變指數 β 可被計算為
>
> $$\beta = \frac{f_\Delta}{f_m} = \frac{10\times 10^3}{10^3} = 10$$
>
> FM 信號 $S(t)$ 的頻寬 BW 如下
>
> $$BW = 2(\beta+1)f_m = 2\times 11\times 10^3\,\text{Hz} = 22\,\text{kHz}$$

載波頻率在 $f_c + f_\Delta$ 與 $f_c - f_\Delta$ 之間變動。FM 的調變指數定義為 $\beta = f_\Delta/f_m$，其中 f_m 為使用的最大調變頻率。在 FM，整體波功率不隨著頻率而改變。要將信號復原，接收端會檢查已知載波信號如何修改資訊，進而重組資訊波。FM 系統比 AM 系統提供較佳的 SNR，也就是有較少的雜訊內容。另一優點是它需要較少的放射功率，但是它的確需要比 AM 大的頻寬。FM 信號的頻寬可利用以下得到

$$BW = 2(\beta+1)f_m \tag{7.12}$$

7.3.3 頻率移位鍵（FSK）

頻率移位鍵（frequency shift keying; FSK）係利用不同頻率對 "1" 或 "0" 在兩載波上作數位信號的調變。載波的差異就是頻率移位。圖 7.30 顯示 FSK 的波形。

二進位 '1' 的
載波信號 1

二進位 '0' 的
載波信號 2

訊息信號
$x(t)$

FSK 信號
$s(t)$

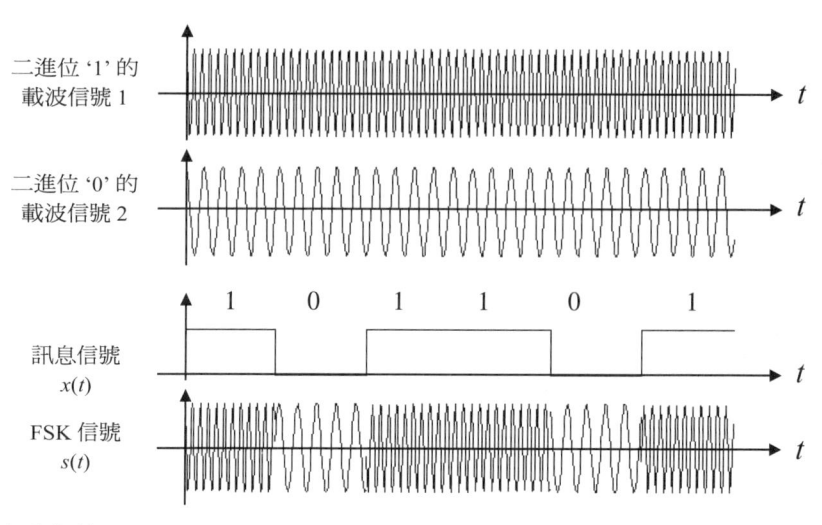

▲ 圖 7.30　頻率移位鍵

　　一種明顯方法用來產生 FSK 信號是當資料位元為 "1" 或 "0" 時，在兩獨立震盪器之間作切換。這種 FSK 叫做非連續性 FSK，因為所產生的波形在切換時間是不連續的。相位的不連續性造成許多問題，包括**頻譜擴散**（spectral spreading）與**偽造傳輸**（spurious transmissions）。一種常見的方法用來產生 FSK 信號，是以訊息波形對單一載波震盪器作頻率調變。這種調變是類似 FM 產生，除了調變信號是二進位形式 [7.1]。FSK 具有高**信號雜訊比**（signal-to-noise ratio; SNR），但低頻譜效率。它是用在所有早期的低位元率數據機。

7.3.4　相位移位鍵（PSK）

　　在數位傳輸，載波的相位是隨著參考相位及依照所傳送的資料作離散改變的。**相位移位鍵**（phase shift keying; PSK）是一種傳送與接收數位信號的方法，其中傳送信號的相位是可變的。譬如在編碼時，相位移位可用 0º 對 "0" 作編碼，而以 180º 對 "1" 作編碼，因此 "0" 與 "1" 表示相差 180º。這種 PSK 也叫做**二進位相位移位鍵**（binary phase shift keying; BPSK），因為 1 位元是以單一調變符號來傳送。圖 7.31 顯示 BPSK 的波形。

　　PSK 有完美的 SNR，但並需作同步解調，也就是接收端必須接收到參考載波，才能用來比較接收信號的相位。這造成解調電路變得複雜。

▲ 圖 7.31　相位移位鍵

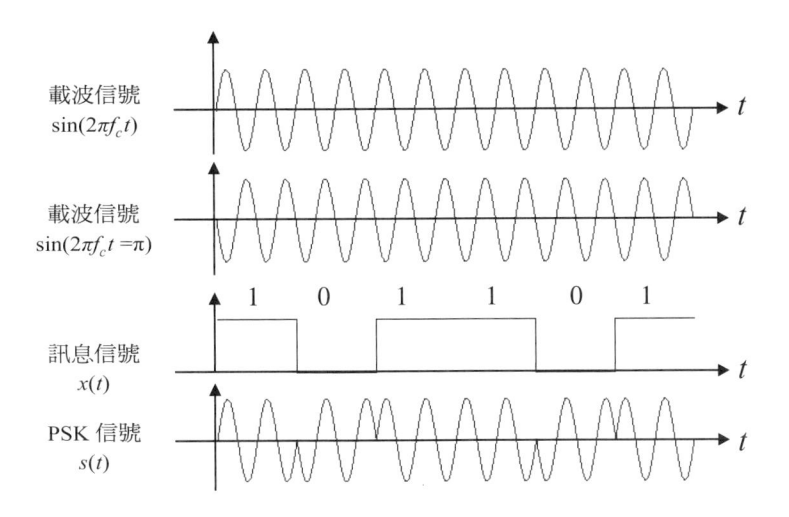

7.3.5　四相位移位鍵（QPSK）

QPSK 進一步延伸 PSK 的概念，它假設相位移位的數目不再限制僅有兩個狀態。傳送的載波可以經過任何數目的相位改變。這其實也正是 QPSK 的情況。利用 QPSK，載波可以經過四種相位改變，且能夠代表四個二進位樣式的資料，有效地加倍載波的頻寬。以下為四種不同輸入位元組合的相位移位 [7.2]。

$$\begin{cases} \phi_{0,0} = 0 \\ \phi_{0,1} = \frac{\pi}{2} \\ \phi_{1,0} = \pi \\ \phi_{1,1} = \frac{3\pi}{2} \end{cases} \quad 或 \quad \begin{cases} \phi_{0,0} = \frac{\pi}{4} \\ \phi_{0,1} = \frac{3\pi}{4} \\ \phi_{1,0} = -\frac{3\pi}{4} \\ \phi_{1,1} = -\frac{\pi}{4} \end{cases}$$

正常來說，QPSK 的實作方式是作 I/Q 調變，將 I（in-phase）與 Q（quadrature）信號依相同參考載波信號（換句話說，來自同一本地震盪器）作彙整。其中一個載波會具有一個 90° 的相位位移。假設輸入序列 d_k（$k = 0, 1, 2, ...$）以速率 R_b 抵達調變器，並分成兩條資料流 $d_I(t)$ 與 $d_Q(t)$，分別含有奇位元與偶位元。然後，$d_I(t)$ 與 $d_Q(t)$ 的位元率為 $R_s = R_b / 2$。舉例，若 $d_k = [1, 0, 1, 1]$，則 $d_I(t) = [d_0, d_2] = [1, 1]$ 和 $d_Q(t) = [d_1, d_3] = [0, 1]$。

我們可以將兩個二進位序列各考慮成 BPSK 信號。兩個二進位序列各自以兩個 Q（quadrate）信號作調變。兩調變波形之合即為 QPSK 波形，且相位移位也有四個狀態，對應至各兩個相鄰輸入位元。圖 7.32 顯示 BPSK 與 QPSK 的星座圖（constellations）。

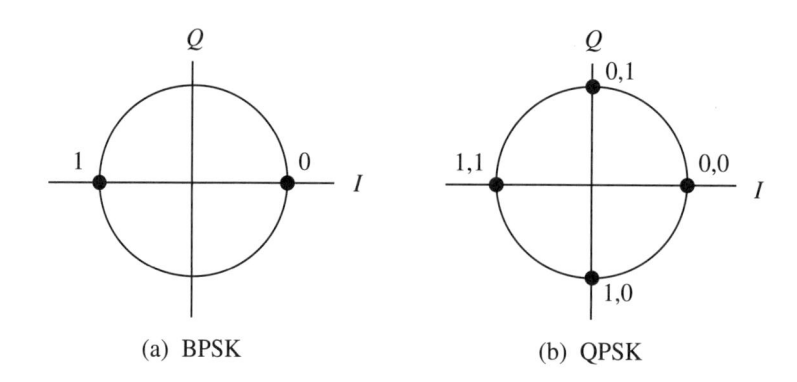

圖 7.32 BPSK 與 QPSK 的星座圖

7.3.6　π/4QPSK

在 QPSK 與 BPSK，輸入序列是以群組中的絕對位址做編碼。在 π/4QPSK，輸入序列是以振幅及相位移位的方向之改變來做編碼，而非其在星座圖中的絕對位置。π/4QPSK 以 ± π/4 使用兩個 QPSK 星座圖位移。信號元素是依序從兩個 QPSK 群組中選取。轉移必須是從一個群組至另一個星座圖。這樣確保各符號都會有一個相位改變。因此，π/4QPSK 可以做非同調（noncoherently）解調，這簡化了解調器的設計。

在 π/4QPSK 載波的相位為：

$$\theta_k = \theta_{k-1} + \phi_k \tag{7.13}$$

其中 φ_k 是對應於輸入位元對之載波相位移位 [7.1]。

舉例來說，若 $\theta_0 = 0$、輸入位元流為 [1011]，則

$$\theta_1 = \theta_0 + \phi_1 = -\frac{\pi}{4},$$
$$\theta_2 = \theta_1 + \phi_2 = -\frac{\pi}{4} + \frac{\pi}{4} = 0$$

從前述例子，我們可以發現輸入序列中的資訊是完整地包含在對應於兩相鄰符號之調變波形的相位差。（在前述例子，兩相鄰符號為 [1, 0] 和 [1, 1]。）

圖 7.33 顯示在 π/4QPSK 的所有可能狀態轉移。

π/4QPSK 在大部分第二代系統是很熱門的，譬如北美數位細胞式系統（IS-54）與日本

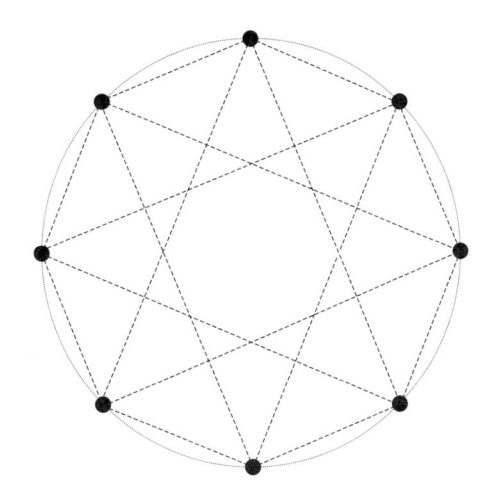

■ 圖 7.33　π/4QPSK 之所有可能狀態轉移

數位細胞式系統（Japanese Digital Cellular; JDC）。

7.3.7　正交振幅調變（QAM）

正交振幅調變（quadrature amplitude modulation; QAM）基本上就是 AM 與 PSK 的結合，其中兩個相位差 90° 的載波被作振幅調變。如果**鮑率**（baud rate）為 1200 Hz，每鮑三個位元，信號可以每秒 3,600 位元來傳送。我們將信號以兩個振幅與四個可能相位移位來調變，結合兩者，我們有八個可能的波（表 7.2）。

■ 表 7.2　代表 QAM 表

代表的位元序列	振幅	相位移位
000	1	0
001	2	0
010	1	$\pi/2$
011	2	$\pi/2$
100	1	π
101	2	π
110	1	$3\pi/2$
111	2	$3\pi/2$

數學上來說，在理想的無雜訊傳輸環境中，給定一個鮑率，資料速率是沒有上限的。實際上，影響的因素包括振幅（和相位）穩定性，以及局端設備與傳輸媒介（載波頻率或通訊通道）的雜訊量。

7.3.8　16QAM

16QAM 將信號分成十二個不同相位與三個不同振幅，共計十六種可能的值，各編碼四個位元。圖 7.34 顯示 16QAM 的長方形星座圖。圖 7.35 顯示 16QAM 的其他星座圖。

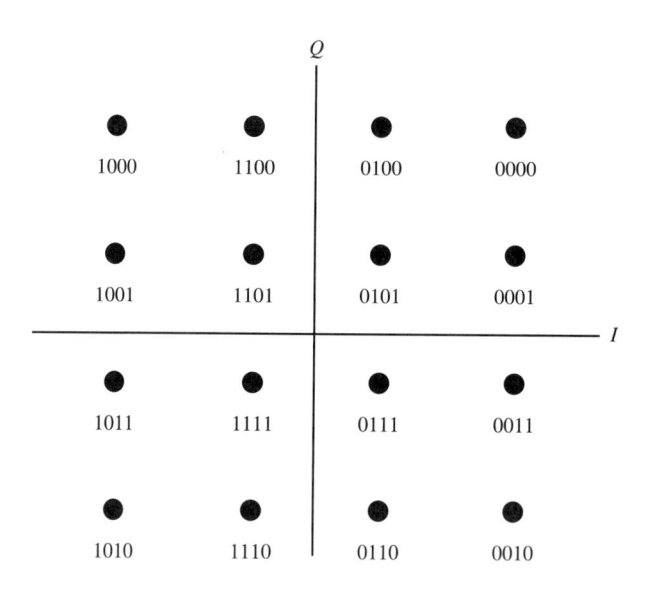

▣ 圖 7.34　16QAM 的長方形星座圖

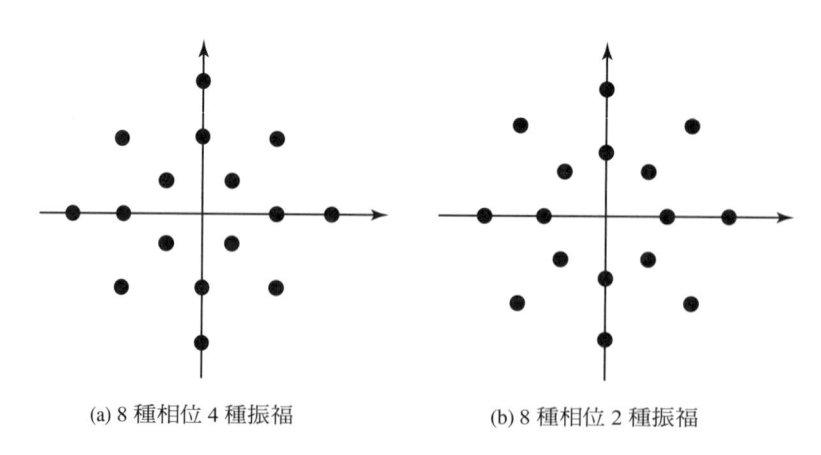

(a) 8 種相位 4 種振幅　　(b) 8 種相位 2 種振幅

▣ 圖 7.35　16QAM 的其他星座圖

16QAM 是應用於微波數位無線電、DVB-C（Digital Video Broadcasting──Cable）與數據機。16QAM 或其他更高階 QAMs（64QAM，256QAM）的頻寬比 BPSK、QPSK 或 8PSK 來得更有效率，可獲得更高速的傳輸。然而，這使無線電信號變得更複雜，所以較容易因雜訊與失真而造成錯誤。隨著雜訊或干擾的影響，較高階 QAM 系統的錯誤率下降的速度比 QPSK 來得劇烈。這種品質降低就是較高的位元錯誤率（BER）。

7.4　總結

系統的用戶們有效地利用各種不同的多工技術來使用通訊通道，以便在不同無線裝置之間交換資訊。使用這些資源（資訊或流量通道）的問題與限制，以及它們相對的優缺點皆已於本章做討論。我們也介紹各種調變技術。瞭解整體系統是如何運作，以及無線系統中有限的可用通道是如何負荷來自多個行動台的流量都是很重要的課題，我們將在下一章討論這些。

7.5　參考文獻

[7.1] T. S. Rappaport, *Wireless Communications: Principles & Practice*. Upper Saddle River, NJ: Prentice Hall, 1996.
[7.2] J. G. Proakis and M. Salehi, *Communication System Engineering*. Upper Saddle River, NJ: Prentice Hall, 1994.
[7.3] R. Van Nee and R. Prasad, *OFDM for Wireless Multimedia Communications*. Norwood, MA: Artech House, 2000.

7.6　實驗

■ 實驗一
- **背景**：不同於有線媒介，無線媒介無法藉由確實的物理邊界來嚴格限制。因此，通訊實體必須同意採取特定機制來達到最高效益，使它們之間分散式的存取。這可以完全以隨機方式完成像是 CSMA，或是確定性的方式像是 TDMA 等等。這兩組技術各有不同的需求。
- **實驗目的**：如同以上所述，隨機存取技術像是 CSMA 與確定性的技術像是 TDM 有不同的目的。這個實驗將幫助學生瞭解它們之間的差異和基本的服務目的。

— **實驗環境**：電腦和模擬軟體，像是 OPNET、QualNet、ns-2、VB、C、VC++、Java，或 MATLAB。

— **實驗步驟**：

1. 學生將執行 TDMA、FDMA 和 CDMA 技術，使多個不相關的無線傳輸發生在同一地區。
2. 學生也可以使用 OPNET、QualNet、ns-2 或 MATLAB 去模仿多重分工技術的過程。一旦編碼和設置完成，執行模擬，改變流量負載，繪製延遲和產出率的圖表，並比較其效能。

■ 實驗二

— **背景**：調變幫助疊加實體載波的訊號。它是使資料能傳輸的基本技術。這基本概念已被多種不同機制所採用，利用不同的原則在載波上疊加訊號。尋找有效的調變技術，對通訊工程領域的研究者是一個歷久不衰的專注領域。

— **實驗目的**：調變在學術界和工業界總是令人感興趣的領域。一直以來，專注在使用較高頻率來通訊，是因為它們能有較高的資料率。每一個頻率區提供一個獨特的特色和環境。當增加新的通訊頻率區，總是需要探索適當的調變技術。本實驗是要激發學生瞭解這些作用的第一步。

— **實驗環境**：電腦和模擬軟體，像是 OPNET、QualNet、ns-2、VB、C、VC++、Java 或 MATLAB 含 Simulink。

— **實驗步驟**：

1. 本實驗注重不同的調變技術 AM、FM、FSK、PSK、QPSK、$\pi/4$QPSK、QAM 和 16QAM。學生將執行不同技術，並利用它們讓資料在傳送端與接收端之間傳輸。
2. 學生可產生任意的訊息位元，應用到程式裡做不同的調變方法，並就強健性和效能的觀點來比較它們的性能。

7.7 開放式專題

■ **目的**：在本章中，指出了 OFDM 和 SDMA 的優勢。但目前尚不清楚何時該使用哪種方式。本專題的目的是模擬一個大蜂巢式系統，看看在何種條件下 OFDM 能比 SDMA 提供更好的效能，反之亦然。嘗試不同的使用者數量，並且觀察這兩種方法的效能。

7.8 習題

1. 保護頻帶與保護時間的差異為何，以及為何對細胞式系統而言它們是重要的？請詳加解釋。
2. 有一 TDMA 系統以 270.833 kbps 的資料速度來支援每八個用戶使用一個訊框。
   （a）請問各用戶能使用到的原始資料速度為何？
   （b）如果保護時間與同步化佔用 10.1 kbps，請問其流量效率？
   （c）如果碼（7,4）被用於錯誤處理，請問整體效率為何？
3. 無線信號從基地台抵達行動台會歷經不同路徑，有些是直接的，有些是反射的，而有些是斜射的。如果信號所行經的路徑長度最差情況可相差至 2 公里，請問其保護時間最小值為何？假設信號傳遞速度為 512 kbps。
4. 重複習題 2，當僅支援每四個用戶使用一個訊框。
5. 重複習題 3，當路徑長度差為 4 公里。
6. 找出 16-位元碼的 Walsh 函數。
7. 何謂正交的 Walsh 碼？為何在 CDMA 中需要對用戶做同步化？
8. 請問有可能癱瘓 CDMA 嗎？請詳加說明。
9. 在 CDMA 系統中，為了提高所能服務之行動台數量，嘗試考慮也使用 TDMA。這可能嗎？如果可以，要怎麼做；如果不行，為什麼？
10. Walsh 碼的數量決定所能同時服務的行動台之最大數量。那為何不使用一個很大的 Walsh 碼？有什麼限制或缺點？請詳加說明（Walsh 碼的範圍是 28～128 位元）。
11. 請問跳頻有哪些非軍事的應用？為何藍芽技術用於家用設備及電腦的無線滑鼠？
12. 外科應用上的生醫設備是使用哪個頻率帶？這些無線裝置有哪些限制？
13. 何謂 FSK/QPSK？
14. 為什麼功率控制是 CDMA 能否有效運作的關鍵議題之一？
15. 你如何決定保護通道的範圍？它是否為一個載波頻率的函數？請詳加說明。
16. 訊息信號 $x(t) = \sin(100t)$ 用以調變載波信號 $c(t) = A\cos(2\pi f_c t)$。利用振幅調變，請找出調變信號的頻率內容。
17. 下圖所示為一信號振幅調變一個載波 $c(t) = \cos(50t)$。請精確地將調變信號的結果繪出。

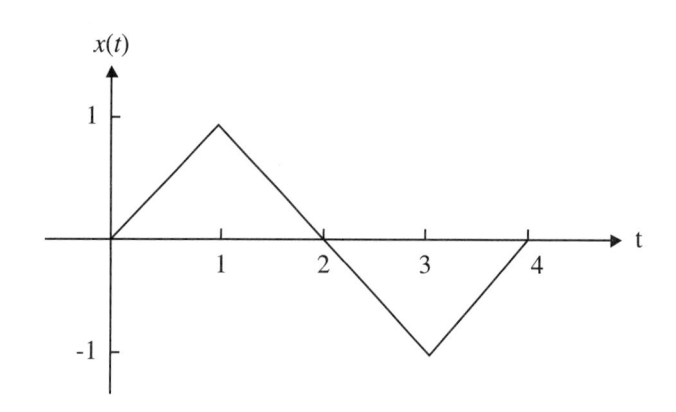

$x(t)$ 圖形如圖所示（三角波，峰值±1，週期4）。

▌圖 7.36　習題 17 的圖

18. 訊息信號為 $x(t) = \cos(20\pi t)$ 與載波為 $c(t) = \cos(2\pi f_c t)$。利用頻率調變。調變指數為 5。
    （a）寫出調變信號的表示式。
    （b）何為調變信號的最大頻率誤差？
    （c）找出調變信號的頻寬。
19. 除了 BPSK 與 QPSK，8PSK 是另一種相位移位鍵。請嘗試寫出 8PSK 的星座圖。
20. 利用 16QAM 傳送兩進位序列，若鮑率為 1200 Hz，請問每秒能傳送多少位元？
21. 增加振幅與相位移位量，我們可以獲得更高的 xQAM，譬如 64QAM 與 256QAM。傳輸率似乎可以被無限提升。真的是這樣嗎？請詳加說明。
22. OFDMA 大幅節省頻寬，或者是在相同頻寬下可傳輸更多資料，為什麼？試著畫圖說明。

Chapter 08

通道分配

8.1 簡介

從效能的角度而言,細胞式系統的流量通道分配是很重要的議題,這涉及到基地台應如何指派流量通道給各行動台。在本書,通道就是指流量通道。由於通道是受細胞的基地台所管理,行動台要發話時,需先提出通道要求。當有可用通道時,基地台才會允許行動台存取該通道。在這種情況下,新通話遭阻斷的機率可降至最小。一種確保總是有可用的無線資源的方式就是增加各細胞中的通道數,那麼各細胞就有較多通道可以分配。然而,因為無線通訊的頻率帶是有限的,所以通道數目是有上限的,是以限制了各細胞所能分配到的可用通道數,尤其是在 FDMA/TDMA 為基礎的系統。通道分配表示將無線頻譜分成數個無交集的通道集合,使其可同時服務多個行動台,而且透過適當的通道分隔能將相鄰流量通道干擾的影響降至最低。在 FDMA/TDMA 為基礎的系統中,最簡單的作法是將通道平均分配給各個細胞,然後透過適當的重複使用距離來降低干擾。如果系統負載是均勻分佈,則這種分配能很容易地處理各使用者的話務。考慮一種情況是有一叢集的流量通道是平均分配至各細胞,如果 S_{total} 是通道總量,而 N 是重複使用叢集的大小,則各細胞的通道數量為:

$$S = \frac{S_{total}}{N} \tag{8.1}$$

舉例來說,如果 $S_{total} = 413$ 與重複使用叢集大小 $N = 7$(亦即七個細胞組成一個叢集),則各細胞流量通道數量 $S = 59$。檢視此關係式,我們可能會認為降低 N 值(違背重複使用的概念)就能增加各細胞的通道數量。這樣的效果是降低重複使用距離,反而增加干擾。所以,另一個選項是依據各細胞的流量負載來分配通道。然而,即使我們分析過去的統計資訊,要能準確預測瞬時流量仍然是很困難的。這也是為什麼各細胞都分配相同數量的通道。在理想狀態下,先假定所有參數都是相同的,然後再視情況有所調整。這表示區域內的行動台位置假定是均勻分佈的,而各行動台的發話機率是相同的。外部條件像是山坡、丘陵、高聳建築物,以及峽谷等也都假定是相同的地表型態。這些假設是不真實的,我們需要其他的解決方案來探討無線系統在實際運行時的(不規則)流量負載。有一篇極佳的調查報告對各種通道分配方案進行分析 [8.1]。值得注意的是,CDMA 系統與 FDMA/TDMA 系統是可以劃上等號的,如果碼的數量(意味各細胞所能同時進行之通話量)相當於 FDMA/TDMA 系統的流量通道數量。所以,許多結論亦適用於 CDMA 系統。

8.2 靜態分配與動態分配

在 FDMA/TDMA 細胞式系統中,有兩種方法將流量通道分配給不同的細胞:靜態式與動態式。靜態分配係將固定數量的通道分配給各細胞,而動態分配則是動態地依需求把通道分配給不同的細胞。通道分配有許多種變型,各自有其獨特之處與優缺點。即使在靜態分配的方案中,各細胞可能是有固定數量的通道,或不同細胞是不均勻的**固定通道分配**(fixed channel allocation; FCA)。另一種選擇是結合不同面向的方案,包括 FCA 與**動態通道分配**(dynamic channel allocation; DCA)方案。總之,通道分配方案可有如下分類:

1. 固定通道分配。
2. 動態通道分配。
3. 混合通道分配(**hybrid channel allocation; HCA**)[8.2]。

各方案皆有許多選擇,本章將討論其中幾個重要的。

8.3 固定通道分配(FCA)

在 FCA 方案中,各細胞被分配成一組永久的通道。如果系統中的可用通道總數是分成數個集合,那麼服務整個涵蓋區域所需的最小通道集合數量,是與各細胞的頻率重複使用距離 D 及半徑 R 有關:

$$\sqrt{N} = \frac{D}{\sqrt{3}R} \tag{8.2}$$

一種用來解決高流量與換手通話的方法是暫時借用鄰近細胞的可用通道。譬如,在如圖 8.1 的 7- 細胞叢集方案中,如果叢集 A_1 的一個細胞借用相鄰叢集細胞的通道,我們必須確

保不會與叢集 A_2, A_3, A_4, A_5, A_6 與 A_7 發生干擾，因為這些叢集是落在叢集 A_1 的重複使用距離內。通道借用的方案有許多種，從簡單到複雜的都有。

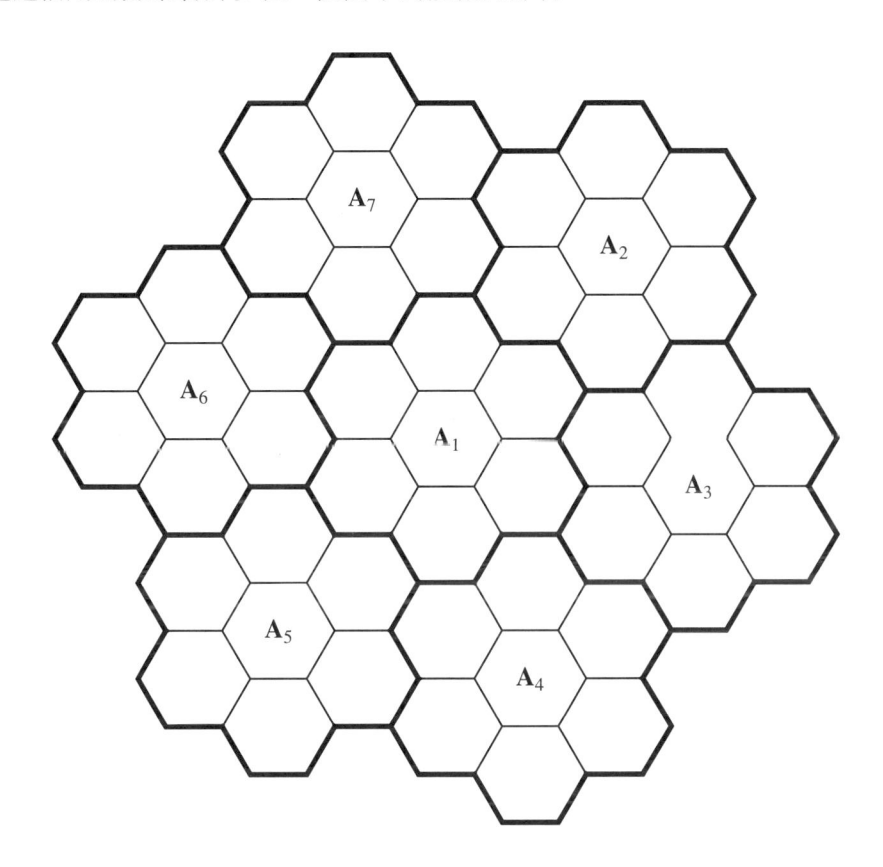

圖 8.1 叢集 A1 在重複使用距離內向相鄰叢集借用通道之影響

8.3.1 簡易借用方案

一種簡易借用方案是在所有分配給該細胞的通道都已經被使用時，可以向任何仍有空閒通道的細胞借用通道。這種細胞叫做**捐助者細胞**（donor cell）。一種選擇捐助者細胞的明顯方式是選取具有最多空閒通道的相鄰細胞，也就是「跟最富有的借」。借用之後，當自身細胞內又有可用通道時，仍需要將借用通道歸還給捐助者細胞。這種演算法定義為具**重新指派**（reassignment）的基本演算法。另一種選擇是按照事先定義的序列來搜尋第一個空閒通道；這叫做跟第一可用的借（borrow-first-available）方案。

8.3.2 複雜借用方案

複雜方案的基本策略是將流量通道分為兩群，一群是永久性地指派給各細胞，而另一群是保留做為提供相鄰細胞借用的捐助者。兩群的通道比例是事先決定的，這需考量估計的系統流量。一種選擇（稱為具通道順序之借用）是指定細胞內通道的優先順序，將優先順序越高的通道供本地話務來使用，而從優先順序最低的通道挪做通道借用。

如稍早所述，各個步驟都需考量到干擾。如果通道借用的可用通道是來自共通道細胞，則該通道可以被借用。這種方案叫做**具指向性通道鎖定之借用**（borrowing with directional channel locking; BDCL）。但這種方案帶來其他限制，它降低了可用通道數量。

第五章所討論基本分區技術可用來暫時地分配通道。接下來我們將討論這種情境的通道借用，並討論為何細胞分區是有用的，其如何影響捐助者細胞的選取，以及對通道干擾有哪些影響。一種利用分區細胞的方法是從兩相鄰分區的鄰近細胞中，取其一者來借用通道。有一種叫做具借用與重新指派之通道指派方案，可以一方面在借用時儘量降低話務阻斷機率，另一方面重新指派借用通道以達最大效益。依據不同的效能差異，通道也可以被賦予不同的優先順序；這在選取最低優先順序通道供其他細胞來借用是很有幫助的。再者，一旦自身細胞內有可用通道時，會將借用通道歸還給捐助者細胞。這方案叫做具**重新安排**（rearrangement）之有序通道指派方案。

不同複雜方案有其相對的優點與缺點，包括在整體通道利用、整體流量與分配複雜度之差異，應採取何種方案需取決系統流量行為與系統規格。

圖 8.2 顯示七個相鄰叢集可能造成共通道干擾。讓我們假設叢集中各分區使用相同頻率帶或通道來保持重複使用距離，且各分區使用固定通道分配，如此可以將干擾維持在最小的可接受程度。假設叢集 A_3 的分區 "x" 需要向一個相鄰細胞借用通道，譬如叢集 A_1 的分區 "a"。但是，從叢集 A_1 的分區 "a" 借用通道給叢集 A_3 的分區 "x" 可能就違背重複使用距離，而分區 "x" 的借用通道與叢集 A_2、A_3、A_4、A_5、A_6 與 A_7 的所有 "a" 通道之間就會有干擾。請檢視 "x" 與其他叢集的分區 "a" 之間的距離，僅有叢集 A_5、A_6 與 A_7 滿足重複使用距離的要求，而叢集 A_2、A_3 與 A_4 卻違反 "x" 的重複使用距離。因此，我們需要檢視叢集 A_2、A_3 與 A_4 的分區 "a" 相對於 "x" 的方向。很清楚地，A_2 與 A_4 的分區 "a" 是與 "x" 不同方向，在這些區域同時使用相同通道並不會造成額外干擾。所以剩下的問題是分區 "x" 與叢集 A_3 的分區 "a" 之間的干擾，儘管它們違反重複使用距離（都是屬於同一個叢集 A_3），它們的方向極可能是不會相互造成干擾的。若這些細胞沒有進行分區，則圖 8.2 中，在 "x" 處的通道借用會造成與叢集 A_2、A_3 與 A_4 的細胞 "abc" 之間的干擾。這些借用通道同樣無法在這些叢集中使用。所以，我們可以明顯地發現分區細胞的優點。

向屬於相同叢集的相鄰細胞借用通道時也可進行類似的分析。有兩個步驟來避免可能的

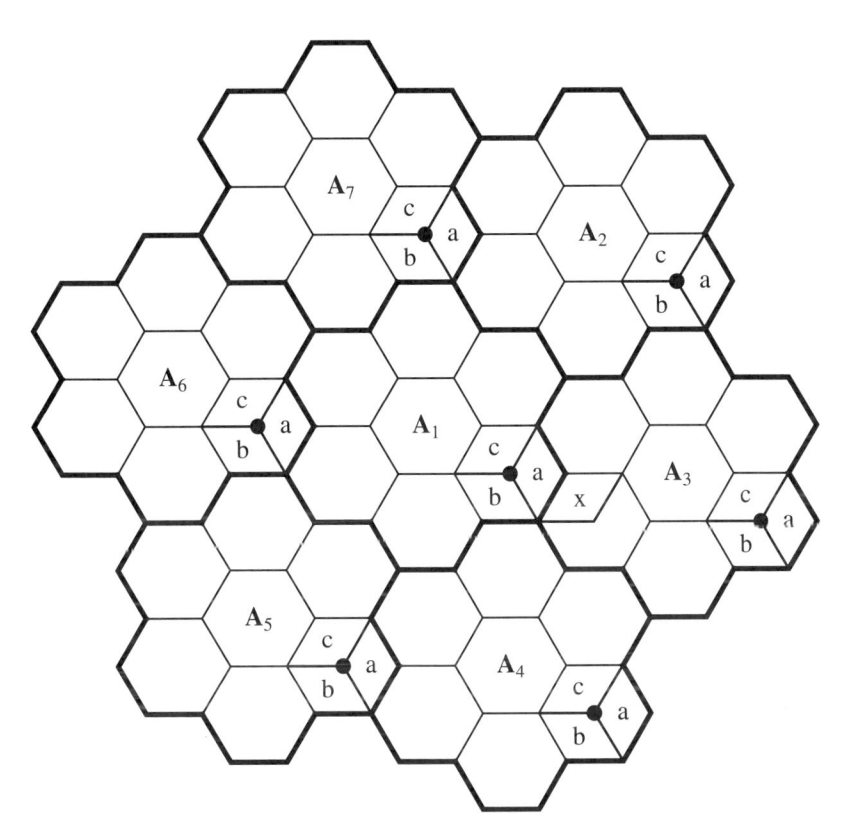

圖 8.2 在分區細胞無線系統中借用通道之影響

干擾：首先，檢查借用通道與其他鄰近叢集的重複使用距離，然後檢查違反重複使用距離的細胞之分區方向。透過這種檢查可以判斷出任何可能與其他細胞之間發生的干擾，並確保整體系統的順暢運作。

範例 8.1

在一個 7-細胞叢集的蜂巢式系統，單位時間的平均通話數如下：

	每單位時間的平均通話數（通話數／每單位時間）
細胞一	500
細胞二	1500
細胞三	1000

假設 30 個流量通道（traffic channels）被指派至該系統，找出在下列條件下，在每個細胞的通道分配：

(1) 基於流量負載的靜態分配。

(2) 使用 FCA 簡單借用方案（不需考慮流量負載）。

以下為答案與討論：

(1) 細胞一、細胞二與細胞三流量通道比為 500:1500:1000 = 1:3:2，流量通道數量如下

	流量通道數量
細胞一	30*1/6=5
細胞二	30*3/6=15
細胞三	30*2/6=10

(2) 在固定通道分配機制下，考慮訊務負載，細胞一、細胞二與細胞三的流量通道數量需相同且為 30/3=10。

8.4 動態通道分配（DCA）

DCA 是在新通話抵達系統時才動態地進行通道分配，其將所有空閒通道集中在**中央儲存集區**（central pool）。這表示當通話結束時，該通道會歸還至中央儲存集區。由於透過這種方式，通道分配所造成的干擾是已知的，所以可以更直接地選取最適當的通道給任何新通話。所以，DCA 方案克服了 FCA 方案的問題。事實上，只要能符合細胞內的干擾限制，一個空閒通道可以分配給任何細胞。通道的選取可以是非常簡單，也可能需要涉及一個或多個考量因素，包括將來對細胞周遭造成的阻斷機率、重複使用距離、選取通道的頻率使用、整體系統的平均阻斷機率，以及瞬時的通道佔用之分佈。控制權可以是集中式或分散式。DCA 方案有兩個類型——集中式方案與分散式方案——而每一類型又有許多選擇。

8.4.1　集中式動態通道分配方案

在這些方案，係從中央儲存集區的空閒通道中選取一個通道分配給新通話。最簡單的方案是選取第一個滿足重複使用距離的可用空閒通道。一種選擇是挑一個能讓鄰近區域的阻斷機率減至最低的空閒通道；這可定義為**局部最佳動態指派**（locally optimized dynamic assignment）。另一種通道重複使用最佳化的方案是提高系統中所有通道的利用率，即增加系統效率。

給定一個重複使用距離，可以計算出細胞應如何分配才能滿足最小重複使用距離，而這些細胞可以使用相同頻道，係定義為共通道細胞。這些共通道細胞可以組成一個集合。如果有一個細胞有新通話需要支援，則會從中央儲存集區選取一個空閒通道，此通道需讓其共通道集合的成員數達最大。一種進階改良版是選取一個能讓共通道細胞之間距離的均值平方達最小的通道。全域最佳化可以透過圖學理論模型來達到，用頂點（vertex）來表示各細胞，在兩頂點之間畫一個邊（edge）來代表沒有共通道干擾。在進行選取時，設法讓邊的數目達到最大（即越多可用的頂點），那麼就能達到低阻斷機率。

DCA 方案處理隨機產生的新通話，無法讓整體通道重複使用率達最大。所以觀察發現這些方案處理的流量比 FCA 來得少，尤其在高速傳輸速度的環境。因此，建議如果能夠降低共通道細胞之間的距離，可以重新指派通道與改變目前通話所使用的通道，進而影響重複使用距離。

8.4.2 分散式動態通道分配方案

理論上集中式方案可以提供接近最佳的效能，但基地台之間密集的計算與通訊使其帶來額外的系統延遲，而變得不實用。所以，有一些方案是將通道散佈於網路，但集中式方案仍被用來做為與各種分散式方案評比的基準。

分散式 DCA 方案主要基於三種參數之一：共通道距離、信號強度量測，以及**信號雜訊比**（signal-to-noise ratio; SNR）。在細胞為基礎的分散式方案中，會有一個表格記錄鄰近區域的其他共通道細胞沒有在使用的通道，然後從空閒通道中選取一個給提出要求的細胞。在相鄰通道干擾限制方案，除了共通道干擾外，當選取新通道時亦會考量相鄰通道干擾。此方案的主要限制是沒有考慮到行動台的位置。

在信號強度量測為基礎的分散式方案，通道分配是計算預期的**共通道干擾比**（cochannel interference ratio; CCIR）是否高於臨界值。這也可能造成其他通話的 CCIR 因而降低，所以需要找出最適宜的通道來滿足可接受的 CCIR。否則，遭中斷的通話可能被切掉，或產生漣漪效應，而導致系統的不穩定。

節錄自 [8.1] 的固定與動態通道分配方案之比較，請見表 8.1。

8.5　混合通道分配（HCA）

已有許多通道分配方案被提出，而各自是基於不同的準則來使效能達到最佳化。有一些

表 8.1　固定與動態通道分配方案之比較

FCA	DCA
高流量時表現較佳	中低流量時表現較佳
通道分配的彈性低	彈性的通道分配
最大的通道重複使用率	並非總是最大的通道重複使用率
對時間與空間上的改變是敏感的	對時間與空間上的改變是不敏感的
干擾細胞群組的單位通話服務品質是不穩定的	干擾細胞群組的單位通話服務品質是穩定的
高強迫通話中斷機率	中低強迫通話中斷機率
適於大型細胞環境	適於微細胞環境
低彈性	高彈性
無線電會覆蓋細胞所指派的全部通道	無線電會覆蓋細胞所指派的暫時通道
獨立的通道控制	完全集中式至完全分散式控制，取決於使用的方案
低的運算成本	高的運算成本
低的通話建立延遲	中高的通話建立延遲
低的實作複雜度	中高的實作複雜度
複雜的頻率規劃	無頻率規劃
低的信號負載	中高的信號負載
集中式控制	集中式、分散式控制，取決於使用的方案

資料來源："Channel Assignment Schemes for Cellular Mobile Telecommunications Systems: A Comparative Study," by I. Katzela and M. Naglshinen, 1996, *IEEE Personal Communications*（now *IEEE Wireless Communications*）, pp. 10-30.

重要的考量包括混合通道分配、彈性通道分配，以及換手分配方案，將在此作討論。

8.5.1　混合通道分配方案

　　HCA 方案是 FCA 與 DCA 方案的結合，通道分成固定與動態兩個集合。這表示各細胞能夠專屬使用一固定數量的通道，而當固定集合中的通道都使用完才會提出請求使用動態集合中的通道。從動態集合中選取通道的方式可採用任何一種 DCA 方案。有一個主要議題是，如何決定固定與動態通道數量之間的比例。其實最佳的比例取決於流量特徵，且此值應能隨著瞬時流量分佈而有所調整。觀察 [8.1] 發現固定與動態通道的比值為 3:1 時，混合通道分配在流量達 50% 時，能提供比固定方案更好的服務效能。但當流量超過此值，固定方案表現較好。在動態方案進行類似的比較，當流量介於 15% 至 40% 時，相較於無動態通道，其表現是最佳至中等。當進行大型系統的行為模擬時，需要大量的計算時間，而要為混合方案進行正確的分析模型是十分困難的，尤其當資料流量也必須加以考量時，要做到有一個近似的模型都不太可能。這是個有趣的領域，值得將來進一步觀察。

8.5.2 彈性通道分配方案

彈性通道分配方案背後的概念類似混合方案，就是將通道分成固定與彈性（急用）兩組，其中固定通道那組是指派給各細胞在低流量時作有效使用。而僅在固定通道都已使用完時才使用彈性通道。彈性方案需要集中式控制，維護最新的流量樣式資訊，並有效地指派彈性通道。在通道分配上有兩個不同策略：排程式與預測式。在排程式指派，需要事先評估流量的變異（譬如時間與空間上的尖峰期），然後將緊急通道排程在流量變化的高峰。在預測式策略，會監控各細胞的流量密度與阻斷機率，以便依照各細胞所需而指派彈性通道。也就是視需求來分配額外的通道，而不是在辦公時間早上八點至下午五點的流量高峰期間去指派額外通道。

8.6 特殊系統架構之分配

通道分配也取決於系統本身架構的特性。譬如，一個設計用於高速公路的細胞式系統，就可以有效地將通道分配給都是往同一方向移動的行動台，即一維移動。

8.6.1 一維系統之通道分配

考慮設計於高速公路的一維微型細胞式系統，如圖 8.3，其中換手與強迫中斷通話會經常發生，因為細胞較小，而行動台所處的車輛是以高速行駛。

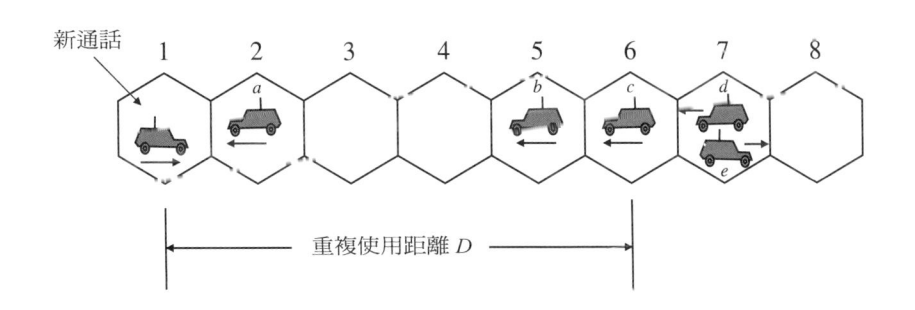

圖 8.3 一維移動方向之通道分配

要瞭解在這樣環境的通道指派，考慮如圖 8.3 的例子。細胞 1 有個新通話，以及如圖所示的通道分配 "a"、"b"、"c"、"d" 與 "e"。檢視重複使用距離與其他移動車輛的方向，在細胞內最好選擇至少相距達 ($D+1$) 距離的通道。此規則讓我們將通道 "e" 指派給在細胞 1 的行動台。這是假設當細胞 1 的行動台移動至細胞 2 時，細胞 7 的行動台也移動至細胞 8，那麼兩個行動台即使在移動至下一個細胞仍可以繼續使用相同通道 "e"。這讓因換手（但不改變通道）而引起的強迫中斷得以降至最小。為什麼不使用相距 D 的細胞應該是很明顯的，因為行動台是以不同速度再移動，且位於細胞的不同位置。所以，採用相距 ($D+1$) 個細胞，即使當細胞 1 的行動台移至細胞 2，而細胞 7 的行動台還在該細胞，仍可維持 D 距離。透過這種方式，只要行動台的移動速度是差不多的，那麼使用相同通道的兩個行動台不太可能違反重複使用距離的要求。

範例 8.2

有兩台車在細胞一與細胞二，且目前通道 "a"、"b"、"c"、"d"、"e" 與 "f" 的分配如圖 8.4。基於重複使用距離與其他移動中的車的方向，如何分配通道給這兩台車在細胞一與細胞二？

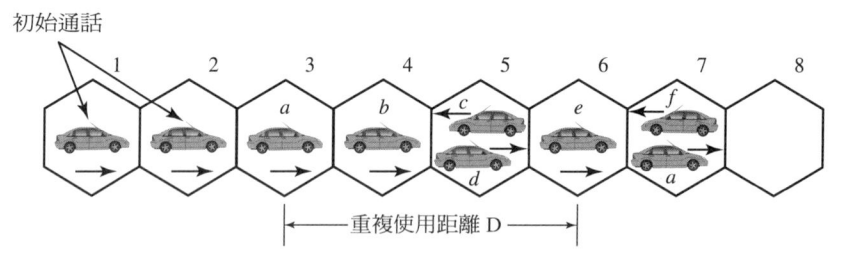

圖 8.4 一維細胞系統的範例

在細胞一中的車，基於頻譜重複利用的規則，我們可以挑選通道 "c"、"d"、"e" 與 "f"。考慮移動中的車的方向，我們只能選擇通道 "d" 與 "e"。

在細胞二中的車，基於頻譜重複利用的規則，我們可以挑選通道 "e" 與 "f"。考慮方向與移動中的車，我們只能選擇通道 "e"。

因為細胞二中的車只能選通道 "e"，所以細胞一的車基於頻譜重複利用的規則，需挑選通道 "d"。

8.6.2　重複使用分割之通道分配

在重複使用分割為基礎的分配策略，各細胞分成多個相同大小的同心圓，如圖 8.5 所示。

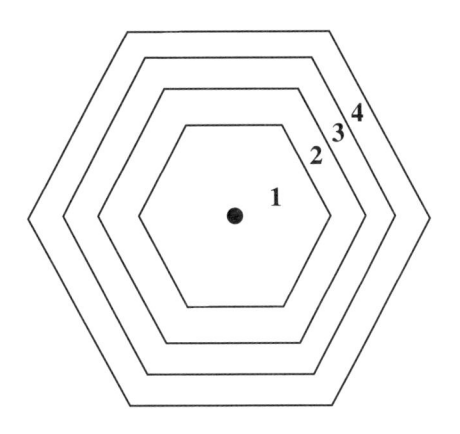

▌圖 8.5　細胞之同心圓帶

　　基本概念是內圈（也就是比較靠近基地台）需要較少的功率來維持可接受的 CIR 或**信號干擾比**（signal-to-interference ratio; SIR）。這在 CDMA 為基礎的方案也是如此的。當套用在 FDMA/TDMA 為基礎的方案，因有較低的 SIR，能夠在內圈使用較外圈來得小的重複使用距離，進而提升頻譜效率。重複使用分割方案可為固定或適應式分配。在簡易重複使用分割，具最佳 SIR 的行動用戶是被指派一群具有最小重複使用距離的通道。類似的策略是將具有最大重複使用距離的通道分配給有最差 SIR 的用戶。

　　每當行動台的 SIR 有所改變，就應在重複使用群組通道中進行適當調整。一種作法是量測細胞中所有行動台的 SIR，加以排序，然後從內圈至外圈，依行動台的 SIR 值之遞減來指派通道。

　　同心圓區域的組成是為了增加通道的利用率，而區域的數量與各區域的大小並不固定。在實務上，區域的形狀與大小可能不會正確地對應到一個給定的 SIR 值。因此，許多動態重複使用分割方案被提出，其細節請參考 [8.1]。

8.6.3　重疊細胞為基礎之通道分配

　　如圖 8.6 所示，其細胞是分裂成七個微細胞，各微細胞的中心點有其基地台與微波塔台。通道分配的方式有很多種。一種是將各行動台的移動樣式區分成快速移動與慢速移動兩群組。對於慢速移動的行動台，是由微細胞來指派通道。而快速移動的行動台可能會有較頻繁的換手，所以通道是由細胞來指派通道。所以，通道分配的選自細胞或微細胞是取決於行動台的速度。在這種多階層細胞式系統中，每一層所分配到的通道取決於通道數、涵蓋範圍大小、行動台在各層的平均移動速度、通話到訪率、通話時間，以及可接受的阻斷與遺失

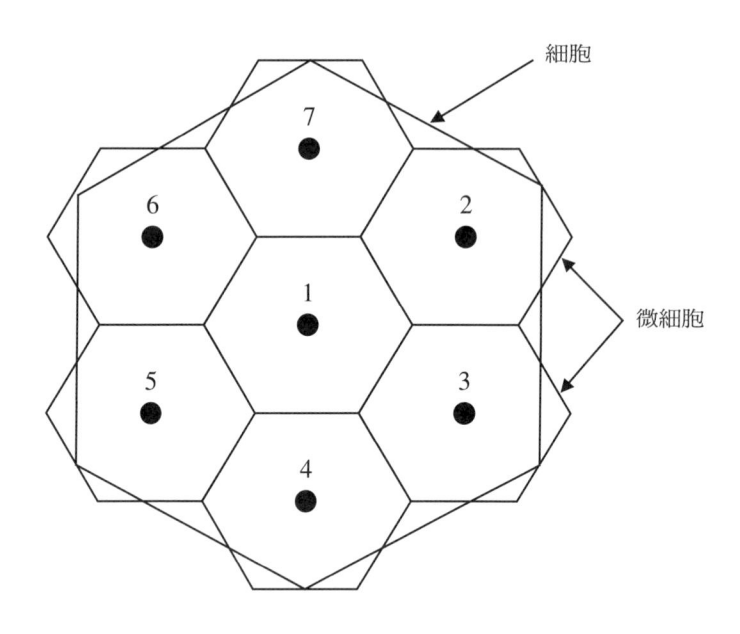

圖 8.6 細胞分裂示意圖

機率等。這種系統要做到最佳化是很複雜的，並不是本章所要涵蓋的範圍。當細胞中的流量增加時，一種作法是在細胞內分成多個較小的細胞，這種分割後的較小細胞叫做**微細胞**（microcell）與**微微細胞**（picocell）。

　　一種使用如圖 8.6 所示的細胞與微細胞的作法是動態地改變邏輯架構，從一開始僅有使用主要細胞，而其餘微細胞都是關掉的。隨著流量在細胞內部的某一區逐漸增加，當該區域的共通道干擾或資源不可用性達到不可接受的程度，而導致通話強迫中斷，該區域的微細胞就會被啟動。

　　啟用離提出需求的行動台最近的微細胞可以讓微細胞基地台與行動台相距不遠，進而提升 CIR 值。如果流量降低，則細胞會關閉微細胞內的一些基地台，所以能自動地適應瞬時通話流量密度，以及降低通話遭中斷的機率。這種多階層網路的作法從模擬結果 [8.2, 8.3, 8.4, 8.5] 顯示，能大量地降低換手次數，而細胞與微細胞的通道最佳化是一個涉及諸多參數的複雜函數，包括啟動與關閉的速度，以及臨界值參數。另一可能性是讓相鄰細胞有重疊的涵蓋區域，如圖 8.7 所示 [8.6]。在重疊細胞方案，可使用**有向重試**（directed retry）或**有向換手**（directed handoff）。在有向重試，如果位於陰影區域的行動台無法從細胞 A 找到任何空閒通道，則它可以使用細胞 B 的空閒通道，只要信號品質是可以接受的。

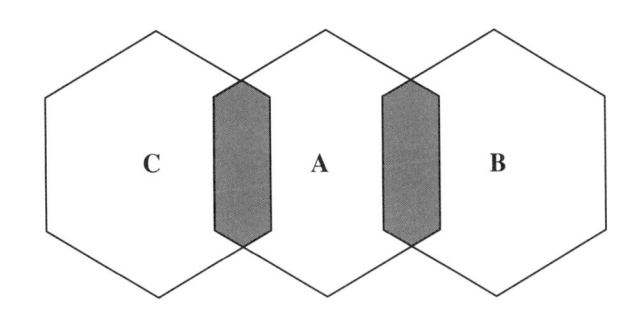

◢ 圖 8.7　細胞重疊區域之使用

在有向換手，當細胞 A 的新通話找不到任何空閒通道時，只能採取一種極端手段，就是強迫部分細胞 A 陰影區域的現有連線換手至細胞 B。細胞 A 的其他區域亦可以採取類似作法。這兩種作法都可以增加系統效能，而有許多因素影響著發話阻斷機率，包括重疊面積與整體細胞面積之間的比值。為使所有通話都能被成功地服務，以及將空閒通道的不可用性降至最低，需要仔細觀察如何決定一個適宜的重疊。給定通道數量，我們接著要考量新發話與換手通話的速率如何影響阻斷機率，以及系統效能。

8.7　系統模型

如上面所述，為滿足特定需求就必須採用不同的通道分配方案。要評估通道分配方案，此節將建構一些數學模型。在無線網路環境中與 QoS 相關的參數中，以發話阻斷機率與強迫中斷機率這兩個最為關鍵。有線網路則不同，**延遲**（delay）與**抖動**（jitter）有較高的優先等級。接著我們將討論適宜評估這些參數的模型。

8.7.1　基本模型

當有一細胞分配有 S 個通道，這些通道是用於服務來自細胞內的發話與來自相鄰細胞的換手通話。這些通話速率影響**電話接受**（call acceptance）的機率。由於要提供完全準確的模型是困難的，在這邊我們作了一些簡化的假設，以便得到一個近似的模型：

1. 假設所有行動台是均勻分佈在細胞內。
2. 各行動台以隨機速度在隨機方向作移動。
3. 發話的平均到訪率為 λ_O。

4. 換手通話的平均到訪率為 λ_H。

5. 通話平均服務速度為 μ。

6. 發話與換手通話的優先順序一樣。

7. 所有假設在系統內的所有細胞皆同等適用。

8. 發話與換手通話的到訪過程都假設為波松過程，而假設指數服務時間。

9. $P(i)$：有 i 個通道為忙碌的機率。

10. B_O：發話阻斷機率。

11. B_H：換手通話的阻斷機率。

12. S：一個細胞所分配到的通道總數。

因為發話和換手通話是均等地被 S 個通道所服務，當通話到訪時，如果系統內仍有可用通道，則可以提供服務，反之會被阻斷。細胞內的系統模型如圖 8.8 所示。細胞狀態可以用（S + 1）狀態的馬可夫模型來代表，其中各狀態代表細胞內的忙碌通道數量。整體要求速率變成 $\lambda_O + \lambda_H$。這帶出圖 8.9 所示的 $M/M/S/S$ 模型的狀態轉移圖。

從圖 8.9，狀態 i 的**狀態平衡方程式**（state equilibrium equation）為：

$$P(i) = \frac{\lambda_O + \lambda_H}{i\mu} P(i-1), \qquad 0 \leq i \leq S \tag{8.3}$$

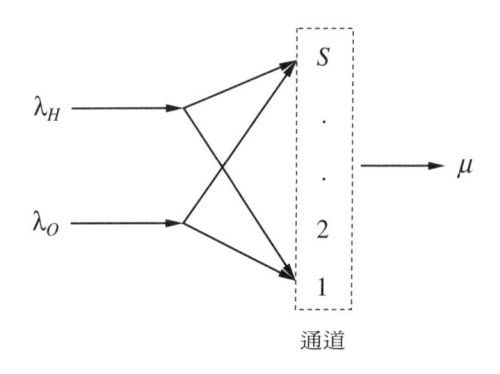

圖 8.8 細胞之泛用型系統模型

圖 8.9 圖 8.8 之狀態轉移圖

遞迴地套用之前的公式，以及假設系統會處於 $(S+1)$ 個狀態之一，所有狀態之（機率）和必須等於一：

$$\sum_{i=0}^{S} P(i) = 1 \tag{8.4}$$

穩態機率 $P(i)$ 可以容易地發現為：

$$P(i) = \frac{(\lambda_O + \lambda_H)^i}{i! \mu^i} P(0), \qquad 0 \leq i \leq S \tag{8.5}$$

其中

$$P(0) = \left[\sum \frac{(\lambda_O + \lambda_H)^i}{i! \mu^i} \right]^{-1} \tag{8.6}$$

發話阻斷機率可以表示如下：

$$B_O = P(S) = \frac{\dfrac{(\lambda_O + \lambda_H)^S}{S! \mu^S}}{\displaystyle\sum_{i=0}^{S} \dfrac{(\lambda_O + \lambda_H)^i}{i! \mu^i}} \tag{8.7}$$

換手要求的阻斷機率或換手通話的強迫中斷機率為：

$$B_H = B_O \tag{8.8}$$

式子（8.7）稱為 Erlang B 公式，如第五章所提及的。

8.7.2 通道保留模型

一般來說，相較於發話因阻斷而未能成功，換手通話遭到中斷是更為嚴重的問題。因此，應讓既有通話有較高的優先權，以確保在換手過程能持續進行通話 [8.7, 8.8, 8.9, 8.10]。一種指派優先權給換手要求的方式是在 S 個通道中保留 S_R 個通道作換手之用。剩下的 S_C ($= S - S_R$) 個通道則讓發話與換手通話來共享。是以，一通發話遭到阻斷是當可用通道都已被分配，而換手要求遭到阻斷表示細胞內已無任何可用通道。因應優先權的考量，系統模型需要作些修改，如圖 8.10。

機率 $P(i)$ 可透過類似的方式獲得，參考圖 8.11 的狀態轉移圖。狀態平衡方程式為

$$\begin{cases} i\mu P(i) = (\lambda_O + \lambda_H)P(i-1), & 0 \leq i \leq S_C \\ i\mu P(i) = \lambda_H P(i-1), & S_C < i \leq S \end{cases} \quad (8.9)$$

遞迴地使用這些式子，以及所有 $(S+1)$ 狀態如下：

$$\sum_{i=0}^{S} P(i) = 1 \quad (8.10)$$

我們可以獲得穩態機率 $P(i)$ 為：

$$P(i) = \begin{cases} \dfrac{(\lambda_O + \lambda_H)^i}{i!\mu^i} P(0), & 0 \leq i \leq S_c \\ \dfrac{(\lambda_O + \lambda_H)^{S_c} \lambda_H^{i-S_c}}{i!\mu^i} P(0), & S_c < i \leq S \end{cases} \quad (8.11)$$

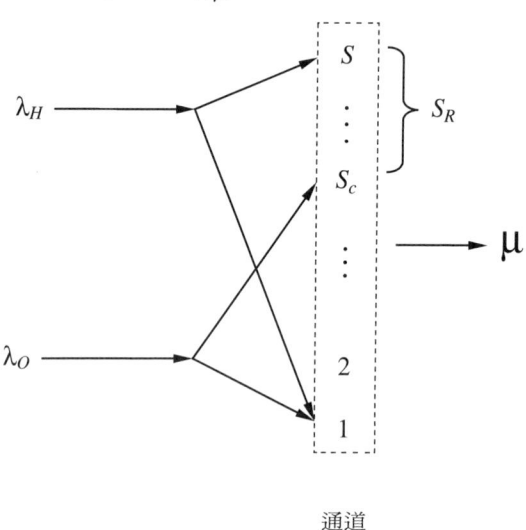

圖 8.10 具保留通道作通話換手之系統模型

圖 8.11 圖 8.10 之狀態轉移圖

其中

$$P(0) = \left[\sum_{i=0}^{S_c} \frac{(\lambda_O + \lambda_H)^i}{i!\mu^i} + \sum_{i=S_c+1}^{S} \frac{(\lambda_O + \lambda_H)^{S_c}\lambda_H^{i-S_c}}{i!\mu^i}\right]^{-1} \quad (8.12)$$

發話阻斷機率 B_O 的初始通話為

$$B_O = \sum_{i=S_c}^{S} P(i) \quad (8.13)$$

換手要求的阻斷機率或換手通話的強迫中斷機率是

$$B_H = P(S) = \frac{(\lambda_O + \lambda_H)^{S_c}\lambda_H^{S-S_c}}{S!\mu^S} P(0) \quad (8.14)$$

式子（8.13）與（8.14）之間的關係可清楚發現兩個機率是不相同的，因為換手通話有較高的優先權。事實上，另一種可能改進換手通話成功的機率是，儘管沒有可用通道，可先暫緩換手通話的服務，稍後再提供服務，這樣就能降低 B_H 值。簡化的模型有其限制，像是平均分佈的行動台，它們的隨機速度與移動方向，以及指數型態的通話速率。這些都需要特別注意。

8.8 總結

資源分配對無線網路的系統效能而言是很重要的，為換手通話指派優先順序能提供效能改進。任何一個無線系統都包含無線的組成元件，以及底層有線的骨幹部分，所以要增進整體效能就需要從這些部分進行改善。在本章，我們考慮如何在 FDMA/TDMA 為基礎的蜂巢式系統作流量通道分配，許多討論的議題也適用於 CDMA 為基礎的系統。資訊可能是需要經過骨幹有線網路來傳輸，當發生換手時，路由路徑應該要跟著變動。這些驗證的議題會在第十章作討論。

8.9 參考文獻

[8.1] I. Katzela and M. Naghshineh, "Channel Assignment Schemes for Cellular Mobile Telecommunication Systems: A Comparative Study," *IEEE Personal Communications*, pp. 10-31, June 1996.

[8.2] H. Jiang and S. S. Rappaport, "Hybrid Channel Borrowing and Directed Retry in Highway Cellular Communications," *Proceedings of the 1996 IEEE 46th VTC*, pp. 716-720, Altanta, GA, USA, April 28-May 1, 1996.

[8.3] S. S. Rappaport and L-R. Hu, "Microcelluar Communication Systems with Hierarchical Macrocell Overlays: Traffic Performance Models and Analysis," *Proceedings of the IEEE Vol.* 82, No. 9, September 1994, pp. 1383-1397.

[8.4] H. Furakawa and Y. Akaiwa, "A Microcell Overlaid with Umbrella Cell System," *Proceedings of the 1994 IEEE 44th VTC*, pp. 1455-1459, June 1994.

[8.5] A. Ganz, Z. J. Haas, and C. M. Krishna, "Multi-Tier Wireless Networks for PCS," *Proceedings of the IEEE VTC'96*, pp. 436-440, 1996.

[8.6] S. A. El-Dolil, W-C. Wong, and R. Steele, "Teletraffic Performance of Highly Microcells with Overlay Macrocell," *IEEE Journal on Selected Areas in Communications*, Vol. 7, No. 1, pp. 71-78, January 1989.

[8.7] K. Pahlavan, P. Krishnmurthy, A. Hatami, M. Ylianttila, J-P. Makela, R. Pichna, and J. Vallstrom, "Handoff in Hybrid Mobile Data Networks," *IEEE Personal Communications*, pp. 34-47, April 2000.

[8.8] G. Cao and M. Singhal, "An Adaptive Distributed Channel Allocation Strategy for Mobile Cellular Networks," *Journal of Parallel and Distributed Computing*, Vol. 60, No. 4, pp. 451-473, April 2000.

[8.9] Q-A. Zeng and D. P. Agrawal, "Modeling of Handoffs and Performance Analysis of Wireless Data Networks," *IEEE Transactions on Vehicular Technology*, Vol. 51, No. 6, pp. 1469-1478, November 2002.

[8.10] B. Jabbari, "Teletraffic Aspects of Evolving and Next-Generation Wireless Communication Networks," *IEEE Personal Communications*, Vol. 3, No. 6, pp. 4-9, December 1996.

8.10 實驗

■ 實驗一
- 背景：通道分配方法允許基地台和存取點（access point）分配通道給使用者，避免造成鄰近細胞的同通道干擾。一些有效率的方法試圖分配頻寬給使用者，並減少對其他使用者造成的干擾。
- 實驗目的：此實驗的其中一個目的是如何從一組給定的數字中產生隨機樣本。另一個目的是學習如何分類和處理模擬中不同類型的事件。以上兩者是做通道分配的先決條件。隨機亂數在任何無線網路模擬中是必要的基本要素。在本實驗中，學生可以學習如何產生隨機亂數去模擬無線網路。此外，在電腦模擬中設計和執行測試是另一個重要的基本技能。
- 實驗環境：電腦和模擬軟體，像是 OPNET、QualNet、ns-2、VB、C、VC++、Java

或 MATLAB。

- 實驗步驟：

    1. 寫一個簡單的通道請求產生器生成兩種類型的通道請求，並將它們納入一個事件清單。通道請求的到訪間隔時間為指數分佈，平均值分別為 30 秒和 50 秒。
    2. 設計和編寫一個程式去測試每種通道請求類型的到訪間隔時間分佈。
    3. 根據到訪時間的上升順序整理這些通道請求，並基於其類型將它們分為兩個不同的處理佇列。

■ 實驗二
- 背景：無線和行動通訊中細胞換手的發生，是由於行動台從一個細胞移動到鄰近細胞時無線訊號傳播的特性。換手的決定策略攸關系統的效能，必須謹慎地選擇。
- 實驗目的：在本實驗中，學生可以學到深入的換手知識和相關的決策方法。這個實驗將引導學生去設計有效率的換手決策，這將有助於避免不必要的換手動作。即使是新的無線通訊系統，只要是遵守細胞結構，換手決策仍扮演著重要的角色。此實驗有助於理解在真實無線和行動系統中複雜的換手決策。
- 實驗環境：電腦和模擬軟體，像是 OPNET、QualNet、ns-2、VB、C、VC++、Java 或 MATLAB。
- 實驗步驟：

    1. 在細胞式系統中，一個基本的假設是換手決策是基於兩個鄰近細胞之間的訊號品質（接收的訊號強度）來決定。一個行動台以速度 v 從細胞 1 移動到細胞 2。接收到的訊號經歷了路徑衰減和慢速衰減（對數常態衰減）。學生將利用實驗室提供的一個可控制的環境下創造出乒乓效應的換手。
    2. 在鄰近的兩個細胞間建構及模擬換手情況。這兩個細胞有重疊的邊界區域。行動節點將穿越這個區域且在兩個細胞之間進行換手。切換的程序基於先前的實驗。在本模擬中，學生應在每個細胞邊界造成訊號波動。當 MS 在重疊區域，換手程序中應有兩個門檻值；一個是給從原來細胞接收到的訊號，如果訊號低於它，那麼節點應請求換手。另一個是從目標細胞接收到的訊號，如果訊號高於它，那麼該節點將切換到另一個通道。只有在滿足這兩個條件下才會進行換手。兩個門檻值之間的差異（遲滯 hysteresis）能減少乒乓效應。因此，改變這個差值並觀察乒乓效應的影響。
    3. 討論其他有效的方法可在細胞式系統上預防乒乓效應發生。

8.11 開放式專題

- **目的**：本章討論發話和換手的通道分配。假定全部通道劃分一部分保留給換手。另一部分是供發話之用，但也可使用於換手。這個專題的目的是模擬一個七個細胞的細胞式系統，並假設一部分的通道保留給換手。假設給定通道數和流量負載，嘗試去決定專門為換手保留的通道比率。行動台移動速度和行動性樣式的影響是什麼？

8.12 習題

1. 相較於動態通道分配策略，靜態通道分配有什麼特別的優點？
2. 細胞式系統的流量或資訊通道會不會有碰撞？請詳加說明。
3. 在 FDMA/TDMA 系統與 CDMA 系統，遭遇的通道分配問題有何差異？請詳加說明。
4. 如果不將細胞分區，還能夠向相鄰細胞借用通道嗎？請詳加說明。
5. 有一具全向性天線的細胞式系統，其採用 7-細胞叢集。在叢集中心的細胞比其他細胞的流量來得大，因此需要從相鄰細胞借用一些通道。請解釋你會採取何種策略來決定欲借用的對象。
   （a）在叢集內。
   （b）在叢集外。
6. 在第五章習題 11，哪個（些）細胞可能會借用通道，哪些細胞比較適合出借？
7. 細胞分區的優點為何？如何將此方法與 SDMA 相比呢？
8. 在一具 7-細胞叢集的細胞式系統，特定時間的平均通話量如下：

細胞數量	單位時間的平均通話數量
1	900
2	2000
3	2500
4	1100
5	1200
6	1800
7	1000

   如果系統被指派 49 個流量通道，你將分配這些通道，如果
   （a）採用靜態分配。
   （b）採用簡易借用方案。

（c）採用動態通道分配方案。

9. 各細胞都切成 3 區，切法如下圖：

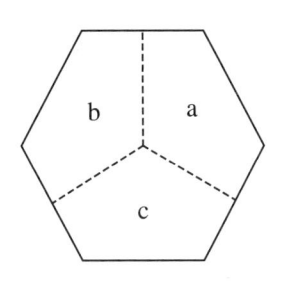

圖 8.12 習題 9 的圖

請問這種分區方式對通道借用以及共通道干擾有何影響？請詳加說明。

10. 無線系統中的各細胞是以下圖切割成 6 區：

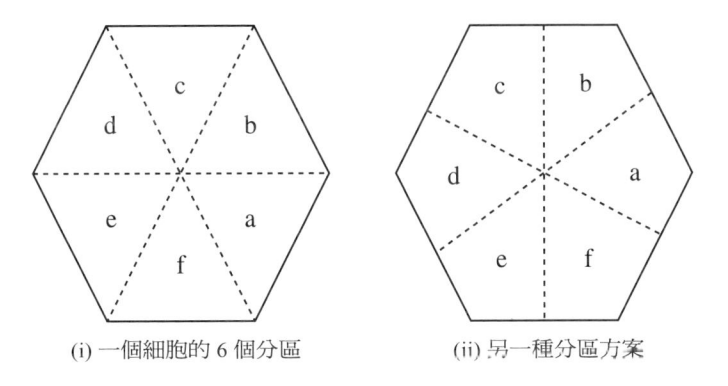

（i）一個細胞的 6 個分區　　（ii）另一種分區方案

圖 8.13 習題 10 的圖

（a）分區方案（i）對通道借用以及共通道干擾有何影響？

（b）重複（a）小題，如果改採用分區方案（ii）呢？

（c）你將如何比較（a）與（b）？

（d）有可能或適當結合分區方案（i）與（ii）嗎？請詳加說明。

11. 在具 7-細胞叢集的細胞式系統，並指派 48 個通道。試問各細胞的通道分配，如果：

（a）採用全向型天線。

（b）採用 3 區指向型天線。

（c）採用 6 區指向型天線。

12. 有一服務提供者決定將通道分配的基本建構區塊改成 4 細胞之叢集。請問各細胞採用

（a）3 分區或（b）6 分區對通道借用的影響？

13. 你會如何比較混合通道分配與彈性通道分配？你偏向使用哪一種，為什麼？
14. 對提供整合性服務（譬如聲音與資料應用）的無限網路，有兩種基本的通道分配方案：**完整分享**（complete sharing; CS）與**完整分割**（complete partitioning; CP）。CS 策略允許所有使用者在任何時間平等地存取通道，而 CP 策略是依使用者型態，將可用頻寬分成不同的子儲存集區。請比較這兩種方案的優缺點。
15. 如果目前細胞內的通道都已被佔用，而鄰近細胞也沒有通道能夠出借，那麼你可能利用什麼技術來服務新通話？
16. 有一個服務提供者決定將六邊形細胞（半徑為 20 公里）分裂成七個適當大小的微細胞。
    (a) 請問各微細胞的大小為何？
    (b) 請問這樣的設計會對信號強度造成怎樣的影響？
    (c) 相較於原先設計，此重新設計過後之 CCIR 為何？假設傳遞路徑衰減斜率為 $\zeta = 4.5$。
17. 為高速公路提供細胞式服務是一件困難的事情，下圖為此題的示意圖。一般道路的寬度為 200 公尺至 400 公尺。若選擇 1000 公尺做為細胞半徑，則每公里就需要一個細胞，而一般傳統正常細胞的半徑是 20 公里。從高速公路使用的角度來看，僅使用到各細胞的一小部分。你是否有其他設計選項的任何建議？這之間的取捨又是什麼？你是否建議使用 SDMA 技術？

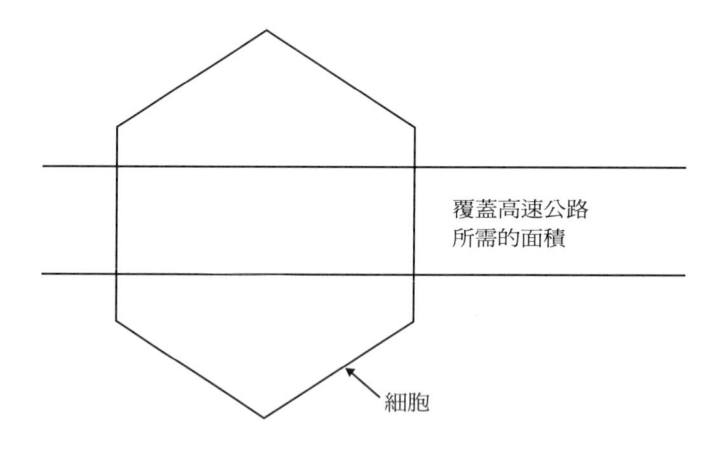

圖 8.14 習題 17 的圖

18. 在具四個通道的細胞式系統，其中一個通道是保留作通話換手之用。
    (a) 給定 $\lambda_O = \lambda_H = 0.001$ 與 $\mu = 0.0003$，試問 B_O 與 B_H 之值？
    (b) 試問 $P(0)$、$P(1)$、$P(2)$、$P(3)$ 與 $P(4)$ 之值？

（c）請問此問題的平均佔用通道數為何？
19. 重複習題 18，將通道數量增加至十個。
20. 有一細胞式系統，各細胞的通道總數為六個，而兩個通道是保留作通話換手之用。如果換手要求率為 0.0001、發話率是 0.001，以及服務速率 $\mu = 0.0003$，試問發話阻斷機率為何？
21. 如果習題 20 的保留通道數量改為下面的數字，對答案有何影響？
　（a）一個？
　（b）三個？

Chapter 09

行動通訊系統

9.1 簡介

　　無線系統利用其通訊基礎建設讓用戶具有移動性，且移動範圍並不侷限於細胞中，還包括細胞的 MSC，以及其他服務提供者所控制的區域。在理想的狀況下，MS 靠著該區域的無線基礎建設就能與全世界進行通訊。因此，無論是在同一業者或跨不同業者的細胞與 MSC，都能支援換手與漫遊。在本章，我們將考慮各種換手方案、資源的分配、骨幹網路的路由，以及無線網路的安全考量。

9.2 細胞式系統的基礎建設

　　細胞式系統需要一個相當複雜的基礎建設。圖 9.1 所示為我們在前面章節討論過的泛用型區塊圖。各基地台含有一個**基地收發台**（BTS）與一個基地台控制器（BSC）。塔台、天線，以及所有相關電子裝置都在基地收發台。**驗證中心**（authentication center; AUC）提供驗證與加密等參數，以便確認使用者身分與確保各通話的機密性。驗證中心保護電信業者免於遭受各種型態的偽造與盜用等犯罪手段。**設備身分資料庫**（equipment identity register; EIR）是用來存放有關手機設備的身分資訊。AUC 與 EIR 可以是各自獨立的單元或一個結合型的 AUC/EIR 單元。**本籍註冊資料庫**（home location register; HLR）與**客籍註冊資料庫**（visitor location register; VLR）是兩組漫遊管理的資料庫，以便擴大同一號碼（或手機）的使用範圍。HLR 是位於 MS 的本籍 MSC。簡單來說，MS 的移動性就如同郵局的轉寄郵件，當某人搬遷至它處，他（她）會告知原始郵局搬遷後的新地址。那麼所有寄至舊有地址的郵件會被原始郵局（英文版的例子是辛辛那提）轉寄至新郵局（英文版的例子是華盛頓特區），以便

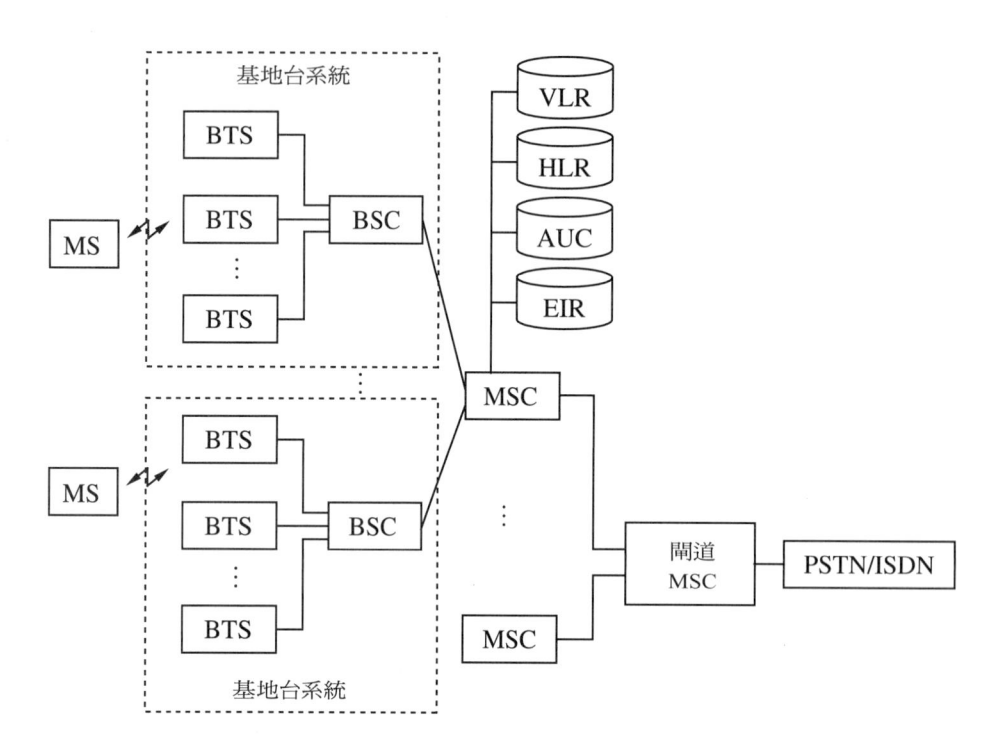

圖 9.1 細胞式系統之細部區塊圖

寄至用戶的新地址。圖 9.2 所示即是這樣的情境。在郵局系統，並不需要從新郵局指向原始郵局的逆向指標。MS 尋訪新郵局，信標信號從 MS 傳送至 BS，利用骨幹網路尋訪舊郵局

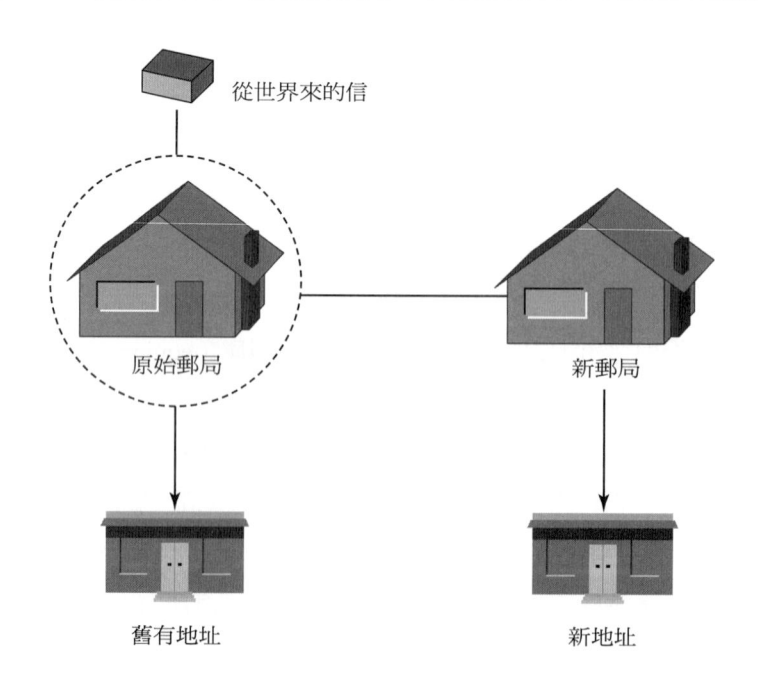

圖 9.2 郵件服務所提供之典型郵件轉送

MSC，並決定有效參數（如圖 9.3）。在細胞式系統，我們有 HLR 與 VLR 所建構成的雙向指標（如圖 9.4）。任何來話都會導引至 MS 初始註冊的 HLR 位置（如同原始郵局）。HLR 接著指向 MS 目前所處的 MSC 之 VLR（如同新郵局）。VLR 記錄所有到訪 MS 的資訊，也會指向到訪 MS 的 HLR，以便交換該 MS 的相關資訊（如圖 9.5）。這樣的指標使得通話能被路由或再路由至 MS 真正所處的位置。在細胞式系統，逆向指標是需要的，因為這樣才能夠讓許多控制信號在 HLR 與 VLR 之間來回傳送（包括本籍 MSC 所維護的計費與存取權限）；這種雙向 HLR-VLR 指標促成許多功能，如圖 9.4 所示，能帶來遠比郵局例子中的單向指標更多用途。接著我們將討論這些 HLR-VLR 指標，是如何自動地在漫遊初始階段中被設定。

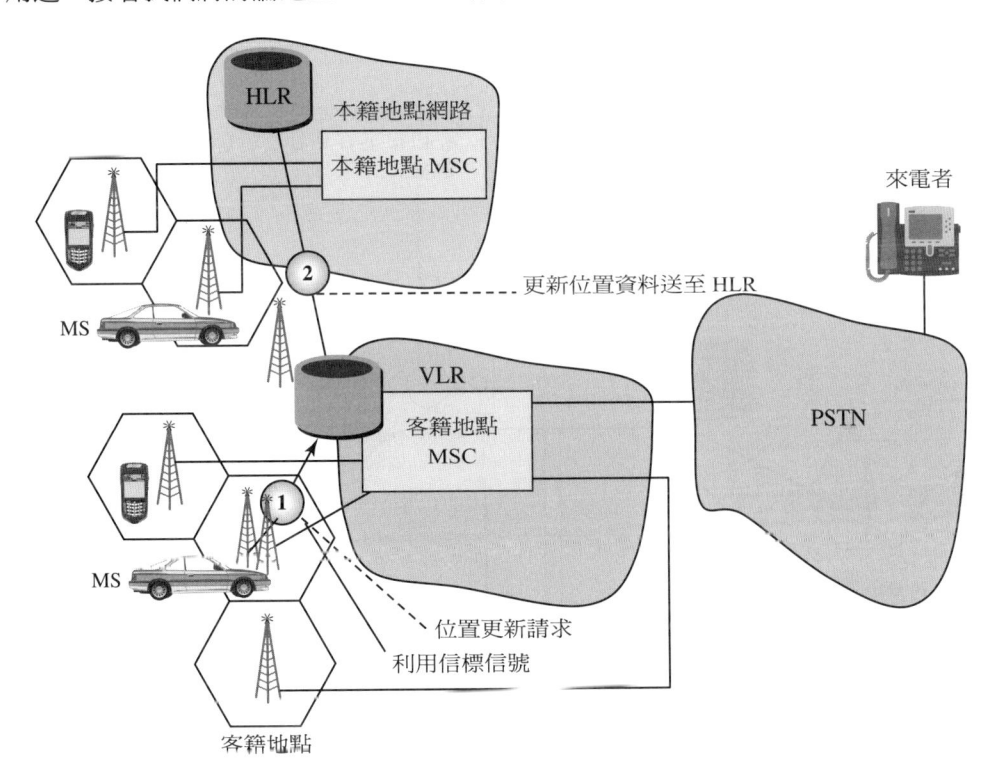

圖 9.3 來電轉至 MS 客籍地點

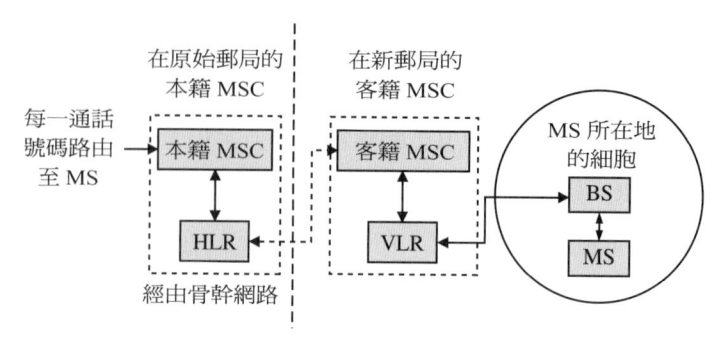

▎圖 9.4　通話轉接至位於客籍的 MS (從辛辛那提至華盛頓特區)

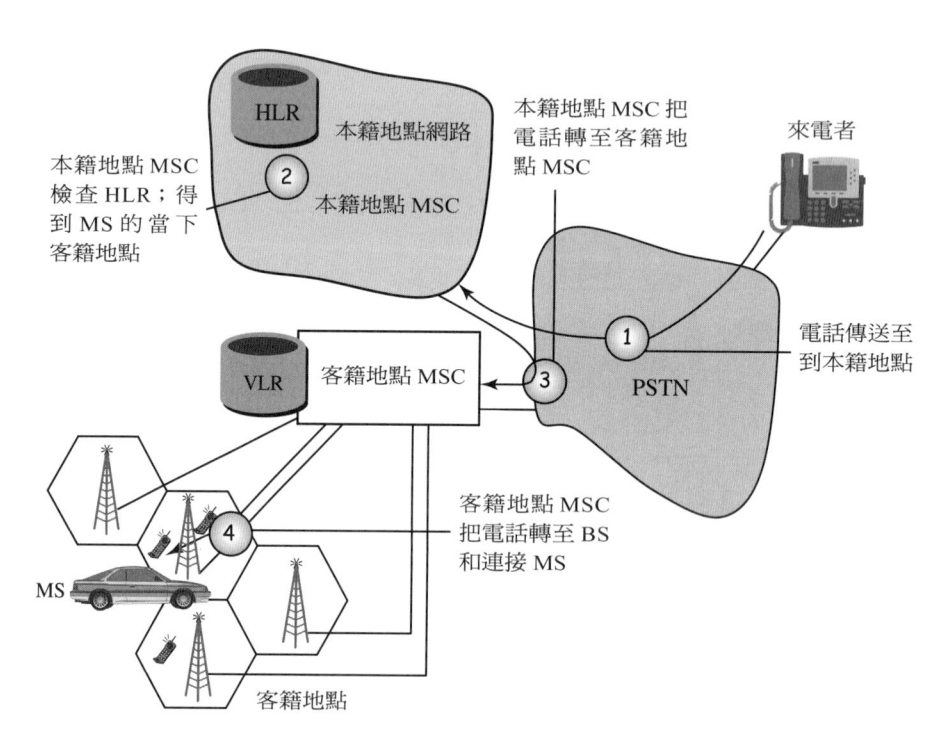

▎圖 9.5　來電從 MS 本籍地點轉到客籍地點

　　如果 MS 是從一個細胞移動至另一個細胞，則此機制亦可運作得很好。當發話端是來自家用電話時，此通話會從骨幹網路轉至離本籍 MSC 最近的閘道器，接著透過路由可以建立與 MS 之間的連線。相同的作法也能建立逆向的路徑連線（亦即從 MS 撥打至家用電話用戶）。

　　如稍早所述，本籍 MSC 也維護所有註冊 MS 的存取資訊，包括 MS 的狀態（開機或未開機）、開啟的服務（市內或長途電話），以及計費資訊（以往的繳費紀錄、目前積欠費用、通話紀錄，以及通話時間長短等等）。為便於讀者瞭解，我們將描述一個簡單的控制機制，說明如何為 MS 處理來電轉接。

如果 MS 是從細胞內的一區移動至另一區，或同樣都是受同一 BSC 或同一 MSC 所控制的區域，則來電轉接是很容易處理的。圖 9.4 所示的轉向機制就足以處理上述的情況。即使當 MS 跨越不同 MSC 時（本籍 MSC 不同於客籍 MSC），只要兩 MSC 能夠彼此交換來電轉接訊息，則此機制仍可以運作。我們會在稍後的章節討論較複雜的來電轉接方案。

9.3 註冊

為獲得各種系統所提供的服務，MS 必須向任何一台 MSC 進行註冊。註冊之維護不僅是為了計費，尚包括驗證與確認，以及存取權限。除了這些永久性資訊之外，無線系統也需要知悉 MS 的目前位置是在本籍端或客籍端，這樣有來話時才能順利地路由至正確的位置。

註冊的完成需借助在 MS 與 BS 之間交換一種叫做「**信標信號**」（beacon signals）的資訊 [9.1]。BS 會定期地廣播信標信號來偵測鄰近的 MS（見圖 9.3）。各 MS 都會聆聽到此信標信號，如果此信號來自新的 BS，MS 會將此 BS 加入其有效信標核心表。MS 利用此表能知道距離最近的 BS，並透過此 BS 做為與外界通訊的閘道器。信標信號所含有的資訊包括細胞式網路識別碼、時戳、閘道器位址、傳呼區域（paging area; PA）的身分識別，以及 BS 的其他相關參數。

下列為 MS 移動至原始註冊區域之外所採取的步驟：

1. MS 會等待新的信標，如果有偵測到，它會將此信標加入其有效信標核心表。當有必要透過新的 BS 來進行通訊時，會在核心層啟動換手步驟。
2. MS 利用**用戶層**（user-level）處理來決定距離最近的 BS。
3. 客籍 BS 會進行用戶層處理，並識別該用戶的身分與該用戶的本籍 MSC，以便進行後續的計費，以及該用戶所擁有的存取權限。
4. 本籍端會將相關驗證資訊送給客籍 BS，而此資訊會存放在客籍 MSC 的 VLR 資料庫中（HLR-VLR 之間的雙向指標）。
5. 客籍 BS 准許或否決該用戶的存取。

在美國，這些信號的傳遞是透過 AMPS（Advanced Mobile Phone System）與 CDPD（Cellular Digital Packet Data）系統，而歐洲與亞洲所使用的第二代 GSM 也有類似的技術。

圖 9.6 顯示當用戶不在其原始註冊區域時（譬如剛下飛機），細胞式網路如何利用信標信號。當用戶開啟手機時，信標信號會啟動漫遊服務，而用戶會向最近的 BS 註冊，及進行後續通訊。這些步驟的實作通常涉及三種層次：在 BS 的用戶層處理、在 MS 的用戶層處理，以及在 MS 的核心層處理。

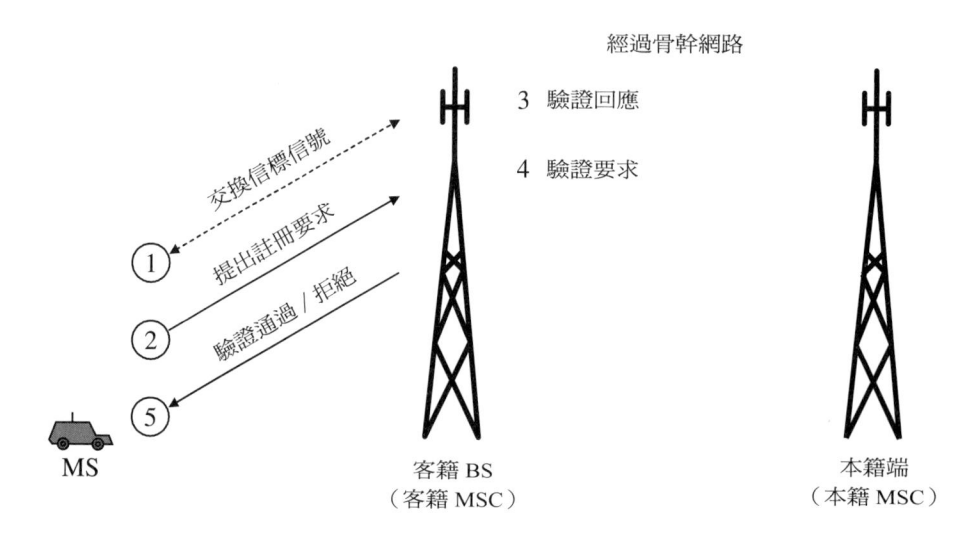

圖 9.6 MS 的認證，從本籍地點（辛辛那提）轉到客籍地點（華盛頓特區）

雖然用戶本身並不知道這些註冊訊息的交換，但信標信號讓無線系統更具有智慧，也更符合人性。如表 9.1 所示，它們在諸多科學與商業應用都扮演重要的角色。

表 9.1 信標信號之應用與特色

應用	搭載資訊	頻率帶
細胞式網路	細胞式 IP 網路識別碼、閘道 IP 位址、傳呼區域 ID、時戳	824-849 MHz (AMPS/CDPD) 1850-1910 MHz (GSM)
無線區網（於第十一章討論）	流量示意圖	902-928 MHz（類比與混合信號之 ISM 帶） 2.4-2.5 GHz（數位信號之 ISM 帶）
Ad hoc 網路	網路節點身分識別	902-928 MHz（類比與混合信號之 ISM 帶） 2.4-2.5 GHz（數位信號之 ISM 帶）
全球定位系統（於第十四章討論）	具時戳的軌道地圖與天文資訊	1575.42 MHz
搜尋與救援	遇難車輛或飛行器具之註冊國籍與 ID	406 與 121.5 MHz
行動機具	運貨板或貨物的位置	100 KHz-1 MHz
定位追蹤	用於識別用戶位置之數位編碼信號	300 GHz-810 THz（紅外線）
殘障輔助	用於唯一識別實體位置之數位編碼信號	176 MHz

資料來源："Beacon Signals: What, Why, How, and Where," by S. Gerasenko, A. A. Joshi, S. Rayaprolu, K. Ponnavaikko, and D.P. Agrawal, 2001. *IEEE Computer*, 34, pp. 108-110.

信標信號僅需花費很小的頻寬與佔用很少的時間，就可協助進行各種電子裝置與資源的同步、協同及管理。研究學者一方面繼續增加其信號覆蓋範圍以提高功用，一方面也儘量將能源消耗做最佳化。在許多領域，如何降低通訊延遲與干擾，都與信標信號有關。

9.4 換手參數與底層支援

換手基本上涉及轉移兩個細胞之間的無線資源。當換手發生時，新細胞必須要有可用的通道，才不會造成服務中斷。

9.4.1 影響換手之參數

如第五章所討論的，換手取決於細胞大小、邊界大小、信號強度、衰減、信號的反射與繞射，以及人為雜訊。如果簡單地假設 MS 是均勻地分佈在細胞內，則我們可以說新細胞的可用通道之機率取決於單位面積的通道數量。從表 5.1 可以清楚觀察出，單位面積的通道數量隨著單位細胞所分配到的通道數量增加（或各細胞的面積變小）而成長。無線資源與通道數量是有限的，並不會大幅度地變動。然而，細胞覆蓋區域是可以變小的。這表示我們可以用較小的細胞來獲得較高的可用通道機率。不過，這可能會造成較頻繁的換手，尤其當 MS 具有較高的移動與速度。換手需求可能是由 BS 或 MS 所提出，其決定因素包括：

1. 無線連結。
2. 網路管理。
3. 服務議題。

無線連結的換手主要是因為 MS 的移動，它取決於無線連結參數的數值，這些參數包括：

- 細胞內的 MS 數量。
- 已離開細胞的 MS 數量。
- 細胞內的發話數量。
- 因換手而從鄰近細胞轉過來的通話數量。
- 細胞內的通話數量與時間長短。
- 換手至鄰近細胞的通話數量。
- 細胞的駐留時間。

網路管理所造成的換手主要是相鄰細胞的流量有嚴重的不平衡，而必須將通道平衡做最佳化。服務相關的換手主要是**服務品質**（quality of service, QoS）的惡化，為確保用戶通話之品質而進行換手。

決定換手的正確時機如下：
- 信號強度。
- 信號相位。
- 上述兩者之結合。
- 位元錯誤率（BER）。
- 距離。

換手的需求是由下面兩方式而決定：

1. 信號強度。
2. **載波干擾比**（carrier-to-interference ratio; CIR）。

根據接收功率而進行換手的例子已於圖 5.5 討論。除了接收信號的功率大小之外，另一重要參數是 CIR 的值。低的 CIR 值可促使 BS 改變目前 BS 與 MS 之間所使用的通道。在使用指向型天線時，當 MS 從一區移動至另一區時，也可能會發生換手。換手過程與相關步驟取決於不同的細胞式系統之設計，一般都會涉及下面的設備：

1. BSC。
2. MS。
3. MSC。

9.4.2 換手之底層支援

換手可以分為兩種類型：**硬式換手**（hard handoff）與**軟式換手**（soft handoff）。硬式換手又叫做「先切斷後建立」（break before make），會先釋放與現有 BS 之間的無線電資源，然後才與新的 BS 建立連線。FDMA 與 TDMA 都是採用硬式換手。要謹慎選擇換手啟動的時機，以避免任何乒乓效應，且系統參數在換手時機的選擇上扮演重要的角色。在 CDMA，因為所有細胞都使用相同通道（回想重複使用距離等於 1），如果使用的碼與新的 BS 之其他碼不為正交，碼是可以變動的。因此，在一段短的時間內，MS 可同時與舊有 BS 以及新的 BS 進行通訊。這種方案叫做軟式換手，或「先建立後切斷」（make before break）。這兩種換手請分別見圖 9.7 與 9.8 所示。

▣ 圖 9.7　硬式換手

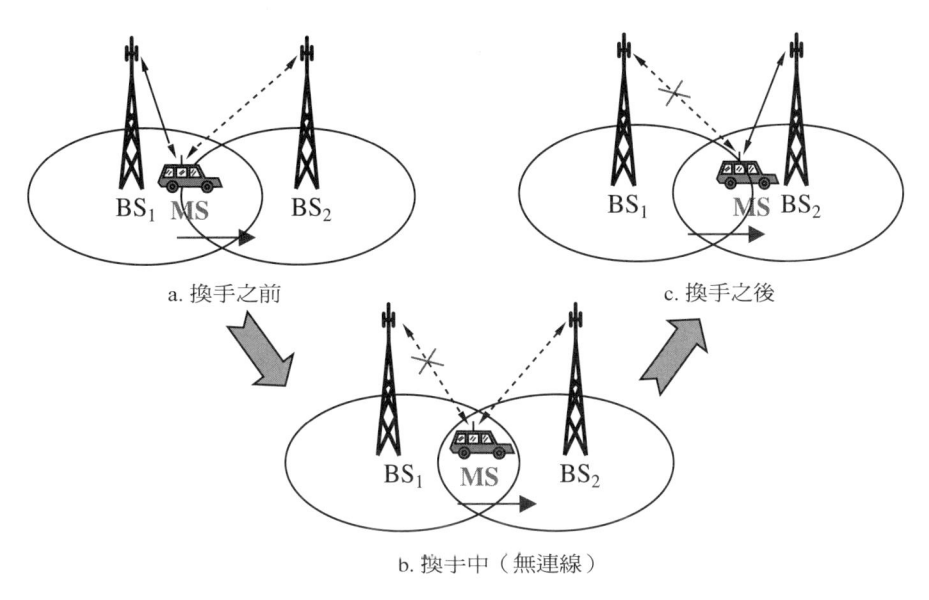

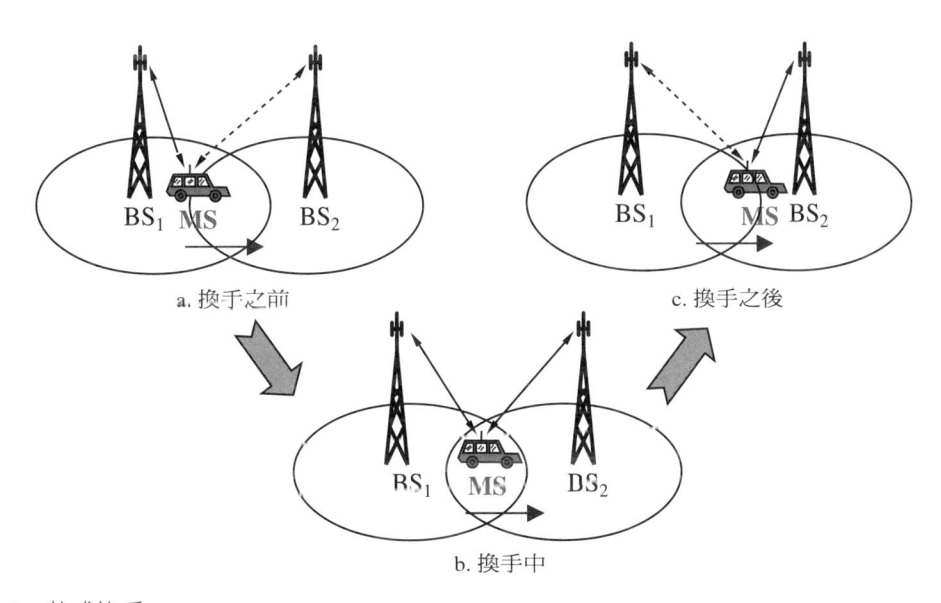

▣ 圖 9.8　軟式換手

MS 也可以跨越不同的 MSC。事實上，信標信號以及 HLR-VLR 之間的配合使用，使得 MS 可以漫遊至任何地方，請見圖 9.9。

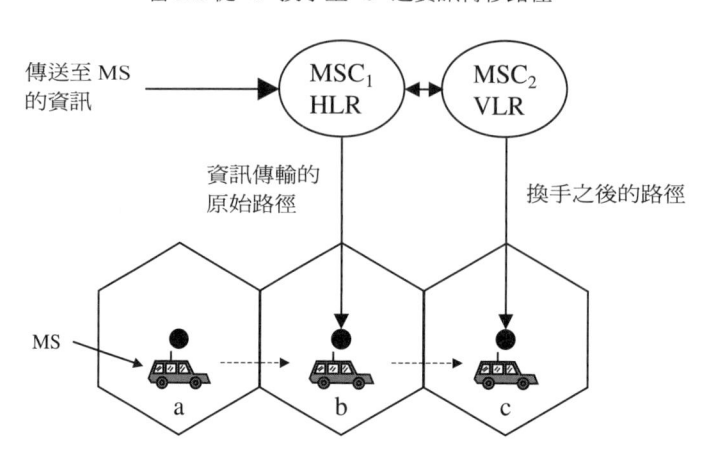

當 MS 從 "b" 換手至 "c" 之資訊轉移路徑

▎圖 9.9　MSC 之間的換手

9.5　漫遊支援

在稍早章節，主要是強調通話的通道分配以有效支援換手，以及降低發話與換手通話的阻斷機率。我們需要擔心為了成功換手，當通道和無線連結從一個細胞換到另一個細胞時會發生什麼事情。在第一章曾提到，MSC 管理著一群細胞，根據不同的目的位置，信號經過骨幹網路，以及其他相連結的 MSC，甚至 PSTN 網路，一起構成 MS 與其他現有電信網路之間的基本基礎架構。有線的部分主要是超高速光纖網路，資訊傳遞是以封包做排程，反映出各用戶所分配到的頻寬。

MSC 透過不同的閘道器連接至骨幹網路。因此，為了支援移動性，真正的問題是如何將封包路由至骨幹網路中的適當端點。圖 9.10 所示為各種可能的換手情境。

假設 MSC_1 是 MS 的本籍端，用作計費、驗證，以及所有存取資訊的維護與處理，當從位置 "a" 換手至位置 "b" 時，路由訊息可以靠 MSC_1 自行完成。然而，當從位置 "b" 換手至位置 "c" 時，就需要建立雙向指標，連接 MSC_1 的 HLR 至 MSC_2 的 VLR，以便將資訊正確地路由至客籍端（圖 9.11）。MSC_1 的 HLR 能將通話路由至 MSC_2 的 VLR，以及相對應的 BS，最終抵達位於位置 "c" 的 MS。

在圖 9.10 所示，當從位置 "d" 換手至位置 "e"，情況就有點不同且比較複雜，單靠 HLR-VLR 指標是不夠的。所謂**傳呼區域**（paging area; PA）是由一個或多個 MSC 所覆蓋構成的區域，以便找到 MS 的目前位置 [9.2]。此概念類似網際網路的網路路由區域（network routing area）[9.3, 9.4]，為瞭解連線是如何建立與維護，讓我們舉一個骨幹網路的例子，其為各種 MSC 連接至網際網路與外界。

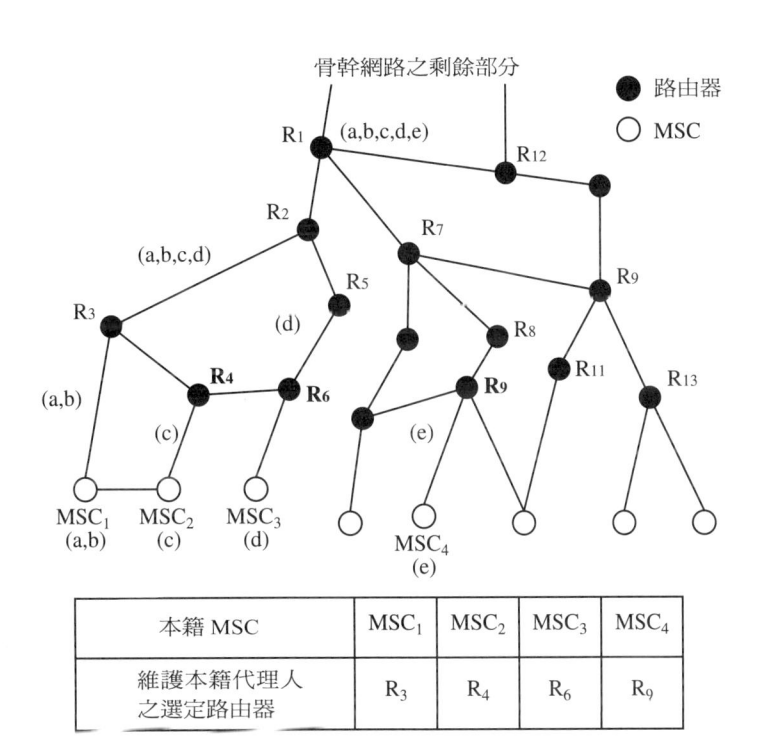

本籍 MSC 與本籍代理人（HA）在原先網路

本籍 MSC	MSC$_1$	MSC$_2$	MSC$_3$	MSC$_4$
維護本籍代理人之選定路由器	R$_3$	R$_4$	R$_6$	R$_9$

圖 9.10 不同移動程度下的換手情形

基本上，有兩個要解決的議題。一個是要決定最短路徑，一個是要確保該路徑能抵達 MS 目前所處的位置。要如何選取一條新路徑，並變更現有路徑，主要是取決於骨幹網路的拓樸架構。圖 9.10 顯示兩個 MSC 之間的部分連線。假設有一來話是利用圖 9.10 所示的連線來進行路由。各個不同 MS 位置與控制 MSC 要抵達不同骨幹網路的所需路徑，以及要使用的 MSC 是用虛點表示。從 "a" 移動至 "c" 可有效利用 HLR VLR，其中 MSC$_1$ 知道如何將資料路由至 MSC$_2$。一種作法是讓所有訊息抵達 MSC$_1$ 後，再將其轉送至 MS 的目前位置。但長期而言，這樣不是最好的傳送訊息方式。另一種作法是在原始路徑上找到一個路由器，利用新的最短路徑將訊息送至客籍 MSC。這樣做可能會造成部分訊息不見，尤其在硬式換手，因此在換手後，原始位置仍應持續一小段時間轉送資訊至新的位置。在 MSC$_3$ 與 MSC$_4$（對應至位於位置 "d" 與 "e" 的 MS），路由的切斷點是不同的，而精簡現有路徑以減少時間延遲是有用的，可避免無謂的訊息轉送，並提高網路資源的利用性。一個較複雜的情況是當原始端與目的端都是行動節點，而需要在此兩 MS 之間建立通訊路徑。

9.5.1 本籍代理人、客籍代理人，以及行動 IP

如稍早所述，根據目前的位置與移動性，MS 可以改變目前的落腳處，而能維持與其他 MS 維持聯繫。在行動 IP（mobile Internet protocol; Mobile IP），有兩個重要的代理人：**本籍代理人**（home agent; HA）與**客籍代理人**（foreign agent; FA）[9.5, 9.6]。MS 會向一個路由器註冊，為簡單化，我們挑選距離本籍 MSC 最近的路由器做為 MS 的 HA。圖 9.9 中於不同 MSC 註冊的所有 MS，其 HA 路由器請見表 9.2 所示。值得注意的是，路由器可能有不同的功能，因此就算不是距離最近的路由器，也有可能做為 HA 路由器。

一旦 MS 從本籍網路（MS 註冊地）移動至客籍網路，新網路的 FA 會協助將所有屬於 MS 的封包轉送給 MS。HA-FA 的功能有點類似 HLR-VLR 的功用，但差別在於前者所能提供的移動性遠大於後者，只要本客籍雙方彼此已同意漫遊的計價方式。HA 與 FA 之間的封包轉送也叫做兩個網路之間的**隧道**（tunneling）。此運作方式如下：每當 MS 移動至新的網路，它的 HA 維持不變。透過定期的信標信號，MS 能偵測到目前網路的 FA，而且 MS 自己也能傳送訊息給 FA。當 FA 發現有一個新的 MS 進入其網域，它會分配一個**轉交位址**（care-of-address; CoA）給 MS。CoA 可以是 FA 本身的位址，或也可以透過 DHCP（dynamic host configuration protocol）分配一個叫**共同分配的轉交位址**（colocated CoA; C-CoA）做為 MS 的新位址 [9.7]。

一旦 MS 接收到 CoA，就會向它的 HA 註冊此 CoA，以及此 CoA 的有效期限。註冊可能是直接由 MS 向 HA 提出或間接地由客籍端的 FA 提出（圖 9.11）。HA 接著確認此對應，並回覆給 MS。任何寄往 MS 的訊息都會被本籍端的 HA 所接收，然後檢查該 MS 的對應，如果沒有對應，則訊息就會被遺棄，因為不知道封包應該要如何轉送。反之，HA 會將封包用 MS 的 CoA 進行封裝（encapsulation），然後轉送給 FA。如果是使用 C-CoA 位址，則 MS 會直接收到封包，然後反封裝。如果是使用 FA 的 CoA 位址，則封包會先抵達 FA，然後解封裝後，再傳給 MS。此註冊與訊息轉送的過程如圖 9.11 與 9.12 所示。在網際網路的環境，這就是行動 IP。

▪ 表 9.2　圖 9.9 之本籍 MSC 與本籍代理人

本籍MSC	MSC_1	MSC_2	MSC_3	MSC_4
維護本籍代理人之路由器	R_3	R_4	R_6	R_9

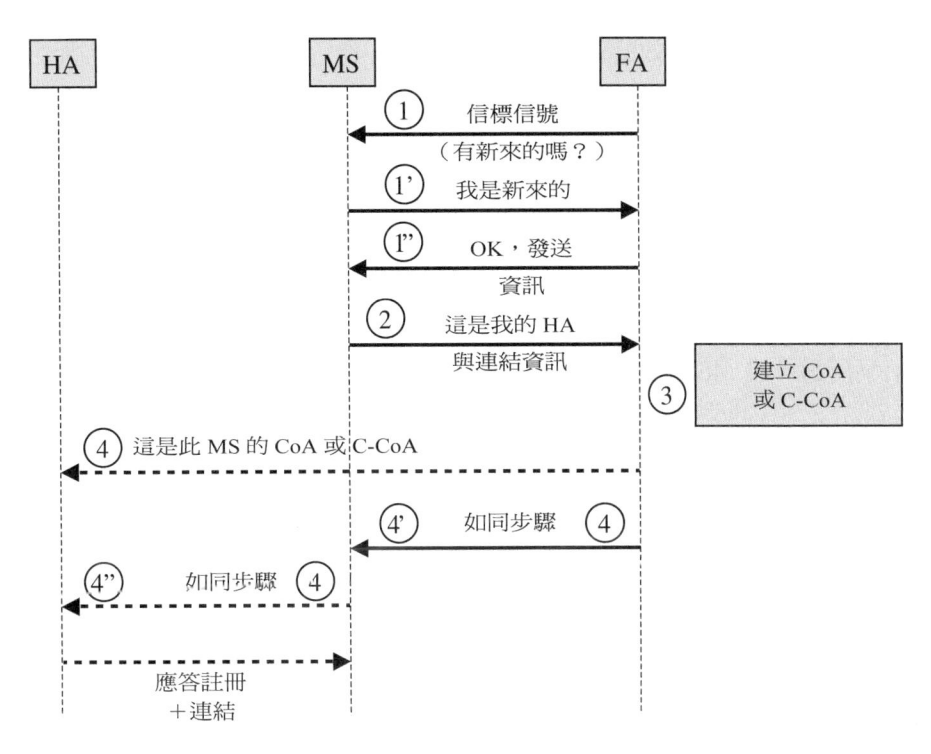

圖 9.11 當 MS 移至新的傳呼區域，客籍代理人、MS 與本籍代理人之間的註冊過程

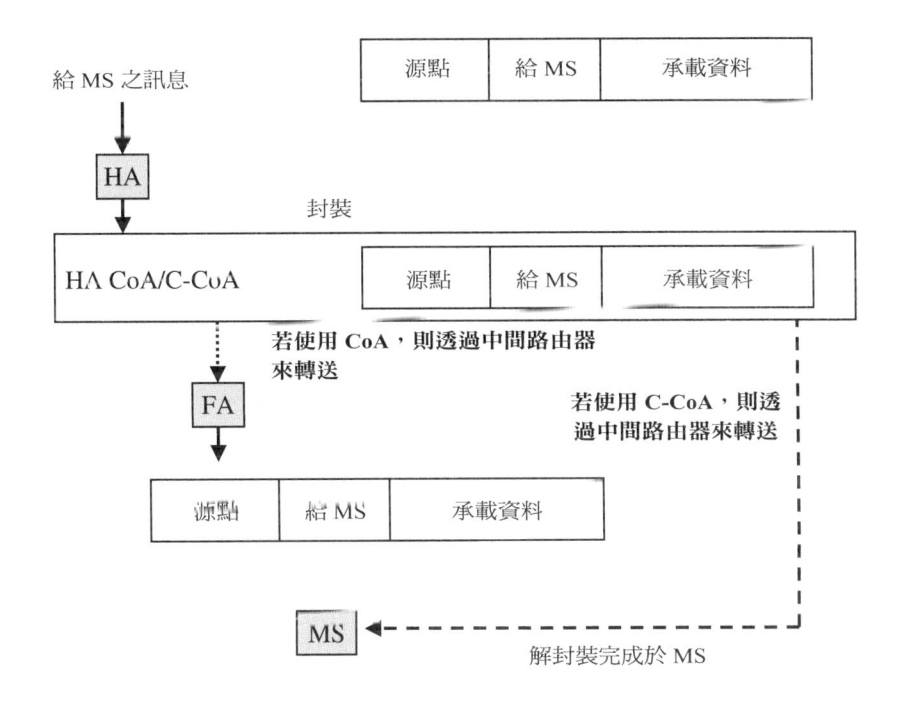

圖 9.12 使用本籍代理人—客籍代理人配對將訊息轉送至 MS

如果超過對應紀錄的有效期限，仍需要透過 HA 進行封包轉送，那麼就需要更新註冊要求。當 MS 回到自己的本籍網路時，它會送一個註冊要求給它的 HA，這樣 HA 就知道不再需要將訊息轉送給 FA。如果 MS 又移動至另一個客籍網路，它就需要再一次進行註冊過程，以便 HA 能夠更新最新的 FA 位址。

9.5.2　骨幹路由器的再路由

如稍早所述，當 MS 移動至骨幹網路的新連結點或移動至新的 PA 時，就需要進行再路由（rerouting），這樣 FA-HA 才能夠交換控制資訊。即使當 MS 移動至新的網路，仍不會改變它的 HA，這樣 FA 才能夠獲得距離該 MS 之 HA 最近的路由連接位置（attachment point）。然而，問題是在另一區域的 FA 如何找到 HA。在骨幹路由網路上有很多種作法可以達到這個目的。一種簡單的作法是用一個全域表格來記錄所有網路上的路由器，這樣就能找到從 FA 至（MS 所屬的）HA 的路由。但這種使用全域表格的作法可能會造成龐大的資訊維護量，且業者可能也不希望將所有路由器的資訊分享給另一業者。是以，出現了分散式路由方案，其中一種作法就是如圖 9.13 所示。僅揭露閘道路由器，而其他中間的路由器都被移除掉，因為它們對骨幹上的路由沒有任何幫助。表 9.3 所顯示的分散式路由表在各個閘道路由器都有一份，所以可分散式地找到各個不同 PA 與 HA。建立間接連結的過程，以及建構 HA 與 FA 之間的虛擬雙向路徑叫做「**隧道**」（tunneling），而這種作法在行動環境支援間接隧道是非常有用的。

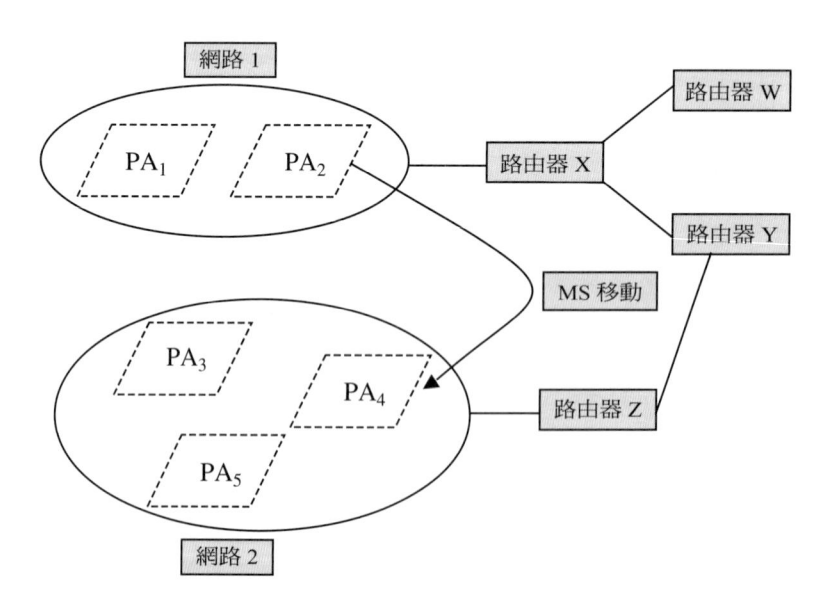

圖 9.13　傳呼區域（PA）與骨幹路由互連之示意圖

表 9.3 傳呼區域之分散式路由表與 PA 之位置

路由器 W 的表		路由器 X 的表		路由器 Y 的表		路由器 Z 的表	
至 PA 之路由	下一個 Hop	至 PA 之路由	下一個 Hop	至 PA 之路由	下一個 Hop	至 PA 之路由	下一個 Hop
1	X	1	—	1	X	1	Y
2	X	2	—	2	X	2	Y
3	X	3	Y	3	Z	3	—
4	X	4	Y	4	Z	4	—
5	X	5	Y	5	Z	5	—

9.6 多點傳送

多點傳送（multicasting）[9.8] 是將訊息利用一個稱為**群組位址**（group address）的位址，從原始端傳送至多個目的端的過程。相較於使用多個單點傳送，多點傳送大幅降低訊息的傳遞量，因此使頻寬利用得以最佳化。多點傳送在視訊會議、遠距教學，以及多人線上遊戲等情境尤其有用。

一般而言，多點傳送是靠建構**來源樹**（source-based tree）或**核心樹**（core-based tree）。來源樹的方法是在群組的各個來源都建構一個最短路徑樹，而以來源做為該樹的根（圖 9.14）；而核心樹的方法（圖 9.15）是選定一個路由器做為核心。所有來源會將封包轉送至核心路由器，然後由它將封包轉送給多點傳送群組的所有成員。

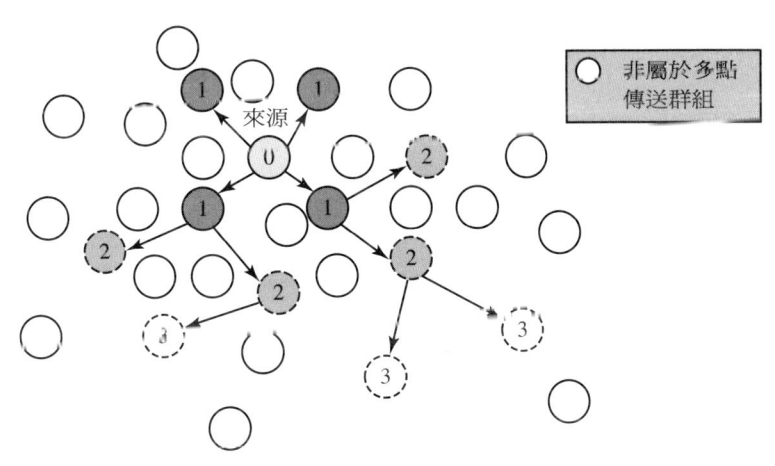

圖 9.14 樹狀之多點傳送圖示

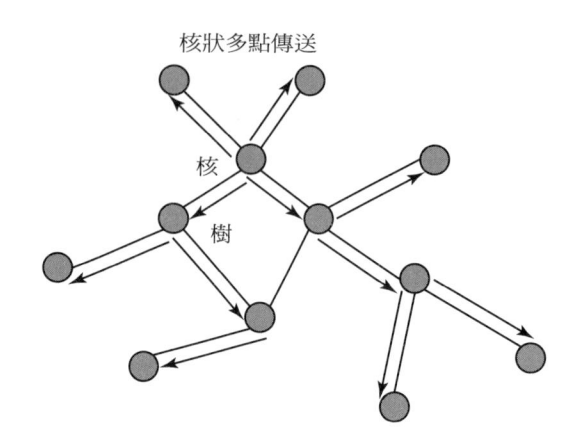

圖 9.15 樹狀之多點傳送

因為群組成員會持續地加入與離開，多點傳送會用到兩個運作：稼接（grafting）與剪枝（pruning）。用戶可以動態地加入一個多點傳送群組以便接收到多點傳送封包。然而要發送多點傳送封包至一特定群組，並不需要任何註冊或訂閱程序。

在網際網路上，多點傳送是靠新增一個 MROUTER（multicast-capable router）來支援，其連線是經由專屬路徑，稱為隧道。隧道將 MROUTER 連至另一個 MROUTER，並透過其他正常路由器來傳送多點傳送封包。MROUTER 將多點傳送封包加以封裝成正常 IP 封包，並利用隧道，以單點封包送至其他 MROUTER，然後在另一端進行解封裝。這種在網際網路上進行的 MROUTER 架構一般稱為 MBONE（multicast backbone）。

在無線網路，因為群組成員具有移動性，封包轉送是更為複雜的。建構多點傳送樹時，有必要設計一個有效的方案來解決像是非最佳化路徑長度、避免重複封包，以及預防封包傳遞中斷等問題。

IETF（Internet Engineering Task Force）已提出兩種在行動 IP 上進行多點傳送的方法[9.9]：**雙向隧道**（bidirectional tunneling; BT）與**遠端訂閱**（remote subscription）。在 BT 這個方法，每當 MS 移動至客籍網路，HA 會建立一個雙向通道至客籍端的 FA，並為送往 MS 的封包進行封裝。FA 接著利用如圖 9.16 所示的反向通道，將封包轉送至 MS。另一方面，遠端訂閱的作法是當 MS 移動至客籍網路時，FA（如果不是多點傳送樹的一員）會發送一個加入多點傳送樹的要求。則 MS 可以直接經由 FA 接收到多點傳送封包。雖然這種方法比較簡單，且能預防重複封包與非最佳化路徑遞送，它卻需要 FA 去加入多點傳送樹，也就是說，在 FA 加入該樹之前的資料都會中斷。當 MS 經常在移動時，此方法也會造成樹的更新

```
                    ┌──────────────┐
                    │ 來自多點傳送樹 │
                    │ 的多點傳送封包 │
                    └──────┬───────┘
                           │
```

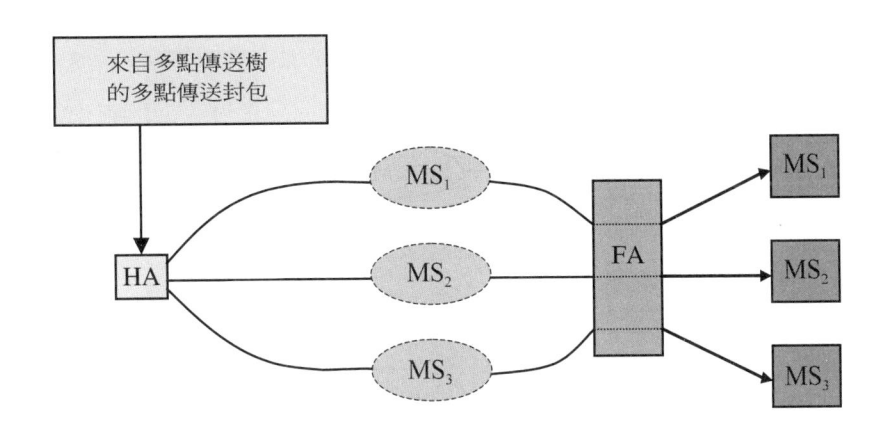

<pre>
                                  ╱‾‾‾‾╲   ┌─────┐
                                 (MS₁)──────────────────│ MS₁ │
                                  ╲____╱   ┌────┐   └─────┘
                        ┌──┐   │   │   ┌─────┐
                        │HA│─────────────────(MS₂)───│ FA │────│ MS₂ │
                        └──┘   │   │   └─────┘
                                  ╱‾‾‾‾╲   └────┘   ┌─────┐
                                 (MS₃)──────────────────│ MS₃ │
                                  ╲____╱   └─────┘
</pre>

圖 9.16 雙向隧道法之封包重複 [9.10]

資料來源：Siddesh Kamat, "Handling Source Movement over Mobile-IP and Reducing the Control Overhead for a Secure, Scalable Multicast Framework" M.S. Thesis, University of Cincinnati, October 2002.

維護過於頻繁。

雖然 BT 的作法避免資料中斷，但造成封包的重複，尤其當數個同屬於相同 HA 的 MS（註冊同一個多點傳送群組）移動至相同的 FA。每一個移入 FA 的 MS，其所屬的 HA 都會轉送一份多點傳送封包至訂閱的群組。可能是屬於不同 HA 的 MS 移動至相同 FA 網域，然後 FA 就會接收到來自該 MS 所屬的 HA 所傳送的重複封包。這一般是叫做**隧道匯流**（tunnel convergence）問題（圖 9.17）。

行動多點傳送（mobile multicast; MoM）協定 [9.11] 嘗試解決隧道收斂問題，其強迫 HA 僅轉送一個多點傳送封包，而不管該群組有多少個其所屬的 MS。在此，FA 為各 HA 集合所代表的群組選取一個 DMSP（designated multicast service provider），僅有 DMSP 能代替該群組轉送多點傳送封包給 FA。此方案如圖 9.17 所示。

然而，若 DMSP 的 MS 移至它處，則 DMSP 可能會停止轉送封包至 FA。這會造成資料的中斷，直到 FA 重新選取一個新的 DMSP。為解決此問題，每一群組可採用超過一個 DMSP（這有可能帶來重複封包的問題）。在 MoM 協定，也可能會有重複的封包，那是當 FA 本身也是樹的節點之一（圖 9.18）時。現有多點傳送路由協定的完整檢視與討論可參考 [9.12]。

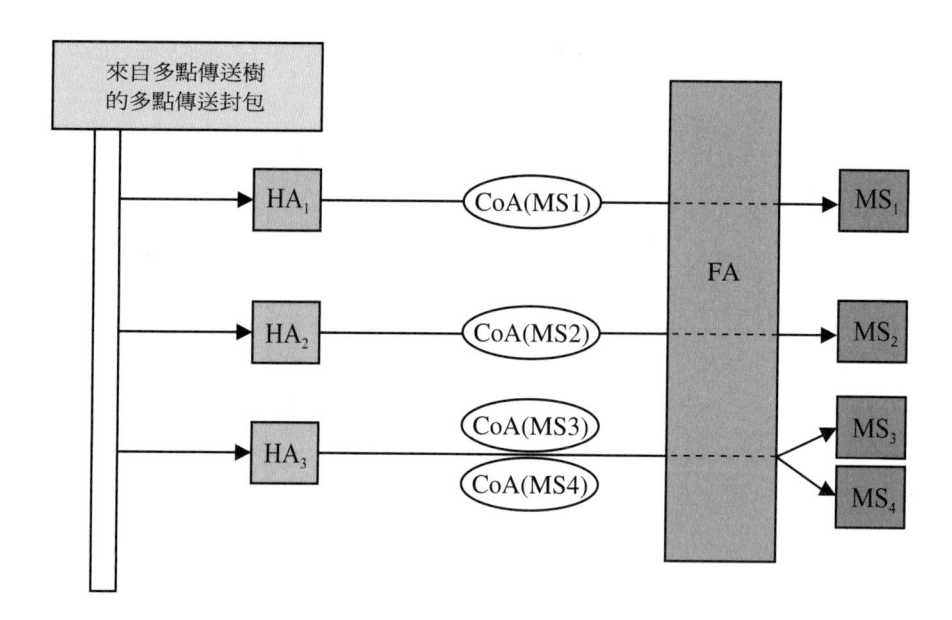

圖 9.17 隧道匯流問題 [9.10]

資料來源：Siddesh Kamat, "Handling Source Movement over Mobile-IP and Reducing the Control Overhead for a Secure, Scalable Multicast Framework" M.S. Thesis, University of Cincinnati, October 2002.

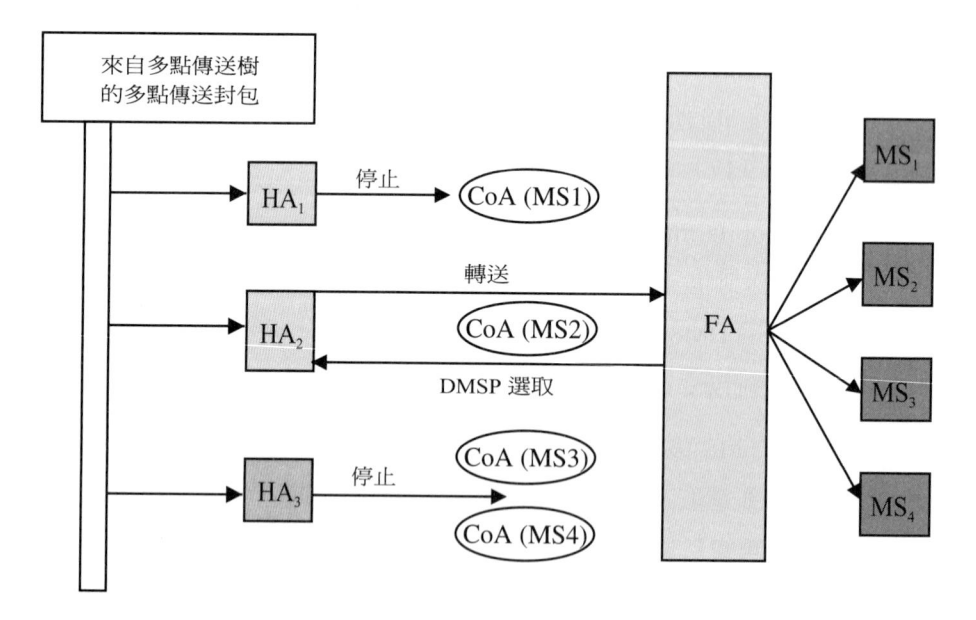

圖 9.18 行動多點傳送協定之示意圖 [9.10]

資料來源：Siddesh Kamat, "Handling Source Movement over Mobile-IP and Reducing the Control Overhead for a Secure, Scalable Multicast Framework" M.S. Thesis, University of Cincinnati, October 2002.

9.7 超寬頻技術

超寬頻（Ultra-Wideband; UWB）**技術**，又稱為脈衝或零載波的無線電技術，可以說是目前最大有可為的無線電通訊技術。不像其他傳統無線電系統是於窄頻運作，UWB 無線電系統以一系列的極窄（每秒 10-1000）與及低功率脈衝在較寬的頻譜上運作 [9.13]。低功率信號係重複使用先前分配的 RF 帶，將信號隱藏於頻譜的雜訊基準（noise floor）之下 [9.14]。在適當實作下，UWB 系統可與其他傳統無線電系統共用頻譜，且不會造成可察覺的干擾，這對減輕頻譜過於稀少的瓶頸很有幫助 [9.14]。

此技術並不是一個全新的概念。一些先驅者—Heinrich Hertz [9.15] 等人早在上一世紀初，連正弦載波都尚未問世就利用火花隙（spark gaps）來產生 UWB 信號。然而，直到最近，人們才能夠產生並控制 UWB 信號，且透過調變、編碼，以及多重存取技術使 UWB 得以在無線通訊應用上發揮 [9.15]。早期的 UWB 系統主要是發展做軍事監視用途，因為它們可以「看透」樹木與圍牆，以及地表之下。如今，UWB 技術也用於消費性電子裝置的通訊應用。

9.7.1 UWB 系統的特色

UWB 信號是定義為頻寬大於中心頻率 25% [9.16][9.17] 或頻寬大於 1 GHz 之信號。此寬頻使其得以將頻譜與其他用戶分享。近期研究顯示，UWB 信號很適合用於位置定位應用。有許多方式可以產生這些 UWB 信號。兩種熱門的方式是低工作週期（low duty cycle）的時間調變超寬頻（time modulated-UWB; TM-UWB），與高工作週期的直接序列相位編碼超寬頻（direct sequence phase coded-UWB; DSC-UWB）[9.16]。寬頻譜可使用這兩種方式來產生。而此兩種方式所產生的 UWB 信號之傳遞特性與應用能力有很大的差異 [9.16]。

- **TM-UWB 技術**：TM-UWB 的基本元素是單週期小波（monocycle wavelet）。一般來說，小波脈衝寬度介於 0.2 至 1.5 奈秒（對應於中心頻率介於 600 MHz 至 5 GHz）。脈衝間隔為 25 至 1000 奈秒 [9.16]。在 TM-UWB，系統使用一種叫做脈衝位置調變的技術 [9.16]。TM-UWB 發送器謹慎地控制脈衝間隔，並發射超短單週期小波，隨著資訊信號與通道碼的不同而變化。調變技術使得信號較不易被偵測到，因為信號頻譜更加平滑 [9.16]。脈衝產生器要求功率來產生要傳送的脈衝。發射器也具有一個微微秒精準度計時器來進行精準的時間調變、偽雜訊（pseudo noise; PN）編碼，以及距離決定。TM-UWB 接收器利用一個前端的交叉相關器（cross correlator）直接將接收到的 RF 信號轉換成一個基頻的數位或類比輸出信號。因為沒有任何中介頻率步驟需要處理，所以降低發送器與接收器在設計上的複雜度 [9.16]。一般而言，單一位元的資訊是透過數個單週期來傳遞，而接收端結合這些脈衝來復原原始資訊。精準的脈衝時間量測使得 TM-UWB 系統在先天上就具有準確定位的能力 [9.16]。

- **DSC-UWB 技術**：第二種用來產生有用 UWB 信號的方式是 [9.16] DSC-UWB。此方法係在工作週期利用直接序列將小波脈衝做調變來展開信號 [9.16]。展頻、通道化，以及調變是由一個偽雜訊序列所提供，而切片率（chipping rate）維持在載波中心頻率的某個比例。

9.7.2 UWB 信號的傳遞

基本上，UWB 脈衝小波以自由空間律做傳遞。來自不同路徑的信號彼此同調交互作用，造成在 RF 通訊的 Rayleigh 或多重路徑衰弱。在建築物內，當有連續正弦波在進行傳遞，而通道的多重路徑延遲的差異在奈米範圍時，很自然地就會發生多重路徑衰弱 [9.16]。此議題無法在窄頻解決，因此像是 IS-95 等系統就必須要克服一個很重要的 Rayleigh 衰弱效應。

適當設計的 UWB 系統能具有超過 1 GHz 的頻寬，可以解決多重路徑延遲在一奈秒內的多重路徑衰弱問題。譬如，當單週期從兩條不同路徑到達接收端時 [9.16]，接收端可以鎖定脈衝並接收其中較強的信號。可使用超過一個相關器來鎖定不同信號，且能夠增加信號的能量，是以增加接收的 S/N。脈衝與脈衝之間可能會互相干擾，但其實這些干擾脈衝是可以忽略的，因為各脈衝經過 PN 時間調變而相互獨立。是以，這種多重路徑干擾不會在 UWB 接收端造成任何衰減，反而在建築物內 UWB 系統能提高效能（S/N）達 6 至 10 dB [9.16]。

9.7.3 UWB 技術的現況與應用

UWB 技術的應用曾經侷限在軍事用途、警用與消防系統。但到了 2002 年初期，美國 FCC 允許 UWB 在商業上的應用。為顧及與現有無線電、電視與手機等載波可能會相互干擾，FCC 限制了 UWB 的運作頻率範圍，尤其是必須特別避免干擾軍事及 GPS 定位服務等應用之可行性。全球有許多企業與研究單位都致力於發展各種雛形應用，並研發 UWB 技術在商業上的應用。TM-UWB 具有增加頻寬的潛力，現有頻譜已是嚴重擁擠。此技術有三個獨特的應用能力 [9.16]：通訊、進階雷達感測，以及精準的定位與追蹤。

UWB 信號的偽雜訊特色使其能夠進行安全的通訊，大幅降低被偵測到的機率。而 TM-UWB 的短脈衝小波相對地使其免疫於多重路徑干擾，十分適用在建築內的通訊，尤其

是城市區域 [9.16]。脈衝的精準時間量測（在 TM-UWB）促成可穿牆（through-the-wall）雷達的研發，能以公分等級的精準度來偵測人員與物體的移動與距離 [9.16]。還有更準確的雷達——地表穿透與車輛防撞雷達——也是可以實現的 [9.17]。

精準的時間量測也促成精準的定位與追蹤應用，包括用於無人駕駛車輛的應用 [9.18]。DSC-UWB 適用於大部分的資料通訊應用 [9.16]。UWB 技術很適合用在高效能的無線家用網路，提供高速頻寬（50 Mbps），以及設備之間的連結性，並允許多個裝置同時進行資料傳送，以及全速的影片能力 [9.19]。

因為 UWB 信號與其他信號不會造成可察覺的干擾，UWB 可與其他技術並存，像是藍芽技術與 802.11a/b/g。UWB 技術也可以對許多 WPAN 應用有很大的幫助，像是促成高速的無線 USB（WUSB），連結各種 PC 周邊，以及在下一世代藍芽技術中取代有線纜線來連結各種裝置，包括 3G 行動電話、高速且低功率的 MANET 裝置等 [9.20]。

9.7.4　UWB 與展頻技術之差異

如先前所述，UWB 技術不同於傳統窄頻 RF 與展頻技術。UWB 使用極寬的 RF 頻帶來傳送更多的資料。

展頻技術包括直接序列展頻與跳頻展頻，以及像是藍芽技術與 IEEE 802.11a/g 等應用。在這種展頻系統中，載波是以虛擬隨機碼（PN）或跳頻樣式來將展頻信號做調變，以便將展頻信號移至最適當的頻帶作傳送。但 UWB 是時間域的概念，並沒有載波調變。實際上，UWB 波形的展頻是靠跳時（time-hopping）調變所產生，而此調變過程是發生在一段很短的脈衝時間。因為各個傳送位元可以進一步切為雙相位調變（biphasic-modulated）的切片間隔（chipping intervals）或唯一的頻率改變，這種展頻系統的載波總是有 100% 的工作週期。在 UWB，脈衝時間相較於脈衝間隔是非常短的，因此工作週期僅佔很小的部分（約 0.5%），而這種低工作週期帶來高的峰均值比（peak-to-average ratio）與低的功率消耗。

9.7.5　UWB 技術的優點

UWB 結合較大頻譜、較低功率，以及脈衝資料，這表示它比窄頻無線電設計帶來較少的干擾，卻擁有較低的機率遭受偵測，以及優異的多重路徑免疫力。UWB 的極寬頻譜提供許多優勢，像是非常精準的範圍資訊，可用作 WLAN/WPAN 環境中的安全應用，以及克服來自其他窄頻裝置的極高功率之干擾 [9.13]。再者，UWB 系統比較不複雜，這表示能有更低的成本與更小的體積，主要因為它們不像傳統無線電技術會使用到無線電頻率／中間頻率（RF/IF）的轉換階段、本地震盪器、混合器，以及其他昂貴的表面聲波（surface acoustic wave; SAW）濾波器 [9.13]。所以無線網路技術的大規模應用將可望成真 [9.13]。

9.7.6　UWB 技術的缺點

對無線網路應用而言，UWB 是擾亂性的技術 [9.13]，並不適合用於 WAN 的建置，像是無線寬頻存取。UWB 裝置的功率是有限制的，因為它們不能干擾其他頻率帶，必須與其共存。另外，因為 UWB 裝置的功率限制，無法再提高天線增益以擴大運作範圍。也無法實作低功率 CMOS（Complementary Metal Oxide Semiconductor），因為部分 UWB 系統具有高的 PAR（peak-to-average ratio）[9.13]。對使用 PPM 做為調變技術的 UWB 系統而言，有限的延遲時間顫動（jitter）要求可能會是個問題。

9.7.7　UWB 技術的挑戰

為使 UWB 技術成為商業無線應用的熱門方案，有下列挑戰需要解決：

- UWB 系統設計者必須提供極準確的脈衝設計，使其能以平而寬的功率頻譜密度（power spectral densities）來發射 [9.21, 9.22]。
- 必須徹底瞭解 UWB 信號對窄頻接收端，以及窄頻發送端至 UWB 接收端，這之間有害干擾的影響。[9.21, 9.22]。
- 當無線裝置採用 UWB-無線電技術（UWB-RT）[9.15] 時，必須瞭解其 PHY 與 MAC 功能之需求。
- 由於 UWB 無線電裝置適合於通訊與定位追蹤之應用與服務，有必要決定在什麼條件下，通訊與定位追蹤的功能可以或應該結合在一起 [9.21, 9.22]。
- 如有需要，應確保 UWB 技術的實作不會干擾飛行安全、公眾安全、緊急醫療、軍事，以及其他商用系統所使用的無線電頻譜。
- 需要有新的量測技術來量測具瞬時行為（transient behavior）之偽雜訊 UWB 信號的特徵 [9.21, 9.22]。
- 如有需要，應指明並訂立標準，規範在無線家用網路連結各種設備的需求與特色 [9.19]。

9.7.8　未來方向

UWB 技術有許多獨特之處，包括高容量、不易發生多重路徑衰減、不受干擾、不易被偵測，以及頻率分集（frequency diversity），使其成為一種簡單又符合成本效益的無線電設計。UWB 適用於很廣泛的應用領域，當有效率地使用時，它具有解決「頻譜乾旱」（spectrum drought）的潛力。

9.8 毫微微細胞（femto cell）網路

無線通訊快速發展的同時，也激勵業界開發新的通訊標準，如 3GPP 的 UMTS 和 LTE、3GPP2 的 CDMA2000、1x、EV-DO 和 WiMAX。高傳輸率和無縫隙的覆蓋範圍是開發無線系統的重要目標。然而，為了實現更高的傳輸率，載波頻率為高頻訊號時，在現有的細胞式系統標準下難以穿透牆壁。因此，建築物內信號強度較弱，甚至電梯或隧道內的手機可能接收不到無線信號。這弱點導致大細胞基地台覆蓋有大空洞。

根據近期研究 [9.22,9.23]，50% 以上的語音通話服務與超過 70% 的數據流量發生在室內環境，這意味著細胞式系統的室內信號涵蓋範圍漏洞對客戶滿意度有著重要影響。較簡單的解決方案為安裝些只提供室內用戶（MSs）的室內設備。**毫微微細胞網路**（femto cell network）被視為彌補覆蓋空洞的有效方法，已被提出並迅速發展。我們簡單介紹毫微微細胞基地台網路基礎建設，以及相關的特色和基礎的技術問題。

9.8.1 技術特點

毫微微細胞網路為更好的室內覆蓋範圍所設計的小規模網路，從 2007 年年底開始吸引了來自工業界與學術界的關注。「毫微微」指的是 10^{-15}。基於網路，命名為毫微微細胞網路，且覆蓋範圍小於傳統的大型基地台（M-BS）。毫微微細胞網路由終端用戶在家裡或在辦公室環境中安裝，並連接 MS 至語音電話之核心網絡。類似 UMTS 的無線接入網（UTRAN）體系結構中，毫微微細胞網路包括三個組成：毫微微細胞基地台（Femto cell Base Stations; F-BS）、網際網路連接、毫微微細胞閘道器（Femto cell Gateway; FGW）。

毫微微細胞基地台

毫微微細胞基地台（Femto cell Base Stations; F-BS）的短距離、低成本、低功耗的室內設備，目的是為無線手機提供服務。F-BS 看起來像一個無線區域網路存取點〔WLAN Access Point（AP）〕，至少有無線和網際網路兩個介面。

- **無線介面**：提供無線電介面到毫微微細胞基地台。任何現有的無線電信標準，如

UMTS/CDMA200/WIMAX/LTE/EV-DO，可做為 F-BS 的無線介面。
- **網際網路介面**：F-BS 網際網路介面可以連接到用戶的有線寬頻 DSL 或電纜數據機。部分 F-BS 網絡介面只允許連接到無線行動營運商自己的寬頻網絡，而其他的可以連接到任何 ISP 網路。

網際網路連接

網際網路連接是一個普通的 ISP 寬頻網路連接多個 F-BS 與一個 FGW。儘管 F-BS 的連接到網際網路的方式類似乙太網路連接，不同的技術用在網際網路連接是基於無線基礎建設。

毫微微細胞閘道器

毫微微細胞閘道器（Femto Cell Gateway; FGW）是服務提供商提供的裝置，其作用為網際網路與通訊網絡之間的閘道。FGW 的一側透過寬頻網際網路連接大量的 F-BS，FGW 的另一側連接到語音電話的核心網路至服務提供商專有的有線網路。毫微微細胞網路基礎設施的概念見圖 9.19。與傳統的 M-BS 對比，F-BS 透過公共接入網際網路連接到 FGW，對網路基礎建設造成根本性的改變。

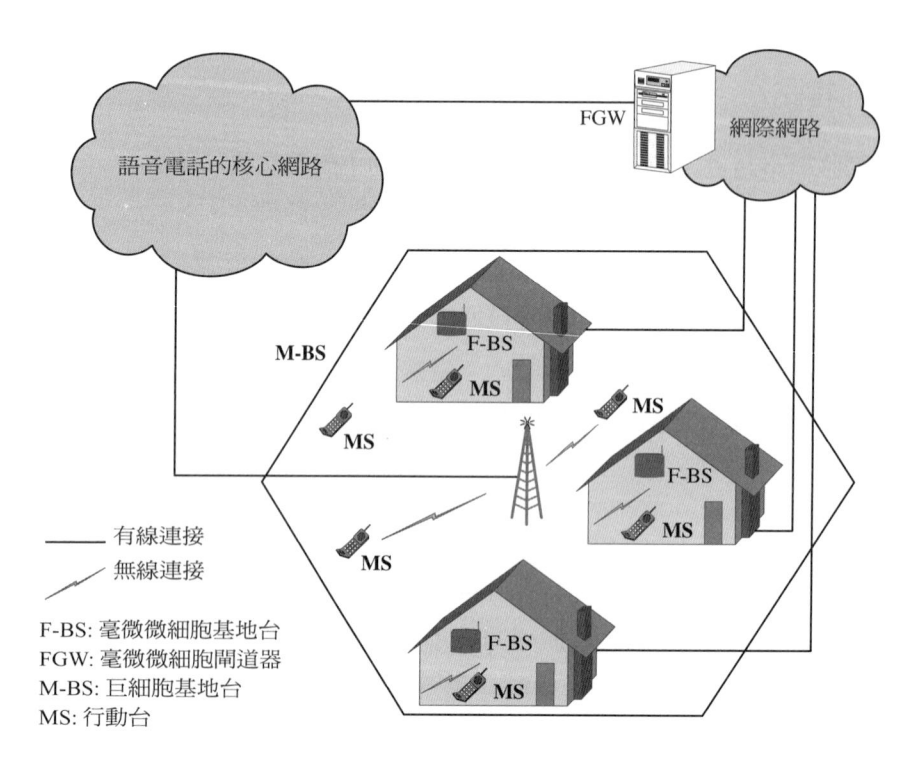

圖 9.19 利用毫微微細胞來增進信號品質

毫微微細胞網路的優點

毫微微細胞網路是一個所謂的「雙贏」策略,提供手機用戶與電信營運商的利益。為**細胞式用戶** (cellular users) 帶來的一些具體優勢包括:

- 無縫隙基地台覆蓋
- 增加容量
- 降低發射功率
- 延長手機電池壽命
- 較高的信噪比(SINR)

為**細胞式營運商** (cellular providers) 帶來的好處包括:

- 改進巨細胞基地台的可靠性
- 減少巨細胞基地台的數據流量
- 提高區域頻譜效率
- 成本效益

毫微微細胞基地台與巨細胞基地台

F-BS 和 M-BS 皆設計來服務於行動台用戶,因此有許多共同的特徵。F-BS 也被稱為迷你巨細胞基地台(mini-Macrocell Base Station)。F-BS 與 M-BS 比較如表 9.4 所示。

表 9.4 F-BS 和 M-BS 的比較

特點	F-BS	M-BS
空中介面	電信標準	電信標準
骨幹網路	寬頻網路	電信網路
成本	200 美元/一年	60,000 美元/一年
用戶	低功率消耗	高功率消耗
無線電範圍	10~50 公尺	300~2000 公尺

F-BS 與 WLAN 存取點

WLAN 為最普及的無線網路技術之一,大多被安裝在家庭或辦公室環境中,毫微微細胞網路也是如此。不過以技術方面來看,F-BS 和 WLAN AP 之間有一些明顯的差異,見表 9.5。

表 9.5　F-BS 和 WLAN AP 的比較

特點	F-BS	WLAN AP
頻帶	需執照	無需執照
無線媒介存取控制（Media Access Control; MAC）	有線連接	有線連接
骨幹網路	寬頻網路	寬頻網路
功率	100 mW	~1.5 W
空中介面	電信標準	802.11a/b/g/n
範圍	10～50 m	35～70 m
服務	語音為主	數據為主
目前成本	200～250 美元	50～100 美元

9.8.2　所面對之難題

許多無線網路公司和廠商都發表了自己的 F-BS 產品，以及電信營運商已經開始在某些地區場測（field trial）。然而，現有的設備性能仍然遠低於用戶的期望。很多技術問題尚未解決，將在這裡討論。

干擾

大量的 F-BS 並存在相同的 M-BS 範圍內。M-BS 可利用在無線標準內整個可用頻譜，以便實現更高的頻譜效率。F-BS 服務於小數目的子載波，可以使用任一整個頻譜或部分頻譜。F-BS 和 M-BS 之間的工作頻率重疊是無法避免的。干擾可分為兩類：毫微微細胞基地台間的干擾、巨細胞與毫微微細胞間的干擾。

頻譜重疊使我們在一個巨細胞內產生兩層網路的設施。由於此特性，干擾是在毫微微細胞網路的一個重要問題。

服務品質

毫微微細胞網路使用非專屬寬頻網絡，服務品質（Quality of Service; QoS）已成為一個重要的問題。F-BS 可能在家裡或在辦公室利用骨幹網路與 WLAN AP 和 LAN 集線器／交換機共享網路。細胞式營運商無法控制網際網路以分配更高的優先權給 F-BS 流量。對於細胞式系統用戶之延遲敏感的流量而言，必須要小心設計 QoS 的方案。

存取控制

F-BS 可以在三種訪問控制模式下操作：開啟、關閉、混合。

- 開放式接入模式：在開放接入模式下，所有細胞式系統用戶屬於開放訂戶組（Open Subscribers Group; OSG），並且可無條件的訪問 F-BS。一些細胞式服務營運商計劃部署 F-BS 是為了覆蓋空洞區域，以得到更好的服務品質。
- 封閉接入模式：在此模式下，封閉訂戶組（Closed Subscribers Group; CSG）由 F-BS 的所有者設定，僅小部分的用戶允許在該毫微微細胞網路中服務。例如，人們可以在自己的房子，只有家庭成員安裝 F-BS，可以訪問 F-BS 獲得更好的服務。其他手機無法訪問他們的 F-BS。
- 混合接入模式：混合接入模式是開放和封閉接入模式之間的折衷。

換手（Handoff）

由於大量的 F-BS 可以由用戶安裝在一個巨細胞內，需要發展新的換手方式。三個換手類別是可實現的。

- 換出：用戶從毫微微細胞換手至巨細胞。
- 換入：用戶從毫微微細胞換手至巨細胞。
- 換手：用戶從毫微微細胞換手至鄰近的毫微微細胞。

在高密度的 F-BS 被部署之前，有些議題是必須被解決的，如不必要的換手和頻繁換手。

同步（Synchronization）

許多網路的操作，諸如換手、多干擾最小化、確保可容忍的載波偏移，取決於同步的精準。軟體解決方案，如 IP 上精密的時間協定；硬體解決方案，例如 GPS 或高精度的晶體振盪器精度已被提出。

自我配置、自我運行和定位追蹤

F-BS 是用戶自行安裝的設備，並將其本身納入語音電話的核心網絡。該配置功能能在各種環境下自行調整參數。例如，換手和無線電資源管理（Radio Resource Management; RRM）可以被 F-BS 和 M-BS 直接控制。定位跟追蹤不只是 F-BS 的功能，而是一項必要的要求。至少，法規和緊急呼叫進行位置追蹤為無法迴避的問題。

安全問題

傳統的 M-BS 連接到電話核心網路是利用電信營運商的專屬連線。相對於 M-BS，F-BS 是通過 FGW 連接到寬頻網路。3GPP 和 3GPP2 都提出基於 IPSec 和 IKEv2 協議標準的 F-BS 和 FGW 之間的安全連接。然而，F-BS 的寬頻骨幹網路可以由任何人，包括駭客存取。因此所有的安全問題，也可能發生在毫微微細胞網路的問題。

結語

毫微微細胞網路有能力幫助巨細胞網路實現無縫覆蓋，並通過網際網路連接發送獲得更高的網路容量。雖然毫微微細胞網路已經獲得了快速發展，在短時間內，還有許多技術難題需克服，而且大規模的部署之前必須降低 F-BS 的設備成本。

9.9 總結

資源分配對無線網路效能的影響是重要的。在任何無線系統都會包含無線的元件，以及底層的有線網路，像是骨幹網路，因此整體效能的改進需要兩者的基礎建設都加以考量。在本章，我們探討通道如何在無線系統中進行分配，和超寬頻技術如何增進性能。利用毫微微細胞可增進家中室內信號品質。

在接下來的章節，我們將提到無線存取點在上行 / 下行的運作，同時也提供無線存取點的發展和闡述其效用。

9.10 參考文獻

[9.1]   S. Gerasenko, A. Joshi, S. Rayaprolu, K. Ponnavaikko, and D. P. Agrawal, "Beacon Signals: What, Why, How, and Where," *IEEE Computer*, Vol. 34, No. 10, pp. 108-110, October 2001.

[9.2]   D. Chung, H. Choo, and H. Y. Youn, "Reduction of Location Update Traffic Using Virtual Layer in PCS," *Proceedings of the 2001 International Conference on Parallel Processing*, pp. 331-338, September 2001.

[9.3]   P. P. Mishra and M. Srivastava, "Effect of Virtual Circuit Rerouting on Application Performance," *Proceedings of the 17th International Conference on Distributed Computing Systems*, pp. 374-383, May 27-30 1997.

[9.4] J. C. Chen, K. M. Sivalingam, and R. Acharya, "Comparative Analysis of Wireless ATM Channel Access Protocols Supporting Multimedia Traffic," *Mobile Networks and Applications*, Vol. 3, pp. 293-306, 1998.

[9.5] A. Acharya, J. Li, F. Ansari, and D. Raychaudhari, "Mobility Support for IP Over Wireless ATM," *IEEE Communications Magazine*, pp. 84-88, April 1998.

[9.6] R. H. Glitho, E. Olougouna, and S. Pierre, "Mobile Agents and Their Use for Information Retrieval: A Brief Overview and an Elaborate Case Study," *IEEE Networks*, pp. 34-41, January/February 2002.

[9.7] R. Droms, "Dynamic Host Configuration Protocol (DHCP)," *IETF RFC 2131*, March 1997.

[9.8] S. Deering, "Multicast Routing in a Datagram Internetwork," Ph.D. Thesis, Stanford University, Palo Alto, California, December 1991.

[9.9] C. Perkins, "IP Mobility Support," *IETF RFC 2002*, IBM, October 1996.

[9.10] S. Kamat, "Handling Source Movement over Mobile-IP and Reducing the Control Overhead for a Secure, Scalable Multicast Framework," M.S. Thesis, University of Cincinnati, 2002.

[9.11] V. Chikarmane, C. Williamson, R. Bunt, and W. Mackrell, "Multicast Support for Mobile Hosts Using Mobile IP: Design Issues and Proposed Architecture," *ACM/Baltzer Mobile Networks and Applications*, Vol. 3, No. 4, pp. 365-379, 1998.

[9.12] H. Gossain, C. M. Cordeiro, and D. P. Agrawal, "Multicast: Wired to Wireless," *IEEE Communications Magazine*, pp. 116-123, June 2002.

[9.13] Xtremespectrum: *http://www.xtremespectrum.com/products/faq.html*.

[9.14] K. Siwiak, P. Withington, and S. Phelan, "Ultra-Wide Band Radio: The Emergence of an Important New Technology," *Time DomainCorp., http://www.timedomain.com*.

[9.15] G. R. Aiello, M. Ho, and J. Lovette, "Ultra-Wideband: An Emerging Technology for Wireless Communications," *Fantasma Networks, Inc., http://www.fantasma.net*.

[9.16] K. Siwiak, "Ultra-Wide Band Radio: Introducing a New Technology," Time Domain Corp., *http://www.timedomain.com*.

[9.17] J. Foerster, E. Green, S. Somayazulu, and D. Leeper, "Ultra-Wideband Technology for Short or Medium Range Wireless Communications," Intel Corp., *http://www.Intel.com*

[9.18] R. J. Fontana, J. F. Larric, and J. E. Cade, "An Ultra Wideband Communications Link for Unmanned Vehicle Applications," MultiSptectral Solutions, Inc. *http://www.his.com/~mssi*.

[9.19] "High Performance Wireless Home Networks: An Ultra-Wide Band Solution," Fantasma Networks, Inc. *http://www.fantasma.net*.

[9.20] "Ultra-Wideband (UWB) Technology Enabling High-Speed Wireless Personal Area Networks," (white paper), Intel, *http://www.intel.com/technology/ultrawideband/downloads/Ultra-Wideband.pdf*.

[9.21] W. Hirt, "UWB Radio Technology (UWB-RT) Short Range Communication and Location Tracking," IBM Research, Zurich Research Laboratory, Switzerland, *http://www.ibm.com*.

[9.22] V. Chandrasekhar, Jeffrey G. Andrew, and Alan Gatherer, "Femto cell Networks: A Survey," *ABI Research*, 2nd international Conference Home Access Points and Femto cells, *http://arxiv.org/ftp/arxiv/papers/0803/0803.0952.pdf*.

[9.23] D. N. Knisely, T. Yoshizawa, and F. Favichia, "Standardization of Femto cells in 3GPP," *IEEE Communications*, Sept. 2009, Vol. 47, No. 9.

9.11 實驗

■ 實驗一
- 背景：細胞式網路中，覆蓋區域會分割成多個細胞，使行動台能自由地從一個細胞移動到另一個細胞。每一個細胞由一個基地台服務，當使用者從一個細胞跨越到另一個細胞，行動單位需要切斷和舊細胞基地台的連線，且與新細胞基地台進行新的連線。此切斷舊連線且進行新連線的過程稱為換手，在提供可接受的服務品質給使用者時，它是一項重要的參數。
- 實驗目的：換手在任何細胞式網路中是普遍存在的。雖然基本概念都相同，但在不同的網路技術像是 TDMA 和 CDMA，其執行的細節可能會有所不同。這項實驗將使學生瞭解這個問題，並且設計一種換手方法。這實驗也激勵學生預期像是目標細胞處於忙碌的條件，和設法降低斷話率至最低。
- 實驗環境：可存取的行動裝置和基地台。電腦和模擬軟體，像是 OPNET、QualNet、ns-2、VC++、Java 或 MATLAB。
- 實驗步驟：
    1. 學生將模擬行動台從一個細胞移動到鄰近的細胞。他們將盡力避免因換手而阻斷正在進行的連接。其他需要考慮的事情是，如果目標細胞正在進行的通話已經有很重的負載時，對斷話機率的影響。一個無線區域網路路由裝置可以做為基地台。
    2. 使用軟體建立且模擬一個包含兩個（或更多）鄰近細胞的情況。在此模擬程式中，行動台在兩個細胞之間移動且進行換手。你可以選擇軟式或硬式換手策略，或者兩者並用。學生需要選擇和實現換手所需要的臨界值，相關的傳播模型和換手程序等等。此外，此程式在換手期間也需要使用通道資源。如果目標細胞沒有足夠的通道去進行換手，通話將被阻斷。
    3. 討論和比較軟式換手和硬式換手的優缺點。

■ 實驗二
- 背景：漫遊是一種行動系統，使用者期望他們的細胞式網路會有的一種基本特性。行動網路被推出的想法是不論現在的位置在哪裡都能連結到世界。漫遊實現了這個想法，即使行動台不在本籍區域也可以被定位或接聽電話。本籍代理人（HA）和客籍代理人（FA）是使漫遊成為可能的實體。

- **實驗目的**：行動網路的基本是即使正在移動也保證能連結到網路且交換訊息。一個行動台超越它的本籍位置是有可能的。需要特殊技術來確保即使在這種情況下也能聯絡到該節點。行動網路漸漸普及，此問題也越來越被關注。使用者期望，即使他們在高速移動之下也能聯絡到。學生將分析所面臨的問題，以確保能與外籍網路連結。他們將設計和執行本籍代理人和客籍代理人的方法幫助此連結。本實驗將讓學生接觸到目前所使用這種機制的目標和它們的負擔及限制。

- **實驗環境**：電腦和模擬軟體，像是 Java、VC++ 或 MATLAB，可支援路由的無線硬體裝置。

- **實驗步驟**：

    1. 學生將設計和執行設置本籍代理人和客籍代理人，以利於漫遊連結。學生透過設置本籍代理人和客籍代理人學習基本架構，有助於他們清楚地瞭解漫遊背後的機制。
    2. 學生也在無線硬體裝置之間設計通訊架構，讓它們充當行動用戶、本籍代理人和客籍代理人，可使行動台到達本籍網路之外。
    3. 如果使用軟體模擬，學生需要基於模擬軟體來寫程式，好模擬漫遊情況。學生可以進一步地思考新方法來解決此項問題。

9.12 開放式專題

- **目的**：正如本章所討論，現有的保密方法各自提供了不同的特性，且很難直接去比較其功能和作用。一個最好的方法是去找出在你的區域內有多少個服務供應商、有多少個基地台、彼此的覆蓋範圍、使用何種技術、每個地區有多少個用戶、通話接通率及因換手引起的斷話率是多少。他們所使用的費率為何和每秒收費多少？他們能優先提供給商業或大宗客戶一些服務（通話許可、換手、在預期換手的通道保留等等）嗎？他們是如何能在鄰近細胞之間達到通道的負載平衡？他們允許一個細胞能有多少程度的干擾和多少同通道干擾？

9.13 習題

1. 對一個地區無線服務提供者而言，會需要為每個用戶維護哪些 EIR 資訊？
2. 當你暫時移動至一個新區域，而想要使用你的手機。在下列情況，你的選擇為何：
   （a）該區域沒有任何手機業者。
   （b）你的手機業者與當地業者沒有任何漫遊協定。
   （c）該區域僅有衛星電話服務。
3. 請問在你所居住的區域，信標信號所使用的頻寬與功率為何？
4. 就像細胞式系統，IEEE 802.11 無線區域網路也有「信標信號」。請尋找一份 IEEE 802.11 標準的線上文件，找出其信標信號中含有什麼資訊。
5. 利用你最喜愛的搜尋引擎，找出下列應用的可接受 BER：
   （a）語音通訊。
   （b）影像通訊。
   （c）軍事應用。
   （d）核能電廠的感測資料通訊。
   （e）工廠中量測紙張的厚度。
   （f）化學反應過程的各階段溫度之量測。
   （g）車床（lathe）操作的精準度之量測。
6. 假設在下飛機後，你開啟手機。如果最近的基地台相距五公里，請問你的手機與基地台之間的最小與最大時間延遲為何？（基地台每秒傳送一次信標信號）
7. 在骨幹網路中，如何計算來源端至目的端的最短路徑是很重要的。但在無線網路的環境中，用戶有無限可能的移動性，又該如何計算此最短路徑？請詳加說明。
8. 請問從一網路至另一網路的「連接位置」（attachment points）有何功用？請以它們在無線網路路由的重要性來說明。
9. 在無線網路中，無線電信號是在空氣中廣播傳遞，那麼多點傳送的重要性為何？請詳加說明。
10. 何謂雙向隧道（bidirectional tunneling）？為何已經有 HLR-VLR 配對，還需要 HA-FA 配對？請詳加說明。
11. 如何使用 UWB 信號定位？請詳加解釋。
12. UWB 技術的缺點為何？
13. 請解釋 UWB 與常規跳頻的不同。

14. 什麼是無線多點傳輸在實際上的延伸用途？
15. 你可以得到不同的電信服務商支持毫微微細胞式基地台的資訊嗎？
16. 你可以比較不同的電信服務商提供的毫微微細胞的經營特性？
17. 什麼是毫微微細胞基地台的限制？你可以把它想成無線異質網路嗎？請詳加解釋。
18. 為什麼無線網狀網路還沒有成為主流，儘管有些特點相當有用？請詳加解釋。

Chapter 10

網路協定

10.1 簡介

　　兩個人必須使用共通的語言才能夠互相瞭解對方的意思，同樣地，兩個交換資訊的裝置也需要遵循一些簡單的規則，才能正確地詮釋資料。因此，需要定義一組規則或指引，讓通訊雙方能加以遵循，成功地運作。第九章討論無線網路中的信號在行經骨幹網路與無線基礎架構時，會涉及到握手與路由等操作。本章主要探討無線與行動網路使用的規則。

　　通訊雙方在網路上交換資訊必須遵循一個共通的語言。技術上來說，就是指網路協定。網路協定是讓網路上不同位置的個體都能夠遵循的一組規則。本章會概述 **OSI**（Open Systems Interconnection）參考模型。OSI 參考模型是協定發展的一個共通參考。而實務上是以 **TCP/IP 堆疊**（Transmission Control Protocol/Internet Protocol stack）為主。TCP/IP 是目前為止最受歡迎的網路協定，研究此堆疊能幫助瞭解實務上的網路需求。網際網路已變成日常生活的一部分，它使用 TCP/IP 堆疊做為骨幹，並搭配多種演算法來進行路由的工作。瞭解這些協定是學習計算機網路的第一步。值得注意的是，適用於有線網路的 TCP 協定，在套用到無線網路時卻變得沒效率。為此，有許多機制被提出來試圖調校 TCP 使其適合使用於無線網路，學習這些機制能幫助瞭解有線與無線網路相互連結的困難之處。目前的 IP 版本是 **IPv4**（Internet Protocol version 4），使用 32 個位元來表示網路上的一台主機或節點。這樣的空間是非常有限的，因此提出 **IPv6**（Internet Protocol version 6）的加強版本，其使用 128 個位元，能解決 IP 位址匱乏的問題，同時也增加許多新的特色。

　　網路協定與分散式應用的標準模型是**國際標準組織**（International Standards Organization; ISO）的 OSI 模型。OSI 的發展係始於 1970 年代末期，然後在 1980 年代末期與 1990 年代初期才算成熟。OSI 呈現協定定義的全貌，並有許多額外文件說明數據通訊與網路在各種面向上相關的國際標準。原則上,它從最底層的信號技術一直延伸至最上層的應用支援與互動。

　　OSI 模型是階層式架構,設計用於網路上各種資料系統的通訊交換(見圖 10.1)。OSI 模型包含七個有序階層:實體層(第一層)、資料連結層(第二層)、網路層(第三層)、傳輸層(第四層)、會議層(第五層)、表達層(第六層)與應用層(第七層)。這些階層皆以模組化為考量,可以輕易地維持相容性。在討論 OSI 模型應如何修改以適應無線網路之前,我們先概述 OSI 模型中各階層的功能。

10.1.1　第一層:實體層

　　實體層支援電子或機械的介面連至實體媒介,並執行資料連結層所要求的服務。實體層的主要功能如下:

1. 建立與結束通訊媒介的連線。
2. 協助通訊資源有效地讓多個用戶共用(譬如,解決壅塞與流量控制)。
3. 轉換用戶端設備的數位資料與通訊通道的傳送信號。

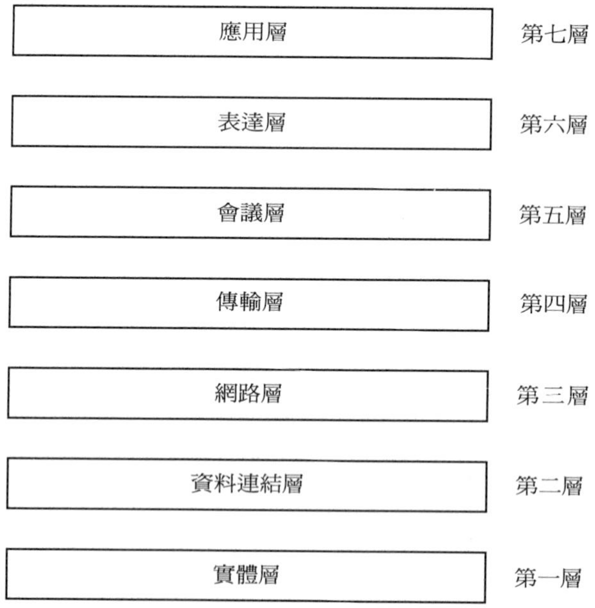

應用層	第七層
表達層	第六層
會議層	第五層
傳輸層	第四層
網路層	第三層
資料連結層	第二層
實體層	第一層

圖 10.1　OSI 模型

實體層負責下面這些：

1. 介面與媒體的實體特徵。
2. 位元表示、傳輸率、位元同步。
3. 連結設定。
4. 實體拓樸與傳輸模式。

10.1.2　第二層：資料連結層

資料連結層提供網路個體之間傳送資料所需的功能與步驟，並偵測及試圖修正發生於實體層的錯誤。此層會回應來自網路層的服務，並發送需求給實體層。資料連結層負責下面這些：

1. 訊框化。
2. 實體定址。
3. 流量控制。
4. 錯誤控制。
5. 存取控制。

10.1.3　第三層：網路層

網路層提供從來源端傳送可變長度的資料序列至目的端所需的功能與步驟，並維護傳輸層的 QoS 要求。網路層的工作包括網路路由、流量控制、分割與重組，以及錯誤控制。此層回應傳輸層的服務要求，並發送服務要求至資料連結層。網路層負責下面這些：

1. 邏輯定址。
2. 路由。

10.1.4　第四層：傳輸層

傳輸層的目的是提供終端用戶能透明地資料傳送，使資料傳輸是可靠且有效率的。此層回應來自會議層服務要求，並發送服務要求至網路層。傳輸層負責下面這些：

1. 服務點定址。
2. **切割**（segmentation）與**重組**（reassembly）。
3. 連線控制與流量控制。
4. 錯誤控制。

10.1.5 第五層：會議層

會議層提供管理用戶端之間應用程序的機制。它支援雙工或半雙工運作，並建立**查核點**（checkpointing）、**延期**（adjournment）、結束與重新開始等步驟。此層回應來自表達層的服務要求，並發送服務要求至傳輸層。會議層負責下面這些：

1. 對話控制。
2. 同步。

10.1.6 第六層：表達層

表達層解決應用層對於用戶兩端系統在資料表示上句法差異的議題。此層回應來自應用層的服務要求，並發送服務要求至會議層。表達層負責下面這些：

1. 轉譯。
2. 加密。
3. 壓縮。

10.1.7 第七層：應用層

應用層是最高的階層。此層接合用戶端的應用服務，提供相關的服務包括**語意**（semantic）轉換，並發送服務要求至表達層。應用層負責下面這些：

1. 網路虛擬終端機。
2. 檔案傳輸、存取與管理。
3. 郵件服務。
4. 目錄服務。

10.2 TCP/IP 協定

TCP/IP 協定套件提供將資料從網際網路上一端傳送至另一端的服務。TCP/IP 協定套件包含五層：實體、資料連結、網路、傳輸，以及應用。TCP/IP 的下面三層對應至 OSI 模型的下面四層，而 TCP/IP 的應用層相當於 OSI 模型的最上面三層，如圖 10.2。有別於 OSI 模型是在各層定義不同的功能，TCP/IP 具有獨立的協定，可以視需求加以混合與配對。

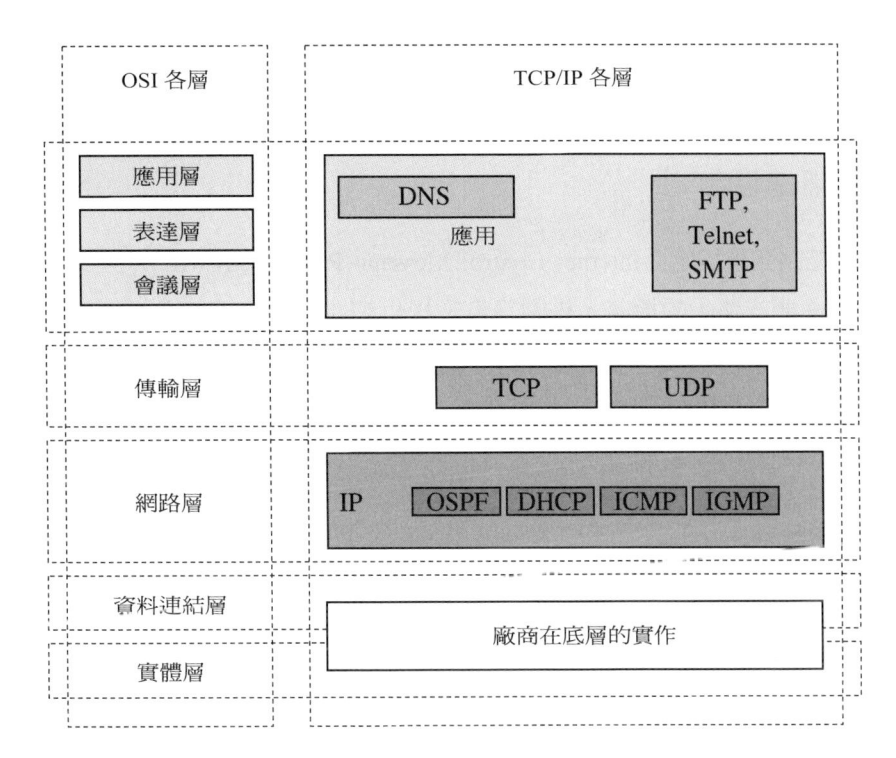

```
┌─────────────┐  ┌──────────────────────────────┐
│  OSI 各層   │  │         TCP/IP 各層          │
├─────────────┤  ├──────────────────────────────┤
│   應用層    │  │  ┌─────┐          ┌───────┐  │
│   表達層    │  │  │ DNS │   應用   │ FTP,  │  │
│   會議層    │  │  └─────┘          │Telnet,│  │
│             │  │                   │ SMTP  │  │
│             │  │                   └───────┘  │
├─────────────┤  ├──────────────────────────────┤
│   傳輸層    │  │       TCP        UDP         │
├─────────────┤  ├──────────────────────────────┤
│   網路層    │  │  IP  OSPF DHCP ICMP IGMP     │
├─────────────┤  ├──────────────────────────────┤
│  資料連結層 │  │                              │
├─────────────┤  │      廠商在底層的實作        │
│   實體層    │  │                              │
└─────────────┘  └──────────────────────────────┘
```

圖 10.2　TCP/IP 協定堆疊

10.2.1　實體層與資料連結層

實體層與資料連結層是負責與實際網路硬體（譬如網路卡）進行通訊。從實體媒介接收到的資料會轉送至網路層，而從網路層接收到的資料也會轉送至實體媒介。TCP/IP 並沒有在此層指定任何特殊的協定，可支援所有標準與私有的協定。

10.2.2　網路層

網路層負責將資料傳送至目的端。它並不保證資料一定會抵達，並假設上層的協定會處理這個問題。此層支援數種協定。

網際網路協定

網際網路協定（Internet Protocol; IP）[10.1] 是網路層協定，在網路上提供非連線式、盡力而為的封包傳送方式。所謂盡力而為（best effort）是指不進行錯誤檢查或追蹤傳送封包的順序。它假設較上層的協定會處理封包傳送的可靠性問題。傳送的封包稱為**資料包**（datagram）。各資料包是相互獨立地傳送，可能行經不同的路由而抵達目的端。IP 支援分割與重組資料包的機制，來因應具有不同**最大傳送單位**（Maximum-Transmission Unit; MTU）大小的資料連結。

網際網路控制訊息協定

網際網路控制訊息協定（Internet Control Message Protocol; ICMP）[10.2] 是提供錯誤回報與查詢某一主機或路由的機制。查詢訊息是提供網路管理員探測某一主機或路由器的狀態，而錯誤回報訊息是讓主機與路由器回報錯誤之用。

網際網路群組管理協定

網際網路群組管理協定（Internet Group Management Protocol; IGMP）[10.3] 是用來維護一個網域中**多點傳送**（multicast）群組的成員。類似 ICMP，它使用查詢與回覆訊息來維護多點傳送群組的成員。一台多點傳送路由器會定期發送 IGMP 查詢訊息，以發現該網域的多點傳送成員。如果有一新主機希望加入某一個多點傳送群組，它會發送一個 IGMP 加入訊息至相鄰的多點傳送路由器，並將此主機加入多點傳送樹之中。

動態主機設定協定

動態主機設定協定（Dynamic Host Configuration Protocol; DHCP）[10.4] 是設計在網域中進行 IP 位址之動態分配。此協定是 **BOOTP**（Bootstrap Protocol）的延伸，提供一種機制，讓行動節點在移動至另一個網路時，能從 DHCP 伺服器獲得一個 IP 位址。這種 IP 位址的動態分配也適用於固定式主機。它節省有限的 IP 位址空間，因此提高了 IP 位址的使用率。DHCP 是完全相容於 BOOTP，後者僅支援實體位址至 IP 位址的靜態映射。

網際網路路由協定

有一些在網路層廣泛所使用的路由協定是 **RIP**（Routing Information Protocol）[10.5]、**OSPF**（Open Shortest Path First）[10.6]，以及 **BGP**（Border Gateway Protocol）[10.7]。

- **RIP**：RIP 是一種以距離向量為基礎的內部路由協定。它使用 Bellman-Ford 演算法（將在接下來的章節討論）來計算路由表。在距離向量路由，各路由器定期地向相鄰節點分享它自己所知的網路上其他路由器的狀態。而各路由器也維護一個路由表，含有各目的端 IP 位址、抵達目的端之最短距離（以躍數為單位），以及轉送封包的下一個 hop。現有的 RIP 訊息僅含有路由器所需的最少資訊量，適用於小型網路。**RIPv2**（RIP version 2）[10.8] 讓 RIP 訊息能含有更多的資訊，使用一種簡單的驗證機制讓路由表更新能更加安全。更重要的是，RIPv2 支援**子網路遮罩**（subnet masks），這個在 RIP 並沒有支援。

- **OSPF**：OSPF 設計用於 IP 網路的內部路由協定。此協定是基於**最短路徑優先**（Shortest Path First; SPF）演算法，有時稱為 Dijkstra 演算法。OSPF 支援階層式路由，將主機們分割成**自主系統**（Autonomous Systems; AS）。根據位址的範圍，AS 會再分成 OSPF 區域，以協助邊界路由器識別各區域的每一個節點。OSPF 區域的概念類似於 IP 網路的子網路概念。路由可以是侷限於單一 OSPF 或跨越多個 OSPF。OSPF 是一個連結狀態路由協定，需要發送**連結狀態公告**（Link-State Advertisements; LSAs）至所有屬於同一階層區域的其他路由器。隨著 OSPF 路由器收集到越多的連結狀態資訊，它們會使用 SPF 演算法來計算各節點的最短路徑。OSPF 是連結狀態路由協定，反觀 RIP 是距離向量路由協定。採用距離向量演算法的路由器會發送路由更新訊息（包含所有或部分的路由表）至其他相鄰節點。

- **BGP**：BGP 是**網路之間**（interdomain）或 AS 之間（interautonomous system）的路由協定。透過 BGP，AS 相互通訊以交換連結資訊。BGP 是以路徑向量路由協定為基礎，其中路由表的各筆資料包含有目的端網路、下一個路由器，以及抵達目的端的路徑。路徑為一份有序的 AS 清單，封包能經由此路徑抵達目的端。

10.2.3　TCP

TCP [10.9, 10.10] 是一種連線導向、可靠的傳輸協定，資料係以位元串流在傳送。在發送端，TCP 將資料串流分成較小的單位稱做**數據段**（segment）。TCP 會在各數據段標示一個序號。此序號能協助接收端重新排列封包的順序，並偵測是否有任何遺失的封包。如果在傳輸過程中有封包遺失，那麼 TCP 會重送資料，直到收到接收端的**正面應答**（positive acknowledgment; positive ACK）。TCP 也可以偵測重複的訊息，並提供流量控制機制，因為有時發送端的傳送速度會超過接收端所能處理的速度。

10.2.4　應用層

在 TCP/IP 係將 OSI 的最上面三層——會議、表達與應用層——合而為一個層，叫做應用層。一些於此層運作的應用服務包括 **DNS**（Domain Name Server）、**SMTP**（Simple Mail Transfer Protocol）、Telnet、**FTP**（File Transfer Protocol）、**遠端登入**（Rlogin）與 **NFS**（Network File System）。

10.2.5 使用 Bellman-Ford 演算法之路由

一個很費時的步驟是從源點至目的端之間選取一條路徑。選取適當的路徑能降低通訊延遲。Bellman-Ford 演算法 [10.11] 是設計用於尋找任兩點之間最短路徑的路由機制之一（圖 10.3），將通訊網路以抽象模型來表示，其中通訊個體為節點，而連結為節點之間的邊。在圖中，各節點會維護一個路由表，記錄至各目的端的已知最佳距離，以及下一個 hop。此表的更新係透過相鄰節點進行資訊交換。令 n 為網路中的節點數量。$w(u, v)$ 是節點 u 與 v 所形成的邊 uv 之成本（權重），$d(u)$ 是節點 u 與根節點之間的距離，初始值設為 ∞。對每一個邊 uv，設定 $d(v) = \min[d(v), d(u) + w(u,v)]$。邊的設定順序沒有差別。此演算法會重複 $n - 1$ 次，完成 Bellman-Ford 演算法。在各步驟之後，相鄰節點會交換並更新路由表。

圖 10.4 所示為各階段的結果，使用圖 10.3 的網路。

Bellman-Ford 演算法的複雜度為 $O(VE)$，其中 V 與 E 分別為圖中節點與邊的個數。

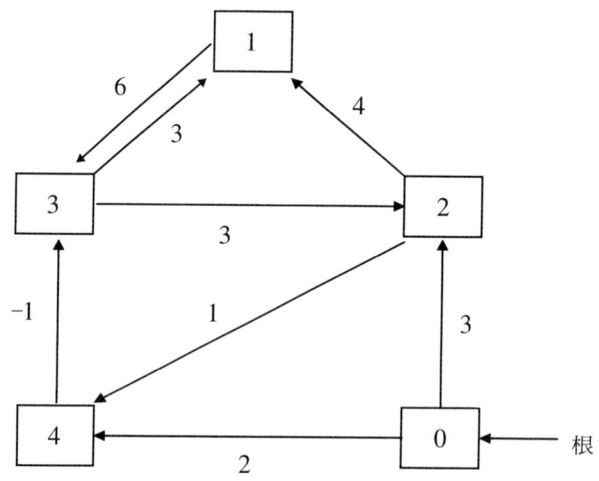

圖 10.3 無線網路的圖學抽象模型

至節點	0	1	2	3	4
經過 0	0	∞	∞	∞	∞
經過 1	0	∞	3	∞	2
經過 2	0	7	3	1	2
經過 3	0	4	3	1	2
經過 4	0	4	3	1	2

(a) 依序計算相距節點 0 之距離 $D(u)$

至節點	0	1	2	3	4
經過 0	*	∞	∞	∞	∞
經過 1	*	∞	0	∞	0
經過 2	*	2	0	4	0
經過 3	*	3	0	4	0
經過 4	*	3	0	4	0

(b) 從節點 0 至其他網路節點之前繼節點

圖 10.4 範例網路的 Bellman-Ford 演算法之步驟

10.3 無線 TCP

10.3.1 無線 TCP 的需求

現有網際網路採用 TCP/IP 做為其協定堆疊。許多現有應用也要求在傳輸層使用 TCP 來確保資料封包能可靠地傳送。商用應用尤其需要存取網際網路，而語音與其他資訊通訊則利用網際網路做為骨幹網路。無線網路想要廣泛地受到歡迎，就必須支援並相容於現有的應用。因此，無線網路也必須適應並支援 TCP，俾利可靠的資料傳送。在有線網路中，從接收端到發送端的 ACK 串流類似於從傳送端到接收端的資料流之傳輸。但是在細胞式系統中，ACK 訊號必須經過傳送端與接收端的 BS。因此如圖 10.5，傳送端與接收端之間沒有直接的 ACK 信號。

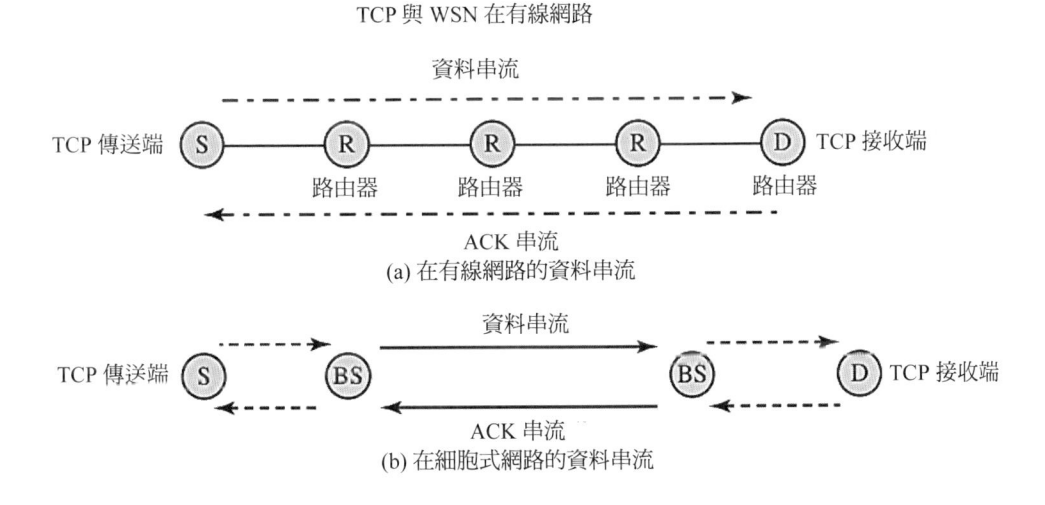

圖 10.5 有線和細胞式網路的資料流與 ACK 串流

10.3.2 有線 TCP 的限制

在有線網路環境使用傳統 TCP 的主要顧慮是封包遺失，因為網路上的各節點都可能發生壅塞。當系統唯一的錯誤來源是壅塞時，TCP **壅塞避免**（congestion-avoidance）機制就是極為有用的。然而，同樣的機制卻無法適用在無線網路，因為以空氣做為封包傳輸的媒介就有可能會發生錯誤。錯誤的來源也可能是因為用戶的移動性。在這些情況下，TCP 的壅塞避免與**錯誤復原**（error-recovery）機制會造成不必要的重送，使得頻寬的使用變得很沒有效率。在接下來的章節，我們將討論各種改進 TCP 於無線網路上運作效能的機制。這些機制主要包括修改連結層模組與**分割**（split）TCP。

10.3.3　無線環境的解決方案

因頻譜有限使得無線網路的效能在使用上有先天性的限制,而 MS 有計算資源與電源等限制。因為這些特性,有必要花更多功夫讓協定堆疊的效能達到最佳化。網路分層的概念是一種很有效的網路設計,而網際網路就是一個最佳例子。然而,無線網路受限於干擾,傳送資訊的能力取決於現有通道的品質。因此,對壅塞的解讀是不同於有線網路的。實體與連結層的特性對網路壅塞有重大的影響。無線網路是在廣播媒介上運作的。通常所需要的傳輸方案是能讓資源使用更有效率(譬如,電源消耗),並帶來效能的改進。然而,因為許多現有的應用層協定是使用 TCP,不太可能去任意地修改固定主機上的傳輸層。僅可能變動 MS 或行動 AP,以確保現有應用程式的相容性。這樣的改變並不會影響到執行在傳輸層之上的應用層軟體。以下概述一些用來改進 TCP 於無線網路上運作效能的方法:

點對點解決方案

點對點協定試圖靠兩種技術讓 TCP 發送端來處理封包遺失。首先,它們使用**選擇性應答**(Selective Acknowledgments; SACK),讓發送端能利用一個傳輸視窗復原多個封包遺失。其次,它們試圖讓發送端透過**外顯遺失通知**(Explicit Loss Notification; ELN)機制來區分壅塞與其他形式的遺失。

- **TCP-SACK** [10.12]:標準 TCP 使用累積式應答方案,也就是發送端無法在一個傳輸視窗復原多個封包遺失。SACK 機制可以解決這些限制。接收端會回傳 SACK 封包給發送端,通知發送端已經收到哪些資料。發送端接著可僅重送缺少的資料封包。如果封包重複被收到,而且屬於接收器資料佇列中一大段不連續資料的一部分,則下一個 SACK 區塊應該要用來指定這一大段。

- **WTCP**(Wireless Wide-Area Transmission Control Protocol)[10.13]:WTCP 協定是一種可靠的傳輸層協定,用於無線連結的網路。WTCP 是在參與 TCP 連線的 BS 上執行。在此協定,BS 會存放固定式主機的資料於緩衝區,並在本身與 MS 之間的連結套用不同的流量控制機制與壅塞控制機制。它會暫時隱匿連結故障的事實,並透過局部重送(local retransmission)來要求沒有回覆 ACK 的 MS。當接收到來自 MS 的應答時,它會將此 ACK 送至固定式主機,在這之前 BS 會修改 ACK 中的**時戳**(timestamp),這樣在發送端的 TCP **往返**(round-trip)估計才不會受影響。此機制有效地隱藏無線連結的錯誤,而固定式主機並不知悉。

- **Freeze-TCP 協定** [10.14]:freeze-TCP 的主要概念是將即將斷線的責任移至使用者

端。因為 MS 的無線天線能夠監控信號強度，偵測即將發生的換手。在某些情況，甚至能預測短暫的斷線。為此，它可以公告一個零大小的視窗，強迫發送端進入"zero window"探測模式，而避免降低其壅塞視窗（congestion window）。

- **EBSN**（Explicit Bad State Notification）[10.15]：EBSN 使用 BS 的局部重送機制來解決無線網路連結的錯誤，並改進 TCP 在無線網路連結上運作的效能。當 BS 在進行局部復原時，源點可能仍處於逾時，造成不必要的源點重送。EBSN 利用在局部復原的過程中發送 EBSN 訊息至源點，以避免源點逾時。EBSN 訊息使源點重設其逾時數值。這麼做就能解決在局部復原時源點逾時的問題。
- **快速重送**（fast retransmission）[10.16]：快速重送的作法試圖減少 MS 換手的效應。在發送端，當使用一般的 TCP，它會解讀換手的時間延遲都是因為壅塞所引起。因此，當發生逾時時，其 TCP 視窗會變小，然後這些封包會重送。快速重送的作法係讓 MS 在換手完成後，馬上發送特定數量的重複 ACK 給發送端，以減緩重送問題。這麼做造成發送端的 TCP 會立即降低其視窗大小，並重送第一個遺失封包，而不用等到逾時。

10.3.4 連結層協定

可靠的連結層協定可分為兩大類：

1. 錯誤校正，使用像是順向錯誤更正（Foward Error Corrections; FEC）等技術。
2. 回應自動重傳要求（Automatic Repeat Request; ARQ）訊息，重送遺失封包。

- **TULIP**（Transport Unaware Link Improvement Protocol）[10.17]：TULIP 係提供一個連結層，是與上層無關的協定，它不需要知道 TCP 的狀態，利用 TCP 的逾時，使無線網路連結的頻寬能有效率的使用。TULIP 提供可靠與非可靠兩種模式，前者適用於 TCP 資料流量，而後者適用於 UDP 資料流量。TULIP 提供無線連結中遺失封包時進行局部復原的能力，避免整個路徑上不必要的重送與降低壅塞視窗。
- **AIRMAIL 協定** [10.18]：AIRMAIL 是 Asymmetric Reliable Mobile Access in Link Layer 的縮寫。此協定結合 FEC 與 ARQ 技術來處理遺失復原。BS 會在接收端回覆 ACK 之前發送一個完整視窗的資料。此作法的理由是不將頻寬浪費在 ACK 上，並限制 MS 需要處理的工作以節省電源。
- **Snoop 協定** [10.19]：在 snoop 協定，BS 會使用一個 snoop 代理人。此代理人會監控連結介面，當發現有任何 TCP 數據包是要給 MS 的，就會暫存至緩衝區（如果還有空間）。BS 也會監控 MS 的 ACK。當收到來自 MS 的重複 ACK 或逾時，就表示有數據包遺失的發生。snoop 代理人會重送有暫存的遺失數據包，並暫緩重複 ACK。snoop 代理人基本上是透過局部重送機制（而非讓 TCP 發送端去啟動壅塞避免機制與快速重送機制）來隱藏無線網路連結故障的發生。

分割 TCP 的作法

分割連線協定將發送端與接收端之間的各 TCP 連線在 BS 分割成兩個連線──一條是發送端與 BS 之間的 TCP 連線，另一條是 BS 與 MS 之間的連線。

- **I-TCP**（Indirect-TCP）[10.20]：I-TCP 是一種分割連線的解決方案，其在有線連結上使用標準 TCP。間接式協定表示 MS 與固定式主機之間的任何互動都要分割成兩段──一段是 MS 與它的行動支援路由器（mobile support router; MSR）之間，其位於無線媒介上，另一段是 MSR 與固定式主機之間，其位於固接網路。所有需要的特殊支援都是建置在無線網路這端，而無須改變固定式主機那端的傳輸層。在無線媒介這邊，有支援兩個不同 MSR 之間的換手，不用重新建立連線至新的 MSR。

- **M-TCP 協定** [10.21]：在此作法，當接收端已有 ACK 資料，BS 會將 ACK 送回發送端，因此仍有點對點的味道，不過它也會將發送端（固定式主機）與行動接收端（MS）之間的連線分割成兩部分：一段是固定式主機至 BS，另一段是 BS 至 MS，其使用客製的無線協定。當發生頻繁斷線時，公告一個零視窗大小，則接收端可以讓發送端進入持續（persist）模式。在這種情況下，發送端會凍結所有封包重送計時器，且不丟棄壅塞視窗，以避免慢速啟動（slow start）階段的閒置時間。每當 BS 偵測到斷線或封包遺失，它會回傳零視窗大小的 ACK，使發送端進入持續模式，且不能降低壅塞視窗。

10.4 Internet Protocol Version 6（IPv6）

IPv6 [10.22] 也稱為 **IPng**（Internet Protocol next generation），是為因應網際網路的快速成長，以及 IPv4 的位址趨於貧乏，而提出的下一世代 IP 協定。

10.4.1 從 IPv4 轉換至 IPv6

IPv4 已廣泛地用於有線網路的資料通訊。我們將先介紹此協定，以瞭解其格式。這點是很重要的，因為我們必須兼顧許多現有的 IPv4 主機與 IPv4 路由器的相容性。圖 10.6 顯示 IPv4 的標頭格式。IPv4 使用一個 32 位元位址來提供非可靠性、非連線式、盡力而為的傳送

版本 （4位元）	標頭長度 （4位元）	服務類型 （8位元）	總長度（16位元）
識別碼（16位元）		旗標 （3位元）	片段位移（13位元）
存活時間 （8位元）	協定 （8位元）	標頭檢查碼（16位元）	
來源位址（32位元）			
目的位址（32位元）			
選項與填充（如果有的話）			

圖 10.6 IPv4 標頭格式

服務。**資料包**（datagram，即 IP 層中的封包）可能需要分割成更小的資料包，因為在某些實體網路會有最大封包大小的限制。它也需要**檢查碼**（checksum）來保護資料在傳輸過程中遭遇到錯誤。然而，以下為 IPv4 的一些缺點：

1. 由於 32 位元位址已不敷使用，需要更多的位址空間。
2. 即時語音或影像傳輸的使用越趨頻繁，它們需要降低傳輸延遲與資源保留的機制。可惜 IPv4 都沒有提供或支援這些功能。
3. IPv4 沒有加密或驗證。

從 IPv4 轉換至 IPv6 的過程應該是要簡單而無負擔的。IETF 規劃下列的轉換機制：

- 基本概念應該是**雙 IP 堆疊**（Dual-IP-Stack，小即 IPv4 主機與 IPv4 路由器除了有 IPv4 堆疊之外，還使用 IPv6 堆疊）。這種雙重設計能確保各系統之間的完全相容性，包括已更新至 IPv6 及未更新的系統。
- IPv6 在 IPv4 裡（IPv6-in-IPv4）的封裝：IPv6 封包可以封裝在 IPv4 封包之中，透過純 IPv4 拓樸來進行 IPv6 通訊。這就是所謂的**隧道**（tunneling），能在僅有部分網路支援 IPv6 的情境下，仍可以順利進行 IPv6 通訊。兩個路由器之間的隧道必須手動地設定，而主機與路由器之間的隧道則可能是自動地建立。當路徑上的所有路由器都升級至 IPv6，那麼就可以移除 IPv6 封包的隧道。

10.4.2 IPv6 標頭格式

IPv6 的格式如圖 10.7 與表 10.1 所示。

版本	流量類別	流量標示		
承載長度		下一個標頭	躍數上限	
來源位址				
目的位址				
資料				

圖 10.7 IPv6 的格式

表 10.1 IPv6 的格式

欄位名稱	位元數	功用
版本	4	IPv6 版本號碼。
流量類別	8	網際網路流量優先權遞送值。
流量標示	20	用來標示針對某一組封包作特殊路由處理。
承載長度	16、無號	標示封包的資料長度。當設為零時,選項是特大(jumbo)承載。
下一個標頭	8	標示下一個封裝協定。此值相容於 IPv4 協定欄位的值。
躍數上限	8、無號	每經過一個路由器,此值就會減一。當此值變成零時,此封包會被丟棄。此欄位取代 IPv4 標頭所使用的 TTL 欄位。
來源位址	128	發送端的 IPv6 位址。
目的位址	128	目的端的 IPv6 位址。

10.4.3 IPv6 的特色

IPv6 使用 128 個位元的位址來識別網際網路上的一台主機(節點)。IPv6 的獨特之處概述如下:

- **位址空間**:一個 IPv6 位址有 128 個位元,可以有效地解決 IPv4 位址空間不夠的問題。
- **資源分配**:IPv6 支援資源分配,係使用流量標記的機制。透過流量標記,發送端可以要求某些封包在網路上傳遞時能賦予特定的處理原則。
- **變更標頭格式**:IPv6 將選項欄位從基本標頭分隔出來。這讓路由程序的速度加快,因為路由器根本不需要檢查大部分的選項。
- **支援安全性**:IPv6 支援加解密選項,其能提供驗證與完整性的服務。

10.4.4　IPv6 與 IPv4 之間的差異

IPv6 與 IPv4 之間的主要差異如下：

- **擴充位址能力**：在 IPv6，位址空間從 32 位元增至 128 位元。這麼做可以有更多的可能位址階層，以及更有效率的位址**前置碼**（prefix）路由。再者，較長的 IPv6 位址可支援更多的裝置，並簡化位址的設定方式（自動設定）。另一方面也改進多點傳送的能力，並增加一個新的位址類型「**任點傳送**」（anycast），此任一廣播位址可識別多個介面。
- **簡化的標頭格式**：為了使 IPv6 封包的處理得以最佳化，並減少所需頻寬，有一部分的 IPv4 標頭欄位被移除掉或變成選擇性欄位。
- **支援更多選項與擴充**：IPv6 有一個新的設計概念是**延伸標頭**（extension header），這表示可以更有效地新增、傳送與處理選項與延伸欄位。如在 IPv4 一樣，選項的大小並沒有嚴格的限制，以便未來在使用上具有彈性。
- **流量標記能力**：在 IPv6，發送端具有可以為屬於特定流量的封包加上標記的能力，以做為對封包特別處理的依據，譬如，針對 real-time 類的服務（語音或影像），我們需要有一些 QoS 的保證。尤其是可以有效地利用 ATM 的能力。
- **支援驗證與加密**：IPv6 支援發送端的驗證（亦即數位簽章的形式）與資料加密。

再者，IPv6 支援移動性與自動設定。像是筆記型電腦這類 MS 端，透過它們的本籍 IP 位址，應可以在網際網路上漫遊，而任何一台連上網路的電腦也能自動地設定正確的 IP 位址。

10.5　總結

本章涵蓋許多為達到成功資訊傳輸的基本運作機制。也討論一些特殊的方式來使有線技術能適用於無線服務，且指出這些延伸方案的限制，以及一些可能的解決方案。無線的世界正快速地進展，近期的趨勢是由相鄰裝置建構相互的無線連結。這種網路的一個獨特例子就是**無基礎架構**（ad hoc）與**感測**（sensor）網路。

10.6 參考文獻

[10.1] DARPA Internet Protocol Specification, "Internet Protocol," *RFC 791*, September 1981.

[10.2] J. Postel, "Internet Control Message Protocol," *RFC 792*, 1981.

[10.3] W. Fenner, "Internet Group Management Protocol, Version 2," *RFC 2236*, November 1997.

[10.4] R. Droms, "Dynamic Host Configuration Protocol," *RFC 2131*, March 1997.

[10.5] C. Hedrick, "Routing Information Protocol," *RFC 1058*, June 1988.

[10.6] J. Moy, "OSPF, Version 2," *RFC 1583*, March 1994.

[10.7] Y. Rekhter and T. Li, "A Border Gateway Protocol 4 (BGP-4)," *RFC 1771*, March 1995.

[10.8] G. Malkin, "RIP, Version 2," *RFC 1723*, November 1994.

[10.9] DARPA Internet Protocol Specification, "Transmission Control Protocol," *RFC 793*, September 1981.

[10.10] J. Postel, "Transmission Control Protocol," *RFC 793*, 1981.

[10.11] T. H. Cormen, C. E. Leiserson, R. L. Rivest, and C. Stein, *Introduction to Algorithms*, 2nd edition, The MIT Press, 2001.

[10.12] S. Floyd, J. Mahdavi, M. Mathis, and M. Podosky, "An Extension to the Selective Acknowledgement (SACK) Option for TCP," *RFC 2883*, July 2000.

[10.13] K. Ratnam and I. Matta, "WTCP: An Efficient Transmission Control Protocol for Networks with Wireless Links," *Technical Report NU-CCS-97-11*, Northeastern University, July 1997.

[10.14] T. Goff, J. Moronski, D. S. Phatak, and V. Gupta, "Freeze-TCP: A True End-to-End TCP Enhancement Mechanism for Mobile Environments," *Proccedings of IEEE 19th Infocom 2000*, pp. 1537-1545, Tel Aviv, Israel, 2000.

[10.15] B. S. Baksi, R. Krishna, N. H. Vaidya, and D. K. Pradhan, "Improving Performance of TCP Over Wireless Networks," *Proceedings of the 17th International Conference on Distributed Computing Systems*, Baltimore, MD, IEEE Computer Society Press, May 1997.

[10.16] M. Allman, V. Paxson, and W. R. Stevens, "TCP Congestion Control," *RFC 2581*, April 1999.

[10.17] N. H. Vaidya, M. Mehta, C. Perkins, and G. Montenegro, "Delayed Duplicate Acknowledgements: a TCP-Unaware Approach to Improve Performance of TCP Over Wireless," *TR-99-003*, Texas A&M University, College Station, TX, 1999.

[10.18] E. Ayanoglu, S. Paul, T. F. Laporta, K. K. Sabnani, and R. D. Gitlin, "AIRMAIL: A Link Layer Protocol for Wireless Networks," *ACM Wireless Networks*, Vol. 1, No. 1, pp. 47-60, 1995.

[10.19] H. Balakrishnan, S. Seshan, E. Amir, and R. H. Katz, "Improving TCP/IP Performance Over Wireless Networks," *IEEE/ACM Transactions on Networking*, Vol. 5, No. 6, pp. 756-769, December 1997.

[10.20] A. Bakre and B. R. Badrinath, "I-TCP: Indirect TCP for Mobile Hosts," *Proccedings of 15th International Conference on Distributed Computing Systems*, pp. 136-146, Vancouver,

BC, Canada, IEEE Computer Society Press, May1995.
[10.21] K. Brown and S. Singh, "M-TCP: TCP for Mobile Cellular Networks," *ACM Computer Communications Review (CCR)*, Vol. 27, No. 5, 1997.
[10.22] S. Deering and R. Hinden, "Internet Protocol, Version 6 (IPv6) Specification," *RFC 2460*, December 1998.

10.7 實驗

- **背景**：在有線網路中，TCP 允許在來源和目的實體之間保留一個通道，且對每組來源—目的端之間的每一個封包做點對點確認。在細胞式網路中，在來源 MS 和目的 MS 之間沒有進行交握，而是限制在 BS 和 MS 之間。另外，BS 和 MS 之間的訊號透過空氣傳輸時引進了雜訊，因此看看錯誤更正碼如何提高產出率。
- **實驗目的**：電磁波利用空氣當媒介在 BS 和 MS 之間傳導，且易受到雜訊的干擾。錯誤更正碼常被用來處理一些錯誤。如果錯誤無法被更正，不傳送 ACK 訊號，即開始重傳封包。理想冗餘資料的多寡取決於 SNR，使資料可以快速地成功通過。這將激發學生瞭解雜訊對資料傳輸的影響，以及 TCP 在提供連結確認上的限制。
- **實驗環境**：作存取用的行動裝置和基地台，電腦和 OPNET 之類的模擬軟體（如果有的話）。你也可以使用較麻煩的 QualNet、ns-2、VC++、Java 或 MATLAB。
- **實驗步驟**：
  1. 細胞式系統中一個基本的假設是在基地台和行動台之間傳送封包，且在空氣中會受到干擾。接收到的訊號經歷了路徑損失和慢速衰減以及一些可利用錯誤更正碼更正的錯誤。學生將在封包傳送前使用錯誤更正碼並觀察封包是否正確地被接收。在不同的 SNR 程度重複這些動作及嘗試不同類型的錯誤更正碼。
  2. 增加雜訊強度導致資料無法被更正，可能需要重傳。這是個有趣的觀察，看在有更正碼下每個封包還需要重傳幾次。
  3. 改變第二步驟的 SNR 且評估 SNR 和重傳次數之間的權衡。

10.8 開放式專題

- **目的**：如本章所討論，TCP 在每一連結上一步步運作，我們需要研究如何讓訊號通過一個細胞式網路。模擬 7 或 25 個鄰近細胞，假設來源 MS 屬於一個 BS 且目的地位於另一個 BS 內。觀察 ACK 訊號如何通過網路。重複此項動作且改變 SNR 和使用不同錯誤更正碼。看看當你有兩個或三個來源—目的對同時傳輸通過網路時會發生什麼事。

10.9 習題

1. 描述 OSI 模型。CDPD 是在哪一（幾）層運作？
2. OSI 與 TCP/IP 協定模型之間的差異為何？請詳加說明。
3. 利用你喜愛的搜尋引擎，找出**內部**（interior）路由協定與**外部**（exterior）路由協定之間的差異。
4. 「基本型 RIP 支援各 IP 網路有單一子網路遮罩（subnet masking）」。請舉實例說明這何時會造成問題。
5. **路徑向量**（path-vector）路由與最短路徑路由之間的差異為何？請詳加說明。
6. 何謂 DHCP？DHCP 如何支援動態位址分配？
7. 請提供適當例子說明連接導向式（connection-oriented）與非連接導向式（connectionless）協定之間的差異。
8. 在無線網路上使用有線 TCP 的缺點為何？
9. 請說明在 TCP 中初始序號的重要。
10. 無線網路有什麼既有特色，使得現有 TCP 必須加以修改才能適用？
11. 在無線網路使用分割 TCP 的作法有什麼優缺點呢？
12. 對無線 TCP 堆疊的設計人員而言，在使用連結層協定時遇到哪些問題？
13. 什麼使快速重送的作法能改進 TCP 在無線網路的效能呢？
14. 在什麼時候可靠的連結層對改進 TCP 效能是有用的？
15. 傳統 TCP 使用的標準 ACK 與用於無線 TCP 之 SACK 有哪些運作上的差異？它提供無線網路怎樣的效能改進？
16. I-TCP 與 M-TCP 都是分割 TCP 的作法，能改進有線 TCP 於無線網路環境上運作的效能。請問兩種方法的差異為何？
17. 雖然 EBSN（explicit bad-state notification）是一種非常務實的方式，能改進 TCP 於無線網路上運作的效能，但它最大的特點是什麼？
18. 有沒有任何一種方法（譬如，I-TCP、M-TCP、SACK、EBSN 等）可以用來改進 TCP 在無線 ad hoc 網路上運作的效能？請建議任何一種可以做到的方式。
19. 請問要計算節點 3 至所有節點的最短路徑，需要多少次疊代呢？請計算至各節點的最短路徑，以及各使用的路徑。

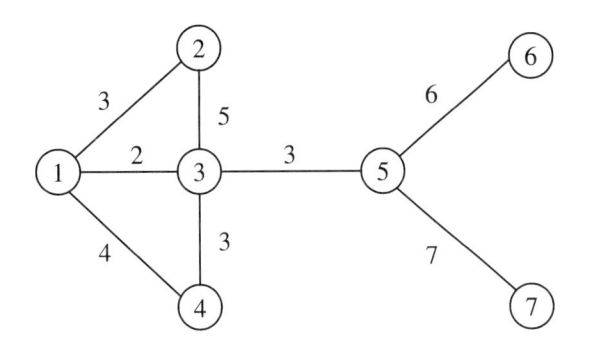

圖 10.8 習題 19 的圖

20. 參考習題 19 的圖做為某一網路的連結圖，你僅能在各節點使用 Bellman-Ford 演算法的兩個步驟，以便讓它們的複雜度（及花費的時間）降至最低。請問這對最短路徑的計算有何影響？請評論此作法的準確性？
21. TCP/IP 各層採取了哪些安全機制？請說明。
22. IPv6 的優勢是什麼？IPv6 網路是否可以支援 IPv4 的封包，如果可以，要怎麼做？
23. IPv6 支援資源分配。請說明它如何做到。

Chapter 11

現有無線系統

11.1 簡介

　　無線系統需要考量許多的因素，像是話務率、通話長短、**行動台**（mobile station; MS，即手機）的分佈、鄰近**細胞**（cell）的通話量、地形及大氣狀況。欲瞭解無線系統是如何在真實世界運作，則學習現有行動電話系統的各種特色以及它們如何支援無縫隙（seamless）的行動通訊是很重要的。在本章，我們將研究一些現有無線系統的細節。

　　要強調的是，當兩個無線設備要成功地進行通訊，表示接收端要如實獲得來自發送端的資訊，而這必須是發送端及接收端皆遵循一組規則，即通訊協定。為使資訊便於傳輸，該協定參照有線環境經常使用的七層 **ISO**（International Organization for Standardization）— **OSI**（Open Systems Interconnection）的諸多步驟（詳見第十章）。在無線環境中亦採用類似步驟，但為了效率有少部分幾層或步驟並未使用。另一方面，有幾層會進一步劃分成好幾個連續動作，其細節會在相對應的行動電話系統中作介紹。從歷史的角度來看，我們認為 **AMPS**（Advanced Mobile Phone System）可做為無線系統的第一個代表。

11.2 AMPS

　　AMPS 是美國所使用的第一代行動電話系統。它可以用頻率調變（FM）來傳送聲音訊號，而重要的控制訊號是以數位形式透過頻率移位鍵（FSK）傳送。AMPS 是 AT&T 貝爾實驗室所研發的第一個行動電話技術，首創將整個服務範圍切割為叫做細胞的邏輯區域。每個細胞會被分配使用頻譜上的某一個頻帶。

為重複使用頻率，七個細胞會均分頻譜，每位使用者獲得較高頻寬進而提升通話品質。一般來說，AMPS 的細胞半徑為 1 至 16 英里（相當於 1.6 至 25.7 公里），此取決於使用者密度及流量強度。不過，細胞涵蓋面積與通話品質之間是需要取捨的。越大的細胞有較多熱雜訊與較少干擾，而細胞越小則有較多干擾與較少熱雜訊。AMPS 有一個很重要的方面是允許**細胞分區**（cell sectoring）與**分割**（splitting）。它亦容許低功率行動台（約 4 瓦特或更少）及中功率基地台（約 100 瓦特）。AMPS 的話務量能負荷每座城市達 100,000 名使用者，且降低尖峰時刻的阻塞率至約 2 個百分比。

11.2.1　AMPS 的特色

AMPS 使用 824 MHz 至 849 MHz 的頻帶從手機上傳至基地台，稱為**上行連接**（reverse link 或 uplink），另外使用 869 MHz 至 894 MHz 的頻帶從基地台下傳至手機，又稱為**下行連接**（forward link 或 downlink）。其中 3 kHz 的類比聲音訊號調變至 30 kHz 頻道。在傳送資料時，該系統使用曼徹斯特（Manchester）頻率調變技術，其速率為 10 kbps，而控制參數與聲音傳輸相同。控制資訊和資料是透過不同通道來傳送。相較於聲音或資料訊息傳輸的量，手機和基地台之間交換的控制訊息數量是較少的，因此所使用的控制通道也較聲音通道來得少。在 AMPS 中，每八個聲音**傳收器**（transreceiver）搭配一個控制傳收器。

AMPS 的頻率分配是將整個頻譜分為頻帶 A 及頻帶 B。分配至這些頻帶的頻率請見表 11.1 [11.1]。非有線業者獲得頻帶 A，而有線業者獲得頻帶 B，兩頻帶共均分 666 個通道（後來增加到 832 個通道），並利用七個細胞組成叢集（cluster）來讓很多用戶得以同時使用相同頻譜。AMPS 使用指向性電波傳播，能在不同方向傳送不同頻率，讓電波干擾大幅降低。

表 11.1　AMPS 中的頻帶分配

頻帶	MS 發送器（MHz）	BS 發送器（MHz）	通道數量	整體通道數量
A	825.03–834.99	870.03–879.99	1–333	333
A′	845.01–846.48	890.01–891.48	667–716	50
A″	824.04–825.00	869.04–870.00	991–1023	33
B	835.02–844.98	880.02–889.98	334–666	333
B′	846.51–848.97	889.51–893.97	717–799	83
未使用	824.01	869.01	990	1

11.2.2 AMPS 的運作

圖 11.1 是 AMPS 系統如何處理通話及其他話務的一般狀態圖。在開機後，基地台涵蓋範圍內的所有手機必須在啟動服務前先進行註冊程序。接著，任何來電或發話依系統的狀態進行處理。每支手機在漫遊至鄰近細胞時亦需進行註冊程序。

AMPS 系統中有三個識別號碼用以進行不同功能 [11.1]：

1. **電子序號**（Electronic Serial Number; ESN）：此號碼是製造商在出廠時即建立的一個 32 位元二進位號碼，可用來唯一識別一台 MS。由於此號碼是唯一，任何一台 MS 都可被精確地識別。因為安全因素，所有 MS 都應存有此號碼且不應變更。
2. **系統識別碼**（System Identification Number; SID）：手機系統所擁有的一個 15 位元號碼。美國聯邦通信委員會（FCC）為每一個手機系統皆指派一個 SID 號碼，而此號碼會為該區域的所有 MS 所使用。MS 在進行任何話務前應先傳送此號碼。此 SID 號碼可用來檢查任何一台 MS 是否在同一系統註冊或是正在進行漫遊。
3. **手機識別碼**（Mobile Identification Number; MIN）：一個由 MS 的 10 位數電話號碼所產生出來的號碼。

由於特定 MS 的移動位置是無法預測的，那麼有個問題是，MS 如何知道它有一通來話？答案就在傳輸通道所傳送的訊息之中。每當 MS 不在服務狀態時，它會調至訊號最強的

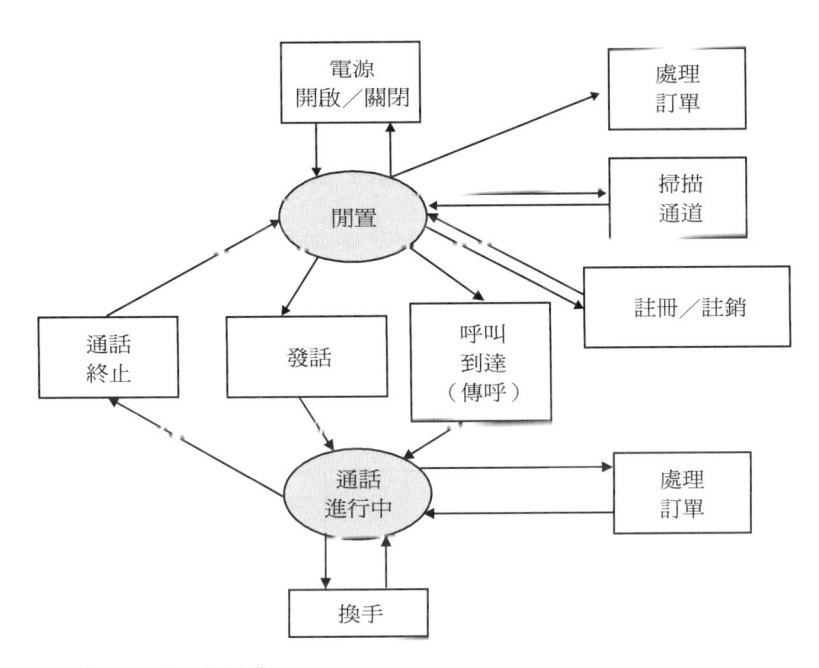

圖 11.1 AMPS 中 MS 的一般運作

通道以接收有用的控制資訊。這同樣會發生在 BS 端。有兩種重要的控制通道：**順行控制通道**（Forward Control Channel; FOCC）是從 BS 至 MS，以及**逆行控制通道**（Reverse Control Channel; RECC）是從 MS 至 BS，兩者都是以 10 kbps 在運作，如圖 11.2 所示。AMPS 使用各種通道，如下：

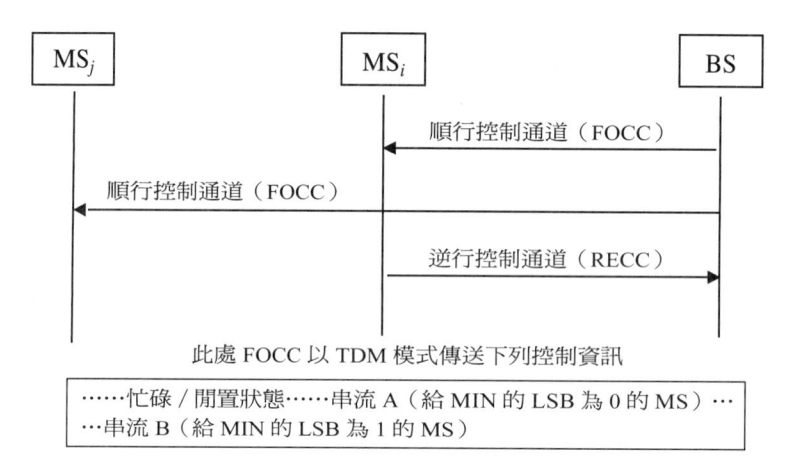

```
        MS_j              MS_i                         BS

                          ←─── 順行控制通道（FOCC）────

        ←─── 順行控制通道（FOCC）──────────────────

                          ────逆行控制通道（RECC）───→

                     此處 FOCC 以 TDM 模式傳送下列控制資訊
       ┌────────────────────────────────────────────────────┐
       │ ……忙碌／閒置狀態……串流 A（給 MIN 的 LSB 為 0 的 MS）…│
       │ …串流 B（給 MIN 的 LSB 為 1 的 MS）                  │
       └────────────────────────────────────────────────────┘
```

圖 11.2 順行與逆行通道

- **FOCC**：FOCC 主要是供 BS 以**三向**（three-way）TDM 模式來傳送控制資訊，以便傳呼與定位某一 MS（圖 11.3）。忙碌／閒置狀態表示 RECC 是否在忙碌，而串流 A 與串流 B 讓所有 MS 能聆聽到 BS。串流 A 是給 MIN 的**最低位元**（Least Significant Bit; LSB）為 0 的 MS 所使用，而串流 B 是給 MIN 的 LSB 為 1 的 MS 所使用。BS 也會分配語音通道給 MS。各資料訊框含有多個元件，從點序列（交替 1 與 0），接著有一個**字元同步**（word-sync）樣式，然後是五個重複的字元 A 與字元 B 資料。BS 對 28 個內容位元編碼成一個（40, 28）的 BCH 碼以組成一個字元。圖 11.3 所示為 FOCC 訊框格式的細節。在點序列的開端插入第一個忙碌／閒置位元。在字元同步的開端插入第二個，然後在字元同步的結尾插入第三個。在第三個忙碌／閒置位元之後，在五個重複的字元 A 與字元 B 資料中，每 10 個位元就插入一個

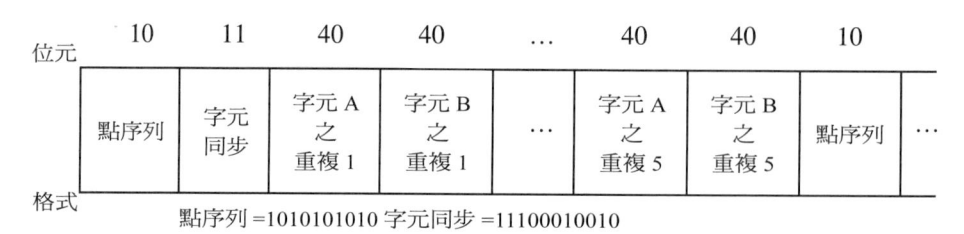

位元	10	11	40	40	…	40	40	10	
格式	點序列	字元同步	字元 A 之重複 1	字元 B 之重複 1	…	字元 A 之重複 5	字元 B 之重複 5	點序列	…

點序列 =1010101010　字元同步 =11100010010

圖 11.3 FOCC 的格式

忙碌／閒置位元。忙碌／閒置位元表示 BS 控制通道的可用性。而忙碌／閒置的轉換可協調控制通道中傳送的訊息。

- **RECC**：一個或多個 MS 會利用 RECC（上行）來回應 BS 的傳呼。一種用來顯示 RECC 是否忙碌或閒置的簡單機制，是在 ALOHA 封包無線電通道之後進行模型。圖 11.4 所顯示為 RECC 訊息的典型格式，其中 RECC **佔領先驅**（seizure precursor）係由 30 個位元的點樣式、11 個位元的字元同步，以及 7 個位元的**數位顏色編碼**（Digital Color Code; DCC）。DCC 主要是用來偵測特定區域是否有發生任何的共通道干擾。在**單一字元**（single-word）傳輸中，佔領先驅後面跟著重複 5 次的 RECC 訊息字元。佔領先驅欄位是作同步與識別之用。在**多重字元**（multiple-word）傳輸中，佔領先驅後面跟著第一個重複 5 次的 RECC 訊息字元；接著第二個重複 5 次的 RECC 訊息字元。

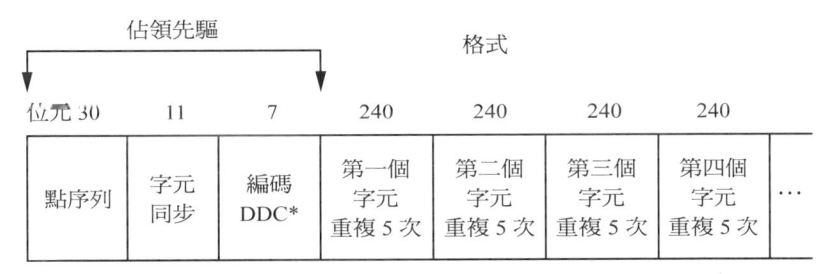

位元 30	11	7	240	240	240	240	
點序列	字元同步	編碼 DDC*	第一個字元重複5次	第二個字元重複5次	第三個字元重複5次	第四個字元重複5次	…

佔領先驅 ← 格式

點序列 =1010...101 (30-bits)　字元同步 =11100010010 (11 位元)
*DCC= 數位顏色編碼（7 位元表示同通道干擾）

圖 11.4　RECC 的格式

- **順行語音通道**（Forward Voice Channel; FVC）：FVC 係使用於 BS 至各 MS 的一對一通訊。此通道上傳送的訊息量有限。101 位元點樣式表示此訊框的開端。前向通道支援兩種不同的**音調**（tone）──**連續監察聲頻**（continuous supervisory audio），其為 BS 傳送信標信號以檢查服務區域是否有活動的 MS，以及**非連續資料串流**（discontinuous data stream），其為 BS 用來對 MS 下達命令或進行新的語音通道指派。
- **逆行語音通道**（Reverse Voice Channel; RVC）：逆行語音通道係在通話進行中時使用於 MS 至 BS 的一對一通訊，此通道是 BS 指派給 MS 的。

11.2.3　AMPS 電話系統的一般運作

當 BS 啟動時，它需要瞭解周遭的環境後，才能進一步為 MS 提供服務。因此，它會先掃描所有的控制通道，並將自身調成功率最強的通道，然後發送本身的系統參數給所有服務區域內的 MS。如果各 MS 本身的 SID 符合 BS 所傳送的號碼，則各 MS 會更新自己的 SID，並建立自身的傳呼通道。接著，MS 進入閒置狀態，僅對信標及傳呼信號做回應。

如果有來話，BS 透過 IS-41 訊息交換來定位 MS（下一節會討論）。然後 BS 會依某個次序傳呼 MS。如果 MS 是開機的，則它會回應自身的 MIN、ESN 等資訊。接著 BS 會傳送話務所需的控制資訊，其中 MS 必須用**監察聲頻音調**（supervisory audio tone; SAT）做確認，表示話務完成。如果 MS 需要進行發話，則 MS 先透過控制通道發送**起始訊息**（origination message）至 BS。BS 將此傳給 IS-41，並發送所需的控制信號與指令給 MS。之後，MS 與 BS 都換至語音通道。FVC 與 RVC 控制緊接著的訊息交換，以確認通道分配，然後雙方得以開始進行交談。

11.3　IS-41

11.3.1　簡介

IS-41 是一個過渡性標準，它讓不同 MSC 所控制的 BS 之間能夠進行換手，並允許在本籍系統之外進行漫遊。為了達到目的，需要提供下列服務：

- MS 於客籍 MSC 進行註冊。
- 允許在客籍 MSC 進行**通話起始**（call origination）。
- 允許 MS 從一個客籍系統漫遊至另一個系統。

IS-41 架構的基本元件如圖 11.5 所示。一些關鍵項與概念請見表 11.2。

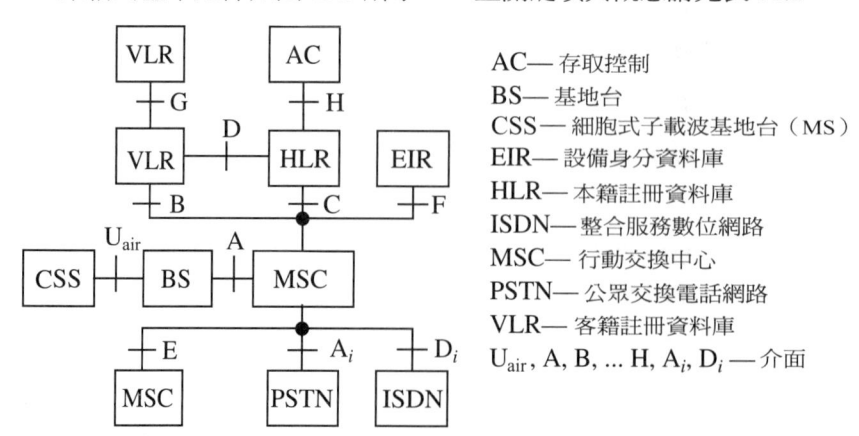

AC— 存取控制
BS— 基地台
CSS— 細胞式子載波基地台（MS）
EIR— 設備身分資料庫
HLR— 本籍註冊資料庫
ISDN— 整合服務數位網路
MSC— 行動交換中心
PSTN— 公眾交換電話網路
VLR— 客籍註冊資料庫
U_{air}, A, B, ... H, A_i, D_i — 介面

圖 11.5　IS-41 的架構

表 11.2　關鍵項與概念

名詞	定義
定點 MSC	做為 MS 發話或接收來自 PSTN 的話務之初始聯絡點
源點 MSC	當有來自 PSTN 之話務時，做為 MS 的 MSC
候選 MSC	換手過程中，提供服務的 MSC
本籍 MSC	在 MS 一開始加入網路接收服務時的初始 MSC
服務 MSC	目前正在服務 MS 的 MSC
目標 MSC	所選取能提供 MS 最佳信號品質的 MSC

除了 AMPS 的三種識別號碼，**交換機號碼**（Switch Number; SWNO）是用來識別一群交換機中的某一交換機。此參數可將 SID 與**交換機識別碼**（Switch Identification; SWID）串接而得。

圖 11.6 揭示 IS-41 與 OSI 協定堆疊之間的關係。

值得注意的是，大部分的 IS-41 功能是在應用層，以支援**行動應用部分**（Mobile Application Part; MAP）、**應用服務元件**（Application Service Element; ASE）與**交易能力應用部分**（Transaction Capabilities Application Part; TCAP）。**關連控制服務元件**（Association Control Service Element; ACSE）是用來將兩應用作交互關連（譬如建立兩個體 A 與 B 的關連性）。在 IS-41 訊息交換時，會利用非對稱主從模型來觸發 ROSE，其中使用者端提出服務要求，而伺服器回覆適當的應答。IS-41 與 AMPS 的相互連結可以輕易地定義，請見圖 11.7。

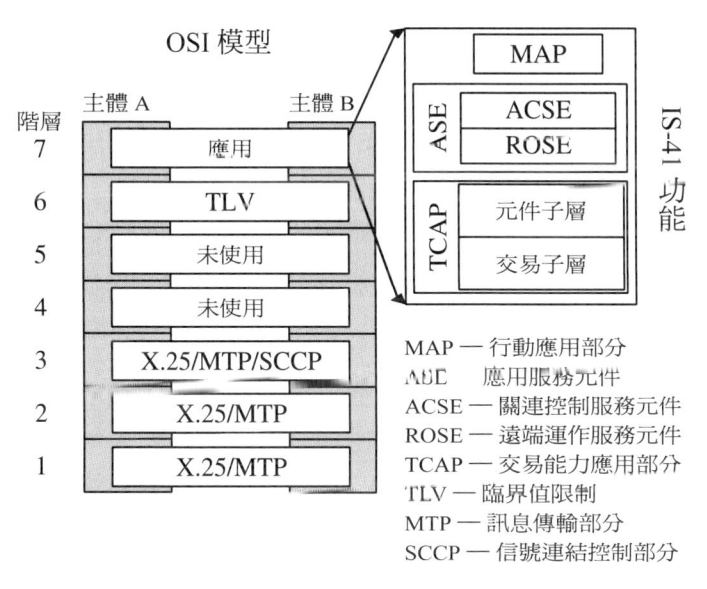

圖 11.6　IS-41 與 OSI 協定堆疊之間的關係

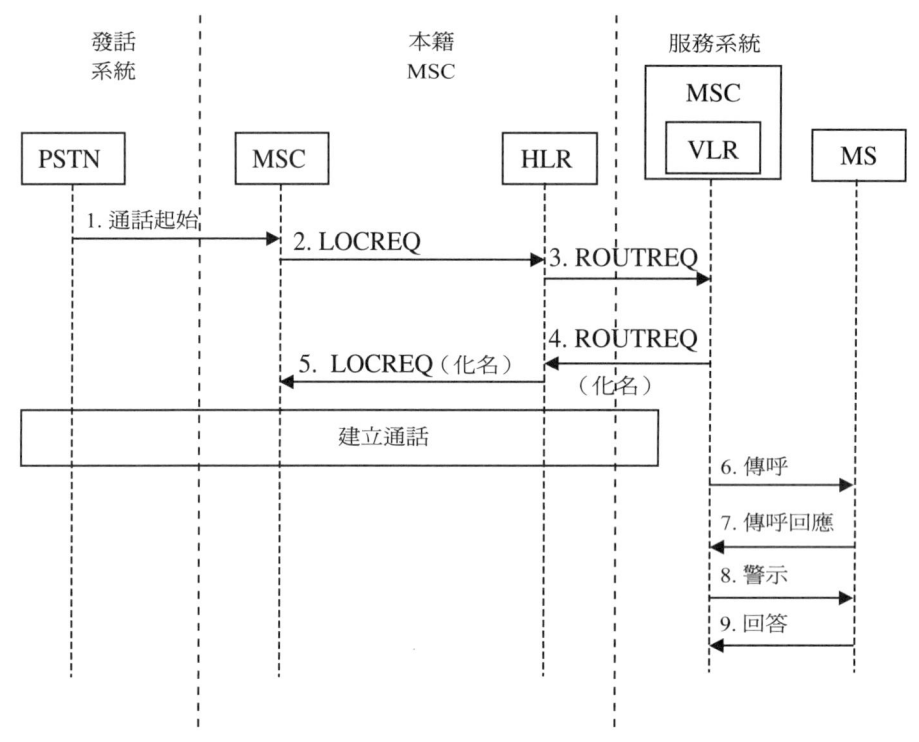

```
發話                本籍              服務系統
系統                MSC                ┌─────┐
                                      │ MSC │
                                      │ VLR │
                                      └─────┘
┌──────┐    ┌─────┐          ┌─────┐  ┌─────┐   ┌────┐
│ PSTN │    │ MSC │          │ HLR │  │ VLR │   │ MS │
└──────┘    └─────┘          └─────┘  └─────┘   └────┘
```

1. 通話起始
2. LOCREQ
3. ROUTREQ
4. ROUTREQ
5. LOCREQ（化名）
   （化名）
   建立通話
6. 傳呼
7. 傳呼回應
8. 警示
9. 回答

圖 11.7 IS-41 與 AMPS 的相互連結

11.3.2 支援操作

IS-41 所支援的各種操作如下：

- **向新 MSC 註冊**：當手機移動至一個新的地區（由不同的 MSC 所服務），它必須要向新 MSC 註冊。IS-41 訊息（註冊通知）是用來通知本籍 MSC 目前 MS 的位置，是以將來所有的來話會路經由服務中的 MSC 至 MS 的正確位置。

- **在新系統發話給閒置的 MS**：當有一通話要路由至新系統中的 MS，本籍 MSC 的 HLR 會聯繫客籍系統的 VLR，在經過適當的驗證與 IS-41 訊息交換後，此通話會路由至客籍系統的 MS 端。

- **無條件指定轉接的通話**：當位於客籍端的 MS 使用**無條件指定轉接**（call forwarding）的服務，客籍 MSC 發送一個位置要求應答至本籍 MSC，其中含有接收轉接電話的識別碼。這是本籍 MSC 的責任，將此通話利用適當的 IS-41 步驟轉接至指定號碼。

- **無人應答的通話**：當位於客籍端的 MS 沒有應答來電，發話端會收到適當的回應，此通話即切斷。

- **發話給忙碌的 MS**：此情況的處理步驟跟無人應答的通話一樣，不過當 MS 不支援話中**插接**（call waiting）時，會以**忙線音調**（busy tone）回覆發話端。如果 MS 支援話中插接，則 MS 會被通知有第二通來話。

- **換手量測**（handoff measurement）**要求**：MSC 有時可以要求相鄰 MSC 進行換手量測。當回應顯示需要進行換手時，MSC 會通知此換手的 HLR，而 HLR 會更新其資料庫此項變動資訊。

- **在 HLR 故障時進行復原**：此 IS-41 步驟是用於 HLR 發生故障。當 HLR 發生故障時，會發送一個 **UNRELDIR**（Unreliable Roamer Data Directive INVOKE）至其資料庫所記錄的所有 VLR。所有 VLR 在收到訊息後，會移除所有與此 HLR 相關的資料，並重新進行註冊程序。

11.4 GSM

GSM（Global System for Mobile 或 Groupe Speciale Mobile）通訊是由歐盟執委會（European Commission）所發起做為發展歐洲區域數位細胞式系統的第二代行動細胞式系統。GSM 是發展於 1982 年，此細胞式無線電系統是在 900 MHz 上運作，其主要目標是利用漫遊特性來消弭系統之間的任何不相容性。它也支援語音傳輸、緊急通話與數位資料傳輸。

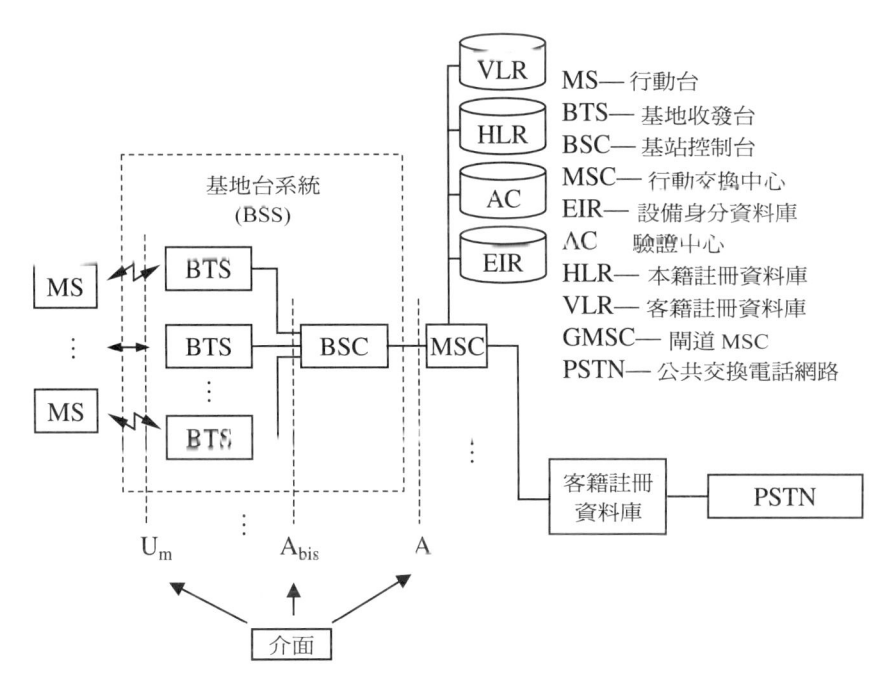

圖 11.8 GSM 的基礎架構

圖 11.8 所示為 GSM 基礎架構的區塊圖，清楚地標示各種介面 [11.2]。空中的無線電連結介面是介於 MS 與**基地收發台**（Base Transceiver Station; BTS）。MS 僅與 BTS 接合。多個 BTS 是受一個**基站控制台**（BS controller; BSC）所控制，其又與**行動交換中心**（Mobile Switching Center; MSC）接合。各組成要素的特殊功能描述如下：

- **BSC**：BSC 的主要功能是看顧多個 BTS 以確保其正常運作，包括 BTS 之間的換手、信號的功率調整，以及管理 BTS 的頻率。

- **MSC**：MSC 基本上負責系統的交換功能，控制與其他電話與資料系統的來話與發話。它也負責網路接合與一般通道信號。如果 MSC 有與 PSTN 介接，則稱為**閘道行動交換中心**（gateway MSC; GMSC）。GSM 使用兩個重要的資料庫叫做 HLR 與 VLR 來記錄追蹤 MS 的目前位置。

- **驗證中心**（Authentication Center; AUC）：AUC 提供驗證與加密參數，以便確認用戶的身分並確保各通話的機密性。AUC 讓電信業者免於各種假冒與偽造等攻擊手法。

- **設備身分資料庫**（Equipment Identity Register; EIR）：EIR 是一個含有行動設備身分的資料庫，以避免通話被竊取，以及避免未授權或有問題的 MS。AUC 與 EIR 可以為各自獨立的設備，或實作一個結合型的 AUC/EIR 設備。

11.4.1 頻率帶與通道

GSM 所被分配的運作頻率為 890 MHz 至 960 MHz。為降低可能的干擾，MS 與 BS 各自使用不同的頻率範圍（亦即 MS 使用 890 MHz 至 915 MHz，而 BS 使用 935 MHz 至 960 MHz）。GSM 採用 FDMA，同時能服務至多 124 個 MS（亦即頻率帶 25 MHz 分成 124 個 FDM 通道，各自 200 kHz，如圖 11.9 所示）。BS 或 MS 所傳送的任兩個訊框之間都會使用一個 8.25 位元的**保護訊框**（guard frame）。

GSM 使用各種多工技術來建立邏輯通道。GSM 系統所使用的通道請見表 11.3。GSM 系統使用各種控制通道來確保 MS 與 BS 之間的通訊順暢。有三種控制通道是用來向所有 MS 廣播資訊之用：

- **廣播控制通道**（Broadcast Control Channel; BCCH）：用來傳送系統參數（譬如，細胞內的運作頻率、業者識別碼）至所有 MS。

- **頻率校正通道**（Frequency Correction Channel; FCCH）：用來傳送頻率參考與 148 位元長度的頻率校正突發（Frequency Correction Burst; FCB）。

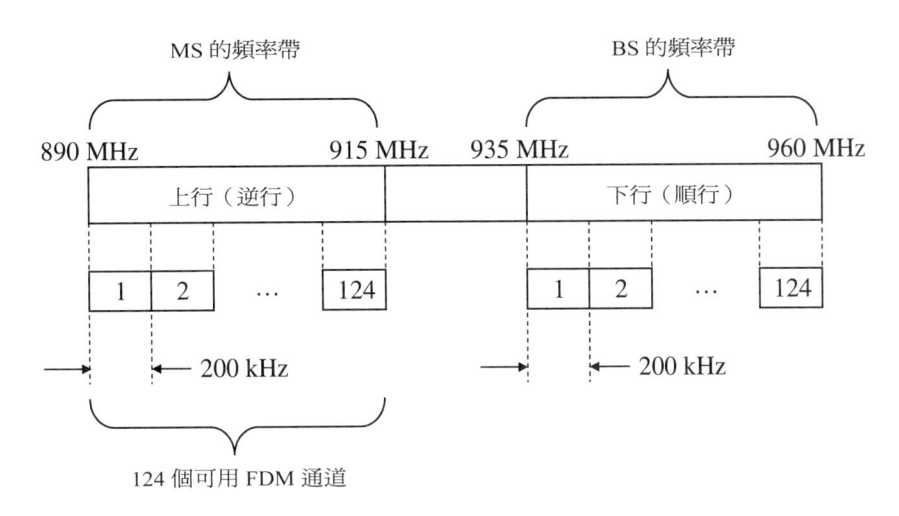

圖 11.9 GSM 所使用的頻率帶

表 11.3 GSM 的通道

通道	群組	通道	方向
控制通道	廣播控制通道（BCCH）	廣播控制通道（BCCH）	BS → MS
		頻率校正通道（FCCH）	BS → MS
		同步通道（SCH）	BS → MS
	共用控制通道（CCCH）	傳呼通道（PCH）	BS → MS
		隨機存取通道（RACH）	BS ← MS
		存取允許通道（AGCH）	BS → MS
	專用控制通道（DCCH）	獨立專用控制通道（SDCCH）	BS ↔ MS
		慢關連控制通道（SACCH）	BS ↔ MS
		快關連控制通道（FACCH）	BS ↔ MS
流量通道	流量通道（TCH）	全速流量通道（TCH/f）	BS ↔ MS
		半速流量通道（TCH/s）	BS ↔ MS

- **同步通道**（Synchronization Channel; SCH）：用來提供 64 位元長度的同步訓練序列突發（synchronization training sequences burst）至 MS。

有三種共用控制通道是用來建立 MS 與 BS 之間的連結，以及話務管理：

- **隨機存取通道**（Random-Access Channel; RACH）：MS 用來傳送有關 GSM 專用通道要求的資訊。
- **傳呼通道**（Paging Channel）：BS 用來與細胞內各 MS 通訊。
- **存取允許通道**（Access-Grant Channel）：BS 用來發送有關計時與同步的資訊。

有兩種專用控制通道（搭配流量通道）是用來傳送實際通訊中的任何控制資訊：

- **慢關連控制通道**（Slow Associated Control Channel; SACCH）：與用戶通道一起分配；用於傳送實際通訊中的控制資訊。
- **獨立專用控制通道**（Stand-Alone Dedicated Control Channel; SDCCH）：與 SACCH 一起分配；用於傳送 BS 與 MS 之間的**信號**（signaling）資訊。
- **快關連控制通道**（Fast Associated Control Channel; FACCH）：FACCH 不是專用通道，但含有與 SDCCH 相同的資訊。然而，FACCH 是流量通道的一部分，而 SDCCH 是控制通道的一部分。為了使 FACCH 能從流量通道偷取（steal）某些突發（burst），訊息中有 2 位元長度的**旗標**（flag）位元。

11.4.2　GSM 的訊框

如圖 11.10 所示，GSM 系統使用 TDMA 方案，其使用一個 4.615 ms 長的訊框，分成八個各 0.557 ms 的時槽。各訊框以時間作量測為 156.25 位元長度，其中 8.25 位元是保護位元。有 148 個位元是用於傳送資訊。結尾位元（含有多個 0），此訊框含有 26 個訓練位元，夾在兩組資料位元之間。這些訓練位元讓接收端能夠自我同步。多個訊框結合在一起組成**多重訊框**（multiframe）、**超級訊框**（superframe）與**超高訊框**（hyperframe）。

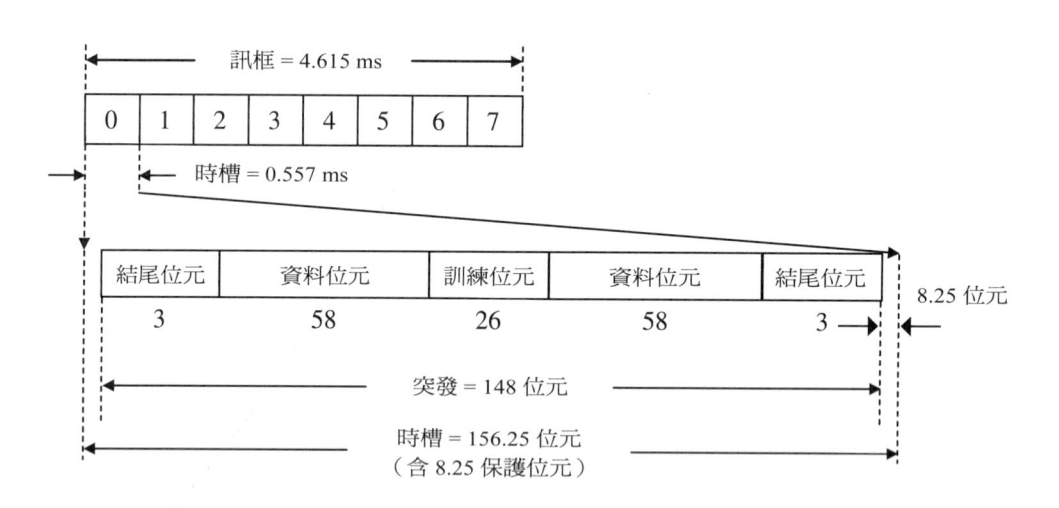

圖 11.10　TDMA 的訊框結構

11.4.3　GSM 系統所使用的識別號碼

GSM 系統有許多識別號碼如下：

- **國際行動用戶識別碼**（International Mobile Subscriber Identity; IMSI）：當 MS 試圖

要發話時，它必須聯繫 BS。如果 BS 識別該 MS 為合法用戶，方才提供服務。為此，MS 需要存在唯一的識別資訊，譬如國家、網路型態、用戶 ID 等等。這些數值稱為 IMSI。此號碼通常為 15 個位元或更少。圖 11.11 所示為 IMSI 號碼的結構。前三碼是國家代碼、接著兩碼是網路業者代碼，剩下的是用戶識別碼。IMSI 的另一個用途（類似 MSC/VLR 配對）是找到用戶的本籍**公共陸地行動網路**（Public Land Mobile Network; PLMN）。所有這類資訊是存放在使用者識別模組之中，又稱為 SIM 卡。

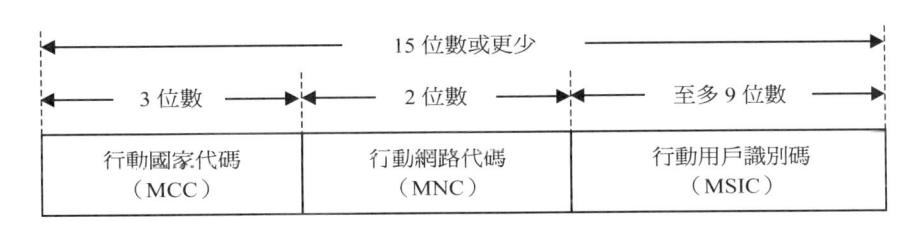

圖 11.11 IMSI 的格式

- **使用者認證模組**（Subscriber Identity Module; SIM）：每次 MS 要與 BS 進行通訊，它必須要正確地提供其身分識別。MS 會在 SIM 卡上儲存電話號碼（或連絡該 MS 的號碼）、個人識別號碼、驗證參數等等。智慧型 SIM 卡還有快閃記憶體，可用來儲存小量的資訊。SIM 的主要優點是不管有沒有手機，都能支援漫遊，也叫做 SIM 漫遊。用戶只需要帶著 SIM 卡，然後插入任何一具 MS 就可以使用。換句話說，SIM 卡是 GSM 電話的心臟，沒有了它，MS 是毫無用處。
- **手機 ISDN 號碼**（Mobile System ISDN; MSISDN）：MSISDN 是用來識別特定 MS 用戶的號碼，其格式如圖 11.12 所示。不像其他標準，GSM 實際上不識別特定手機，而是特定 HLR。聯繫手機是 HLR 的責任。

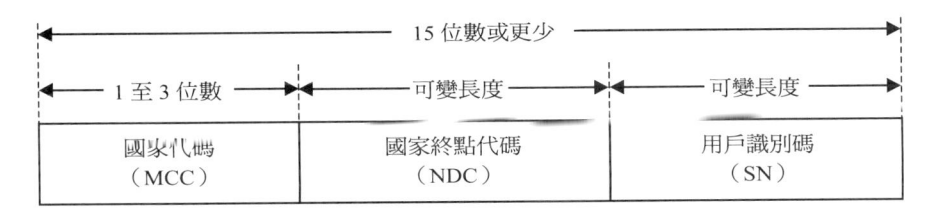

圖 11.12 MSISDN 的格式

- **位置區域識別碼**（Location Area Identity; LAI）：如圖 11.13 所示，GSM 的服務區

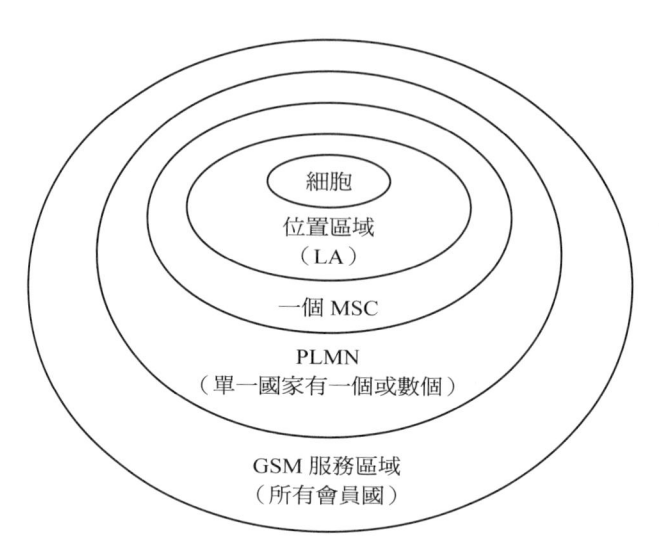

```
                        細胞
                    位置區域
                    （LA）

                    一個 MSC

                      PLMN
              （單一國家有一個或數個）

                  GSM 服務區域
                  （所有會員國）
```

圖 11.13 GSM 的佈建格局

域通常會分成一個階層式架構，以利系統更快速地存取任何一個 MS，不論該 MS 是在本籍端或在進行漫遊。各 PLMN 會劃分成多個 MSC。各 MSC 一般會包含一個 VLR 用來告訴系統是否有某一手機在漫遊。如果它是在漫遊，MSC 的 VLR 會反映此訊息。各 MSC 又劃分成許多 LA。一個 LA 是一個細胞或一群細胞，這在 MS 漫遊至不同細胞，但仍在相同 LA 之中是很有用的。由於任一 LA 必須要能夠予以識別，此識別碼應該含有國家代碼、行動網路代碼，以及 LA 代碼。

- **國際手機設備識別碼**（International MS Equipment Identity; IMSEI）：每個生產出來的 GSM 裝置都已指派一個 15 位元長度的識別碼，含有相關的生產製造資訊，如圖 11.14 所示。概念上，當某一裝置通道互通測試後，它就會被指派一個 **TAC**（Type Approval Code）。由於各裝置可能不是在同一地點所製造，在 IMSEI 中有一個欄位叫做 **FAC**（Final Assembly Code），可以識別該裝置最後的組裝地點。為了唯一識別所製造的裝置，各裝置會有一個**序號**（Serial Number; SNR），還有一些位元

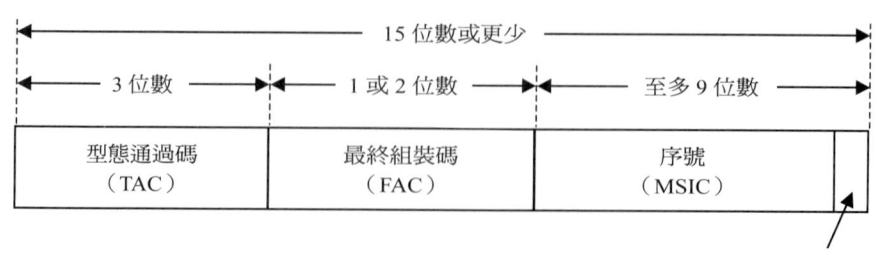

```
          |←——————— 15 位數或更少 ———————→|
          | 3 位數 | 1 或 2 位數 |  至多 9 位數  |
          |--------|------------|---------------|
          | 型態通過碼 | 最終組裝碼 |    序號      |
          |  （TAC）  |  （FAC）  |  （MSIC）    |
                                          ↑
                                   1 位數目前沒用到
```

圖 11.14 IMSEI 的格式

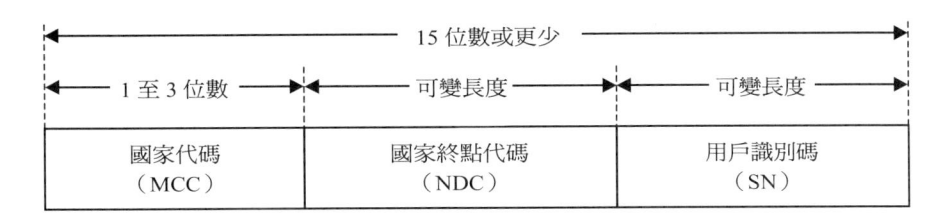

```
|←——————— 15 位數或更少 ———————→|
|← 1 至 3 位數 →|← 可變長度 →|← 可變長度 →|
|    國家代碼    |   國家終點代碼   |   用戶識別碼   |
|    （MCC）    |    （NDC）    |    （SN）    |
```

圖 11.15 MSRN 的格式

是保留做未來用途。

- **手機漫遊號碼**（MS Roaming Number; MSRN）：當 MS 漫遊至另一個 MSC，該裝置需要根據 MSC 所認可的號碼格式來進行識別。因此，MS 會被指派一個暫時漫遊號碼叫做 MSRN 號碼，其格式如圖 11.15 所示。此 MSRN 存於 HLR 中，任何來話會經細胞再路由至 MS 目前的位置。
- **暫時行動用戶識別碼**（Temporary Mobile Subscriber Identity; TMSI）：因為所有傳輸是在空氣介面，有其安全上的顧慮。因此，通常會使用一個暫時識別碼，而不是直接使用 IMSEI。

11.4.4　GSM 的介面、功能面與協定層

在細胞式網路，可能的介面包括 BS 與 BTS 之間的空中介面 U_m；BSC 與 BTS 之間的介面 A_{bis}；BSC 與 MSC 之間的介面 A；以及**行動應用部分**（Mobile Application Part; MAP），其定義 MSC 與電話網路之間的運作（表 11.4）。

表 11.4 GSM 的介面

介面終點		之間
U_m		MS–BTS
A_{bis}		BTS–BSC
A		BSC–MSC
MAPn	B	MSC–VLR
	C	MSC–HLR
	D	HLR–VLR
	E	MSC–MSC
	F	MSC–EIR
	G	VLR–VLR

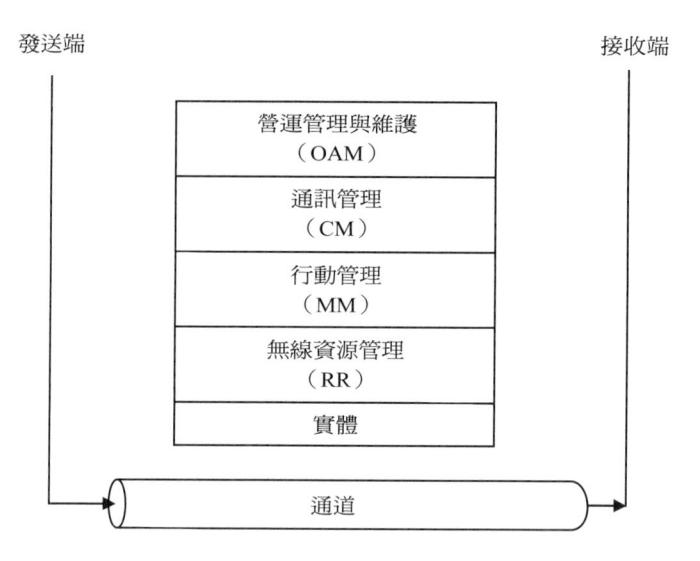

```
                    發送端                          接收端
                  ┌─────────────────────┐
                  │  營運管理與維護       │
                  │     （OAM）          │
                  ├─────────────────────┤
                  │   通訊管理           │
                  │    （CM）            │
                  ├─────────────────────┤
                  │   行動管理           │
                  │    （MM）            │
                  ├─────────────────────┤
                  │  無線資源管理        │
                  │    （RR）            │
                  ├─────────────────────┤
                  │    實體              │
                  └─────────────────────┘
                           通道
```

圖 11.16 GSM 的功能面

　　功能上來說，GSM 系統可以化分成五個功能面，如圖 11.16 所示。實體面提供傳送用戶資訊（語音或資料）的載體，以及信號訊息的傳遞 [11.3]。**無線資源管理**（Radio Resource Management; RR）建立與釋放 MS 與 MSC 之間的連線，並在用戶移動時仍能予以維護。RR 功能主要是由 MS 與 BSC 所提供。**行動管理**（Mobility Management; MM）功能是由 MS（或 SIM）、HLR/AUC，以及 MSC/VLR 來負責處理。另外，也包含安全功能的管理。**通訊管理**（Communication Management; CM）是用在用戶之間建立通話，並維護與釋放相關資源。除了通話管理之外，它包含輔助性服務管理與簡訊管理。**營運管理與維護**（Operation, Administration and Maintenance; OAM）讓業者隨時能監控與控制整個系統。

　　MS 要能在 MSC 中運作，它必須存取 BSS 以進行註冊，其會分配通道，然後驗證，接著 MS 才能透過其 HLR 去存取 VLR。MSC 指派 TMSI 號碼給 MS，然後更新 VLR 與 HLR 的資料。

　　要從 PSTN 網路發話，在透過 MS 的 HLR 獲知相關資訊後，封包會經過 GMSC 至目的端 MSC（MS 的目前所在地），然後透過客籍 BSS 去聯繫 MS。如果是同一個 MSC，那沒有什麼問題。如果不是同一個，那麼目前 MSC 的 VLR 會通知本籍 MSC 的 HLR，此 MS 的位置需更新，是以三個資料庫都會更新。

　　GMS 的驗證是透過固接網路的協助來可靠地比較 MS 的 IMSI 號碼（圖 11.17）。當 MS 提出任何需求時，固接網路會送一個隨機號碼給 MS，它也會使用一個驗證演算法來加密 IMSI 與儲存在記憶體中的金鑰。MS 在收到隨機號碼後也會以 IMSI 與相同的一把金鑰來

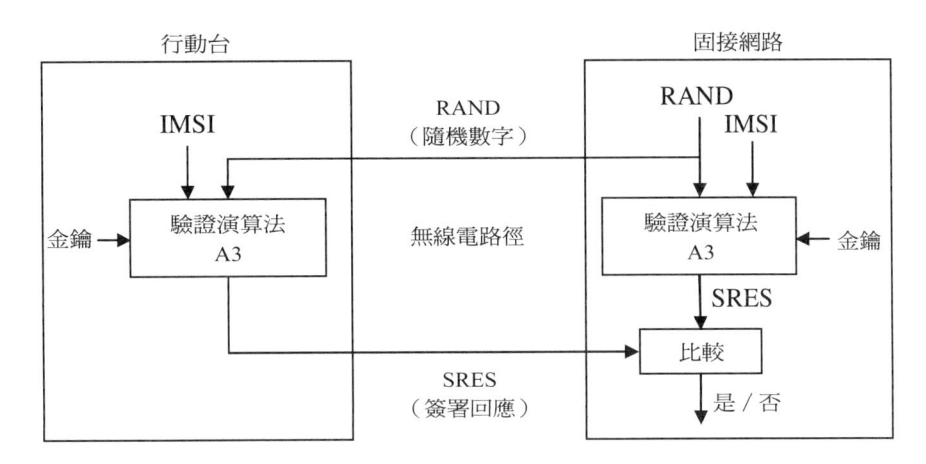

▣ 圖 11.17　GSM 的驗證程序

加密,然後送給固接網路。固接網路在收到後會與原先的值做比較,如果吻合,那麼此 MS 即通過驗證。

11.4.5　換手

GSM 的換手可分為四種主要類型:

- **細胞內(intracell)／BTS 內(intra-BTS)的換手**:連線通道的改變是在細胞內(通常是因為發生較高的干擾)。此變化可能是換至同細胞內的另一個頻率,或同頻率的另一個時槽。發送一個傳呼給 MS 即開始此改變。

- **細胞之間(intercell)／BSC 內(intra-BSC)的換手**:在此情況,改變是發生在兩細胞之間,且兩細胞屬於同一 BSC 所服務。經過一系列的步驟。首先,BSS 需提出換手要求給 MSC,當 MSC 收到應答後,MSC 下達換手指令至 MS。在換手成功之後,MS 會傳送一個換手完成訊息給第二個 BSS,其會將此訊息轉送給 MSC。MSC 接著會下達指令給第一個 BSS,以清除原來分配給該 MS 的通道。

- **BSC 之間(inter-BSC)／MSC 之內(intra-MSC)的換手**:改變是發生在兩細胞之間,且兩細胞屬於不同的 BSC 所服務,但仍在同一 MSC 下運作。當換手量測的信號強度低於臨界值,則 MS 就需要進行換手。此值會送給第一個 BSC,由它來啟始換手指令。當確定要進行換手時,此指令會轉送至該區的 MSC。MSC 將此要求送至 BSC,其會發送通道啟動要求至它的 BTS。此資訊會傳送給 MS,其會收到來自新的 BTS 分配通道資訊。接著,MSC 會被告知此改變,然後它會發送清除指令給舊的 BSC,以清除原來分配給該 MS 的通道。

- **MSC 之間的換手**：連線的改變在兩個細胞之間，且是由不同 MSC 所服務。當手機進入漫遊狀態時，就會發生這種換手。如果我們仔細檢視這種情況，會發現有兩種可能的換手（見圖 11.18）：

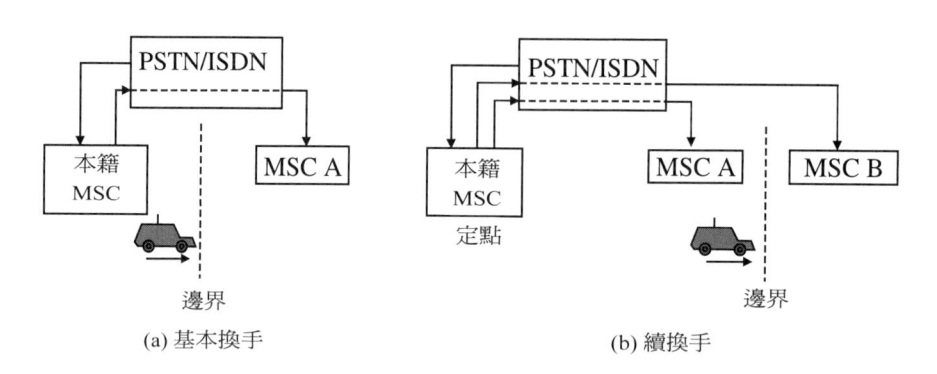

```
       PSTN/ISDN                              PSTN/ISDN
    ┌────────────┐                         ┌────────────────┐
    │            │                         │                │
 ┌──┴──┐      ┌──┴──┐              ┌──┴──┐      ┌─────┐   ┌─────┐
 │ 本籍│      │MSC A│              │ 本籍│      │MSC A│   │MSC B│
 │ MSC │      │     │              │ MSC │      │     │   │     │
 └─────┘      └─────┘              │ 定點│      └─────┘   └─────┘
                🚗                 └─────┘                    🚗
                │                                             │
              邊界                                           邊界
            (a) 基本換手                               (b) 續換手
```

圖 11.18 MSC 之間的換手

- **基本換手**（basic handoff）：當 MS 從本籍 MSC 漫遊至客籍 MSC。
- **續換手**（subsequent handoff）：當 MS 從一個客籍 MSC 漫遊至另一個客籍 MSC。

這些換手可能是透過 PSTN 或 ISDN，其中本籍 MSC 係透過 PSTN 而被告知換手狀態，而本籍 MSC 再透過 PSTN 來傳送所需資料至新的 MSC。如果是續換手的情況，本籍 MSC 也要透過 PSTN 來發送清除指令給前一個 MSC。

11.4.6 簡訊服務

簡訊服務（Short Message Service; SMS）是在行動電話之間傳送或接收文字訊息。此服務是廣泛地用於 GSM 系統，包括北美之外（譬如歐洲、亞洲、澳洲、中東與非洲）與部分北美地區。GSM 系統利用未使用頻寬來支援 SMS 訊息，並擁有多種特色。SMS 可以確認訊息的寄送。這表示發送者會收到回覆訊息告知該 SMS 是否已遞送。SMS 可以在用戶使用 GSM 語音、資料或傳真話務的同時進行收發。這是因為語音、資料與傳真話務係使用專用通道，而簡訊則是透過控制通道。也因為如此，如果接收者當下無法接收此訊息，系統會暫時儲存起來。SMS 基本上是轉存服務，換句話說，SMS 文字並非直接從發送者寄至接收者，而是透過 SMS 中心來處理。每個支援 SMS 的行動電話網路都會有一個或多個簡訊中心來處理與管理這些簡訊資料。

一則 SMS 訊息至多可以有 160 個字元，這些字元包括文字與數字。非文字類型的 SMS

（譬如二進位格式）也能夠被支援，且發送多則 SMS。譬如，SMS 串接（將多則簡訊串接在一起）與 SMS 壓縮（在一則 SMS 中寫入超過 160 個字元）都有在 GSM 的 SMS 標準中定義與使用。

11.5 IS-95

IS-95 使用現有的 12.5 MHz 細胞式頻帶來產生 10 個不同的 CDMA 頻帶（各頻帶為 1.25 MHz）。即使在相鄰細胞都可使用相同頻率，**頻率重複使用係數**（frequency reuse factor）為 1。通道速率為 1.228 Mbps〔每秒的切片（chips）數〕。CDMA 利用多重路徑衰減的優點來做到**空間分集**（space diversity）。RAKE 接收器是用來結合數個接收信號的輸出。64 位元的正交 Walsh 碼（W_0 至 W_{63}）是用來在各頻率帶提供 64 個通道。除了 Walsh 碼，也可以使用長**偽雜訊**（Pseudo Noise; PN）碼與短 PN 碼。

CDMA 的邏輯通道是控制通道與流量通道，如圖 11.19 所示。控制通道有導頻通道（順行）、傳呼通道（順行）、同步通道（順行）、存取通道（逆行）。流量通道是用來在 BS 與 MS 之間傳送用戶資訊，以及信號流量。有四種不同的速率。當用戶語音被信號取代時，稱做**空白與突發**（blank and burst）。當部分語音被信號資訊覆蓋時，稱做**模糊與突發**（dim and burst）。在下行通道或上行通道有一個功率控制子通道，能讓 MS 每 1.25 ms 調整 ±1 dB 的傳輸功率。導頻通道 W_0 是必要的。可以是 1 個同步通道搭配 7 個傳呼通道；剩下 56

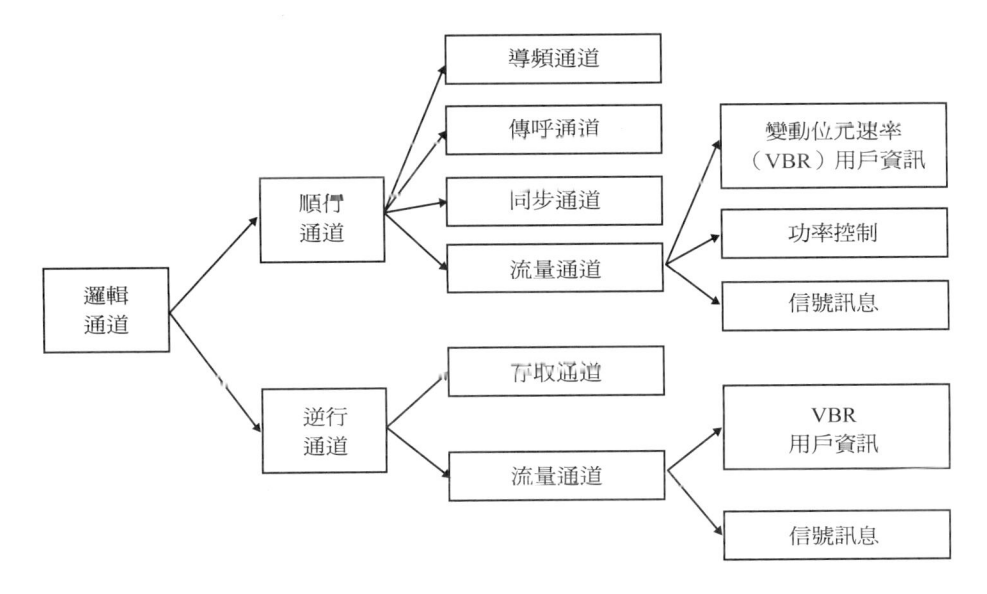

▲ 圖 11.19　IS-95 的邏輯通道

個通道稱做流量通道 [11.4]。

- **導頻通道**（pilot channel）：導頻通道是 BS 用來做為所有 MS 的參考。它並不傳輸任何資訊，而是用來與相同 RF 載波中的其他通道做強度比較與鎖定。圖 11.20 所示為導頻通道處理。

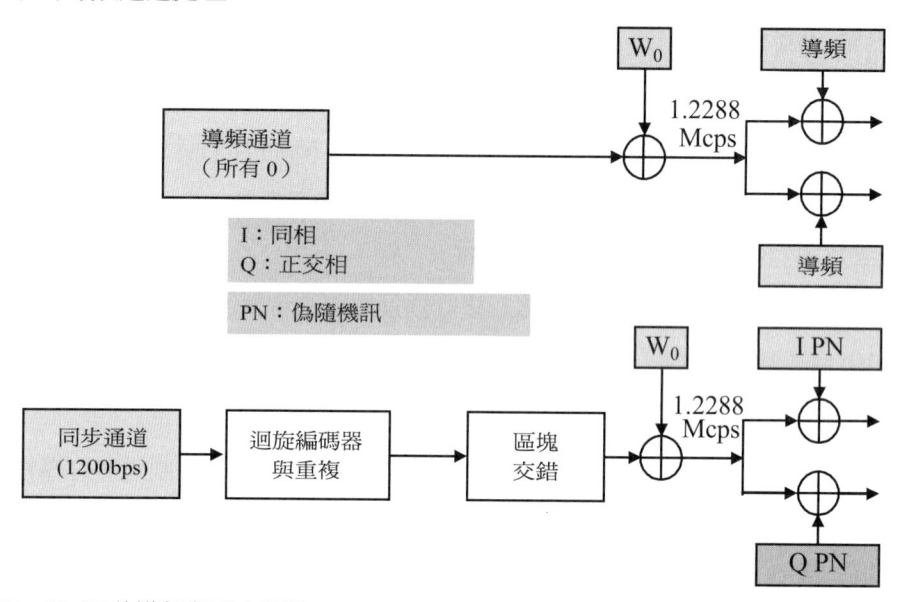

圖 11.20 IS-95 的導頻與同步通道

信號（導頻、同步、傳呼與流量）的展頻係使用高頻展頻信號 I 與 Q，利用模 2 加法。此展頻信號接著調變至高頻載波，並送至接收端，然後整個步驟再反向操作以獲得原始信號。

- **同步通道**：同步通道（sync channel）是一個編碼、交錯與調變的展頻信號，用來與導頻通道一起使用以獲得初始的時間同步。它是被指派 Walsh 碼 W_{32}。
- **傳呼通道**：傳呼通道（paging channel）是用來傳送控制資訊至 MS。當 MS 接收到一個通話，它會在所指派的傳呼通道上收到來自 BS 的傳呼。傳呼通道沒有功率控制。傳呼通道提供 MS 有關系統的資訊與指令。圖 11.21 所示為傳呼通道處理。
- **存取通道**：圖 11.22 所示為存取通道（access channel）處理。存取通道是 MS 用來傳送控制資訊給 BS。存取速率固定在 4800 bps。所有 MS 是使用相同的頻率來存取系統。當任何 MS 欲進行發話，它會使用存取通道來告知 BS。此通道也用作傳呼的回應。
- **順行流量通道**：順行流量通道（forward traffic channels）是分群成速率集合（rate set）。速率集合 1 有四個元素；9600、4800、2400 與 1200 bps。速率集合 2 有四個

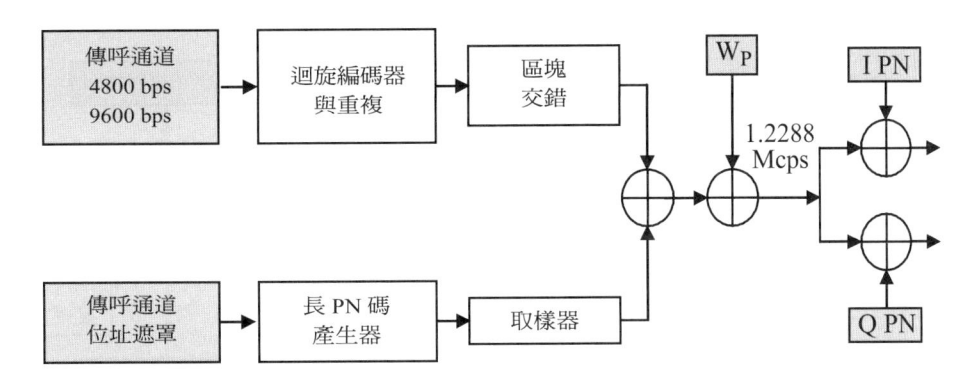

▣ 圖 11.21　IS-95 中傳呼通道的產生

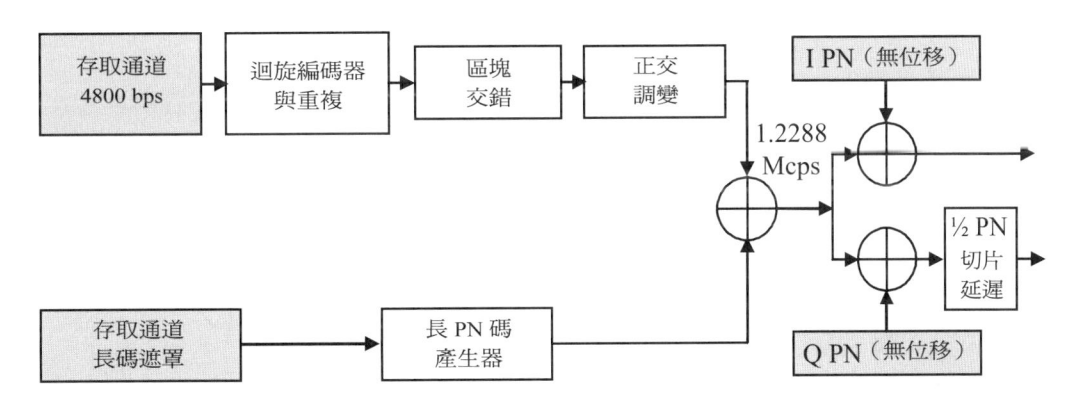

▣ 圖 11.22　IS-95 中存取通道的產生

元素：14,400、7200、3600 與 1800 bps。在細胞或分區有可用的 Walsh 碼（W_2 至 W_{31}，以及 W_{33} 至 W_{63}）能被指派給順行流量通道，僅有 55 個可用 Walsh 碼。語音係以變動位元編碼器來進行編碼，以產生順行流量資料。功率控制子通道持續地在順行流量通道上傳送。圖 11.23 與圖 11.24 所示為順行通道處理。

順行與逆行通道訊框結構請見圖 11.25 與圖 11.26。

- **逆行流量通道**：對速率集合 1，逆行流量通道（reverse traffic channels）使用 9600、4800、2400 或 1200 bps 的資料率。傳輸的工作週期正比於資料率，9600 bps 為 100% 至 1200 bps 為 12.5%。逆行流量通道處理類似於存取通道，除了逆行通道使用一個**資料突發亂碼器**（data burst randomizer）。圖 11.27 與圖 11.28 所示為逆行通道處理。

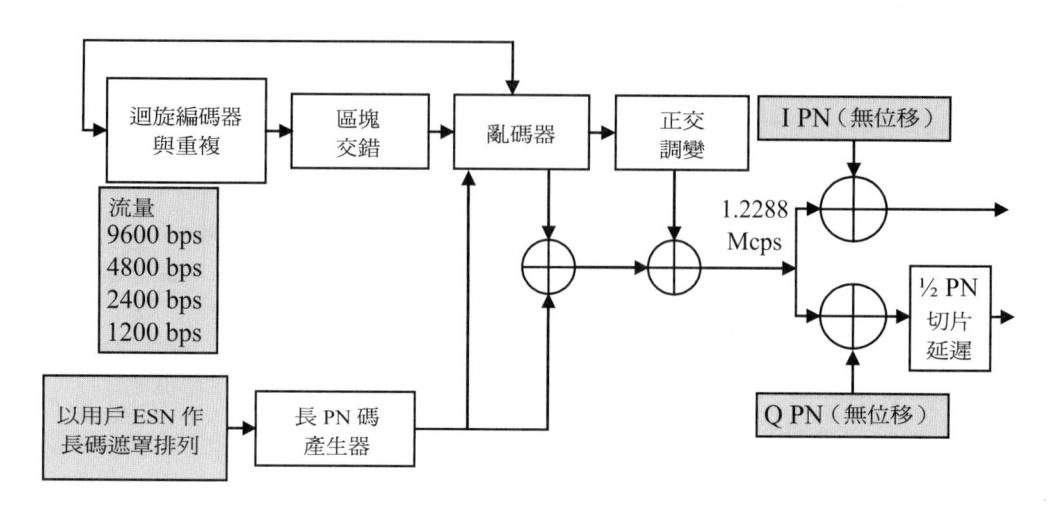

▣ 圖 11.23　IS-95 中速率集合 1 順行流量通道的產生

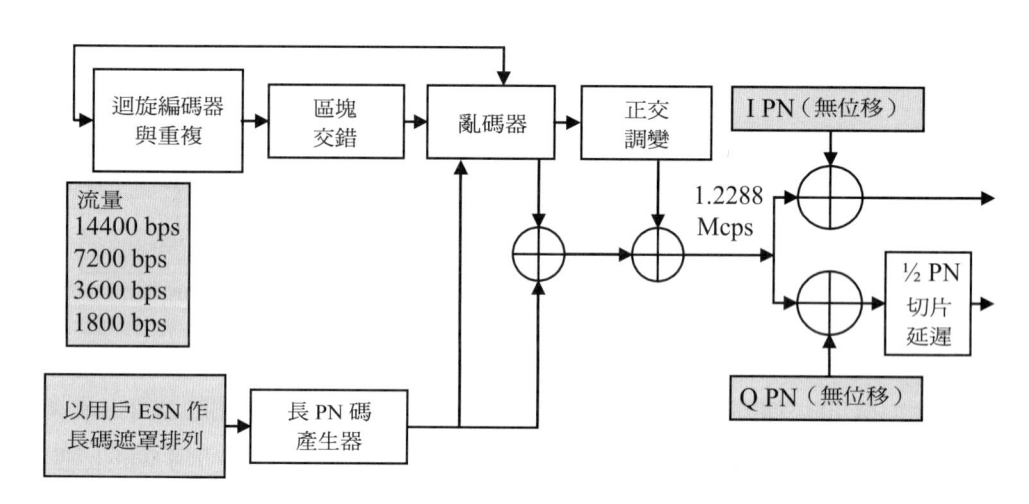

▣ 圖 11.24　IS-95 中速率集合 2 順行流量通道的產生

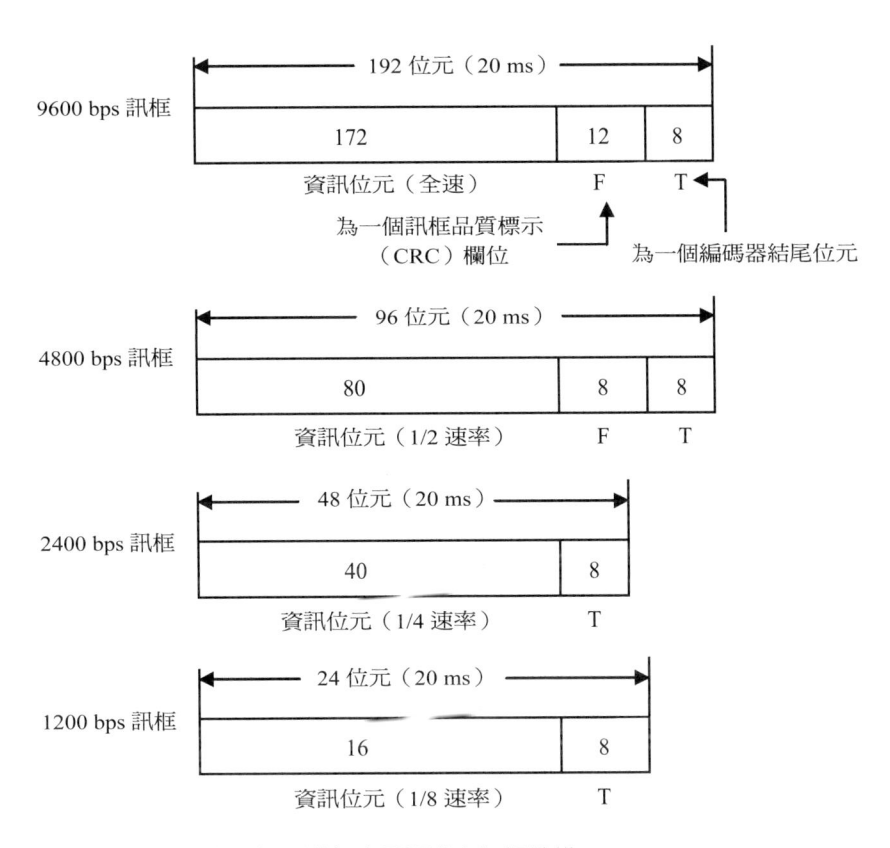

圖 11.25 速率集合 1 的順行／逆行流量通道之訊框結構

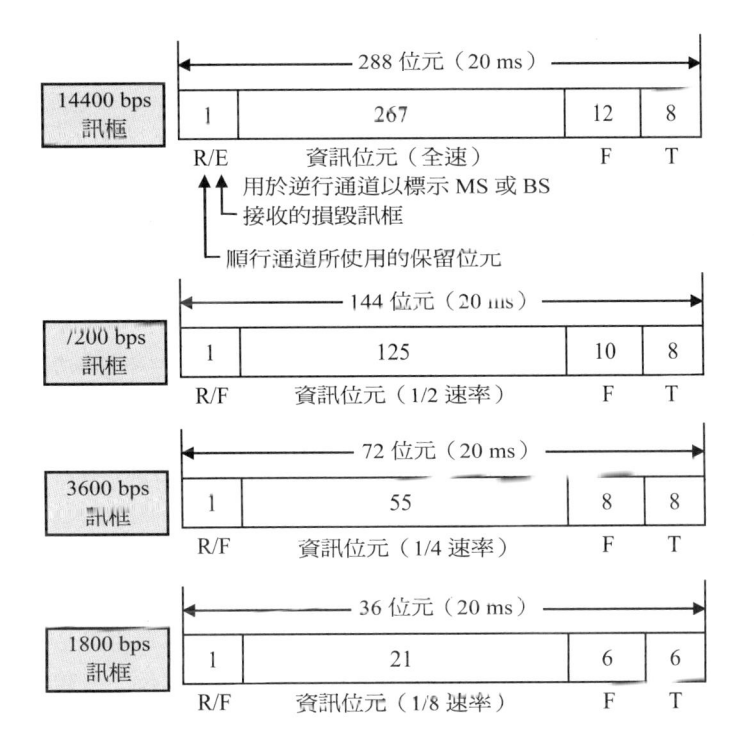

圖 11.26 速率集合 2 的順行／逆行流量通道之訊框結構

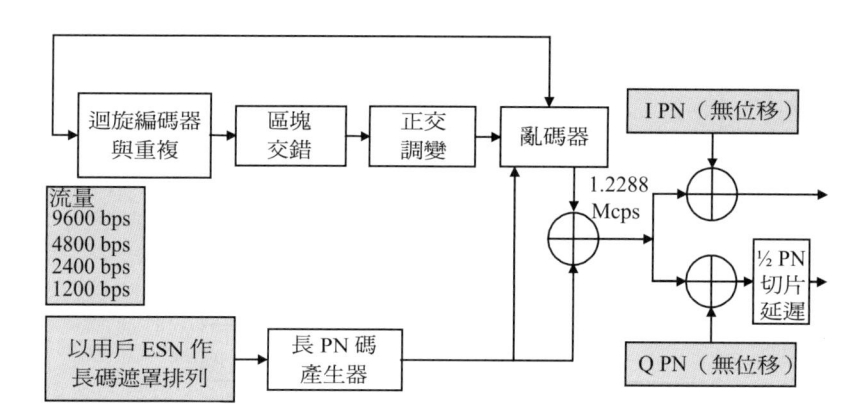

▌圖 11.27　速率集合 1 的逆行流量之產生

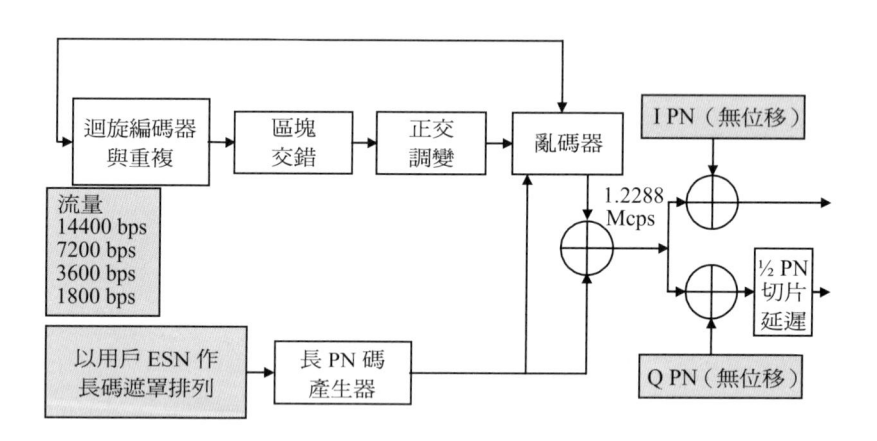

▌圖 11.28　速率集合 2 的逆行流量之產生

11.5.1　功率控制

　　因為每個接收端都會接收到來自所有發送端的信號，因此功率控制扮演很重要的角色。為了確保最大的效率，BS 所接收到來自所有 MS 的功率應該要差不多。如果接收功率太低，則有很高的機率會有資料位元的錯誤。反之，如果功率太高，則會造成干擾。MS 和 BS 都需要進行功率控制。有許多不同的機制可以使用，而控制可以是從 BS 所接收到的信號強弱為基準，或取決於其他參數。

　　在 MS 端的**開迴路**（open-loop）功率控制，MS 感測到導頻信號的強度，然後可調整自己的功率。如果信號非常強，它可以假設 MS 太靠近 BS，則需要降低功率。在 MS 端的**閉迴路**（closed-loop）功率控制，功率控制資訊會從 BS 發送至 MS。此訊息意味著功率要往上或往下調整。在 BS 端的開迴路功率控制，BS 逐漸地降低其功率，然後等待來自 MS 的

訊框錯誤率（Frame Error Rate; FER）。如果 FER 值偏高，它會再提高功率。

11.6 IMT-2000

ITU-R（International Telecommunications Union-Radio communications）所訂定的 3G 規範係為了促進全球無線基礎架構的發展，結合地面與衛星系統，於公有和私有網路中提供固接及行動存取服務。IMT-2000 是統稱所有 3G 系統的名稱。它具備新的特色，並提供現有 2G 無線系統進行無縫隙地演化或升級。IMT-2000 系統的主要特色如下：

- 系統設計於全球的高度共同性。
- IMT-2000 與固接網路所提供的服務之相容性。
- 高品質。
- 可全球使用的小型終端設備，包括微微（pico）、微（micro）、巨（macro）與全球衛星細胞。
- 全球漫遊能力。
- 多媒體應用的能力，以及所支援的服務與終端設備。

11.6.1 國際上的頻譜分配

在 1992 年，WARC（World Administration Radio Conference）規範 3G 行動無線電系統的頻譜，如圖 11.29 所示。

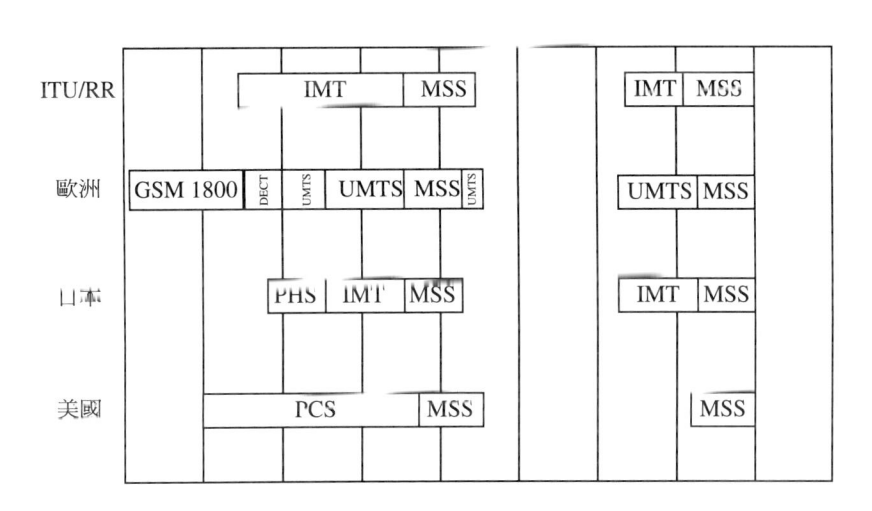

圖 11.29 頻譜分配

歐洲與日本遵照 FDD 的規範。低頻的部分目前分別用於 DECT 與 **PHS**（Personal Handyphone System）。美國的 FCC 已將低頻的大部分頻譜分配給第二代 PCS 系統。大部分的北美國家遵照 FCC 頻率分配。目前全球在 3G 系統的頻譜沒有共通作法。

11.6.2　第三代細胞式系統所提供的服務（3G）

下面是第三代細胞式系統所提供的服務：

- 高速率的能力，包括：
  - 固定環境達 2 Mbps。
  - 室內／室外及街道環境達 384 kbps。
  - 車輛行進環境達 144 kbps。
- 標準
  - 歐洲（ETSI: European Telecommunications Standardization Institute）⇒ UMTS（W-CDMA）。
  - 日本（ARIB: Association of Radio Industries and Businesses）⇒ W-CDMA。
  - 美國（TIA: Telecommunications Industry Association）⇒ CDMA2000 [11.6]。
- 時程
  - 2001 年十月已開始服務（日本的 W-CDMA）。

圖 11.30 所示為 IMT-2000 的無線介面，已於 ITU 會議（芬蘭赫爾辛基）核准。

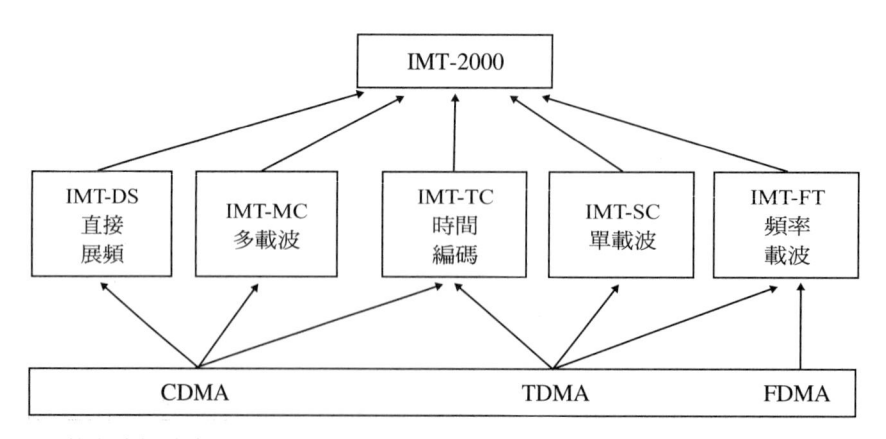

圖 11.30　已核准的無線介面

11.6.3　諧調 3G 系統

諧調 3G 系統是基於 OHG（Operators Harmonization Group）[11.5] 的建議，需要支援下

列需求：

- 高速資料服務，包括網際網路與網內應用。
- 語音與非語音應用。
- 全球漫遊。
- 2G 系統的演化。
- ANSI-41（American National Standards Institute-41）與 GSM-MAP 核心網路。
- 區域性頻譜需求。
- 降低行動設備與基礎架構的成本。
- 降低智慧財產權（Intellectual Property Rights; IPRs）的影響。
- IPR 的自由流通。
- 即時的客戶需求。

圖 11.31 所示為 IMT-2000 諧調努力後的地面元件。

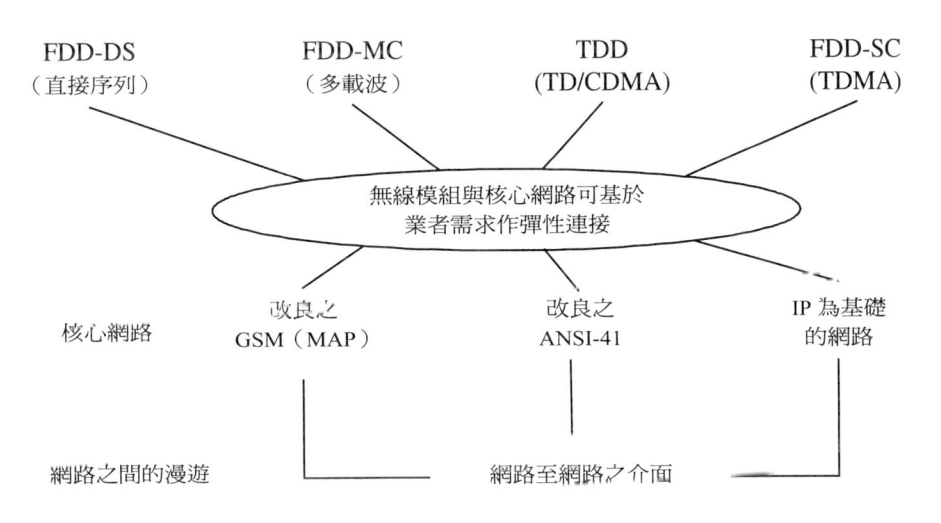

圖 11.31 IMT-2000 模件諧調

11.6.4 多媒體訊息服務

多媒體訊息服務（Multimedia Messaging Service; MMS）[11.7] 是一個由 WAP 論壇為 3GPP（the 3rd Generation Partnership Program）所發展的開放業界標準。此服務係目前 SMS 服務的一個重大改良，不再僅能傳送文字。MMS 是設計用來傳送各種顏色的文字、圖示、聲音檔、照片、動畫，以及影片，並能在 2.5G 與 3G 網路上透過寬頻無線通道來運作。MMS 與 SMS 的相似處在於皆為轉存服務，也就是說，訊息會先發送至網路中，再遞送至目的端。但 SMS 僅能送至另一話機，MMS 服務卻能送至話機或以郵件來傳送。

MMS 架構的主要元件如下：

- MMS 中繼站──將訊息編碼解譯並傳送給行動用戶。
- MMS 伺服器──在轉存方式的 MSS 架構中提供儲存的空間。
- MMS 用戶代理人──應用伺服器提供用戶檢視、建立、傳送、編輯、刪除，以及管理他們的多媒體訊息能力。
- MMS 用戶資料庫──存有用戶的相關紀錄，包括基本資料、已申裝的服務等。

MMS 訊息的內容格式是在 MMS 一致性規範（conformance specification）2.0.0 中所定義，其指出 SMIL（synchronization multimedia integration language）2.0 的基本格式與訊息的排版。

雖然 MMS 當初是設定在 3G 網路上的應用，但全世界有很多業者已在其網路上（譬如在 2.5G 上透過 WAP）建置 MMS 服務，這有利於從舊有網路增加新的收入。

一些可能的應用情境如下：

- 下一世代語音郵件──現階段已能發送文字、圖片，甚至影片的郵件。
- 即時傳訊（IM）── MMS 具有 "push" 的能力，使訊息能立即地發送至接收端，而無須另外從伺服器上收取。這種隨時開啟（always-on）的特性開啟即時多媒體「聊天」的可能性。
- 選擇檢視訊息的方式、時間與地點──並非所有東西都必須是立即的。透過 MMS，用戶可以更彈性地管理他們的郵件。他們可以事先決定哪一類型的訊息必須立即發送、需要儲存下來、轉傳送至他們的桌上型電腦，或需要刪除。換句話說，能夠動態地決定如何開啟、刪除、歸檔與傳送任何到訪的訊息。
- 行動傳真──可使用任何傳真機列印出任何 MMS 訊息。
- 寄送多媒體明信片──可利用手機的相機或具藍芽功能的攝影機來拍攝節慶短片，結合聲音或文字即可立即傳送給家庭成員與朋友。

11.6.5　UMTS

網路參考架構

圖 11.32 所示為最新的 UMTS 架構。它一部分是基於 3G 規範，同時也保留部分 2G 的成分 [11.8]。UMTS Release'99 架構在**核心網路**（Core Network; CN），這端繼承大部分 **GSM**（Global System for Mobile）模型的設計。GSM 與 UMTS 的 MSC 基本上有很多類似

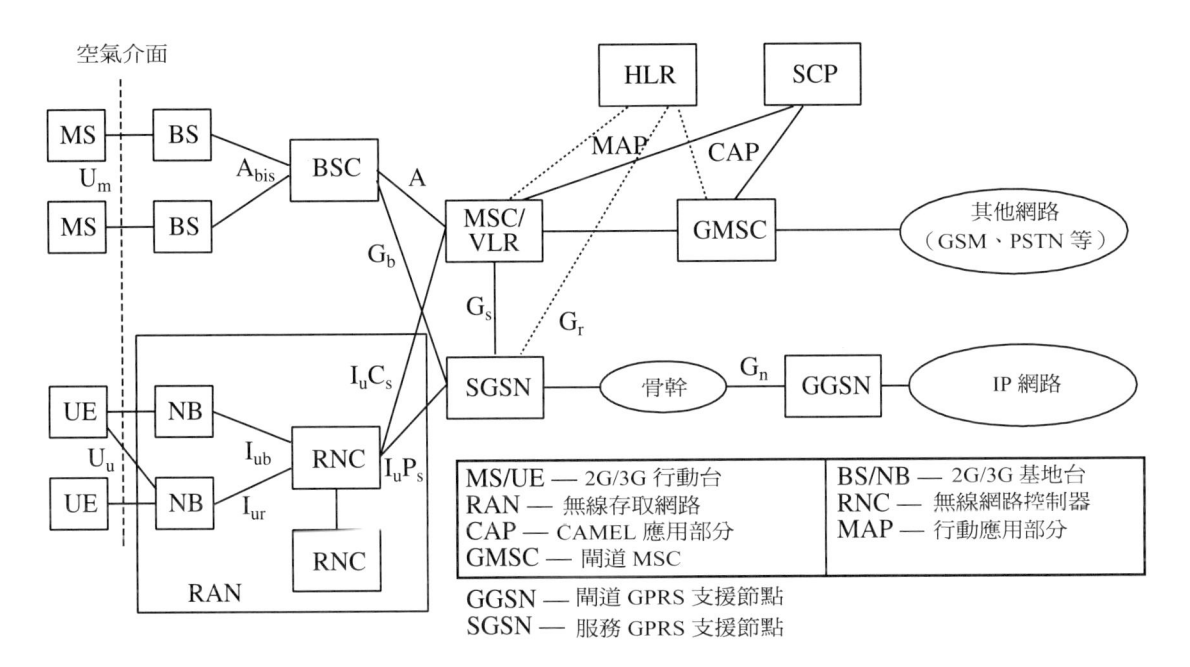

圖 11.32 UMTS 的網路架構

的功能。與其使用**線路交換服務**（circuit-switched services）來傳送封包資料，而是導入一種新的封包節點，**PDAN**（Packet Data Access Node），或 3G 的 **SGSN**〔Serving GPRS（General Packet Radio Services）Support Node〕。這種新元件可提供的資料速度達 2 Mbit/s。CN 元件係透過 I_u 介面連至無線網路，其非常類似於 GSM 所使用的 A-介面。此新架構的重大改變是在**無線存取網路**（Radio Access Network; RAN），也叫做 **UMTS 地面無線存取網路**（UMTS Terrestrial RAN; UTRAN）。有一個全新的介面叫做 I_{ur}，其連接兩相鄰**無線網路控制器**（Radio Network Controllers; RNCs）。此介面是用來結合巨分集，它是實作在 RNC 的一種新 WCDMA 功能。BS 透過 I_{ub} 介面連至 RNC [11.9]。在整個標準制訂過程已特別考量如何使大部分的 2G 核心元件都能平順地支援兩個世代的系統，使改變幅度能降至最低。在 2G 系統，RAN 與 CN 之間是以開放介面相隔開的，此介面在線路交換（CS）網路叫做"A"，而在封包交換（PS）網路叫做 G_b。前者使用 TDM 傳輸，後者使用 frame relay。在 3G 系統，相對應的 I_uC_s 介面與 I_uP_s 介面。線路交換介面使用 ATM，而封包交換介面則使用 IP。

UTRAN 的架構

UTRAN 包含一組**無線網路子系統**（Radio Network Subsystems; RNSs）[11.5]，如圖 11.33 所示。RNS 有兩個主要元素：Node B 與 RNC。RNS 是負責一組細胞的無線資源暨傳

輸與接收。

RNC 係負責所有 RNS 所屬的無線資源之使用與分配。RNC 的工作包括：

- UTRAN 內的換手。
- **巨分集**（macrodiversity）的結合與分裂。
- 訊框同步。
- 無線資源管理。
- **外迴路**（outer loop）功率控制。
- RNS 遷移。
- UMTS **無線連結控制**（Radio Link Control; RLC）子層功能執行。

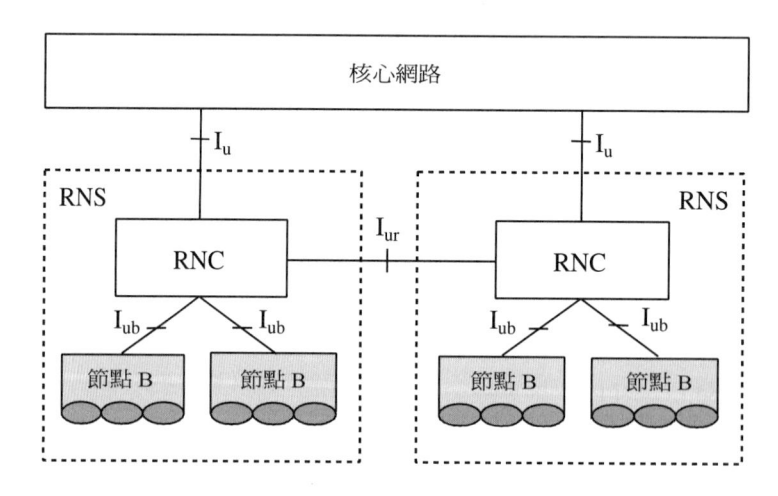

圖 11.33　UTRAN 的架構

UTRAN 的邏輯介面

UTRAN 協定結構的設計是要讓協定層與功能面能邏輯上相互獨立，而未來可以視需要改變部分的協定架構，而不至於影響到其他的部分。協定結構包含兩層：**無線網路層**（Radio Network Layer; RNL）與**傳輸網路層**（Transport Nnetwork Layer; TNL）。在 RNL 層，可以看到 UTRAN 相關的功能，而 TNL 則負責所選取的傳輸技術。圖 11.34 所示為一個 UTRAN 介面的一般型協定模型。這裡 RANAP 是指**無線存取網路應用協定**（Radio Access Network Application Protocol）。

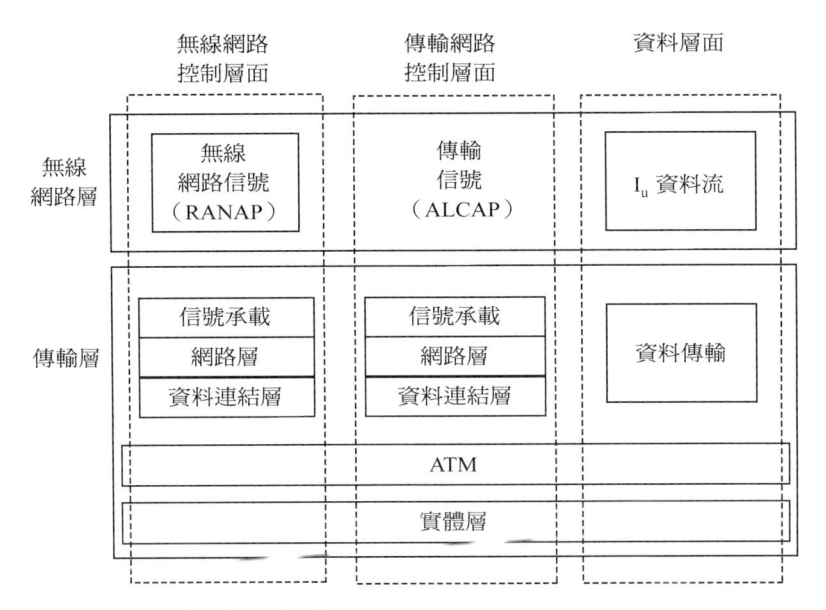

```
                無線網路          傳輸網路        資料層面
                控制層面          控制層面

            ┌─────────────┬─────────────┬─────────────┐
            │    無線     │    傳輸     │             │
     無線   │  網路信號   │    信號     │  I_u 資料流 │
     網路層 │  （RANAP）  │  （ALCAP）  │             │
            ├─────────────┼─────────────┼─────────────┤
            │  信號承載   │  信號承載   │             │
     傳輸層 │   網路層    │   網路層    │   資料傳輸  │
            │ 資料連結層  │ 資料連結層  │             │
            ├─────────────┴─────────────┴─────────────┤
            │                   ATM                    │
            ├──────────────────────────────────────────┤
            │                  實體層                  │
            └──────────────────────────────────────────┘
```

圖 11.34 UTRAN 介面的一般協定模型

通道

UMTS 定義三種類型的通道：傳輸、邏輯與實體通道。傳輸通道定義著資訊應如何在無線介面作傳送。邏輯通道取決於所傳送的資訊類型。另一方面，實體通道可採用 FDD 或 TDD。在 FDD，實體通道可用載波頻率、存取碼，以及信號在上行通道的相對相位來加以識別（同相或正交項成分）。類似地，TDD 用載波頻率、存取碼、在上行通道的相對相位，以及傳送的時槽來識別實體通道。

傳輸通道

傳輸通道是實體層提供給較上層的服務。傳輸通道一般可以分為兩大類：

1. 共用傳輸通道〔其中需要利用通道內（in-band）識別的方式來指定特定 UE〕。
2. 專用傳輸通道（其中 UE 係利用實體通道來識別，亦即碼、時槽與頻率）。

接著，我們討論傳輸通道的細節：

- **共用傳輸通道類型：**
  - **隨機存取通道**（Random Access CHannel; RACH）：為一個競爭式上行通道，用於傳送相對較小量的資料（譬如初期存取或非即時的專用控制或流量資料）。
  - **ODMA**（Opportunity Driven Multiple Access; 機會驅動式多重存取）**隨機存取通**

道（ODMA Random Access Channel; ORACH）：在中繼站（relay）連結所使用的競爭式通道。

— 共用封包通道（Common Packet CHannel; CPCH）：為一個競爭式通道，用於傳送突發性（bursty）資料流量。此通道僅存在於 FDD 模式，且僅見於上行方向。此共用封包通道係供細胞的用戶設備（User Equipment; UE 或 MS）所共用，因此是一種常用資源。CPCH 是使用快速功率控制。

— 順行存取通道（Forward Access CHannel; FACH）：為不具閉迴路功率控制的共用下行通道，用於傳送相對較小量的資料。

— 下行共用通道（Downlink Shared CHannel; DSCH）：為一個下行通道供多個 UE 所共用，負責傳送專用控制或流量資料。

— 上行共用通道（Uplink Shared CHannel; USCH）：為一個上行通道供多個 UE 所共用，負責傳送專用控制或流量資料，僅在 TDD 模式使用。

— 廣播通道（Broadcast CHannel; BCH）：為一個下行通道，用於廣播系統資訊至整個細胞。

— 傳呼通道（Paging CHannel; PCH）：為一個下行通道，用於廣播控制資訊至整個細胞，俾利有效的 UE 睡眠模式步驟。目前已知的資訊類型有傳呼與通知。另一種用途可能在 UTRAN 中廣播 BCCH 資訊的改變訊息。

■ 專用傳輸通道類型：

— 專用通道（Dedicated CHannel; DCH）：僅供一個 UE 用於上行或下行的通道。

— 快速上行信號通道（Fast Uplink Signaling CHannel; FAUSCH）：搭配 FACH，用於分配專用通道的上行通道。

— ODMA 專用通道（ODMA Dedicated CHannel; ODCH）：僅供一個 UE 用於中繼站連結的專用通道。

邏輯通道

有兩種類型的邏輯通道：流量通道與控制通道。**流量通道**（Traffic CHannels; TCH）是用來傳送用戶資料與信號資料。信號資料包含與話務有關的控制資訊。控制通道用於無線電傳輸的同步化，以及傳送相關資訊。圖 11.35 所示為 UTRAN 的邏輯通道。

■ 控制通道：

— 廣播控制通道（Broadcast Control CHannel; BCCH）：為一個下行通道，用做廣播系統的控制資訊。

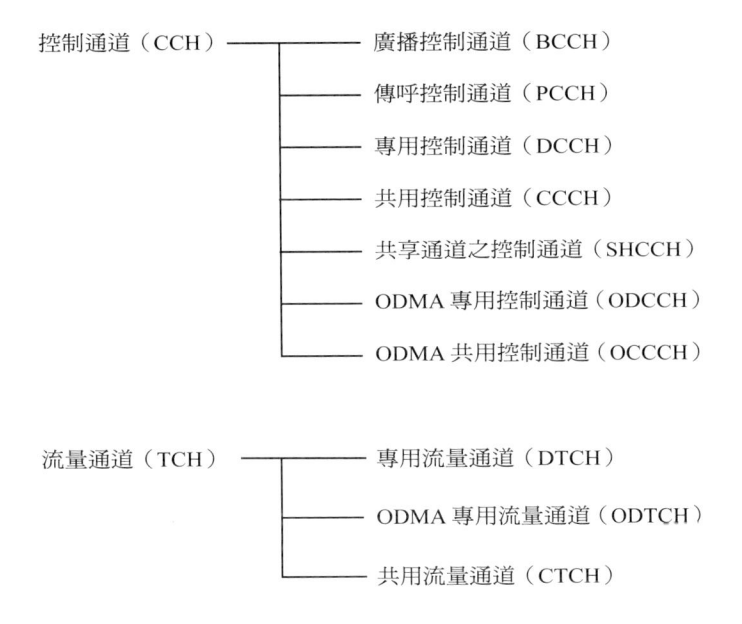

```
控制通道（CCH）─┬─ 廣播控制通道（BCCH）
                ├─ 傳呼控制通道（PCCH）
                ├─ 專用控制通道（DCCH）
                ├─ 共用控制通道（CCCH）
                ├─ 共享通道之控制通道（SHCCH）
                ├─ ODMA 專用控制通道（ODCCH）
                └─ ODMA 共用控制通道（OCCCH）

流量通道（TCH）─┬─ 專用流量通道（DTCH）
                ├─ ODMA 專用流量通道（ODTCH）
                └─ 共用流量通道（CTCH）
```

圖 11.35 UTRAN 的邏輯通道

- **傳呼控制通道**（Paging Control CHannel; PCCH）：為一個下行通道，用於傳送傳呼資訊。此通道係在網路不知道 UE 的位置細胞，或 UE 正處於細胞連線（cell-connected）狀態（利用 UE 睡眠模式步驟）時所使用。
- **共用控制通道**（Common Control CHannel; CCCH）：為一個雙向通道，用於在網路與 UE 之間傳送控制資訊。此通道常被未與網路作 RRC 連線的 UE，以及具共用傳輸通道的 UE 所使用。
- **專用控制通道**（Dedicated Control CHannel; DCCH）：為一個點對點的雙向通道，用於在一個 UE 與網路之間傳送專用控制資訊。此通道係透過 RRC 連線設定步驟所建立。
- **共享通道之控制通道**（Shared CHannel Control CHannel; SHCCH）：為一個雙向通道，在網路與 UE 之間的上行與下行共用通道作控制資訊傳送之用。此通道僅在 TDD 模式使用。
- **ODMA 共用控制通道**（ODMA Common Control CHannel; OCCCH）：為一個雙向通道，用於在 UE 之間傳送控制資訊。
- **ODMA 專用控制通道**（ODMA Dedicated Control CHannel; ODCCH）：為一個點對點的雙向通道，用於在 UE 之間傳送專用控制資訊。此通道係透過 RRC 連線設定步驟所建立。

- **流量通道**：
    - **專用流量通道**（Dedicated Traffic CHannel; DTCH）：DTCH 是點對點通道，僅供一個 UE 使用，用於傳送用戶資訊。DTCH 可存在於上行與下行通道。
    - **ODMA 專用流量通道**（ODMA Dedicated Traffic CHannel; ODTCH）：ODTCH 是一個點對點的通道，僅供一個 UE 使用，用於在 UE 之間傳送用戶資訊。ODTCH 存在於中繼站連結。
    - **共用流量通道**（Common Traffic CHannel; CTCH）：單點對多點的單向通道，用於傳輸專用用戶資訊至所有或一群指定的 UE。

實體通道

所有實體通道都遵循四層架構（超級訊框、無線電訊框、子訊框，以及時槽/語音編碼）。根據不同的資源方配方式，子訊框或時槽的設定可能會有所不同。所有實體通道需要在每個時槽中使用**保護符號**（guard symbol）。時槽或碼是做為一個 TDMA 元件，以便在時域與碼域中區隔不同用戶的信號。

11.7　4G

行動通訊網路的演進如圖 11.41, [11.10]。第一代（1G）是基於 FDMA 的類比系統，如美規的 AMPS（11.2 節）。第二代（2G）是數位系統，如基於 TDMA 的歐規 GSM（11.4 節）和基於 CDMA 的美規 IS-95（11.5 節）。第三代（3G）即 IMT-2000（11.6 節），有歐規 WCDMA、美規 CDMA2000，和中國移動（中國最大行動電話營運商）所用的 TD-SCDMA，這三種都採用 CDMA 技術。3G 在靜止時要能實現 2Mbps 的高速數據傳輸，使多媒體通訊變成可能。**第四代**（Fourth Generation; 4G）採用全 IP 的核心網路，不同以往語音走電路交換網路，數據走封包交換網路，而是都走封包交換網路。4G 要求在高速行駛時要能達到約 100 Mbps，低速時要能實現 1 Gbps 的數據傳輸速度。超高傳輸率方便使用者使用各種需要高資料傳輸率的服務。例如：下載電影、視訊會議、高解析度影像、**多玩家互動式線上遊戲**（multi-player, interactive gaming）[11.10, 11.11]。

嚴格來說，4G 是指 ITU（International Telecommunications Union）定義的 IMT-Advanced（International Mobile Telecommunications Advanced）。在 2010 年 10 月，ITU 正式宣佈只有 LTE-advanced（WCDMA 升級版）和 802.16m（有人稱為 WiMAX 2 或 WiMAX-advanced）兩種才是 4G 的候選人，LTE 和 mobile WiMAX 等其他宣傳為 4G 的系統不符

合 IMT-Advanced 的要求 [11.12]，所以在圖 11.36 中標示為 pre-4G（4G 前）。但是在 2010 年 12 月，ITU 又放寬條件，使得原來不符合 IMT-Advanced，現在已經商業運作的 LTE、WiMAX 也可稱為 "4G" [11.13]。值得一提的是，由美國 Qualcomm 公司主導 CDMA2000 的 3G 標準（亞太行動採用 CDMA2000）最後沒有自己的 4G 升級版，而是打算升級至 LTE/LTE-advanced。Qualcomm 原先的 4G 計畫 **UMB**（Ultra Mobile Broadband）因為營運商倒戈等原因而於 2008 年中止。美國在 1G 到 3G 都有自己的標準，到 4G 才和其他大部分國家一樣。

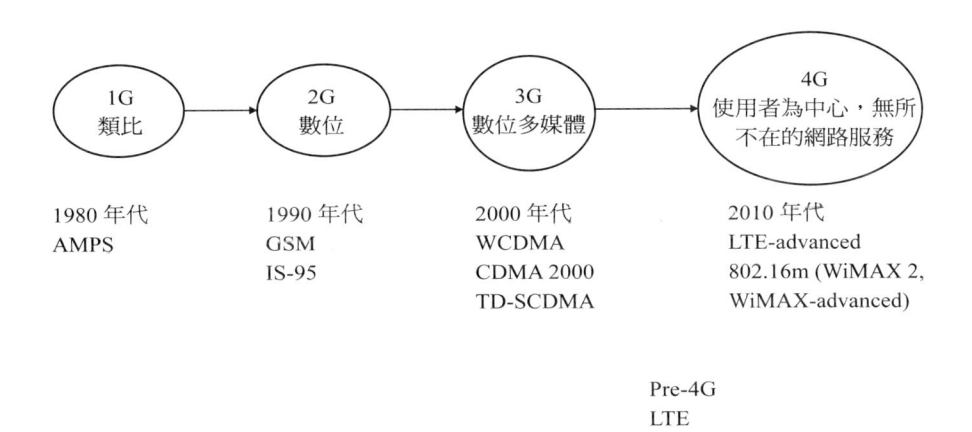

```
┌─────┐    ┌─────┐    ┌───────┐    ┌─────────────┐
│ 1G  │───▶│ 2G  │───▶│  3G   │───▶│     4G      │
│類比 │    │數位 │    │數位多 │    │使用者為中心，│
│     │    │     │    │媒體   │    │無所不在的   │
│     │    │     │    │       │    │網路服務     │
└─────┘    └─────┘    └───────┘    └─────────────┘
```

1980 年代　　　1990 年代　　　2000 年代　　　　2010 年代
AMPS　　　　　GSM　　　　　　WCDMA　　　　　LTE-advanced
　　　　　　　IS-95　　　　　CDMA 2000　　　802.16m (WiMAX 2,
　　　　　　　　　　　　　　 TD-SCDMA　　　　WiMAX-advanced)

　　　　　　　　　　　　　　　　　　　　　　Pre-4G
　　　　　　　　　　　　　　　　　　　　　　LTE
　　　　　　　　　　　　　　　　　　　　　　802.16e mobile (WiMAX)

圖 11.36　行動網路的演進

根據 ITU 的定義，4G 的關鍵特色如下 [11.14]：

- 高度的全球功能相容性，並保留彈性以具成本效應的方式支援眾多的服務和應用。
- 與 IMT-2000 和固網的服務相容。
- 能與其他無線存取系統聯網。
- 高品質行動服務。
- 適合全球使用的使用者設備。
- 對使用者友善的應用服務和設備。
- 全球漫遊能力。
- 加強的峰值資料傳輸率來支持先進的服務和應用（高移動性時 100 Mbps，低移動性時 1 Gbps）。

LTE-advanced 和 802.16m 在細節上當然有些不同，但是有些核心的傳輸技術（transmission technology）是兩者都採用。例如兩者都採用正交分頻多重存取（orthogonal frequency division multiple access; OFDMA）、多輸入天線多輸出天線（multiple-input multiple-output; MIMO），和中繼站支援。這些可以在相同頻寬下大幅提升資料傳輸率。較詳細的比較如表 11.5。

表 11.5　IEEE 802.16m 和 LTE-Advanced

參數	IEEE 802.16m	LTE-Advanced
MIMO	下行：最多 8×8 上行：最多 4×4	下行：最多 8×8 上行：最多 4×4
雙工	TDD, FDD	TDD, FDD
移動性	<時速 500 公里	<時速 350 公里
調變	BPSK, QPSK, 16QAM, 64QAM	QPSK, 16QAM, 64QAM
多載波支援	<100 MHz（通道集成）	100 MHz（通道集成）
頻寬	5, 7, 8.75, 10, 20, 40	20 － 100
最大頻譜效率（bps/Hz）	下行：15（4×4）MIMO 上行：6.75（2×4）MIMO	下行：30（8×8）MIMO 上行：15（4×4）MIMO
最大資料傳輸率（Mbps）	下行：>1000 低移動性 下行：>100 高移動性 上行：>130	下行：1000 上行：500
存取方法	下行：OFDMA 上行：OFDMA	下行：OFDMA 上行：SC-FDMA
細胞邊緣頻譜效率（bps/Hz）	下行：0.09（2×2） 上行：0.05（1×2）	下行：0.12（4×4） 上行：0.07（2×4）

其中 LTE-Advanced 上行連結（uplink）所用的 SC-FDMA[11.15]，其實是 OFDMA 前面再接 DFT 方塊（接收端則是 OFDMA 後面再接 IDFT 方塊），如圖 11.37 所示。好處是以單載波（single-carrier; SC）的形式經過通道，所以沒有峰值功率因數（peak-to-average-power-ratio; PAPR）的問題。PAPR 大於 1 會造成功率忽大忽小，導致功率放大器效率變差，因為放大太多會造成非線性失真。上傳連結中手機傳送時的功率放大器就會效率較高。除此之外，效能和 OFDMA 差不多。

MIMO 在傳送端有多根天線（通訊通道輸入端），在接收端也有多根天線（通訊通道輸出端），中間的無線通道具有豐富的多重路徑，如圖 11.38 所示，其傳送端不同天線可以同時傳送不同的資料流。消息理論推導結果顯示，資料傳輸率和天線數呈現線性正比，而且完全不增加頻寬和發射功率（兩者是無線和行動通訊系統中最珍貴的資源）。LTE-advanced 和 802.16m 在上行方向（手機到基地台）最多到 4×4 MIMO（傳送及接收端都 4 根天線），在下行方向（基地台到手機）最多到 8×8 MIMO（傳送及接收端都 8 根天線）。

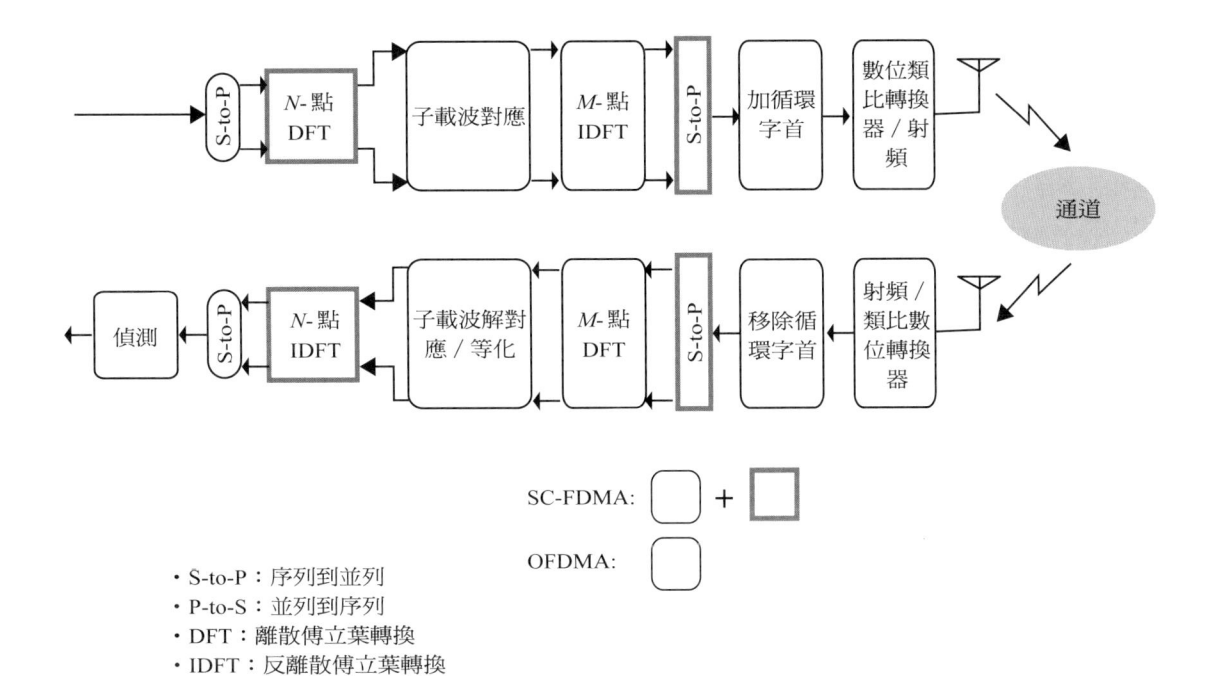

▣ 圖 11.37　SC-FDMA

- S-to-P：序列到並列
- P-to-S：並列到序列
- DFT：離散傅立葉轉換
- IDFT：反離散傅立葉轉換

▣ 圖 11.38　MIMO 的概念

因為 4G 要求極高的資料傳輸率，因此單一 4G 基地台的訊號涵蓋範圍有限，這也使得訊號覆蓋率成為網路部署時的大挑戰。4G 為了以合理的成本提升訊號覆蓋率，導入中繼站（relay）的概念，如圖 11.39。中繼站可增加原先基地台的高資料傳輸率的覆蓋面積。中繼站和基地台類似，主要不同點為：基地台以有線方式接到骨幹網路；而中繼站則以無線方式接到骨幹網路。在 4G 中，中繼站功能和基地台一樣，有其獨有的細胞編號，可產生自己細胞的控制訊息 [11.16]。

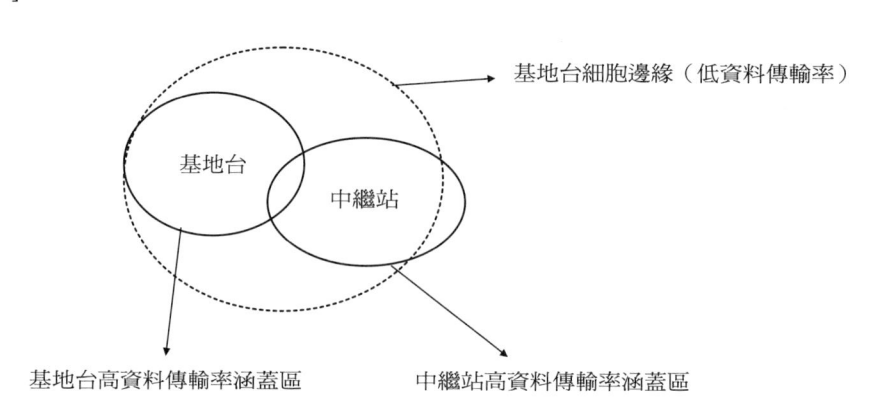

■ 圖 11.39　中繼站的概念

11.8　無線數位電視

無線電視最早是類比式的。1950 年代開始有黑白電視，1960 年代起有彩色電視，1990 年代電視開始數位化。2000 年之後，行動電視、具上網功能的無線電視等開始成形。

將無線類比電視改成數位有多項好處。數位訊號抗雜訊和干擾的能力較強，可以作資料壓縮，提供使用者較好的節目品質（720p/1080i/1080p 或更高的解析度）及多聲道的音質，和較多的節目頻道（1 個類比頻道可以容納多個標準畫質的數位頻道）。

無線數位電視係指將電視節目內容（含影、音、資訊及數據）經由頭端設備數位化後，透過地面（terrestrial）無線傳輸，且由終端接收設備（如數位機上盒）接收進行解碼後，於顯示器上播放，如圖 11.40 所示。終端設備可以透過**回傳通道**（return channel）與頭端設備或客服中心進行雙向溝通，以進行互動服務或系統升級等。

顯示器加上數位機上盒就是數位電視，如圖 11.41 所示。市面上的數位電視有些以顯示器的名義銷售，是為了稅賦上的考量。

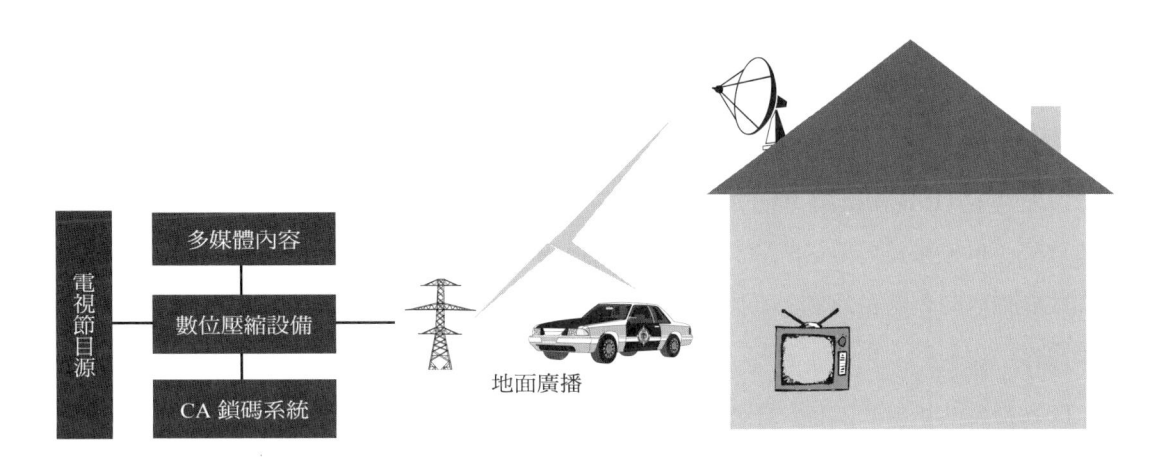

圖 11.40 無線數位電視系統示意圖

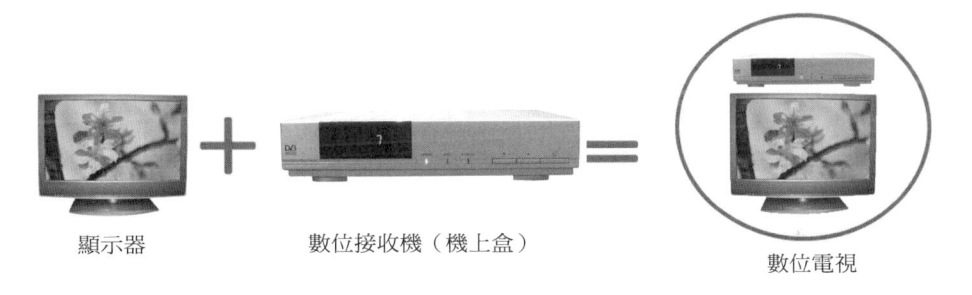

圖 11.41 顯示器＋數位機上盒＝數位電視

全球無線數位電視的主要規格主要有：

美國主導的 ATSC 規格 [11.17]：採用單載波技術。用於加拿大、美國和墨西哥三國。其中美國已經在 2009 年完成轉換，停止傳送類比訊號 [11.18]。ATSC 規格之後又有 ATSC M/H（mobile and handheld）規格強調手機及車上接收 [11.18]。

- 日本主導的 ISDB-T 規格 [11.19]：採用多載波（OFDM）技術。用於日本和部分南美洲國家，如巴西、阿根廷、智利、烏拉圭、厄瓜多、秘魯及委內瑞拉等。ISDB-T 規格之後有 ISDB-Tmm（mobile multimedia），強調行動接收。
- 中國主導的 Digital Terrestrial Multimedia Broadcast（簡稱 DTMB）規格 [11.20]：用於中國及香港。融合單載波（如 ATSC）及多載波（如 DVB-T）技術。
- 歐洲主導的 DVB-T 規格 [11.21]：採用多載波（OFDM）技術。全球其他國家大部分（包括台灣）皆採用 DVB 標準之系統，因此，全球無線數位電視當中，用戶數最多。DVB-T2 是 DVB-T 的下一代標準，資料傳輸率高出 40%，且加強了行動接

收效能 [11.22]。DVB-T2 採用了較高階的調變，可到 256QAM；較高的 DFT 大小，可到 32K；較先進的 LDPC 通道編碼；以及旋轉的星座圖，行動接收時效果佳。

DVB-T2 已經在英國、瑞典、義大利、芬蘭、丹麥、泰國等二十餘國提供服務 [11.23]。

以上可見 OFDM 技術（見 7.2.4 和 7.2.7 小節）佔多數。原因包括：抗多重路徑衰落、頻譜效率（單位頻寬可傳送的資料傳輸率）高、單頻網（single frequency network）較容易。舉類比廣播／電視電台為例，在北部及中部地區要用不同頻率，即所謂多頻網，較單頻網浪費頻寬。

因為螢幕解析度的關係，手機或手持式裝置在觀看電視節目時，可能採取和一般無線數位電視不同的方式，主要有三種不同方式：

- 以影音串流方式經細胞式行動電話網路。這樣可能會造成細胞式行動電話網路壅塞。所以有些行動電話業者希望也擁有廣播電視網，如 DVB-T，來減少行動電話網路上的流量負荷。
- 以專有的頻帶播放專門對手機或手持式裝置設計的無線數位電視，如美國的 MediaFLO、歐洲的 DVB-H，和中國的 CMMB。但是美國的 MediaFLO 已經在 2011 年 3 月 27 日關閉 [11.24]，DVB-H 的發展也不如預期。
- 以一般無線數位電視頻帶的一小部分播放電視節目給手機或手持式裝置，如日本的 ISDB-T$_{1SEG}$ 和美國的 ATSC M/H。

但是因為手機製造商不想增加成本，電視業者和電信業者異業結合不普遍（日本除外）等因素，目前專門的行動無線數位電視市場接收度不高 [11.25]。

11.9　5G

國際電信聯盟（International Telecommunication Union; ITU）已成立專門的研究工作組 IMT-2020（也就是 5G）[11.26]，啟動了面向 5G 標準的研究工作，並明確工作計畫：2015 年完成前期研究、2016 年將展開技術性能需求和評估、2017 年底徵求候選方案、2020 年底完成標準制定。

一個新標準的成功關鍵因素有三：市場需求、技術進展和整體環境 [11.27]。

由市場需求來看：2G 是基於行動語音通話的爆炸性需求。3G（IMT-2000）是因應基本多媒體的需求，如電子郵件、簡單的文檔、簡單的資訊搜尋、音訊串流等。4G（IMT-Advanced）是基於高速數據的應用，如影像串流、網頁瀏覽、無數的應用程式。而 5G 則要滿足持續增長的網路流量且新的應用，如健康照護、家庭聯網、車用連結等。其次，相關技術也要趨於成熟，如 CMOS 整合（處理能力、記憶體大小、成本降低），多核處理器架構和行動用戶的友善操作系統（如安卓、iOS 等）、射頻技術（更高的頻率，更有效的功率放大器等）、電池技術（容量更大、更輕）、高解析度觸屏顯示器〔手勢、圖形用戶界面（GUI）等〕、低成本的數位相機技術（照片和影像）、調變／編碼／信號處理／MIMO 等傳輸技術、多重存取技術（TDMA、CDMA、OFDMA/SC-FDMA）、雲端運算、軟體定義網路（SDN）等等。最後，整體環境也要能配合，如各國政府的頻譜分配／拍賣、政府的放寬管制，與相關產業（如汽車）的整合等等。

整體來說，推動 5G 的動機是：

- 追求更高的數據傳輸速率和更低的延遲時間，以支持新的應用（如車用連結、遙感探測和控制、健康狀況監視等）。
- 現有 4G 的訊框結構導致太多的延遲，在低延遲應用，如健康照護等不利。
- 新應用將由用戶定義而非電信提供商，4G 網路架構靈活性不足，難以適應未來的應用。

現有頻帶已經飽和，為追求更高的數據傳輸速率，5G 將用到更高的頻率（如毫米波頻帶 20－60 GHz [11.28]），但有效範圍較短，細胞更小，所以合理的做法為 4G 是 5G 的一部分，兩者相輔相成 [11.27]。另外，智能應用（儘量減少對現有使用者的干擾）如 WiFi 無執照頻段也是另一種擴展頻帶的可行方式。高通的提案稱為在無執照頻段的 LTE（LTE in Unlicensed spectrum; LTE-U），易利信的提案稱為執照輔助存取（License Assisted Access; LAA）[11.29]。兩者類似，利用 5 GHz WiFi 頻段，但 LAA 有傳送前傾聽的競爭型協定 (Listen-before-talk, LBT)，對 WiFi 的干擾應該較少。

但是 5G 也面臨挑戰 [11.27]：市場成長有所減緩，似乎需求不夠強勁。目前實體層技術接近極限，難有重大突破，新的 CMOS 晶圓廠的成本限制了摩爾定律，新的應用不明等等，能否支持 5G 不是很明確。

目前看來，5G 將是一個獨立在毫米波頻率下的無線介面，相容 4G 的 1000 倍資料傳輸率目標，短期可能難以實現。5G 不能是全方位的無線介面標準，它需要與 WiFi、Zigbee、DSRC、藍牙等共存 [11.29]。

11.10 總結

本章檢視全球各地所在使用的第一代、第二代、第三代、第四代無線系統和無線數位電視，及第五代（5G）的展望。不同國家的細胞式通訊使用不同的標準。目前仍沒有全球通用的無線通訊標準，因為不同國家的基礎架構與設備有不同的差異。3G 行動系統（IMT-2000）的發展是為了建立一個全球性的細胞式標準。另一方面，LTE-A 已經成為 4G 應用的選擇。各國使用不同的骨幹網路，以及採取不同的無線通訊技術。衛星通訊是用來涵蓋全世界的最簡單方式，而各種相關的議題會在第十四章討論。

11.11 參考文獻

[11.1] U. Black, *Mobile and Wireless Networks*, Prentice Hall, Upper Saddle River, NJ, 1996.
[11.2] T. S. Rappaport, *Wireless Communications-Principles & Practice*, Prentice Hall, Upper Saddle River, NJ, 1996.
[11.3] *http: //www.iec.org/online/tutorials.*
[11.4] V. K. Garg, *Wireless Network Evolution 2G to 3G*, Prentice Hall, Upper Saddle River, NJ, 2002.
[11.5] *http://www.3gpp.org.*
[11.6] *http://www.3gpp2.org.*
[11.7] *http://www.symbian.com/technology/mms.html.*
[11.8] *http://www.wiley.co.uk/wileychi/commstech/472_ ftp.pdf.*
[11.9] "UMTS Protocols and Protocol Testing," Tektronix Co.,
http://www.tek.com/Measurement/App_Notes/2F_14251/eng/2FW_14251_1.pdf.
[11.10] Hendrik Berndt (ed.), *Toward 4G technology: Services with initiative*, John Wiley & Sons, England, 2008.
[11.11] Jiangzhou Wang, High-speed Wireless Communications: Ultra-wideband, 3G Long Tern Evolution, and 4G Mobile Systems, Cambridge University Press, UK, 2008.
[11.12] ITU press release, 21 October 2010.
http://www.itu.int/net/pressoffice/press_releases/2010/40.aspx
[11.13] ITU press release, 6 December, 2010.
http://www.itu.int/net/pressoffice/press_releases/2010/48.aspx
[11.14] ITU global standard for international mobile telecommunications 'IMT-Advanced'
http://www.itu.int/ITU-R/index.asp?category=information&rlink=imt-advanced&lang=en
[11.15] H. G. Myung, J. Lim, and D. J. Goodman, "Peak-to-Average Power Ratio of Single Carrier FDMA Signals with Pulse Shaping," The 17th Annual IEEE International Symposium on Personal, Indoor and Mobile Radio Communications (PIMRC '06), Helsinki, Finland, September 2006.

[11.16] K. Loa, Chih-Chiang Wu, Shiann-Tsong Sheu, Yifei Yuan, M. Chion, D. Huo, Ling Xu, "IMT-advanced relay standards," *IEEE Communications Magazine*, Vol. 48, No. 8, pp. 40-48, August 2010.

[11.17] http://www.atsc.org

[11.18] Bo Rong, Bo Liu, Yiyan Wu, G. Gagnon, Lin Gui, and Wenjun Zhang, "Mobile Location Finding Using ATSC Mobile/Handheld Digital TV RF Watermark Signals", IEEE 72nd Vehicular Technology Conference Fall (VTC 2010-Fall), 2010, pp.1-5

[11.19] http://www.dibeg.org/

[11.20] Framing Structure, Channel Coding and Modulation for Digital Television Terrestrial Broadcasting System, Chinese National Standard Std. GB 20 600-2006, 2006.

[11.21] http://www.dvb.org

[11.22] https://en.wikipedia.org/wiki/DVB-T2.

[11.23] L. Kondrad, I. Bouazizi, and M. Gabbouj, "Optimizing the DVB-T2 system for mobile broadcast," IEEE International Symposium on Broadband Multimedia Systems and Broadcasting (BMSB), 2010 , pp.1-5.

[11.24] http://androidcommunity.com/qualcomm-q2-sales-results-show-3-9-billion

[11.25] https://www.itu.int/en/ITU-D/Regional-Presence/AsiaPacific/Documents/Events/2015/August-MTV/S6A_Sharad_Sadhu.pdf.

[11.26] https://www.itu.int/dms_pub/itu-r/oth/0a/06/R0A0600005D0001PDFE.pdf

[11.27] http://www.sdcasea.com/PDF/2014%20tech%20forum/3_AContrarianViewon5GWireless_Lin-NanLee.pdf.

[11.28] Theodore S. Rappaport, Wonil Roh & Kyungwhoon Cheun,"Mobile's Millimeter-Wave Makeover," IEEE Spectrum, Vol. 51, No. 9, pp. 34-58, Sept. 2014.

[11.29] https://en.wikipedia.org/wiki/LTE_in_unlicensed_spectrum.

11.12 習題

1. 何謂邏輯通道，且此概念是如何有用呢？請說明。
2. 如何區分各種不同類型的換手？請說明。
3. MAC 子層如何對應至 ISO-OSI 階層？此子層是負責處理什麼議題？
4. GSM 中的各種功能面之角色為何？請詳加說明。
5. SS7 有哪些重要功能？請說明其用途。
6. AMPS 與 GSM 之間有何相似處與相異處？請詳加說明。
7. 如何比較 AMPS 與 GSM 系統在覆蓋區域、傳輸功率，以及功率控制上之差異？請說明。
8. 為何 GSM 需要智慧卡，但 AMPS 卻不需要？請說明。

9. ACSE 與 ROSE 服務的功能為何？請詳加說明。
10. 細胞式系統採用 CDMA 方案。是否有可能改使用複合式 TDMA/CDMA 方案？如果不行，為什麼？如果可以，請問有哪些可能的優點？請詳加說明。
11. 在 CDMA 系統使用 Walsh 碼的一種方式是為各用戶永久性地指派一個碼。試問此作法的優點、缺點，或限制？
12. 在 IMSI，為何使用一個暫時 ID？請詳加說明。
13. 請問在 AMPS 系統中，流量通道表示反向控制通道是忙碌的，其背後的含意是什麼？
14. 為何在 CDMA 中有近—遠問題，但在 FDMA 中卻沒有？
15. 一家擁有 10,000 名員工的大型公司，需要建置基礎架構對所有員工進行封包廣播。如果使用 AMPS 系統，在下列情況各有哪些選擇方案：
    （a）所有員工都位於同一城市？
    （b）50% 的員工在一個地點，而 50% 在另外一個地點？
    （c）四個地點各自有 25% 的員工？
    （d）所有人散佈於全球？
16. 如果習題 15 改使用 GSM 方案呢？
17. 重複習題 16，改使用 IMT-2000 系統。
18. 利用你喜愛的搜尋引擎，試回答為何 IS-41 的訊息傳送是使用 X.25？
19. 請問展頻的基本概念與用途為何？
20. 找出你所在區域的 SMS 服務業者？你會如何比較評估他們的效能參數？
21. 請問 SMS 服務的未來展望為何？如何將這些與傳呼做比較呢？請詳加說明。
22. 請問你所在地區的 4G 覆蓋型態為何？並與先前的 3G 服務性能做比較。
23. 根據 ITU 的定義，4G 的關鍵特色有哪些？
24. 將無線類比電視改成數位有什麼好處？

Chapter 12

IEEE 802.11 技術與存取點

12.1 簡介

無線存取點（Access Point; AP）是一個做為數據交換的集線器（HUB）的硬體，一端以無線連接著許多數位裝置，另一端連接有線區域網路（LAN）。該裝置通常包括筆記型電腦，但也可以包括其他無線裝置，例如 iPad、平板、黑莓機及在 ISM 頻段的先進細胞式電話，統稱為行動台（Mobile Stations; MS）。因此，一個 AP 做為無線和有線世界之間的介面，並通過天線提供無線連接給半徑約 150 公尺內多個有無線網卡的行動台，這半徑定義為一個基本服務區（Basic Service Area; BSA）中。安裝多個 AP 可服務更大的覆蓋範圍，類似於細胞式結構，可以有重疊的範圍。AP 追蹤覆蓋範圍內的用戶移動，且決定是否與用戶通信（表 12.1 有更多 AP 相關資訊。）

AP 傳輸一個區分大小寫、32 位元的字母數字字元做為唯一的識別名稱，稱為 SSID（Service Set ID），因此搜索網際網路的無線行動台可以發現 SSID，以此為密碼，經由無線區域網路（Wireless Local Area Network; WLAN）連接至**基本服務集**（Basic Service Set; BSS）。每個 BSS 有其唯一的**基本服務設定識別碼識別元**（Basic Service Set Identification; BSSID）（2 至 32 個字元或位元組），區分大小寫字元的字串，BSSID 為製造商定義給 AP 的唯一 MAC 位址，結合無線晶片組製造商的 24 位元 ID 和本地產生的 46 位元亂數。**擴展服務集**（Extended Service Set; ESS）代表兩個或更多的無線 BSS 共享同一個 SSID、安全憑證和有線網路整合，顯示單一 BSS 是便於安全的漫遊。大多數的 AP 可同時支援 10 到 30 個用戶 [12.1]。無線 MS 與 AP 通訊之前需先經過註冊程序。一般情況下，AP 使用網際網路的私人 IP 地址的開頭範圍。在小型網絡中，AP 也可做為 WLAN 中的 DHCP 伺服器。這樣 MS 就可以從一個 AP 無縫地漫遊到另一個 AP。

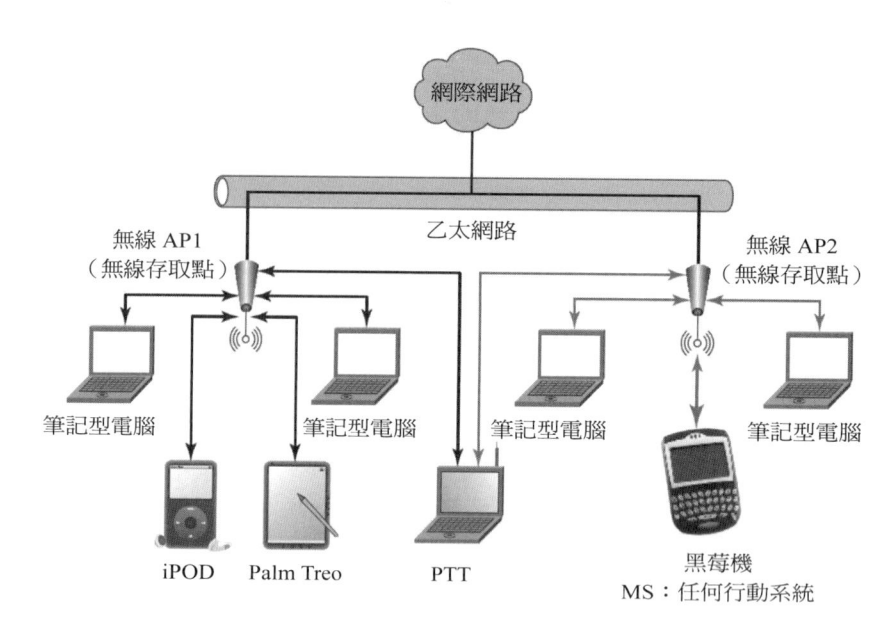

圖 12.1 典型的無線裝置 MS 訪問 AP

當 AP 延伸一個無線用戶的物理範圍，它們必須能夠無線地獲取資訊，並轉發給有線區域作進一步處理的能力。以這種方式，AP 做為最後一英里路的連接，轉移雙向數據至 / 從這些無線裝置。因此訊息需要從 MS 被移動至 AP，及從 AP 反向傳遞至裝置。更重要的是要瞭解這些數據傳輸如何發生，和如何動態地調整 AP 支持的 MS 數目。問題是如何以一種有效的方式來安排。我們將上行和下行的訊息移動分開討論，傳輸只能發生在下行連接（從 AP 到 MS）或上行連接（從 MS 到 AP），兩個方向的傳輸不能在同一時間發生。下行封包存於 AP 的暫存器，而上行封包留在產生封包的 MS。因此，下行封包可被 AP 排程，而上行封包必須被 AP 詢問，AP 才能得到實際的上行封包。用這種方式，上行和下行傳輸是以時間多工的方式共享媒介。

12.2 資訊的下行傳輸

一種簡單的機制是在 AP 中分配時槽（time slot）給每個 MS。另一個簡單的方法是 AP 使用 TDMA 排程所有 MS。然而，MS 訪問 AP 的數量不斷地動態變化，而用戶帶著這些 MS 不斷地從一個 AP 區域移動到另一個 AP。此外，用戶傳送的訊息需求每一個也不同，且隨時間改變。因此固定式 TDMA 方案是不切實際的。基於這個原因，應利用一些適合的機制，且達到最小的延遲，當 MS 數量與相關特徵改變時可以瞬時調整。此外，一些沒有參與任何資料傳輸的 MS 可能進入睡眠模式，因此分配相同的時間給每個 MS 是不可行的。

只要一個 AP 開啟，它開始在其覆蓋的區域週期性地廣播的信標信號對所有無線行動台。圖12.1說明此點。AP的信標訊框包含同步資訊，且可被無線行動台尋找AP服務時使用。MS 搜索 AP 過程會持續到 MS 找到至少一個 AP 為止。每個 AP 利用一個或多個通道傳輸信標信號，並且包括訊息佇列的訊息（圖 12.2）。根據無線區域網路標準（IEEE 802.11）中，RF（射頻）在美國和加拿大使用 2.40 GHz 到 2.50 GHz ISM 頻段中的 711 個通道。在美國和加拿大使用 1 到 11 之間的無線通道，1 和 13 之間的無線通道在歐洲和澳大利亞使用。AP 通常利用週期性控制存取階段（Controlled Access Phase; CAP）發送下行封包或詢問至 MS（通常每 100 毫秒 50 位元組的訊框），以確定活動中的 MS 調諧到 AP 的信標頻率數量和其頻寬要求。圖 12.3 和 12.4 說明更多的細節。

無線 MS 掃描每個通道找尋任何 AP 所傳輸的信標信號。一旦找到通道和接收 AP 的信標信號，每個 MS 即完成掃描階段。否則，該 MS 不斷尋找下一個通道，直到它找到一個 AP 與本身相關聯。因為可能有多個 AP 在附近，基於信號強度，MS 利用發送確認信號來選擇一個 AP 連接。接收到該確認信號後，AP 分配時槽和週期給 MS，以便它們可以接收同步資訊。無線 MS 遵循三個階段：掃描、認證和關聯性。認證的第一階段確定 MS 是否具有通

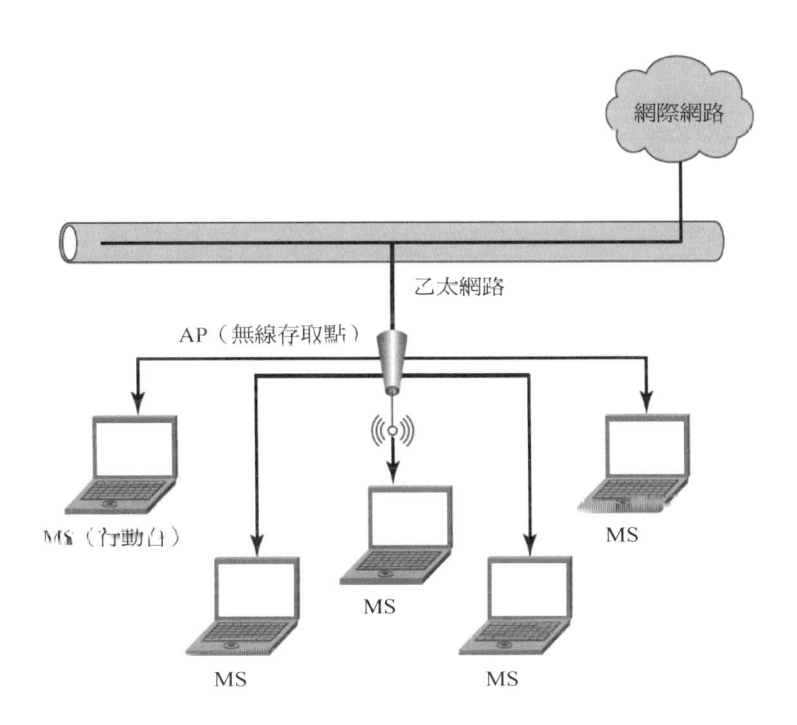

圖 12.2 AP 下行連接運作

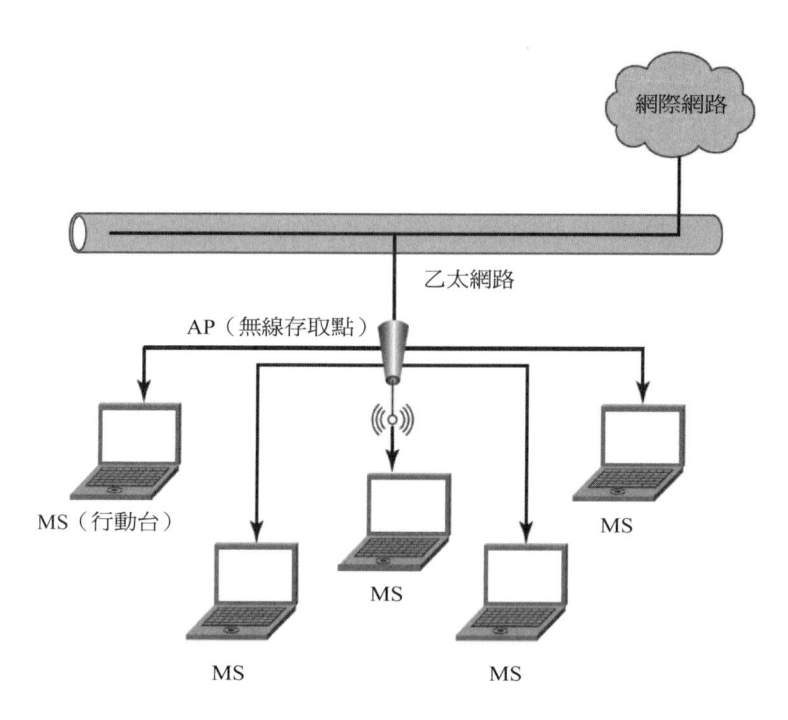

圖 12.3 AP 下行資料格式

802.11 MAC 下行標頭（WLAN）								802.3 MAC 標頭（乙太網路）		
訊框控制	持續期間 ID	位址 1	位址 2	位址 3	序列控制	位址 4	目的地位址	來源位址	形式或長度
2 位元組	2 位元組	6 位元組	6 位元組	6 位元組	6 位元組	6 位元組	6 位元組	6 位元組	2 位元組

訊框控制	持續期間 ID	位址 1	位址 2	位址 3	序列控制	位址 4	網路資料	FCS
2 位元組	2 位元組	6 位元組	6 位元組	6 位元組	6 位元組	6 位元組	0 到 2312 位元組	4 位元組

協定版本	形式	子形式	到 DS	從 DS	更多片段	重傳	電源管理	更多資料	WEP	服務等級
2 位元	2 位元	4 位元	1 位元	1 位元	1 位元	1 位元	1 位元	1 位元	1 位元	1 位元

圖 12.4 詳細的 AP 下行封包格式

資料來源：WildPackets，http://www.wildpackets.com/resources/compendium/wireless_lan/ wlan_packets

過介質訪問 AP 媒體存取控制（MAC）層的權利。一旦 MS 通過認證，它必須建立與 AP 相關聯的連接通道，並等待接收來自 AP 的確認關聯響應訊框。MS 總是與 AP 的時間同步（4 毫秒內）包括來自 AP 的信標信號。

表 12.1 AP 的特徵 [12.2]

頻寬	20 MHz	20 MHz	40 MHz	40 MHz
保護區間	400 ms（短）	800 ms（長）	400 ms（短）	800 ms（長）
傳輸速率	7.2 Mbps	6.5 Mbps	14.4 Mbps, 21.7 Mbps, 28.9 Mbps, 43.3 Mbps, 57.8 Mbps, 65 Mbps, 72.2 Mbps	13.5 Mbps, 27 Mbps, 40.5 Mbps, 54 Mbps, 81 Mbps, 108 Mbps, 121.5 Mbps, 135 Mbps
模式	靜態，傳統模式	混合	靜態	混合
吞吐量	最小吞吐量	相容模式	高吞吐量	相容模式
加密	・64 位元 WEP：標準 WEP 加密，使用 40/64 位元加密 ・128 位元 WEP：標準 WEP 加密，使用 104/128 位元加密 ・152 位元 WEP：專有模式僅適用於其他支持該模式的無線裝置			

資料來源：Netgear, Wireless N150 Access Point WN604 User Manual, http://www.downloads.netgear.com/files/GDC/WN604/WN604_UM_14Oct11.pdf

上行連接的傳輸可由以下參數量化，如平均速率和峰值速率、突發大小、最大和平均封包大小及服務間隔。接收來自每個 MS 的要求後，該 AP 允許各自的上行連接接入值，並利用 AP 和 MS 之間的通道條件，其通道條件包含干擾避免和／或信號干擾比（SINR）以計算多工矩陣。當每個 MS 接收到矩陣，每個 MS 有不同的傳輸率，以循環方式每 100 毫秒更新一次排程（或 200 毫秒、或 400 毫秒、或高達 1000 毫秒，預設為 100 毫秒）。此步驟持續處理 MS 數量的變動與其頻寬需求。該標準輪流詢問允許每個 MS，傳送相對較小且對延遲敏感的封包，例如確認用的封包。如果在超時期間內沒有接收到數據，該 AP 詢問特定的 MS，使其可傳送額外在緩衝區的資料。這樣可傳送大量訊息，如電子郵件、附件、檔案上傳這些對延遲不敏感的服務。如圖 12.5 所示，僅與 AP（主節點）有同步的 MS 可與 AP 通訊，AP 遵循跳頻媒體存取協定，利用隨機或預先決定順序在 79 或 83 個不同的頻率間跳躍。

MS 在一個分配時槽內發送正確接收到封包的確認（Acknowledgment; ACK）。如果 MS 想切換到睡眠模式，該 MS 通知相應的 AP，以便時槽不會被分配給 MS。然而，每個 MS 需週期性地喚醒以便檢查是否有在 AP 端等待的訊息。此外，需要一個機制用於多媒體和其他即時流量以保持服務品質（QoS），如果頻寬不足是不可能接受的。服務品質通常是由兩種差異化服務確認或保證服務來提供一個流或聚集流在相同路徑的典型運輸 [12.3]。聚集長度 1024 到 65,535 位元（預設為 65,535 位元）定義了封包大小，更大的長度可以帶來更好的網路性能。一個支援多個 MS 同時確保 QoS 的方式是使用正交分頻多工（OFDMA）系統，

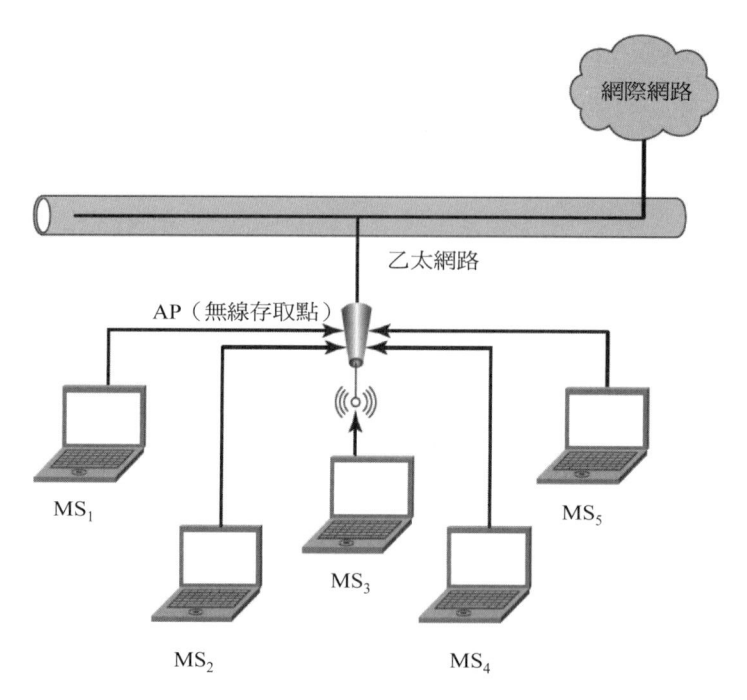

圖 12.5 MS 上行至 AP 封包資料的細節

其中頻帶被劃分為 N 個子載波，分配給每個 MS 的子載波的數量是可變的，從訊框至訊框。因此多個子載波可被分配給單一 MS，並支持高傳輸速率 [12.4]。

12.3 資訊的上行傳輸

因為很難預測何時 MS 準備好發送封包到 AP，所以在每個信標期間不是使用固定的時槽，上行傳輸的處理方式和下行不同。為了能容納在任意時間訊框的多個 MS，採用多重存取 CSMA/CA 機制，允許多個準備好的 MS 傳送資訊給 AP 來相互競爭。在這個機制中，首先 MS 感知介質，並確保它在規定的時間區間內是空閒的，例如 DCF 期間，在初始化與數據傳輸之前。然後，MS 傳送一個任意長度的資料封包至 AP。如果兩個或多個 MS 找到相同的通道是空閒的，並開始同時發送，就會發生衝突。為了儘量減少這樣的事件發生在實際傳輸，MS 遵循競爭視窗（Contention Window; CW）的隨機後退程序。AP 立即確認來自 MS 的確認封包。如果 AP 在預先規定的時間內沒有收到 ACK 信號，碰撞可能已經發生，CW 將按照 CSMA-CA 的規範而加倍。一個傳送封包最多分配 32,767 毫秒，這是網路分配向量（Network Allocation Vector; NAV）的上限。確認訊號總是跟隨數據封包，如圖 12.6。

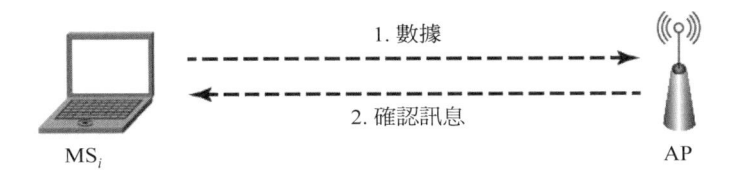

圖 12.6 上行數據至 AP 與 ACK

12.3.1 以 RTS/CTS 的上行資訊傳輸

正如上一節中所提到的，總是有兩個 MS 同時傳給 AP 發生碰撞的可能性；這種碰撞可通過使用 RTS/CTS 序列來避免，類似於 ad hoc 網路。如圖 12.7 所示，行動台 i 利用握手機制發送一個 RTS 短封包（請求發送）至 AP，和接收來自 AP 的 CTS（清除發送）訊息。一旦這完成，實際資料從 MS_i 傳送至 AP，隨後 ACK 從 AP 回傳給 MS_i。以這種方式，MS-AP 間的資料傳輸期間可以避免碰撞。

圖 12.8 為詳細的時序圖，並利用**微小訊框間隔**（Small Inter-Frame Space; SIFS）協調不

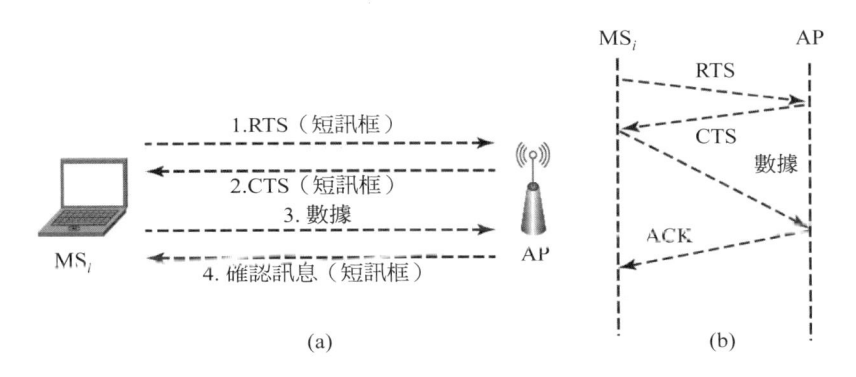

圖 12.7 (a) 利用 RTS/CTS 以避免碰撞　(b)MS 與 AP 的時序圖

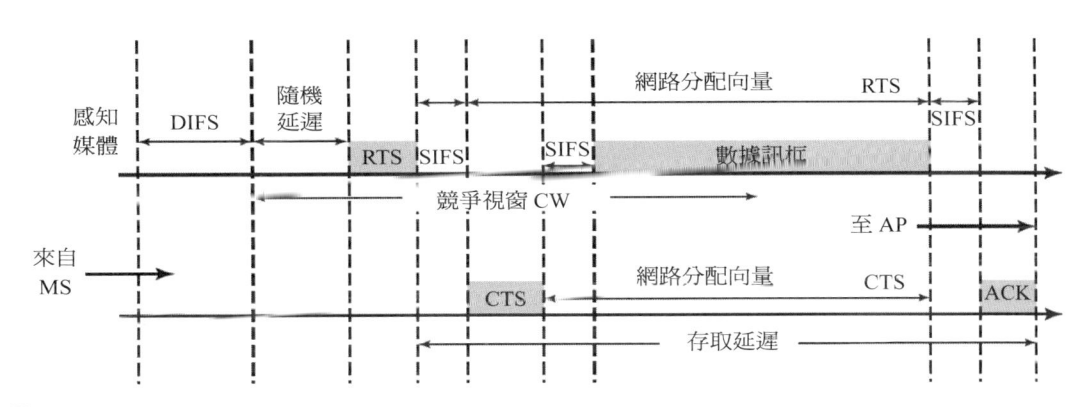

圖 12.8 隨機延遲、競爭視窗 CW 與 RTS/CTS 碰撞避免的細節

同實體之間的時序。MS 做的第一件事是感知媒體，以確保沒有其他的 MS 正在使用媒體。**分散式訊框間隔**（Distributed Inter-Frame Space; DIFS）的時間比 SIFS 大，確保沒有其他的 MS 正在等待發送 ACK 消息。之後隨機延遲時間在競爭視窗內被使用，減少兩個或多個 MS 同時發送 RTS 信號的碰撞。隨機延遲後，MS 向 AP 發送 RTS，一旦 AP 對 CTS 響應，實際數據傳輸從 MS 至 AP。此後，AP 發送 ACK 至 MS，表明收到資訊。利用 MS 地址和 AP 的 BSSID 做尋址，如圖 12.9 所示；詳細的數據格式如圖 12.10。

OSI 實體（PHY）層	OSI 資料連接層		更高的 CGI 層	封包表尾	
PLCP 前置碼標頭	MAC 標頭	LLC（選用）	網路資料	FCS	結束字元

圖 12.9 AP 上行資料封包格式

資料來源：WildPackets, http://www.wildpackets.com/resources/compendium/wireless_lan/wlan_packets

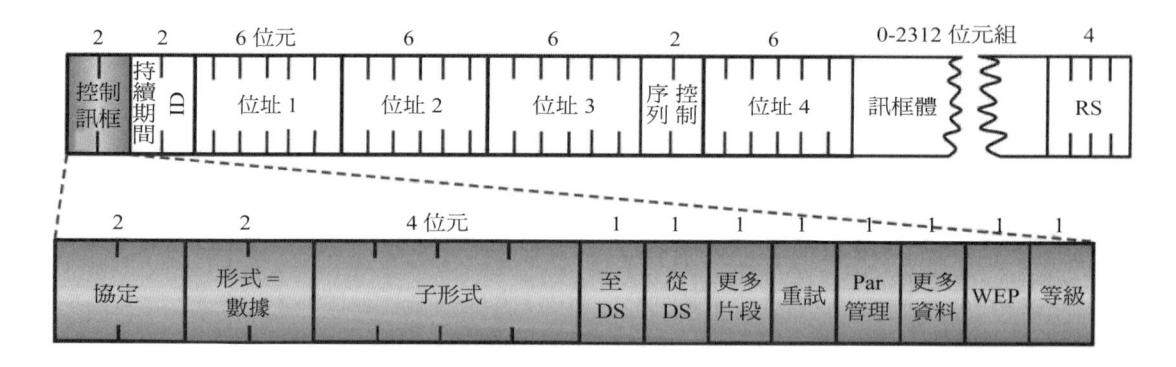

圖 12.10 詳細的 AP 上行數據封包格式

資料來源：*802.11 Wireless Networks: The Definitive Guide,* Second Edition, book by Matthew Gast.

對於 802.12a 協定的傳輸速率總結於表 12.2。需要注意的是，OFDM 可以在沒有頻寬成本下消除的符元間干擾。然而，OFDM 對頻率偏移和時序顫動非常敏感，而且在家裡有許多設備利用 ISM 頻段，信號可能與 AP 互相干擾。因此，最好把這些設備與 AP 保持理想的最小距離，如表 12.3。

12.4　802.11 系列協定的變形

IEEE 802.11 的引入是為了在 5 GHz 工業、科學和醫療（ISM）頻段，使用 AP 提供網際網路與行動設備的連接，它在各種領域被迅速應用。根據 IEEE 802.11 標準協定，網路偶

表 12.2　IEEE 802.11a 傳輸速率

傳輸速率（Mbit/s）	調變型態	編碼速率（迴旋碼和刺穿）	一子載波符元之編碼位元	一 OFDM 符元之編碼位元	一 OFDM 之資料位元
6*	BPSK	1/2	1	48	24
9	BPSK	3/4	1	48	36
12*	QPSK	1/2	2	96	48
18	QPSK	3/4	2	96	72
24*	16-QAM	1/2	4	192	96
36	16-QAM	3/4	4	192	144
48	64-QAM	2/3	6	288	192
54	64-QAM	3/4	6	288	216

BPSK：二相位移位鍵（Binary Phase Shift Keying）
QAM：正交振幅調製（Quadrature Amplitude Modulation）
QPSK：四相位移位鍵（Quadrature Phase Shift Keying）

表 12.3　一個 AP 和家中設備之間的建議距離 [12.5]

家庭應用	最低建議距離
微波爐	30 ft/9 m
嬰兒監視器－類比	20 ft/6 m
嬰兒監視器－數位	40 ft/12 m
無線電話－類比	20 ft/6 m
無線電話－數位	30 ft/9 m
藍芽設備	20 ft/6 m
ZigBee	20 ft/6 m

資料來源：Netgear, Wireless N150 Access Point WN604 User Manual, http://www.downloads.netgear.com/files/GDC/WN604/WN604_UM_14Oct11.pdf

爾會接收到無線電話和微波爐的干擾。IEEE 802.11 的目的是提供無線網路的連接，在幾十到幾百公尺內與一個媒體存取控制（MAC）和幾個實體（PHY）層的規範 [12.6]。這個版本後來被稱為 802.11a。許多後來的改進與不同的變型總結於表 12.4。版本 802.11 c, d, f, h 和 i 不包括在表中，它們的使用僅限於特定的目的。例如，802.11c 用來專門設計於橋梁，而 802.11d 主要使用在歐洲，並成為世界模式。版本 802.11d 重視服務品質，802.11f 是為那些協議間的存取，版本 802.11h 是為動態選擇頻率，而 802.11i 用於認證和安全性。在這個系列中，802.11b 是第一個於 1999 年被商業化做為 WiFi AP。802.11g、802.11n 和 802.11ac 隨後也被引進，它們的主要差別在於 PHY 層的規格。AP 的演進如圖 12.11 所示。有了這麼多的變形，人們開始統稱它們為 WiFi 設備。

表 12.4　802.11 協議的變形和其重要特徵

802.11 的變形	a	b	g	n	ac
頻率範圍	5 GHz, 54 Mbps	2.4 GHz, 11 Mbps	2.4 GHz, 54 Mbps, OFDM 數位調變	2.4–2.5 GHz MIMO	1 到 8 根天線
頻寬	54 Mbps	11 Mbps	54 Mbps	248 Mbps	6.77 Gbit/s
通道	20 MHz	20 MHz	20 MHz	20 或 40 MHz	20–160 MHz
能量消耗	120–14.2 nJ/bit	11.1 nJ/bit	5 nJ/bit	60.6–14.2 nJ/bit	11.1 nJ/bit
範圍	120 m	140 m	140 m	250 m	70–100 m
調變技術與編碼	BPSK, QPSK, 16-QAM, 64-QAM, OFDM	DBPSK, DBQPSK, CCK, DSSS	DBPSK, DBQPSK, 16-QAM, 64-QAM, OFDM	64-QAM, Alamouti, OFDM	BPSK, QPSK, 16QAM, 64QAM 256QAM

*BPSK：二相位移位鍵（Binary Phase Shift Keying）
QPSK：四相位移位鍵（Quadrature Phase Shift Keying）
DBPSK：差分二相位移位鍵（Differential Binary Phase Shift Keying）
DQPSK：差分四相位移位鍵（Differential Quadrature Phase Shift Keying）

*QAM：正交振幅調製（Quadrature Amplitude Modulation）
Alamouti：Alamouti 空－時分組碼（Alamouti space–time block code）
CCK：互補碼（Complementary Code Keying）
OFDM：正交分頻多工（Orthogonal Frequency Division Multiplexing）
DSSS：直接序列展頻（Direct Sequence Spread Spectrum）

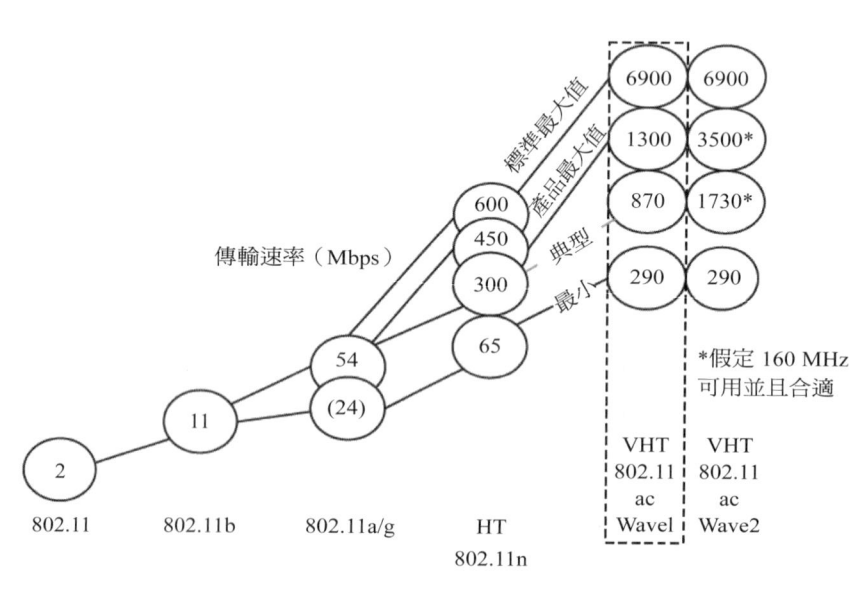

圖 12.11　802.11 AP 的演進 [12.7]

資料來源：Cisco, 802.11ac -The Fifth Generation of WiFi Technical White Paper White Paper, http://www.cisco.com/c/en/us/products/collateral/wieless/aironet-3600-series/white_paper_c11-713103.html

相對於其他的 IEEE 802.11 協定，例如 IEEE 802.11b/g、802.11a 具有較少干擾，因為 2.4 GHz 頻帶被大量使用。然而，它的穿透力由於較高的載波頻率較弱，信號在其傳播路徑容易被固態物體吸收。IEEE 802.11a 的調變採用 OFDM 與 52 個子載波，共 20 MHz 的頻譜。OFDM 技術的優勢特性為提供多路徑傳輸，這在室內環境很常見。每個子載波可使用 BPSK、QPSK、16-QAM 或 64-QAM 進行調變，取決於無線環境狀況。

12.4.1　IEEE 802.11b

1999 年 8 月，一群產業領導者形成無線乙太網路相容性聯盟（Wireless Ethernet Compatibility Alliance; WECA）的非營利性組織，推動 IEEE 802.11 高速標準（最終成為 IEEE 802.11b）做為商業標準，以確保不同廠商之間的產品相容性。WECA 選定獨立測試實驗室來測試與認證 IEEE 802.11b 產品的相容性。IEEE 802.11b 操作在 2.4 GHz 吞吐量高達 11 Mbps[12.8]，功能上相當於一個乙太網路。IEEE 802.11b 在實體層使用直接序列展頻（Direct Sequence Spread Spectrum; DSSS）。DSSS 利用連續的偽隨機序列（Pseudo random Noise; PN）調變訊號，它允許多個傳送端一起在相同的通道使用正交 PN 碼。這也提供了有線等效加密（Wired Equivalent Privacy; WEP）和 WiFi 保護存取。802.11b 的覆蓋較大，所以在相同的面積下，802.11b 需要比 802.11a 較少的 AP 數量。WECA 後來改名為 WiFi 聯盟，認證所有的 IEEE 802.11 高速標準（其中包括了 IEEE 802.11b、IEEE 802.11a 和 IEEE 802.11g）產品。幾乎所有銷售 IEEE 802.11 設備的公司皆是 WiFi 聯盟的成員。

12.4.2　IEEE 802.11g

IEEE 802.11g 於 2003 年發布，是 WLAN[12.11] 的第三個標準。運行在類似的 IEEE 802.11b 的 2.4 G。實體層可以使用 DSSS 或 OFDM。由於傳承來自 IEEE 802.11a 實體層的技術，IEEE 802.11g 可實現的吞吐量更高達 54 Mbps。雖然在 2.4 GHz 頻段有 14 個通道可用，但由於 FCC 規定只有其中 11 個可以在美國使用。11 個中又只有 3 個非重疊通道，如圖 12.12 的 (a) 和 (b) 所示。

12.4.3　IEEE 802.11n

IEEE 802.11n 是近期修訂，併入多輸入多輸出（Multiple-Input Multiple-Output; MIMO）技術，使獨立的路徑可以同時用於傳送和接收，如圖 12.13 所示。IEEE 802.11n 可以在 2.4 GHz 或 5 GHz 的任一頻率運行，並使用 DSSS 或 OFDM 的實體層調變。在這個協定中，2

- 2003年，操作在同 IEEE 802.11b 的 2.4 G，實現的吞吐量更高可達 54 Mbps
- 雖然 14 個通道可用在 2.4 GHz 頻段，但由於 FCC 的規定，只有 11 個可以在美國使用

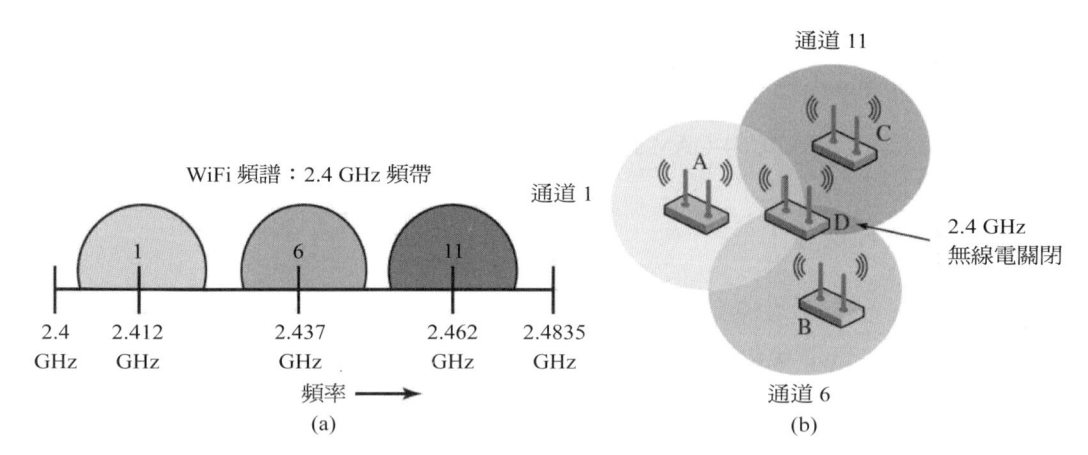

圖 12.12 (a) 三個通道在 2.4 GHz ISM 頻帶 [12.9]
資料來源：4Gon Solutions, http://www.4gon.co.uk/solutions/introduction_to_802_11_wifi.php
(b) 三個 AP 利用 2.4 GHz ISM 非干擾頻帶 [12.10]
資料來源：http://chimera.labs.oreilly.com/books/1234000001739/ch05.html

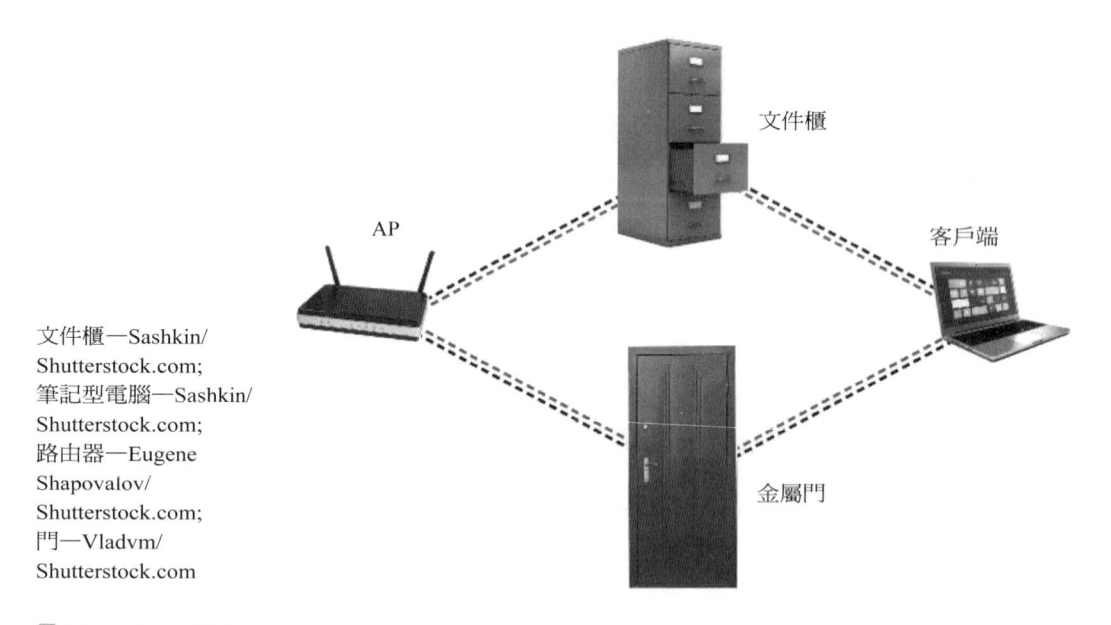

文件櫃—Sashkin/Shutterstock.com;
筆記型電腦—Sashkin/Shutterstock.com;
路由器—Eugene Shapovalov/Shutterstock.com;
門—Vladvm/Shutterstock.com

圖 12.13 闡述 802.11n 協定 [12.12]

× 1 指的是具有兩個傳送端和一個接收端，相似的解釋是 4 × 4 具有四個傳送端和四個接收端。採用多個天線傳輸，允許 AP 對著客戶端的方向傳輸，提高了下行連接的信噪比與傳輸速率，增加連接範圍。另外，也可以使用空間分集，利用多路徑在同一時間發送多個無線電

信號。

在 IEEE 802.11n 的頻寬可達到 40 MHz，最大的 PHY 層傳輸速率從 54 Mbps 升高至 600 Mbps。MIMO 提高通訊性能與在傳送端和接收端兩者使用多天線，並且可以處理多個傳輸數據流。在下行信噪比，顯著的增加數據吞吐量和連結範圍，通過指向傳輸在客戶端方向是可能的，而不需要額外的頻寬或發送功率，其利用的是天線分集和空間多工的優點。即使對於行動基地台操作於細胞邊界附近，MIMO 可提高上行連接和下行連接網頁瀏覽，電子郵件和文件下載的效能。

12.4.4　IEEE 802.11ac

802.11ac 標準於 2014 年獲得批准，在 5 GHz 頻段提供高吞吐量。在 5 GHz 範圍內的頻帶可用性如圖 12.14 所示。802.11n 的射頻頻寬延伸到 160 MHz，該目的是通過具有至多 8 個 MIMO 空間流服務於多個用戶，藉由高密度調變，如 256-QAM（正交振幅調變，Quadrature Amplitude Modulation）。如圖 12.14 所示，8 × 8 MIMO AP 服務四個用戶，用戶 A（4 × 4）、用戶 B（2 × 2）、用戶 C（1 × 1）與用戶 D（1 × 1）。

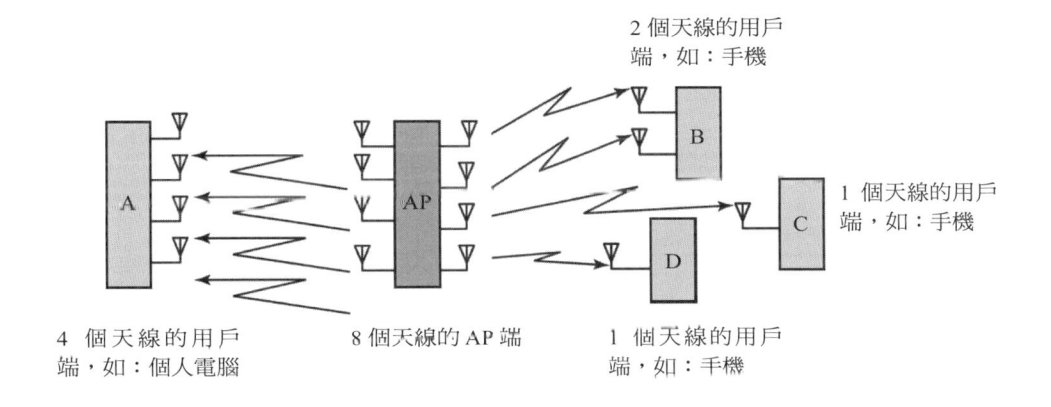

圖 12.14　802.11ac 8 × 8-MIMO 的 AP 系統用戶 A、B、C 與 D

資料來源：ARUBA Networks, 802.11ac FREQUENTLY ASKED QUESTIONS, http://www.arubanetworks.com/pdf/support/80211ac_FAQ.pdf

獲得連續頻寬通道是相當困難。例如，在美國，有 20 至 25 個未使用的 20-MHz 通道、8 至 12 個 40-MHz 通道、4 至 6 個 80-MHz 通道、和 1 或 2 個 160-MHz 通道，可用於 802.11ac 標準協定。圖 12.16 顯示 40 MHz 通道由兩個相鄰的 20MHz 子通道組合在一起而形成。不同的用戶，不同的頻寬由多個子通道結合，形成 40MHz、80MHz 和 160MHz 形式，如圖 12.17。

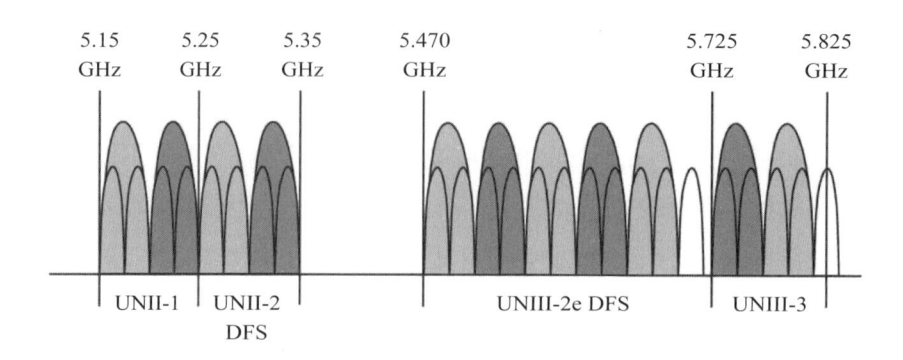

▣ **圖 12.15** 使用 5 GHz 範圍的 802.11ac 頻譜 [12.13]

資料來源：Ruckus, Noisy Times in Wireless, www.dataconnectors.com/events/2013/07denver/pres/ruckus.ppsx

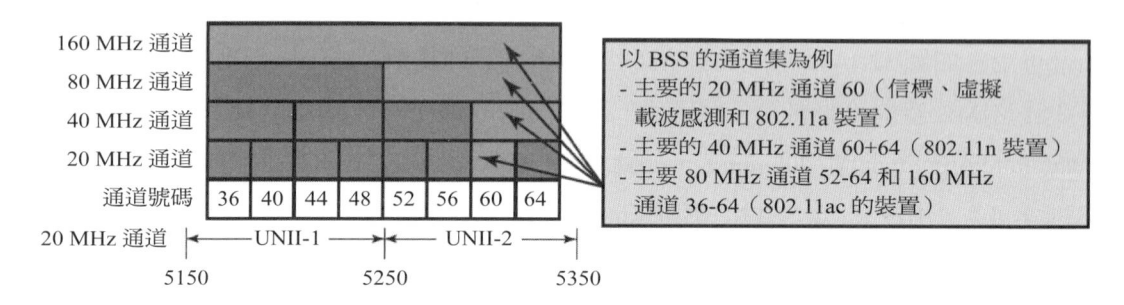

▣ **圖 12.16** 美國的 802.11ac 通道（5 GHz）[12.14]

資料來源：Cisco, 802.11ac-The Fifth Generation of WiFi Technical White Paper White Paper, http://www.cisco.com/c/en/us/products/collateral/wireless/aironet-3600-series/white_paper_c11-713103.html

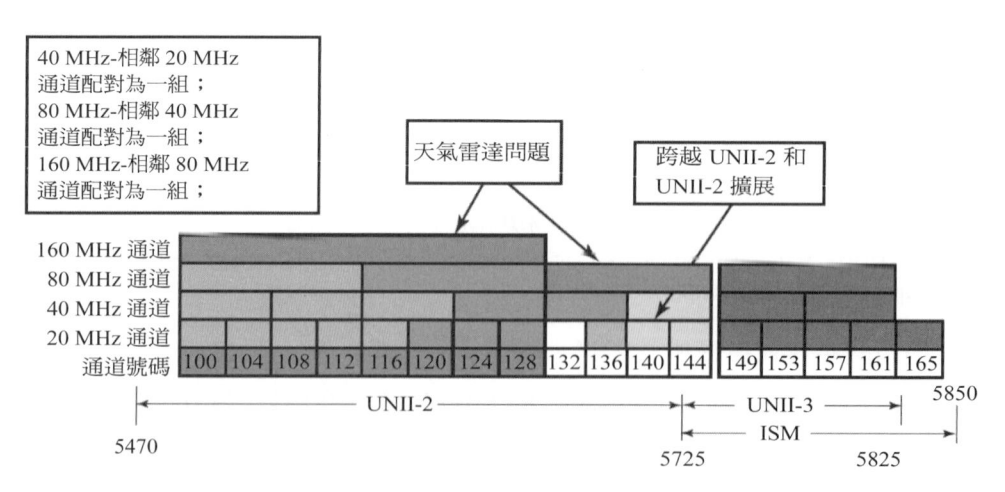

▣ **圖 12.17** 美國的 5 GHz 頻譜使用 [12.15]

資料來源：Cisco, 802.11ac-The Fifth Generation of WiFi Technical White Paper White Paper, http://www.cisco.com/c/en/us/products/collateral/wireless/aironet-3600-series/white_paper_c11-713103.html

使用 802.11ac 協定的產品最小尺寸為 4×4，比相應的 802.11n 產品更快。即使是中高端產品的早期版本也比 802.11n 速度快了近三倍，可以實現高達 1.3 Gbps 實體層傳輸速率。20 MHz 的通道在 802.11g/n 有 4 個，而 40 MHz 的通道在 802.11n 只有 2 個。一個替代方案是使用 80-MHz 頻寬的 2 個基站，每個採用 2 個 20-MHz 的窄子通道，如圖 12.18 所示。一個大的 160-MHz 通道和 80+80 MHz 通道是可能的，如圖 12.19 所示。

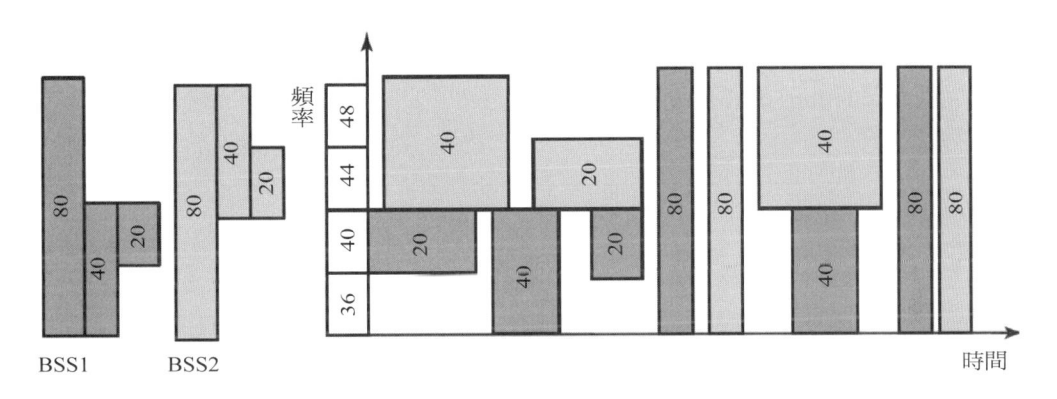

圖 12.18 802.11ac 中結合多個窄子通道的 80 MHz 通道 [12.16]

資料來源：Cisco, 802.11ac-The Fifth Generation of WiFi Technical White Paper White Paper, http://www.cisco.com/c/en/us/products/collateral/wireless/aironet-3600-series/white_paper_c11-713103.html

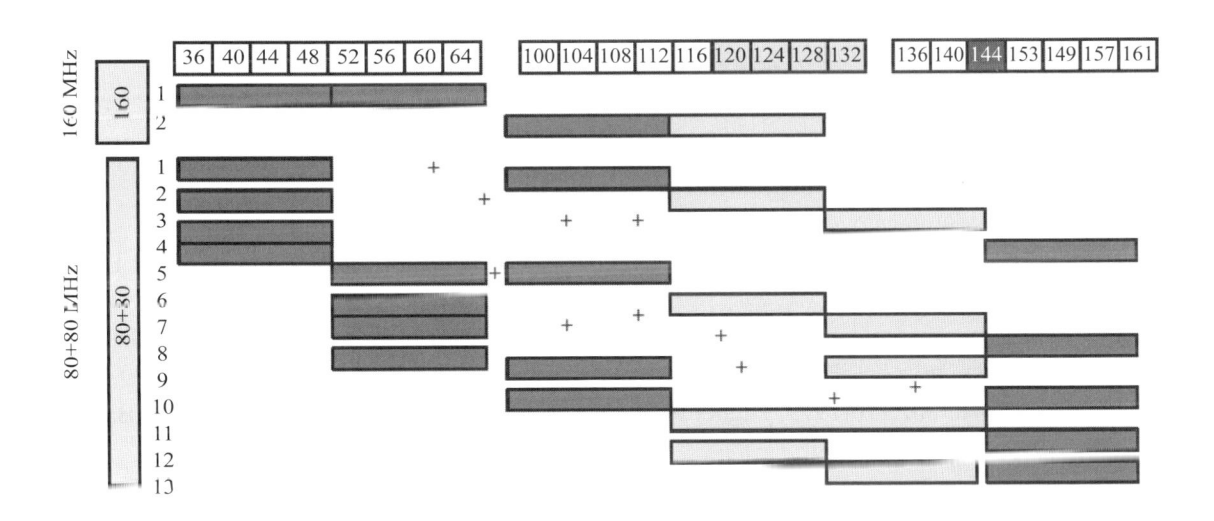

圖 12.19 美國的 802.11ac 的 160 MHz 和 80+80 MHz 的 80 MHz 通道 [12.17]

資料來源：Cisco, 802.11ac-The Fifth Generation of WiFi Technical White Paper White Paper, http://www.cisco.com/c/en/us/products/collateral/wireless/aironet-3600-series/white_paper_c11-713103.html

12.5 WiFi 在飛機上的存取

有兩種方式提供飛機內部 WiFi 的存取，Gogo[12.18] 是一家提供這樣服務的公司。用於連接無線 AP 的一種方案是使用現有的細胞式行動電話基地台，其電磁信號投向天空而不是地面。在北美有超過 160 個這樣的基地台，頻寬 3 Mbps 到 AP，可以為乘客提供 500-600 Kbps 的下載和 300 Kbps 的上傳。正在規劃中的第二個方案是利用 Immarsat 的衛星通信連接 [12.19]，可達到 60 Mbps 的峰值速率。

12.6 總結

本章涵蓋的基本機制，提供眾多設備使用無線 AP 連接到網際網路且成功發送訊息的基本機制。我們針對這些有線技術延伸到無線服務，以及相關的局限性進行討論。無線世界發展快速，最近的趨勢是使用附近裝置設置的無線連接。

12.7 參考資料

[12.1]　*http://www.downloads.netgear.com/files/GDC/WN604/WN604_UM_14Oct11.pdf.*
[12.2]　*http://www.downloads.netgear.com/files/GDC/WN604/WN604_UM_14Oct11.pdf.*
[12.3]　*http://www.google.de/patents/US20070195787.*
[12.4]　*http://www.google.com.ai/patents/US8027299.*
[12.5]　*http://www.downloads.netgear.com/files/GDC/WN604/WN604_UM_14Oct11.pdf.*
[12.6]　"IEEE std 802.11: Wireless LAN Medium Access Control (MAC) and Physical Layer (PHY) Specifications," 1999.
[12.7]　*http://www.cisco.com/en/US/prod/collateral/wireless/ps5678/ps11983/white_paper_c11-713103.html.*
[12.8]　"IEEE std 802.11b-1999: Higher Speed Physical Layer Extension in the 2.4 GHz Band," 1999.
[12.9]　*http://www.4gon.co.uk/solutions/introduction_to_802_11_wifi.php.*
[12.10]　*http://chimera.labs.oreilly.com/books/1234000001739/ch05.html#coverage_and_capacity_estimates.*
[12.11]　"IEEE std 02.11g-2003: Further Higher Data Rate Extension in the 2.4 GHz Band," 2003.
[12.12]　*en.wikipedia.org/wiki/Access_point.*
[12.13]　*www.dataconnectors.com/events/2013/07denver/pres/ruckus.ppsx.*
[12.14]　*http://www.cisco.com/en/US/prod/collateral/wireless/ps5678/ps11983/white_paper_c11-713103.html.*

[12.15] *http://www.cisco.com/en/US/prod/collateral/wireless/ps5678/ps11983/white_paper_c11-713103.html.*
[12.16] *http://www.cisco.com/en/US/prod/collateral/wireless/ps5678/ps11983/white_paper_c11-713103.html.*
[12.17] *http://www.cisco.com/en/US/prod/collateral/wireless/ps5678/ps11983/white_paper_c11-713103.html.*
[12.18] *www.gogoair.com/.*
[12.19] *www.inmarsat.com/.*

12.8 實驗

- **背景**：AP 已經徹底改變了網路的接入方式，無論在家裡還是在工作環境中，且已移除了有線網路的諸多限制。在遠和近的地方部署多個 AP 可調查信號品質與干擾。
- **實驗目的**：在傳送的通訊範圍內，電磁波利用空氣做為介質在 AP 和 MS 之間傳播，容易受到雜訊和干擾。如果 AP 間距離太遠，有些區域 MS 可能不在 AP 的覆蓋範圍內。然而，如果 AP 間距離太近，多個 AP 覆蓋特定 MS 可能造成干擾增加。因此，目的是確定 AP 之間的間距，以便最小化干擾及覆蓋間隙。
- **實驗環境**：九個 AP，一個 MS。
- **實驗步驟**：
    1. 九個 AP 放置在一個 3 × 3 格子結構，可利用乙太網路線連接到網際網路。一個 MS（例如：筆記型電腦）放在格子裡。開啟不同的 AP，以便觀察覆蓋範圍與干擾。這樣作會產生變更 AP 間距離的效果。
    2. 模擬工具可以用來在許多不同的拓樸結構中放置 AP。比較 AP 放置在不同的配置下，覆蓋可能會有用。

12.9 開放式專題

- **目的**：如本章所討論，不同版本的 AP 使用不同的 ISM 頻段，並可能導致它們之間的干擾。這裡的目的是試圖定位不同版本的 AP，以估計它們之間的干擾程度。

12.10 習題

1. 什麼是 802.11a 和 802.11b 協定之間的主要區別？請詳加解釋。
2. 誰為 AP 提供無線服務？
3. 用在咖啡廳或行政大樓的 AP 類似公共機構或家庭的 AP 嗎？
4. AP 的覆蓋範圍為 50,000 平方公尺。10,000,000 平方公尺的面積需要被許多 AP 覆蓋。如果設置一個網狀拓樸的話，需要多少 AP？
5. 重複習題 4，當使用一個類似於手機的六角形（細胞式）拓樸，並在兩個相鄰的感測區域重疊比網狀拓樸多 10%。
6. 重複習題 4，當使用一個三角形的拓樸，並在兩個相鄰的感測區域重疊比網狀拓樸小 10%。
7. 在習題 4，你期望一個 AP 有什麼樣的覆蓋區域？可以假設由 AP 的覆蓋是長方形的形狀嗎？
8. 在習題 4，如果一個 AP 的覆蓋範圍半徑藉由更新版本提升一倍，將會減少多少 AP 數量？請詳加解釋。
9. 無線 AP 可處理多少的用戶？如果 MS 的數量超過此值會發生什麼？
10. 為什麼 AP 的安全會是個議題？
11. 802.11b 和 802.11n 操作上的差異為何？
12. 一個 802.11g 的 AP 採用了 OFDMA。它在提升性能上扮演什麼角色？
13. 一個 802.11n 的 AP 採用了 MIMO。它在提升性能上扮演什麼角色？
14. 即將來臨 802.11ac 的 AP，預計將比現有的標準覆蓋範圍還要小。哪些功能將使它更有吸引力？
15. 在特定的大型機構，有兩種類型的 AP，預先安裝 802.11g 的 AP 和較新 802.11n 的 AP。這樣部署有什麼樣的優點和局限性？請詳加解釋。

Chapter 13

無線區域網路、無線個人網路、無線體域網路和無線大都會網路

13.1 簡介

在過去 25 年，各種不同的無線技術被導入市場，並成功地提供許多具創意、多功能的服務。這些變革都是靠網路技術的快速發展與成熟，包括**無線區域網路**（Wireless Local Area Networks; WLANs）、**無線個人網路**（Wireless Personal Area Networks; WPANs）、**無線體域網路**（Wireless Body Area Networks; WBANs），以及**無線大都會網路**（Wireless Metropolitan Area Networks; WMANs）。值得一提的是，IEEE 802.11b WLAN 標準，又稱為 **Wi-Fi**（Wireless-Fidelity），已快速地被世界各處所採用，證明此解決方案是經濟可行的。許多地方都佈建有 Wi-Fi **熱點**（hotspot），像是星巴克、麥當勞、百貨商場、飯店、社區活動中心，以及展覽會館等。人們甚至開始討論在較大的區域建置與使用 WiMAX 與 WMAN 技術。

WLAN、WPAN、WBAN 與 WMAN 全部都是為了提供無線資料的連結性，但各自有不同的特色與預期目標，因此有不同的市場區隔。WMAN 是為了要覆蓋一整個大都會區域，WLAN 提供類似的服務，但覆蓋較小的區域（譬如，建築物、辦公室、咖啡廳等）。不同型態的網路在表 13.1 中比較。WPAN 則是非常短距離的網路，以一個用戶為中心而圍繞的網路運作空間。一般來說，WPAN 是為了取代電腦與周邊設備之間的實體線路，但很多時候它們也可以用來傳送影像、數位音樂，以及其他資料。另一方面，WBAN 用來監測人體的不同參數，且最近已經納入 802.15.6 標準。

WLAN 對於工作環境，或學生和教職員工在大學校園的周邊活動越來越重要。其他的

標準尚包括 HiperLAN2（from ETSI）[13.1]、家庭無線網路 [13.2] 與 Richoshet[13.3]，將在本章簡要地討論。

13.2　ETSI HiperLAN

　　HiperLAN [13.4] 的全名是 High-Performance LAN。前上所述的技術都是特別為 ad hoc 環境所設計，而 HiperLAN 是從傳統 LAN 環境演變過來，能以高速率（23.5 Mbps）支援多媒體資料與非對稱資料。另外，HiperLAN/1 規格的標準功能可以透過 AP 具有 LAN 延伸。不過 HiperLAN 並非得需要任何 AP 基礎架構才能運作。它支援封包導向的架構，可用於具有或沒有中央控制器的網路（BS-MS 與 ad hoc）。它支援 25 個語音連線，速率為 32 kbps，最大延遲是 10 ms，以及 1 個影像通道，速率為 2 Mbps，延遲時間為 100 ms，而資料速率是 13.4 Mbps。

　　HiperLAN/1 [13.1] 是特別設計用於支援多媒體系統的 ad hoc 運算，不需要建置任何集中式架構。它能有效地支援 MPEG 或其他主流數位語音與影像標準。HiperLAN/1 MAC 是相容於標準 MAC 服務介面，是以能支援現有的應用。HiperLAN 描述服務的標準，與 OSI 模型最下面兩層的協定。HiperLAN type 2 是特別發展成具有一個有線基礎架構，提供短距離無線存取至有線網路，譬如 IP 與 ATM。

　　行動裝置透過空氣介面與 AP 進行通訊。HiperLAN/2 能自動地換手至距離最近的 AP。AP 基本上是一個無線 BS，其能覆蓋約 30 至 150 公尺，取決於環境因素。也能容易地建立一個 MANET 網路。HiperLAN/2 其中一個主要特色是高速傳輸率（可達 54 Mbps）。它使用一種叫做 OFDM 的調變技術來傳送類比信號。然而，它也可以動態地使用不同的調變技術以調整至較低速率。它是連線導向，其流量在雙向連結上是單點傳送，而在連往 MS 的單向連結則是多點傳送與廣播方式。連線導向的作法讓它很容易地能支援 QoS，當然這也取決於 HiperLAN/2 網路如何透過乙太網路（Ethernet）、ATM 或 IP 來與固接網路進行互通。

　　HiperLAN/2 支援自動頻寬分配，免除手動頻寬規劃的需要，譬如在細胞式網路。HiperLAN/2 的 AP 內建能自動地選取一條適當的無線通道來進行傳輸。安全機制則是透過金鑰協議、驗證〔NAI（Network Access Identifier）或 X.509〕與加密技術，像是 DES 或 30DES。當行動裝置移動至 AP 的信號範圍之外，它會自動地始發換手程序。

　　HiperLAN/2 架構請見圖 13.1 所示，它能夠與任何類型的固接網路互通，使得此技術能獨立於網路與應用類型。控制權是集中在 AP 端，其告知 MS 使用 TDD 與動態 TDMA 來傳

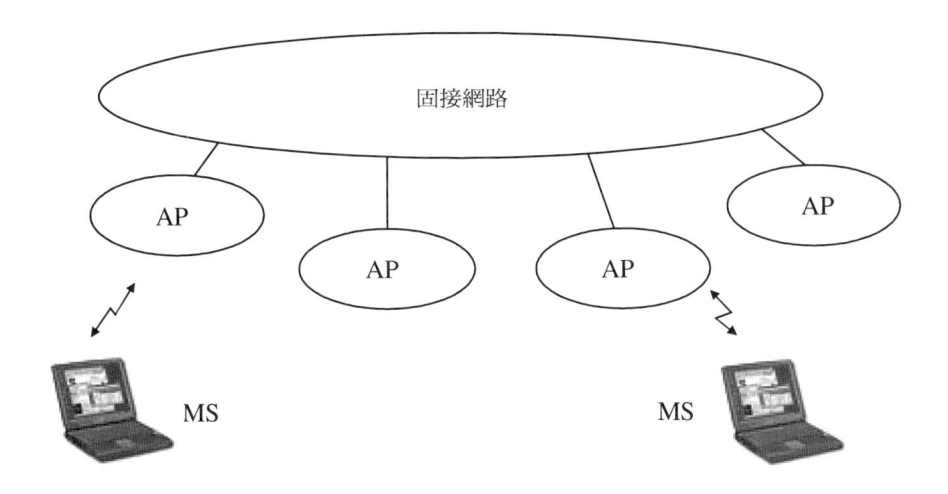

▣ 圖 13.1 　一個簡單的 HiperLAN 系統

送資料，並依 MS 所提的要求來調整。基本 MAC 訊框結構包含有用於傳輸通道的廣播控制、訊框控制、存取控制、上行與下行資料傳輸，以及隨機存取。選擇性重複 ARQ 是一種錯誤控制機制，用來增加無線連結的可靠度。每個連線中，封包被指定序號，依序傳送。

HiperLAN/2 網路可用於 MS 與網路/LAN 之間。HiperLAN/2 網路支援在相同 LAN/子網段的移動性，而其他議題則由上層協定來負責處理。因此，在 ad hoc 網路中的節點可以很容易地轉換其角色，並套用至 LAN 中。HiperLAN/2 網路可以建置在熱點區域，像是機場與飯店，做為一種提供遠端存取與網際網路服務的簡易方案。HiperLAN/2 網路可連線至一台存取伺服器，其用來路由 PPP 或網際網路存取的連線要求。HiperLAN/2 也可以做為第三代網路存取技術的替代方案。

HiperLAN 開始於 1992 年，並在 1995 年成為標準並出版。它採用 5.15 GHz 與 17.1 GHz 頻率帶，並具有 23.5 Mbps 的資料速率，其範圍是 50 m，移動性小於 10 m/s。但由於 WiFi 的普及，HiperLAN 從未在商業上成功。

13.3 　HomeRF

考慮到網路僅需要一些節點，且範圍可能都不會超過 10 m，MANET 應該是最佳選擇。根據不同的工作環境，大概可以概略分為兩類型：家用工作空間（HomeRF [13.2]）與商用工作空間（HiperLAN）。這樣的區分是需要的，因為在家庭環境主要的流量是語音，且網路上有各種不同的需求。另一方面，在商用工作空間，流量傾向僅有一種，在大部分情況，就是資料。再者，資料傳輸速率必須非常高。

家用網路一般含有一個高速網際網路存取點，提供資料給多個相連接的節點（PC、手持裝置，或智慧型設備）。家用網路讓家中的所有電腦都能同時利用同一組高速 ISP 帳號。家用網路提供兩種選項：有線解決方案與無線解決方案。Ethernet 是以 IEEE 802.3 標準為基礎，資料速率為 10 Mbps。各 PC 會連至一個特殊裝置，叫做 Ethernet 集線器（hub），控制整個家用網路的通訊。再透過 56 Kb、ISDN、有線電纜或 ADSL（Asymmetric Digital Subscriber Line）數據機來提供網際網路的連線。Ethernet 的媒介存取係使用 CSMA/CD 機制。

無線網路使用高頻電磁波，可能是**紅外線**（Infrared; IR）或無線電頻率，將資訊從一點傳送至另一點，無須依賴實體連線。資料與語音流量係合成或調變至無電波，或載波，並在接收端擷取出來。同一時間、同一空間可能存在多重無線電載波，但只要在不同頻率上傳輸就不會發生干擾。為擷取資料，接收端會選取某一無線電頻率，而將其他的過濾掉（濾波）。無線網路為家用環境帶來移動與彈性的優點，十分簡單、具經濟效益、安全，且是基於工業標準。

有一台 PC 是主要存取埠，從網路上傳送與接收其他 PC 的資料，而主（master）PC 提供家用環境與網際網路之間的網路定址與路由。此解決方案也考慮到家中的其他 PC 相關的網路元素，像是檔案與列印分享、多人連線遊戲，以及共用同一組 ISP 帳號。但還有其他元素就沒有提供方案，像是語音通訊、控制與監視應用等。

想像在廚房啟動咖啡機，將客廳的立體音響轉更大聲，而浴缸放滿熱水，這些動作都可以在床上進行！這樣的系統有各種不同的需求。典型家用環境會需要一個網路，其能存取公用網路電話（**等時性多媒體**；isochronous multimedia）與網際網路（資料）、娛樂網路（IEEE 1394 橋接的電視、數位影音）、傳送與分享資料及資源（如表機、網際網路連線），家庭控制與自動化。這些裝置應能自我設定，並維護與網路的連結性。裝置也應該要支援**隨插即用**（plug-and-play），是以它們能夠在啟動時立即地供用戶使用，這會需要自動的裝置發現與識別等功能。家用網路技術應能包容任何**查找**（lookup）服務，譬如 Jini。HomeRF [13.2] 產品讓使用者的所有電腦能同時分享同一個網際網路連線——不用任何新的連接線、纜線或插座。

HomeRF [13.5] 設想的家用網路如圖 13.2 所示。網路上包括資源提供者，其為連往各種資源（譬如電話線、有線電纜數據機、衛星天線等等）的閘道器，而橋接的裝置包括無線電話、印表機、檔案伺服器與電視。HomeRF 的目標是整合所有裝置到單一網路，移除所有有線線路，並於網路中利用 RF 連結來達到所有應用。包括分享 PC、印表機、檔案伺服器、

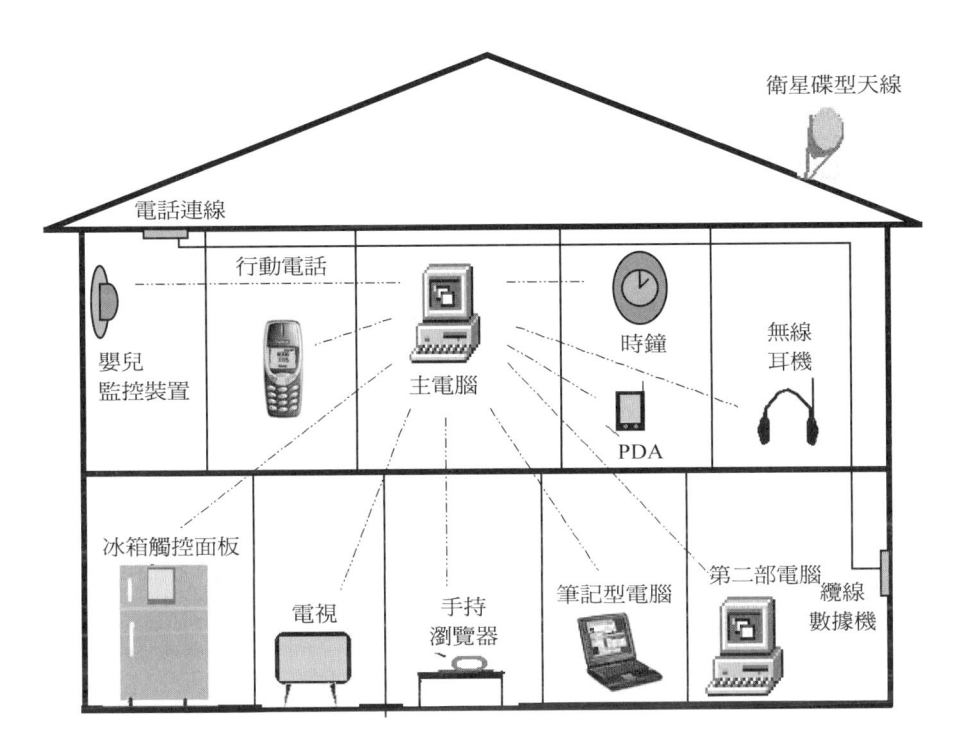

筆記型電腦：Sashkin/Shutterstock.com;
手機：Gelpi JM/Shutterstock.com;
PDA：Maxx-Studio/Shutterstock.com;
耳機：KariDesign/Shutterstock.com

圖 13.2　HomeRF 系統之架構

電話、網際網路連線等等，讓多人能在多台電腦進行連線遊戲，以及透過單一行動控制器來操控所有裝置。透過 HomeRF，無線電話可以連接至 PSTN，但也可以透過 PC 來連接，以獲得更先進的服務。HomeRF 假設語音與資料有同時支援的需求。

13.4　Ricochet

　　Ricochet [13.3] 提供在辦公室之外安全的行動存取，比較像是 WMAN 服務，而非 WLAN 服務，因為其覆蓋區域可達整個城市。Ricochet 服務係由 Metricom 所推出，Metricom 是一間商業 ISP（Internet Service Provider），主要服務區域在機場與一些特定地點。在 2001 年 7 月 2 日，Metricom 公告破產，而 Ricochet 也宣告結束。在 2002 年 9 月，它在丹佛重新復活，這次係由 Aerie Networks Inc. 所主導，最近聖地牙哥才剛被納入 Ricochet 服務地圖。經過數次換手經營，最終在 2008 年 3 月 28 日永久停止營運。

Ricochet 的無線微細胞式資料網路（Microcellular Data Network; MCDN）運作於 902-928 MHz ISM 無執照頻率帶，如圖 13.3 所示，含有鞋盒大小的無線電收發器，稱為微細胞無線電（microcell radios），通常是安置在街燈上或電線桿上。微細胞僅需要來自街燈本身

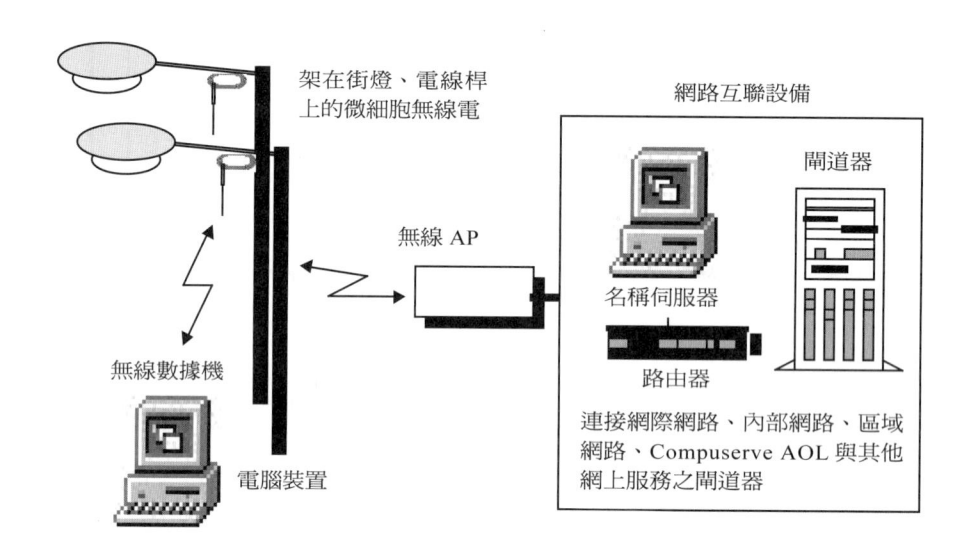

圖 13.3 Ricochet 的無線微細胞式資料網路

表 15.1 WLAN 標準之比較 [13.6]

技術	無線 LAN			
	802.11b	HomeRF	HiperLAN2	Ricochet
運作頻譜	2.4 GHz	2.4 GHz	5 GHz	900 MHz
實體層	DSSS	FHSS 為基礎的 FSK	OFDM 為基礎的 QAM	FHSS
通道存取	CSMA–CA	CSMA–CA 與 TDMA	中央資源控制 / TDMA/TDD	CSMA
最高速率	22 Mbps	10 Mbps	32-54 Mbps	176 kbps
覆蓋範圍	100 m	>50 m	30-150 m	2002 年 9 月，只在美國科羅拉多州丹佛市
功率議題	<350 mA	<300 mA	採用低功耗狀態類似睡眠模式	相容於筆記型電腦和手持裝置的低功耗數據機
干擾	存在	存在	極小	存在
價格 / 複雜度	中（小於 100 美元）	中	高（高於 100 美元）	中
安全	低	高	高	高（有專利的安全系統）

資料來源：R. L. Ashok and D. P. Agrawal, "Next Generation Wearable Networks," *IEEE Computer*, November 2003, Vol. 36, No. 11, pp. 31–39.

少量的電源（與特製變壓器連接）。它們是有策略的安置成網狀拓樸，彼此間隔 1/4 至 1/2 英里。各微細胞無線電採用 162 個跳頻通道，並使用隨機選取的跳頻序列。各微細胞無線電的安置時間少於五分鐘。Ricochet 網路有一個主要系統稱為名稱伺服器（name server），其提供服務確認與路徑資訊。

原先的 Ricochet 數據機重 13 盎司，體積為厚度不超過半英寸的平裝小書，可直接插入桌上型電腦、筆記型電腦或 PDA 的標準序列埠。公司最新的數據機變得極小，是 PCMCIA（Personal Computer Memory Card International Association）卡的形式。RF 至電話線的連線係透過特殊設計的 Ricochet 數據機。它是基於跳頻、展頻封包無線電技術，其傳輸以每 2/5 秒在 162 個通道做跳躍。

13.5 無線個人網路

藍芽是唯一商業化的 WPAN 技術，原先是為了取代 RS232 接線。雖然它是約 1990 年代中期所發展的，直到 2002 年才見於諸多產品之中，包括筆記型電腦、無線滑鼠、數位相機與行動電話。IEEE 現在對 WPAN 很感興趣，已開始發展 IEEE 802.15.x 協定，以著墨 WPAN 對各種不同資料速率的需求。藍芽已被接受為 IEEE 802.15.1（中速）標準，IEEE 802.15.3（高速）與 802.15.4（低速）也有了。

IEEE 802.15 工作小組係由 4 個**任務小組**（Task Group, TG）所組成 [13.7]：

- **IEEE 802.15 WPAN/ 藍芽 TG1**：TG1 的成立係為了支援需要中速 WPAN（像是藍芽）的應用。這些 WPAN 涵蓋很多用途，包括像是手機至 PDA 的通訊，且對於語音應用也有適當的 QoS。

- **IEEE 802.15 共存 TG2**：許多無線標準，譬如藍芽與 IEEE 802.11b，以及電器用品像是微波爐，都是在無執照的 2.4 GHz ISM 頻率帶上運作。TG2（IEEE 802.15.2）正在發展一套建議指引，以促成 WPAN（IEEE 802.15）與 WLAN（IEEE 802.11）能和諧共存。

- **IEEE 802.15 WPAN/ 高速 TG3**：TG3 是負責高速（20 Mbps 或更高）WPAN 的標準。除了高速資料率，此新標準也支援低功率、低成本的解決方案，考量可攜式消費性數位影像與多媒體應用的需求。

- **IEEE 802.15 WPAN/ 低速 TG4**：TG4 的目標是提供一個標準，能提供廉價、可攜與可移動裝置，使用極低的複雜度、成本與功率，且低速資料率（200 kbps 或更少）

的無線連結。**位置感知**（location awareness）是標準的特殊功能之一。TG4 是定義 PHY 層與 MAC 層的規格。可能的應用包括感測器、互動式玩具、智慧型證件、遠端控制與家庭自動化。

WPAN 的一個關鍵議題是無線技術的相互協調，以建構異質的無線網路。譬如，WPAN 與 WLAN 的結合可以做為裝置的一種延伸，無須直接存取 3G 細胞式系統（亦即 UMTS、W-CDMA 與 CDMA2000）。再者，WPAN 中的相互連結裝置應能視情況來選擇使用 3G 或 WLAN 存取。在這樣的網路，3G、WLAN 與 WPAN 技術並不是互相競爭，反而是讓用戶有更多的選擇去決定他所要的連結性。

13.6　IEEE 802.15.1（藍芽）

藍芽（Bluetooth）[13.8] 這個名詞的由來，是源自歐洲中世紀一位丹麥國王的名字 Harald Bluetooth。如果你在一棟建築物，沒有有線網路，但必須要回覆一封在筆記型電腦中的信件，這時如果你的手機有支援藍芽，你就可以如圖 13.4 所示，輕鬆地回覆該信件。

藍芽的設計就是用於低頻寬無線連結，十分簡單、無縫地整合至日常生活之中 [13.9]。Ericsson、Intel、IBM、Nokia 與 Toshiba 在 1998 年開始組成一個藍芽特殊興趣小組。在 1999 年 12 月，許多公司包括 3COM、Lucent、Motorola 與 Microsoft 也相繼加入，希望能發展出一個可靠的萬用連結，用於短距離 RF 通訊。因為大家逐漸發現，連接電腦周邊設備的實體線路已變得越來越多。低成本、低功率、無線電為基礎的無線連結就能免除這些實體線路的存在。紅外線可以輕易地提供 10 Mbps 資料速率的連結，且容易安裝使用，但需要是可

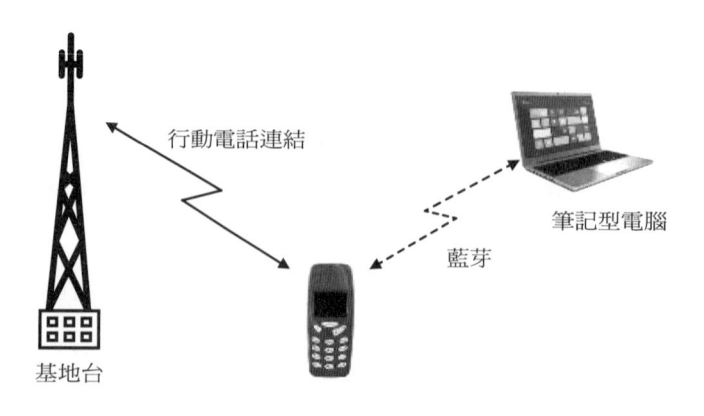

筆記型電腦：Sashkin/Shutterstock.com;
手機：Gelpi JM/Shutterstock.com
圖 13.4　使用藍芽連接筆記型電腦

視直線,且僅提供點對點的連結。因此,藍芽的概念遂演變成一個短距離 RF 通訊的萬用標準,適合語音與資料。

藍芽 [13.10] 提供使用者諸多取代實體線路的選擇,包括連結筆記型電腦至行動電話。印表機、桌上型電腦、傳真機、搖桿,或幾乎任何數位裝置都可以透過藍芽來相互連接(圖 13.5)。藍芽也提供一個萬用橋接至現有的資料網路(圖 13.6),以及一個形成小型私有 MANET 的機制(圖 13.7)。

一個使用藍芽應用的簡單例子,像是從手機更新你電腦中的電話聯絡簿。透過藍芽,可以輕鬆地、自動地在手機與 PC 之間進行資料傳送與同步。當然,你也可以延伸至行程表、待辦事項、備忘錄、電子郵件等等應用。可以合理假設將特賣品的價格自動顯示在你的手機或 PDA 上是可行的。

終極目標是讓電腦(桌上型電腦/筆記型電腦)僅需要一條有線線路,那就是電源線,讓可攜裝置真正達到可攜。以 PDA 為例子,電源線甚至都不用。在會議室讓兩電腦透過藍芽做為通訊協定確實存在。然而,語音與資料流量的需求是不一樣的,儘管多媒體資料多半使用非同步、即時的互動式資料。這些封包在傳統點對點網路佔據將近 1/3 的頻寬,甚至更

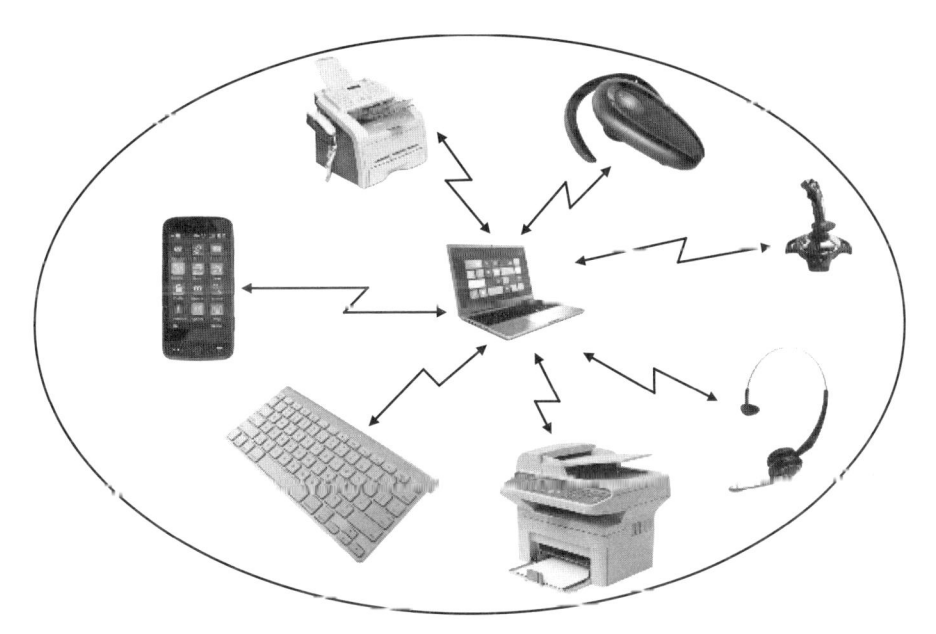

筆記型電腦:Sashkin/Shutterstock.com; PDA: Maxx-Studio/Shutterstock.com; 耳機:KariDesign/Shutterstock.com; 藍芽耳機: Alex Kuzovlev/Shutterstock.com; 搖桿:Boltenkoff/Shutterstock.com; 印表機:Singkham/Shutterstock.com; 傳真機:Singkham/Shutterstock.com; 鍵盤:charles taylor/Shutterstock.com

圖 13.5 使用藍芽連接印表機、PDA、桌上型電腦、傳真機、鍵盤、搖桿,以及許多其他數位裝置

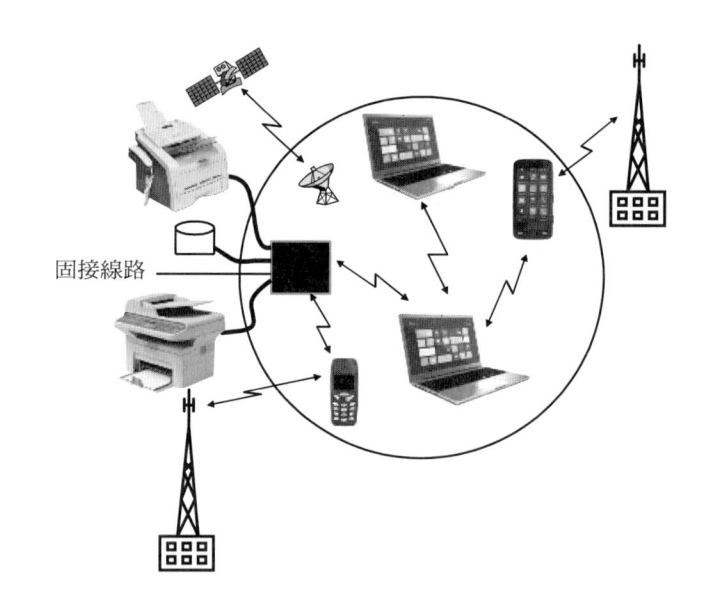

印表機：Singkham/Shutterstock.com; 傳真機：Singkham/Shutterstock.com; 筆記型電腦：Sashkin/Shutterstock.com; PDA: Maxx-Studio/Shutterstock.com; 手機：Gelpi JM/Shutterstock.com

圖 13.6　藍芽做為與現有資料網路橋接的一個通用介面

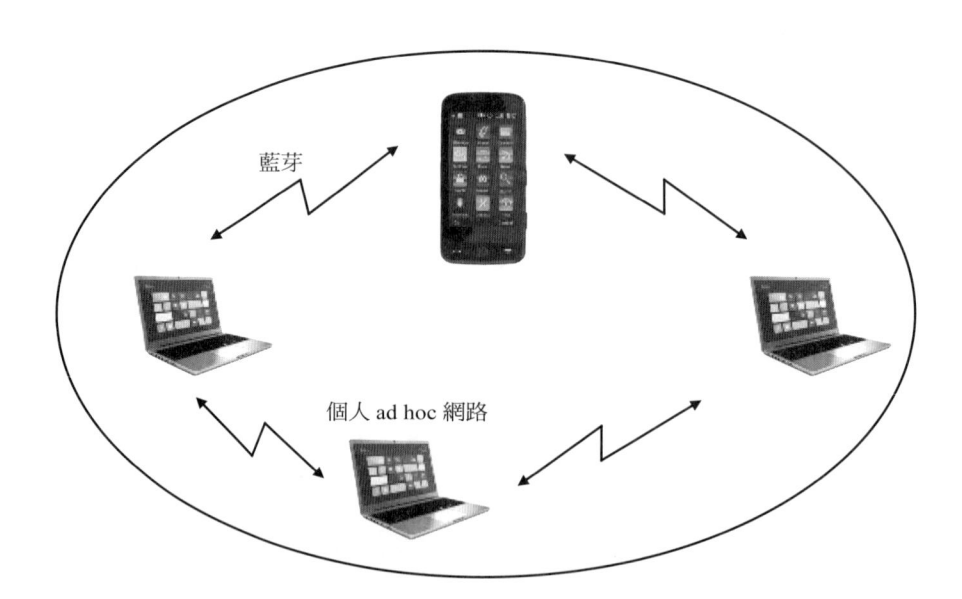

筆記型電腦：Sashkin/Shutterstock.com; PDA：Maxx-Studio/Shutterstock.com

圖 13.7　藍芽：一種用來將設備相互連接而建構 ad hoc 網路的機制

多。任何現有的傳輸協定都無法在此情境中使用，需要更有效率的協定來處理此情境的需求。

藍芽利用 2.4 GHz 的無執照 ISM 頻率帶。藍芽裝置的有效範圍一般為 10 公尺。通訊通道以 1 Mbps 的總頻寬來支援資料（非對稱式）與語音（對稱式）傳輸。同步語音通道係為線路交換（固定間隔的時槽保留）。而非對稱資料通道也使用封包交換，利用**輪詢**（polling）存取方案。也有定義結合型的資料／語音封包，可在各個方向提供 64 kbps 的語音與 64 kbps 的資料。時槽可以保留給同步封包，每傳送一個封包就跳一次頻。一個封包通常使用一個時槽，但也可以擴充至五個時槽。藍芽標準定義兩種功率等級：低功率用來覆蓋房間內的小型個人區域，而高功率用來覆蓋中等距離，譬如房子裡面。軟體控制與身分編碼是內建在各個微型晶片，以確保只有該裝置所設定的擁有者能夠進行存取與通訊，並具備下列特性：

- 快速跳頻以降低干擾。
- 可適的輸出功率以降低干擾。
- 較短的資料封包以提升容量。
- 快速 ACK 使連結的編碼成本較低。
- **CVSD**（Continuous Variable Slope Delta）的語音調變技術，可以承受較高的位元錯誤率。
- 彈性的封包型態可支援廣泛的應用。
- 發送與接收介面改良至減少功率消耗。

13.6.1 藍芽系統之架構

藍芽裝置可與其他藍芽裝置透過多種方式進行互動（圖 13.6、13.7、13.8）。最簡單的方式是其中一個裝置當主裝置（master），而其他裝置（至多 7 個）當從裝置（slave），這樣就形成所謂的 piconet（微微網）。Piconet 裡的裝置共用一條通道（與頻寬）。各個活躍的從裝置，會有一個 3 位元的**活躍成員位址**（active member address）。許多其他從裝置可以繼續與主裝置維持同步，或變成非活躍從裝置，稱為**停泊節點**（parked node）。如果兩個 piconet 靠得很近，它們會有重疊的覆蓋區域。在這種兩 piconet 相互混合交錯的情況稱為 scatternet。某一 piconet 的從裝置可透過 TDM 方式參與另一個 piconet，擔任主裝置或從裝置。在 scatternet，兩個（或更多）piconet 並沒有時間或頻率上的同步。各個 piconet 在它自己的跳頻通道運作，而任何裝置都可以透過 TDM，在適當時間點參與多重 piconet 之中的任何一個 piconet。在 piconet 中建立任何連線之前，所有裝置都是在 STANDBY（待命）模式，而未連線裝置則定期地（每 1.28 秒）聆聽（listen）訊息。每當某一裝置醒來，它就會啟動一

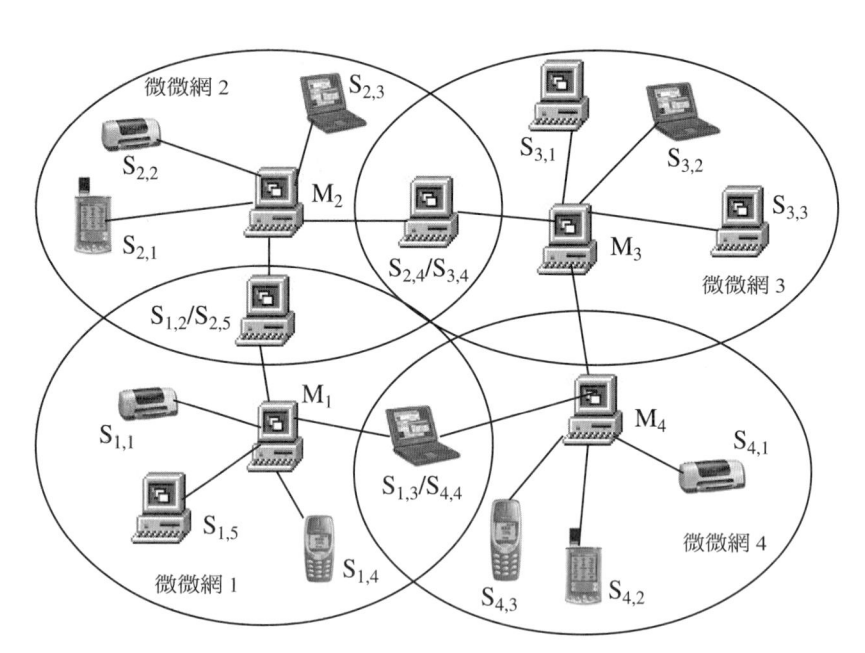

印表機：Singkham/Shutterstock.com； 筆記型電腦：Sashkin/Shutterstock.com； PDA：Maxx-Studio/Shutterstock.com； 手機：Gelpi JM/Shutterstock.com

圖 13.8 藍芽系統與 scatternet 之架構

資料來源：Carlos de Morais Cordeiro, "Medium Access Control Protocols and Routing Strategies for Wireless Local and Personal Area Networks," Ph.D. Dissertation, University of Cincinnati, December 2, 2003.

組共 32 個跳頻頻率。

Piconet 支援點對點，以及單點對多點的連線，藍芽的技術特徵細節請見表 13.2 所示。

Piconet 的連線步驟可以由任何一個裝置所始發，而該裝置就變成此 piconet 的主（master）節點。如果位址已知，則可以發送 PAGE 訊息來建立連線。如果位址未知，則先送一個 INQUIRY 訊息，然後再送 PAGE 訊息。在 PAGE 狀態，主節點會利用 16 個不同的跳頻頻率來發送 16 個相同的訊息給被傳呼的裝置〔從（slave）節點〕。如果它沒有獲得任何回應，主節點會利用剩下的 16 個跳頻頻率再發送一次。主節點至從節點的最大時間延遲為兩倍的喚醒（wake-up）期間（0.64 秒）。如果某節點沒有資料要傳送，則可以使用節省電源模式。主節點可以將從節點放在 HOLD 模式，然後僅維持內部的計數器。一旦節點離開 HOLD 模式，就立即重新啟動資料傳送。HOLD 是用在連接數個 piconet 或管理低功率裝置，像是溫度感測器。在 SNIFF 模式，從裝置會以較低速率來監聽 piconet，降低其工作週期。SNIFF 間隔是可程式化的，並取決於不同的應用。在 PARK 模式，裝置仍然與 piconet 同步，但不參與其流量。

■ 表 13.2　藍芽的技術特徵

頻率帶	2.4GHz（無執照ISM頻帶）
技術	展頻
傳輸方式	混合直接序列與跳頻1600／秒
傳輸功率	1 毫瓦（0 dBm）
範圍	10 公尺（40 英尺）
裝置數量	每個 piconet 有 8 個、每個覆蓋區域有 10 個 piconet
資料速率	非對稱連結：721＋57.6 kbps、對稱連結：432.6 kbps
最大語音通道數	每個 piconet 有 3 個
最大資料通道數	每個 piconet 有 7 個
安全	連結層具備快速跳頻（每秒 1600 hops/s）
功率消耗	30 μA 睡眠，60 μA 鎖住，300 μA 待機，800 μA 最大發送
模組大小	3 平方公分（0.5 平方英吋）
價格	預期在接下來幾年會降至 5 美元
C/I共通道	11 dB (0.1% BER)
C/I 1 MHz	−8 dB (0.1% BER)
C/I 2 MHz	−40 dB (0.1% BER)
通道切換時間	220 μs

藍芽的核心協定如圖 13.9 所示；其他協定僅在有需要時才使用。**服務發現協定**（Service Discovery Protocol; SDP）提供一種機制，讓各應用發現藍芽裝置所提供的服務。**L2CAP**（Logical Link Control and Adaptation Layer Protocol）支援上層協定進行多工、封包分割、重組，以及傳達 QoS 資訊。連結管理者（link manager；可為任一方）使用**連結管理者協定**（Link Manager Protocol; LMP）來進行連結設定與控制。基頻與連結控制層（baseband and link control layer）讓各藍芽裝置之間的實體 RF 連結能組成一個 piconet。它提供兩種不同類型的實體連結，對應於基頻封包、SCO 與 ACL，其可以多工方式在相同 RF 連結上傳送。

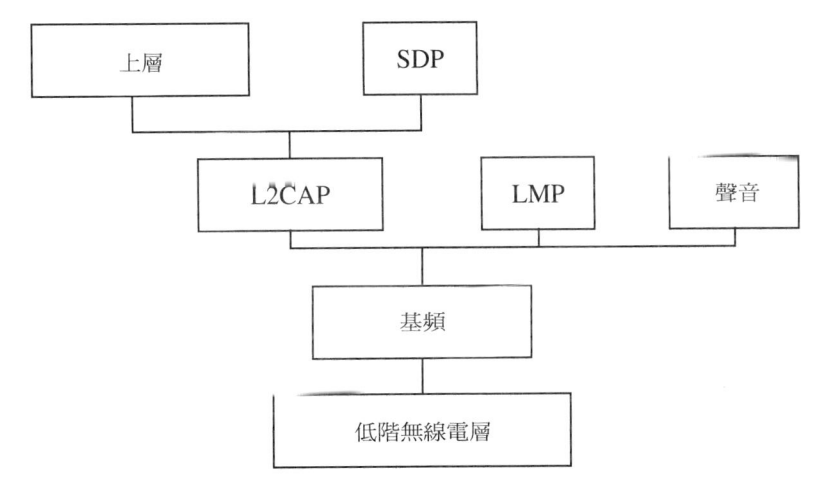

▲ 圖 13.9　藍芽的核心協定

各連結類型支援至多 16 個不同封包類型。其中四種是控制封包，在 SCO 與 ACL 連結都很常見。兩種連結類型都使用 TDD 機制做全雙工傳輸。SCO 連結是對稱式，一般支援有時效性的語音流量。SCO 封包以保留的間隔在傳送。當連線建立完成後，主節點與從節點都可能發送 SCO 封包類型，能進行語音與資料傳輸──但遭遇錯誤時，僅有資料的部分會重送。

ACL 連結是封包導向，並支援對稱式與非對稱式流量。主節點控制連結頻寬，並決定每個從節點可以獲得多少頻寬，以及流量的對稱性。從節點必須經由輪詢才能發送資料。ACL 連結也支援廣播訊息，從主節點發送至所有從節點。藍芽基頻控制器定義有三種錯誤校正方案：

- 1/3 率 FEC。
- 2/3 率 FEC。
- 資料的 ARQ 方案。

圖 13.10 顯示有三個和五個時槽的封包。TDD 方案將通道分成 625 μs 時槽，具 1 Mb/s 符號率。因此，每一個時槽至多 625 位元。然而，要讓藍芽裝置從發送狀態改變至接收狀態，並調校至下一個跳頻，最後一個時槽的尾端會有一段 259 μs 的周轉時間。這會降低頻寬的有效利用。表 13.3 彙整可用的封包型態與其特徵 [13.11]。藍芽採用 **HVx**（High-Quality Voice）封包做 SCO 傳輸，以及 **DMx**（Data Medium-Rate）或 **DHx**（Data High-Rate）封包作 ACL 資料傳輸，其中 x = 1、3 或 5。在 DMx 與 DHx 的情況，x 表示一個封包佔用的時槽

表 13.3 藍芽的封包類型 [13.12]

類型	用戶負載（位元組）	FEC	對稱（kbps）	非對稱（kbps）	
DM1	0–17	Yes	108.0	108.8	108.8
DH1	0–27	No	172.8	172.8	172.8
DM3	0–121	Yes	256.0	384.0	54.4
DH3	0–183	No	384.0	576.0	86.4
DM5	0–224	Yes	286.7	477.8	36.3
DH5	0–339	No	432.6	721.0	57.6
HV1	0–10	Yes	64.0		
HV2	0–20	Yes	128.0		
HV3	0–30	No	192.0		

資料來源：IEEE 802.15 Working Group for WPANS.

數量,如圖 13.10 所示。而在 HVx 的例子,它表示 **FEC**(Forward Error Correction)的等級。在資料負載上有 FEC 方案是為了降低重送次數。在 ARQ 方案,在某一時槽傳送的資料,接收端會直接在下一個時槽應答(ACK),做標頭錯誤檢查與 CRC 檢查。

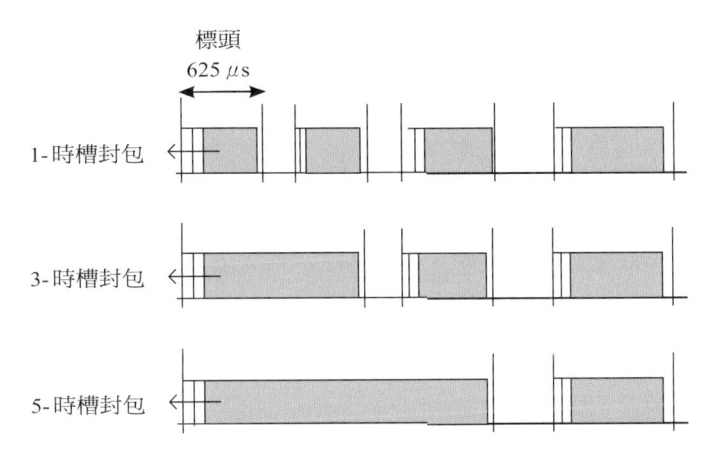

圖 13.10 藍芽的封包傳遞

13.6.2 IEEE 802.15.3

IEEE 802.15.3 小組正在發展適用於多媒體 WPAN 應用的 ad hoc MAC 層,與能提供資料速率超過 20 Mbps 的 PHY 層。IEEE 802.15.3 目前的草擬標準(別名 WiMedia)指定在 2.4 GHz 無執照頻率帶提供高達 55 Mbps 的資料速率。此技術採用 ad hoc PAN 拓樸,不完全異於藍芽技術,也有主裝置(master)與從裝置(slave)的角色。資料速率可從 55 Mbps 下降至 44 Mbps、33 Mbps、22 Mbps 與 11 Mbps。IEEE 802.15.3 並不相容於藍芽技術或 IEEE 802.11 家族的協定,即使它有重複使用相關的元件。

IEEE 802.15.3 MAC 層與 PHY 層之細節

IEEE 802.15.3 MAC 層規範是設計用於支援 ad hoc 網路、多媒體 QoS 服務與電源管理。在一個 ad hoc 網路,裝置可以根據現有網路狀況擔任主裝置或從裝置角色。無須複雜的設定步驟,裝置可以加入或離開一個現有的網路。IEEE 802.15.3 MAC 規範提供多媒體 QoS 的支援。圖 13.11 顯示 MAC 超級訊框的結構,含有一個網路信標間隔與一個**競爭存取期間**(Contention Access Period; CAP),保留作**保證式時槽**(Guaranteed Time Slot; GTS)之用。CAP 與 GTS 期間之間的間隔可以動態調整。

網路信標的傳送是在各超級訊框的開端,含有特定 WPAN 參數,包括電源管理,以及提供新裝置加入此網路的資訊。CAP 期間是保留來傳送非 QoS 資料訊框之用,像是簡短的

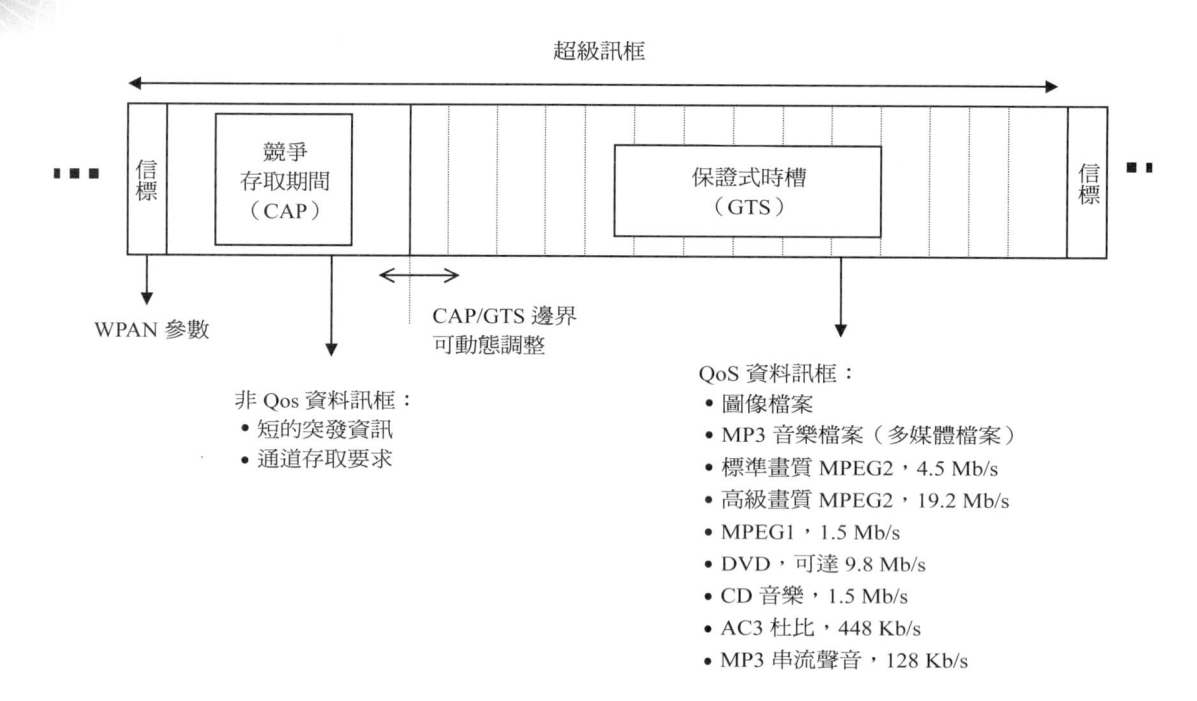

```
                        超級訊框
    ┌─────────────────────────────────────────────────────┐
... │信│ 競爭      │          │ 保證式時槽 │              │信│ ...
    │標│ 存取期間  │          │  (GTS)    │              │標│
    │  │ (CAP)    │          │           │              │  │
    └─────────────────────────────────────────────────────┘
         │            ↔
         │      CAP/GTS 邊界
    WPAN 參數    可動態調整
                             QoS 資料訊框：
         非 Qos 資料訊框：    ● 圖像檔案
         ● 短的突發資訊       ● MP3 音樂檔案（多媒體檔案）
         ● 通道存取要求       ● 標準畫質 MPEG2，4.5 Mb/s
                             ● 高級畫質 MPEG2，19.2 Mb/s
                             ● MPEG1，1.5 Mb/s
                             ● DVD，可達 9.8 Mb/s
                             ● CD 音樂，1.5 Mb/s
                             ● AC3 杜比，448 Kb/s
                             ● MP3 串流聲音，128 Kb/s
```

圖 13.11　IEEE 802.15.3 MAC 超級訊框

資料來源：J. Karaoguz, "High-rate Wireless Personal Area Networks," *IEEE Communications Magazine*, December 2001.

突發資料或通道存取要求。CAP 期間使用的媒介存取機制是 CSMA/CA。剩下的超級訊框時間就保留給 GTS 傳送具特定 QoS 要求的資料訊框。GTS 所傳送的資料型態可能是圖檔或音樂檔，或高畫質的語音或影音串流。最後，電源控制是 IEEE 802.15.3 MAC 協定的關鍵特色之一，其設計是要大幅地降低電源消耗，但又能保有與 WPAN 之間的連線。在電源節省模式下，QoS 要求仍得以維持。

　　IEEE 802.15.3 PHY 層是在 2.4 GHz 至 2.4835 GHz 的無執照頻率帶上運作，且資料速率為 11-55 Mb/s，適合用於傳輸高畫質、高傳真影音。IEEE 802.15.3 系統採用與 IEEE 802.11b 系統相同的符號率 11 Mbaud。在此符號率，規範有五種調變格式，分別為 22 Mb/s 的無編碼 QPSK 調變，以及 11、33、44、55 Mb/s 的 trellis 編碼 QPSK、16/32/64-QAM。基礎調變格式為 QPSK（差分編碼）。取決於兩端的裝置能力，利用 16、32 與 64-QAM 方案，搭配 8-state 2D trellis 編碼，可以達到 33-55 Mb/s 的資料速度。最後，該規範還包含更可靠的 11 Mb/s QPSK TCM 傳輸，做為降回（dropback）模式，來降低知名的**隱藏節點問題**（hidden node problem）。IEEE 802.15.3 信號佔據 15 MHz 的頻寬，在 2.4 GHz 無執照頻率帶提供至多四個固定通道。傳送功率等級符合美國 FCC 規範，目標值為 0 dBm。

IEEE 802.15.3 PHY 層的 RF 與基頻處理器是最佳化至 10 m 內的短距離傳輸，其 MAC 與 PHY 的實作應為低成本、小型化的，容易整合至消費性電子產品。完整的系統解決方案可以容易地塞進一張記憶卡中。PHY 層也需要低電壓輸出（少於 80 mA），同時能在電源節省模式，以最少電源消耗進行資料的傳送或接收。

從 ad hoc 網路的角度來說，裝置應能在很短的延遲時間之內就能連上現有的網路。IEEE 802.15.3 MAC 協定所設定的目標連線時間是少於 1 秒。檢視現有的規範需求，應注意的是，WPAN 裝置在 2.4 GHz 頻率帶上運作是很有利的，因為在很多國家，包括日本都是禁止在戶外使用 5 GHz 頻率帶的。

13.6.3　IEEE 802.15.4

IEEE 802.15.4 定義低速率與低功率 WPAN（LR-WPAN）[13.14] 的規範。它非常適合用於家用環境的網路應用，其關鍵之動機在於降低安裝成本與低功率消耗。家用網路有各種不同的需求。某些應用需要非常高的資料速率，譬如共用網際網路存取、分散式家庭娛樂，以及連線遊戲。不過，有更大的市場是在家庭自動化、安全，以及節省能源等應用，這些通常不需要高頻寬。反而，這些標準會關注在提供簡易的無線連結解決方案，具有低速資料率、廉價、固定式、可攜帶，以及移動的裝置。應用領域包括工業控制；與農業用、車用與醫療用的感測器。

在家用環境，此技術可以有效應用的地方很多：PC 周邊設備，包括鍵盤、無線滑鼠、低階 PDA 與搖桿；消費性電子產品，包括收音機、電視、DVD 播放機與遠端遙控器；家庭自動化，包括暖氣、通風、空調、安全警戒、燈光，以及窗戶、窗簾、門把等控制；健康監控與診斷。這些一般需要少於 10 kbps 的資料速率，而 PC 周邊設備需要最多 115.2 kbps。最大的可接收延遲時間，從 PC 周邊設備的 10 ms 到家庭自動化的 100 ms。

如先前所述，IEEE 802.15.1 與 802.15.3 分別適用於中速與高速資料率的 WPAN 應用 [13.15]。而 IEEE 802.15.4 則是用來滿足並非屬於上述兩類的應用，其有較低的頻寬要求與非常低的功率消耗，且建置成本極為便宜。這些稱為 LR-PAN。在 2000 年，有兩個標準小組，Zigbee 聯盟（HomeRF 的分支）與 IEEE 802 工作小組，聚在一起制訂 LR-PAN 的介面與運作。在此次聯合上，IEEE 小組主要負責定義 MAC 與 PHY 層，而 Zigbee 聯盟包括 Philips、Honeywell 與 Invensys Metering Systems 等是負責定義與維護 MAC 層以上。聯盟也發展應用檔案配置、認證課程、標誌與市場策略。規範主要是以當初 Philips 與 Motorola 為 Zigbee 所發展的初始成果 [13.16]——先前所熟知之 PURLnet、FireFly 與 HomeRF Lite。

IEEE 802.15.4 標準——如同其他 IEEE 802 標準——制訂資料連結層（含部分）以下的幾層。上層協定的選擇交由各應用依其需求去決定。重要的準則會是能源節省與網路拓樸。草案支援星狀與對等式 P2P 拓樸。允許多重位址型態——可為實體（64 位元）與網路（8 位元）所指派。也預期網路層能夠自我組織與自我維護，以降低用戶的負擔。目前，PHY 層與 DLL 層已或多或少清楚地定義。現在的焦點是在上層協定，而這部分的工作是由 Zigbee 聯盟來帶領 [13.17]，為市場注入創意又便宜的技術。在接下來的章節，我們會描述 IEEE 802.15.4 MAC 與 PHY 層的議題。

IEEE 802.15.4 資料連結層之細節

DLL 分成兩個子層——MAC 層與**邏輯連結控制層**（Logical Link Control; LCC）。LLC 是規範在 IEEE 802 家族的標準之中，而 MAC 則取決於硬體實作的需求。圖 13.12 顯示 IEEE 802.15.4 與 ISO-OSI 參考模型之間的相互對應。

IEEE 802.15.4 MAC 透過**特定服務匯流子層**（Service-Specific Convergence Sublayer; SSCS）提供服務給 IEEE 802.2 type I LLC。私有的 LLC 設計可以直接存取 MAC 層，而不經由 SSCS。SSCS 確保不同 LLC 子層之間的相容性，並讓 MAC 能經由一組存取點來加以存取。MAC 協定提供關連（association）與反關連、應答式訊框遞送、通道存取機制、

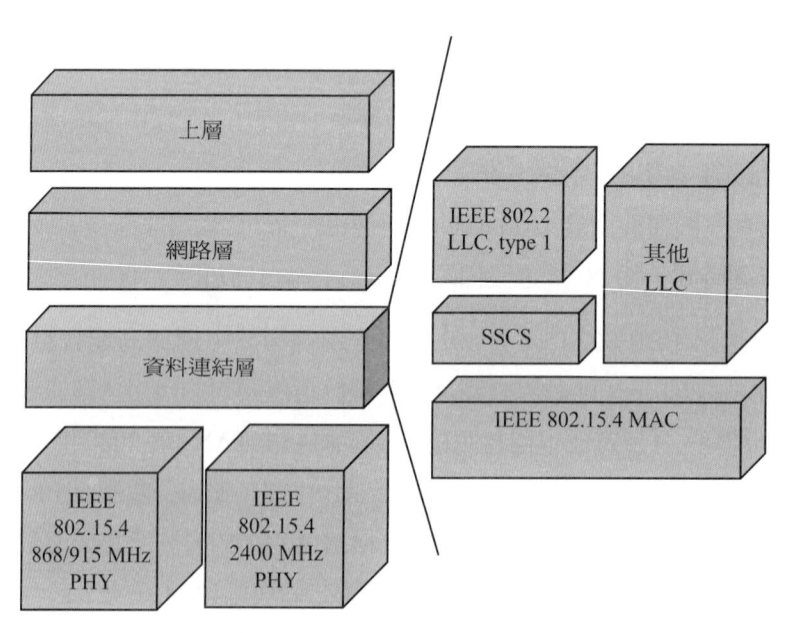

圖 13.12 IEEE 802.15.4 之 ISO-OSI 網路模型

資料來源：E. Callaway, et al., "Home Networking with IEEE 802.15.4: A Developing Standard for Low-Rate Wireless Personal Area Networks," *IEEE Communications Magazine*, Vol. 40, No. 8, pp. 70-77, August 2002.

訊框驗證、保證式時槽管理，以及信標管理。MAC 子層透過 MAC 共通部分子層（MAC Common Part Sublayer; MCPS-SAP）提供 MAC 資料服務，以及透過 MAC 層管理單元（MAC Layer Management Entity; MLME-SAP）提供 MAC 管理服務。這些提供 SSCS（或另一個 LLC）與 PHY 層之間的介面。MAC 管理服務僅有 26 個**基礎呼叫**（primitives），相較於 IEEE 802.15.1 有 131 個基礎呼叫與 32 個事件。

MAC 訊框結構在設計上保有彈性，因此它能適應很廣泛的應用，同時又能維持簡潔。它有四種訊框類型：信標、資料、應答（ACK）與命令訊框。圖 13.13 所示為訊框結構的總覽。

MAC 協定資料單元（MAC Protocol Data Unit; MPDU）或 MAC 訊框含有 MAC 標頭（MHR）、**MAC 服務資料單元**（MAC Service Data Unit; MSDU）與 **MAC 註腳**（MFR）。MHR 含有一個 2 位元組訊框控制欄位，標示訊框類型與位址格式，並控制 ACK；1 位元組序號，用來比對 ACK 訊框與之前的傳送；可變動大小的位址欄位（0-20 位元組）。可以僅有源點位址，可能在信標信號中，或源點與終點位址，像是在一般的資料訊框，或沒有位址，像是在 ACK 訊框。負載欄位的長度是不固定的，但 MPDU 有最大值為 127 位元組。信標和資料訊框皆來自上層，實際上含有一些資料。而 ACK 與指令訊框來自 MAC 層，僅用

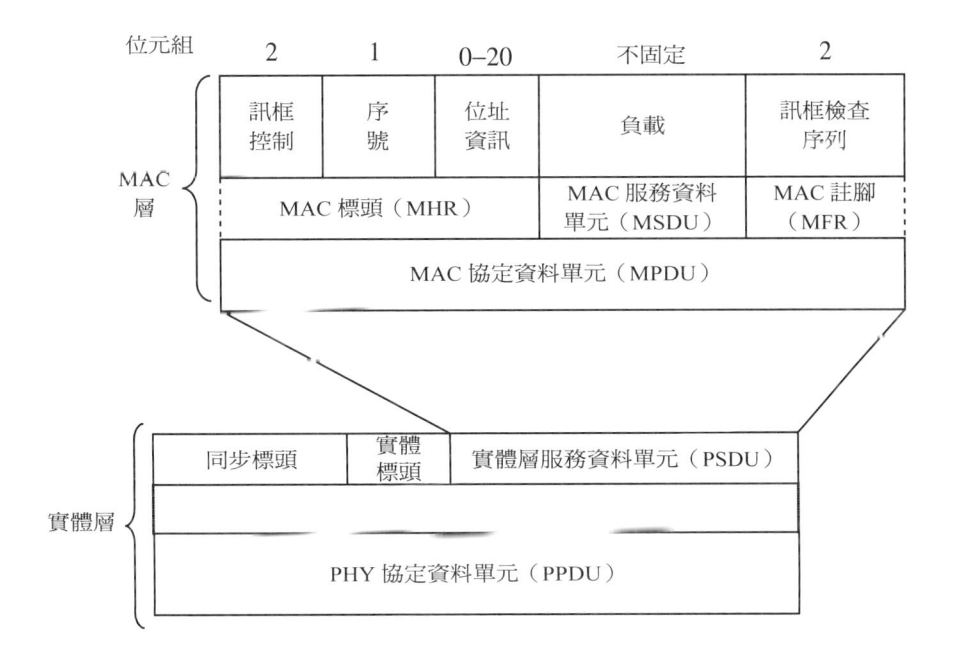

圖 13.13 一般 MAC 訊框格式

資料來源：E. Callaway, P. Gorday et al., "Home Networking with IEEE 802.15.4: A Developing Standard for Low-Rate Wireless Personal Area Networks," *IEEE Communications Magazine*, Vol. 40, No. 8, pp. 70-77, August. 2002.

於對等層級控制連結。MFR 做為 MPDU 的註腳，並含有一個**訊框檢查序列**（Frame Check Sequence; FCS）欄位，基本上就是一個 16 位元的 CRC 檢查碼。

IEEE 802.15.4 利用超級訊框模式，以提供特定應用類型能有專屬頻寬與較低的延遲。其中一個裝置——通常是比較沒有功率限制的裝置——做為 PAN 協調者，以事先定義的時間間隔（15 ms 至 245 ms）來發送超級訊框信標。信標的間隔時間會分成 16 個相等時槽，獨立於超級訊框的持續時間長短。此裝置可能在任何時槽進行傳送，但其傳輸必須在超級訊框結束之前完成。通道存取通常是競爭式的，雖然 PAN 可指派時槽給任何裝置。這稱為**保證式時槽**（Guaranteed Time Slot; GTS），並在下一個信標來到之前提供一段無競爭期間。在具有信標的超級訊框網路，會採用時槽式 CSMA/CA；而在沒有信標的網路，會使用非時槽式或一般的 CSMA/CA。

MAC 的一個重要功能是確認訊框是否成功接收。有效資料與指令訊框需要被應答；否則會被忽略丟棄。訊框控制欄位是用來標示某一訊框是否已應答。IEEE 802.15.4 提供三種層次的安全性：沒有安全、**存取控制清單**（access control list; ACL）與使用 AES-128 對稱式金鑰。為了使此協定簡單且低成本，並沒有指明金鑰分配的方法，但上層協定可以涵蓋此部分。

IEEE 802.15.4 實體層之細節

IEEE 802.15.4 提供兩種實體層的選擇，基於 DSSS 技術，且在低工作週期與低功率運作共用相同的基本封包結構。其差異在於運作的頻率帶。一個是使用 2.4 GHz ISM 帶，可全球通用；另一個在歐洲與美國，使用 868/915 MHz。這也造成 ISM 帶更為擁擠，加上其他的干擾源，包括微波爐等等。它們在資料速率上也有所差異，ISM 帶的實體層提供 250 kbps 的傳輸速率，而 868/915 MHz 層提供 20 與 40 kbps。較低的速率可以有較佳的敏感度與覆蓋較大的區域，但較高的速率可以有較小的工作週期、較高的效能與較少的延遲。

LR-WPAN 的範圍取決於接收器的敏感度，分別是 2.4 GHz 實體層為 −85 dB 與 868/915 MHz 實體層為 −92 dB。各裝置應以至少 1 mW 來傳送，但實際傳輸功率取決於該應用。一般的裝置（1 mW）預期的覆蓋範圍為 10-20 m，但擁有較佳的敏感度，並稍微提升功率就能覆蓋家用環境。

868/915 MHz 實體層支援 1 個 868.0 至 868.6 MHz 的通道與 10 個 902.0 至 928.0 MHz 的通道。因為區域性的原因，這 11 個通道不太可能都在同一個網路。它使用簡單的 DSSS，其中每個位元以一個 15-chip 最大長度序列（m-序列）來表示。編碼為 m-序列乘以 +1 或 −1，再將結果以 BPSK 的載波信號進行調變。

2.4 GHz 實體層支援 16 個 2.4 GHz 至 2.4835 GHz 的通道，通道間隔為 5 MHz。它採用基於 DSSS 的 16-ary（16元），近似正交碼（quasi-orthogonal）調變技術。二元資料群組成四位元符號，各自代表 1 個所要傳送的近似正交碼 32 位元 chip 偽雜訊（PN）序列，共 16 個。連續資料符號的 PN 序列會串接起來，整合後的 chip 再經由 MSK（Minimum Shift Keying）調變。使用「近似正交」的符號集簡化實作的複雜度，但些微地降低效能（< 0.5 dB）。從節省能源的角度來看，正交信號的表現比差分 BPSK 來得好。然而，從接收器的敏感度來看，868/915 MHz 有 6-8 dB 的優勢。

雖然兩個實體層不同，它們卻有相同的 MAC 層介面（亦即，如圖 13.14 所示，它們共用一種封包結構）。

封包或**實體層協定資料單元**（PHY Protocol Data Unit; PPDU）含有同步標頭、表示封包長度的 PHY 標頭，以及**負載**（payload）本身，也稱為**實體層服務資料單元**（PHY Service Data Unit; PSDU）。同步標頭是由 32 位元的**前導**（preamble）與 8 位元的**定界**（delimiter）所組成。實體層標頭的 8 個位元之中，有 7 個是用來標示 PSDU 的長度，範圍是 0 至 127 位元組。因為覆蓋區域小，且 chip 率相對較低，實體層並不需要**通道等化**（channel equalization）。一般的封包大小約為 30-60 位元組。

既然 IEEE 802.15.4 標準指明使用 ISM 帶，將干擾效應納入考量是很重要的。使用此協定的應用往往不太需要或沒有任何 QoS 的要求。因此，傳送失敗的資料只要重送，而較高的延遲是可以忍受的。太多的重送會增加工作週期，影響功率的消耗。此應用領域的傳輸樣

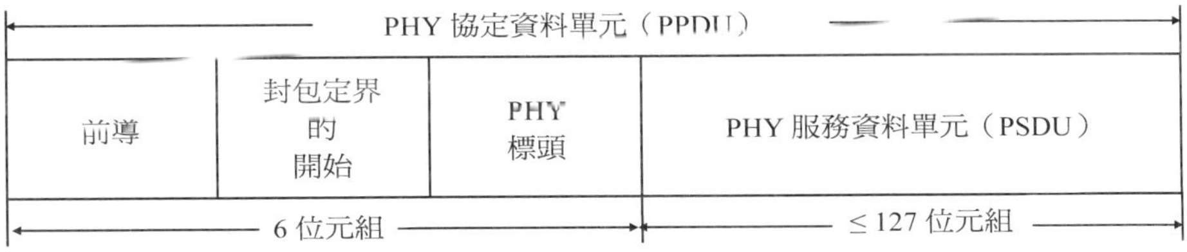

PHY 封包欄位：
- 前導（32 位元）——同步
- 封包定界的開始（8 位元）——標示前導的結束
- PHY 標頭（8 位元）——標示 PSDU 的長度
- PSDU（≤ 127 位元組）——標示 PHY 層負載

圖 **13.14** IEEE 802.15.4 實體層之封包結構 [13.13]
資料來源：J. Karaoguz, "High Rate Wireless Personal Area Networks," *IEEE Communications Magazine*, *December 2001*.

■ 表 13.4　WPAN 系統之比較 [13.6]

技術	藍芽（802.15.1）	802.15.3	802.15.4	藍芽 3.0 HS
運作頻譜	2.4 GHz ISM 頻帶	2.402-2.480 GHz ISM 頻帶	2.4 GHz 與 868/915 MHz	2.4-2.4835 GHz 或 6-9 GHz
實體層細節	FHSS，每秒1600 hops	未編碼 QPSK 格子、編碼 QPSK 或 16/32/64-QAM	搭配 BPSK 或 MSK 的DSSS（O-QPSK）	超寬頻（UWB）
通道存取	主從輪詢，TDD	CSMA-CA，超級訊框中的保證式時槽（GTS）	CSMA-CA，超級訊框中的保證式時槽（GTS）	802.11 無線協定
最高資料速率	可達 1 Mbps	11-55 Mbps	868 MHz-20, 915 MHz-40, 2.4 GHz-250 kbps	480 Mbps
覆蓋	<10 m	<10 m	<20 m	?
功率議題	1 mA-60 mA	<80 mA	最大電伏極低（20-50 μA）	超低功率
干擾	存在	存在	存在	最小
價格	低（＜10 美元）	中等	極低	?

資料來源：Ashok and D. P. Agrawal, "Next Generation Wearable Networks," *IEEE Computer*, Vol. 36, No. 11, pp. 31-39, November 2003.

式多半不會很頻繁，且裝置的運作模式大部分處於被動狀態。藍芽 3.0 高速規格在 2009 年 4 月 21 日被採用，這包括 802.11 高速傳輸協定，當空閒時也將持續消耗低功率。每個裝置將有一個特殊的 48 位元地址。這種裝置被期望能與早期的裝置互相運作。在兩個裝置之間建立一個秘密共享金鑰來當作一個連結金鑰，也可用於數據加密。許多細節尚未被制定出來，且標準委員會正在努力中。表 13.4 提供 WPAN 解決方案的綜合比較。

13.7　ZigBee

　　無線感測網路領域中，Zigbee 已經在各個領域建立其適用性。感測網路廣泛地用在農業方面。譬如：葡萄園裡裝設感測網路來追蹤氣候的變化，即可預測何時可採收葡萄。在環境應用方面，科學家裝設感測網路來監測在人口密集地區的一氧化碳濃度。鳥類學家使用感測器去監測 Leach 海燕（罕見海鳥）的築巢習慣。感測器安裝在橋梁及高樓，以監測它們承受強風和地震的能力。地質學家使用感測器到人跡罕至的地下洞穴探索。Zigbee 和藍芽屬於 WPAN IEEE 802.14 低速資料率的分類。因為它們的相似性太高，沒有太多的研究能確定它們是否會互相競爭。

軟體

不過，它們採用不同的網路技術，Zigbee 專注在使用低速資料率去做控制和自動化，而藍芽專注在消費性電子產品之間的連接，像是筆記型電腦、PDA、滑鼠和鍵盤，意圖取代連接線。藍芽為了連續資料的轉傳和接收，所以需要更高速資料率以及高功率消耗。藍芽應用相較於 Zigbee 應用下，它的壽命較短。因為 Zigbee 需運作多年且不用更換電源。在時間關鍵應用上，Zigbee 被設計可快速做出回應，藍芽則須花費較長的時間來做回應，可能不利於此應用。儘管如此，跳頻在藍芽裡提供了與生俱來的安全性。因此，使用者在 WPAN 裡可以同時使用這兩種技術來涵蓋網路裡所有的應用。

Zigbee 是一種控制技術，把現有以小電池供電、小頻寬、低延遲、低能耗、長期使用的無線裝置所組成的無線網路標準化。由於這種低能量的限制，ZigBee 降低能量消耗，其較低複雜度的實現方式，使得無線網路每層間的裝置互相操作性達到最大。

因為實體層能量消耗的限制，2.4 GHz 的工業、科學、醫療（ISM）頻段的資料傳輸率限制在 250 kbps，在歐洲 868 MHs 頻帶限制在 20 kbps，在北美和澳洲 915 MHs 頻帶限制在 40 kbps。還有其他的無線技術操作在 ISM 頻段，像是各版本的 IEEE 802.11 以及藍芽。因此，Zigbee 可能會受到這些網路的干擾。不過，Zigbee 可使用在 2.4 GHz 頻帶中 16 個不同頻道的任何一個，這些頻道大部分和 802.11 頻帶沒有重疊。此外，在 Zigbee 裡資料並不常傳輸，所以沒造成什麼干擾。另一方面，使用相同頻帶可允許其他無線技術的存取和連接，擴大網路的有效規模。

Zigbee 的現行版本有路由器、協調者和終端裝置，使用有信標或無信標的協定。週期性的信標在 250 kbps 是 15.36 ms 到 251.65824 s，在 40 kbps 是 24 ms 到 393.216 s，在 20 kbps 是 48 ms 到 786.32 s。在沒信標的網路，使用 CSMA/CA 存取方式且接收端一直是活躍的。藉由 IEEE 802.15.4 實體層和媒體存取控制層的標準，Zigbee 可處理這些高密度的部署。

- 網路層被設計去實現像是星狀、點對點和叢集的拓樸結構。所有裝置有簡短 16 位元的 IEEE 位址，可分配給任何小封包，Zigbee 還需要至少一個全功能裝置（FFD）來當網路協調者。FFD 能運作在任何拓樸結構以及和所有其他設備溝通。精簡功能裝置被限制運作在星狀拓樸結構，它們與網路協調者互動且非常容易實現。

- 應用層是負責維護連結表，使兩個或多個裝置能基於它們的服務和需求去做連結，並轉傳裝置之間的訊息。它也處理在相同空間內尋找其他裝置的動作。此外，它指派每個裝置的角色且建立一個安全的網路。製造商在 Zigbee 標準上開發實際的應用。Zigbee 極度的能源效率使其成為感測器和家用裝置的全球標準，其主要目的是維持數月甚至數年的運作。

13.8 無線體域網路

無線體域網（Wireless Body Area Network; WBAN）是個人區域網路（PAN）的演進，專門設計來監測人體生理參數，感應器是在身體附近，植入在皮膚內。這種新一代的無線感測器，如圖 13.15[13.21] 所示，1995 年開始發展穿戴式感測器，以便及早發現疾病。一個更全面的模型被提出在 [13.22]，通過本地協調者收集感測器數據，可以上網提醒醫生和醫院。這已成為一個監測慢性疾病的重大突破，如糖尿病、哮喘、心臟病發作，且通用的遠程醫療領域涉及人的健康。

在美國，聯邦通信委員會（FCC）已經批准了 40 MHz 通道 [13.23] 提供 2360 MHz 至 2400 MHz 頻段，其中 2360 MHz 至 2390 MHz 頻段限制用於室內應用，且註冊必須由醫療協調員核准。WBANs 出現在醫院環境中，數據可能通過中繼站被發送到一個倉庫系統，讓醫生、專家、醫務人員、患者和保險公司有機會獲得重要資訊。但是也有許多挑戰，包括互操作性、感測器驗證、數據可靠性和一致性、使用 TDMA 排程、相鄰感測器和體域網的內部和外部干擾、侵犯隱私、安全、QoS 消息的優先級分配、不斷的或定期監測、睡眠與喚醒週期及能量採集等。該領域預計將成倍增長，和未來的使用有望成為既有益又充滿特殊的挑戰。

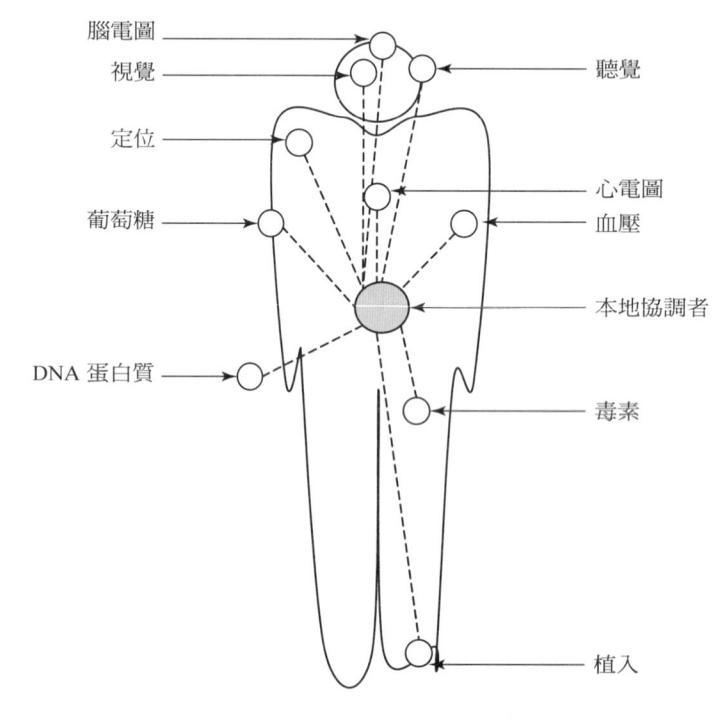

圖 13.15　WBN 的範例 [13.23]

資料來源：http://spectrum.ieee.org/tech-talk/biomedical/devices/fcc-gives-medical-body-area-networks-clean-bill-of-health

13.9 WMAN 使用 WiMAX

IEEE 802.16 標準的設計是一組空氣介面，其基於共通的 MAC 協定，以及 2001 年所通過的實體層規範；它的頻率範圍是 10 至 66 GHz。有一個新的計畫稱為 IEEE 802.16a [13.24]，又稱 WiMAX，預期會完成此標準的相關修正。此文件會支援較低頻率帶（2 至 11 GHz）的空氣介面，涵蓋需要執照與無需執照的頻譜。相較於較高的頻率，這樣的頻譜能提供 30-40 Mbps 速率，在 2011 年升級至 1 Gbit/s。WiMAX 被視為 2G、3G GSM 與 CDMA 技術之替換。

13.9.1 MAC 層

IEEE 802.16 MAC 協定支援單點對多點的寬頻無線存取。它允許上下行連結具有非常高速的位元速率，範圍在 3.5～0 MHz 之間，同時又能在各通道支援達上百個終端設備，這些設備能為數個用戶所共用。這些 MS 所需要的多功能服務包括傳統的 TDM 語音與資料、IP 連結性，以及封包化的 VoIP（Voice over IP）。是以，IEEE 802.16 MAC 必須同時能因應連續與突發的流量。另外，這些服務也預期會被指派適當的 QoS。IEEE 802.16 MAC 提供各種服務型態，如同傳統 ATM 的服務等級，以及較新的等級，像是保證訊框率（Guaranteed Frame Rate; GFR）[13.25]。

IEEE 802.16 MAC 協定也必須支援各種回程（backhaul）需求，包括 ATM 和以封包為基礎的協定。其使用匯流子層（convergence sublayer）來將傳輸層流量對應至 MAC 層，並提供像是負載標頭抑制（payload header suppression）、封裝與切割；匯流子層與 MAC 的相互合作通常能讓原始傳輸機制變得更有效率。

傳輸效率的議題也攸關 MAC 與 PHY 層之間的介面。譬如，各用戶可以根據突發配置檔案（burst profile）內指明的調變與編碼方案來調整各個突發流量。MAC 可以在某些偏好的連結使用較有效率的突發配置檔案，而當需要支援 99.999% 連結可用性時，切換到較可靠但較無效率的突發配置檔案。

這種要求/許可（request / grant）機制是設計來提供可調性、效率，與自我校正（self-correcting）能力。IEEE 802.16 的存取系統在每個通道有多條連線，與每條通道有多重 QoS 等級時仍不失效率。它使用各種要求機制，在非連線存取的穩定和連線導向存取的效率之間取得平衡。

除了基本功能，像是分配頻寬與傳送資料，MAC 還包括一個隱私子層；它提供網路存取的驗證，是以避免服務竊用與提供金鑰交換與加密以維護資料隱私。為因應頻率帶介於 2

至 11 GHz 之間的諸多實體環境與不同的服務要求，IEEE 802.16a 提供一層 MAC，能支援用於網狀式網路架構的自動重傳要求（Automatic Repeat Request; ARQ）。

13.9.2　MAC 層的細節

MAC 包含特定服務（service-specific）匯流子層，其接合更上層協定，以執行主要的 MAC 功能。隱私子層在共用部分（common part）子層的下面。

13.9.3　特定服務匯流子層

IEEE 802.16 定義兩個泛用型特定服務匯流子層（service-specific convergence sublayer），用來對應 IEEE 802.16 MAC 的連線。ATM 匯流子層是用於 ATM 服務，而封包匯流子層是用於對應封包服務，像是 IPv4、IPv6、Ethernet 與虛擬區域網路（Virtual Local Area Network; VLAN）。子層的主要工作是將服務資料單元（Service Data Unit; SDU）加以分類至適當的 MAC 連線，以保留 QoS 進行頻寬分配。對應的形式有很多種，取決於服務的類型。除了這些基本功能之外，匯流子層也能進行較複雜的功能，像是負載標頭抑制與重建，以改進空氣連結的效率。

13.9.4　共用部分子層（Common Part Sublayer）

簡介與一般架構：IEEE 802.16 MAC 是設計用來支援單點對多點（point-to-multipoint）架構，由中心 BS 來同時負責多個獨立分區。在下行通道（DL），前往用戶台（Subscriber Station; SS──基本上就是 MS）的資料是以 TDM 作多工處理。而 MS 之間以 TDMA 方式共用上行通道（UL）。

IEEE 802.16 MAC 是連線導向式。所有服務，包括非連線式服務都會對應至一個連線。此機制能提供頻寬要求、相關的 QoS 與流量參數、傳送與路由資料至適當的匯流子層，以及其他服務所特別指明的動作。連線係以 16 位元連線識別碼（CID）來加以區分，可能需要持續可用的頻寬或隨需式頻寬。

各個 SS 有一個標準 48 位元 MAC 位址，但這主要是做為設備識別碼，而在運作的主要位址還是 CID。當進入網路時，MS 會被指派三個管理連線。這三個管理連線分別對應三種不同的 QoS 要求。第一種是基本連線（basic connection），其用來傳送簡短、關鍵時間的 MAC 與無線連結控制（Radio Link Control; RLC）訊息。主要管理連線（primary management connection）是用來傳送較長，較能容許延遲的訊息，譬如驗證與連線設定。

次要管理連線（secondary management connection）是用來傳送以標準為主的管理訊息，像是 DHCP（Dynamic Host Configuration Protocol）、TFTP（Trivial File Transfer Protocol）與 SNMP（Simple Network Management Protocol）。

MAC 也會保留諸多連線留做它用。一個連線是保留作競爭式初始存取。另一個是保留作上行通道的廣播傳送。有的通道是保留作多點傳送（而非廣播傳送）的競爭式輪詢（polling）。透過這些輪詢，MS 可加入某個多點傳送輪詢群組。

MAC PDU 格式：MAC PDU（Protocol Data Unit）是 BS 與其 SS 兩者 MAC 層之間交換的資料單元。一個 MAC PDU 含有一個固定長度的 MAC 標頭、一個可變動長度的負載，以及一個非必須的 CRC（Cyclic Redundancy Check）檢查碼。有兩種標頭格式（從 HT 欄位來區分）：泛用型標頭（見圖 13.16）與頻寬要求標頭。除了不含負載的頻寬，MAC PDU 皆含有 MAC 管理訊息或匯流子層資料。

可能會有三種類型的 MAC 子標頭（subheader）。核准管理子標頭（grant management subheader）是 MS 用來向 BS 提出頻寬管理需求。分割子標頭（fragmentation subheader）標記在負載中，是否有 SDU 的分割與定位。封裝子標頭（packing subheader）是用來標示多個 SDU 封裝至一個 PDU。泛用型標頭跟在核准管理之後，而分割子標頭可以加在 MAC PDU 裡面。封裝子標頭可以安插在各個 MAC SDU 之前。

MAC PDU 的傳輸：IEEE 802.16 MAC 支援各種上層協定，像是 ATM 或 IP。從匯流子層過來的 MAC SDU 會遵循 MAC PDU 格式做格式化，可能會分割或封裝，再經由一個或

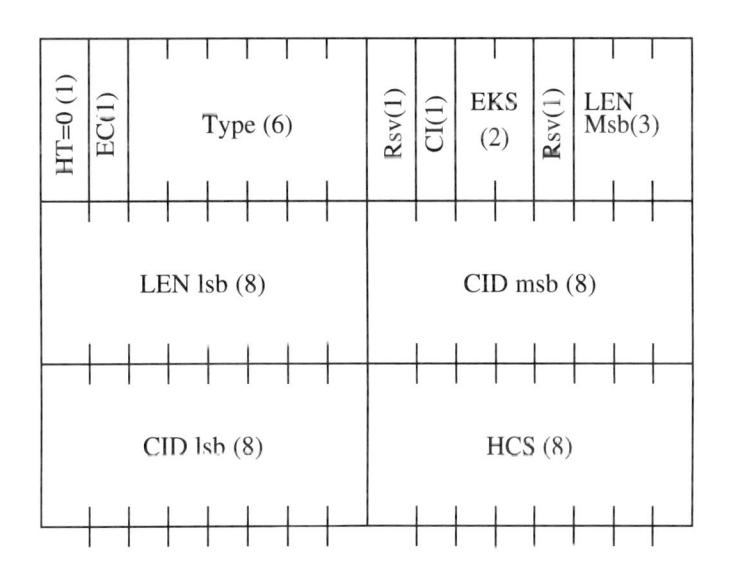

HT=0 (1)	EC(1)	Type (6)	Rsv(1)	CI(1)	EKS (2)	Rsv(1)	LEN Msb(3)
LEN lsb (8)				CID msb (8)			
CID lsb (8)				HCS (8)			

▲ **圖 13.16** MAC PDU 的泛用型標頭

多個連線傳送。行經空氣連結之後，MAC PDU 會重建回原先的 MAC SDU，這麼做可以讓接收端不用顧慮 MAC 層協定的格式轉換。

IEEE 802.16 善用封裝與分割程序，而透過適當的頻寬分配，可以讓有效性、彈性與效率發揮到最大。分割是將一個 MAC SDU 分成一個或多個 MAC SDU 片段。封裝是將多個 MAC SDU 包在一個 MAC PDU 負載（payload）。這兩個程序都可以是由 BS 或 MS 來始發，前者用於 DL，後者用於 UL 連線。IEEE 802.16 允許同時的分割與封裝，以使頻寬利用更有效率。

PHY 支援與訊框結構：IEEE 802.16 MAC 支援 TDD 與 FDD。在 FDD，可以有連續式與突發式 DL。連續式 DL 允許特定的可靠度強化技術，像是交錯（interleaving）。突發式 DL（FDD 或 TDD）允許使用更多先進的可靠度與容量強化技術，像是用戶層可適性突發檔案配置（subscriber-level adaptive burst profiling）與先進的天線系統。

MAC 在建立 DL 子訊框時，訊框控制的部分包含 DL-MAP（Downlink MAP）與 UL-MAP（Uplink map）訊息。這些標示 PHY 在 DL 的轉換，以及在 UL 的頻寬分配與突發檔案配置。DL-MAP 的長度至少為兩個 FEC 區塊。為有足夠的處理時間，第一個 PHY 轉換是標示於第一個 FEC 區塊。在 TDD 或 FDD 系統，UL-MAP 提供分配，其時間點不會晚於下一個 DL 訊框。UL-MAP 也可以在目前訊框開始進行分配，只是要注意處理時間與往返延遲。

無線連結控制（Radio Link Control; RLC）：IEEE 802.16 PHY 的先進技術需要相同先進的 RLC，尤其是 PHY 從某一突發檔案配置改變至另一個的能力。RLC 也必須控制此能力，以及提供傳統 RLC 的功能，像是功率控制與測距（ranging）。BS 定期地廣播為 UL 與 DL 的突發檔案配置。這些突發檔案配置會根據幾個因素來挑選一個特別的檔案配置，這些因素像是下雨區域與設備能力。DL 的突發檔案配置標示 DIUC（DL Interval Usage Code），UL 的標示 UIUC（UL Interval Usage Code）。

在初始存取，MS 利用在初始維護視窗所傳送的 RNG-REQ（Ranging Request）訊息，來進行初始功率位階（initial power leveling）與測距。SS 重送時間的調整，以及功率調整，會以 RNG-RSP（Ranging Response）訊息回覆給 MS。之後，BS 也會發送 RNG-RSP 訊息引導 MS 去調整其功率或計時（timing）。在初始範圍，MS 也可以發送所選取的 DIUC 至 BS，利用特定的突發檔案配置於 DL 要求服務。此選取是基於 MS 所接收的 DL 信號品質量測，此量測係在初始測距期間（含之前）所進行。BS 可能會確認或拒絕其選擇，會透過測距回應來告知 MS。類似地，BS 會監控來自 MS 的 UL 信號品質，BS 可以命令 MS 使用某一特定 UL 突發檔案配置，係在 UL-MAP 訊息中放入適當的突發檔案配置 UIUC，與給 SS 的核准。

決定好 BS 與某一 SS 之間的 UL 與 DL 突發檔案配置之後，RLC 會繼續監控與控制突發檔案配置。在遭遇更嚴峻的環境條件，譬如降雨衰減效應，則 MS 會要求更強健的突發檔案配置。相對地，極佳的天候狀況可能會讓 MS 暫時地用更有效率的突發檔案配置來運作。RLC 會持續地適應 SS 現有 UL 與 DL 突發檔案配置，以達到強健程度與效率之間的平衡。因為 BS 直接控制並監控 UL 信號品質，改變一個 MS 的 UL 突發檔案配置是容易的：BS 僅需要在給 MS 核准頻寬的訊框中標示，與檔案配置相關的 UIUC 即可。這也免除 ACK 的需要，因為 MS 一定會 UIUC 與核准（grant）兩者都收到或兩者都沒收到。因此，不會發生 BS 與 MS 之間的 UL 突發檔案配置不一致。

在 DL，MS 監控接收信號的品質，所以瞭解什麼時候應該要更換其 DL 突發檔案配置。然而，BS 才是實際負責操控此改變的。MS 有兩種方式來要求改變 DL 突發檔案配置，這取決於 MS 是運作在 GPC（Grant Per Connection）或 GPSS（Grant Per MS）模式。第一種方式一般（視 BS 排程演算法而定）僅適用於 GPC SS。在這種例子，BS 會定期地分配一個站台維護間隔給 SS。MS 可以使用 RNG-REQ 訊息來要求 DL 突發檔案配置的變更。適宜的作法是讓 MS 發送一個 DBPC-REQ（DL Burst Profile Change Request）訊息。在這種例子（這一定是 GPSS MS 的選項之一，也可以是 GPC MS 的選項之一），BS 會回應一個 DBPC-RSP（DL Burst Profile Change Response）訊息，以確認或拒絕變更。

因為訊息可以遭遇不可復原的錯誤而遺失，變更 SS 的 DL 突發檔案配置之協定應謹慎設計。轉換至更可靠的突發檔案配置與轉換至比較不強健的突發檔案配置，兩者的變更次序是不一樣的。一般來說，任何 MS 應該要聆聽 DL 的更強健部分，以及已協議的檔案配置。

通道獲取（Channel Acquisition）：MAC 協定包括一個初始程序，設計用來免除手動設定的必要。在安裝階段，MS 開始掃描其頻率清單，以找到一條運作通道。它可能被設定要跟某一特定 BS 進行註冊，BS ID 加以識別。此特色在較密的建置環境是有幫助的，因為 MS 可能會遇到選擇性衰減而聽到次要 BS，或 MS 挑中某一鄰近 BS 天線的旁瓣（side-lobe）。

在決定好哪一個通道或哪對通道後就開始進行通訊，SS 會試圖偵測定期的訊框前導，以便與 DL 傳輸同步。當 PHY 層同步之後，MS 會聆聽定期的 DCD（DL Channel Descriptor）與 UCD（UL Channel Descriptor）廣播訊息，好讓 MS 知道載波所使用的調變與 FEC 方案。

IP 連結性（Connectivity）：在註冊之後，MS 經由 DHCP 獲得一個 IP 位址，並透過網際網路的時間協定建立今日時間。DHCP 伺服器也提供 TFTP 伺服器的位址，MS 可以從那裡獲得設定檔案。此檔案係為一個標準的界面，以提供特定廠商的設定資訊。

13.9.5 實體層

10-66 GHz：為在空氣介面 "WirelessMAN-SC"（WMAN-SC）建置單載波（single-carrier）調變，有一個前提是，應存在可視直線（Line-Of-Sight; LOS）的條件，這規範在 10-66 GHz 的 PHY 規格設計。點對點通訊係透過 TDM 方法，其中 BS 依分配的時槽傳送信號給各 MS。UL 方向的存取是採 TDMA。允許 TDD 與 FDD 兩通訊形式同時存在。在 TDD 方案，相同通道可以有 UL 與 DL，但不能同時存在。在 FDD，UL 與 DL 係在不同通道，但可以同時發生。增加硬體複雜度能換得支援半雙工 FDD，且技術更便宜（一些）。為了使調變與編碼可動態程式化，TDD 與 FDD 的替代方案都支援適應性的突發檔案配置。

2-11 GHz：2-11 GHz 需執照與無執照頻帶的標準制訂正在進行，但最終版本尚未完成 [13.25]。IEEE 802.16a 負責此議題，並制訂三個空氣介面，見表 13.5。其中一個介面是符合 802.16a 的系統都必須要提供。所有這三種介面都具有互通性。在戶外的應用，尤其是郊外區域，BS 與用戶之間可能會涉及非直視（Non-Light-Of-Sight; NLOS）連結。由於多重路徑傳遞，2-11 GHz 實體層的設計是有考慮 NLOS 的需求。戶外型天線的硬體成本與建置成本是其他需要考量的因素。

值得注意的是，IEEE 802.16a 尚未完成修正案，因此可能還有重大改變。其傳遞需求促使先進天線系統的使用。儘管已完成還算穩定的草案，可能還會新增或刪除某些模式，其規格仍舊可以透過表決而有所變動。

表 13.5 IEEE 802.16a 草案 3 規格中定義的三個 2-11 GHz 空氣介面

空氣介面	規格
WMAN-SC2	使用單載波調變
WMAN-OFDM	用此 TDMA 存取介面無需執照頻帶。OFDM 的規格為 256 點轉換
WMAN-OFDMA	各接收器被指派一組多個載波，以便進行多工存取。OFDM 的規則為 2048 點轉換

13.9.6 實體層的細節

在實體層的規格，具可適的突發檔案配置之突發單載波調變係用於 10-66 GHz 頻率帶。通道頻寬為 20、25 MHz（典型的美國配置）或 28 MHz（典型的歐洲配置）。系統使用 Nyquist 平方根升餘弦脈衝塑形（square-root raised cosine pulse shaping），其下降（roll-off）

係數為 0.25。透過可適的突發檔案配置，各 MS 可以調整每個訊框的傳輸參數，像是調變與編碼方式。規格中也有制訂 TDD 變形與突發 FDD 變形。

資料位元會隨機化以降低傳送未調變載波的可能性，並確保有適應數量的位元轉換以支援時脈復原（clock recovery）。資料也經過 FEC 編碼，利用 Reed-Solomon GF（256），其允許可變動區塊大小，且有適當的錯誤校正能力。使用內部區塊迴旋碼強健地傳送關鍵資料，像是訊框控制與初始存取。FEC 編碼資料是對映至一個 QPSK、16-state QAM（16-Quadrature Amplitude Modulation）或 64-state QAM（64-Quadrature Amplitude Modulation），以組成各種強健度與效率的突發檔案配置。如果沒有裝滿最後一個 FEC 區塊，則區塊可以更短。

訊框大小可以是 0.5、1 或 2 ms。各訊框有 UL 子訊框與 DL 子訊框。一個訊框會分成數個實體時槽，而實體時槽是頻寬分配與 PHY 轉換識別的單位。一個實體時槽有 4QAM 符號。TDD 變形與 FDD 變形會定義不同的訊框。在 TDD 變形，一個訊框先有 DL 子訊框，接著才是 UL 子訊框。在 FDD 變形，UL 與 DL 使用不同頻率。BS 用 UL-MAP 與 DL-MAP 控制 UL 和 DL。在 DL-MAP，第一個部分是訊框控制部分，包含所有 SS 的控制資訊。接著是 TDM 部分。會使用協議後的突發檔案配置來提供與 DL 的同步。在 FDD 變形，會使用 TDMA 片段來傳送資料至半雙工 SS。這樣讓一些 SS 在實際排程之前就能傳送資料。與 DL 的同步可能會因為半雙工的特性而失準。不過，TDMA 前導（preamble）又能同步回來。因為在不同時間的頻寬需求不一，突發檔案配置的混合與歷時，以及 TDMA 部分的存在與否，都是隨著不同訊框而變化。接收端 MS 是放在 MAC 標頭，而不是 DL-MAP，因此，所有 MS 會聆聽所有的 DL 子訊框，以便進行接收。對於全雙工 MS，經由與 BS 協議，它們會獲得相同，或超過它們所需強健度的所有突發檔案配置。不同於 DL，特定 MS 可以透過 UL MAP 來獲得核准頻寬。現在 SS 開始傳送，使用突發配置檔案〔在 UL-MAP 紀錄中的 UIUC（UL Interval Usage Code）所指明〕，在它們所被指派的分配，是以核准頻寬給它們。在 UL 子訊框也提供競爭式分配，進行初始系統存取與廣播或多點傳送頻寬要求。某些 SS 尚未調整傳輸時間，以因應與 BS 之間的往返延遲時間，這時在初始系統存取會允許額外的保護時間（guard time）給這些 SS，以獲得合理的存取機會。

傳輸匯流（Transmission Convergence; TC）子層位於 PHY 層與 MAC 層之間。它負責在每一次突發，將可變動長度的 MAC PDU 資訊送至固定長度的 FEC 區塊（結尾的區塊可能縮短）。如圖 13.17，指標指向 FEC 區塊中的下一個 MAC PDU 標頭。當前一個 FEC 區塊遭遇無法復原的錯誤時，TC PDU 格式允許再同步全下一個 MAC PDU。若沒有 TC 子層，則在發生無法復原的錯誤時，接收端 SS 或 BS 就會失去該突發的整個剩餘部分。

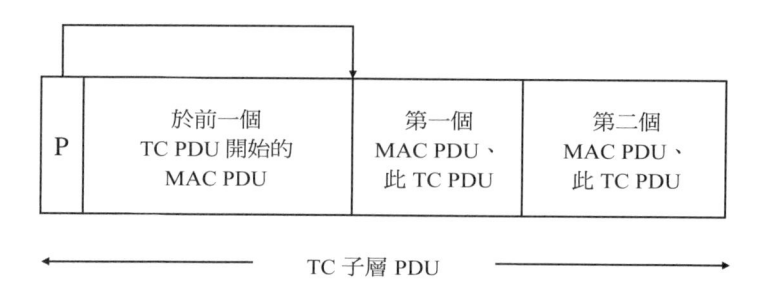

```
      ┌─────────────────┐
      ↓                 │
┌───┬──────────┬────────┴──┬──────────┐
│   │ 於前一個  │  第一個    │  第二個   │
│ P │ TC PDU 開始的│ MAC PDU、 │ MAC PDU、 │
│   │ MAC PDU  │ 此 TC PDU │ 此 TC PDU │
└───┴──────────┴───────────┴──────────┘
      ←─────────── TC 子層 PDU ───────────→
```

圖 13.17 TC PDU 格式

　　WMAN 的願景是提供能覆蓋整個城市的資料網路。WMAN 所提供的網路存取係透過建置外部天線來與中央無線電 BS（基地台）進行通訊。它也可選擇連至有線存取網路，譬如光纖連結、有線電纜數據機使用的同軸電纜與 DSL 連結。WiMAX 論壇 [13.26] 提出的架構，將使 WiMAX 網路連接基於 IP 的核心網絡。

13.10 WMAN 使用網狀網路

　　在過去的幾年裡，無線網狀網路（Wireless Mesh Networks; WMNs）已經逐漸成為一種可行且經濟的方式，來提供使用者寬頻無線網路的服務。WMN 在許多應用方面都能提供吸引人的服務，譬如：家庭／企業／社區的寬頻網路以及災害管理。而 WMN 的一些關鍵優點，包括自我組織能力、自癒能力、低成本的基本架構、快速的部署、具可擴展性且易於安裝。因此網狀網路技術吸引了學界及業界的注意，並積極地佈建在他們實際的應用中。處理器能力的改善、無線標準的發展、載波的配置和愈來愈多科技企業的競爭正推動無線網狀技術在各方面應用中快速被採用。

　　一般的 WMNs 如圖 13.18 所示 [13.28]，包含了網際網路閘道（Internet Gateways; IGWs）、網狀路由器（Mesh Routers; MRs）以及網狀用戶（Mesh Clients; MCs）。只需用最小基本架構，由 MR 和 IGW 形成的無線骨幹，MR 無縫地延伸網路連接給 MC。MR 組成的多跳躍式骨幹可以使用 802.11 的存取點、WiMAX 路由器或是兩者之間的組合，MR 和 IGW 合作傳送資料來提供 MC 服務。圖 13.19 顯示從 LAN 到 WMN 的演進，其中大部分的有線連接被無線連接所取代，除了被當作 IGM，連接其他 MR 到網際網路的 MR。

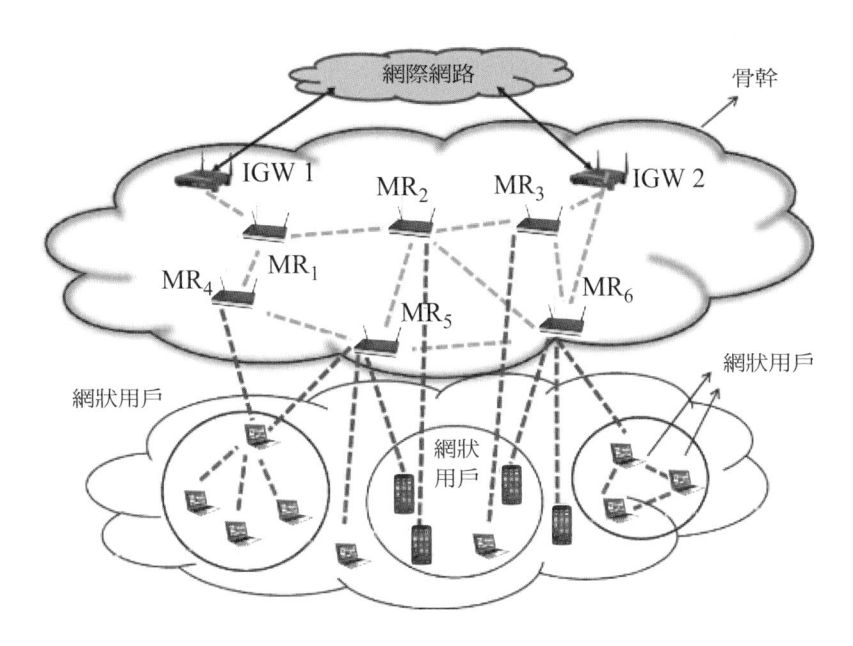

Chapter 13　無線區域網路、無線個人網路、無線體域網路和無線大都會網路　373

筆記型電腦：Sashkin/Shutterstock.com;
PDA：Maxx-Studio/Shutterstock.com;
路由器：Eugene Shapovalov/Shutterstock.com;
圖 13.18　無線網狀網路的圖示

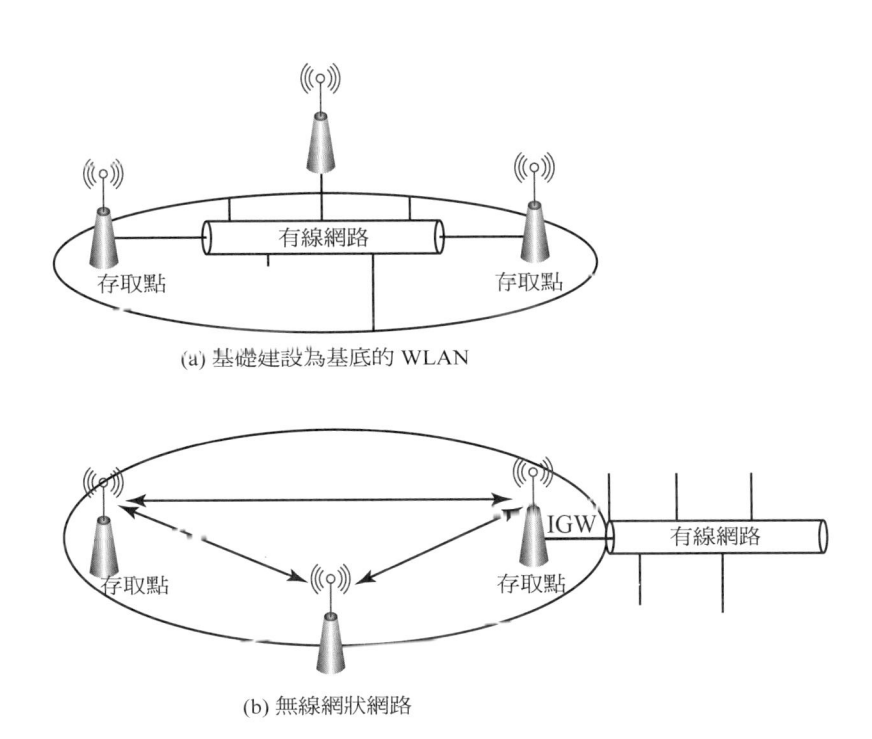

圖 13.19　WLMN 與 LAN 之比較

WMN 通常操作在不需執照的 ISM 頻帶上，因此會導致一些問題。不需執照的頻帶有不可預測的特質，高度的干擾常常伴隨著無線通訊，因為節點隱藏與曝露使得碰撞增加，和高度的網路壅塞。此外，因為路徑的衰減和遮蔽會造成彼此連接變得不可靠。以上這些組合將會導致極低的點對點產出率，這是我們在 WMN 應用中最不願意看見的。阻礙 WMN 佈建的關鍵限制因素有：連接的品質波動頻繁、特定連結上過載、壅塞，和因為半雙工無線電特性而導致有限的通道容量。其他問題像是不公平的通道存取、不適當的緩衝管理，以及不合理的路由選擇都是會阻礙網狀網路成功的大規模配置。QoS 的提供和可延伸性在適當的頻寬下，能否支援大量使用者也是其他重要的問題。雖然 WMN 的應用發展是非常吸引人的，但要使大規模的 WMN 可行，仍需要在所有網路通訊層多加研究。

在實體層，通訊協定的設計者面臨下列挑戰：功率控制、高密度節點間能夠作多通道／指向性的通信，以及不可預測的干擾。另外，上層需要資訊，例如下層連結的品質，從實體層連結的品質做出路由決策、偵測換手機制的迫切性和優化網路容量。通常，網路中的節點都只有一個無線電，在傳送與接收來回切換時造成資料傳輸延遲。隨著無線電成本的暴跌，單一節點配置多個無線電，就可以同時傳送與接收資料。MAC 層的通訊協定設計則需集中於對多無線電和多通道架構作有效的通道配置，在多無線電架構支援 QoS 機制，以及流量的排程使得資源利用度最佳化。

再者，多躍式的 WMN，傳輸主要的方向是從 MC 到 IGW。與封包橫越較少跳躍點相比，跨越多跳躍點的封包所呈現不理想的效能會造成空間的偏差，以致較遠的來源端會嚴重的遺失封包，最後導致產出率下降。因此不論是跨越了多少的節點，消除空間偏差的問題，與對所有的網路流提供相同的服務是非常重要的。

MANET 傳統路由解決方案對 WMN 是不足的，因為大部分都是被設計成單一路徑的路由，所以會有某些連結經常被使用，而其他的卻不常使用這種不平衡的網路負載現象。此外，在單一路徑路由下，如果一個被選定的路徑出錯，則應用程式將會中斷，之後另外再尋找一條備用路徑將會導致時間上的延遲。再者，不穩定的無線連接品質，驅使路由的設計在路由決策時，必須把連結的穩定性納入路由參數的考量。

可以預期在 IGW 以及 MR 之間的流量將會是非常大量且最主要的，有 IGW 與 MR 間路徑需要較大流量。因此高連接性的網狀骨幹可以被用在多路徑的路由上，其可以允許足夠的容錯能力，以及較可靠的資料傳輸。因此，路由協定的設計需要針對於幾個特點：多路徑路由、負載平均、適當的流量分配機制、可擴展性等等。

現有的傳輸控制協定（TCP）廣泛地用在網際網路傳輸層中，但被觀察到在多跳躍式無線網路中表現並不理想。傳統的 TCP 壅塞控制機制有兩個主要的缺點，多串流及持續性現象。有些應用程式可以持續地連接到網路，搶到了網路頻寬並且啟動多個串流，從而獲得相對其他偶爾需要服務的應用程式更多的頻寬。此外，TCP 固有的特色會導致過度的封包延遲、多路徑封包的重新排序等等。因此，未來的設計和 TCP 的增強需要在各種情境都能夠適應與減輕，譬如：變動較大的延遲、路徑非對稱、通道變化因素，以及多串流的公平性。

無線網狀網路很容易受到各種安全攻擊，如拒絕服務攻擊、自私節點攻擊或路由氾濫攻擊。由於它們隨插即用的結構模型，和缺乏單一信任的實體去管理整個網路。安全是一個基本特性，應該集中且以有系統的方式去探討那些被攻擊者利用漏洞產生的攻擊，且最終挫敗他們。由於 WMN 在與有線骨幹網路互補這方面越來越盛行，很多問題都會阻礙其順利進行。更多的細節將在最近出版的書 [13.29] 中探討。

13.11 WMAN 使用 3GPP 與 LTE（Long Term Evolution）

每一天都有新技術開發推出。基於 WiFi 的 LAN 在有限的範圍內提供良好的頻寬，不需任何費用，而 GSM 和 IMT 以有限價格支持在大區域的低頻寬。在不同的無線技術之折衷下，應由用戶因應底層應用來選擇適當的技術。由於無線通訊領域的迅速發展，在技術和移動性方面提供用戶無縫地服務整合現有網路。這清楚地表明未來的網路環境將是異質性的，對網路、應用程序和設備而言。不同類型的接入技術，諸如 WWAN、WMAN 和 WPAN 將共同存在並協作，以提供一個「始終最佳連接」[13.30] 環境到終端用戶。

截至目前為止，網路的每一代可以透過顯著技術進步來區分。在下一代網路中，將以用戶為中心 [13.31]。在這以使用者為中心的網路，應該以謙虛的和無障礙的方式提供服務，使用者無感於技術的困難處，同時保持合理的花費。此導致大量企業的合作項目被稱為第三代合作夥伴計畫（3GPP）[13.32]。此舉涵蓋了 GSM、GPRS、IMT-2000 和 EDGE（GSM 演進增強型數據速率）的演進，並與這些系統相容，包括 TDD 和 FDD 的無線接入來容方式。然而，當前技術的遷移，為適應未來的要求，同時保持向後兼容是一項具有挑戰性的任務。還有即將到來的異構無線網路（Heterogeneous Wireless Networks; HWNs），許多實際實現中相關的挑戰在這裡概述。

- **多網路**（Multi-network）：如前所述，下一代環境將採用多重存取技術，譬如：UMTS、WLAN、WiMAX 和藍芽，以互補的方式一起存在。像數據傳輸速率、延遲、覆蓋範圍、移動性，以及價格的特點是極為重要的，因為它們提供多種具有不同 QoS 要求服務為主要考慮。MANETs 也可以存在，以提供超出任何網絡的覆蓋區域內的無線接入給用戶。

- **架構**：對 HWN 架構尚未標準化。不同的人用不同的方法來滿足他們的要求。在研究中最常用的模式是疊加的架構。在這個方案中，小覆蓋面積，如 WLAN 或 WPAN，會和大覆蓋面積的 GSM 或 UMTS 網路重疊，形成一個分層的架構。然而，已經決定下一代網路將具有全 IP 骨幹網。IPv4 的演算法已經升級到 IPv6，以滿足這一目的。所有未來的網路將建立在 IPv6，同時 IPv4 仍然會存在，以支持現有 IPv4 系統。
- **多模式的終端**：由於多個異構網路的存在，行動設備也應配備多模式或多介面，以方便多個同時連接。這些終端將對於 HWN 的實現十分重要。
- **多服務**：廣泛的服務，如語音、多媒體、簡訊、電子郵件、資訊服務（例如：新聞、股票、天氣和旅遊）、電子商務以及娛樂，將無縫地提供給用戶與 QoS 保證。

一些具體的挑戰可以摘要如下：

1. **網路探索**：在 HWN，移動終端必須確定網路在其附近。目前網路利用發送定期的信標信號做到這一點。由於各種不同接入技術的存在，這一點在 HWN 變得很複雜。它已被提出，軟體無線電可以用於掃描無線介面以確定可用網路。然後，它可以根據現在網路來重新配置本身。
2. **網路選擇**：由於 HWN 中有多個可用的網路和服務，將服務映射到適當的網路，以提供最高的 QoS 是非常具有挑戰性的。在選擇網路前，必須先了解網路，如數據率、QoS 參數、支持的服務等等。我們也要了解用戶的要求。

   正確的網路選擇不僅優化系統的性能，且最大化資源使用。這也將提高用戶的 QoS 滿意度和更高的收入給網路提供商。但由於條件會改變，將一個通信會話分配給一個合適的網絡是相當複雜的。多模式終端將促進 HWN 多網絡選擇和數據傳輸。
3. **移動性**：高度關注的另一個因素是移動性。在 HWN，用戶可以在相同的訪問類型的網路之間移動，或不同的接入技術之間移動。雖然在類似的網路之間移動，用戶卻面臨水平換手。垂直換手是次要狀態。封包遺失和延遲是由於切換過程中連接暫時中斷。即使在越區時具有無縫切換服務，移動設備應該能夠預測越區切換，並採取適當的措施──預先（如封包或連接的初期轉移到新的網路的經常性緩衝）。越區切換演算法取決於用戶的移動性類型。快速移動的用戶切換較頻繁。

4. **網路基礎設施**：目前網路包括專為語音服務的非 IP 網路和數據服務的 IP 網路。HWN 為全 IP 骨幹的系統。結合這兩種類型保證終端到終端的服務，成為一個具有挑戰性的任務。

5. **安全性**：HWN 最具挑戰性的方面是它的靈活性。目前安全方案已被用於特定類型的網路設計。密鑰大小與加密解密技術也是固定的，適用於不同類型的異構網路場景。提供靈活性的方式是設計可重構系統。然而，設計一個系統來調整本身的安全服務，在任何類型的網路都是困難的。此外，新的安全威脅和惡意用戶，每天都不斷發展，成為一個更有挑戰性的任務。

6. **計費**：目前的計費系統是基於簡單的技術。用戶在根據通話時間的平準費率、服務類型，或者數據使用量計費較普遍。在異構網路中的用戶計費方案可能過於複雜，費用過高，除非採取足夠的措施來簡化這些問題。不同的網路涉及到誰使用不同提供商的計費方案。在這樣的環境中，使用戶可能因太多的細節而不堪負荷，但不是集中在服務質量。因此供應商應該合作，提供透明度和理解的系統，並拿出可以涵蓋所有情況的計費方案。

7. **服務質量（QoS）**：有四種類型的 QoS。在封包等級 QoS，抖動、吞吐量和錯誤率下降。執行等級 QoS 包括完成時間和封包遺失率。電路等級 QoS 包括新的和現有的通話阻斷。用戶的移動性和應用類型是用戶等級的 QoS。在像 HWN 複雜的情況下，提供質量保證是很難滿足。封包可以在其生命週期中通過不同類型的網路傳播。單一網路通話允許演算法不足接納多個網路通話允許決定。必須要設計新的通話允許演算法來處理整合性網路場景。[13.34] 應採取適當措施，以優化管理網路資源。用戶的行為也應監測，應制定 HWN 的新技術，使 HWN 自己適應各種情況。

HWN 是個不同種類的無線網路之聚集。不同類型的接入技術將以互補的方式共存，並提供最佳 QoS 給用戶。但是，實現這樣一個複雜的網路是一項具有挑戰性的任務，仍有許多工作要做。3GPP2 是另一個合作的努力，可能是在全球有用而非特定區域（CDMA2000 或 2G CDMA）。

13.12 WMAN 使用 LTE 與 LTE-A

2009 年 12 月推出長期演進（Long Term Evolution; LTE）[13.35] 和圖 13.20 中的最新 4G 無線技術，從 TDMA 變化至 OFDMA。

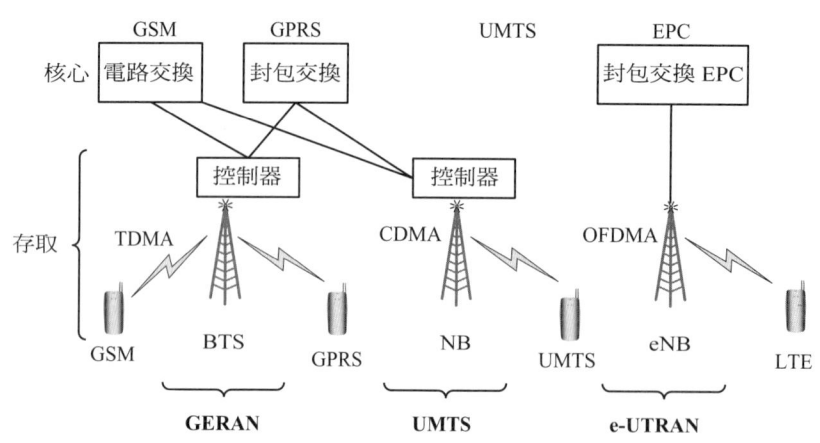

```
                GSM       GPRS        UMTS              EPC
        核心  電路交換   封包交換                   封包交換 EPC

        存取       TDMA              CDMA            OFDMA
              GSM    BTS    GPRS    NB    UMTS    eNB    LTE
                    GERAN            UMTS           e-UTRAN
```

GSM：全球行動通訊系統s
UMTS：全球行動電信系統
e-UTRAN：演進的 UMTS 地面無線接入網絡
GPRS：通用封包無線服務
GERAN：封包數據網路閘道器
EPC：演進數據封包核心網路

圖 13.20 LTE 架構 [13.37]

資料來源：IEEE 802.15 Working Group for WPANs, http://grouper.ieee.org/groups/802/15/

在現有的 LTE 方式，BS 發送到中央無線網路控制器，增強的節點具有在 LTE 高級結構中直接連接，圖 13.21 顯示以 IP 為基礎的方案。

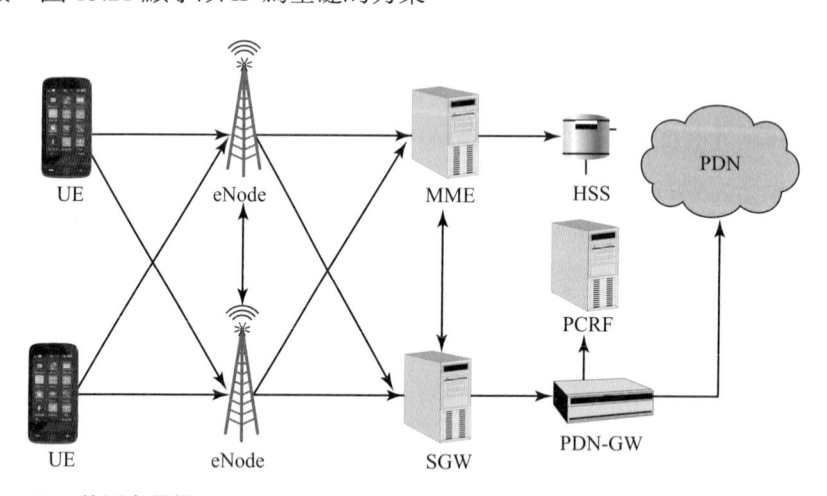

```
   UE —— eNode —— MME —— HSS —— PDN
   UE —— eNode —— SGW —— PCRF
                        PDN-GW
```

UE：使用者設備
MME：行動管理實體
eNode：基地台（擁有彼此完全連接）
SGW：服務閘道
PDN：封包數據閘道器
HSS：本籍用戶伺服器
PDN-GW：封包數據網路閘道器

圖 13.21 LTE-A 之架構 [13.36]

資料來源：http://www.rcrwireless.com/mobile-backhaul/lte-network-architecture-diagram.html
PDA: Maxx-Studio/Shutterstock.com

有許多結構的變化提供增加頻寬與減少延遲。這些包括 OFDMA 的使用，頻域均衡的新概念，使用 SC-FDMA（單頻正交分頻多重存取），以及在每個 BS 節點使用 MIMO。OFDMA 劃分頻帶分成多個正交子載波，分配每個子載波給相同或不同的用戶，讓一個或多個用戶使用共同的頻帶，如圖 13.22。子載波的數目取決於頻寬，且對於多路徑傳播環境非常有用，進而提高了頻譜效率。

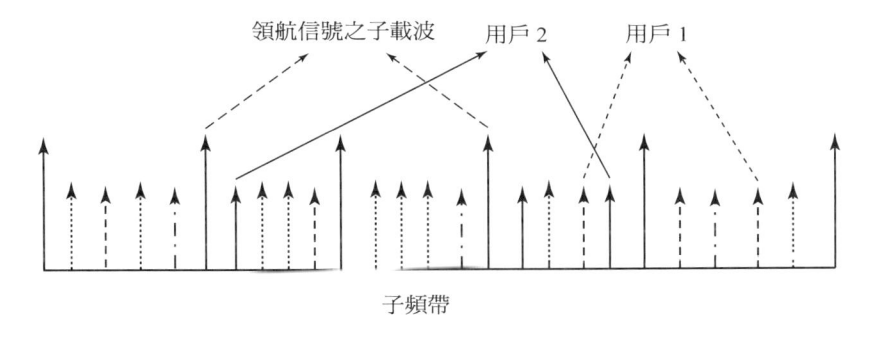

圖 13.22 OFDMA 子頻帶的使用

在以前的方案中，時域被用於通道脈衝響應時間（等化），時間較長，在 LTE-A，頻域被用於等化（equalization）且較簡化。可以注意到在時域中，等化需要循環卷積，在頻域中是簡單乘法。OFDMA 已涵蓋在第七章。SC-FDMA 的新概念允許多個用戶分配到共享通訊資源，並且可以被解釋為附加的 DFT 前述處理的 OFDMA。這個策略與 OFDMA 相比允許在 UL 時提供更好的速度，並具有較低的峰值對平均值功率比。該方案也被稱為 DFT-擴展或 DFT-預編碼的 OFDMA。

UL 傳輸速率是 50 Mbps，而 DL 為 100 Mbps 使用 20 MHz 的頻寬。在第七章所討論的 OFDMA 是 DL，而新的信號處理技術 SCFDMA 在上行連接中被使用。覆蓋區域通常是 5-100 公里，並在 30 公里後稍有下降。每細胞 200 個活動的用戶約 5 毫秒的延時。4G 主要被認為是可以支持高達 1 Gbps 的數據速率的方案。預期的頻寬高達 100 MHz 是理想的，而 40 MHz 至 100 MHz 是載波聚合的預期目標。採用 MIMO 方案允許 300 Mbps 至 750 Mbps（2×2 MIMO），和超過 1 Gbps 的（4×4 MIMO）峰值數據速率。為了提供良好的信號質量，中繼站被部署在細胞邊界區域，其中信號從 BS 逐漸衰弱，如圖 13.23。

一個常見的問題為是否使用 LTE-A 或 WMN 取決於很多因素，而一些被考慮的參數如表 13.6 所示。

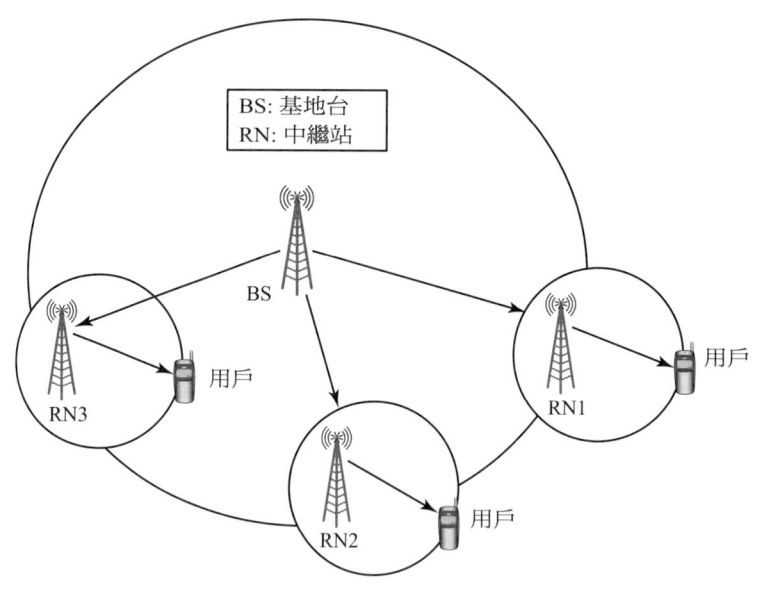

▓ 圖 13.23　LTE 基地台與中繼站

▓ 表 13.6　LTE-A 與 WMN 的比較

特徵	LTE-A	無線網狀結構網路
頻帶	美國使用 700 MHz 其他國家使用 700 MHz, 1800 MHz, 2100 MHz, 2300 MHz, 3500 MHz	WiFi: 2.5 GHz 與 5 GHz WiMAX: 須執照頻段 2.5 GHz 與無 須執照頻段 5 GHz
頻寬	大於 1 Gbps 上行 2–3 Mbps 與 下行 6–8 Mbps	WiMAX:上行 1.5 Mbps 與 下行 3–6 Mbps
相容性	LTE 向下相容； LTE-A 不是	缺少
業界支持	3GPP 標準	IEEE 標準
室內封包損失	毫微微細胞：0.06%	WiFi：0%
室外封包損失	每十億個有 ±50 個	
調變技術	在上行 混合 OFDMA/SC-FDMA	可使用任何路由器
可擴展性	需安裝 BS	易於擴展
範圍	BS：100 公里（62 英哩） 毫微微細胞：10 公尺（32.8 英 呎）	WiFi：30.5 公尺（100 英呎） WiMAX：48.2 公里（30 英哩）
室外 VoIP	80 個用戶 / 一個扇形(通常分三個 扇形)	WiMAX 802.16e 支援 20 個用戶 / 一個
特別特性	使用 MIMO，頻率等化	可利用任何的路由器
信號增強技術	中繼結點	只有網狀結點上的路由器
多跳接性	部署中繼站在巨細胞	利用多跳點的中繼
異質性	不同的低功率節點形成異構網路	支援異構網路
感知方式的使用	可實現感知無線電	可實現感知無線電
一般性	大多數性能較優	WiMAX 只覆蓋 6% 的人口

13.13 總結

在本章我們檢視了 WLAN、WPAN、WBAN 與 WMAN ——這些無線連結性的解決方案，主要是以覆蓋範圍來區分，也因此所提供的服務多少有所差異。雖然各分類之中有不同類型的協定，其中只有一種能夠成為市場上的主流。WLAN 是完全被 IEEE 802.11 獨占。絕大多數的筆記型電腦現在都內建 802.11b。而唯一成功大量生產製造的 WPAN 標準是藍芽技術。WiMedia™ [13.37]（the IEEE 802.15.3）看起來也蠻有前途的。Zigbee 和基於 802.11 的裝置都被認為可以用在感測網路上。LTE-A 在 4G 服務的選擇上居於領先地位。

13.14 參考文獻

[13.1] ETSI, "High Performance Radio Local Area Network (HIPERLAN) Type 1; Functional Specification," *http://webapp.etsi.org/pda/home.asp?wkiid=6956*.

[13.2] K. Negus, A. Stephens, and J. Lansford, "HomeRF: Wireless Networking for the Connected Home," *IEEE Personal Communications*, pp. 20–27, February 2000.

[13.3] *http://en.wikipedia.org/wiki/Ricochet_%28Internet_service%29*.

[13.4] M. Johnson, "HiperLAN/2-The Broadband Radio Transmission Technology Operating in the 5 GHZ Frequency band," *http://www.hiperlan2.com/site/specific/whitepaper.exe*.

[13.5] R. Shim, "HomeRF Working Group Disbands," January 7, 2003, CNET News.com; *http://news.com.com/2100-1033-979611.html*.

[13.6] R. L. Ashok and D. P. Agrawal, "Next Generation Wearable Networks," *IEEE Computer*, Vol. 36, No. 11, pp. 31–39, November 2003.

[13.7] IEEE 802.15 Working Group for WPANs, *http://grouper.ieee.org/groups/802/15/*.

[13.8] J. Haartsen, "The Bluetooth Radio System," *IEEE Personal Communications*, pp. 28–36, February 2000.

[13.9] The Bluetooth Special Interest Group, "Baseband Specifications," *http://www.bluetooth.com*.

[13.10] J. Bray and C. F. Sturman, *Bluetooth: Connect without Cables*, Prentice-Hall PTR; 1st edition, December 15, 2000.

[13.11] *http://www.bluetooth.com*.

[13.12] *http://grouper.ieee.org/groups/802/15*.

[13.13] J. Karaoguz, "High Rate Wireless Personal Area Networks," *IEEE Communications Magazine*, December 2001.

[13.14] J. A. Gutierrez, M. Naeve, E. Callaway, M. Bourgeois, V. Mitter, and B. Heile, "IEEE 802.15.4: A Developing Standard for Low-Power Low-Cost Wireless Personal Area Networks," *IEEE Network*, Vol. 15, No. 5, pp. 12–19, September/October 2001.

[13.15] J. Karaoguz, "High Rate Wireless Personal Area Networks," *IEEE Communications*

Magazine, Vol. 39, No. 12, pp. 96–102, December 2001.
[13.16] *http://www.zigbee.org.*
[13.17] D. Aguayo, J. Bicket, S. Biswas, D. S. J. De Couto, and R. Morris, "MIT Roofnet Implementation," *http://www.pdos.lcsmit.edu/roofnrt/.*
[13.18] E. Callaway et al., "Home Networking with IEEE 802.15.4: A Developing Standard for Low-Rate Wireless Personal Area Networks," *IEEE Communications Magazine* Vol. 40, No. 8, pp. 70–77, August 2002.
[13.19] Drew Gislason (via EETimes).
[13.20] *http://en.wikipedia.org/wiki/ZigBee.*
[13.21] *http://www.wifinotes.com/computer-networks/body-area-network.html.*
[13.22] D. P. Agrawal, notes for class at University of Cincinnati.
[13.23] *http://en.wikipedia.org/wiki/Body_area_network.*
[13.24] IEEE P802.16a/D3-2001: "Draft Amendment to IEEE Standard for Local and Metropolitan Area Networks—Part 16: Air Interface for Fixed Wireless Access Systems—Medium Access Control Modifications and Additional Physical Layers Specifications for 2–11 GHz," March 25, 2002.
[13.25] C. Eklund, R. B. Marks, K. L. Stanwood, and S. Wang, "IEEE Standard 802.16: A Technical Overview of the Wireless MANT Air Interface for Broadband Wireless Access," *IEEE Communications Magazine*, June 2002.
[13.26] *http://en.wikipedia.org/wiki/WiMAX.*
[13.27] *http://en.wikipedia.org/wiki/Wireless_mesh_network.*
[13.28] N. Nandiraju, Deepti Nandiraju, L. Santhanam, B. He, J. Wang, and D. P. Agrawal, "Wireless Mesh Network: Current Challenges and Future Directions of Web-in-the-Sky," *IEEE Wireless Communications*, August 2007, Vol. 14, No. 4, pp. 2–12.
[13.29] D. P. Agrawal and Bin Xie, eds. "Encyclopedia on Ad Hoc and Ubiquitous Computing," World Scientific, August 2009.
[13.30] N. Passas, S. Paskalis, A. Kaloxylos, F. Bader, R. Narcisi, E. Tsontsis, A. S. Jahan, H. Aghvami, M. O'Droma, and I. Ganchev, "Enabling Technologies for 'Always Best Connected' Concept," *Wireless Communications and Mobile Computing*, Vol. 6, Issue 4, pp. 523–540, 2006.
[13.31] H. Berndt, *Towards 4G Technologies: Services with Initiative*, Chichester, England: John Wiley and Sons Ltd, The Atrium, Southern Gate, 2008.
[13.32] *http://en.wikipedia.org/wiki/3GPP.*
[13.33] S. Y. Hui and K. H. Yeung, "Challenges in the Migration to 4G Mobile Systems," *IEEE Communications Magazine*, Vol. 41, Issue 12, pp. 54–59, 2003.
[13.34] O. E. Falowo and H. A. Chan, "Joint Call Admission Control Algorithms: Requirements, Approaches, and Design Considerations," *Computer Communications*, Vol. 31, Issue 6, pp. 1200–1217, 2008.
[13.35] *http://en.wikipedia.org/wiki/LTE_%28telecommunication%29.*
[13.36] *http://www.rcrwireless.com/mobile-backhaul/lte-network-architecture-diagram.html.*
[13.37] IEEE 802.15 Working Group for WPANs, *http://grouper.ieee.org/groups/802/15/.*

13.15 實驗

■ 實驗一
- **背景**：藍芽是一種流行的技術，引起不少使用者的興趣，目前擁有龐大的市場且未來的潛力更大。它被行銷為一種將創造出無線網路去連接各元件使其通訊的技術。藍芽是一種複雜的系統，允許相同的無線介面去適應多個周邊設備。然而，現有藍芽系統有能支持頻寬或允許周邊設備的最大數量的限制。這項實驗將讓學生接觸到這方面，且將讓他們準備好去思考如何克服這些限制。
- **實驗目的**：多個藍芽裝置構成一個網路，稱為 piconet，包含一個主裝置和最多七個從裝置。學生將設置一個實驗去研究主裝置如何藉由藍芽裝置的輪詢去建立一個 piconet。他們將觀察封包大小對於 piconet 反應的影響。他們也將實驗應用跳頻的主裝置。藍芽協定操作在 ISM 頻段，因此很容易受到其他操作在同範圍內裝置的干擾。這實驗還包括考慮從其他通訊裝置來的干擾，且在 piconet 運作時處理這些干擾。
- **實驗環境**：電腦和模擬軟體，像是 Java、VC++、MATLAB、ns-2、QualNet、OPNET 或硬體板，如能支援藍芽通訊的 ARM 嵌入式開發套件。
- **實驗步驟**：
  1. 學生應掌握藍芽通訊的技術規範，他們還將學習如何設置藍芽網路，這可以加深他們理解這項技術。
  2. 如果採用模擬環境，學生將在模擬平台上應用藍芽介面和原理。如果用硬體模擬，學生需要學習如何裝配和組和整合藍芽裝置模組到板子上。
  3. 學生需要模擬或安裝多台裝置去成立一個藍芽 piconet。學生也將學習被藍芽主裝置使用的輪詢（polling）機制。
  4. 學生將學習觀察何種封包大小會影響到網路參數。
  5. 學生還可以實現不同的技術，像是在主裝置上的跳頻。
  6. 學生將瞭解存在的干擾，積極的領會它和封包丟失率之前的關係，且思考能應付它的方法。

■ 實驗二
- **背景**：隨著藍芽裝置的普及，越來越多的裝置需要連接到同一個 piconet，存在著最多可同時連接 8 台裝置的限制。一種解決此問題的方法是從剩餘裝置中去創造一個新的 piconet，且在這兩個網路之間使用一個藍芽橋接器。這種結果的 piconet 網路稱為 scatternet，並提出現實情況可能出現越來越多正在使用的藍芽裝置。此橋接器的方法增加了網路的規模，同時也引發了從一個來源 piconet 傳送封包到另一個 piconet 的效率問題。這實驗將使學生接觸到此項問題。

- **實驗目的**：學生將創造一個包含三個或四個 piconet 的 scatternet。他們將觀察任意選擇通訊節點的行為，如果他們需要跨越多個橋接器來溝通。路由選擇策略將成為一個重要的準則。其他像是經過多個橋接器的問題需要仔細地加以考量。由於節點能自由走動，以及可動態的改變網路拓樸架構，使得事情變得更加複雜。
- **實驗環境**：電腦和模擬軟體，像是 Java、VC++、MATLAB、ns-2 含 UCBT 延伸、QualNet、OPNET 或硬體板，如能支援藍芽通訊的 ARM 嵌入式開發套件。
- **實驗步驟**：
    1. 學生們首先學習 piconet 和 scatternet 之間的差異。
    2. 學生們將需要執行幾個藍芽網路，並讓它們自己獨立運作。
    3. 然後學生需要連接這些 piconet，並使它們形成 scatternet。他們將學習如何安裝橋接器節點去轉發封包。
    4. 學生需要設計自己的路由策略，並在 scatternet 中執行。
    5. 學生被鼓勵去思考節點如何變動會影響到網路拓樸架構，以及如何採用相對應的策略。

13.16　開放式專題

- **目的**：正如本章所討論，藍芽裝置運作在 2.4GHz ISM 頻段，而且使用 802.11g 的標準存取點（AP）也使用相同的頻段。上述兩種類型的裝置在相鄰區域會造成干擾。即使使用藍芽跳頻序列也是如此；在相同時間可能藍芽和 AP 使用同一個頻率。如果兩種類型的裝置，彼此在共享頻率中以合作的模式運作來儘量減少干擾。模擬這樣混合的環境，並分成合作和非合作的模式觀察其干擾程度。多個藍芽 piconet 或一個大型 scatternet 會造成什麼影響？

13.17　習題

1. 如果同時使用兩具家用無線電話會怎樣？請詳加說明。
2. 你可能觀察到下列情況：
    （a）當你開啟自家的車庫門，鄰居的車庫門也被開啟。

（b）你的鄰居抱怨有時候 TV 頻道會自動切換。

你可以想一些方法來避免這種現象嗎？請詳加說明。

3. 有一組小型機器人需要配置無線裝置。如果用於實驗室環境，考慮下列裝置的有用性：

   （a）紅外線（Infrared; IR）。

   （b）擴散式紅外線（diffused infrared）。

   請透過網站來獲得有關紅外線通訊的資訊。

4. 重複習題 3，如果機器人是要用於實際應用。

5. 有一組小型機器人需要配置無線裝置。如果用於實驗室環境，考慮下列裝置的用途：

   （a）WMAN。

   （b）WLAN。

   （c）WPAN。

6. 請問藍芽與家用微波爐會相互干擾嗎？請說明。

7. 請問在 piconet 中將藍芽裝置連至行動裝置有何影響？

8. 有一個無線系統，使用五個相鄰頻率帶（f_1, f_2, f_3, f_4, f_5）來做為跳頻序列。請列舉共有幾種不同的跳頻序列，並證明其正確性。

9. 在習題 8，現在新增加五個通道（$f_6, f_7, f_8, f_9, f_{10}$），而跳頻序列仍維持在五個。請問應該將跳頻維持在各自通道（f_1, f_2, f_3, f_4, f_5）與（$f_6, f_7, f_8, f_9, f_{10}$），或應該從（$f_1, f_2, f_3, f_4, f_5, f_6, f_7, f_8, f_9, f_{10}$）中選出五個？請詳加說明，並提供量化的數據。

10. 有一個會議籌辦單位決定同時進行八個座談會 A、B、C、D、E、F、G 與 H。為了讓各組的六位成員之間能相互通訊，遂使用具備藍芽裝置的筆記型電腦來形成一個 piconet。各組的 piconet 遵循下列的跳頻序列。

群組	分配的跳頻序列							
A	f_1	f_5	f_9	f_{13}	f_{17}	f_{21}	f_{25}	f_{29}
B	f_2	f_6	f_{10}	f_{14}	f_{18}	f_{22}	f_{26}	f_{30}
C	f_3	f_7	f_{11}	f_{15}	f_{19}	f_{23}	f_{27}	f_{31}
D	f_4	f_8	f_{12}	f_{16}	f_{20}	f_{24}	f_{28}	f_{32}
E	f_{13}	f_{17}	f_{21}	f_{25}	f_{29}	f_1	f_5	f_9
F	f_{14}	f_{18}	f_{22}	f_{26}	f_{30}	f_2	f_6	f_{10}
G	f_{15}	f_{19}	f_{23}	f_{27}	f_{31}	f_3	f_7	f_{11}
H	f_{16}	f_{20}	f_{24}	f_{28}	f_{32}	f_4	f_8	f_{12}

如果發生碰撞，請量化干擾所占的時間比例。

11. 假設對所有 $i \neq j$，通道 $f_i \neq f_j$，請問在習題 10，是否存在碰撞與干擾，如果
    （a）有某些成員是重疊的，所以群組（A, B, C, D）或群組（E, F, G, H）得同時進行。
    （b）所有八個組同時在進行通訊。
    （c）因為筆記型電腦的數量有限，同一時間最多有任意六個組在進行通訊。

12. 在習題 11（a），群組 A 可能需要與群組 B 進行通訊，應如何進行互動？請考慮所有可能性，並詳加說明。

13. 成員將重新分組成：群組（A, B, E, F）與群組（C, D, G, H）。以此新的分配方式重新回答問題 11。

14. 請問在感測網路中使用藍芽裝置的優缺點為何？請以可行之觀點來說明。

15. 在 piconet 組成藍芽裝置的叢集是重要的。請試想任何定義成員的策略？請說明。

16. 橋接節點（bridge node）讓兩相鄰 piconet 能互相存取。請問兩 piconet 之間資料傳送的排程應如何進行？請說明。

17. 是否可以在 scatternet 上套用不同的 ad hoc 網路路由協定？請舉例說明。

18. 請問在藍芽技術使用不同大小的時槽是為何？請詳加說明。

19. 請問如何確保兩相鄰 piconet 不會使用相同的跳頻序列？請說明。

20. 請問是否可能使用 "orthogonal latic squares" 來避免習題 19 的議題？請利用搜尋引擎瞭解何謂 "orthogonal latic squares"。請詳加說明。

21. 試比較 HyperLAN 2 與藍芽技術。

22. 試比較 WMANs、WLANs 與 WPANs 之間的用途與限制。

23. 請問 Ricochet 解決方案與 IEEE 802.16 之間的根本差異為何？

24. 針對下列狀況，請說明你建議使用的無線解決方案。某些情況可能需要多種標準。請詳加說明。
    （a）有一個人帶著 PDA、筆記型電腦、生物感測器，以及手錶，能相互協調運作，並與網際網路進行連線。
    （b）常在外面跑的業務員，需要隨時注意產品的存貨量。
    （c）在會議室開會的人員，希望能以數位方式交換名片。
    （d）有一會議籌備單位，需要考量利益迴避因素，並同時讓審查委員討論已收件的論文是否接受等決定。

25. 你能想像 LTE 設備是一個 WMN 的路由器嗎？請詳加說明。

Chapter 14

衛星系統

14.1 簡介

衛星系統已使用數十年，從通訊的角度來看，其發展有很長的歷史。表 1.13 為衛星系統相關的大事紀。表 1.14 條列可能的應用領域。衛星是位於離地球表面很遠的位置，它可以涵蓋更廣的地表面積，而各衛星控制並操作多條衛星波束。衛星必須正確地接收 MS 所傳送的資訊，並轉送至**地面站**（Earth Stations, ESs）。因此，MS 與衛星之間只可能有 LOS 通訊。

14.2 衛星系統的類型

衛星被送往太空是為了提供不同目的 [14.1]，其置放的位置與運行軌道形狀則取決於各特定的需求。目前有四種不同的衛星軌道：

1. **同步軌道**（Geostationary Earth Orbit; GEO）距離地表約 36,000 km。
2. **低軌道**（Low Earth Orbit; LEO）距離地表約 500-1500 km。
3. **中軌道**（Medium Earth Orbit; MEO 或 Intermediate Circular Orbit; ICO）距離地表約 6000-20,000 km。
4. **高橢圓軌道**（Highly Elliptical Orbit; HEO）。

衛星軌道路徑與距離地表的高度如圖 14.1 所示。軌道可以是橢圓形或圓形，完整旋轉時間（與頻率）則跟衛星與地表之間的距離，以及衛星質量和萬有引力加速度有關。依照圓形軌道運行的衛星（圖 14.2），可以套用**牛頓**（Newton）的萬有引力定律來計算**吸力**（attractive force）F_g 與**離心力**（centrifugal force）F_c 如下：

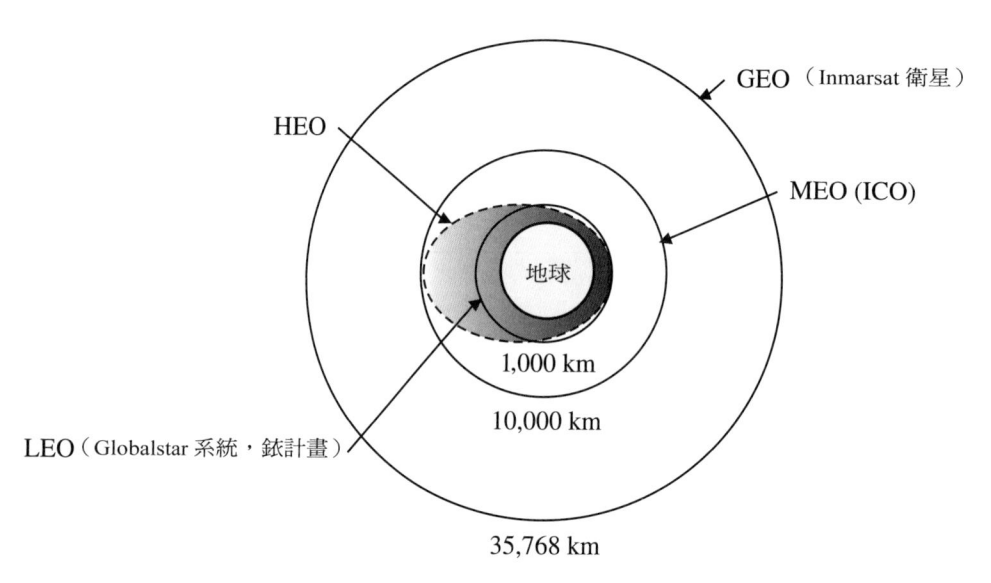

圖 14.1　不同衛星的軌道

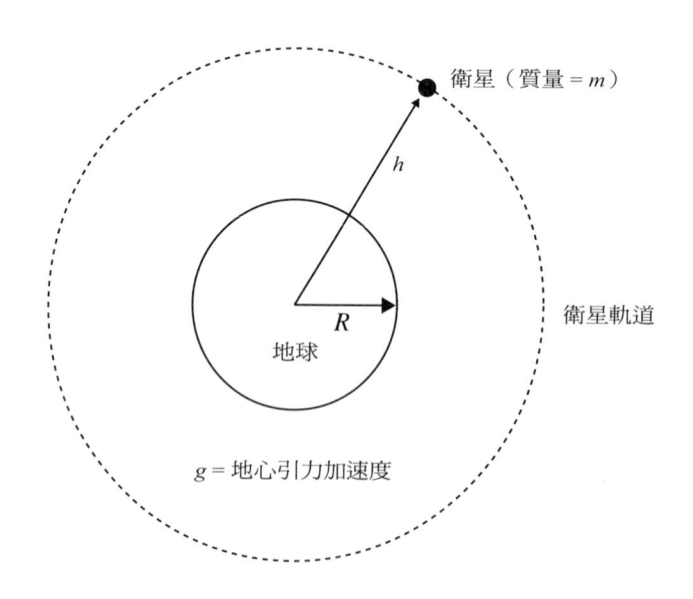

圖 14.2　一條穩定軌道路徑的地球衛星參數

$$F_g = mg\left(\frac{R}{h}\right)^2 \tag{14.1}$$

$$F_c = mr\overline{\omega}^2 \tag{14.2}$$

以及

$$\overline{\omega} = 2\pi f_r \tag{14.3}$$

其中 m 是衛星的質量、g 是地球的重力引力加速度（$g = 9.81$ m/s²）、R 是地球半徑（$R = 6370$ km）、r 是從地心至衛星的距離、$\overline{\omega}$ 是衛星的**角速度**（angular velocity），以及 f_r 是**轉動頻率**（rotational frequency）。

$$h = \sqrt[3]{\frac{gR^2}{(2\pi f_r)^2}} \tag{14.4}$$

衛星軌道相對於地球的平面如圖 14.3 所示。衛星軌道的平面主要決定衛星波束在每一次旋轉會涵蓋的地表區域。衛星波束與地表之間的**仰角**（elevation angle）會影響**照明區域**（illuminated area）或稱足跡，如圖 14.4 所示。衛星波束的仰角 θ 決定衛星相對於 MS 的距離。足跡的密度如圖 14.5 所示，其中 0 dB 密度的地方以圓圈清楚標示。此圓圈區域叫做**等通量區域**（isoflux region），而此具一致密度的區域通常做為波束的足跡。一個衛星可含有多個照明波束，波束幾何的一個例子請見圖 14.6 所示。這些波束可以視為傳統無線系統

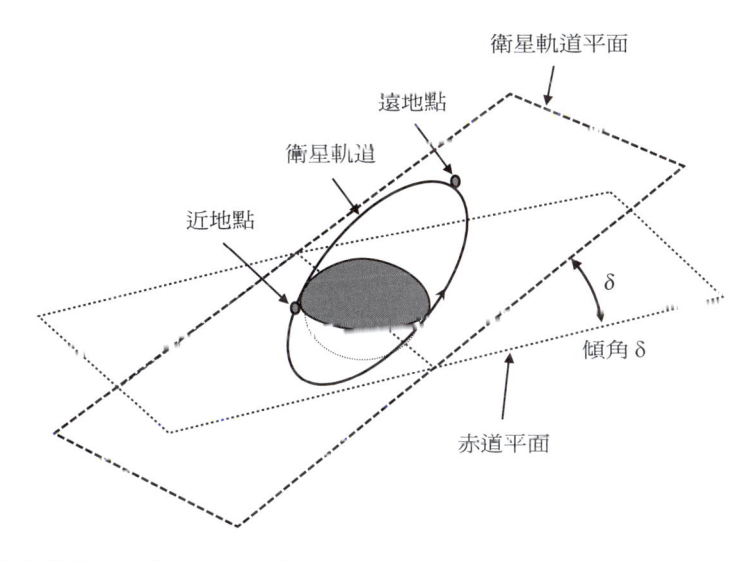

圖 **14.3** 衛星軌道的傾角（inclination）

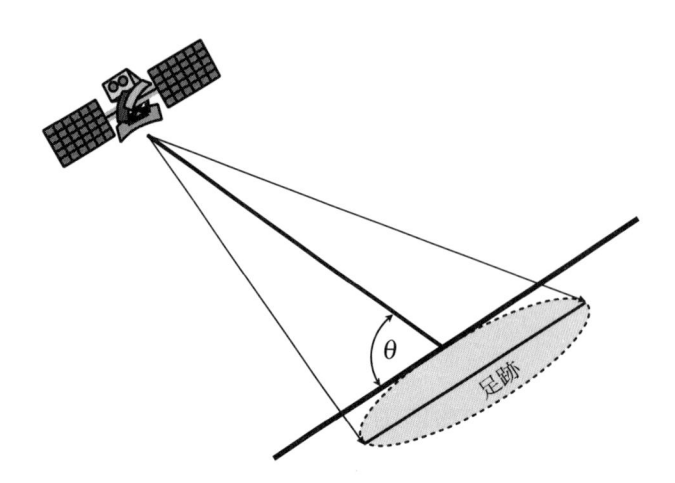

圖 14.4 仰角 θ 與足跡

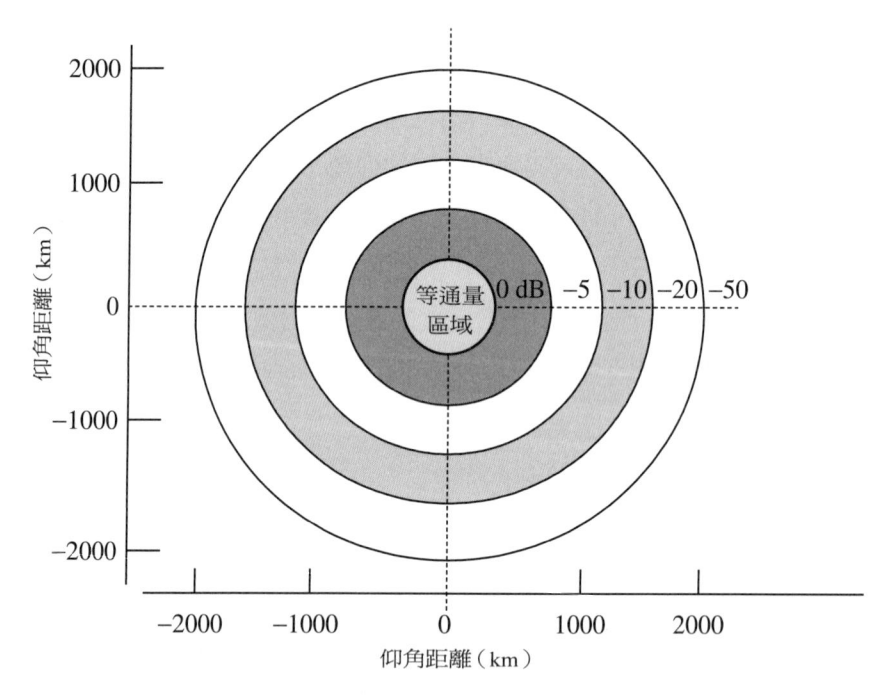

圖 14.5 GEO 衛星的波束足跡

的細胞。

圖 14.7 顯示從 MS 至衛星的通訊路徑 d。信號從衛星至 MS 的時間延遲受諸多參數所影響，利用圖 14.7 可以獲得：

$$延遲 = \frac{d}{c} = \frac{1}{c}\left[\sqrt{(R+h)^2 - R^2\cos^2\theta} - R\sin\theta\right] \tag{14.5}$$

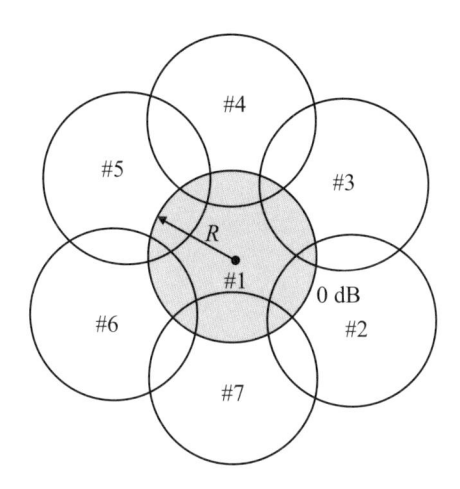

▣ 圖 14.6　衛星的波束幾何

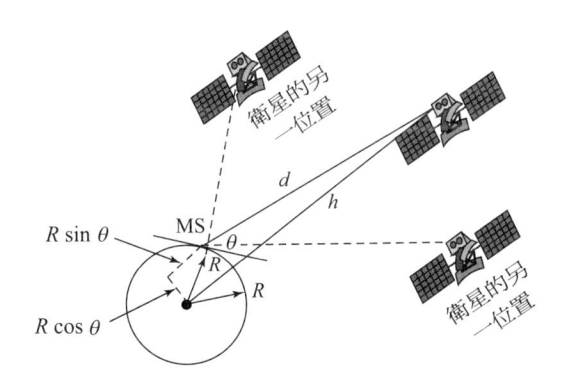

▣ 圖 14.7　到達角度的變化和衛星的位置

其中 R 是地球半徑（6370 km）、h 是軌道高度、θ 是衛星仰角，以及 c 為光速。

圖 14.8 顯示當衛星位於海拔 10,355 km 時，MS 的時間延遲變異與仰角 θ 之間的關係。衛星的上行通道（MS 至衛星）與下行通道（衛星至 MS）是使用不同的頻率。大部分衛星系統所使用的頻率帶，請見表 14.1 所示。

第一代衛星使用 C 頻。因為陸地微波網路也使用這段頻率，所以此頻帶變得非常擁擠。Ku 頻與 Ka 頻越來越受歡迎，雖然降雨會造成大量的衰減。衛星以極低功率在接收信號，通常是小於 100 picowatts，約比陸地接收站小 1 至 2 個等級（通常是 1 至 100 microwatts）。信號從衛星至 MS 係行經開放空間，受諸多大氣因素所影響。接收功率受下面四種參數所決定：

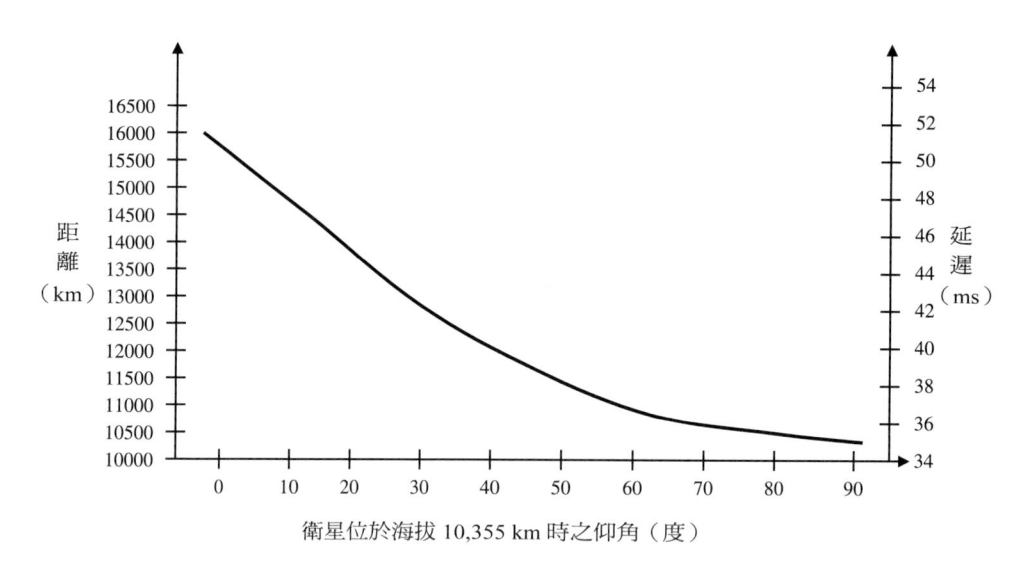

圖 14.8　MS 的延遲變異與仰角之關係

表 14.1　不同頻帶的頻率範圍

頻帶	上行（GHz）	下行（GHz）
C	3.7–4.2	5.925–6.425
Ku	11.7–12.2	14.0–14.5
Ka	17.7–21.7	27.5–30.5
LIS	1.610–1.625	2.483–2.50

- 發送功率。
- 發送天線的增益。
- 衛星發送端與接收端之間的距離。
- 接收天線的增益。

大氣因素造成發送信號的衰減，在 MS 端的衰減 L 可以用一個泛用型關係式來表示：

$$L = \left(\frac{4\pi r f_c}{c}\right)^2 \tag{14.6}$$

其中 f_c 是載波頻率，以及 r 是發送端與接收端之間的距離。降雨對信號衰減的影響如圖 14.9 所示。

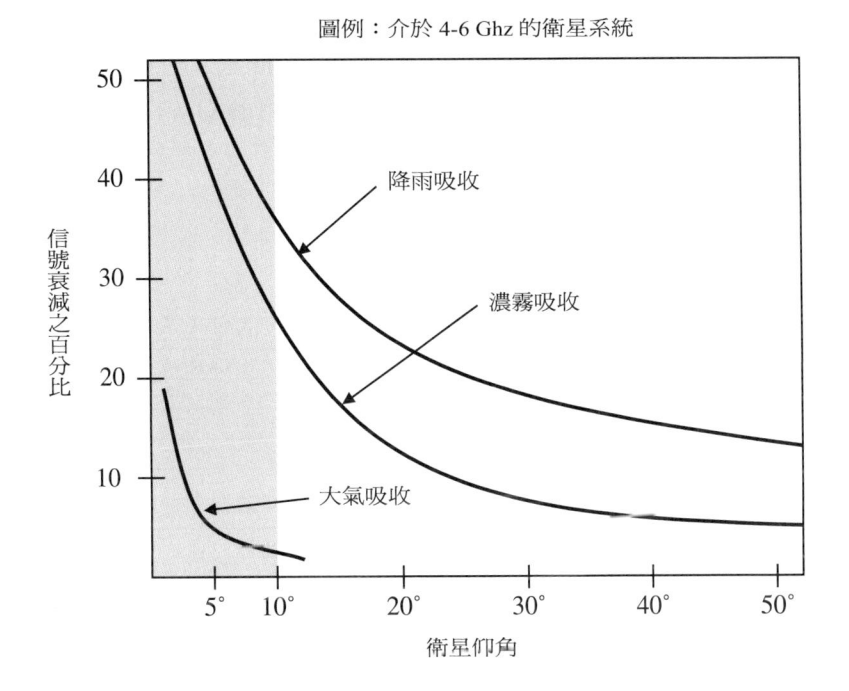

▲ 圖 14.9　大氣衰減（atmospheric attenuation）

14.3　衛星系統的特色

　　如稍早所述，衛星發射到太空是為了各種不同的應用，並在不同的高度運行。另外，不同衛星的重量也不一樣。GEO 衛星位於 35,768 km 的高度，軌道是 0° 傾角的**赤道面**（equatorial plane），且一天剛好運行一圈。天線是在固定位置，其上行頻率是 1634.5 至 1660.5 MHz，而下行頻率是 1530 至 1559 MHz。基地台與衛星之間的連線是採用 Ku 頻（11 與 13 GHz）。衛星通常具有大的足跡，可以涵蓋至多 34% 的地球表面積，是以難以重複使用頻率。緯度高於 60° 的高海拔區域較不受歡迎，主要原因是其與赤道的相對位置。手機的資料傳輸通常會有偏高的時間延遲，約 275 ms。

　　LEO 衛星分為小衛星與大衛星。小 LEO 衛星的體積較小，頻率為 148 至 150.05 MHz（上行用 ↑ 表示）與 137 至 138 MHz（下行用 ↓ 表示）。它們支援雙向訊息與定位資訊。大 LEO 衛星就有足夠的功率與頻寬，能提供各種全球行動服務（亦即資料傳輸、傳呼、傳真與位置定位），以及高品質的語音服務。大 LEO 衛星傳送的頻率是 1610 至 1626.5 MHz（上行）與 2483.5 至 2500 MHz（下行），而軌道離地表約 500 至 1,500 km。時間延遲約 5 至 10 ms，約 10 至 40 ms 之間衛星是可見的。足跡越小，以頻率重複使用的角度而言就越好。

要確保全球的覆蓋率就需要用到多個衛星。MEO 與 GEO 也是使用相同的頻譜。在 MEO 系統，慢速衛星的運行軌道離地表約 5,000 至 12,000 km，時間延遲約為 70 至 80 ms。需使用特殊天線才能提供較小的足跡與較高的發送功率。LEO 衛星與 MEO 衛星的比較請見表 14.2 (a) 與 (b)。

表 14.2 LEO 衛星與 MEO 衛星之比較

特色	小型 LEO			
	LEO SAT	ORBCOM	STARNET	VITASAT
衛星數	18	26	24	2
高度（km）	1000	970	1300	800
範圍	全球	美國	全球	全球
最小仰角	42°	2 極、3 傾面	60°	99°
頻率（GHz）	148–149↑ 137–138↓	148–149↑ 137–138↓	148–149↑ 137–138↓	148–149↑ 137–138↓
服務	非語音雙向訊息、定位	非語音雙向訊息、定位	非語音雙向訊息、定位	非語音雙向訊息、定位
質量（kg）	50	40	150	700
軌道速率（km/s）	7.35	7.365	7.205	7.45
軌道週期	1 h 45 m 7.58 s	1 h 44 m 29.16 s	1 h 51 m 36.16 s	1 h 40 m 52.87 s

(a)

特色	大型 LEO			MEO
	Iridium (Motorola)	Globalstar (Qualcomn)	Teledesic	ICO (Global Communications)
衛星數	66+6*	48+4*	288	10 個有效與 2 個開置
高度（km）	780	1414	Ca. 700	10355 (1998 年變為 10390)
範圍	全球	+70° 緯度	全球	全球
最小仰角	8°	20°	40°	10°
頻率（GHz）	1.6 MS↓ 29.2↑ 19.5↓ 23.3 ISL	1.6 MS↑ 2.5 MS↓ 5.1↑ 6.9↓	19 28.8↑ 62 ISL	2 MS↑ 2.2 MS↓ 5.2 MS↑ 7↓
存取方式	FDMA/TDMA	CDMA	FDMA/TDMA	FDMA/TDMA
ISL (Inter-satellite link)	是	否	是	否
位元率	2.4 kbit/s	9.6 kbit/s	64 Mbit/s↓ 2/64 Mbit/s↑	4.8 kbit/s
通道數量	4000	2700	2500	4500
使用年限	5–8	7.5	10	12
成本估算	$4.4B	$2.9B	$9B	$4.5B
服務	語音、資料、傳真、傳呼、訊息、定位 RDSS	語音、資料、傳真、傳呼、定位 RDSS	語音、資料、傳真、傳呼、影像——網路傳輸 RDSS	語音、資料、傳真、簡訊 RDSS
質量（kg）	700	450	771	2600（列於 1925 年）
軌道速率（km/s）	7.46	7.15	7.8	4.88（變為 4.846）
軌道週期	1 h 40 m 27.59 s	1 h 54 m 5.83 s	1 h 38 m 46.83 s	5 h 59 m 2.25 s （變為 6 h 0 m 9.88 s）

* "+" 表示保留之用。

(b)

14.4 衛星系統的基礎架構

建置一個衛星基礎架構的方法有很多種。需要較仔細檢視的是以整體系統運作的原理。圖 14.10 所示為衛星系統的示意圖，特別標示出諸多重要的元件。當 MS 透過 LOS 波束與衛星之間作了連線，基本上它可以聯繫地球上任何一個人，係透過地表上的底層骨幹網路。為了讓各衛星的重量不至於過重，衛星上僅配置最低數量的電子裝置。衛星是受地表上的 BS 所控制，其功能是做為閘道器。衛星間有連結，能將資訊從一衛星轉送至另一個衛星，但它們仍受地面 BS〔或稱為地面站（ES）〕所控制。衛星波束所照明的區域，稱做足跡，是 MS 能與衛星通訊的區域；利用多條波束則可涵蓋更廣的區域。

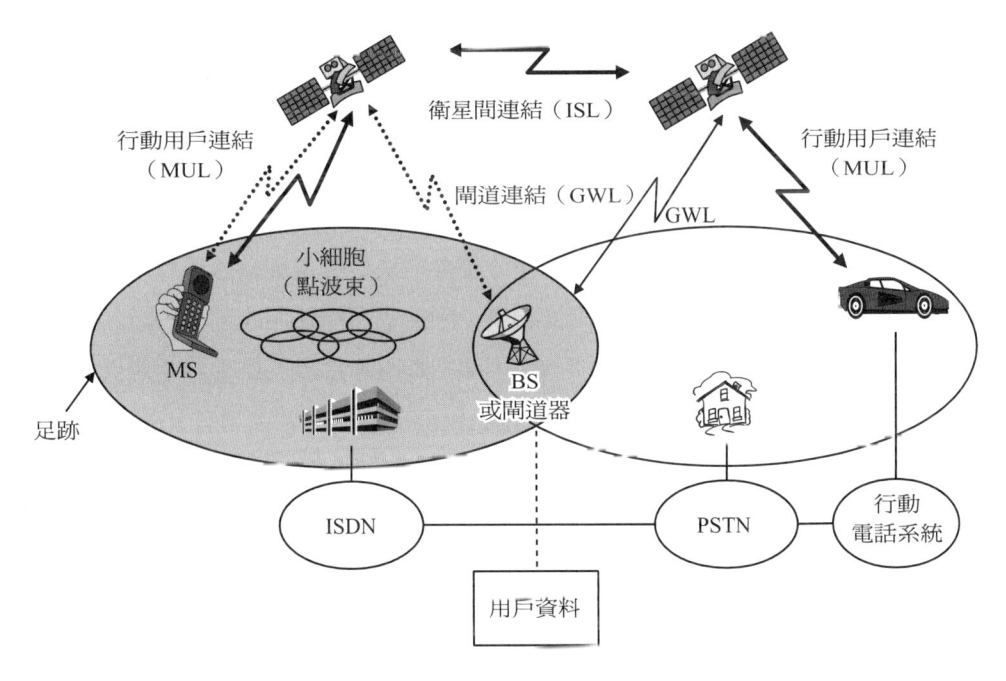

圖 14.10 一個典型的衛星系統

在自由空間會有衰減，因為大氣吸收傳輸的衛星波束。降雨也會造成相當程度的信號強度衰減，尤其是當衛星通訊使用頻率帶介於 12 至 14 GHz 與 20 至 30 GHz，以降低軌道壅塞的時候。因此，適當考量可用的連結是重要的。另外，衛星持續地繞著地球在轉動，波束可能會暫時性地被其他飛行物體或地表的丘陵所阻擋。所以利用冗餘的概念，又稱為**分集**（diversity），可以將同一訊息透過一個以上的衛星來傳送，如圖 14.11 所示。

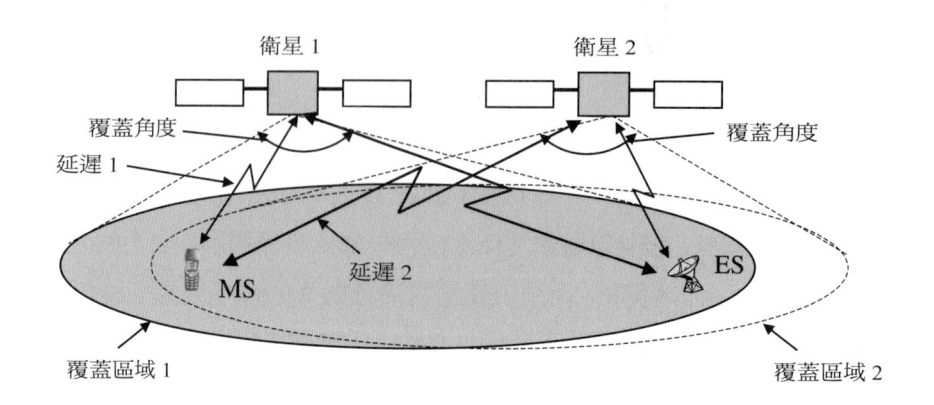

圖 14.11 衛星的路徑分集（path diversity）

路徑分集的基本想法是提供一種機制，結合兩個或多個相關的資訊信號（主要是同一份）能在不同路徑上傳遞，是以具有未修正的雜訊與衰減特性。兩個信號的結合能改進信號品質，使得接收端能彈性地選取一個品質較佳的信號。這種作法可以輕易地解決暫時性 LOS 問題，或過多的雜訊與衰減。主要議題還是路徑分集，雖然其他形式的分集也有可能，像是天線、時間、頻率、場，或碼等等。路徑分集會取決於發送與接收訊息所使用的技術。分集的**淨效應**（net effect）會利用至少兩倍頻寬，因此盡可能佔用小部分的時間來進行分集是有幫助的。另一方面，經常使用分集能確保因連結斷線所造成的影響降至最低。衛星系統的通道通常可用兩狀態馬可夫模型來表示，其中 MS 在好的狀態，具有 Rician 衰減，而壞的或**遮蔽**（shadowed）狀態表示 Rayleigh/lognormal 衰減。通道模型如圖 14.12 所示。在此，P_{ij} (i = G, B; j = B,G) 為轉換機率。

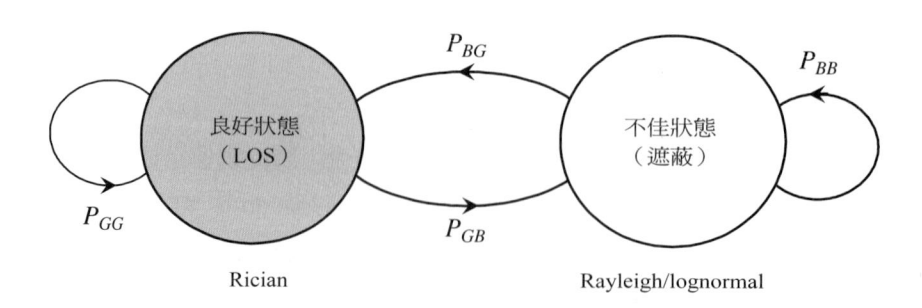

圖 14.12 MS 的通道模型

分集的使用可以由地表上的 MS 或 BS 來始發。來自 BS（ES）的分集要求讓 MS 能定位並掃描**無遮蔽**（unshadowed）的衛星傳呼通道，以進行**非屏蔽**（unobstructed）通訊。BS

無法偵測或判定這種情況，即使 MS 的位置是已知。使用衛星路徑分集多半是因為下列條件：

1. **仰角**：越高的仰角能降低暗影問題。一種作法是在仰角低於某個事先定義的門檻值後，就始發路徑分集。
2. **信號品質**：如果平均信號強度（單位是 dB）、品質（單位是 BER），或衰減期間超過某個門檻值，則可以使用路徑分集。信號品質與諸多參數有關，包括仰角、可用容量、MS 的目前移動樣式，以及預期的未來需求。
3. **待命（stand-by）選項**：MS 可以選取一個通道，並保留該通道於待命狀態做分集之用。這種待命通道僅在主要通道遭到阻擋時才會使用。由於使用分集的情況並不常發生，多個 MS 可以共用一個待命通道。
4. **緊急換手**：當 MS 與衛星之間的連線斷掉，MS 會嘗試進行緊急換手。

一旦 MS 不再需要所分配的通道，BS 可以釋放該通道，以供其他 MS 所用。

14.5 通話建立

圖 14.13 所示為一個泛用型衛星系統架構，其中 ES（BS）是整個系統控制的心臟。ES 的功能類似於細胞式無線系統中的 BSS。ES 管理區域範圍內的所有 MS，並控制無線電資源的分配與回收。這包括在 FDMA 中頻率帶或通道的使用、在 TDMA 中時槽的使用，以及在 CDMA 中碼的指派。MSC 與 VLR 都是 BS 的重要元素，它們也扮演類似於在細胞式網

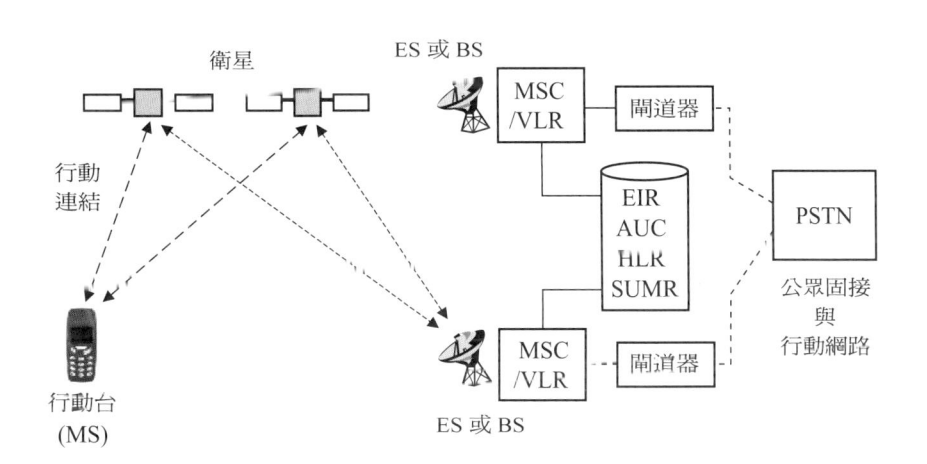

圖 14.13 衛星系統的架構

路的角色。EIR、AUC 與 HLR 也負責與傳統無線系統中一樣的功能，它們是整個衛星系統中不可或缺的部分。HLR-VLR 配對支援行動管理的基本程序。BS 會維護一個**衛星用戶對應資料庫**（Satellite User Mapping Register; SUMR）以註明所有衛星的位置，並記錄各 MS 所分配到的衛星。所有這些系統都是與 BS 相關聯，以便讓衛星所需要處理的功能降至最少，是以衛星的重量能夠減至最低。事實上，衛星可以看成是能涵蓋全世界的中繼站，而大部分的複雜運算與決策處理都由 BS 來執行。這些 BS 也會經由適當的閘道器連結至 PSTN 與 ATM 骨幹網路，以便能順利路由與處理對象為一般家用電話與行動手機的發話。

對於來自 PSTN 的通話，閘道器會協助路由至最近的 BS，然後利用 HLR-VLR 配對找到 MS 目前位置的衛星。衛星利用傳呼通道來告知 MS 它有一通來話，以及所分配的上行通道之無線電資源。

對於來自 MS 的通話，它會存取衛星的共用控制通道，然後衛星就會通知 BS 進行用戶/MS 的身分驗證。接著 BS 透過衛星分配流量通道給 MS，如果此通話需要經過骨幹網路，那麼還會告知閘道器額外的控制資訊。所以 MS、衛星波束、ES 與 PSTN 等之間會有控制信號的交換。通話建立之前可能會用到衛星通訊來做控制信號的交換，這會造成數百奈秒的延遲（~300 ns）。

類似細胞式系統，每當 MS 移動至由另一個衛星所服務的地區，該 MS 需要進行註冊程序。唯一的不同處是所有過程中關於 ES 的使用。TDMA 為基礎的衛星系統，其系統計時有多種可能方案，如圖 14.14 所示。方案一係採用 16- 突發半速率（half-rate）的一半，第二個一半是用於衛星 2 的 TDMA 訊框。方案二採用分集，且 TDMA 訊框分割成三個部分，前兩個部分用於衛星 1 與衛星 2 的收發，第三個是在經過必要的時間調整後，與具有最佳信號的衛星作通訊之用。

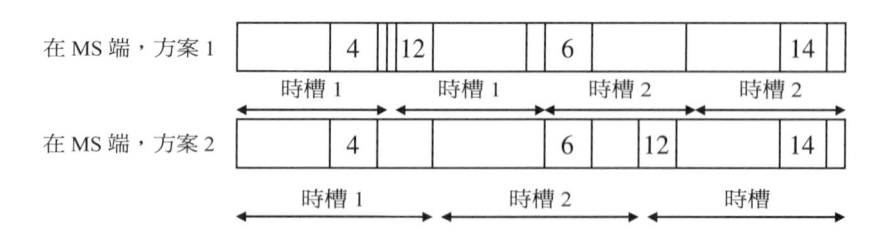

圖 14.14 衛星的系統計時

相較於細胞式無線網路，衛星系統的換手有數個額外的情況，主要是因為衛星的移動性與較大的涵蓋面積。各種換手類型彙整如下：

1. **衛星內換手**：隨著 MS 的相對位置不同，可能會需要從一個波束換至另一個波束，因為 MS 必須在足跡區域才能與衛星進行通訊。如果 MS 移動到某一波束的足跡路徑，就會發生衛星內換手。
2. **衛星之間換手**：因為 MS 具有移動性，大部分的衛星也不是同步衛星（geosynchronous），波束路徑可能會定期改變。因此，在 BS 的控制管理下，可能會需要從某一衛星換手至另一個衛星。
3. **BS 換手**：頻率的重新安排有助於平衡相鄰波束的流量，或與其他系統的干擾。因此，可能會因為相對位置的不同，而衛星控制權會從某一 BS 換至另一個。這就會造成 BS 換手，即使原 MS 可能仍在該衛星的足跡。
4. **系統之間（intersystem）換手**：可能會發生從某一衛星網路換手至陸地細胞式網路，這樣比較便宜，且時間延遲較小。

如果 MS 與 ES（BS）之間的通訊路徑在換手過程沒有斷掉，那麼此換手是**無縫隙的**（seamless）。TDMA 方案（不論有無分集）是支援無縫隙換手。在分集的情況，其中一個通道會用來做換手，然後另外嘗試找尋新的通道來確保分集。

14.6 全球定位系統

全球定位系統（Gobal Positioning Systems; GPS）自第二次世界大戰之後就佔有重要地位。雖然一開始的焦點是放在軍事定位、艦隊管理與航空用途，商業用途也開始發現此項技術的諸多可能應用，包括追蹤失竊車輛，協助駕駛人前往最近的醫院、加油站、飯店等等。今天的無線服務業者甚至被期待能準確地定位報案人的發話地點，俾利進一步的支援與救援。

一個 GPS 系統係由 24 顆 **NAVSTAR**（Navigation System with Time and Ranging）衛星所構成 [14.2]，處於六個不同軌道路徑繞地球運轉，各軌道面有四顆衛星，透過這些信號波束得以涵蓋整個地球（圖 14.15）。這些衛星的軌道週期是 12 小時。衛星信號可以在全世界任何地方、任何地點都可以接收。衛星信號的排放位置係維持在從地球任何一個角度都至少能看見五顆衛星。第一顆 GPS 衛星是在 1978 年 2 月發射的，而 1994 年 3 月完成 GPS 衛星群中第二十四顆 block II 衛星的部署。各衛星的使用年限估計為 7.5 年，並持續地建造與發射新的衛星至軌道中汰換老舊的衛星。各衛星約重 862 公斤（1,900 磅），其軌道離地表約 10,900 海里，長度可達 5.2 公尺（17 英尺），包括太陽能面板。各衛星在三個頻率上發送信

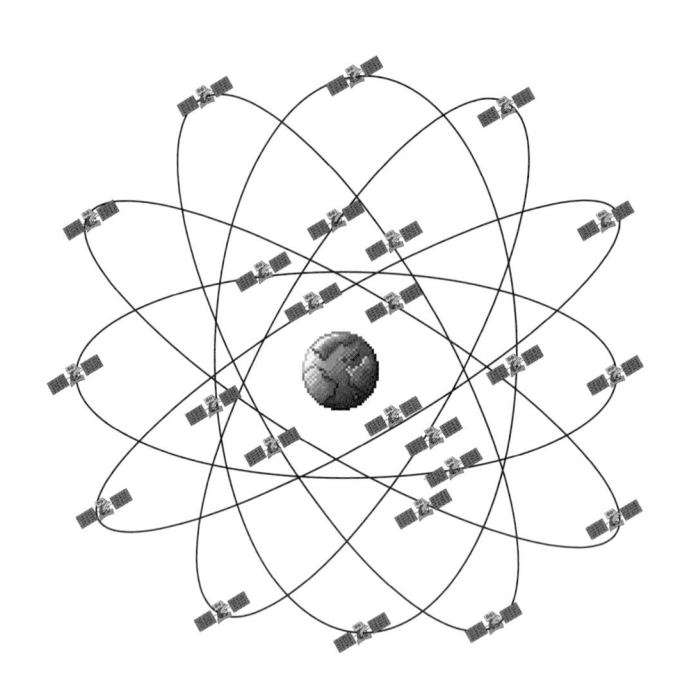

■ 圖 14.15　GPS 於六個軌道面的 24 個衛星群 [14.2]
資料來源：http://gps.faa.gov/gpsbasics/index.htm

號。民間 GPS 使用 1575.42 MHz 的 L1 頻率。

　　GPS 控制站，或地面控制站，包含位於世界各處的無人式監控基地台〔太平洋的夏威夷與瓜加林島、印度洋的迪戈加西亞島、大西洋的阿森松島，與一個主要基地台（位於科羅拉多州科羅拉多泉的 Schriever 空軍基地）（圖 14.16）〕，加上四個大型地面天線站將信號廣播至衛星。這些站台也追蹤並監控 GPS 衛星。

　　這些監控站量測衛星內建太空車（Space Vehicles; SVs）的信號，期能計算各衛星精準的軌道資料（星曆表）與 SV 時鐘校正。主要控制站會上傳這些資料給 GPS 接收器。

　　GPS 是利用一種叫做**三角量測**（triangulation technique）的概念 [14.3]。此概念如圖 14.17 所示。考慮 GPS 接收器位於一個假想球面上的某一點，該球面的半徑等於衛星"A"與地表上接收器之間的距離（衛星"A"為球面的中心點）。那麼，GPS 接收器也是另一個假想球面上的一個點，其中第二顆衛星"B"在該球面的中心點位置。我們可以說 GPS 接收器是位於兩個球面相交處所形成的圓圈。那麼，透過第三顆衛星"C"的距離量測，接收器的位置可以進一步縮小到圓圈上的兩個點，其中一個是假想的，經過計算可予以移除。結果透過三顆衛星的距離量測，就足以決定 GPS 接收器於地表上的位置。是以，所量測的參數是太空中的衛星與地球上的接收器之間的距離。距離是從無線信號的速度，以及這些信號抵

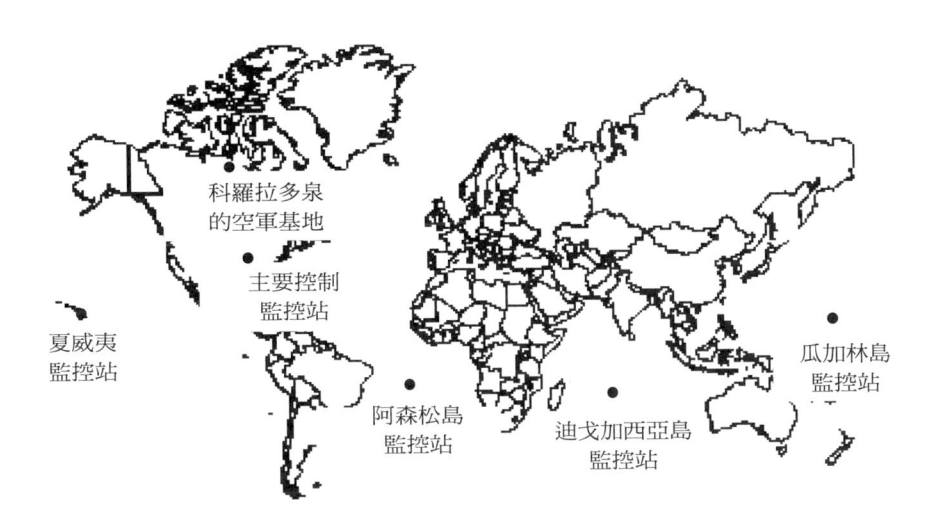

▲ 圖 14.16　GPS 的主要控制站與監控站網路 [14.2]
資料來源：http://gps.faa.gov/gpsbasics/controlsegments.htm

達地球所花費的時間來計算的。隨著距離變長，即使是小至幾個毫秒的誤差都有可能錯估，地球上 GPS 接收器的實際位置達 200 英里之譜。

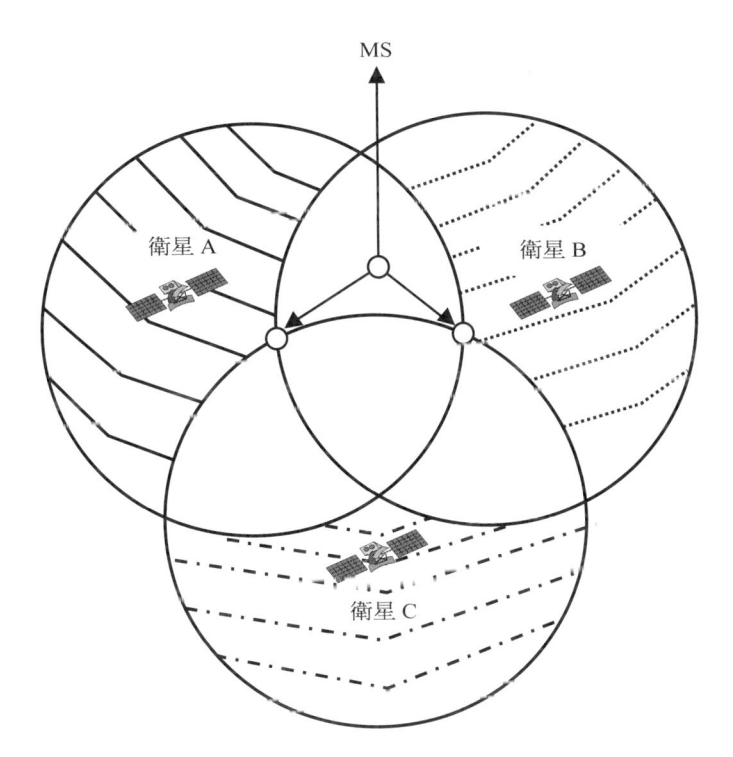

▲ 圖 14.17　三角量測

資料來源："GPS: Location-tracking Technology," by R. Bajaj, S. Rannweera, and D. P. Agrawal, 2002, *IEEE Computer*, 35, pp. 92-94.

讓我們來看看行經時間是如何量測的。有兩個信號，假設信號 $X(T)$ 與 $Y(T)$，同步地發送：信號 $X(T)$ 是由衛星所發送，而信號 $Y(T)$ 則是地面上的接收端所產生。我們希望知道信號 $X(T)$ 抵達地球所需花費的時間。此信號基本上是 $T + t$ 的函數，其中 t 信號 $X(T)$ 從衛星至地球的行經時間。此時間也計算信號 $Y(T)$ 與 $X(T + t)$ 之間的差而獲得（兩信號在時間上同步）。時間 t 乘以無線電信號的速度（光速），得到衛星與地球上接收端之間的距離。衛星所使用的時鐘為原子式的，可提供非常高的正確率。接收器（MS）的時鐘相對地就不需要那麼精準，因為利用衛星距離量測可以排除錯誤。

GPS 信號含有偽隨機碼、星曆與導航資料。因為月亮與太陽所造成的萬有引力，以及太陽輻射會在衛星上形成壓力，星曆內容資料（此為資料訊息的一部分，用來預測目前衛星位置）能修正這方面所引起的錯誤（星曆錯誤）。導航資料包含鎖定的 GPS 接收器位置。偽隨機碼（PRN）代碼能識別哪一顆衛星在進行傳送。衛星係使用 PRN 代碼提供 GPS 接收端（MS）做辨別，從 1 至 32，透過這些號碼 MS 就知道它正在和哪一顆衛星通訊。使用超過 24 個 PRN 簡化 GPS 網路的維護工作。替代衛星可以發射至太空中、啟動，然後在老舊衛星真正被除役前取代其角色與工作。各衛星持續地傳送星曆資料，包括衛星狀態（健康或不健康）、目前日期與時間。此部分的資料讓 GPS 接收器能知道哪一顆衛星離它最近。GPS 接收器讀取訊息，並儲存星曆資料作將來使用。此資訊也可用於設定（或校正）GPS 接收器的時鐘。

14.6.1 GPS 的限制

有許多因素 [14.3] 會造成 GPS 定位計算的錯誤，以致於無法達到最佳的精準度。一個主要的錯誤來源是無線電信號的速度僅在真空中才是維持在常數，這表示距離量測時可能就會發生誤差，因為信號速度在穿越大氣層時可能會有所變動。大氣層含有**電離層**（ionosphere）與**對流層**（troposphere）。已知對流層（基本上都是水氣）的存在會造成錯誤，主要是因為氣溫與壓力的變動。而電離層的粒子則會造成可觀的量測錯誤（譬如時鐘的誤差）。表 14.3 所列為影響準確率的因素。

另一個錯誤來源是衛星與地面接收器之間的多重路徑。多重衰減與遮蔽效應是嚴重的，因為並不存在一條直接的 LOS 路徑。換句話說，多重路徑是無線電信號自物體反射後的結果。多重路徑就是造成電視裡鬼影的元兇。這些效應在今天的電視機不太常見，因為它們多半發生在使用老舊的「兔耳朵」天線的電視，而不是今天的有線電視。在 GPS，多重路徑衰減發生在當信號遭遇建築物或地形的變化。信號行經比直接路徑還長的距離才抵達接收

■ 表 14.3　影響 GPS 定位計算正確性的因素

誤差因素	精確程度（公尺）	
	一般型 GPS	差別式 GPS（DGPS）
大氣因素（對流層）	0.5–0.7	0.2
大氣因素（電離層）	5–7	0.4
多重路徑衰落與遮蔽效應	0.6–1.2	0.6
接收器雜訊	0.3–1.5	0.3
選效	24–30	0
原子能時鐘誤差	1.5	0
星曆誤差	2.5	0

端。這段增加的時間讓 GPS 接收器以為衛星在比較遠的位置，是以造成整體定位計算上的誤差。當遇到多重路徑的情況，通常會在整體計算上增加 0.6 至 1.2 公尺的誤差。

另一個影響精準度的因素是衛星幾何（亦即衛星群彼此的相對位置）。如果 GPS 接收器鎖定四顆衛星，而這四顆衛星都在接收端的北面與西面，那麼衛星幾何就相對地很糟糕。這是因為所有的距離量測都來自同一個方向。這表示三角量測的結果會很糟，而這些距離量測所相交的共同區域會很寬（譬如，GPS 接收器所計算出來的定位面積很大，所以無法做到精準的點定位）。在這種情境，即使 GPS 接收器能回報所定位的位置，其正確率也不會很好（可能誤差達 0.9 至 1.5 公尺）。如果四顆衛星是分散各個方向，定位精準率會大大提升。當四顆衛星剛好彼此呈 90° 角間隔開來，則衛星幾何就是極佳的，因為是從各方向進行距離量測。四個距離量測所相交的共同區域就會小很多。當在車輛中使用 GPS 接收器、或靠近高聳建築物、山區或峽谷時，衛星幾何也變成一個議題，因為大氣效應所造成的傳遞延遲會影響正確率。內部時鐘也可以造成微小的誤差。

傳遞延遲係當 GPS 信號通過地球的電離層與對流層時發生減速。在太空中，無線電信號可以光速前進，但當穿越大氣層時，速度就會大幅降低。

最大的定位誤差來源是**選擇可用程度**（Selective Availability; SA），其是美國國防部針對民間 GPS 所刻意造成的品質降級。刻意的誤差背後的想法是，為了確保 GPS 不會遭武裝份子或恐怖組織利用來製造精準的武器。如前所述，GPS 原本是設計於軍事應用，隨著系統的演化與改良，它也被使用於許多民間應用。現在所有的 GPS 衛星都受 SA 降級。

除了已經提及的誤差來源之外，尚有星曆誤差與原子式時鐘誤差。另一個限制是 GPS 接收器的需求，在現有的行動裝置，即使是行動電話，也多半沒有配備 GPS 裝置，是以沒有 GPS 能力。

現有幾個免費的服務是提供 DGPS 校正。美國海岸巡防隊（Coast Guard）與工兵處（Army Corps of Engineers）透過海上的信標基地台來發送 DGPS 校正。這些信標運作於 283.5 至 325.0 kHz 的 ISM（工業、科學與醫療）頻率帶範圍，並不需要執照。使用這些服務的成本就是購買一個 DGPS 信標接收器。此接收器可透過三線連結與用戶的 GPS 接收器結合在一起，校正係經由標準序列資料格式，叫做 RTCM SC-104。一些 GPS 接收器提供計時脈衝正確率至一個微秒，而更昂貴的機型可以準確至一個奈秒。DGPS 服務的訂閱可以透過 FM 無線電台頻率或透過衛星。事實上，不同的 DGPS 應用會有不同的需求，因此就有不同的解決方案。有些可能不需要無線電連結，因為可能不需要即時精準的定位。譬如，從船隻上針對某一特定區域的海床，試圖定位出一個鑽油處，與試圖在地圖上加入一條新的道路是兩種截然不同的需求與應用。類似後者的應用，行動 GPS 接收器需要記錄所有量測到的位置，及各量測的確切時間。這些資料再與參考接收器所記錄的校正資訊作結合。這裡並不需要即時系統的無線電連結。若沒有參考接收器，可能有其他的來源（譬如網際網路）將校正送至記錄資料。

14.6.2　GPS 的益處

首先，GPS 已成為美國軍方最有價值的輔助應用。想像在沙漠地區，一望無際的黃土，如果沒有像是 GPS 這類的導航系統，美國軍方根本無法進行像是沙漠風暴這種行動。有了 GPS，即使在夜間充滿沙塵暴的環境，士兵部隊仍能進行調動。在沙漠風暴初期就購置超過 1,000 具商用 GPS 接收器，末期則有超過 9,000 具商用 GPS 接收器在波斯灣使用。士兵將這些接收器裝置在車輛、直昇機與飛機操控面板。空軍的飛機會配置 GPS 接收器，像是 F-16 戰鬥機、KC-135 空中燃料補給機，以及 B-2 轟炸機；海軍船艦也會使用 GPS 來進行艦隊集合、掃雷等任務。幾乎在所有軍事行動與武器系統中 GPS 已變得很重要。

另外，GPS 對非軍事上的應用也有助益。衛星利用其來取得高度精準的軌道資料，並控制太空船的動向。在建造英法海底隧道（English channel tunnel 或暱稱"Chunnel"）時，英國與法國工程人員各從一方開始挖掘：一邊從英國的 Dover，而一邊從法國的 Calais。他們就是利用隧道外面的 GPS 接收器來檢查目前位置，才能確保雙方能在中間相遇。GPS 在陸海空都有各種應用。GPS 可用於任何地方，除了室內與 GPS 信號無法抵達的地方，譬如因為大自然或人為等阻擋因素。軍方與商用飛機都使用 GPS 來做導航用途。商用捕魚船隻也用來做導航輔助工具。GPS 也用於科學研究領域。GPS 讓探險隊能很快地將探險基地建置起來。GPS 也做於非商業用途，包括賽車選手、登山者、獵人、自行車選手與滑雪玩家。GPS 也幫助緊急道路救援的工作，讓事故受害者能快速地將自身位置傳遞至最近的應變中心。車輛定位追蹤也成為主要 GPS 應用之一。車主得以在任何時間都能監控車輛的位置。GPS 也協助緊急救難。許多警察、消防與醫療單位都使用 GPS 來判定，距離事發現場最近的警察車、消防車或救護車，以便在人命關天的時間點上提供最快速的回應。車商也提供由 GPS 接收器所驅動的移動式導航地圖，做為新車的選項配備之一。最近期的重要發展之一是，許多業者已告知美國 FCC，它們即將選擇手持裝置為主的緊急救援系統，也就是利用全球衛星定位系統。調查發現，每天在美國撥打緊急報案專線的通話數達 118,000 通。GPS 提供行動用戶許多功能與應用。GPS 的應用彙整於表 14.4。

表 14.4 GPS 的應用

使用族群	應用領域
美國軍方	在嚴苛條件下導航與策劃
建造英法海底隧道	在建構過程中持續定位，以確定雙方在中點相會
一般飛航與商用飛機	導航
休閒帆船與商用漁業	導航
測量員	減少調查站的建構時程，並提供精準量測
休閒族群（譬如登山、狩獵、滑雪、自行車）	追蹤目前位置，並搜尋特定座標
汽車服務	緊急道路救援
海軍艦隊、大眾交通工具、快遞、郵遞	隨時監控位置
緊急救難車輛	車輛定位，搜尋最近的救護車，以利更快速的反應時間
汽車製造商	在行進車輛中繪製地圖以規劃行程
運輸公司	定位與導航

14.7 A-GPS 與 E 911

利用 GPS 來追蹤行動用戶的位置是快速崛起的熱門應用之一。以接收器為基礎的方式，MS 直接與 GPS 衛星群做通訊，並下載所需資訊以便判定其位置。也因此，有很多延遲是花費在取得所有的資訊（資料傳輸率為 50 bps）。另一個問題是，當 MS 在室內時，就沒辦法和 GPS 衛星做通訊。一種作法是使用網路為基礎的方式，MS 利用三個或多個 BS 來進行三角量測。這種作法的缺點是，位置資訊的精準度可能不符合要求。A-GPS 一種是能解決此問題的混合式方案，其同時利用衛星與網路的資訊來準確地判定 MS 的位置。衛星位置可以經由在 BS 端的強大 A-GPS 伺服器所下載並先行計算，然後再傳送給 MS，然後再加上 MS

本身從衛星那邊獲得的編碼信號，就能正確地並快速地取得自身位置。A-GPS 也解決室內 GPS 信號較弱的問題。各家提供 A-GPS 解決方案的公司有不同的作法 [14.4, 14.5]。基本概念是利用大量的平行相關性技術來增加 GPS 接收端的敏感度 [14.5]。

　　Enhanced 911（E 911）是美國 FCC 指定用於行動電話，在撥打緊急電話時，能讓受案機關找出發話者的地理位置資訊的定位技術。在傳統有線電話，緊急報案專線是路由至最近的 **PSAP**（Public Safety Answering Point），然後再將通話分配至適當服務，及判定電話的正確位置。手機的確切位置是由 MSC 的三角定位來確定，由附近的三個 BS 所提供的 RSSI。E 911 是一種建構在前述 A-GPS 技術上的特殊應用。打至 PSAP 的 E-911 電話的想法是在請求六分鐘內，提供使用者 300 公尺範圍內的緯度和經度 [14.6]。類似的定位選擇方案為無線感測網路（WSN），利用未知的感測器與至少三個參考點，以測量的 RSSI 值量距離，來定位未知的感測器。

14.8　使用衛星的網際網路存取

　　網際網路存取可利用直射波的 Ka 波段（26-40GHz）與地球同步衛星通訊 [14.7]。衛星回傳到用戶利用簡單的放大和轉發來自用戶的訊息，使得能夠獲得網際網路所需的資訊。638 ms 的平均延遲比網際網路大得多，但在無法上網的偏遠地區是有用的。從有利的一面來看，最大下傳速度 1 Gbit/s 與最高上傳速率 10 Mbit/s 具很高的吞吐量。也嘗試減少往返時間到 125 ms，利用中軌道（MEO）衛星。另一方面，計畫中的 COMMStellation [17.8] 將具有約 7 ms 的延遲，與大於 1.2 Gbit/s 的吞吐量。

14.9　總結

　　衛星系統具有全球連結性，比傳統的無線系統提供更多的彈性。然而，地球與衛星之間的往返延遲時間與手持收發裝置的複雜度，使得衛星系統僅用於少數商業用途。因為諸多實際考量因素，衛星仍需受地面站的控制。在未來，延遲時間似乎不太可能大幅縮短，但信號處理與 **VLSI**（Very Large Scale Integration）設計的進展可能會降低手持裝置的複雜度。不過，GPS 的用途仍有許多發展空間，而衛星系統的未來，希望能達到全世界的覆蓋率。值得注意的是，使用三角測量去定位一個 GPS 裝置座標的方式，同樣也可以用於使用 RSSI 或其他信號去定位感測器。所有無線裝置都遵循一組事先定義的規則與指引，以利兩個體能成功地相互通訊。無線技術的最新進展將在第十五章討論。

14.10 參考文獻

[14.1] W. W. Wu, E. F. Miller, W. L. Pritchard, and R. L. Pickholtz, "Mobile Satellite Communications," *Proceedings of the IEEE*, Vol. 82, No. 9, pp. 1431-1448, September 1994.

[14.2] *http://www.colorado.edu/geography/gcraft/notes/gps.*

[14.3] R. Bajaj, S. Ranaweera, and D. P. Agrawal, "GPS: Location-Tracking Technology," *IEEE Computer*, Vol. 35, No. 4, pp. 92-94, April 2002.

[14.4] *http://www.snaptrack.com.*

[14.5] *http://www.globallocate.com.*

[14.6] *http://en.wikipedia.org/wiki/Enhanced_9-1-1.*

[14.7] *http://arstechnica.com/business/2013/01/satellite-internet-15mbps-no-matter-where-you-live-in-the-us/.*

[14.8] *http://www.commstellation.com/.*

14.11 實驗

- **背景**：定位手機在提供緊急服務上是不可或缺的，像是回覆 911 呼叫。事實上，有能力對這些緊急呼叫做出反應是合法部署的一個基本要求，像是商業服務。這種定位系統並不需要修改手機系統，且能應用到沒有支援 GPS 的手機上。三角量測技術是基於訊號至少來自於三個基地台，其精準度會由於手機從額外的基地台收到訊號而提高。因此，在都市地區的準確性最高。它能想到根據自己的位置提供一些服務給使用者，像是引導他們到最近的購物商城和加油站。

- **實驗目的**：本實驗的主要目的是藉由來自三個基地台的訊號，和應用三角量測技術去定位手機。學生需要瞭解原理以及為什麼有些錯誤會發生。

- **實驗環境**：電腦和模擬軟體，像是 Java、VC++、MATLAB、ns-2、QualNet 或 OPNET。

- **實驗步驟**：

  1. 使用模擬軟體設定好環境後，學生從訊息的基地台接收訊息，並分析接收到封包的時戳。

  2. 學生將應用三角量測技術基於至少來自三個不同基地台的時戳。

     （a）利用一個封包在基地台與手機間傳送的時間，來估算手機到每個基地台間的距離。

     （b）在估算出所有基地台的距離之後，學生可以理解手機範圍大約在哪裡。

（c）如果使用定向天線時，學生可以做出更準確的估算。
3. 當參數（三角量測過程中使用的基地台數量）改變時，學生將能比較這些結果的準確度，並分析其中的差異。
4. 鼓勵學生去思考如何減少錯誤。

14.12 開放式專題

- 目的：正如本章所探討，GPS 裝置允許使用同步衛星來定位測定。但是，這只能用在室外，在大型建築物內的手機無法做定位測定。因此，手機使用者想在建築物內使用最短路徑，穿越各種不同的房門聯繫到另一位手機使用者。你可以提出任何簡單可達成這一點的方法？如果有多重路徑你必須做出何種變化／增加？如果一個或兩個裝置是移動的？你能模擬這些情況且評估你的演算法的有效性？

14.13 習題

1. 使用高度橢圓型軌道背後的理由是什麼？請詳加說明。
2. 若衛星距離地表 850 km，而傾角為 35°，則衛星與地面上 MS 之間的傳遞延遲為何？
3. 波束足跡取決於傾角角度。如果角度從 35° 改變至 30°，對涵蓋面積有何影響？請詳加說明。
4. 如果軌道高度為 1,000 km，衛星重 2,000 kg，那麼衛星的速度為何？
5. 如果等通量區域的邊界不明確（fuzzy），應該怎麼辦？這對整體效能的影響為何？請詳加說明。
6. 為衛星電話用戶建立一條通話路徑，需要一套完整的握手機制，其間涉及 MS、衛星與 BS。請條列建立該路徑可能需要的步驟，以及應如何降低衛星與 MS/BS 之間的信號往返量？
7. 如果有一個衛星系統的雙向分集，其平均流量是 50% 的流量占 10% 的時間，其餘流量占 5% 的時間，那麼這是什麼樣的資訊內容？
8. 在習題 7，如果使用 (128, 32) 碼來作錯誤校正，請問資訊內容的部分占多少比例？
9. 定義一個 (n, k, t) 碼，其中 k 個資訊位元與 $(n-k)$ 個冗餘位元，使得能校正 t 個錯誤，且最終的結果字元為 n 個位元。給定通道位元錯誤率為 p，字元錯誤率（WER）為何？
10. 衛星的軌道角度與仰角有何差異？

11. LEO 與 GEO 的優缺點為何？
12. 請比較衛星系統與細胞式系統，以及陸地衛星系統（inter-terrestrial satellite system）之間的時間延遲？亦比較功率、覆蓋面積，以及傳輸速率。
13. 衛星系統的通話建立，跟細胞式系統的作法有何不同？
14. 在衛星系統會遭遇某種程度的自由空間衰減。除了這種衰減，還有其他的衰減源嗎？請說明。
15. 為什麼 GPS 的單一軌道路徑可以有一個以上的衛星軌道？
16. 為什麼三角測量技術固定會有誤差？請詳加說明。
17. 你如何使用 GPS 技術來定位未知的座標？
18. 在 GPS 無法運作的地方，像是建築物內或房間內，有可能進行精準的定位嗎？請說明。
19. 在你所居住區域的無線服務業者，請找出它是否有提供緊急報案服務，以及怎樣的技術做位置定位。
20. 細胞式手機還有哪些不同的定位技術？說明信標信號的角色。
21. UPS（United Parcel Service）或 Fedex（Federal Express）如何追蹤更新投遞包裹的位置？請詳加說明。
22. GPS 有哪些非傳統之用途？
23. 你會如何比較地面站的功能與細胞式系統的相對應單位？

Chapter 15

無線技術之最新進展

15.1 行動性和資源管理

許多公司和服務提供商正在尋求為無線行動網路完全整合的服務解決方案。語音和呼叫業務已與數據傳輸、視頻會議等移動多媒體業務的完美組合。無線行動網路，如 IMT-2000 和 UMTS 設計上結合即時和非即時服務，形成全球個人通訊網路 [15.1]。為了有效地支援多樣的服務，對應的資源管理方案是至關重要的。

15.1.1 行動性管理

在設計無線行動網路的基礎設施時，首先需考慮行動性管理。有效率的換手是使行動用戶能夠無縫地從一個細胞移動到另一個細胞，從一個服務區到另一個服務區等之關鍵因素。

行動性管理有兩個任務，位置管理和換手管理，使得行動網路可以定位漫遊行動台，以便做通話傳遞和維持漫遊行動台和基地台的連接。位置管理使得無線網路可發現行動台，並提供傳遞通話。位置管理的第一階段是位置註冊（或位置更新）。在這個階段中，行動台週期性地通知其新 AP 的網路，使得網路驗證用戶和修改用戶的位置資訊。第二階段是通話傳遞，無線行動網路中查詢該行動台的當前位置。換手是改變與當前正在進行連接有關的通道參數（頻率、時槽、展頻碼或它們的組合）的過程。換手過程通常由兩個階段組成：換手初始化階段和換手執行階段。在換手初始化階段，監控當前通道的品質，以決定何時開始換手過程。在換手執行階段，新的基地台分配新的資源。設計不良的換手方案產生繁重的信號流量，並導致無線網路的綜合服務質量顯著降低。

行動性管理請求通常是由一個行動台移動穿過細胞邊界時，或目前使用的通道信號品劣化時啟動。當無線服務的滲透率增加，下一代無線行動網路將提供一個支持急劇增加頻寬的結構。根據 ITU 之 IMT-2000 概述，IMT-2000 將同時利用高容量的微微細胞（Picocell）、都會裡的微細胞（Micro-Cell）和巨細胞（Macro-Cell），與大型衛星細胞（Satellite cell）。當細胞的尺寸變小，或訊號的傳播條件急劇變化時，將會發生頻繁的換手。因此，行動性管理應該在下一代無線行動網路給予更仔細的考慮。

各種換手切換的標準近來被提出。為了決定何時觸發換手，當前通道的品質將被監測。換手是一個非常嚴謹的過程，因此應避免不必要的換手。如果換手條件未被仔細選擇，該通話可能在兩個相鄰的基地台之間進行多次來回移交，特別是當行動台是圍繞兩個基地台覆蓋區域的邊界之間的重疊區域移動。如果標準太保守的話，可能在換手發生之前通話就丟失。測量通話連結的狀態決定換手的必要性和新的細胞。由於基地台與行動台之間的傳播狀態是無線傳播路徑（直接、反射、折射），提出下列類型的換手指標 [15.2]、[15.3]、[15.4]：

- **字（word）錯誤指標**：指出當前的字在行動台是否正確的解調。
- **接收的信號強度指標**：所接收的信號強度的動態範圍，通常在 80 和 100 dB 之間。
- **品質指標**：無線電信號「眼圖」（eye diagram）的張開程度（eye opening），這是關係到信號對干擾比，包括發散的影響。品質指標範圍窄（涉及信號干擾比從 5 dB 至 25 dB 的範圍）。

一個良好的換手方案要使通話的阻斷機率最小，從用戶的角度來看，如何處理換手請求是更重要的。如果新的資源不能及時進行分配，正在進行的通話將強制終止，這比阻斷新通話還更嚴重。此外，應嘗試降低非即時服務呼叫的傳輸延遲，以公平的方式增加通道的利用率。因此，對於下一代無線網路的整合服務的換手策略，需考慮這些服務的不同特性（即提供理想的換手過程必須視服務而定）。例如，即時業務的傳輸對於中斷非常敏感。另一方面，非即時業務的傳輸延遲不會對服務性能產生任何顯著影響（即非即時服務對於時間延遲不敏感）。一個成功的不中斷換手對於即時服務是很重要的，但對於非即時業務不是那麼重要。為了提供有限頻譜行動台更好的服務，一個無線系統必須有效地管理無線資源。

15.1.2 資源管理

在無線行動通訊的規模及對高速多媒體通訊的要求快速增加，頻譜已成為非常有限的資源。因此有效管理無線資源是非常重要的。一個基地台在其覆蓋區域之內，可服務的行動台一定是其傳輸條件足以維持具有可接受服務品質（Quality of Service, QoS）的連接。連接必須由兩種方式建立，一是從 BS 到 MS（下行通道或順行通道），另一個從 MS 向 BS（上行通道或逆行通道）。頻寬需要仔細管理，這樣的服務可被提供給盡可能多的用戶。此外，由於各類型的服務具有不同的特徵和服務品質要求，理解用戶要求（即要求的服務品質和流量特性）才能有效地支援多類服務。

(a) **完全共享和完全分割**：兩個極端的資源分配策略是完全共享（Complete Sharing; CS）和完全分割（Complete Partitioning; CP）[15.5]。顧名思義，在完全共享中所有流量共享整個頻寬；在完全分割，頻寬被分成不同的部分與對應於特定的傳輸類型。完全共享不提供服務類別中的任何優先級區分，而一個傳輸類型暫時超載，導致所有其他類型連接品質下降。如果特定傳輸類型的預測頻寬需求比實際頻寬需求更大，完全分割會浪費頻寬。在兩者之間的策略通常被稱為混合類型。

(b) **保留通道**：用於換手使用的預留通道在語音細胞網路被普遍採用。換手方案與無優先順序之換手方案類似，不同處在於 BS 保留一些專門用於換手請求通話的通道。因此通道的總數量被分成兩組：同時服務於通話和換手通話的正常通道，和只能用於換手請求服務的保留通道。以這種方式，只要還有保留通道，換手請求有內建優先權。系統性能比非優先切換方案更好。

(c) **排隊方案**：優先換手的排隊方案是基於用戶在重疊相鄰細胞之區域的無線行動網路。這個區域被稱為換手區域，在那裡的呼叫可以透過相鄰細胞基地台之一來處理。一個行動台在換手區域中花費的時間稱為換手區域停留時間。在此方案，每個基地台有一個或多個來電的排隊緩衝區（或稱為佇列）。當一個呼叫到達 BS，它會檢查通道是否可用。如果在該 BS 有可用的通道，可立即提供服務給該通話。然而，即使沒有通道可用，當一個通話到達，通話將不會被阻斷，只要這類服務的佇列還有空間。傳入通話被保持在佇列中，等待下一個可用的通道。每當一個通道被釋放，基地台首先檢查是否在佇列中有任何通話等待中。如果有，則釋放通道並分配給在佇列中的等待通話，通常是在先進先出（First In, First Out; FIFO）基礎上完成的。在排隊優先換手方案，有兩個問題是主要關注的：BS 台應當有多少佇列，什麼樣的電話服務應該包括在佇列中？如果換手通話請求可以排隊，所述排隊的佇列通話請求只要保持與舊 BS 通信，因為它仍處於佇列區域，使得被迫中止的機率降低。如果初始通話可以排隊可降低阻礙率。

(d) **優先預約換手**：優先保留換手為即時服務請求方法之一 [15.6]。即時服務換手請求和非即時服務的換手請求都允許佇列。此外，當 MS 得到相鄰細胞的通道之前已經移出細胞，在細胞佇列中的非即時服務之換手請求，可移動到相鄰細胞的佇列中。

（e）**優先預約與占先資源**：與服務相關的優先級換手方案之整合行動無線網路已經提出 [15.7]，[15.8]。呼叫被分為四個不同的服務類型：始發即時服務通話（originating real-time service calls）、始發非即時通話（originating non-real-time service calls）、即時服務換手請求通話（real-time service handoff request calls）以及非即時服務換手請求通話（non–real-time service handoff request calls）。與此相對應，在每個細胞的通道被分為三組。第一組是即時服務通話（包括始發和換手請求通話），第二組是對於非即時服務通話（包括始發和換手請求通話），最後是從前兩組溢出的換手請求。三組之中，有些通道是專門保留給即時服務換手請求。因此，即時服務換手請求優先於非即時服務換手請求，而且所有的換手請求優先於始發通話。為使即時服務換手請求優先於非即時服務換手請求，可引入一個優先級先占程序，當發現沒有通道可用時，所述即時服務換手請求得先占非即時服務換手請求。即時和非即時服務換手請求是兩個獨立的佇列，被中斷的非即時服務的呼叫可以返回到其自己的佇列的最後位置，等待下一個可用的通道。在佇列中等待的非即時服務的換手請求，可以從當前基地台轉換至目標基地台，當行動台得到服務之前移出當前的細胞。

15.1.3 資源管理的最新發展

在資源管理方面有許多未解決的問題，如資源要有效支援多類服務，每種類型具有不同的特色和服務品質要求。[15.9][15.10] 提出接近最佳的有效通道分配演算法，提供不同類型的服務。先占優先方案整合無線和行動網路的綜合被提出，通道首先劃分為三個獨立群組，流量分成四種不同類型，並建立多維馬可夫鏈模型的系統。從各種系統參數中獲得相關性。一種嶄新的遞歸算法決定每個通道群組中的最少通道數，以滿足服務品質的要求。

現有機制利用對於每種服務類型通道的完全分割（CP），或是完全共享通道，其中整體吞吐量下降，或低優先權通訊服務的服務品質降低。新的通用型優先方案被提出 [15.11]，和普通共享方案相比，高優先服務提供更好的服務品質，並提高整體吞吐量。

新一代的行動隨意網路（MANET）的資源管理應支持多媒體服務。語音、視訊電話、視訊會議功能需要不同的頻寬，而且這些服務可以在擁塞的情況下，預先規劃品質降低的容許範圍。另一方面，這種靈活性可以規範流量負載較高的頻寬需求種類。不同種類多媒體應用的接取控制，和頻寬分配的公平性和管理正成為無線和行動網路一個新的研究課題。需有新的服務品質指標來評估這些方案，例如，每個種類的降低率、服務質量波動頻率，這些種類之間的公平性都沒有在現有的提案被規範。

適應性存取控制和頻寬分配機制被提出 [15.12]，可以透過動態調整每個層級的優先，且支持多層級服務。同樣重要的是，確定新來呼叫是否可以被接受，以及根據當前系統狀態應提供多少頻寬。描述了一套全面的服務品質指標，並以分析模型給出這些服務品質性能參數的解析表達式。

15.2 兩層式視覺感測網路

無線視覺感測網路（Visual Sensor Network; VSN）是一個特殊類型，具有視訊檢測功能的無線感測網路。隨著廉價的感測設備、無線網路和嵌入式計算機發展，視覺感測網路已成為新的技術，在新的應用上擁有極大潛力 [15.13]。一個視覺感測網路通常由智慧相機 [15.14]、處理晶片和無線收發器構成。除了影像捕捉功能，任何智慧相機能夠從影像中提取訊息。處理晶片可以做進一步的影像處理操作，如影像壓縮或影像數據的決定。無線收發器則負責轉發影像任務到網路匯聚節點或基地台。

視覺感測網路許多應用已被考慮，如公共場所或偏遠地區的監視、動物棲息地或危險區域的環境監控、家庭中嬰兒和老人的智慧居家生活，以及虛擬實境 [15.15]。雖然視覺感測網路的許多問題已經研究完成，但仍然有很多挑戰 [15.16]。由於視覺節點（Visual Nodes; VNs）是電池供電的設備，能源管理是視覺感測網路領域重要的研究課題之一。要實現這樣強大的影像數據處理能力，與傳統的無線感測器相比，視覺節點通常配備有相對便宜的照相機、額外的快閃記憶體，與更強大的中央處理器（圖 15.1）。

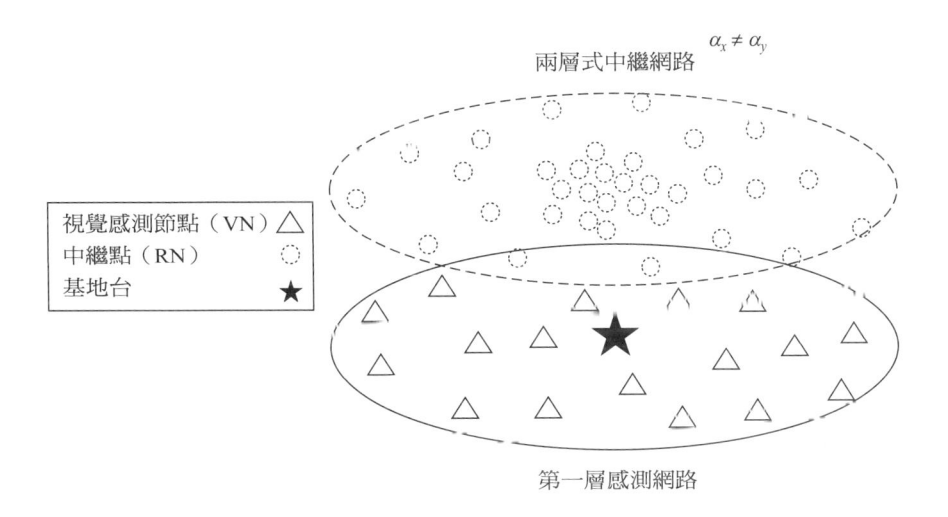

圖 15.1 兩層式無線視覺感測網路 [15.17]

資料來源：Hailong Li, "Analytical Model for Energy Management in Wireless Sensor Networks," Ph.D. Dissertation, University of Cincinnati, Fall 2012.

大多數視覺感測網路先前的研究之能源管理問題主要集中在單個設備，或某一特定情形上。早期研究完全忽略承襲自無線感測網路，在大規模的均勻隨機分佈視覺感測網路的能量空洞問題上 [15.18][15.19]。因為感測器需要中繼彼此數據，靠近該基地台的感測器能量消耗大於遠離基地台的感測器。一旦近距離感測器節點沒電，整個視覺感測網路與基地台斷線。此外，能量空洞問題在大規模視覺感測網路比在常規無線感測網路產生更糟糕的影響。在視覺感測網路的能量消耗方面，無線感測網路僅被無線數據傳輸接收支配，視覺感測網路需要額外消耗在影像感測、處理和存儲操作。由於這種額外的能耗，無線感測網路的能量空洞問題對視覺感測網路的壽命產生大幅度的影響。在 [15.20]，Demin 等人分析了視覺感測網路的高斯分佈與覆蓋範圍和壽命，並提出優化的部署策略，以擴大無線感測器網路的壽命。然而，由於視覺節點比其他常規感測器（例如，溫度和溼度感測器）更昂貴，在內部區域，以高斯分佈部署備援的視訊感測器只是為了能量備份明顯不合成本，因此部署視覺節點不能直接利用高斯分佈。

對於無線感測網路的大規模部署，通常均勻隨機分佈策略是划算的方案，尤其是在沒有關於物理參數的事前知識，即使性能受能量空洞問題的限制。因此在給定的區域感測網路的視覺節點部署遵守均勻的隨機分佈，其功能是感測視覺資訊。由於視覺節點可形成一個完整的無線感測網路，我們稱一個無線感測網路為「第一層」（tier-1）網路。除了視覺節點以外，還有另一類型的感測器節點為中繼節點（Relay Nodes; RNs），其部署方式為分散式且與感測網路同中心。這些的中繼節點提供中繼網路的功能，但只有中繼影像數據到基地台或接收節點。中繼網路部署基本上遵循二維高斯分佈，期望值（μ_x, μ_y）在感測網路的中心。雖然中繼節點不產生數據，他們創造了通訊中繼基礎設施，我們稱為第二層（tier-2）網路。然後，感測網路和中繼網路構成一個兩層無線視覺感測網路，基地台在被監視區域的中心，如圖 15.1。

隨著在給定的區域監控有著不同的任務，視覺感測網路部建需要進行相應的設計。在所有考慮的因素中，監控區域應該是一開始就要分析的重點。第一層感測的網路中，監視區域的初略形狀不是關鍵的，因為視覺節點應以相同的方式分佈建置無論形狀是什麼。反之，第二層中繼網路標準差 σ 的參數取決於該區域的形狀。如果所監視的區域形狀近似於圓形、方形或正三角形，似 $\sigma_x = \sigma_y$ 的高斯分佈，中繼網路可適合在此區域。如果所監視的區域形狀類似於矩形或橢圓形，$\sigma_x \neq \sigma_y$ 高斯分佈應該是正確的。簡單來說，兩層視覺感測網路的 $\sigma_x = \sigma_y$ 高斯分佈，其中繼網路被稱為圓形視覺感測網路。兩層視覺感測網路用矩形，$\sigma_x \neq \sigma_y$ 高斯分佈的中繼網路被稱為橢圓形視覺感測網路。

Charfi 等人在 [15.16] 討論了智慧相機覆蓋優化，低功耗影像處理，視覺感測網路架構和無線通信研究的幾個問題。由於感測器是電池驅動的裝置，能量管理在視覺感測網路是一個重要的研究課題。由於對視覺感測網路嚴重的能量限制，許多作品已經考慮如何有效地使用能源。視覺感測網路上的協調分散式電源管理（Coordinated Distributed Power Management; CDPM）策略由 Zamora 與 Marculescu[15.21] 提出。他們的 CDPM 政策包括動態和適應性時間暫停門檻、混合 CDPM、二次廣播資訊傳播和遠端喚醒。他們還建起了四座視覺節點的原型做為其分析方法的證明。模擬結果指出，CDPM 政策能夠有效地管理視覺感測網路的能量。Soro 和 Heinzelman[15.22] 提出了兩個鏡頭選擇方案，可在網路中提供更長的使用壽命。一個方案中選擇捕獲的影像之間差異最小的相機，而另一方案考慮能量限制，和三維覆蓋來選擇視覺節點。兩種方案的模擬結果指出，他們的想法可以提供監控區域的全面覆蓋，延長了其使用壽命。

因為視覺感測網路中所發送的數據是由智慧相機拍攝的影像所組成，數據量對數據轉發的能源消耗有重大影響，影像壓縮技術是視覺感測網路有效能源管理的解決方案之一。Dagher[15.23] 分析感測器內與感測器間在功率限制的視覺感測網路的關係，提出的壓縮演算法。模擬結果指出，視覺感測網路的壽命可以用無失真壓縮演算法增加至 114%，壽命提高到 280%，在容錯情況下。Maegi 等人在 [15.24] 進行了視覺感測器測試，以探索能源消耗在不同的影像處理工作的電源利用率。他們使用 Meerkats 視覺感測網路的測試環境來操作各種任務，測量電路中的電流。他們的實驗結果提供了視覺感測網路能源消耗的全面性瞭解。總之，大多數是前視覺感測網路能源管理的研究主要集中在單一的設備，或給定的特定環境上。應當指出的是，能量空洞問題尚未在大規模視覺感測網路做研究，因此，應企圖集中以最小成本，以增加無線感測器網路生命週期。

毫無疑問地，對於第一層感測網路，視覺節點的部署策略是基於監控目標。被監測的面積和視覺節點檢測範圍，是預先根據特殊的視覺感測網路功能所規劃，並確定唯一的問題是有多少視覺節點應部署在監控區域，以滿足覆蓋要求。對第二層中繼網路，需要在部署之前解決兩個關鍵問題：

- 有多少中繼節點應該部署在第一層感測網路內？
- 如何配置中繼節點的高斯分佈參數，以便優化網路性能？

為了回答這些問題，理論分析和建立兩層視覺感測網路的模型是必要的。一開始分析兩層視覺感測網路的覆蓋和連接。其後，優化問題可以在視覺感測網路的壽命和成本來定義，以便反應優化部署的參數 [15.17]。

15.3 多媒體服務需求

多媒體需求有兩個普遍趨勢：頻寬的需求日益增加，用戶移動性的透通性（transparent）支援。現有提供高頻寬的電信網路主要由有線網路所組成，而現有的行動通訊系統主要提供相對較低的數據速率。第四代行動通訊系統提供比當前無線行動系統更高的數據速率，如行動性低可以實現較高傳輸速率。

對於高速無線存取系統而言，無線非同步傳輸模式（Asynchronous Transfer Mode; ATM）是一個大有可為的技術。無線 ATM 提供通過無線連接到 ATM 終端、區域網路、客戶住宅網路、本地網路，以及點對點網路。在這一領域不同的研究項目正在推行 [15.25]。在今天的有線網路中，90% 的流量使用傳輸控制協定（Transmission Control Protocol; TCP）（其中 75% 為網頁瀏覽），而網路的 80% 通過網際網路協定（Internet Protocol; IP）網路進行。在 IP 上的多媒體串流傳輸已經成為一個主要的問題。

網路中的服務品質可以不同的參數來定義，如頻寬、延遲、抖動、封包損失和封包延遲。對於語音應用而言，服務品質是基於頻寬，對於 IP 通話技術（Voice-over IP; VoIP）而言，它是基於延遲［即端至端（end-to-end）延遲，不應該超過 200 毫秒］。服務等級（Classes of Services; CoS）以特定方式管理每個類型的流量。歐洲電信標準機構（European Telecommunications Standards Institute; ETSI）已推出四種不同服務等級類型。1 級是一個盡力而為（best-effort）的服務，而 4 級則有服務品質保證。服務品質可用於網路層或應用層。在網路層服務品質取決於網路策略（如濾波器、在網路核心重新路由、在網路邊緣控制存取等機制）。例如：智慧路由器［OSPF、RIP、SNMP（簡單網路管理協議）、BGP 等］。目前網際網路使用整合服務（IntServ 服務）、區分服務（DiffServ）、多重通訊協定標籤交換傳輸（MPLS）和 IPv6 來確保服務品質。

為了構成完整的串流和通信的端至端系統的無線網路，標準需要在以下幾個方面進行定義：

- 媒體編解碼器
- 傳輸協議
- 媒體控制協定
- 文件格式
- 交換能力
- 元資料（Metadata）（媒體描述、項目等）

標準機構的具體標準可在 [15.26] 中找到。

15.3.1 媒體編解碼器

MPEG-4 視訊 / MPEG- 音訊

MPEG-1 和 MPEG-2 只做音訊和視訊壓縮，而 MPEG-4 [15.27, 15.28] 描述自然與合成多媒體物件的編碼表示。這些物件可以包括影像、視訊、音訊、文字、圖形和動畫。物件通常包括「場景」描述在空間中的相對位置。內置的互動性是 MPEG-4 的主要特色之一，能讓使用者改變物體的位置，或從顯示影片中刪除它。

幾種類型的音訊編碼，包括自然和合成的聲音、語音和音樂編碼，和虛擬實境的內容，被整合在 MPEG-4 音訊中。在 MPEG-4 音訊功能包括以下工具：

- **語音工具**：用於合成和自然語音的壓縮。
- **音訊工具**：用於記錄音樂和其他音頻、音軌的壓縮。
- **合成工具**：用於非常低位元率、傳輸，和合成音樂及其他聲音的合成。
- **組成工具**：用於物件的編碼，交互功能和視聽同步。
- **擴展性工具**：用於可傳輸幾個不同的位元率的位元流，而無需重新編碼。

15.3.2 檔案格式

兩個檔案格式定義為 MPEG-4 格式：一種是蘋果的 QuickTime 格式，另一種是 Microsoft 高級串流格式（Advanced Streaming Format; ASF）[15.29]。MPEG 委員會決定使用 QuickTime 的檔案格式，並稱為 MPEG 4 跨媒體。

15.3.3 超文件傳輸協定（HyperText Transfer Protocol; http）

HTTP 是非常簡單和廣泛使用於媒體串流的方式，因為它與常規的網頁服務相容，並且不需要特殊的媒體伺服器。在 MPEG-4 的系統中，數據流的傳送被分為四層 [15.30] 如下：

- **壓縮層**：包括基本（原始）多媒體串流（音頻、視頻等）。
- **同步層**：添加一個標頭（header）至基本串流的每個存取單位，包括時間戳記、基本串流的參考時脈，和關鍵訊框的識別碼。類似於在 IP 網路中即時傳輸協定（Real-Time Transport Protocol, RTP）的任務 [15.30, 15.31, 15.32, 15.33]。
- **複用層**：根據如服務品質需求共同的屬性，將基本串流分組。

- **傳輸複用層**：這是實際的傳輸協議，像在 MPEG-2 中 RTP / UDP。MPEG-4 沒有定義自己的傳輸協定，但應用程序依賴於現有的傳輸協定。

15.3.4 媒體控制協定

為了全串流系統，媒體控制協議需要支持以下功能：

1. 尋找功能（進 / 快退 / 跳過）
2. 頻寬可擴展性
3. 直播

即時串流協定（RTSP）[15.34] 建立並控制連續介質上的時間同步串流，如音訊和視訊，並做為多媒體伺服器的「網路遠程控制」。

15.3.5 會談啟始協定

會談啟始協定（Session Initiation Protocol; SIP）[15.35] 是用於與一個或多個參與者創建、修改和終止會議的應用層控制（信號）協定。除了細胞式網路上的多媒體，IP 寬頻網路已經引起研究者的關注。用於寬頻網路的多媒體展望在 [15.36]。提供寬頻多媒體服務的主流傳輸使無線通信成為通訊網路的主流。多媒體的寬頻網路需求在文獻 [15.36]。

15.3.6 多媒體簡訊

多媒體簡訊（Multimedia Messaging Service; MMS）[15.37] 是由 WAP 論壇第四代合作夥伴計畫（3-GPP）開發的工業標準。這個服務增強只允許文字的簡訊服務（Short Message Service, SMS）。MMS 被設計為允許豐富的文字、顏色、影像和標誌、聲音片段、照片、動畫圖形和視訊剪輯，並且可以在 3G 和 4G 寬頻的無線通道網路上傳送。MMS 和 SMS 兩個相似，皆是存儲和轉發服務，其中該訊息首先被發送到網路，然後它轉發到最終目標。但 SMS 能發送到另一部手機，MMS 服務可將訊息發送到手機或傳送電子郵件。MMS 的主要架構為：

- MMS 中繼：轉碼並將訊息傳遞給移動用戶。
- MMS 伺服器：提供儲存並轉發 MMS 功能。
- MMS 用戶代理：應用伺服器使用戶能夠查看、創建、發送、編輯、刪除和管理其多媒體資訊。
- MMS 用戶資料庫：包含用戶資料、訂閱資料和喜好。

MMS 的內容定義在 MMS 論壇所制定的規範 2.0.0 版本，指定格式 SMIL2.0 基本配置做為報告格式。

儘管 MMS 是基於 3G 網路以上，但 MMS 已經部署在其他網路上，例如，使用 WAP 的 2.5G 網路。這是從舊網路產生營收的一種方式。

一些應用場景如下：

- **新一代語音郵件**：文字、圖片，甚至視頻郵件。
- **即時通訊**：MMS 功能「推」的能力。也就是說，只要在接收端上線，該消息被立即傳遞，而不用從服務器「收集」。隨著「永遠上線」的終端，開啟了即時多媒體聊天的可能性。
- **選擇如何、何時、何地查看消息**：不是任何事皆須即時。MMS 的用戶有很大彈性可以選擇如何管理郵件。它們可以預先確定哪些類別的訊息將被立即發送、儲存，以備後收集、重新定向到他們的個人電腦或刪除。更重要的是，當它到達時他們可以決定是否打開、刪除文件，或轉送訊息。
- **發送多媒體明信片**：節日的視頻剪輯可利用用戶手機的視訊攝影機捕捉，或透過藍芽上傳標準錄影機，並與語音或文字訊息結合，立即發送給家人和朋友。

15.4 指向性與智慧天線

之前我們討論過 MANET 的無線技術。然而，最近的研究結果顯示，無線 MANET 的吞吐量是有限的，由於每個行動台採用全向型天線產生較差的空間再使用。行動台只能在一個方向傳送，且其他所有在通訊節點的靜音區域（參考圖 15.2）內的行動台，在通訊的持續時間必須閒置。然而，在 802.11ac 的計畫中，配有指向性天線的行動台可以形成方向性的波束，進而減少了靜音區域的覆蓋範圍（參見圖 15.2），並允許相鄰節點同時通訊，來提高系統吞吐量（圖 15.3）。

15.4.1 天線類型

天線是一個釋放電磁能量至空中介面，也接收射頻能量的媒介，因此是無線通訊的基本設備。天線輻射功率的空間分佈決定了其輻射（功率）圖 [15.38]。天線輻射圖的類型用於分類天線的類型。在所有方向上，均勻發送功率的天線被稱為全向型天線，而集中在空間中的特定指向區中輻射功率的天線稱為指向型天線。指向型天線的一種特殊類型具有內置智

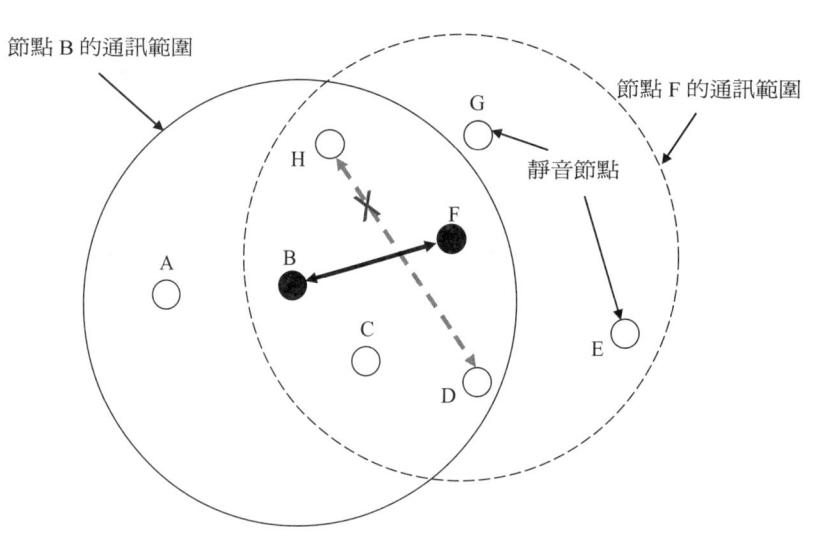

圖 15.2 全向型天線之通訊

慧，基於特定準則以形成在特定方向的波束來傳送或接收，被稱為智慧天線。智慧天線若可以形成一個以上的波束（每一個分別用於從不同方向接收信號），稱為一個多波束智慧天線。上述的天線類型對於媒體存取有重要影響。特別是行動隨意網路，其中沒有媒體存取集中協調者。定義媒體存取方法時必須考慮天線類型，使得隱藏終端和暴露終端問題得以充分解決 [15.39]。

15.4.2 智慧天線和波束成形

行動台同時發送和接收需要配備空間多工與解多工能力之智慧天線。波束成形是一種技術，適應性陣列的增益圖藉由波束指向，或空指向導向所要的角度，允許天線系統輻射圖的最大值朝向期望的用戶，同時最大限度地減少雜訊、干擾，及其他來自不期望用戶可降低信號品質的因素。智慧天線利用全向型天線陣列實現，其中的每一個天線訊號在增益和相位都加以適當變化。複雜的陣列構成一個指向向量，在最後波束圖上形成在特定方向上的主瓣（main lobe）和零陷（Null）點。用一個 L 個元素的陣列，使用有限制條件的優化技術決定波束成形的權重，它可以在指定方向有 $(L-1)$ 的最大值和最小值（零陷值）。一個 L 個元素的陣列能夠把輻射圖固定在 $(L-1)$ 個位置的靈活性，被稱為陣列的自由度 [15.40]。智慧天線可分為兩種，這兩種都使用（全向）天線元件的陣列：切換波束和適應性波束的天線系統。

切換波束

切換波束（Switched Beam）系統有一組預先定義的波束，選擇其中一個從特定的用戶接收訊號最好的波束。波束具有窄的主瓣和較小旁瓣，以便其他非主瓣方向來的信號是顯著衰減的。線性射頻網路稱為固定式波束成形網路（Fixed Beam-forming Network; FBN），結合了 M 個天線單元，形成 M 個方向的波束。

適應性波束（**Adaptive Beam**）

在另一方面，適應性天線陣列靠波束成形演算法來控制波束的主瓣在用戶的方向，同時波束的零陷點在干擾用戶信號方向。適應性天線陣列可以動態改變其天線輻射圖，以適應雜訊、干擾和多路徑的改變。由幾個天線元件（陣列），其信號由一個適應性的組合網路來處理；在不同的天線元件接收到的信號乘以複數權重並相加，以創建一個可操縱的輻射圖。波束形成演算法〔例如，遞迴最小平方演算法（Recursive Least Squares; RLS）〕使用訓練序列，以獲得期望的波束圖，而盲波束成形的方法，例如，定值模數演算法（Constant Modulus Algorithm; CMA）不需要訓練序列 [15.41]。

15.4.3　智慧天線與空間分隔多重存取

空間分隔多重存取（Space Division Multiplexing Access; SDMA）是在空間多工和解多工的智慧天線的基地台同時多重接收（或傳輸）。有效地使用指向型天線指示轉送封包至其他已知位置的節點。Ko、Shankarkumar 與 Vaidya [15.42] 提出了利用位置資訊的指向天線 MAC 層協議。使用指向型天線的另一個 MAC 層協議已經在 [15.43] 被提出。位置資訊可以由節點上的全球定位系統（GPS）[15.44] 提供。GPS 使用衛星的波束作三角定位。在無線隨意網路上使用空間子通道的指向型 RTS（Directional RTS; DRTS）和指向型 CTS（Directional CTS; DCTS）（而不是全向型 RTS/CTS），可以實現吞吐量的提升 [15.45]。[15.46] 提出無線隨意網路中，另一個在 SDMA 的 MAC 層協議，它利用準備接收（Ready-To Receive; RTR）的概念，如圖 15.3 所示。

當一個行動台想發起接收時，發出一個全向型 RTR 封包，同時輪詢所有相鄰節點。RTR 封包含分配給接收端的行動台（R）的獨特訓練序列，並且傳送端的行動台（A、B、C）使用該訓練序列，以使在接收器的方向上形成指向性波束。該接收端行動台也在 RTR 封包廣播所接受封包大小（一個網路參數）。潛在的傳送端行動台有封包要給第 R 個行動台，則在形成對行動台 R 的指向波束後，以各自的 RTS 要求回復 RTR 訊息。每一個行動台傳送

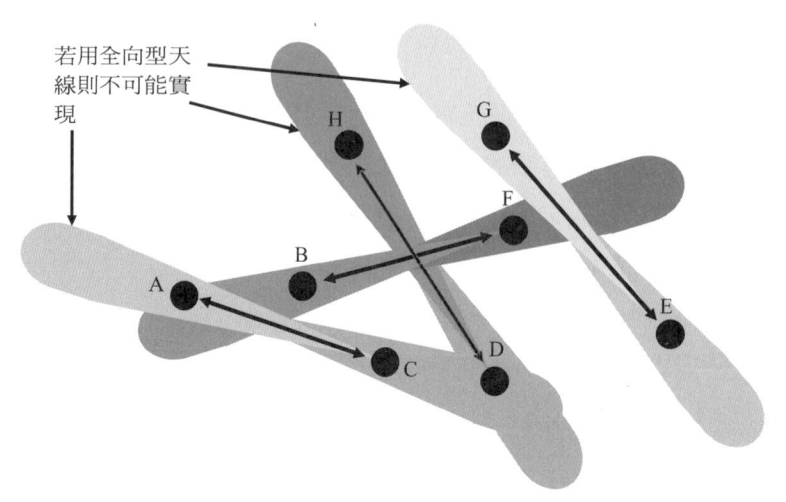

圖 15.3 指向型天線之通訊

其訓練序列，使行動台 R 同時形成波束指向他們。他們還告知接收端預定要送的資料封包大小，這參數不大於由接收端發布的大小。在此之後，接收器通知潛在的傳送端協商後的封包大小，是所有傳送端要求的封包大小的最大值。這以一個指向潛在傳送端的 CTS 封包。所有傳送端的 DATA（數據）封包，大小要達到協商的值（不夠則補零──位元填充），尾端則標記「封包結束」。該 DATA（數據）封包指向傳送至接收端。一個可能的優化，以節省發射功率是傳送端不需要執行位元填充。如果他們基於從 CTS 封包來的協商數據包大小，來計算獲得 ACK 的預期時間。同時收到 DATA（數據）訊框後，接收端同時對每個傳送端的應答。以這種方式實現同步一個行動台所有接收到的信號。此機制的假設是，行動台具有低行動性，進而可形成基於 RTR 和 RTS 封包之訓練序列的指向性波束，可用於傳送或接收（互為逆向的過程），這用於 DATA 和 ACK 交換的整個持續時間。此外，未預計接收來自其他人數據的行動台隨時注意可能會收到的 RTR。

每個行動台記錄從其他進行中的傳輸所聽到的控制訊息，並使用此訊息修改其輻射圖，將零陷值放在適當的方向。此狀態資訊保持在空間零陷值角度表（類似於 802.11 的網路分配向量），其中列出傳送的行動台、其相對於該行動台保持角度表的方向、該筆的記錄時間，還有在此之後該筆必須被清除的時間。

15.5 編碼在無線多重跳接式網的應用

為了在多重跳接式無線網路（Multi-Hop Wireless Networks; MHWNs）實現更好的吞吐

量，最新的技術致力於減少干擾，或者利用指向型天線，具有精心設計的排程，或利用多個無線電的正交通道工作。然而，最近在無線世界革命，無線網路編碼 [15.47]，採取一個非常不同的角度，不是避免干擾，而是利用它，允許中繼節點將不同的封包進行合併編碼，以便多個封包可以一次傳輸。如圖 15.4（a）所示的例子中，Alice 和 Bob 想要使他們不在彼此的傳輸範圍仍能交換消息。因此，Chloe 需要中繼他的訊息。未經網路編碼，交換一對封包需要四次傳輸。上述轉移的順序可以是不同的，只要（3）和（4）以相反的順序被執行。然而，經網路編碼，這四個步驟可以減少到三個步驟〔如圖 15.4（b）〕。

Alice 執行 $[a \oplus b] \oplus a = b$ 與 Bob 執行 $[a \oplus b] \oplus b = a$ 以獲得所需的結果，上述的風格也被稱為無線網路編碼。無線網路編碼的驚人特性是獨立於其他方法和協議堆疊。出人意料的是，隨機線性網路編碼已經證明，它引入冗餘可提供有損失網路可靠度的能力。

ETOX & HyCare：編碼感知路由
不經意的（傳統的）路由 vs. 編碼感知路由

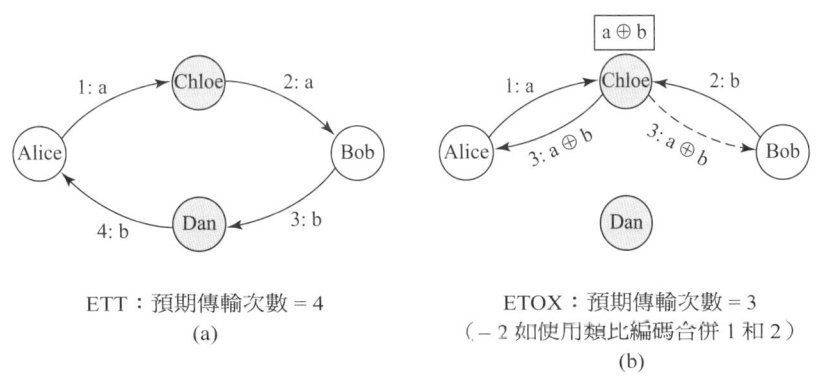

ETT：預期傳輸次數 = 4
(a)

ETOX：預期傳輸次數 = 3
（－2 如使用類比編碼合併 1 和 2）
(b)

圖 15.4
（a）沒有網路編碼的訊息交換：需要四個步驟
（b）需網路編碼的訊息交換：只需三個步驟

在一個最近的成果名為 Murco（Multi-radio with network coding，多無線電網路編碼）[15.48]，編碼和解碼是以封包裡逐位元 XOR 運算完成。假設一個節點 M_n 有封包 $p_1, p_2, \cdots, p_n$ 分別給下一跳 $M_1, M_2, \cdots, M_n$。也假設節點 M_s 將它們編碼成一個封包 P_n。Murco 接收節點 M_i，$i \leq n$，它必須有所有其他封包：$p_1, p_2, \cdots, p_{i-1}, p_{i+1}, p_n$，去解碼 P_n 並獲得 p_i。當在 MAC 佇列前面的封包不能與在佇列的任何其他封包進行編碼，它將自己單播到下一跳。在接收端，當一個封包到達 MAC 層，其將被轉發到 Murco，無論在 MAC 表頭有無使用目的地地址。如前面所述，每個節點 Murco 可以是目的地，而接收它或通過旁聽獲得這些「補救」封包。不管是哪一種情況，這些封包在它們要被解碼的時候應該在手上。因此，當一個節點獲得一個封包，它儲存在一個「封包池」供以後使用。一些在無線網路編碼的前期工作採取一個機會式的方法，猜測鄰居都有什麼封包可以傳，通過旁聽訊息。可以得到封包格式的詳細資訊，如 MAC 通道介面、表頭、設計框架、架構、鄰居發現和維護等等 [15.49]。Murco 已經在 ns-3 上充分實現 [15.50]，其參數列於表 15.1。為消除其他因素對性能的影響，我們在模擬時使用一個基於跳躍計數（Hop count）的靜態路由協定，和一個預先配置的通道分配。對於多無線電，每個節點有 2 介面。預配置的通道分配 802.11g 的 3 個正交通道，隨機選擇 2 個通道（通道號：1、6 和 11）。

表 15.1 Murco 模擬參數

參數	數值
使用 Murco 的 MAC 佇列容量	10
不使用 Murco 的 MAC 佇列容量	400
Murco 佇列容量 400	400
無線 802.11g 協定	Erp-OFDM
多無線電的界面數	2
HELLO 訊息間隔 Thello 120 ms	120 ms
重送間隔	20 ms
應用數據傳輸速率	6-12 Mbps

在線性拓撲和網格拓撲上的模擬已經做過。檢驗下列方案的效能：（1）單一無線電非編碼網路的性能（Single-radio Non-coding network; SNon）；（2）單無線電網路編碼網路（Single-radio network Coding network; SCO）；（3）多無線電非編碼網路（Multi-radio Non-coding network; MNon）；（4）多無線網路編碼網路（Multi-radio network coding network; Murco），並考慮端到端的延遲，兩個方案延遲增益比，吞吐量和吞吐量增益。假設兩個應用程序透過 UDP 從端到端在反方向傳送封包。如圖 15.5（a）所示，Murco 優於所有其他方案，以線性網路的 12 跳路徑的端至端延遲而言。圖 15.5（b）顯示出 Murco 對所有其他方案的端至端延遲增益。進行另一個網格網路的模擬，以便更好地理解在一個多無線電環境編碼效果。假定一個單獨的閘道器放置在網路和無線路由器的中心，與網格的每個交叉點。N 個節點隨機從 M×M 的網格取出。很顯然地，這種拓撲給出了更實際的設置和較少「編碼優先」的背景。在一個 7×7 網格網路與 5 隨機節點的密集網路，並與放置在中心的閘道器進行通訊。考慮兩個反向 UDP 會話在各自挑選的節點和閘道之間。Murco 再次提供了對其他方案（圖 15.5）非常不錯的表現。Murco 的成本、表頭冗餘和性能之間的關係應慎重考慮。必須指出網格網路的模擬結果仍是初步的。Murco 的效能是在有隨機交通的隨機拓撲結構上評估。在該模擬中，25 個節點隨機部署於正方形內。十對節點對是隨機選擇的，基於距離的多跳靜態路由協議在隨機選取的期間進行通訊。圖 15.6 該模擬的吞吐量和端到端延遲。

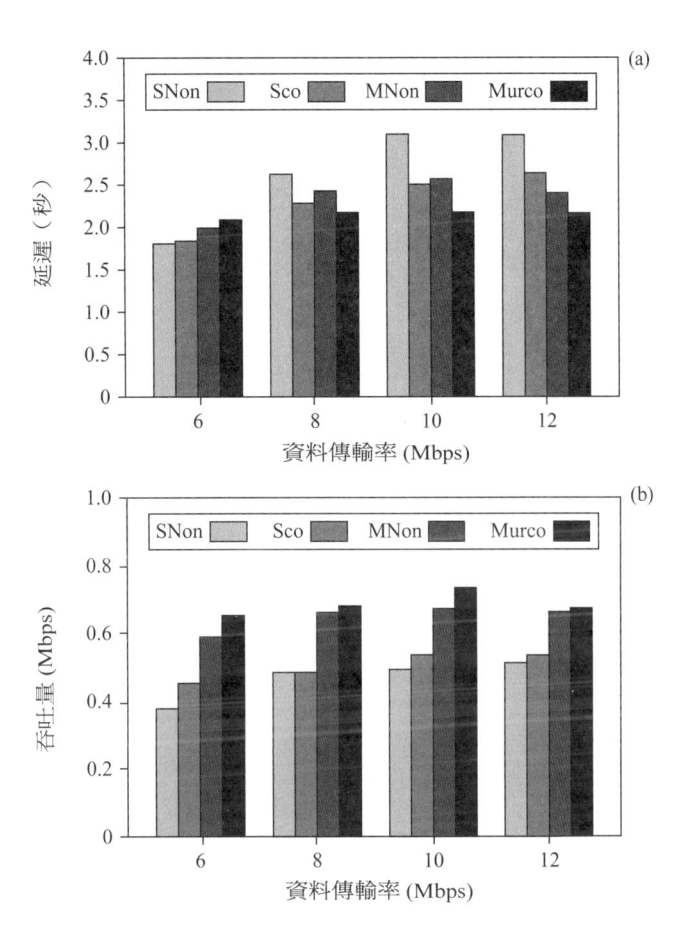

圖 15.5

（a）有隨機交通的隨機拓樸結構的端到端的延遲

資料來源：Yang Chi, "Effective Use of Network Coding in Multi-hop Wireless Networks," PhD Dissertation, University of Cincinnati, November 2013;

（b）有隨機交通的隨機拓樸結構的吞吐量

資料來源：Yang Chi, "Effective Use of Network Coding in Multi-hop Wireless Networks," PhD Dissertation, University of Cincinnati, November 2013.

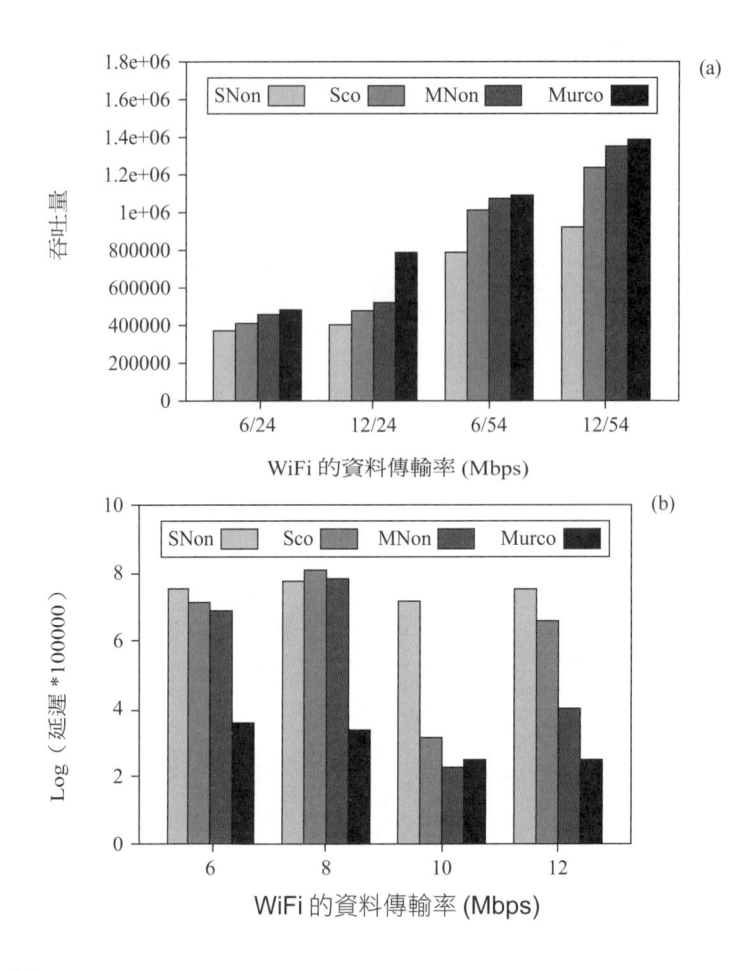

圖 15.6 [15.51]

（a）4 個隨機節點與閘道進行通訊的 7×7 網狀拓樸吞吐量

資料來源：Yang Chi, "Effective Use of Network Coding in Multi-hop Wireless Networks," PhD Dissertation, University of Cincinnati, November 2013.

（b）4 個隨機節點與閘道通訊的 7×7 網狀拓樸結構的端到端延遲

資料來源：Yang Chi, "Effective Use of Network Coding in Multi-hop Wireless Networks," PhD Dissertation, University of Cincinnati, November 2013.

15.6 延遲容忍網路和行動機會式網路

無線感測網路監視面積的品質取決於由感測器所覆蓋區域的比例，因此覆蓋範圍取決於感測器如何部署。最近研究表明 [15.52] 感測器的移動性會增加覆蓋範圍。但是，該數據仍然需要以多跳的方式被傳遞到基地台。另一種方式是，讓數據收集過程具行動性，中繼站到處移動，並收集傳輸範圍內感測器節點的數據。這裡的延遲有兩個組成部分：從一個感測器將數據傳送到所需要的時間和中繼站，與感測器會面，並提供數據到基地台所需要的時間。

大家普遍認為，大部分的延遲是由中繼站將數據傳送到基地台，這些網路被稱為延遲容忍網路（Delay Tolerant Networks; DTN）。延遲容忍網路消除了感測器將數據以多跳方式傳送到基地台的需要，減少每個感測器的能量消耗，並因此增強了無線感測網路的生命週期。此外，M 個感測器中只有一個中繼站，Grossglauser 和 Tse [15.53] 表明，容量上限從 $O(1/\sqrt{m} \log m)$（由 Gupta 和 Kumar [15.54] 證明），增加到 $O(1)$。因此透過加入少量的中繼站，藉由機會式連接將消息轉發到基地台是可行的。但是中繼站的一個顯著缺點是長延時，這是由於間歇性連接。這樣的延遲視中繼站的數量和它們前往不同的感測器路徑而定，因此應該遵循將中繼站儘可能迅速到達基地台的路徑。

減少單一中繼站到基地台的消息轉發延遲已經進行了許多嘗試 [15.47]。使用多個中繼站已被建議 [15.52]。選擇越來越接近基地台移動方向的中繼站已被建議 [15.57]。利用 Kalman 濾波的消息傳遞到基地台機率預測已被建議在 [15.58]。單拷貝轉發被分為三類 [15.45] 直接傳輸 [15.55]：隨機路由、基於效用的路由 1 跳擴散，以及傳遞基於效用的路由。這些都是基於中繼站的最後會面。交付機率已建模為一個偏置的隨機遊走，其偏置準位 [15.59] 反映選擇中繼站的影響。在偏置路由達到基地台的時間限制也已經獲得 [15.60]。一些具體問題應予以處理如下：

- 引入一強健方法估算到達基地台的時間，通過模擬在一個正方形網格偏置和不偏置的步行，建模為一維馬爾可夫鏈。
- 獲取在單個副本轉發到基地台延遲的數學表達式。
- 導出預期消息延遲的上限，其為一個簡單的單一拷貝轉發至基地台偏置準位的函數。
- 選擇偏置準位超過閾值，使延遲正比於消息源和基地台之間的直線距離。

進一步的細節可在 [15.59] 中找到。

15.7 第五代（5G）和之後

在 1981 年引入第一代類比細胞式行動電話，每十年行動技術都在速度和智慧上進步。在 2012 年，世界經歷了 3-GPP 發布的第四代行動數據，和語音電話 LTE-A 標準的完成。像 3-GPP [15.61] 和 ETSI [15.62] 的組織經常舉行高峰會來決定，在 5G 標準要包括哪些特性。學界和業界的代表將決定不同的協定、架構或邏輯節點、最終模型的添加或刪除等等。據估計，5G 的協定將在 2020 年完成。

5G 通訊的研究正在進行，考慮動態頻譜使用、超高密度物聯網、動態迅速部署且後向兼容的網路功能、適應性無線電資源管理等。在超級互聯的世界，數據快速爆增，而新技術像雲端網路和軟體定義網路（Software Defined Networking; SDN）將是 5G 基礎設施的重要組成部分。

5G 網路的願景是要拿出一個先進的核心網路，將與任何「全 IP」類型的網路相容，並與不同的接入技術（GSM、UMTS、WiFi、LTE-I 行動台、LTE-A 與 xDSL）相容。5G 將具有異質網路的概念，不僅包括不同無線電接入技術，但也具有與巨細胞、微細胞、微微細胞、毫微微細胞基站，遠程射頻前端（RRH）和中繼站等不同接入節點，不同覆蓋協議之間無縫和無處不在的互操作性。對於核心網而言，ETSI 高級網路的電信和網際網路融合服務和協定（TISPAN），一直是下一代網路（NGN）規格的關鍵標準化組織。5G 行動通訊標準可望具有所有無線接入技術，並可運作在毫米波頻率。5G 可以有大量城市裡的毫微微細胞和微微細胞，基於封包的低延遲協定，在固定的毫微微細胞區有每秒一兆位元（Tbits）的數據下載速率，高速行動環境下每秒十億位元（Gbps）的數據下載速率。NGN 和 5G 無線電接入網路（RAN）必須彼此相容。

從目前語音為主的系統，我們正在逐步走向數據為主的網路，其中語音是時間敏感的，而數據是錯誤敏感的。每年行動數據量加倍，且到 2030 年它將是當前的 10^6 倍。容量緊縮已成為另一個主要問題，這是由於無線電頻譜有限。這些都是 5G 的行動寬頻帶標準的驅動力，將為用戶提供感覺無限容量。不像以前的標準，不只是數據量，但能源效率、延遲和頻譜封裝將是其他關鍵特性。

儘管在 5G 標準考慮毫米波頻帶為載波頻率，但是由於水蒸汽和氧的吸收導致傳播大氣損失比一般的自由空間損失大。此外，較低頻率範圍的信號（> 3GHz）已經在使用中，細胞涵蓋較大且具有較好穿透建築物的能力，而毫米波只能傳播短距離，並無法穿透固體物體。儘管如此，毫米波段具有低干擾的特點，因此能夠提供高效的頻譜再使用的潛力。低功耗 CMOS 工藝已經打開毫米波頻段的商用部署，如 IEEE 802.15.3c 和 IEEE 802.11ad 標準所示。

一些 5G 標準的考慮包括：

- 探索在毫米波範圍內的新頻段無線接入
- 能源效率、可擴展性、可靠性和強健性
- 許可頻段和豁免帶之間的一致性
- 高容量的毫微微細胞和企業的微微細胞

- 減少信號負載,特別是在密集的細胞拓樸
- 無線資源的動態調配
- 空中接取亞毫秒的延遲
- 大規模分佈式天線的巨量多輸入多輸出 (Multiple Input Multiple Output; MIMO) 來支持網路和行動設備之間分散式 MAC (媒體存取控制)

15.8 低功耗設計

當今世界已經從龐大的計算機轉變成穿戴式設備。這種轉變讓我們需要思考無線設備的節能,因為大多數無線設備特點是有限的能源資源。隨意和感測器網路目前正處於發展的萌芽階段,但是當它們的使用商業化,功耗預計將是無線節點順利運作的主要障礙。例如,考慮部署在森林檢測野火擴散的無線感測器。在這種情況下,這些感測器可能是空投,可能必須持續幾個月 [15.63]。另一個例子是海洋勘探,以收集有關水流、潮汐、洪水等資料。在這些情況下,期望設備在關鍵階段仍有電,因為一旦部署,更換其電池仍是困難的,唯一的選擇可以是補充整個感測器系統。然而,電池技術進展緩慢,而計算和通訊需求正在迅速增長。為了彌補這一點,科學界正在提出創新的方法來節省電池電量。

傳統方法節省功率的方法是使用功率休眠,以減少未使用的硬體功耗。在便攜式計算機,意味著關閉硬碟、處理器、螢幕、數據機聲音等等。在行動台,意味著當不使用時關閉顯示器電源。常用於低功耗要求的另一種方法是,減少計算機晶片的電源電壓。例如,從標準 5.0 V 電源電壓降低至 3.3 V,降低了 56% 功耗。然而,降低電源電壓需要所有的組件在低電壓下工作。新的改善方法已被設計,特定部分的輸入電壓可以降低。由於在一個隨意和感測器網路,功率的主要部分(30-50%)是由處理器本身消耗,研究方向主要在保存所述處理器的功耗。第一個初始功能方塊是 Intel 在 1995 提出,比 PC 主板(3.3V)[15.64] 低的電壓(2.9 V)的 x86 處理器。

處理器節能領域的所有基本進步來自動態電壓調節(Dynamic Voltage Scaling; DVS)機制,在不顯著降低性能下減少 CPU 功耗。今天的處理器速度達到 GHz 的水準,幾十瓦功率消耗變為數位設計中的重要問題。為了解釋它如何工作,我們舉 CMOS 電路的動態功耗 $P_{dynamic}$ 的例子。方程式和電源電壓 V_{dd} 二次方有關($P_{dynamic} \propto CV_{dd}^2 f$),其中 C 是集體切換電容,f 是電源供應的頻率。從前面的方程式可以推斷,動態變化的電壓和頻率可以節省我們大量 CPU 功率。由於比例依賴於電壓的平方,降低電壓會為我們節省更多的電力 [15.65]。實驗表明,每個指令所需的能量而言,最小的速度(59 兆赫)和低電壓是全速(251 兆赫)

和高電壓 [15.64] 的五分之一。Transmeta TM5400，或"Crusoe"，是實際支持電壓調節為數不多的處理器之一。

變化電壓的主要理念是歸因於一個事實，即無線設備經常處於閒置狀態，或做一些非常簡單的工作。在這些空閒時間，其功耗遠遠超過其需要。因此，如果電源電壓在這些時期減少了，那麼大量的能量可以保存和設備的電池將持續較長時間。例如，在感測器網路中，當感測參數不隨時間而過於頻繁變化，該裝置可設定為在一定的時間間隔感測數據一次，而且處理器可以轉向休眠模式和節省寶貴的功率以供將來使用。一些研究人員認為，不同的電壓會增加設備的反應時間，因為從低功率切換到高功率需要時間。然而，由於大多數的無線應用（例如，森林感測器）不是即時應用，反應時間的延遲是可以接受的。

行動計算機正被用於視訊處理（例如，從深海發送罕見的水生生物影像）。視訊處理是多媒體訊息交換的重要組成部分。由於電池功率有限，節約能源發揮了顯著作用 [15.66]。如前面所提，可變電壓的技術和可變時鐘速度的處理器正在認真考慮用在多媒體應用，以延長電池的壽命。

一個新的方向將被加入到節電領域。到目前為止，一直強調提供節電的硬體解決方案，如在非活動期間關閉顯示器〔在 BIOS（基本輸入／輸出系統）或螢幕保護程序來實現〕，並根據工作負荷減慢 CPU。然而，現在的研究正在以軟體的技術方向進行，以節省功率。例如，在不同的協議層（TCP）[15.67] 建模。儘管如此，研究尚處於起步階段，主要針對特定應用。在這方向仍有很多工作要做，應該要實現像 DVS 一樣的硬體解決方案。

15.9 可擴展標記語言（XML）

15.9.1 超文本標記語言（HTML）vs. 標記語言

超文本標記語言（Hypertext Markup Language; HTML）是最簡單和最流行的標記語言。1989 年，蒂姆·伯納斯—李（Tim Berners-Lee）意圖使科學家能夠從任何位置共享資訊，開發了可連結和隨地閱讀的超文本文檔。一個 HTML 文件包含指示 web（全球資訊網；World Wide Web）瀏覽器，如何顯示網頁小的標記的文本文件。HTML 的成功，其部分原因是因為它的簡單。然而，HTML 的設計沒有考慮伺服器和客戶之間的互動。

HTML 在網頁上已非常流行，因為它的實用性和靈活性，並且也可以在無線應用中使用。然而，在無線環境中，頻寬是有限的，一個直接使用 HTML 過於昂貴，從延遲觀點來說不可行。因此，研究人員必須設法儘量減少數據傳輸量，而不是犧牲品質，使該網頁可以通過無線設備，例如 iPad、平板和智慧手機訪問。這鼓勵在無線世界採用**可擴展標記語言**（XML）。

標記語言是靜態的，不處理資訊。有標記的文檔光靠自己是無法做任何事。然而，一種程式語言可以很容易處理標記格式呈現的資訊。本質上，標記語言中包含相同的資訊，並給文檔帶來智慧，這樣應用程式可以被讀取和有效地處理。

技術上而言，XML 是一種元語言——也就是說，它可以創建自己的標記語言。它是可擴展的，這意味著它可以創建自己的元件。XML 描述了一類被稱為 XML 文檔的數據物件，它儲存在計算機上，並部分地描述該處理這些對象的程序行為。文檔可以根據需要處理的資訊種類進行自定義。如果紀律是無線的，文檔類型可能被標記像 < 發送者 >、< 接收者 >、<RTS>、<CTS>。XM 是一個子集或 SGML 的限制型態，即標準通用標記語言（Standard Generalized Markup Language）（ISO 8879）。XML 是可擴展的，具有精確和深層結構。

XML 有用於表示結構化數據的低階語法。一個簡單的語法可以用來支持多種格式。XML 的應用程式數量正在迅速增長，而且增長模式很可能會繼續。有許多領域——例如，醫療保健行業、政府、金融——在這些地方 XML 應用程式用來儲存和處理數據。XML 的使用導致對數據表示和組織的簡單方法，數據不相容和繁瑣的手動密鑰更新問題變成可處理的。在無線區域中，一種 XML 的應用是**無線標記語言**（WML）。

15.9.2　WML：無線手持設備 XML 的應用

WML 是一種基於 XML 的標記語言，由 WAP 論壇開發和維持其規範，WAP 論壇是由 Nokia、Phone.com、Motorola 和 Ericsson 組成的產業聯盟。本規範中定義語法、變量，並在有效的 WML 文件中使用的元素。熟悉 XML 的人可在 *http://www.wapforum.org/DTD/wml_1.1.xml* 取得實際的 WML 1.1 文檔類型定義（DTD）。一個有效的 WML 文檔必須符合這個 DTD，否則就不能進行處理。如果一個電話或其他通訊設備被認為有 WAP 功能，這意味著它有一個軟體加載到它（稱為微瀏覽器），充分了解如何處理在 WML 1.1 DTD 上的所有實體。

WML 是專為低頻寬和小螢幕設備設計的。一副撲克牌的概念被利用做為這種設計的一部分。一個單一的 WML 文件（即包含在 <WML> 文檔元素中的元素）被稱為一副。一個代理人和一個用戶之間的單一相互作用被稱為卡。這種設計的好處在於，多個螢幕可以在一個單一的檢索下載到客戶端。使用 WML Script（腳本），用戶選擇或實體可被處理，和被路由到已經加載的卡，進而消除與遠端伺服器的過度交易傳輸。當然，有限的客戶端功能是另一個權衡。取決於客戶記憶體的限制，它可能有必要將卡分到多副，以防止單副變得太大。XML 中預定義一組元素，可被組合以創建一個 WML 文檔。

15.10 Android、iOS、iPad、iPhone、與 iPod

  Android [15.68]，由 Google 為首的開放式手機聯盟所開發，是一個利用 Linux[15.69] 2.6 核心的作業系統，可跟隨人手指的習慣，如觸摸、輕拍、滾動、放大、縮小，基於設備的螢幕方向，從縱向調整窗口的方向為橫向。為了解釋手指的動作 [15.70]，設備的組成部分包括各種轉換器，例如：壓力感測器、加速度計、陀螺儀和接近感測器。位於觸摸屏角落的感測器可確定精確觸摸的位置資訊。Android 是完整開放原始碼，因為它允許軟體進行修改和定制，以執行如顯示即時電子郵件內容和天氣資訊的任務。此外，應用程序開發人員超過 70 萬應用程序 [15.70, 15.71]，它可以在 C／C++ 進行編程，但大多是在 Java 開發。還支援藍芽、WiFi、3-G 和 4-G 網絡，Android 是手持設備，如智慧手機和平板電腦使用最廣泛的作業系統，也已在電視、遊戲機、數位相機中使用。

  iOS 版 [15.72] 是蘋果公司的私有作業系統，是 iPhone、iPad、iPod Touch 專用的系統，並基於 OS X，非常類似 UNIX。iPhone 是市場中第一個設備可以配置 3G、4G、WiFi、藍芽、有指南針的加速度計、光感測器、接近感測器、GPS 和陀螺儀的平台。應用程式可以在 Objective C 完成。

  Java 的程式設計被用在 Android OS，它的普及使它成為最受歡迎的語言。蘋果 iOS 是私有的，應用程序開發無法使用第三方工具 [15.73]，限制了其他應用程序開發者的創造力。Android 作業系統允許多任務處理，使它多才多藝，而蘋果 iOS 在同一時間只允許使用一個功能。使用一套工具可以使程序開發者測試正在建立的應用程序。但是，相較於蘋果 iOS，觀察到 Android 作業系統的當機更頻繁。此外，與蘋果 iOS 相比，Android 作業系統需要較長的加載應用程序時間。由於 Android 是一個開放原始碼，比較可能受攻擊和威脅。當蘋果公司的 iPad 和 iPhone，以及 Google 的 Android 互相競爭，只有時間才能告訴我們哪個 OS 為主流。一些基本優點、特殊功能、缺點和未來的挑戰總結於表 15.2。

表 15.2　Android 作業系統的優點、缺點、亮點和挑戰

優點	亮點	缺點	挑戰
基於Linux [15.74]	阻止不必要的電話和訊息[15.75]	需要連接到網際網路 [15.74]	性能考慮[15.76]
方便容易獲得豐富的開發環境和移動設備的核心功能[15.76]	隱私守衛在後台運行，監測和以非侵入性的方式守護隱私[15.75]	官方的 Android 正式版[15.74]產生慢速設備	很難整合供應商 [15.76]
免費開放的平台/許可 [15.76]	封鎖/解除封鎖無限制的電話號碼[15.73]	較少的控制有時會導入更多的惡意軟件[15.74]	過度依賴 Google [15.76]
強健的作業系統核心，創新的資料庫包裝[15.76]	為移動設備優化的虛擬機[15.75]	有時很難與Google連接[15.74]	
易應用開發[15.74] [15.76]	豐富的設備模擬器環境[15.75]	有時候很多廣告[15.74]	
快速改善[15.76] [15.74]	以客製 2D 繪圖資料庫優化 2D 影像；3D 影像則基於OpenGL ES 1.0 規範	作業系統裡眾多處理程序造成電池消耗快[15.74]	
提供給開發者的訊息和服務沒有任何偏差[15.74]	支持常見的音頻、視頻和靜止影像格式的媒體（MPEG4、H.264、MP3、AAC、AMR、JPG、PNG、GIF）[15.75]	需網路連接[15.74]	
提供豐富的瀏覽器設施和增強服務[15.74]	偵錯，記憶體和性能分析的工具[15.75]		

資料來源：Ahwan Monalisa, Advantages and Disadvantages Android, http://handphoneseluler.blogspot.in/2013/01/advantages-and-disadvantages-android.html

除了在尺寸上的差異，當它們在 iOS 上運行時，蘋果手機、平板電腦和手持設備——iPad 的 Air 和 Mini、iPhone 5S 和 5C 和 iPod Touch——看起來幾乎完全相同。將這些設備的硬體和軟體功能進行比較 [15.77]，並總結在表 15.3。應選擇哪個設備取決於使用什麼功能。

表 15.3　比較 iPad、iPhone 及 iPod Touch 的特色 [15.75]

特徵	iPad air	iPad Mini	iPhone 5S	iPhone 5C	第 5 代 iPod Touch
容量	16 GB, 32 GB, 64 GB, 128 GB	16 GB, 32 GB, 64 GB, 128 GB	16 GB, 32 GB, 64 GB	16 GB, 32 GB, 64 GB	32 GB, 64 GB
螢幕大小/解析度	9.7 英吋 2048×1536	7.87 英吋 2048×1536	4 英吋 1136×640	4 英吋 1136×640	4 英吋 1136×640
GPS	有	有	有（輔助GPS）	有（輔助GPS）	無
電池時間(小時)	10	10	通話:8, WiFi: 10, 影片:10, 音樂:40	通話:10, WiFi: 10, 影片:10, 音樂:40	通話:8, 音樂:40
網路	WiFi, 可選4G LTE	WiFi, 可選4G LTE	WiFi, 4G LTE	WiFi, 4G LTE	WiFi

▎表 15.3　比較 iPad、iPhone 及 iPod Touch 的特色 [15.75]（續）

特徵	iPad air	iPad Mini	iPhone 5S	iPhone 5C	第 5 代 iPod Touch
藍芽	有	有	有	有	有
相機	2 個鏡頭，五百萬畫素& 1080p HD 視訊	2 個鏡頭，五百萬畫素& 1080p HD 視訊	2 個鏡頭，八百萬畫素& 1080p HD 視訊	2 個鏡頭，八百萬畫素& 1080p HD 視訊	2 個鏡頭，五百萬畫素& 1080p HD 視訊
FaceTime	有	有	有	有	有
影像連結至電視	1080p HD	1080p HD	1080p HD	1080p HD	1080p HD
Siri (語音控制app)	有	有	有	有	有
電話	無	無	有	有	無
大小(英吋)	9.4×6.6×0.29	7.87×5.3×0.29	4.87×2.31×0.3	4.9×2.33×0.35	4.86×2.31×0.24
重量(磅)	1(4G 為 1.05)	0.73(4G 為 0.75)	0.25	0.29	0.19
價錢(美元)	$499–$829	$399–$829	$199–$399	$99–$199	$229–$399

資料來源：Sam Costello, Comparing Features: iPad vs. iPhone vs. iPod Touch,*http://ipod.about.com/od/ipadcomparisons/a/ipad-iphone-3gs-ipod-touch.htm*

15.11　物聯網、物聯全球資訊網和社交網路

　　網際網路的發展增加了人與人之間的連接。數十億人利用網際網路瀏覽 web（全球資訊網）、玩遊戲，以及社交網站和應用程序 [15.78]；無線技術進一步提高網際網路的實用性和通用性。下個演進預計是物件和智慧環境的互連，其中全球平台使得機器和智慧物件進行通訊，利用無線介質互動。物聯網基礎設施提供了訊息共享和與物理或智慧物件互動，此物件具有計算與無線通訊能力。

　　物聯網（Internet of Things; IoT）的主要願景和目標是，使物件在任何時候、任何地點連接，與任何事情、任何人都可以使用任何有線和無線網路來連接。十餘年來，物聯網這個術語已經存在，但是到現在為止並沒有標準的定義 [15.79]。我們可以理解物聯網是利用網際網路技術提供智慧物件的全球連接，這可由不同的技術來達到，如 RFID、無線感測器，和機器對機器的通訊裝置上提供了新的服務和應用程序。IoT 使物件能成為積極的參與者，並能夠與其他成員共享網路中的訊息。

　　物聯網可連接數十億個物件，將創造大量的流量，和網際網路網路實體之間有更多儲存通訊的需求。網際網路使用 TCP/IP 協議，這是在 1970 年代提出，並不能滿足現有的要求，例如可擴展性、可靠性、服務品質等等。物聯網的通用結構如圖 15.8。IoT 結構可分為五層：感知層、網路層、中介層、應用層和商用層。感知層、網路層和應用層被視為物聯網的主層，而其餘部分被用來管理服務及 IoT 系統。

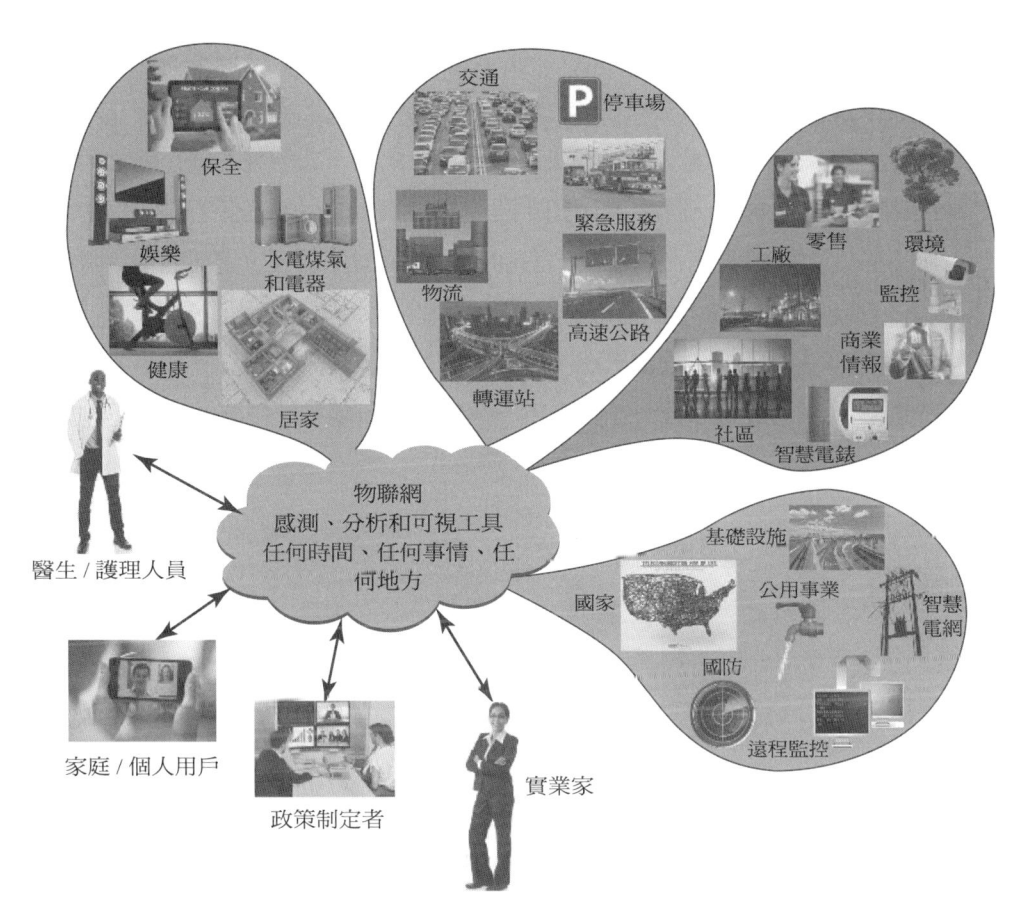

Community—smart metering: LeahKat/Shutterstock.com;
Transport—emergency: val lawless/Shutterstock.com;
Home—utilities and appliances: MrGarry/Shutterstock.com;
Community—factory: nrqemi/Shutterstock.com;
National—defense: Iaroslav Neliubov/Shutterstock.com;
National—main: RoboLab/Shutterstock.com;
Policy maker: Andrey_Popov/Shutterstock.com;
Personal use: LDprod/Shutterstock.com;
Transport—highways: kanvag/Shutterstock.com;
Industrialist: Mark LaMoyne/Shutterstock.com;
National—utilities: prapass/Shutterstock.com;
National—infrastructure: TonyV3112/Shutterstock.com;
National—smart grid: Ints Vikmanis/Shutterstock.com;
National—remote monitoring: Zudy and Kysa /Shutterstock.com;

Home—main: Nikonaft/Shutterstock.com;
Transport—main: Peter Stuckings/Shutterstock.com;
Transport—logistics: Binkski/Shutterstock.com;
Transport—traffic: TonyV3112/Shutterstock.com;
Transport—parking: NEGOVURA/Shutterstock.com;
Doctor: michaeljung/Shutterstock.com;
Community—main: Rawpixel/Shutterstock.com;
Community—retail: bikeriderlondon/Shutterstock.com;
Community—environment: Lev Kropotov /Shutterstock.com;
Community—surveillance: Gl0ck/Shutterstock.com;
Community—bus. intelligence: Mikko Lemola/Shutterstock.com;
Home—health: Blinka/Shutterstock.com;
Home—entertainment: Vladru/Shutterstock.com;
Home—security: Brian A Jackson/Shutterstock.com

圖 15.7　物聯網的願景

資料來源：根據Daniele Miorandi, Sabrina Sicari, Francesco De Pellegrini, and Imrich Chlamtac, "Internet of Things: Vision, applications and research challenges," *Ad Hoc Networks,* Volume 10, Issue 7, September 2012, pages 1497–1516.

使感測器節點成為 IoT 的重要網路元件的概念正成為一個重要領域，內容和資訊是由感測器節點提供的，其設計隨所需特性變化很大，如圖 15.8。無線感測器網路在家庭和大樓自動化環境中，被認為是物聯網的一個組成部分。許多術語，如智慧家庭、智慧大樓，和整合家庭系統被認為是相同概念。除了開啟和關閉設備，我們的目標是使智慧物件之間通訊、控制和監測。無線感測器網路有許多小的，有功率限制，價格低廉，處理能力有限的感測器裝置，其無時間限制的收集數據。無線感測器網路應用範圍從軍事應用到醫療監測、環境觀測、結構和工業監控、遠程監控、控制網路、居住地監測、監視、追蹤和其他等。感測器、致動器和 RFID 是物聯網的關鍵部分，並創造了一個重要的新趨勢。主要的挑戰是建立感測器和網際網路之間的連接。

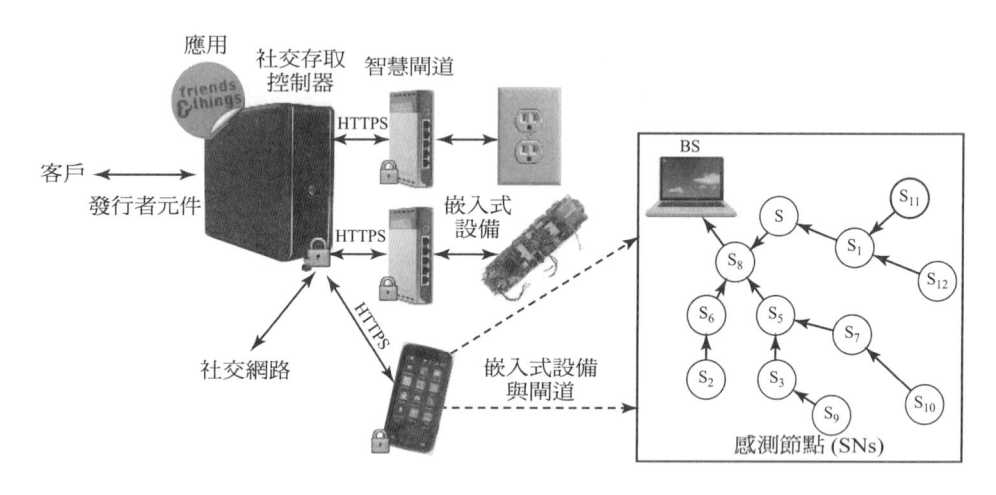

筆記型電腦：Umberto Shtanzman/Shutterstock.com;
電腦：Sashkin/Shutterstock.com;
手機：Maxx-Studio/Shutterstock.com;
乙太網路：Ugorenkov Aleksandr/Shutterstock.com;
嵌入式設備：photosync/Shutterstock.com;
插座：Olivier Le Queinec/Shutterstock.com

圖 15.8 WSN 做為物聯網的重要組成

資料來源：The Internet of Things 2012—New Horizons" (European Research Cluster on the Internet of Things) IERC Books, Lu Tan and Neng Wang, "Future Internet: The Internet of Things," *3rd International Conference on Advanced Computer Theory and Engineering (ICACTE)*, 2010, vol. 5, no., pp. V5–376, V5–380, 20–22, Aug. 2010.

IoT 的願景是讓東西以任何網路連接，因為它只專注於建立實體物件之間的連接，並給他們傳輸的能力。物聯全球資訊網（Web of Things; WoT）整合智慧的東西，成為 web（全球資訊網）的一部分，而不僅僅是網際網路 [15.80] 的一部分，使它們可透過標準的 web（全球資訊網）機制，成為可獲得的資源。圖 15.9 顯示了 WoT 的概觀。web 正在從內容發布模式轉移到互動式訊息共享。當前合作和 web 的互操作性已經在社交網站（Social Networking

Sites; SNS）的重要革命中提供了巨大能力。SNS 是基於 web 的社交空間，在促進溝通、合作，和在各聯絡人之間分享內容。世界上網際網路人口的三分之二訪問社交網路或部落格網站，佔所有上網時間近 10%。目前，社交網路已經成為全球上網體驗的基本組成部分，改造 web 成為社交 web，人類的社交能力可以提高。

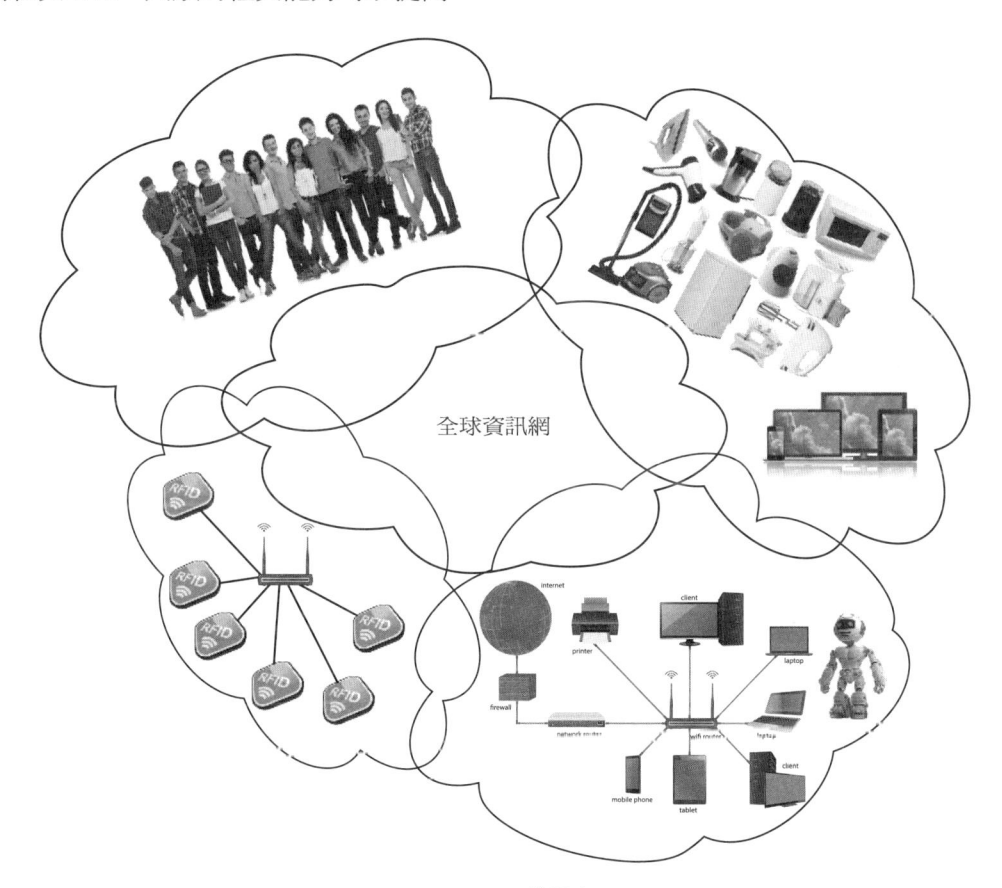

網路：Ohmcga1902/Shutterstock.com;
人物：Viorel Sima /Shutterstock.com;
應用程式：Iakov Filimonov/Shutterstock .com;
路由器：Nelia Sapronova /Shutterstock.com;

機器人：Ociacia/Shutterstock.com;
電器：Nik Merkulov /Shutterstock.com;
RFID：shockfactor.de /Shutterstock.com

圖 15.9 WoT 的概觀

資料來源：D. Guinard, V. Trifa, and E. Wilde, "A resource oriented architecture for the Web of Things," Internet of Things (IoT), 2010, pp. 1–8, Nov. 29, 2010–Dec. 1, 2010.

15.12 總結

無線裝置和技術的領域正在迅速變化，研究發現也很快變得過時。我們提供從創新觀點來看正在進行中研究的概觀。問題如人類移動特性和行動台的移動模型，對資源配置和服務品質（QoS）而言都是關鍵。應該要確立功率控制的效果和電源、空間與速度的取捨。編碼與自動重試在錯誤最小化，與對應處理複雜度的實用性值得探索。需要仔細考量各種訊號交換最小化，需要開發支援不中斷的連續媒體串流的新技術。

簡而言之，無線通訊與行動系統的未來似乎相當振奮人心，許多新的應用程式將會出現成為新無線通訊與行動技術的潛在使用者。

15.13 參考文獻

[15.1] I. F. Akyildiz, J. McNair, et al., "Mobility Management in Next Generation Wireless Systems," *Proceedings of the IEEE*, Vol. 87, No. 8, pp. 1347–1384, August 1999.

[15.2] Y.-B. Lin and I. Chlamtac, *Wireless and Mobile Network Architecture*, Hoboken, NJ: John Wiley and Sons, Inc, 2001.

[15.3] M. D. Austin and G. L. Stuber, "Direction Biased Handoff Algorithms for Urban Microcells," *Proceedings of the IEEE VTC-94*, pp. 101–105, June 1994.

[15.4] A. Murase, I. C. Symington, and E. Green, "Handover Criterion for Macro and Microcellular Systems," *Proceedings of the IEEE VTC-91*, pp. 524–530, June 1991.

[15.5] B. Epstein and M. Schwartz, "Reservation Strategies for Multimedia Traffic in a Wireless Environment," *Proceedings of the IEEE VTC*, pp. 165–169, July 1995.

[15.6] Q-A. Zeng and D. P. Agrawal, "Performance Analysis of a Handoff Scheme in Integrated Voice/Data Wireless Networks," *Proceedings of the IEEE VTC-00*, pp. 845–851, September 2000.

[15.7] J. Wang, Q-A. Zeng, and D. P. Agrawal, "Performance Analysis of Integrated Wireless Mobile Network with Queuing Handoff Scheme," *Proceedings of the IEEE Radio and Wireless Conference 2001*, pp. 69–72, August 2001.

[15.8] J. Wang, Q-A. Zeng, and D. P. Agrawal, "Performance Analysis of Preemptive Handoff Scheme for Integrated Wireless Mobile Networks," *Proceedings of the IEEE Globecom 2001*, November 2001.

[15.9] H. Chen, Q-A. Zeng, and D. P. Agrawal, "A Novel Optimal Channel Partitioning Algorithm for Integrated Wireless and Mobile Networks," *Journal of Mobile Communication, Computation and Information*. October 2004, pp. 507–517.

[15.10] H. Chen, Q-A. Zeng, and Dharma P. Agrawal, "A Novel Analytical Modeling for Optimal Channel Partitioning in the Next Generation Integrated Wireless and Mobile Networks," *Proceedings of MSWiM Workshop 2002*, in conjunction with *Mobicom 2002*, September 28, 2002.

[15.11] H. Chen, Q-A. Zeng, and Dharma P. Agrawal, "A Novel Channel Allocation Scheme in Integrated Wireless and Mobile Networks," *Proceedings of 2003 Workshop on Mobile and Wireless Networks*, May 19–22, 2003.

[15.12] H. Chen, Q-A. Zeng, and D. P. Agrawal, "An Adaptive Call Admission and Bandwidth Allocation Scheme for Future Wireless and Mobile Networks," *IEEE VTC Fall 2003*, Orlando, October 2003.

[15.13] K. Obraczka, R. Manduchi, and J. Garcia-Luna-Aveces, "Managing the information flow in visual sensor networks," in *The 5th International Symposium on Wireless Personal Multimedia Communications, 2002*, Vol. 3, October 2002, pp. 1177–1181.

[15.14] A. N. Belbachir, *Smart Cameras*, Springer, 2010.

[15.15] S. Soro and W. Heinzelman, "A survey of visual sensor networks,"*Advances in Multimedia*, Vol. 2009, no. 21, May 2009.

[15.16] Y. Charfi, N. Wakamiya, and M. Murata, "Challenging issues in visual sensor networks," *Wireless Communications, IEEE*, vol. 16, no. 2, pp. 44–49, April 2009.

[15.17] Hailong Li, "Analytical Model for Energy Management in Wireless Sensor Networks," PhD Thesis, University of Cincinnati, Fall 2012.

[15.18] C. Cordeiro and D. P. Agrawal, *Ad hoc & sensor networks. Theory and applications,* 2nd edition, World Scientific, 2011.

[15.19] D. P. Agrawal and Q. A. Zeng, *Introduction to wireless and mobile systems, third edition*, Cengage, 2011.

[15.20] D. Wang, B. Xie, and D. P. Agrawal, "Coverage and lifetime optimization of wireless sensor networks with gaussian distribution," *IEEE Transactions on Mobile Computing*, vol. 7, no. 12, pp. 1444–1458, Dec. 2008.

[15.21] N. Zamora and R. Marculescu, "Coordinated distributed power management with video sensor networks: Analysis, simulation, and prototyping," in *First ACM/IEEE International Conference on Distributed Smart Cameras, 2007, ICDSC '07,* Sept. 2007, pp. 4–11.

[15.22] S. Soro and W. Heinzelman, "Camera selection in visual sensor networks,"in *IEEE Conference on Advanced Video and Signal Based Surveillance, 2007, AVSS*, Sept. 2007, pp. 8–86.

[15.23] J. Dagher, M. Marcellin, and M. Neifeld, "A method for coordinating the distributed transmission of imagery," *IEEE Transactions on Image Processing*, Vol. 15, No. 7, pp.1705–1717, July 2006.

[15.24] C. Margi, V. Petkov, K. Obraczka, and R. Manduchi, "Characterizing energy consumption in a visual sensor network testbed," in *2nd International Conference on Testbeds and Research Infrastructures for the Development of Networks and Communities, 2006 TRIDENTCOM*, 2006, pp. 331–339.

[15.25] S. Rudd, "Data Only Networking," *http://www.interop.com*.

[15.26] D. Gill, "Standards for Multimedia Streaming and Communication over Wireless Networks," *http://www.emblazer.com/tech_mpeg4_2.shtml*.

[15.27] "Information Technology—Coding of Audio-Visual Objects—Part 1: Systems," *MPEG Committee Document N2501 (MPEG 4 Systems Version 1), http://www.emblazer.com/teeh_mpeg4_1.shtml*.

[15.28] D. Singer and W. Belknap, "Text for ISO/IEC 14496-1/PDAM1(MPEG-4 Version 2 Intermedia Format—MP4)," *MPEG Committee Document N2801 Subpart 4*, July 1999.

[15.29] "Advanced Streaming Format (ASF) Specification, Public SpecificationVersion 1.0,"

Microsoft Corporation, February 26, 1998.

[15.30] K. Tanigawa, T. Hoshi, and K. Tsukada, "Simple RTP Multiplexing Transfer Methods for VoIP," *IETF Draft*, work in progress, *http: //alternic.net/draft-t-u/draft-tanigawa-rtp-multiplex-01.txt, or http://www.ietf. org/proceedings/98/doc/slides/draft-ietf-avt-germ-00. txt.*

[15.31] J. Rosenberg and H. Schulzrinne, "An RTP Payload Format for User Multiplexing," *IETF Draft*, work in progress, *http://www.ietf.org/proceedings/ 99mar/I-D/draft-ietf-avt-aggregation-00.txt.*

[15.32] B. Subbiah and S. Sengodan, "User Multiplexing in RTP Payload between IP Telephony Gateways," IETF Draft, work in progress, *http://www.ietf.org/proceedings/99mar/I-D/draft-ietf-avt-mux-rtp-00.txt.*

[15.33] M. Handley, "GeRM: Generic RTP Multiplexing," *IETF Draft*, work in progress, *http://www.ietf.org/proceedings/99mar/I-D/draft-ietf-avt -germ-00.txt.*

[15.34] H. Schulzrinne, A. Rao, and R. Lanphier, "Real Time Streaming Protocol (RTSP)," *RFC 2326*, April 1998, *http://www.ietf.org/rfc/rfc2326.txt.*

[15.35] M. Handley, H. Schulzrinne, E. Schooler, and J. Rosenberg, "Session Initiation Protocol (SIP)," *RFC 2543*, March 1999, *http://www.ietf.org/rfc/rfc2543.txt.*

[15.36] M. Oelsner and C. Ciotti, "Wireless ATM and Wireless LAN—An Overview of Research, Standards and Systems," *ACTS Mobile Communications Summit*, Aalborg, Denmark, October 1997.

[15.37] *http://www.symbian.com/technology/mms.html.*

[15.38] C. A. Balanis, *Antenna Theory: Analysis and Design*, New York: Wiley, New York.

[15.39] S. Keshav, *An Engineering Approach to Computer Networking*, Boston, MA: Addison Wesley, 1997.

[15.40] L. C. Godara, "Application of Antenna Arrays to Mobile Communications,Part I: Performance Improvement, Feasibility and System Considerations,"*Proceedings of the IEEE*, July 1997.

[15.41] J. C. Liberti and T. S. Rappaport, *Smart Antennas for Wireless Communications: IS-95 and Third Generation CDMA Applications*. Upper Saddle River, NJ: Prentice Hall, 1999.

[15.42] Y. B. Ko, V. Shankarkumar, and N. H. Vaidya, "Medium Access Control Protocols Using Directional Antennas in Ad Hoc Networks," *Proceedings of IEEE INFOCOM'2000*, March 2000.

[15.43] A. Nasipuri, S. Ye, J. You, and R. E. Hiromoto, "A MAC Protocol for Mobile Ad Hoc Networks Using Directional Antennas," *Proceedings of the IEEE Wireless Communications and Networking Conference(WCNC)*, September 2000.

[15.44] "All About GPS," *http://www.trimble.com/gps/.*

[15.45] D. Lal, R. Gupta, and D. P. Agrawal, "Throughput Enhancement in Wireless Ad Hoc Networks with Spatial Channels—A MAC Layer Perspective," *Proceedings of the 7th IEEE International Symposium on Computers and Communications*, July 2002.

[15.46] D. Lal, R. Toshniwal, R. Radhakrishnan, J. Caffery, and D. P. Agrawal, "A Novel MAC Layer Protocol for Space Division Multiple Access in Wireless Ad Hoc Networks," *Proceedings of the IEEE International Conference on Computer Communications and*

Networking (ICCCN), October 2002.

[15.47] S. Katti, H. Rahul, W. Hu, D. Katabi, M. Medard, and J. Crowcroft, "Xors in the air: practical wireless network coding," *SIGCOMM Computer Communications Review*, Vol. 36, pp. 243–254, August 2006.

[15.48] Yang Chi and Dharma P. Agrawal, "HyCare: Hybrid Coding-Aware Routing with ETOX Metric in Multi-hop Wireless Networks," *IEEE International Conference on Mobile and Ad hoc Systems (MASS)*, October 2013.

[15.49] S. Zhang, S. C. Liew, and P. P. Lam, "Hot topic: physical-layer network coding," in *Proceedings of the 12th annual international conference on Mobile computing and networking*, MobiCom '06. New York, NY, USA: ACM, 2006, pp. 358–365.

[15.50] "The ns-3 network simulator," *http://nsnam.org/*.

[15.51] Yang Chi, "Effective Use of Network Coding in Multi-hop Wireless Networks," PhD Dissertation, University of Cincinnati, November 2013.

[15.52] Benyuan Liu, Peter Brass, Olivier Dousse, Philippe Nain, and Don Towsley, "Mobility Improves Coverage of Sensor Networks," *MobiHoc'05*, May 25–27, 2005, Urbana–Champaign, IL.

[15.53] M. Grossglauser and D. N. C. Tse, "Mobility increases the capacity of ad hoc wireless networks," *IEEE/ACM Trans. Networks*, Vol. 10, No. 4, pp. 477–486, August 2002.

[15.54] P. Gupta and P. Kumar, "The capacity of wireless networks," *IEEE Transactions on Information Theory*, Vol. 46, No. 2, pp. 388–404, March 2000.

[15.55] T. Spyropoulos, K. Psounis, and C. Raghavendra, "Efficient routing in intermittently connected mobile networks: the single-copy case," *IEEE/ACM Trans. Netw.*, Vol. 16, No. 1, pp. 63–76, 2008.

[15.56] T. Spyropoulos, K. Psounis, and C. S. Raghavendra, "Efficient routing in intermittently connected mobile networks: the multiple-copy case," *IEEE/ACM Trans. Netw.*, Vol. 16, No. 1, pp. 77–90, 2008.

[15.57] J. LeBrun, C.-N. Chuah, D. Ghosal, and M. Zhang, "Knowledge-based opportunistic forwarding in vehicular wireless ad hoc networks," in *Vehicular Technology Conference, 2005. VTC 2005-Spring. 2005 IEEE 61st*, Vol. 4, May 4–June 1, 2005, pp. 2289–2293.

[15.58] A. Lindgren and A. Doria, "Probabilistic routing protocol for intermittently connected networks," in *http://draft-lindgren-dtnrg-prophet-02. txt, August 2006*.

[15.59] Jung Hyun Jun, Weihuang Fu, and Dharma P. Agrawal, "Impact of Biased Random Walk on the Average Delay of Opportunistic Single Copy Delivery in Manhattan Area," *Ad Hoc & Sensor Wireless Networks*, Vol. 20, no. 3/4, pp. 1–28, 2012.

[15.60] R. Beraldi, "Biased random walks in uniform wireless networks," *Mobile Computing, IEEE Transactions on Mobile Computing*, Vol. 8, No. 4, pp. 500–513, April 2009.

[15.61] *http://www.3-Gpp.org*.

[15.62] *http://www.etsi.org*

[15.63] *http://nesl.ee.ucla.edu/research.htm*.

[15.64] J. Pouwelse, K. Langendoen, and H. Sips, "Dynamic Voltage Scaling on a Low-Power Microprocessor," *Technical Report*, Delft University of Technology, 2000.

[15.65] A. Azevedo, I. Issenin, R. Gupta, N. Dutt, A. Veidenbaum, and A. Nicolau, "Profile-Based

Dynamic Voltage Scheduling Using Program Checkpoints in the COPPER Framework," *Design Automation and Test in Europe*, March 2002.

[15.66] P. Agrawal, J-C. Chen, S. Kishore, P. Ramanathan, and K. Sivalingam, "Battery Power Sensitive Video Processing in Wireless Networks," *Proceedings of the IEEE PIMRC'98*, Boston, MA, September 1998.

[15.67] R. Kravets and P. Krishnan, "Application-Driven Power Management for Mobile Communication," *Proceedings of the Fourth Annual ACM/ IEEE International Conference on Mobile Computing and Networking (Mobi-Com)*, Dallas, TX, pp. 263–277, October 1998.

[15.68] http://en.wikibooks.org/wiki/Android/Introduction.

[15.69] Open Handset Alliance, "Android Overview."

[15.70] http://en.wikipedia.org/wiki/Android_%28operating_system%29.

[15.71] http://www.wisegeek.com/what-is-android-technology.htm.

[15.72] Android Application Development Services, "Android APPS Development Service," http://www.slideshare.net/clicksbazaar/android-apps-development-service.

[15.73] http://www.writemypapers.org/examples-and-samples/essay-on-introduction-to-computer.html.

[15.74] http://handphoneseluler.blogspot.in/2013/01/advantages-and-disadvantages-android.html.

[15.75] SriSeshaa Technologies, "Android Development."

[15.76] Huang Xuguang, "An Introduction to Android," Database Lab. Inha University, November 2, 2009.

[15.77] Sam Costello "Comparing Features: iPad vs. iPhone vs. iPod touch," *http://ipod.about.com/od/ipadcomparisons/a/ipad-iphone-3gs-ipod-touch.htm*.

[15.78] Daniele Miorandi, Sabrina Sicari, Francesco De Pellegrini, and Imrich Chlamtac, "Internet of things: Vision, applications and research challenges," *Ad Hoc Networks*, Vol. 10, No. 7, September 2012, pp. 1497–1516.

[15.79] Lu Tan and Neng Wang, "Future internet: The Internet of Things," *3rd International Conference on Advanced Computer Theory and Engineering (ICACTE)*, 2010, Vol. 5, No., pp. V5–376, V5–380, August 20–22, 2010.

[15.80] D. Guinard, V. Trifa, and E. Wilde, "A resource oriented architecture for the Web of Things," Internet of Things (IoT), 2010, pp. 1–8, November 29, 2010–December 1, 2010.

15.14 開放式專題

— 目標：如本章所討論的，許多新的無線技術不斷推出。很難決定哪種技術用於特定應用。對於特定的應用，可在任意異質系統試試看是有用處的。隨著新技術，如毫微微細胞基地台和感知無線電（CR）的引入，有一個真正的異質系統是相當不實際的。因此對於特定規格的應用，異質系統可以使用 QualNet 或 Opnet 模擬。嘗試選擇一個或多個技術來計算它們的效能。嘗試用於不同要求下的應用。

15.15 習題

1. 超寬頻（UWB）和藍牙的跳頻有何不同？請解釋。
2. 多媒體服務具有視頻和語音的兩個組成部分。你能將它們歸類為非即時和即時流量嗎？請詳加解釋。
3. 假設流量被分配四個不同的優先級以考慮即時和換手流量。你如何處理流量，同時支持行動性？
4. 什麼是使用衛星通信實現多播的優點和缺點？請解釋。
5. 如果習題 3 允許先占，你會怎麼做排程，相對的優勢和劣勢是什麼？
6. 為什麼使用異質網路的服務是重要的？請詳加解釋。
7. 你可以設想一個潛在無線技術的用處，當機器人具有分散決策能力。你能想到至少五種應用嗎？有什麼限制以及如何解決？請詳加解釋。
8. 在為有學習障礙的人而設的中心，決定使用無線設備監視每個人。你可以對基礎設施的相對優點和缺點評論嗎？
9. 在習題 8，你想要把什麼樣的個人資訊存在資料庫，為什麼這個問題很重要？請詳加解釋。
10. 在習題 9，你會有什麼安全問題，怎麼解決呢？用合適的例子解釋。
11. 有需要在行動隨意網路的流量上設優先權嗎？請詳加解釋。
12. 對於習題 3，你可以在超大型積體電路（VLSI）上，使用正常電壓處理高優先級流量，和較低的電壓處理低優先級的流量嗎？請詳加解釋。
13. 從你最喜愛的技術網站，找到多輸入多輸出（MIMO）和智慧天線之間的差異？它們有什麼相對優勢？請詳加解釋。
14. 你可以使用一些設備，將數據直接傳輸到基地台和其他使用 LTE-A 的中繼站嗎？
15. 什麼是物聯網的社交影響？請詳加解釋。
16. 你怎麼在物聯網提供安全性？請詳加解釋。

Erlang B 表

附錄 A

本表表達了通道數目（N）、阻斷機率，和以 Erlang 為單位的網路負載（offered load）三者之間的關係。因此，只要知道其中兩者的量，使用本表即可查出第三者之值。

N*	阻斷機率（Blocking Probability）							
	0.001	0.002	0.003	0.004	0.005	0.006	0.007	0.008
1	0.0010	0.0020	0.0030	0.0040	0.0050	0.0060	0.0071	0.0081
2	0.0458	0.0653	0.0806	0.0937	0.1054	0.1161	0.1260	0.1353
3	0.1938	0.2487	0.2885	0.3210	0.3490	0.3740	0.3966	0.4176
4	0.4393	0.5350	0.6021	0.6557	0.7012	0.7412	0.7773	0.8103
5	0.7621	0.8999	0.9945	1.0692	1.1320	1.1870	1.2362	1.2810
6	1.1459	1.3252	1.4468	1.5421	1.6218	1.6912	1.7531	1.8093
7	1.5786	1.7984	1.9463	2.0614	2.1575	2.2408	2.3149	2.3820
8	2.0513	2.3106	2.4837	2.6181	2.7299	2.8266	2.9125	2.9902
9	2.5575	2.8549	3.0526	3.2057	3.3326	3.4422	3.5395	3.6274
10	3.0920	3.4265	3.6480	3.8190	3.9607	4.0829	4.1911	4.2889
11	3.6511	4.0215	4.2661	4.4545	4.6104	4.7447	4.8637	4.9709
12	4.2314	4.6368	4.9038	5.1092	5.2789	5.4250	5.5543	5.6708
13	4.8306	5.2700	5.5588	5.7807	5.9638	6.1214	6.2607	6.3863
14	5.4464	5.9190	6.2291	6.4670	6.6632	6.8320	6.9811	7.1155
15	6.0772	6.5822	6.9130	7.1665	7.3755	7.5552	7.7139	7.8568
16	6.7215	7.2582	7.6091	7.8780	8.0995	8.2898	8.4579	8.6092
17	7.3781	7.9457	8.3164	8.6003	8.8340	9.0347	9.2119	9.3714
18	8.0459	8.6437	9.0339	9.3324	9.5780	9.7889	9.9751	10.1430
19	8.7239	9.3515	9.7606	10.0730	10.3310	10.5520	10.7470	10.9220
20	9.4115	10.0680	10.4960	10.8230	11.0920	11.3220	11.5260	11.7090
21	10.1080	10.7930	11.2390	11.5800	11.8600	12.1000	12.3120	12.5030
22	10.8120	11.5250	11.9890	12.3440	12.6350	12.8850	13.1050	13.3030
23	11.5240	12.2650	12.7460	13.1140	13.4160	13.6760	13.9040	14.1100
24	12.2430	13.0110	13.5100	13.8910	14.2040	14.4720	14.7090	14.9220
25	12.9690	13.7630	14.2790	14.6730	14.9970	15.2740	15.5190	15.7390

*N 是通道的數目。

N*	阻斷機率（Blocking Probability）							
	0.001	0.002	0.003	0.004	0.005	0.006	0.007	0.008
26	13.7010	14.5220	15.0540	15.4610	15.7950	16.0810	16.3340	16.5610
27	14.4390	15.2850	15.8350	16.2540	16.5980	16.8930	17.1530	17.3870
28	15.1820	16.0540	16.6200	17.0510	17.4060	17.7090	17.9770	18.2180
29	15.9300	16.8280	17.4100	17.8530	18.2180	18.5300	18.8050	19.0530
30	16.6840	17.6060	18.2040	18.6600	19.0340	19.3550	19.6370	19.8910
31	17.4420	18.3890	19.0020	19.4700	19.8540	20.1830	20.4730	20.7340
32	18.2050	19.1760	19.8050	20.2840	20.6780	21.0150	21.3120	21.5800
33	18.9720	19.9660	20.6110	21.1020	21.5050	21.8500	22.1550	22.4290
34	19.7430	20.7610	21.4210	21.9230	22.3360	22.6890	23.0010	23.2810
35	20.5170	21.5590	22.2340	22.7480	23.1690	23.5310	23.8490	24.1360
36	21.2960	22.3610	23.0500	23.5750	24.0060	24.3760	24.7010	24.9940
37	22.0780	23.1660	23.8700	24.4060	24.8460	25.2230	25.5560	25.8540
38	22.8640	23.9740	24.6920	25.2400	25.6890	26.0740	26.4130	26.7180
39	23.6520	24.7850	25.5180	26.0760	26.5340	26.9260	27.2720	27.5830
40	24.4440	25.5990	26.3460	26.9150	27.3820	27.7820	28.1340	28.4510
41	25.2390	26.4160	27.1770	27.7560	28.2320	28.6400	28.9990	29.3220
42	26.0370	27.2350	28.0100	28.6000	29.0850	29.5000	29.8660	30.1940
43	26.8370	28.0570	28.8460	29.4470	29.9400	30.3620	30.7340	31.0690
44	27.6410	28.8820	29.6840	30.2950	30.7970	31.2270	31.6050	31.9460
45	28.4470	29.7080	30.5250	31.1460	31.6560	32.0930	32.4780	32.8240
46	29.2550	30.5380	31.3670	31.9990	32.5170	32.9620	33.3530	33.7050
47	30.0660	31.3690	32.2120	32.8540	33.3810	33.8320	34.2300	34.5870
48	30.8790	32.2030	33.0590	33.7110	34.2460	34.7040	35.1080	35.4710
49	31.6940	33.0390	33.9080	34.5700	35.1130	35.5780	35.9880	36.3570
50	32.5120	33.8760	34.7590	35.4310	35.9820	36.4540	36.8700	37.2450
51	33.3320	34.7160	35.6110	36.2930	36.8520	37.3310	37.7540	38.1340
52	34.1530	35.5580	36.4660	37.1570	37.7240	38.2110	38.6390	39.0240
53	34.9770	36.4010	37.3220	38.0230	38.5980	39.0910	39.5260	39.9160
54	35.8030	37.2470	38.1800	38.8910	39.4740	39.9730	40.4140	40.8100
55	36.6310	38.0940	39.0400	39.7600	40.3510	40.8570	41.3030	41.7050
56	37.460	38.9420	39.9010	40.6300	41.2290	41.7420	42.1940	42.6010
57	38.2910	39.7930	40.7630	41.5020	42.1090	42.6290	43.0870	43.4990
58	39.1240	40.6450	41.6280	42.3760	42.9900	43.5160	43.9800	44.3980
59	39.9590	41.4980	42.4930	43.2510	43.8730	44.4060	44.8750	45.2980
60	40.7950	42.3530	43.3600	44.1270	44.7570	45.2960	45.7710	46.1990
61	41.6330	43.2100	44.2290	45.0050	45.6420	46.1880	46.6690	47.1020
62	42.4720	44.0680	45.0990	45.8840	46.5280	47.0810	47.5670	48.0050
63	43.3130	44.9270	45.9700	46.7640	47.4160	47.9750	48.4670	48.9100

N*	阻斷機率（Blocking Probability）							
	0.001	0.002	0.003	0.004	0.005	0.006	0.007	0.008
64	44.1560	45.7880	46.8430	47.6460	48.3050	48.8700	49.3680	49.8160
65	45.0000	46.6500	47.7160	48.5280	49.1950	49.7660	50.2700	50.7230
66	45.8450	47.5130	48.5910	49.4120	50.0860	50.6640	51.1730	51.6310
67	46.6920	48.3780	49.4670	50.2970	50.9780	51.5620	52.0770	52.5400
68	47.5400	49.2430	50.3450	51.1830	51.8720	52.4620	52.9820	53.4500
69	48.3890	50.1100	51.2230	52.0710	52.7660	53.3620	53.8880	54.3610
70	49.2390	50.9790	52.1030	52.9590	53.6620	54.2640	54.7950	55.2730
71	50.0910	51.8480	52.9840	53.8480	54.5580	55.1660	55.7030	56.1860
72	50.9440	52.7180	53.8650	54.7390	55.4550	56.0700	56.6120	57.0990
73	51.7990	53.5900	54.7480	55.6300	56.3540	56.9740	57.5220	58.0140
74	52.6540	54.4630	55.6320	56.5220	57.2530	57.8800	58.4320	58.9300
75	53.5110	55.3370	56.5170	57.4150	58.1530	58.7860	59.3440	59.8460
76	54.3690	56.2110	57.4020	58.3100	59.0540	59.6930	60.2560	60.7630
77	55.2270	57.0870	58.2890	59.2050	59.9560	60.6010	61.1690	61.6810
78	56.0870	57.9640	59.1770	60.1010	60.8590	61.5100	62.0830	62.6000
79	56.9480	58.8420	60.0650	60.9980	61.7630	62.4190	62.9980	63.5190
80	57.8100	59.7200	60.9550	61.8950	62.6680	63.3300	63.9140	64.4390
81	58.6730	60.6000	61.8450	62.7940	63.5730	64.2410	64.8300	65.3600
82	59.5370	61.4800	62.7370	63.6930	64.4790	65.1530	65.7470	66.2820
83	60.4030	62.3620	63.6290	64.5940	65.3860	66.0650	66.6650	67.2040
84	61.2690	63.2440	64.5220	65.4950	66.2940	66.9790	67.5830	68.1280
85	62.1350	64.1270	65.4150	66.3960	67.2020	67.8930	68.5030	69.0510
86	63.0030	65.0110	66.3100	67.2990	68.1110	68.8080	69.4230	69.9760
87	63.8720	65.8970	67.2050	68.2020	69.0210	69.7240	70.3430	70.9010
88	64.7420	66.7820	68.1010	69.1060	69.9320	70.6400	71.2640	71.8270
89	65.6120	67.6690	68.9980	70.0110	70.8430	71.5570	72.1860	72.7530
90	66.4840	68.5560	69.8960	70.9170	71.7550	72.4740	73.1090	73.6800
91	67.3560	69.4440	70.7940	71.8230	72.6680	73.3930	74.0320	74.6080
92	68.2290	70.3330	71.6930	72.7300	73.5810	74.3110	74.9560	75.5360
93	69.1030	71.2220	72.5930	73.6370	74.4950	75.2310	75.8800	76.4650
94	69.9780	72.1130	73.4930	74.5450	75.4100	76.1510	76.8050	77.3940
95	70.8530	73.0040	74.3940	75.4540	76.3250	77.0720	77.7310	78.3240
96	71.7290	73.8960	75.2960	76.3640	77.2410	77.9930	78.6570	79.2550
97	72.6060	74.7880	76.1990	77.2740	78.1570	78.9150	79.5840	80.1860
98	73.4840	75.6810	77.1020	78.1850	79.0740	79.8370	80.5110	81.1170
99	74.3630	76.5750	78.0060	79.0960	79.9920	80.7600	81.4390	82.0500
100	75.2420	77.4690	78.9100	80.0080	80.9100	81.6840	82.3670	82.9820

N*	阻斷機率（Blocking Probability）							
	0.009	0.01	0.02	0.03	0.05	0.1	0.2	0.4
1	0.0091	0.0101	0.0204	0.0309	0.0526	0.1111	0.2500	0.6667
2	0.1442	0.1526	0.2235	0.2815	0.3813	0.5954	1.0000	2.0000
3	0.4371	0.4555	0.6022	0.7151	0.8994	1.2708	1.9299	3.4798
4	0.8409	0.8694	1.0923	1.2589	1.5246	2.0454	2.9452	5.0210
5	1.3223	1.3608	1.6571	1.8752	2.2185	2.8811	4.0104	6.5955
6	1.8610	1.9090	2.2759	2.5431	2.9603	3.7584	5.1086	8.1907
7	2.4437	2.5009	2.9354	3.2497	3.7378	4.6662	6.2302	9.7998
8	3.0615	3.1276	3.6271	3.9865	4.5430	5.5971	7.3692	11.4190
9	3.7080	3.7825	4.3447	4.7479	5.3702	6.5464	8.5217	13.0450
10	4.3784	4.4612	5.0840	5.5294	6.2157	7.5106	9.6850	14.6770
11	5.0691	5.1599	5.8415	6.3280	7.0764	8.4871	10.8570	16.3140
12	5.7774	5.8760	6.6147	7.1410	7.9501	9.4740	12.0360	17.9540
13	6.5011	6.6072	7.4015	7.9667	8.8349	10.4700	13.2220	19.5980
14	7.2382	7.3517	8.2003	8.8035	9.7295	11.4730	14.4130	21.2430
15	7.9874	8.1080	9.0096	9.6500	10.6330	12.4840	15.6080	22.8910
16	8.7474	8.8750	9.8284	10.5050	11.5440	13.5000	16.8070	24.5410
17	9.5171	9.6516	10.6560	11.3680	12.4610	14.5220	18.0100	26.1920
18	10.2960	10.4370	11.4910	12.2380	13.3850	15.5480	19.2160	27.8440
19	11.0820	11.2300	12.3330	13.1150	14.3150	16.5790	20.4240	29.4980
20	11.8760	12.0310	13.1820	13.9970	15.2490	17.6130	21.6350	31.1520
21	12.6770	12.8380	14.0360	14.8850	16.1890	18.6510	22.8480	32.8080
22	13.4840	13.6510	14.8960	15.7780	17.1320	19.6920	24.0640	34.4640
23	14.2970	14.4700	15.7610	16.6750	18.0800	20.7370	25.2810	36.1210
24	15.1160	15.2950	16.6310	17.5770	19.0310	21.7840	26.4990	37.7790
25	15.9390	16.1250	17.5050	18.4830	19.9850	22.8330	27.7200	39.4370
26	16.7680	16.9590	18.3830	19.3920	20.9430	23.8850	28.9410	41.0960
27	17.6010	17.7970	19.2650	20.3050	21.9040	24.9390	30.1640	42.7550
28	18.4380	18.6400	20.1500	21.2210	22.8670	25.9950	31.3880	44.4140
29	19.2790	19.4870	21.0390	22.1400	23.8330	27.0530	32.6140	46.0740
30	20.1230	20.3370	21.9320	23.0620	24.8020	28.1130	33.8400	47.7350
31	20.9720	21.1910	22.8270	23.9870	25.7730	29.1740	35.0670	49.3950
32	21.8230	22.0480	23.7250	24.9140	26.7460	30.2370	36.2950	51.0560
33	22.6780	22.9090	24.6260	25.8440	27.7210	31.3010	37.5240	52.7180
34	23.5360	23.7720	25.5290	26.7760	28.6980	32.3670	38.7540	54.3790
35	24.3970	24.6380	26.4350	27.7110	29.6770	33.4340	39.9850	56.0410
36	25.2610	25.5070	27.3430	28.6470	30.6570	34.5030	41.2160	57.7030
37	26.1270	26.3780	28.2540	29.5850	31.6400	35.5720	42.4480	59.3650
38	26.9960	27.2520	29.1660	30.5260	32.6240	36.6430	43.6800	61.0280

N*	\multicolumn{8}{c}{阻斷機率（Blocking Probability）}
	0.009	0.01	0.02	0.03	0.05	0.1	0.2	0.4
39	27.8670	28.1290	30.0810	31.4680	33.6090	37.7150	44.9130	62.6900
40	28.7410	29.0070	30.9970	32.4120	34.5960	38.7870	46.1470	64.3530
41	29.6160	29.8880	31.9160	33.3570	35.5840	39.8610	47.3810	66.0160
42	30.4940	30.7710	32.8360	34.3050	36.5740	40.9360	48.6160	67.6790
43	31.3740	31.6560	33.7580	35.2530	37.5650	42.0110	49.8510	69.3420
44	32.2560	32.5430	34.6820	36.2030	38.5570	43.0880	51.0860	71.0060
45	33.1400	33.4320	35.6070	37.1550	39.5500	44.1650	52.3220	72.6690
46	34.0260	34.3220	36.5340	38.1080	40.5450	45.2430	53.5590	74.3330
47	34.9130	35.2150	37.4620	39.0620	41.5400	46.3220	54.7960	75.9970
48	35.8030	36.1090	38.3920	40.0180	42.5370	47.4010	56.0330	77.6600
49	36.6940	37.0040	39.3230	40.9750	43.5340	48.4810	57.2700	79.3240
50	37.5860	37.9010	40.2550	41.9330	44.5330	49.5620	58.5080	80.9880
51	38.4800	38.8000	41.1890	42.8920	45.5330	50.6440	59.7460	82.6520
52	39.3760	39.7000	42.1240	43.8520	46.5330	51.7260	60.9850	84.3170
53	40.2730	40.6020	43.0600	44.8130	47.5340	52.8080	62.2240	85.9810
54	41.1710	41.5050	43.9970	45.7760	48.5360	53.8910	63.4630	87.6450
55	42.0710	42.4090	44.9360	46.7390	49.5390	54.9750	64.7020	89.3100
56	42.9720	43.3150	45.8750	47.7030	50.5430	56.0590	65.9420	90.9740
57	43.8750	44.2220	46.8160	48.6690	51.5480	57.1440	67.1810	92.6390
58	44.7780	45.1300	47.7580	49.6350	52.5530	58.2290	68.4210	94.3030
59	45.6830	46.0390	48.7000	50.6020	53.5590	59.3150	69.6620	95.9680
60	46.5890	46.9500	49.6440	51.5700	54.5660	60.4010	70.9020	97.6330
61	47.4970	47.8610	50.5890	52.5390	55.5730	61.4880	72.1430	99.2970
62	48.4050	48.7740	51.5340	53.5080	56.5810	62.5750	73.3840	100.9600
63	49.3140	49.6880	52.4810	54.4780	57.5900	63.6630	74.6250	102.6300
64	50.2250	50.6030	53.4280	55.4500	58.5990	64.7500	75.8660	104.2900
65	51.1370	51.5180	54.3760	56.4210	59.6090	65.8390	77.1080	105.9600
66	52.0490	52.4350	55.3250	57.3940	60.6190	66.9270	78.3500	107.6200
67	52.9630	53.3530	56.2750	58.3670	61.6300	68.0160	79.5920	109.2900
68	53.8770	54.2720	57.2260	59.3410	62.6420	69.1060	80.8340	110.9500
69	54.7930	55.1910	58.1770	60.3160	63.6340	70.1960	82.0760	112.6200
70	55.7090	56.1120	59.1290	61.2910	64.6670	71.2860	83.3180	114.2800
71	56.6260	57.0330	60.0820	62.2670	65.6800	72.3760	84.5610	115.9500
72	57.5450	57.9560	61.0360	63.2440	66.6940	73.4670	85.8030	117.6100
73	58.4640	58.8790	61.9900	64.2210	67.7080	74.5580	87.0460	119.2800
74	59.3840	59.8030	62.9450	65.1990	68.7230	75.6490	88.2890	120.9400
75	60.3040	60.7280	63.9000	66.1770	69.7380	76.7410	89.5320	122.6100
76	61.2260	61.6530	64.8570	67.1560	70.7530	77.8330	90.7760	124.2700

N*	阻斷機率（Blocking Probability）							
	0.009	0.01	0.02	0.03	0.05	0.1	0.2	0.4
77	62.1480	62.5790	65.8140	68.1360	71.7690	78.9250	92.0190	125.9400
78	63.0710	63.5060	66.7710	69.1160	72.7860	80.0180	93.2620	127.6100
79	63.9950	64.4340	67.7290	70.0960	73.8030	81.1100	94.5060	129.2700
80	64.9190	65.3630	68.6880	71.0770	74.8200	82.2030	95.7500	130.9400
81	65.8450	66.2920	69.6470	72.0590	75.8380	83.2970	96.9930	132.6000
82	66.7710	67.2220	70.6070	73.0410	76.8560	84.3900	98.2370	134.2700
83	67.6970	68.1520	71.5680	74.0240	77.8740	85.4840	99.4810	135.9300
84	68.6250	69.0840	72.5290	75.0070	78.8930	86.5780	100.7300	137.6000
85	69.5530	70.0160	73.4900	75.9900	79.9120	87.6720	101.9700	139.2600
86	70.4810	70.9480	74.4520	76.9740	80.9320	88.7670	103.2100	140.9300
87	71.4100	71.8810	75.4150	77.9590	81.9520	89.8610	104.4600	142.6000
88	72.3400	72.8150	76.3780	78.9440	82.9720	90.9560	105.7000	144.2600
89	73.2710	73.7490	77.3420	79.9290	83.9930	92.0510	106.9500	145.9300
90	74.2020	74.6840	78.3060	80.9150	85.0140	93.1460	108.1900	147.5900
91	75.1340	75.6200	79.2710	81.9010	86.0350	94.2420	109.4400	149.2600
92	76.0660	76.5560	80.2360	82.8880	87.0570	95.3380	110.6800	150.9200
93	76.9990	77.4930	81.2010	83.8750	88.0790	96.4340	111.9300	152.5900
94	77.9320	78.4300	82.1670	84.8620	89.1010	97.5300	113.1700	154.2600
95	78.8660	79.3680	83.1340	85.8500	90.1230	98.6260	114.4200	155.9200
96	79.8010	80.3060	84.1000	86.8380	91.1460	99.7220	115.6600	157.5900
97	80.7360	81.2450	85.0680	87.8260	92.1690	100.8200	116.9100	159.2500
98	81.6720	82.1840	86.0350	88.8150	93.1930	101.9200	118.1500	160.9200
99	82.6080	83.1240	87.0030	89.8040	94.2160	103.0100	119.4000	162.5900
100	83.5450	84.0640	87.9720	90.7940	95.2400	104.1100	120.6400	164.2500

索引

16-state QAM（16-Quadrature Amplitude Modulation） 371
64-state QAM（64-Quadrature Amplitude Modulation） 371

A

access channel 存取通道 298
access control list; ACL 存取控制清單 360
access point 存取點 10, 323
access-grant channel 存取允許通道 289
ACK（acknowledgement） 112
active member address 活躍成員位址 351
ad hoc 無基礎架構 24, 273
adaptive equalization 適應性等化 175
adjournment 延期 262
ADSL（asymmetric digital subscriber line） 344
amplitude modulation; AM 振幅調變 189
AMPS（Advanced Mobile Phone Standardization） 279-284
angular velocity 角速度 389
ANSI-41（American National Standards Institute-41） 305
antenna gain 天線增益 72
anycast 任點傳送 273
application service element; ASE 應用服務元件 285
association control service element; ACSE 關連控制服務元件 285

asynchronous transfer mode; ATM 非同步傳輸模式 20
attractive force 吸力 388
authentication center; AUC 驗證中心 225
automatic repeat request; ARQ 自動重傳要求 112-117, 269, 366
autonomous systems; AS 自主系統 265

B

backoff 隨機後退 162
base station; BS 基地台 8
base transfer system; BTS 基地收發台 20, 225, 288
basic connection 基本連線 366
basic handoff 基本換手 296
basic service set; BSS 基本服務集 323
Basic Service Set Identification; BSSID 基本服務設定識別碼識別元 323
baud rate 鮑率 195
beacon signals 信標信號 299
BGP（border gateway protocol） 264
bidirectional tunneling; BT 雙向隧道 240
binary phase shift keying; BPSK 二進位相位移位鍵 192
bit error rate; BER 位元錯誤率 97
bit map 位元對應 150
blank and burst 空白與突發 297
blocking probability 阻斷機率 130
Bluetooth 藍芽 348
BOOTP（bootstrap protocol） 264
borrowing with directional channel locking;

BDCL　具指向性通道鎖定之借用　204
broadcast channel; BCH　廣播通道　310
broadcast control channel; BCCH　廣播控制通道　310
BS controller; BSC　基站控制台　20, 288
BTMA（busy tone multiple access）　152
BTS　基地收發台　225
burst error rate　突發錯誤率　89
burst profile　突發配置檔案　365
burst　突發　290
busy tone　忙線音調　287

C

call acceptance　電話接受　213
call arrival distribution　通話到訪分佈　38
call forwarding　無條件指定轉接　286
call holding time　通話保持時間　36
call origination　通話起始　284
call waiting　插接　287
care-of-address; CoA　轉交位址　236
carrier sense multiple access; CSMA　載波感測多重存取　152, 155
carrier-to-interference ratio; CIR　載波干擾比　232
CDPD（Cellular Digital Packet Data）　229
cell section　細胞分區　280
cell　細胞　8, 279
cellular provider　細胞式營運商　249
cellular user　細胞式用戶　249
centralized point-coordination　集中式協調　162

central pool　中央儲存集區　206
centrifugal force　離心力　388
chain rule　連鎖規則　62
channel acquisition　通道獲取　369
channel equalization　通道等化　361
checkpointing　查核點　262
checksum　檢查碼　271
circuit-switched services　線路交換服務　307
circular　循環　110
clear to send; CTS　清除以傳送　165
close-loop　閉迴路　302
cochannel interference ratio; CCIR　共通道干擾比　136, 207
code division multiple access; CDMA　分碼多重存取　14, 171
codeword　碼字　17, 98
collision resolution　碰撞解決　152
collocated CoA; CCoA　共同分配的轉交位址　236
column-wise　行向　110
common control channel; CCCH　共用控制通道　311
common packet channel; CPCH　共用封包通道　310
common part　共用部分　366
common traffic channel; DTCH　共用流量通道　312
communication management; CM　通訊管理　294
complete partitioning; CP　完整分割　222
complete sharing; CS　完整分享　222
complex conjugate　複數共軛　183

congestion-avoidance 壅塞避免 267
connection-oriented 連接導向式 12
contention access period; CAP 競爭存取期間 355
contention window; CW 競爭視窗 162, 328
contention-based 競爭式 150
continuous supervisory audio 連續監察聲頻 283
convergence sublayer 匯流子層 365
convolution 疊積 44
cordless telephone 無線電話 1
core network; CN 核心網路 306
core based tree 核心樹 239
correlation coefficient 相關係數 90
countable infinite 可數無限 34
covariance 共變數 43
CRC（cycle redundancy check） 367
cumulative distribution function; CDF 累積分配函數 34
cyclic prefix 循環字首 188
cyclic redundancy code; CRC 循環冗餘檢查 105

D

data burst randomizer 資料突發亂碼器 299
datagram 資料包 263, 271
DBPC-REQ（DL burst profile change request） 369
DBPC-RSP（DL burst profile change response） 369
DCD（DL change descriptor） 369
dedicated channel; DCH 專用通道 310
dedicated control channel; DCCH 專用控制通道 311
dedicated traffic channel; DTCH 專用流量通道 312
delay 延遲 213
delimiter 定界 361
DHCP（dynamic host configuration protocol） 367
diffraction 繞射 71
digital color code; DCC 數位顏色編碼 283
dim and burst 模糊與突發 297
direct sequence; DS 直接序列 178
directed handoff 有向換手 212
directed retry 有向重試 212
directional antennas 指向型天線 139
discontinuous data stream 非連續資料串流 283
distributed coordination function; DCF 分散式協調功能 164
distributed coordination 分散式協調 162
distributed foundation wireless MAC; DFWMAC 基於分散式的無線 MAC 161
distributed interframe space; DIFS 分散訊框間隔 162, 330
diversity 分集 395
diversity reception 分集式接收 90
DMSP（designated multicast service provider） 241
DNS（domain name server） 265
donor cell 捐助者細胞 203

double sideband; DSB 雙邊帶 189
downlink shared channel; DSCH 下行共用通道 310
DSSS（direct sequence spread spectrum） 333
Dual-IP-Stack 雙IP堆疊 271
dynamic channel allocation; DCA 動態通道分配 202
dynamic host configuration protocol; DHCP 動態主機設定協定 264
dynamic medium access control 動態媒介存取控制 150

E

earth station; ES 地面站 387
electronic serial number; ESN 電子序號 281
elevation angle 仰角 389
equatorial plane 赤道面 393
equilibrium state 平衡狀態 51
equipment identity register; EIR 設備身分資料庫 225, 288
error syndrome vector 錯誤症狀向量 103
error-recovery 錯誤復原 267
ETSI（European Telecommunications Standards Institute） 418
explicit ACKs 顯示應答 163
explicit loss notification; ELN 外顯遺失通知 268
exposed terminal problems 暴露終端問題 165

extension header 延伸標頭 273
Extended Service Set; ESS 擴展服務集 323
exterior 外部 276
eXtensible Markup Language; XML 可擴展語言標記 432

F

FAC（final assembly code） 292
fast associated control channel; FACCH 快關連控制通道 290
fast fading 快速衰落 74
fast retransmission 快速重送 269
fast uplink signaling channel; FAUSCH 快速上行信號通道 310
FEC（forward error correction） 355
Femto cell Base Station; F-BS 毫微微細胞基地台 247
Femto Cell Gateway; FGW 毫微微細胞閘道器 248
Femto cell network 毫微微細胞網路 247
FHSS（frequency hopping spread spectrum） 179
first-come-first-served; FCFS 先到先得 50
first-in-first-out; FIFO 先進先出 50
fixed channel allocation; FCA 固定通道分配 202
flag 旗標 290
foreign agent; FA 客籍代理人 236
forward access channel; FACH 順行存取通道 310

forward channels　下行通道　21

forward control channel; FOCC　順行控制通道　282

forward error correcting; FEC　正向糾錯　104

forward link or downlink　下行連接　280

forward traffic channels　順行流量通道　298

forward voice channel; FVC　順行語音通道　283

four generation; 4G　第四代　312

fragmentation subheader　分割子標頭　367

frame check sequence; FCS　校驗序列　106

frame check sequence; FCS　訊框檢查序列　360

frame error rate; FER　訊框錯誤率　97, 303

frequency correction burst; FCB　頻率校正突發　288

frequency correction channel; FCCH　頻率校正通道　288

frequency division duplexing; FDD　分頻雙工　172

frequency division multiple access; FDMA　分頻多重存取　14, 171

frequency division multiplexing; FDM　分頻多工　1

frequency hopping; FH　跳頻　19, 178

frequency modulation; FM　頻率調變　190, 279

frequency reuse factor　頻率重複使用係數　297

frequency shift keying; FSK　頻率移位鍵　191, 279

frequency-selective fading　頻率選擇性衰落　91

FTP（file transfer protocol）　265

G

gateway MSC; GMSC　閘道行動交換中心　288

Geiger counter　蓋格計數器　46

geostationary earth orbit; GEO　同步軌道　387

Global System for Mobile Communications　移動通訊全球通信系統　107, 287

GPC（grant per connection）　369

GPSS（grant per SS）　369

grant management subheader　核准管理子標頭　381

ground wave　地波　69

group address　群組位址　239

GSM（global system for mobile）　387, 307

guarantee　保證　151

guaranteed frame rate; GFR　保證訊框率　365

guaranteed time slot; GTS　保證式時槽　355, 360

guard band　保護頻帶　174

guard frame　保護訊框　288

guard symbol　保護符號　312

guard time　保護時間　175, 371

H

Hamming distance　漢明距離　103

handoff　換手　13, 126
hard handoff　硬式換手　232
hard-decision　硬決策　108
hidden node problem　隱藏節點問題　356
hidden terminal problems　隱藏終端問題　164
high spectrum efficiency　高頻譜效率　188
highly elliptical orbit; HEO　高橢圓軌道　387
HiperLAN　342, 343
home agent; HA　本籍代理人　236
home location register; HLR　本籍註冊資料庫　20, 225
HomeRF　343
hotspot　熱點　341
hybrid channel allocation; HCA　混合通道分配　202
hyperframe　超高訊框　290
Hypertext Markup Language; HTML　超文本標記語言　432

I

IFTE（Internet Engineering Task Force）　240
illuminated area　照明區域　389
imbedded　嵌入式　59
index set　指標集　58
infrared; IR　紅外線　344
institute of electronics and electrical engineering; IEEE　27
intercell　細胞之間　295

interdomain　網路之間　265
IS-95（Interim Standard-95）　107
interior　內部　276
international mobile subscriber identity; IMSI　國際行動用戶識別碼　290
international MS equipment identity; IMSEI　國際手機設備識別碼　292
International Standards Organization; ISO　國際標準組織　259, 279
Internet control message protocol; ICMP　網際網路控制訊息協定　264
Internet gateway; IGWs　網際網路閘道　372
Internet group management protocol; IGMP　網際網路群組管理協定　264
intersymbol interference; ISI　符號間干擾　18, 89, 93
intracell　細胞內　185, 295
inverse discrete Fourier transform; OFDM　反離散傅立葉轉換　184
ionosphere　電離層　402
Internet Protocol; IP　網際網路協定　263
IPng（Internet Protocol next generation）　270
IPv4（Internet Protocol version 4）　259
IPv6（Internet Protocol version 6）　259
ISMA（idle signal multiple access）　152
isochronous multimedia　等時性多媒體　344
isoflux region　等通量區域　389
I-TCP（Indirect-TCP）　270
ITU-R（International Telecommunications Union-Radio communications）　303

J

jamming　干擾　178
Japan Digital Cellular; JDC　日本數位細胞式系統　195
jitter　抖動　213
joint pmf　聯合機率質量函數　41

L

least significant bit; LSB　最低位元　282
line of sight; LOS　可視直線　71
linear feedback　線性回饋　104-105
link manager protocol; LMP　連結管理者協定　353
link-state advertisements; LSAs　連結狀態公告　265
local area networks; LANs　區域網路　150-151
locally optimized dynamic assignment　局部最佳動態指派　206
location area identity; LAI　位置區域識別碼　291
location awareness　位置感知　348
logical link control; LCC　邏輯連結控制層　358
log-normal　對數常態　78
lookup　查找　344
low earth orbit; LEO　低軌道　387

M

MAC Protocol Data Unit; MPDU　MAC 協定資料單元　359
MAC Service Data Unit; MSDU　MAC 服務資料單元　359
MFR　MAC 註腳　359
macro diversity　巨分集　308
macro　巨　8, 318
macrocellular　巨細胞　13
Markov chain　馬可夫鏈　49
maximum-likehood decoding　最大關連性解碼　103
maximum-transmission unit; MTU　最大傳送單位　264
MBONE（multicast backbone）　240
medium earth orbit; MEO or intermediate circular orbit; ICO　中軌道　387
mesh clients; MC　網狀用戶　372
mesh routers; MR　網狀路由器　372
message frame level　訊息框層　105
metropolitan area network; PANs　大都會網路　151
micro　微　8, 318
microcell　微細胞　212
microcell radio　微細胞無線電　346
microcellular data network; MCDN　無線微細胞式資料網路　346
mobile ad hoc network; MANET　行動隨意網路　149
mobile application part; MAP　行動應用部分　285, 293
mobile identification number; MIN　手機識別

碼　281
mobile multicast; MoM　行動多點傳送　241
mobile station; MS　行動台　19, 279
mobile switching center; MSC　行動交換中心　20, 288
mobile system ISDN; MSISDN　手機 ISDN 號碼　291
mobility management; MM　行動管理　294
modulo arithmetic　同餘算術　106
moment functions　矩函數　36
moment-generation　動差生成　62
MROUTER（multicast-capable router）　240
MS roaming number; MSRN　手機漫遊號碼　293
multicarrier　多載波　18
multicast　多點傳送　239, 264
multiframe　多重訊框　290
multilevel overlapped　多階層重疊　13
multimedia messaging service; MMS　多媒體訊息服務　305
multi-networl　多網路　375
multi-player, interactive gaming　多玩家互動式線上遊戲　312
multiple access　多重存取　187
multiple-word　多重字元　283

N

NAK（negative acknowledgement）　112
NAVSTAR（Navigation System with Time and Ranging）　399
near-far　近-遠　178

net effect　淨效應　396
Newton　牛頓　388
NFS（network file system）　265
nomographs　例線算圖　75
nonlight-of-sight; NLOS　非直視　370
null　空　101

O

odd-even　單偶　110
ODMA common control channel; OCCCH　ODMA 共用控制通道　311
ODMA dedicated channel; ODCH　ODMA 專用通道　310
ODMA dedicated control channel; ODCCH　ODMA 專用控制通道　311
ODMA dedicated traffic channel; ODTCH　ODMA 專用流量通道　312
OHG（Operators Harmonization Group）　304
omnidirectional antennas　全向天線　139
open-loop　開迴路　302
operation, administration and maintenance; OAM　營運管理與維護　294
opportunity driven multiple access（ODMA）random access channel; ORACH　機會驅動式多重存取隨機存取通道　310
original message　起始訊息　284
orthogonal carriers　載波正交　188
orthogonal frequency division multiple access; OFDMA　正交分頻多重存取　187, 314
orthogonal frequency division multiplexing;

OFDM　正交分頻多工　14, 171
orthogoralization　正交性　172
OSI（Open System Interconnection）　150, 260, 279
OSPF（open shortest path first）　264
outer loop　外迴路　308

P

packet radio networks; PRNs　封包無線網路　151
packing subheader　封裝子標頭　367
paging area; PA　傳呼區域　234
paging channel　傳呼通道　289, 298, 310
paging control channel; PCCH　傳呼控制通道　311
parked node　停泊節點　351
PASP（PCS access service for ports）　310
path loss　路徑衰減　74
path-vector　路徑向量　247
payload　負載　361
payload header suppression　負載標頭抑制　365
PDAN（packet data access node）　307
peak-to-average-power-ratio; PARP　峰值功率因數　314
personal area networks; PANs　個人區域網路　151
phase shift keying; PSK　相位移位鍵　192
PHS（Personal Handyphone System）　304
PHY protocol data unit; PPDU　實體層協定資料單元　361

PHY service data unit; PSDU　實體層服務資料單元　361
pico　微微　8, 303
picocell　微微細胞　212
pilot channel　導頻通道　298
plug-and play　隨插即用　344
point-to-multipoint　單點對多點　366
Poisson process　波松過程　46
polling　輪詢　351
position ACK　肯定應答　163
positive acknowledgment; positive ACK　正面應答　265
preamble　前導　361
prefix　前置碼　273
primary management connection　主要管理連線　366
primitives　基礎呼叫　359
probability density function; pdf　機率密度函數　33
probability distribution function　機率分佈函數　33
probability mass function; pmf　機率質量函數　33
protecting bandwidth　保護頻寬　174
protection ratio　保護比　91
PSAP（public safety answering point）　406
pseudo Noise; PN　偽雜訊　297
pseudorandom　偽隨機　179
public land mobile network; PLMN　公共陸地行動網路　291
public switched telephone network; PSTN　公眾電話網路　20

Q

quadrature amplitude modulation; QAM　正交振幅調變　195
quality of service; QoS　服務品質　231, 250
queue　佇列　48

R

radio access network application protocol　無線存取網路應用協定　308
radio access network; RAN　無線存取網路　307
radio link control; RLC　無線連結控制　308, 366, 368
radio network controllers; RNCs　無線網路控制器　307
radio network layer; RNL　無線網路層　308
radio network subsystems; RNSs　無線網路子系統　307
random-access channel; RACH　隨機存取通道　289, 309
ranging　測距　368
ratio resource management; RR　無線資源管理　294
rearrangement　重新安排　204
reassembly　重組　261
reassignment　重新指派　203
recursive systematic convolutional; RSC　遞迴式系統迴旋碼　111
reflection　反射　71
relay　中繼站　310, 312
remote subscription　遠端訂閱　240

request to send; RTS　要求傳送　165
return channel　回傳通道　316
reverse channels　上行通道　21, 280
reverse control channel; RECC　逆行控制通道　282
reverse link or uplink　上行連接　280
reverse traffic channels　逆行流量通道　299
reverse voice channel; RVC　逆行語音通道　283
RIP（routing information protocol）　264
RIPv2（RIP version 2）　265
Rlogin　遠端登入　265
root mean square　方均根　84
rotational frequency　轉動頻率　389
round-trip propagation delay time　往返傳遞延遲時間　114
round-trip　往返　268
row-wise　列向　110

S

satellite beams　衛星通訊信號束　28
satellite user mapping register; SUMR　衛星用戶對應資料庫　398
scattering　散射　71
scheduled　排程式　150
seamless　無縫隙的　399
secondary management connection　次要管理連線　367
segment　數據段　265
segmentation　切割　261
seizure precursor　佔領先驅　283

selective acknowledgments; SACK　選擇性應答　268
selective availability; SA　選擇可用程度；SA　403
selective-repeat ARQ　選擇重送 ARQ　113, 116
semantic　語意　262
sensor　感測　273
serial number; SNR　序號　293
service data unit; SDU　服務資料單元　366
service discovery protocol; SDP　服務發現協定　353
service-specific　特定服務　366
service-specific convergence sublayer　特定服務匯流子層　358
service time distribution　服務時間分佈　38
SGSN〔serving GPRS（general packet radio service）support node〕　307
shadowed　遮蔽　396
shadowing　遮蔽效應　78
shared channel control channel; SHCCH　共享通道之控制通道　311
short interframe space; SIFS　短訊框間隔　163
short message service; SMS　簡訊服務　296
shortest path first; SPF　最短優先路徑　265
signal-hop　單躍式　152
signaling　信號　290
signal-to-interference ratio; SIR　信號干擾比　211
signal-to-noise ratio; SNR　信號雜訊比　192, 207
single sideband; SSB　單邊帶　190

single-word　單一字元　283
sinusoidal wave　正弦波　183
sky wave　天波　69
slave　從裝置　351
slow associated control channel; SACCH　慢關連控制通道　290
slow fading; shadowing　慢速衰落　74
Small Inter-Frame Space; SIFS　微小訊框間隔　329
SMIL（synchronization multimedia integration language）　306
SMTP（simple mail transfer protocol）　265
SNMP（simple network management protocol）　367
soft handoff　軟式換手　129, 232
soft-decision　軟決策　108
source-based tree　來源樹　239
space diversity　空間分集　297
space division multiple access; SDMA　空間分隔多重存取　14-15, 171
space wave　空波　69
spatially separable sectors　空間分區　185
spectral spreading　頻譜擴散　192
split　分割　267, 280
spurious transmissions　偽造傳輸　192
square-root raised cosine pulse shaping　平方根升餘弦脈衝塑形　370
stand-alone dedicated control channel; SDCCH　獨立專用控制通道　290
state equilibrium equation　狀態平衡方程式　214
static channelization　靜態通道化　150
steal　偷取　290

stochastic process　隨機過程　58
stochastically　隨機地　43
stub network　單一網路　25
subnet masks　子網路遮罩　265
subscriber identity module; SIM　使用者認證模組　291
subscriber station; SS　用戶台　366
subsequent handoff　續換手　296
superframe　超級訊框　290
supervisory audio tone　監察聲頻音調　284
switch identification; SWID　交換機識別碼　285
switch number; SWNO　交換機號碼　285
synchronization channel; SCH　同步通道　289, 298
synchronization training sequences burst　同步訓練序列突發　289
synchronized time constraints　同步時間限制　13
system identification number; SID　系統識別碼　281
systematic　系統的　121

T

TAC（type approval code）　292
task group; TG　任務小組　347
TCP/IP 堆疊（Transmission Control Protocol/Internet Protocol stack）　259
temporary mobile subscriber identity; TMSI　暫時行動用戶識別碼　293
TFTP（trivial file transfer protocol）　367

three-way　三向　282
time division duplexing; TDD　分時雙工　172
time division multiple access; TDMA　分時多重存取　14, 171
time division multiplexing; TDM　分時多工　1
timestamp　時戳　268
tone　音調　283
total probability　總機率　61
traffic channel; TCH　流量通道　310
traffic intensity　流量強度　51
transaction capabilities application part; TCAP　交易能力應用部分　285
transients　初始暫態　49
transmission convergence; TC　傳輸匯流　386
transport network layer; TNL　傳輸網路層　308
transreceiver　傳收器　280
trellis diagram　格子圖　108
triangulation technique　三角量測　400
troposphere　對流層　402
TULIP（transport unaware link improvement protocol）　269
tunnel convergence　隧道匯流　241
tunneling　隧道　236, 238, 265

U

UCD（UL channel descriptor）　369
UIUC（UL interval usage code）　371

Ultra-Wideband; UWB　超寬頻技術　243
UMB（Ultra Mobile Broadband）　313
UMTS terrestrial RAN; UTRAN UMTS　地面無線存取網路　307
unobstructed　非屏蔽　396
UNRELDIR（Unreliable Roamer Data Directive INVOKE）　287
unshadowed　無遮蔽　396
uplink shared channel; USCH　上行共用通道　310
user-level　用戶層　229
utilization factor　利用係數　56

V

virtual local area network; VLAN　虛擬區域網路　366
visitor location register; VLR　客籍註冊資料庫　20, 225
VLSI（very large scale integration）　406
VoIP（voice over IP）　418
vulnerable period　脆弱期　153

W

waiting line　等待線　48
WARC（World Administration Radio Conference）　303
WEP（wired equivalent privacy）　333
wideband　寬頻　175
Wi-Fi（wireless-fidelity）　341
WiMAX（Worldwide Interoperability for Microwave Access）　12
Wireless body area network; WBAN　無線體域網路　27, 341, 364
wireless local area network; WLAN　無線區域網路　27, 341
wireless Markup Language; WML　無線標記語言　433
wireless mesh network; WMN　無線網狀網路　372
wireless metropolitan area network; WMAN　無線大都會網路　27, 341
wireless personal area network; WPAN　無線個人網路　27, 341
word-sync　字元同步　282